水利行业职业技能培训教材

# 水 工 监 测 工

主 编 钟汉华

黄 河 水 利 出 版 社

# 内 容 提 要

本书依据人力资源和社会保障部、水利部制定的《水工监测工国家职业技能标准》的内容要求编写。全书分为水利职业道德、基础知识和操作技能及相关知识三大部分。基础知识部分介绍了水利工程基本知识、水工监测基本知识和相关法律、法规等。操作技能及相关知识部分按初级工、中级工、高级工、技师和高级技师职业技能标准要求分级、分模块组织材料,包括水工建筑物检查、观测、资料整理等实用内容。

本书和《水工监测工》试题集(光盘版)构成水工监测工较完整配套的资料体系,可供水工监测工职业技能培训、职业技能竞赛和职业技能鉴定业务使用。

## 图书在版编目(CIP)数据

水工监测工/钟汉华主编 . —郑州:黄河水利出版社,
2015.10
 ISBN 978 - 7 - 5509 - 1244 - 1

Ⅰ.①水… Ⅱ.①钟… Ⅲ.①水工建筑物 - 监测
Ⅳ.①TV698.1

中国版本图书馆 CIP 数据核字(2015)第 225755 号

出 版 社:黄河水利出版社
　　　　地址:河南省郑州市顺河路黄委会综合楼 14 层　　　邮政编码:450003
发行单位:黄河水利出版社
　　　　发行部电话:0371 - 66026940、66020550、66028024、66022620(传真)
　　　　E-mail:hhslcbs@ 126. com
承印单位:河南承创印务有限公司
开本:787 mm × 1 092 mm　1/16
印张:32.25
字数:745 千字　　　　　　　　　　　　　　印数:1—4 000
版次:2015 年 10 月第 1 版　　　　　　　　印次:2015 年 10 月第 1 次印刷
定价:80.00 元

# 《水工监测工》编写和审查人员

主　　编　　钟汉华(湖北水利水电职业技术学院)

副　主　编　　桂剑萍(湖北水利水电职业技术学院)

　　　　　　　胡　斌(湖北水利水电职业技术学院)

　　　　　　　刘能胜(湖北水利水电职业技术学院)

　　　　　　　向亚卿(湖北水利水电职业技术学院)

参加编写人员　(按姓氏笔画排列)

　　　　　　　王　庆(十堰孙家滩水电发展有限责任公司)

　　　　　　　邓体文(湖北省竹山县水土保持站)

　　　　　　　杨如华(湖北水利水电职业技术学院)

　　　　　　　吴汉清(湖北省高关水库管理局)

　　　　　　　宋　兵(湖北省随州市水利水电建筑设计院)

　　　　　　　张　彬(湖北省十堰市水库管理处)

　　　　　　　易　军(湖北省十堰市郧县水利水电局)

　　　　　　　段宗保(湖北二零九工程有限公司)

　　　　　　　施艳平(湖北浩川水利水电工程有限公司)

　　　　　　　徐　辉(湖北省吴岭水库管理局)

　　　　　　　黄拥军(湖北省丹江口市水利勘测设计院)

　　　　　　　董　伟(湖北水利水电职业技术学院)

　　　　　　　鲍喜蕊(湖北浩川水利水电工程有限公司)

　　　　　　　裴迎春(湖北二零九工程有限公司)

　　　　　　　黎晶晶(湖北水利水电职业技术学院)

主　　审　　王士军(水利部大坝安全中心)

# 前　言

为了适应水利改革发展的需要,进一步提高水利行业从业人员的技能水平,根据 2009 年以来人力资源和社会保障部、水利部颁布的河道修防工等水利行业特有工种的国家职业技能标准,水利部组织编写了相应工种的职业技能培训教材及试题集。

各工种职业技能培训教材的内容包括职业道德,基础知识,初级工、中级工、高级工、技师、高级技师的理论知识和操作技能,还包括该工种的国家职业技能标准和职业技能鉴定理论知识模拟试卷两套。随书赠送试题集光盘。

本套教材和试题集具有专业性、权威性、科学性、整体性、实用性和稳定性,可供水利行业相关工种从业人员进行职业技能培训和鉴定使用,也可作为相关工种职业技能竞赛的重要参考。

本次教材编写的技术规范或规定均采用最新的标准,涉及的个别计量单位虽属非法定计量单位,但考虑到这些计量单位与有关规定、标准的一致性和实际使用的现状,本次出版时暂行保留,在今后修订时再予以改正。

编写全国水利行业职业技能培训教材及试题集,是水利人才培养的一项重要工作。由于时间紧,任务重,不足之处在所难免,希望大家在使用过程中多提宝贵意见,使其日臻完善,并发挥重要作用。

水利行业职业技能培训教材及试题集
编审委员会
2011 年 12 月

# 编写说明

水工监测工职业技能培训教材是依据人力资源和社会保障部、水利部制定的《水工监测工国家职业技能标准》(见本书附录1)编写的。按照该标准体系和水工监测工职业技能的特点,本书以水利职业道德,基础知识,初级工、中级工、高级工、技师、高级技师的操作技能为分篇级,操作技能以职业功能为模块级,以工作内容为章级,由技能要求和相关知识结合确定节级。各知识模块均涵盖操作技能要求和相关理论知识。各技术等级之间的内容从初级工的具体、简单操作,逐步向高级技师的宏观全局发展,依次递进,高级别涵盖低级别的要求。编写时力求做到深入浅出、循序渐进、内容精练、重点突出、注重理论知识与实践操作的有机结合。

本书第1篇水利职业道德包括职业道德基本知识和职业守则;第2篇基础知识包括12个与水工监测工职业相关的基础知识模块:水工建筑物基本知识,水力学基本知识,土力学基本知识,材料力学基本知识,测量学基本知识,电工学基本知识,水工建筑材料基本知识,水文气象基本知识,水工建筑物监测基本知识,水工建筑物抢险基本知识,安全生产与环境保护知识,相关法律、法规知识;第3篇初级工、第4篇中级工及第5篇高级工分别包括5个操作技能及相关知识模块:巡视检查,环境量监测,变形监测,渗流监测,应力应变及温度监测;第6篇技师包括5个操作技能及相关知识模块:巡视检查,变形监测,渗流监测,应力应变及温度监测,指导与培训;第7篇高级技师包括5个操作技能及相关知识模块:变形监测,渗流监测,应力应变及温度监测,监测资料整编,指导与培训等。

水工监测工是从事水工建筑物巡视检查、环境量监测、变形监测、渗流监测、应力应变及温度监测、监测资料整编等工作的人员。水工监测工职业涉及的专业知识范围广,跨越了多个不同学科;由于我国幅员辽阔,自然环境复杂多样,形成了各具特色的地理区域,水工建筑物结构形式不尽相同,相应监测设备差异很大,因此本书编写过程中强调技术发展的先进性,同时兼顾设备的普遍性和通用性,尽量做到通俗易懂。

本书的编写严格遵守了国家和水利部有关水工建筑物监测的最新标准及规范;充分反映了当前从事水工建筑物监测职业活动所需要的最新核心知识与技能要求,较好地体现了科学性、先进性;突出了适应职业技能培训和技能鉴定的特色,按技术等级及知识模块单元编写,有助于在职职工培训学习,更能帮助职工有针对性地系统自学,不仅能够有助于通过职业技能鉴定考核,更能使得水工建筑物监测的实用技术与操作技能得以巩固和提高。

与本书配套的《水工监测工》试题集由黄河水利出版社同时出版发行。《水工监测工》国家职业技能标准、《水工监测工》职业技能培训教材、《水工监测工》试题集三者构成水工监测工职业技能培训和职业技能鉴定实施较完整配套的资料体系,其中水工监测工国家职业技能标准起着统领指导和依据作用,也是本书编写的提纲。本书支撑培训学习和技能鉴定的实施;试题集与本书配套使用,可加深理解教材内容,提高培训效果,支持选题组卷考试与技能鉴定。

水工监测工职业技能培训教材主要介绍成熟的相关知识和操作技能,编写中参考引用了许多标准、规范、规程的内容(具体水工建筑物的监测,应严格执行有关标准、规范、规程的详细规定和质量标准),还参阅了大量文献资料(包括网络材料和一些单位的技术材料),在此谨向原作者致谢!

本书编写得到了人力资源和社会保障部职业技能鉴定中心、水利部人事司、水利部人才资源开发中心、水利部农水司、中国灌溉排水发展中心、水利部精神文明建设指导委员会办公室、湖北省水利厅、湖北水利水电职业技术学院、黄河水利出版社等单位的大力支持。本书由钟汉华担任主编,由桂剑萍、胡斌、刘能胜、向亚卿担任副主编,主要参编人员有董伟、张彬、鲍喜蕊、黄拥军、吴汉清、黎晶晶等;水利部精神文明建设指导委员会办公室袁建军、王卫国、刘千程编写了水利职业道德部分;水利部大坝安全中心王士军(教授级高工)对全书进行了认真审阅。本书编写修订历经多稿,先后指导编写和审查书稿的人员还有侯京民、陈楚、李远华、史明瑾、孙晶辉、童志明、党平、李琪、严家适、姚春生、朱玮、张榕红、崔洁、袁建军、吕洪予等。在此表示诚挚的感谢!

限于编者水平,疏漏之处在所难免,敬请读者批评指正。

编　者

2014 年 12 月

# 目 录

## 第3篇　操作技能——初级工

## 第4篇　操作技能——中级工

# 第5篇　操作技能——高级工

# 第6篇　操作技能——技师

# 第7篇　操作技能——高级技师

# 第 1 篇　水利职业道德

# 第 1 章　水利职业道德概述

## 1.1　水利职业道德的概念

道德是一种社会意识形态,是人们共同生活及行为的准则与规范,道德往往代表着社会的正面价值取向,起判断行为正当与否的作用。

职业道德,就是同人们的职业活动紧密联系的符合职业特点所要求的道德准则、道德情操与道德品质的总和,它既是对本职人员在职业活动中行为的要求,又是职业对社会所负的道德责任与义务。

水利职业道德是水利工作者在自己特定的职业活动中应当自觉遵守的行为规范的总和,是社会主义道德在水利职业活动中的体现。水利工作者在履行职责过程中必然产生相应的人际关系、利益分配、规章制度和思想行为。水利职业道德就是水利工作者从事职业活动时,调整和处理与他人、与社会、与集体、与工作关系的行为规范或行为准则。水利职业道德作为意识形态,是世界观、人生观、价值观的集中体现,是水利人共同的理想信念、精神支柱和内在力量,表现为价值判断、价值选择、价值实现的共同追求,直接支配和约束人们的思想行为。具体界定着每个水利人什么是对的,什么是错的,什么是应该做的,什么是不应该做的。

## 1.2　水利职业道德的主要特点

(1)贯彻了社会主义职业道德的普遍性要求。水利职业道德是体现水利行业的职业责任、职业特点的道德。水利职业道德作为一个行业的职业道德,是社会主义职业道德体系中的组成部分,从属和服务于社会主义职业道德。社会主义职业道德对全社会劳动者有着共同的普遍性要求,如全心全意为人民服务、热爱本职工作、刻苦钻研业务、团结协作等,都是水利职业道德必须贯彻和遵循的基本要求。水利职业道德是社会主义职业道德基本要求在水利行业的具体化,社会主义职业道德基本要求与水利职业道德是共性和个性、一般和特殊的关系。

(2)紧紧扣住了水利行业自身的基本特点。水利行业与其他行业相比有着显著的特点,这决定了水利职业道德具有很强的行业特色。这些行业特色主要有:一是水利工程建设量大,投资多,工期长,要求水利工作者必须热爱水利,具有很强的大局意识和责任意识。二是水利工程具有长期使用价值,要求水利工作者必须树立"百年大计、质量第一"的职业道德观念。三是工作流动性大,条件艰苦,要求水利工作者必须把艰苦奋斗、奉献社会作为自己的职业道德信念和行为准则。四是水利科学是一门复杂的、综合性很强的自然科学,要求水利工作者必须尊重科学、尊重事实、尊重客观规律、树立科学求实的精神。五是水利工作是一项需要很多部门和单位互相配合、密切协作才能完成的系统工程，要求水利工作者必须具有良好的组织性、纪律性和自觉遵纪守法的道德品质。

（3）继承了传统水利职业道德的精华。水利职业道德是在治水斗争实践中产生，随着治水斗争的发展而发展的。早在大禹治水时，就留下了他忠于职守、公而忘私、三过家门不入、为民治水的高尚精神。李冰父子不畏艰险、不怕牺牲、不怕挫折和诬陷，一心为民造福，终于建成了举世闻名的都江堰分洪灌溉工程，至今仍发挥着巨大的社会效益和经济效益。新中国成立以来，随着水利事业的飞速发展，水利职业道德也进入了一个崭新的发展阶段。在三峡水利枢纽工程、南水北调工程、小浪底水利枢纽工程等具有代表性的水利工程建设中，新中国水利工作者以国家主人翁的姿态自觉为民造福而奋斗，发扬求真务实的科学精神，顽强拼搏、勇于创新、团结协作，成功解决了工程技术上的一系列世界性难题，并涌现出许多英雄模范人物，创造出无数动人的事迹，表现出新中国水利工作者高尚的职业道德情操，极大地丰富和发展了中国传统水利职业道德的内容。

# 1.3　水利职业道德建设的重要性和紧迫性

一是发展社会主义市场经济的迫切需要。建设社会主义市场经济体制，是我国经济振兴和社会进步的必由之路，是一项前无古人的伟大创举。这种经济体制，不仅同社会主义基本经济制度结合在一起，而且同社会主义精神文明结合在一起。市场经济体制的建立，要求水利工作者在社会化分工和专业化程度日益增强、市场竞争日趋激烈的条件下，必须明确自己职业所承担的社会职能、社会责任、价值标准和行为规范，并要严格遵守，这是建立和维护社会秩序、按市场经济体制运转的必要条件。

二是推进社会主义精神文明建设的迫切需要。《公民道德建设实施纲要》指出：党的十一届三中全会特别是十四大以来，随着改革开放和现代化事业的发展，社会主义精神文明建设呈现出积极向上的良好态势，公民道德建设迈出了新的步伐。但与此同时，也存在不少问题。社会的一些领域和一些地方道德失范，是非、善恶、美丑界限混淆，拜金主义、享乐主义、极端个人主义有所滋长，见利忘义、损公肥私行为时有发生，不讲信用、欺诈欺骗成为公害，以权谋私、腐化堕落现象严重。特别是党的十七届六中全会关于推动社会主义文化大发展、大繁荣的决定明确指出"精神空虚不是社会主义"。思想道德作为文化建设的重要内容，必须加强包括水利职业道德建设在内的全社会道德建设。

三是加强水利干部职工队伍建设的迫切需要。2011年，中央一号文件和中央水利工作会议吹响了加快水利改革发展新跨越的进军号角。全面贯彻落实中央关于水利的决策部署，抓住这一重大历史机遇，探索中国特色水利现代化道路，掀起治水兴水新高潮，迫切要求水利工作要为社会经济发展和人民生活提供可靠的水资源保障和优质服务。这就对水利干部职工队伍的全面素质提出了新的更高的要求。水利职业道德作为思想政治建设的重要组成部分和有效途径，必须深入贯彻落实党的十七大精神和《公民道德建设实施纲要》，紧紧围绕水利中心工作，以促进水利干部职工的全面发展为目标，充分发挥职业道德在提高干部职工的思想政治素质上的导向、判断、约束、鞭策和激励功能，为水利改革发展实现新跨越提供强有力的精神动力和思想保障。

　　四是树立行业新风、促进社会风气好转的迫切需要。职业活动是人生中一项主要内容,人生价值、人的创造力以及对社会的贡献主要是通过职业活动实现的。职业岗位是培养人的最好场所,也是展现人格的最佳舞台。如果每个水利工作者都能注重自己的职业道德品质修养,就有利于在全行业形成五讲、四美、三热爱的行业新风,在全社会树立起水利行业的良好形象。同时,高尚的水利职业道德情怀能外化为职业行为,传递感染水利工作的服务对象和其他人员,有助于形成良好的社会氛围,带动全社会道德风气的好转。

# 1.4　水利职业道德建设的基本原则

　　(1)必须以科学发展观为统领。通过水利职业道德进一步加强职业观念、职业态度、职业技能、职业纪律、职业作风、职业责任、职业操守等方面的教育和实践,引导广大干部职工树立以人为本的职业道德宗旨、筑牢全面发展的职业道德理念、遵循诚实守信的职业道德操守,形成修身立德、建功立业的行为准则,全面提升水利职业道德建设的水平。

　　(2)必须以社会主义价值体系建设为根本。坚持不懈地用马克思主义中国化的最新理论成果武装水利干部职工头脑,用中国特色社会主义共同理想凝聚力量,用以爱国主义为核心的民族精神和以改革创新为核心的时代精神鼓舞斗志,用社会主义荣辱观引领风尚。把社会主义核心价值体系的基本要求贯彻到水利职业道德中,使广大水利干部职工随时都能受到社会主义核心价值的感染和熏陶,并内化为价值观念,外化为自觉行动。

　　(3)必须以社会主义荣辱观为导向。水利是国民经济和社会发展的重要基础设施,社会公益性强、影响涉及面广、与人民群众的生产生活息息相关。水利职业道德要积极引导广大干部职工践行社会主义荣辱观,树立正确的世界观、人生观和价值观,知荣辱、明是非、辨善恶、识美丑,加强道德修养,不断提高自身的社会公德、职业道德、家庭美德水平,筑牢思想道德防线。

　　(4)必须以和谐文化建设为支撑。要充分发挥和谐文化的思想导向作用,积极引导广大干部职工树立和谐理念,培育和谐精神,培养和谐心理。用和谐方式正确处理人际关系和各种矛盾;用和谐理念塑造自尊自信、理性平和、积极向上的心态;用和谐精神陶冶情操、鼓舞人心、相互协作;成为广大水利干部职工奋发有为、团结奋斗的精神纽带。

　　(5)必须弘扬和践行水利行业精神。"献身、负责、求实"的水利行业精神,是新时期推进现代水利、可持续发展水利宝贵的精神财富。水利职业道德要成为弘扬和践行水利行业精神的有效途径和载体,进一步增强广大干部职工的价值判断力、思想凝聚力和改革攻坚力,鼓舞和激励广大水利干部职工献身水利、勤奋工作、求实创新,为水利事业又好又快的发展,提供强大的精神动力和力量源泉。

# 第 2 章　水利职业道德的具体要求

## 2.1　爱岗敬业,奉献社会

爱岗敬业是水利职业道德的基础和核心,是社会主义职业道德倡导的首要规范,也是水利工作者最基本、最主要的道德规范。爱岗就是热爱本职工作,安心本职工作,是合格劳动者必须具备的基础条件。敬业是对职业工作高度负责和一丝不苟,是爱岗的提高完善和更高的道德追求。爱岗与敬业相辅相成,密不可分。一个水利工作者只有爱岗敬业,才能建立起高度的职业责任心,切实担负起职业岗位赋予的责任和义务,做到忠于职守。

按通俗的说法,爱岗是干一行爱一行。爱是一种情感,一个人只有热爱自己从事的工作,才会有工作的事业心和责任感;才能主动、勤奋、刻苦地学习本职工作所需要的各种知识和技能,提高从事本职工作的本领;才能满腔热情、朝气蓬勃地做好每一项属于自己的工作;才能在工作中焕发出极大的进取心,产生出源源不断的开拓创新动力;才能全身心地投入到本职工作中去,积极主动地完成各项工作任务。

敬业是始终对本职工作保持积极主动、尽心尽责的态度。一个人只有充分理解了自己从事工作的意义、责任和作用,才会认识本职工作的价值,从职业行为中找到人生的意义和乐趣,对本职工作表现出真诚的尊重和敬意。自觉地遵照职业行为的要求,兢兢业业、扎扎实实、一丝不苟地对待职业活动中的每一个环节和细节,认真、负责地做好每项工作。

奉献社会是社会主义职业道德的最高要求,是为人民服务和集体主义精神的最好体现。奉献社会的实质是奉献。水利是一项社会性很强的公益事业,与生产生活乃至人民生命财产安全息息相关。一个水利工作者必须树立全心全意为人民服务、为社会服务的思想,把人民和国家利益看得高于一切,才能在急、难、险、重的工作任务面前淡泊名利、顽强拼搏、先公后私、先人后己,以至在关键时刻能够牺牲个人的利益去维护人民和国家的利益。

张宇仙是四川省内江市水文水资源勘测局登瀛岩水文站职工。她以对事业的执着和忠诚、爱岗敬业的可贵品质、舍小家顾大家的高尚风范,获得了社会各界的广泛赞誉。1981 年,石堤埝水文站发生了有记录以来的特大洪水,张宇仙用一根绳子捆在腰上,站在洪水急流中观测水位。1984 年,她生小孩的前一天还在岗位上加班。1998 年,长江发生百年不遇的特大洪水,其一级支流沱江水位猛涨,这时张宇仙的丈夫病危,家人要她回去,然而张宇仙舍小家顾大家,一连五个昼夜,她始终坚守在水情观测第一线,收集洪水资料156 份,准确传递水情 18 份,回答沿江垂询电话 200 余次,为减小洪灾损失做出了重要贡献。当洪水退去,她赶回丈夫身边时,丈夫已不能说话,两天后便去世了。她上有八旬婆母,下有未成年的孩子,面对丈夫去世后沉重的家庭负担,张宇仙依然坚守岗位,依然如故地孝敬婆母,依然一次次毅然选择了把困难留给自己,把改善工作环境的机会让给他人。她以自己的实际行动表达了对党、对人民、对祖国水利事业的热爱和忠诚,获得了人们的高度赞扬,被授予"全国五一劳动奖章""全国抗洪模范""全国水文标兵"等光荣称号。

曹述军是湖南郴州市桂阳县樟市镇水管站职工。他在 2008 年抗冰救灾斗争中,视灾情为命令,舍小家为大家,舍生命为人民,主动请缨担任架线施工、恢复供电的负责人。为了让乡亲们过上一个欢乐祥和的春节,他不辞劳苦、不顾危险,连续奋战十多个昼夜,带领抢修队员紧急抢修被损坏的供电线路和基础设施。由于体力严重透支,不幸从 12 m 高的电杆上摔下,英勇地献出了自己宝贵的生命。他用自己的实际行动生动地诠释了"献身、负责、求实"的行业精神,展现了崇高的道德追求和精神境界,被追授予"全国五一劳动奖章"和"全国抗冰救灾优秀共产党员"等光荣称号。

## 2.2　崇尚科学,实事求是

崇尚科学,实事求是,是指水利工作者要具有坚持真理的求实精神和脚踏实地的工作作风。这是水利工作者必须遵循的一条道德准则。水利属于自然科学,自然科学是关于自然界规律性的知识体系以及对这些规律探索过程的学问。水利工作是改造江河,造福人民,功在当代,利在千秋的伟大事业。水利工作的科学性、复杂性、系统性和公益性决定了水利工作者必须坚持科学认真、求实务实的态度。

崇尚科学,就是要求水利工作者要树立科学治水的思想,尊重客观规律,按客观规律办事。一要正确地认识自然,努力了解自然界的客观规律,学习掌握水利科学技术。二要严格按照客观规律办事,对每项工作、每个环节都持有高度科学负责的精神,严肃认真,精益求精,决不可主观臆断,草率马虎;否则,就会造成重大浪费,甚至造成灾难,给人民生命财产造成巨大损失。

实事求是,就是一切从实际出发,按客观规律办事,不能凭主观臆断和个人好恶观察和处理问题。要求水利工作者必须树立求实务实的精神。一要深入实际,深入基层,深入群众,了解掌握实际情况,研究解决实际问题。二要脚踏实地,干实事,求实效,不图虚名,不搞形式主义,决不弄虚作假。

中国工程勘察大师崔政权,生前曾任水利部科技委委员、长江水利委员会综合勘测局总工程师。他一生热爱祖国、热爱长江、热爱三峡人民,把自己的毕生精力和聪明才智都献给了伟大的治江事业。他一生坚持学习,呕心沥血,以惊人的毅力不断充实自己的知识和理论体系,勇攀科技高峰。为了贯彻落实党中央、国务院关于三峡移民建设的决策部署,给库区移民寻找一个安稳的家园,保障三峡工程的顺利实施,他不辞劳苦,深入库区,跑遍了周边的山山水水,解决了移民搬迁区一个个地质难题,避免了多次重大滑坡险情造成的损失。他坚持真理,科学严谨,求真务实,敢于负责,鞠躬尽瘁,充分体现了一名水利工作者的高尚情怀和共产党员的优秀品质。

## 2.3　艰苦奋斗,自强不息

艰苦奋斗是指在艰苦困难的条件下,奋发努力,斗志昂扬地为实现自己的理想和事业而奋斗。自强不息是指自觉地努力向上,发愤图强,永不松懈。两者联系起来是指一种思想境界、一种精神状态、一种工作作风,其核心是艰苦奋斗。艰苦奋斗是党的优良传统,也是水利工作者常年在野外工作,栉风沐雨,风餐露宿,在工作和生活条件艰苦的情况下,磨炼和培养出来的崇高品质。不论过去、现在、将来,艰苦奋斗都是水利工作者必须坚持和弘扬的一条职业道德标准。

早在新中国成立前夕,毛主席就告诫全党:务必使同志们继续保持谦虚、谨慎、不骄、不躁的作风,务必使同志们继续保持艰苦奋斗的作风。新中国成立后又讲:社会主义的建立给我们开辟了一条到达理想境界的道路,而理想境界的实现,还要靠我们的辛勤劳动。邓小平在谈到改革中出现的失误时说:最重要的一条是,在经济得到了可喜发展,人民生活水平得到改善的情况下,没有告诉人民,包括共产党员在内应保持艰苦奋斗的传统。当前,社会上一些讲排场、摆阔气,用公款大吃大喝,不计成本、不讲效益的现象与我国的国情和艰苦奋斗的光荣传统是格格不入和背道而驰的。在思想开放、理念更新、生活多样化的时代,水利工作者必须继续发扬艰苦奋斗的光荣传统,继续在工作生活条件相对较差的条件下,把艰苦奋斗作为一种高尚的精神追求和道德标准严格要求自己,奋发努力,顽强拼搏,斗志昂扬地投入到各项工作中去,积极为水利改革和发展事业建功立业。

"全国五一劳动奖章"获得者谢会贵,是水利部黄河水利委员会玛多水文巡测分队的一名普通水文勘测工。自 1978 年参加工作以来,情系水文、理想坚定,克服常人难以想象和忍受的困难,三十年如一日,扎根高寒缺氧、人迹罕见的黄河源头,无怨无悔、默默无闻地在平凡的岗位上做出了不平凡的业绩,充分体现了特别能吃苦、特别能忍耐、特别能奉献的崇高精神,是水利职工继承发扬艰苦奋斗优良传统的突出代表。

## 2.4　勤奋学习,钻研业务

勤奋学习,钻研业务,是提高水利工作者从事职业岗位工作应具有的知识文化水平和业务能力的途径。它是从事职业工作的重要条件,是实现职业理想、追求高尚职业道德的具体内容。一个水利工作者通过勤奋学习,钻研业务,具备了为社会、为人民服务的本领,就能在本职岗位上更好地履行自己对社会应尽的道德责任和义务。因此,勤奋学习、钻研业务是水利职业道德的重要内容。

科学技术知识和业务能力是水利工作者从事职业活动的必备条件。科学技术的飞速发展和社会主义市场经济体制的建立,对各个职业岗位的科学技术知识和业务能力水平的要求越来越高,越来越精。水利工作者要适应形势发展的需要,跟上时代前进的步伐,就要勤奋学习,刻苦专研,不断提高与自己本职工作有关的科学文化和业务知识水平;就要积极参加各种岗位培训,更新观念,学习掌握新知识、新技能,学习借鉴他人包括国外的先进经验;就要学用结合,把学到的新理论知识与自己的工作实践紧密结合起来,干中学,学中干,用所学的理论指导自己的工作实践;就要有敢为人先的开拓创新精神,打破因循守旧的偏见,永远不满足工作的现状,不仅敢于超越别人,还要不断地超越自己。这样才能在自己的职业岗位上不断有所发现、有所创新、有所前进。

刘孟会是水利部黄河水利委员会河南河务局台前县黄河河务局一名河道修防工。他参加治黄工作 26 年来,始终坚持自学,刻苦研究防汛抢险技术,在历次防汛抢险斗争中都起到了关键性作用。特别是在抗御黄河"96·8"洪水斗争中,他果断采取了超常规的办法,大胆指挥,一鼓作气将口门堵复,消除了黄河改道的危险,避免了滩区 6.3 万亩(1 亩 = 1/15 hm$^2$,下同)耕地被毁,保护了 113 个行政村 7.2 万人的生命财产安全,挽回经济损失 1 亿多元。多年的勤奋学习,钻研业务,使他积累了丰富的治理黄河经验,并将实践经验上升为水利创新技术,逐步成长为河道修防的高级技师,并在黄河治理开发、技术人才培训中发挥了显著作用,创造了良好的社会效益和经济效益。荣获了"全国水利技能大奖"和"全国技术能手"的光荣称号。

湖南永州市道县水文勘测队的何江波同志恪守职业道德,立足本职,刻苦钻研业务,不断提升技能技艺,奉献社会,在一个普通水文勘测工的岗位上先后荣获了"全国五一劳动奖章"、"全国技术能手"、"中华技能大奖"等一系列荣誉,并逐步成长为一名干部,被选为代表光荣地参加了党的十七大。

## 2.5　遵纪守法,严于律己

遵纪守法是每个公民应尽的社会责任和道德义务,是保持社会和谐安宁的重要条件。在社会主义民主政治的条件下,从国家的根本大法到水利基层单位的规章制度,都是为维护人民的共同利益而制定的。社会主义荣辱观中明确提出要"以遵纪守法为荣,以违法乱纪为耻",就是从道德观念的层面对全社会提出的要求,当然也是水利职业道德的重要内容。

水利工作者在职业活动中,遵纪守法更多体现为自觉地遵守职业纪律,严格按照职业活动的各项规章制度办事。职业纪律具有法规强制性和道德自控性。一方面,职业纪律以强制手段禁止某些行为,靠专门的机构来检查和执行;另一方面,职业道德用榜样的力量来倡导某些行为,靠社会舆论和职工内心的信念力量来实现。因此,一个水利工作者遵纪守法主要靠本人的道德自律、严于律己来实现。一要认真学习法律知识,增强民主法治观念,自觉依法办事,依法律己,同时懂得依法维护自身的合法权益,勇于与各种违法乱纪行为作斗争。二要严格遵守各项规章制度,以主人翁的态度安心本职工作,服从工作分配,听从指挥,高质量、高效率地完成岗位职责所赋予的各项任务。

优秀共产党员汪洋湖一生把全心全意为人民群众谋利益作为心中最炽热的追求。在他担任吉林省水利厅厅长时发生的两件事,真实生动地反映了一个领导干部带头遵纪守法、严格要求自己的高尚情怀。他在水利厅明确规定:凡水利工程建设项目,全部实行招标投标制,并与厅班子成员"约法三章":不取非分之钱,不上人情工程,不搞暗箱操作。1999 年,汪洋湖过去的一个老上级来水利厅要工程,没料想汪洋湖温和而又毫不含糊地对他说:你想要工程就去投标,中上标,活儿自然是你的,中不上标,我也不能给你。这是规矩。他掏钱请老上级吃了一顿午饭,把他送走了。女儿的丈夫家是搞建筑的,小两口商量想搞点工程建设。可是谁也没想到,小两口在每年经手 20 亿元水利工程资金的父亲那里,硬是没有拿到过一分钱的活。

## 2.6　顾全大局,团结协作

顾全大局,团结协作,是水利工作者处理各种工作关系的行为准则和基本要求,是确保水利工作者做好各项工作、始终保持昂扬向上的精神状态和创造一流工作业绩的重要前提。

大局就是全局,是国家的长远利益和人民的根本利益。顾全大局就是要增强全局观念,坚持以大局为重,正确处理好国家、集体和个人的利益关系,个人利益要服从国家利益、集体利益,局部利益要服从全局利益,眼前利益要服从长远利益。

团结才能凝聚智慧,产生力量。团结协作,就是把各种力量组织起来,心往一处想,劲往一处使,拧成一股绳,把意志和力量都统一到实现党和国家对水利工作的总体要求和工作部署上来,战胜各种困难,齐心协力搞好水利建设。

水利工作是一项系统工程,要统筹考虑和科学安排水资源的开发与保护、兴利与除害、供水与发电、防洪与排涝、国家与地方、局部与全局、个人与集体的关系,江河的治理要上下游、左右岸、主支流、行蓄洪配套进行。因此,水利工作者无论从事何种工作,无论职位高低,都一定要做到:一是牢固树立大局观念,破除本位主义,必要时牺牲局部利益,保全大局利益。二是大力践行社会主义荣辱观,以团结互助为荣,以损人利己为耻。要团结同事,相互尊重,互相帮助,各司其职,密切协作,工作中虽有分工,但不各行其是,要发挥各自所长,形成整体合力。三是顾全大局、团结协作,不能光喊口号,要身体力行,要紧紧围绕水利工作大局,做好自己职责范围内的每一项工作。只有增强大局意识、团结共事意识,甘于奉献,精诚合作,水利干部职工才能凝聚成一支政治坚定、作风顽强、能打硬仗的队伍,我们的事业才能继往开来,取得更大的胜利。

1991 年,淮河流域发生特大洪水,在不到 2 个月的时间里,洪水无情地侵袭了 179 个地(市)、县,先后出现了大面积的内涝,洪峰严重威胁淮河南岸城市、工矿企业和铁路的安全,将要淹没 1 500 万亩耕地,涉及 1 000 万人。国家防汛抗旱总指挥部下令启用蒙洼等三个蓄洪区和邱家湖等 14 个行洪区分洪。这样做要淹没 148 万亩耕地,涉及 81 万人。行洪区内的人民以国家大局为重,牺牲局部,连夜搬迁,为开闸泄洪赢得了宝贵的时间,为夺取抗洪斗争的胜利做出了重大贡献,成为了顾全大局、团结治水的典型范例。

## 2.7　注重质量,确保安全

注重质量,确保安全,是国家对社会主义现代化建设的基本要求,是广大人民群众的殷切希望,是水利工作者履行职业岗位职责和义务必须遵循的道德行为准则。

注重质量,是指水利工作者必须强化质量意识,牢固树立"百年大计,质量第一"的思想,坚持"以质量求信誉,以质量求效益,以质量求生存,以质量求发展"的方针,真正做到把每项水利工程建设好、管理好、使用好,充分发挥水利工程的社会经济效益,为国家建设和人民生活服务。

确保安全,是指水利工作者必须提高认识,增强安全防范意识。树立"安全第一,预防为主"的思想,做到警钟长鸣,居安思危,长备不懈,确保江河度汛、设施设备和人员自身的安全。

注重质量,确保安全,对水利工作具有特别重要的意义。水利工程是我国国民经济发展的基础设施和战略重点,国家每年都要出巨资用于水利建设。大中型水利工程的质量和安全问题直接关系到能否为社会经济发展提供可靠的水资源保障,直接关系千百万人的生产生活甚至生命财产安全。这就要求水利工作者必须做到:一是树立质量法制观念,认真学习和严格遵守国家、水利行业制定的有关质量的法律、法规、条例、技术标准和规章制度,每个流程、每个环节、每件产品都要认真贯彻执行,严把质量关。二是积极学习和引进先进科学技术和先进的管理办法,淘汰落后的工艺技术和管理办法,依靠科技进步提高质量。三是居安思危,预防为主。克服麻痹思想和侥幸心理,各项工作都要像防汛工作那样,立足于抗大洪水,从最坏处准备,往最好处努力,建立健全各种确保安全的预案和制度,落实应急措施。四是爱护国家财产,把行使本职岗位职责的水利设施设备像爱护自己的眼睛一样进行维护保养,确保设施设备的完好和可用。五是重视安全生产,确保人身安全。坚守工作岗位,尽职尽责,严格遵守安全法规、条例和操作规程,自觉做到不违章指挥、不违章作业、不违反劳动纪律、不伤害别人、不伤害自己、不被别人伤害。

长江三峡工程建设监理部把工程施工质量放在首位,严把质量关。仅 1996 年就发出违规警告 50 多次,停工、返工令 92 次,停工整顿 4 起,清理不合格施工队伍 3 个,核减不合理施工申报款 4.7 亿元,为这一举世瞩目的工程胜利建成做出了重要贡献。

# 第3章  职工水利职业道德培养的主要途径

## 3.1 积极参加水利职业道德教育

水利职业道德教育是为培养水利改革和发展事业需要的职业道德人格,依据水利职业道德规范,有目的、有计划、有组织地对水利工作者施加道德影响的活动。

任何一个人的职业道德品质都不是生来就有的,而是通过职业道德教育,不断提高对职业道德的认识后逐渐形成的。一个从业者走上水利工作岗位后,他对水利职业道德的认识是模糊的,只有经过系统的职业道德教育,并通过工作实践,对职业道德有了一个比较深层次的认识后,才能将职业道德意识转化为自己的行为习惯,自觉地按照职业道德规范的要求进行职业活动。

水利职业道德教育,要以为人民服务,树立正确的世界观、人生观、价值观教育为核心,大力弘扬艰苦奋斗的光荣传统,以实施水利职业道德规范,明确本职岗位对社会应尽的责任和义务为切入点,抓住人民群众对水利工作的期盼和关心的热点、难点问题,以与群众的切身利益密切相关,接触群众最多的服务性部门和单位为窗口,把职业道德教育与遵纪守法教育结合起来,与科学文化和业务技能教育结合起来,采取丰富多彩、灵活多样、群众喜闻乐见的形式,开展教育活动。

每个水利工作者要积极参加职业道德教育,才能不断深化对水利职业道德的认识,增强职业道德修养和职业道德实践的自觉性,不断提高自身的职业道德水平。

## 3.2 自觉进行水利职业道德修养

水利职业道德修养是指水利工作者在职业活动中,自觉根据水利职业道德规范的要求,进行自我教育、自我陶冶、自我改造和自我锻炼,提高自我道德情操的活动,以及由此形成的道德境界,是水利工作者提高自身职业道德水平的重要途径。

职业道德修养不同于职业道德教育,具有主体和对象的统一性,水利工作者个体就是这个主体和对象的统一体。这就决定了职业道德修养是主观自觉的道德活动,决定了职业道德修养是一个从认识到实践、再认识到再实践,不断追求、不断完善的过程。这一过程将外在的道德要求转化为内在的道德信念,又将内在的道德信念转化为实际的职业行为,是每个水利工作者培养和提高自己职业道德境界,实现自我完善的必由之路。

水利职业道德修养不是单纯的内心体验,而是水利工作者在改造客观世界的斗争中改造自己的主观世界。职业道德修养作为一种理智的自觉活动,一是需要科学的世界观作指导。马克思主义中国化的最新理论成果是科学世界观和方法论的集中体现,是我们改造世界的强大思想武器。每个水利工作者都要认真学习,深刻领会马克思主义哲学关于一切从实际出发,实事求是、矛盾分析、归纳与演绎等科学理论,为加强职业道德修养提供根本的思想路线和思维方法。二是需要科学文化知识和道德理论作基础。科学文化知识是关于自然、社会和思维发展规律的概括和总结。学习科学文化知识,有助于提高职业道德选择和评价能力,提高职业道德修养的自觉性;有助于形成科学的道德观、人生观和价值观,全面、科学、深刻地认识社会,正确处理社会主义职业道德关系。三是理论联系实际,知行统一为根本途径。要按照水利职业道德规范的要求,勇于实践和反复实践,在职业活动中不断学习、深入体会水利职业道德的理论和知识。要在职业工作中努力改造自己的主观世界,同各种非无产阶级的腐朽落后的道德观作斗争,培养和锻炼自己的水利职业道德观。要以职业岗位为舞台,自觉地在工作和社会实践中检查和发现自己职业道德认识和品质上的不足,并加以改正。四是要认识职业道德修养是一个长期、反复、曲折的过程,不是一朝一夕就可以做到的,一定要坚持不懈、持之以恒地进行自我锻炼和自我改造。

## 3.3　广泛参与水利职业道德实践

水利职业道德实践是一种有目的的社会活动,是组织水利工作者履行职业道德规范,取得道德实践经验,逐步养成职业行为习惯的过程;是水利工作者职业道德观念形成、丰富和发展的一个重要环节;是水利职业道德理想、道德准则转化为个人道德品质的必要途径,在道德建设中具有不可替代的重要作用。

组织道德实践活动,内容可以涉及水利工作者的职业工作、社会活动以及日常生活等各方面。但在一定时期内,须有明确的目标和口号,具有教育意义的内容和丰富多彩的形式,要讲明活动的意义、行为方式和要求,并注意检查督促,肯定成绩,找出差距,表扬先进,激励后进。如在机关里开展"爱岗敬业,做人民满意公务员"活动,在企业中开展"讲职业道德,树文明新风"活动,在青年中开展"学雷锋,送温暖"活动,组织志愿者在单位和宿舍开展"爱我家园、美化环境"活动等。通过这些活动,进行社会主义高尚道德情操和理念的实践。

每一个水利工作者都要积极参加单位及社会组织的各种道德实践活动。在生动、具体的道德实践活动中,亲身体验和感悟做好人好事、向往真善美所焕发的高尚道德情操和观念的伟大力量,加深对高尚道德情操和观念的理解,不断用道德规范熏陶自己,改进和提高自己,逐步把道德认识、道德观念升华为相对稳定的道德行为,做水利职业道德的模范执行者。

# 第 2 篇  基础知识

# 第 1 章　水工建筑物基本知识

## 1.1　水工建筑物概念

　　为了综合开发水资源,合理地对地表水和地下水进行调控,需要修建很多不同水利工程,以达到兴水利除水害的目的。通常把在水的静力或动力作用下工作,并与水发生相互影响的各种水利工程建筑物称为水工建筑物。水工建筑物对于水利工程发挥蓄水、挡水、取水、输水、排水、泄水、供水以及航运作用起到关键作用。然而,水工建筑物又受到设计、施工错误,运行维护失误,建筑材料老化及自然灾害等一系列因素的影响,因此保障水工建筑物的安全十分重要。

## 1.2　水工建筑物分类及主要特征

　　按照水工建筑物对水的作用不同可以将水工建筑物分为挡水建筑物、泄水建筑物、输水建筑物、取水建筑物、整治建筑物及专门建筑物;按照建筑物使用时间的长短可以将水工建筑物分为永久性建筑物和临时性建筑物,永久性建筑物又可以分为主要建筑物和次要建筑物。按照使用材料不同可以将水工建筑物分为土(石)工建筑物和混凝土建筑物。

　　水工监测中,土(石)工建筑物一般指各种类型的土石坝、堤防、围堰等,主要由土颗粒及堆石构成,这类建筑物要求有足够的断面维持坝坡的稳定,设置良好的防渗和排水设施以控制渗流,具有足够的泄洪能力,且要求选择好筑坝土石料的种类、形式以及各种土石料的配置。

　　混凝土建筑物,一类是各类挡水建筑物如混凝土重力坝、水闸、拱坝等,其主要特征是建筑物整体或局部体积大,属于大体积混凝土结构,特别是施工期混凝土的水化热和硬化收缩,将产生不利的温度应力和收缩应力,需要较严格的温度控制措施;建筑物由混凝土构成,不能很好地发挥混凝土强度。另外,用量大、体积大也会导致扬压力增加,对稳定不利。另一类是各类泄水或输水建筑物如溢流坝、溢洪道、输水洞等,高速水流可能引起这类建筑物的空蚀、振动以及对下游河床和两岸的冲刷。

## 1.3　水工建筑物基本结构

### 1.3.1　重力坝的基本结构

　　重力坝是主要依靠坝体自重所产生的抗滑力来满足稳定要求的挡水建筑物。重力坝坝轴线一般为直线,垂直坝轴线方向设横缝,将坝体分成若干个独立工作的坝段,以免因坝基发生不均匀沉陷和温度变化而引起坝体开裂。为了防止渗漏,在缝内设多道止水。垂直坝轴线的横剖面基本上呈三角形,结构受力形式为固接于坝基上的悬臂梁。坝基要求布置防渗排水设施。

### 1.3.1.1 重力坝的剖面

**1. 非溢流重力坝的基本剖面**

重力坝的基本剖面:重力坝承受的主要荷载是静水压力,控制剖面尺寸的主要指标是稳定和强度要求。作用于上游面的水平水压力呈三角形分布。三角形剖面外形简单,底面和基础接触面积大,稳定性好。重力坝的基本剖面是上游近于垂直的三角形,如图 2-1-1 所示。

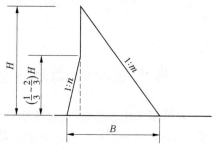

图 2-1-1　非溢流重力坝的基本剖面

理论分析和工程实践证明,混凝土重力坝上游面可做成折坡,折坡点一般位于 $1/3 \sim 2/3$ 坝高处,以便利用上游坝面水重增加坝体的稳定性;上游坝坡系数常采用 $n = 0 \sim 0.2$,下游坝坡系数常采用 $m = 0.6 \sim 0.8$,坝底宽为 $B = (0.7 \sim 0.9)H$($H$ 为坝高或最大挡水深度),基本剖面的拟定,采用工程类比法,确定具体尺寸,简便合理,成功率高。

**2. 非溢流重力坝的实用剖面**

基本剖面拟定后,要进一步根据作用在坝体上的全部荷载以及运用条件,考虑坝顶交通、设备和防浪墙布置、施工和检修等综合需要,把基本剖面修改成实用剖面,如图 2-1-2 所示。

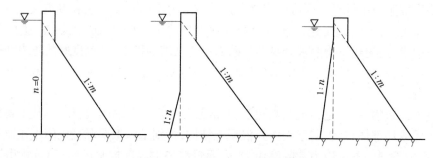

图 2-1-2　非溢流重力坝的实用剖面

1) 坝顶宽度

为了满足运用、施工和交通的需要,坝顶必须有一定的宽度。当有交通要求时,应按交通要求布置。一般情况坝顶宽度可采用坝高的 8% ~ 10%,且不小于 3 m。碾压混凝土坝坝顶宽不小于 5 m。当坝顶布置移动式启闭机时,坝顶宽度要满足安装门机轨道的要求。

2) 坝顶高程

为了交通和运用管理的安全,非溢流重力坝的坝顶应高于校核洪水位,坝顶上游的防浪墙顶的高程应高于波浪高程,当坝顶设防浪墙时,坝顶高程不得低于相应的静水位,防浪墙顶高程不得低于波浪顶高程。

3）坝顶布置

坝顶部分伸向上游;坝顶部分伸向下游,并做成拱桥或桥梁结构形式;坝顶建成矩形实体结构,必要时为移动式闸门启闭机铺设隐形轨道。坝顶设排水,一般都排向上游。坝顶防浪墙高度一般为 1.2 m,厚度应能抵抗波浪及漂浮物的冲击,与坝体牢固地连在一起,防浪墙在坝体分缝处也留伸缩缝,缝内设止水。

4）实用剖面形式

(1)铅直坝面,上游坝面为铅直面,便于施工,利于布置进水口、闸门和拦污设备,但是可能会使下游坝面产生拉应力,此时可修改下游坝坡系数 $m$ 值。

(2)斜坡坝面,当坝基条件较差时,可利用斜面上的水重,提高坝体的稳定性。

(3)折坡坝面,是最常用的实用剖面。既可利用上游坝面的水重增加稳定,又可利用折坡点以上的铅直面布置进水口,还可以避免空库时下游坝面产生拉应力,折坡点(1/3 ~ 2/3 坝前水深)处应进行强度和稳定演算。

坝底一般应按规定置于坚硬新鲜岩基上,100 m 以下重力坝坝基灌浆廊道距岩基和上游坝面应不小于 5 m。

实用剖面应该以剖面的基本参数为依据,以强度和稳定为约束条件,建立坝体工程量最小的目标函数,进行优化设计,确定最终的设计方案和相关尺寸。

3. 溢流重力坝的剖面

溢流重力坝简称溢流坝,既是挡水建筑物,又是泄水建筑物。因此,坝体剖面设计除要满足稳定和强度要求外,还要满足泄水的要求,同时要考虑下游的消能问题。

1）溢流坝的泄水方式

溢流重力坝的泄水方式有坝顶溢流式和孔口溢流式两种类型,如图 2-1-3 所示。

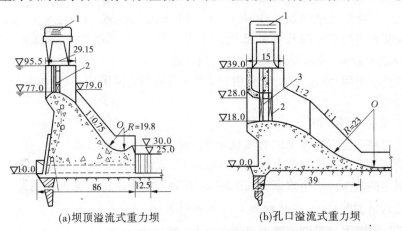

(a)坝顶溢流式重力坝　　　　　　　(b)孔口溢流式重力坝

1—移动式启闭机;2—工作闸门;3—检修闸门

**图 2-1-3　溢流重力坝的泄水方式**　(单位:m)

坝顶溢流式重力坝,当不设闸门时,堰顶高程等于水库的正常蓄水位,泄水时,靠壅高库内水位增加下泄量,这种情况增加了库内的淹没损失及非溢流坝的坝顶高程和坝体工程量。坝顶溢流不仅可以用于排泄洪水,还可以用于排泄其他漂浮物。它结构简单,可自动泄洪,管理方便,适用于洪水流量较小、淹没损失不大的中小型水库。

当堰顶设有闸门时，闸门顶高程虽高于水库正常蓄水位，但堰顶高程较低，可利用闸门不同开启度调节库内水位和下泄流量，减少上游淹没损失和非溢流坝的高度及坝体的工程量。与深孔闸门比较，堰顶闸门承受的水头较小，其孔口尺寸较大，由于闸门安装在堰顶，操作、检修均比深孔闸门方便。当闸门全开时，下泄流量与堰上水头 $H_0^{3/2}$ 成正比。随着库水位的升高，下泄流量增加较快，具有较大的超泄能力。堰顶闸门在大中型水库工程中得到广泛的应用。

对孔口溢流式重力坝，在闸墩上部设置胸墙，有固定胸墙和活动胸墙两种，既可利用胸墙挡水，又可减少闸门的高度和降低堰顶高程。它可以根据洪水预报提前放水，腾出较大的防洪库容，提高水库的调洪能力。当库水位低于胸墙下缘时，下泄水流流态与堰顶开敞溢流式相同；当库水位高于孔口一定高度时，呈大孔口出流。胸墙多为钢筋混凝土结构，常固接在闸墩上，也有做成活动式的。遇特大洪水时可将胸墙吊起，以加大泄洪能力，利于排放漂浮物。

2）溢流坝的基本剖面

溢流坝的基本剖面呈三角形，如图 2-1-4 所示。上游坝面可以做成铅直面，也可以做成折坡面。溢流面由顶部曲线段、中间直线段和底部反弧段三部分组成。顶部曲线段常采用非真空剖面曲线。采用较广泛的非真空剖面曲线有克–奥曲线和幂曲线（或称 WES 曲线）两种。中间直线段上端与堰顶曲线相切，下端与反弧段相切，坡度与非溢流坝段的下游坡相同。溢流坝面反弧段是使沿溢流面下泄水流平顺转向的工程设施，通常采用圆弧曲线，$R = (4 \sim 10)h$，$h$ 为校核洪水下闸门全开时反弧最低点的水深。反

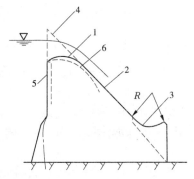

1—顶部溢流段；2—直线段；3—反弧段；4—基本剖面；5—薄壁堰；6—薄壁堰溢流水舌

图 2-1-4　溢流坝剖面

弧最低点的流速愈大，要求反弧半径愈大，当流速小于 16 m/s 时，取下限；流速大时，宜采用较大值；当采用底流消能，反弧段与护坦相连时，宜采用上限值。

3）溢流坝的消能方式

溢流重力坝消能方式常见的有底流消能、挑流消能、面流消能和消力戽消能四种方式。底流消能是在坝下设置消力池、消力坎或综合式消力池和其他辅助消能设施，促使下泄水流在限定的范围内产生水跃，如图 2-1-5 所示。主要通过水流内部的旋滚、摩擦、掺气和撞击达到消能的目的，以减轻对下游河床的冲刷。底流消能工作可靠，但工程量较大，多用于低水头、大流量的溢流重力坝。

挑流消能是利用溢流坝下游反弧段的鼻坎，将下泄的高速水流挑射抛向空中，抛射水流在掺入大量空气时消耗部分能量，而后落到距坝较远的下游河床水垫中产生强烈的旋滚，并冲刷河床形成冲坑，随着冲坑的逐渐加深，大量能量消耗在水流旋滚的摩擦之中，冲坑也逐渐趋于稳定，如图 2-1-6 所示。鼻坎挑流消能一般适用于基岩比较坚固的中高溢流重力坝。

面流式消能利用鼻坎将高速水流挑至尾水表面，在主流表面与河床之间形成反向旋

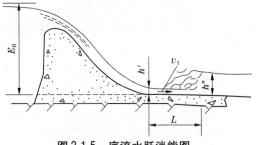

图 2-1-5　底流水跃消能图

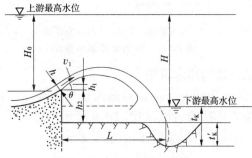

图 2-1-6　挑流消能示意图

滚,使高速水流与河床隔开,避免了对临近坝趾处河床的冲刷。由于表面主流沿水面逐渐扩散以及反向旋滚的作用,故产生消能效果,如图 2-1-7 所示。

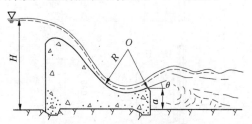

图 2-1-7　面流消能示意图

　　面流消能适用于下游尾水较深(大于跃后水深),水位变幅不大,下泄流量变化范围不大,以及河床和两岸有较高的抗冲能力的情况。它的缺点是对下游水位和下泄流量变幅有严格的限制,下游水流波动较大,在较长距离内不够平稳,影响发电和航运。

　　消力戽的构造类似于挑流消能设施,但其鼻坎潜没在水下,下泄水流在被鼻坎挑到水面(形成涌浪)的同时,还在消力戽内、消力戽下游的水流底部以及消力戽下游的水流表面形成三个旋滚,即所谓"一浪三滚",如图 2-1-8 所示。消力戽的作用主要在于使戽内的旋滚消耗大量能量,并将高速水流挑至水面,以减轻对河床的冲刷。消力戽下游的两个旋滚也有一定的消能作用。由于高速主流在水流表面,故不需做护坦。

　　消力戽设计既要避免因下游水位过低出现自由挑流,造成严重冲刷,也需避免因下游水位过高,淹没太大,急流潜入河底淘刷坝脚。设计时可参考有关文献,针对不同流量进行水力计算,以确定反弧半径、鼻坎高度和挑射角度。

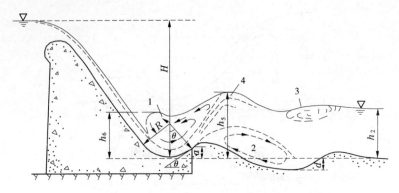

1—戽内旋滚;2—戽后底部旋滚;3—下游表面旋滚;4—戽后涌浪

**图 2-1-8　消力戽消能示意图**

### 1.3.1.2　重力坝坝体的防渗与排水设施

在混凝土重力坝坝体上游面和下游面最高水位以下部分,多采用一层具有防渗、抗冻、抗侵蚀的混凝土作为坝体防渗设施,如图 2-1-9 所示。防渗指标根据水头和防渗要求而定,防渗厚度一般为 1/10~1/20 水头,但不小于 2 m。

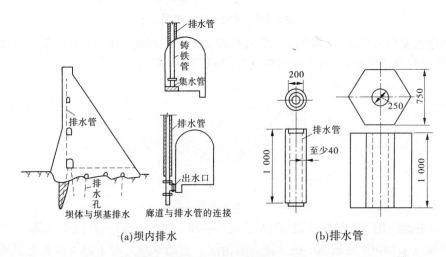

(a)坝内排水　　　　　　　　　　　　(b)排水管

**图 2-1-9　重力坝内部排水构造　(单位:mm)**

靠近上游坝面设置排水管幕,以减小坝体渗透压力。排水管幕距上游坝面的距离一般为作用水头的 1/15~1/25,且不小于 2.0 m。排水管间距为 2~3 m,管径为 15~20 cm。排水管幕沿坝轴线一字排列,管孔铅直,与纵向排水、检查廊道相通,上下端与坝顶和廊道直通,便于清洗、检查和排水。

排水管一般用无砂混凝土管,可预制成圆筒形和空心多棱柱形,在浇筑坝体混凝土时,应保护好排水管,防止水泥浆漏入排水管内,阻塞排水管道。

### 1.3.1.3　重力坝的分缝与止水

为了满足运用和施工的要求,防止温度变化和地基不均匀沉降导致坝体开裂,需要合理分缝。常见的有横缝、纵缝、施工缝。垂直于坝轴线,将坝体分成若干个坝段的缝为横缝,沿坝轴线 15~20 m 设一道横缝,缝宽的大小主要取决于河谷地形、地基特性、结构布置、温度变化、浇筑能力等,缝宽一般为 1~2 cm。横缝分永久性和临时性两种。为了使各坝段独立工作而设置的与坝轴线垂直的铅直缝面称为永久性横缝,缝内不设缝槽、不灌浆,但要设置止水,缝宽应大于该地区最大温差引起膨胀的极限值 1 cm。夏季施工和冬季施工时所留的缝宽是不相同的。在温度最高时,不允许缝间产生挤压力。临时性横缝在缝面设置键槽,埋设灌浆系统,施工后灌浆连接成整体。临时横缝主要用于以下几种情况:①对横缝的防渗要求很高时;②陡坡上的重力坝段,即岸坡较陡,将各坝段连成整体,改善岸坡坝段的稳定性;③不良坝基上的重力坝,即软弱破碎带上的各坝段,横缝灌浆后连成了整体,增加坝体刚度;④强地震区(设计烈度在 8 度以上)的坝体,即强地震区将坝段连成整体,可提高坝体的抗震性,当岸坡坝基开挖成台阶状,坡度陡于 1:1 时,应按临时性横缝处理。

平行于坝轴线的缝称纵缝,设置纵缝的目的在于适应混凝土的浇筑能力和减少施工期的温度应力,待温度正常之后进行接缝灌浆。纵缝按结构布置形式分为:①铅直纵缝;②斜缝;③错缝,如图 2-1-10 所示。

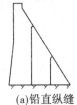

(a)铅直纵缝　　　　(b)斜缝　　　　(c)错缝

**图 2-1-10　纵缝形式**

纵缝方向是铅直的为铅直纵缝,是最常用的一种形式,缝的间距根据混凝土的浇筑能力和温度控制要求确定,缝距一般为 15~30 m,纵缝不宜过多。为了很好地传递压力和剪力,纵缝面上设呈三角形的键槽,槽面与主应力方向垂直,在缝面上布置灌浆系统。待坝体温度稳定,缝张开到 0.5 mm 以上时进行灌浆。灌浆沿高度 10~15 m 分区,缝体四周设置止浆片,止浆片用镀锌铁片或塑料片(厚 1~1.5 cm,宽 24 cm)。严格控制灌浆压力为 0.35~0.45 MPa,回浆压力为 0.2~0.25 MPa,压力太高会在坝块底部造成过大拉应力而破坏,压力太低不能保证质量。纵缝两侧坝块的浇筑应均衡上升,一般高差控制在 5~10 m,以防止温度变化、干缩变形造成缝面挤压剪切,键槽出现剪切裂缝。斜缝大致按满库时的最大主应力方向布置,因缝面剪应力小,不需要灌浆。我国的安砂坝成功地采用了这种方法,斜缝在距上游坝面一定距离处终止,并采取并缝措施,如布置垂直缝面的钢筋、并缝廊道等。斜缝的缺点是:施工干扰大,相邻坝块的浇筑间歇时间及温度控制均有较严格的限制,故目前中高坝中较少采用。浇筑块之间像砌砖一样把缝错开的为错缝,每块厚度 3~4 m(基岩面附近减至 1.5~2 m),错缝间距为 10~15 m,缝位错距为 1/3~1/2 浇筑块的厚度。错缝不需要灌浆,施工简便,整体性差,可用于中小型重力坝中。近年来世界坝工由于温度控制和施工水平的不断提高,发展趋势是不设纵缝,通仓浇筑,施工进度快,坝体整体性好。但规范要求高坝利用通仓浇筑必须有专门论证。

坝体上下层浇筑块之间的结合面称水平施工缝。一般浇筑块厚度为 1.5~4.0 m,靠近基岩面用 0.75~1.0 m 的薄层浇筑,利于散热、减少温升,防止开裂。纵缝两侧相邻坝块水平施工缝不宜设在同一高程,以增强水平截面的抗剪强度。上、下层浇筑间歇 3 ~ 7 d,上层混凝土浇筑前,必须对下层混凝土凿毛,冲洗干净,铺 2 ~ 3 cm 强度较高的水泥砂浆后浇筑。应高度重视水平施工缝的处理,其施工质量关系到大坝的强度、整体性和防渗性,否则将成为坝体的薄弱层面。

#### 1.3.1.4 重力坝的坝内廊道系统

在重力坝的坝体内部,为了满足灌浆、排水、观测、检查和交通等要求,设置了不同用途的廊道,这些廊道相互连通,构成了重力坝坝体内部廊道系统,如图 2-1-11 所示。

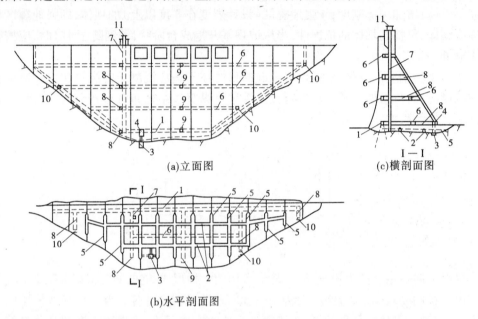

(a)立面图  (c)横剖面图

(b)水平剖面图

1—坝基灌浆排水廊道;2—基面排水廊道;3—集水井;4—水泵室;5—横向排水廊道;
6—检查廊道;7—电梯井;8—交通廊道;9—观测廊道;10—进出口;11—电梯塔

图 2-1-11　坝内廊道系统

**1. 基础灌浆廊道**

在坝内靠近上游坝踵部位设基础(帷幕)灌浆廊道。为了保证灌浆质量,提高灌浆压力,要求距上游面应有 1/20 ~ 1/10 的作用水头,且不小于 4 ~ 5 m;距基岩面不小于 1.5 倍廊道宽度,一般取 5 m 以上。廊道断面为城门洞形,宽度为 2.5 ~ 3 m,高度 3 ~ 3.5 m,以便满足灌浆作业的要求。廊道上游侧设排水沟,下游侧设排水孔及扬压力观测孔,在廊道最低处设集水井,以便自流或抽排坝体渗水。

灌浆廊道随坝基面由河床向两岸逐渐升高。坡度不宜陡于 45°,以便钻孔、灌浆及其设备的搬运。当两岸坡度陡于 45°时,基础灌浆廊道可分层布置,并用竖井连接。当岸坡较长时,每隔适当的距离设一段平洞,为了灌浆施工方便,每隔 50 ~ 100 m 宜设置横向灌浆机室。

**2. 检查和坝体排水廊道**

为检查、观测和坝体排水的方便,需要沿坝高每隔 30 m 设置检查和排水廊道一层。断面形式采用城门洞形,最小宽度 1.2 m,最小高度 2.2 m,廊道上游壁至上游坝面的距离应满足防渗要求且不小于 3 m。设引张线的廊道宜在同一高程上呈直线布置。廊道与泄水孔、导流底孔净距不宜小于 3 m。廊道内的上游侧设排水沟。

为了检查、观测的方便，坝内廊道要相互连通，各层廊道左右岸各有一个出口，要求与竖井、电梯井连通。

对于坝体断面尺寸较大的高坝，为了检查、观测和交通的方便，尚需另设纵向和横向的廊道。此外，还可根据需要设专门性廊道。

### 1.3.2　拱坝的基本结构

拱坝是坝体向上游凸出，平面上呈拱形，拱端支承于两岸山体上的混凝土或浆砌石的整体结构，如图 2-1-12 所示。其竖向剖面可以直立，或有一定的弯曲。它能把上游水压力等大部分水平荷载通过一系列凸向上游的水平拱圈的作用传给两岸岩体，而将其余少部分荷载通过一系列竖向悬臂梁的作用传至坝基。它不像重力坝要有足够大的体积靠自重维持稳定，而是充分利用了筑坝材料的抗压强度和拱坝两岸拱端的反力作用。它是经济性和安全性均很优越的坝型。

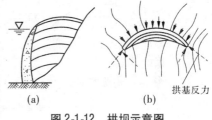

图 2-1-12　拱坝示意图

#### 1.3.2.1　拱坝的形式

按厚高比特征可分为薄拱坝、一般拱坝、厚拱坝（或称重力拱坝）。按拱坝的曲率可分为单曲拱坝和双曲拱坝，如图 2-1-13 所示。按水平拱圈形式可分为圆弧拱坝（见图 2-1-14（a））、多心拱坝（见图 2-1-14（b）和（c））、抛物线拱坝（见图 2-1-14（d））、椭圆拱坝（见图 2-1-14（e））和变曲率拱坝（见图 2-1-14（f））等。

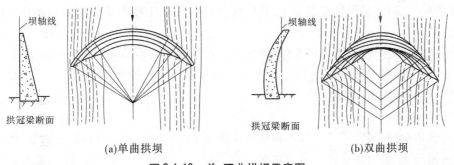

图 2-1-13　单、双曲拱坝示意图

#### 1.3.2.2　坝体分缝、接缝处理

拱坝是整体结构，不设置永久性横缝，为便于施工期间混凝土散热和降低收缩应力，需要分段浇筑，各段之间设有收缩缝，在坝体混凝土冷却到年平均气温左右，混凝土充分收缩后再用水泥浆封堵，以保证坝的整体性。收缩缝有横缝和纵缝两类，拱坝横缝一般沿径向或接近径向布置，拱坝厚度较薄，一般可不设纵缝。对厚度大于 40 m 的拱坝，经分析论证，可考虑设置纵缝。收缩缝按封拱时填灌方式不同可分为窄缝和宽缝两种。窄缝是两个相邻的坝段相互紧靠着浇筑，因混凝土收缩而自然形成的缝，缝中预埋灌浆系统，坝

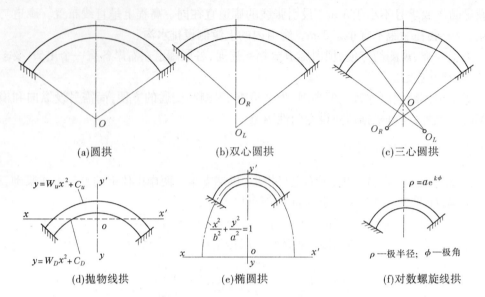

(a)圆拱　　　　　　(b)双心圆拱　　　　　(c)三心圆拱

$y = W_u x^2 + C_u$

$y = W_D x^2 + C_D$

$\dfrac{x^2}{b^2} + \dfrac{y^2}{a^2} = 1$

$\rho = ae^{k\phi}$

$\rho$—极半径; $\phi$—极角

(d)抛物线拱　　　　　　(e)椭圆拱　　　　　　(f)对数螺旋线拱

**图 2-1-14　拱坝的各种水平拱圈形式**

体冷却后进行接缝灌浆,混凝土拱坝一般都采用这种窄缝。宽缝又称回填缝,是在坝段之间留 0.7 ~ 1.2 m 的宽度,缝面设键槽,上游面设钢筋混凝土塞,然后用密实的混凝土填塞。宽缝散热条件好,坝体冷却快,但回填混凝土冷却后又会产生新的收缩缝。

### 1.3.2.3　坝顶

坝顶宽度应根据交通要求确定。当无交通要求时,非溢流坝的顶宽一般不小于 3 m。溢流坝段坝顶布置应满足泄洪、闸门启闭、设备安装、交通、检修等要求。

### 1.3.2.4　坝体防渗和排水

拱坝上游面应采用抗渗混凝土,其厚度为 $(1/15 \sim 1/10)H$, $H$ 为该处坝面在水面以下的深度。

坝身内一般应设置竖向排水管,排水管与上游坝面的距离为 $(1/15 \sim 1/10)H$,一般不少于 3 m。排水管应与纵向廊道分层连接。排水管间距一般为 2.5 ~ 3.5 m,内径一般为 15 ~ 20 cm,多用无砂混凝土管。

### 1.3.2.5　廊道

为满足检查、观测、灌浆、排水和坝内交通等要求,需要在坝体内设置廊道与竖井。廊道的断面尺寸、布置和配筋基本上和重力坝相同。

### 1.3.2.6　坝体管道及孔口

坝体管道及孔口用于引水发电、供水、灌溉、排沙及泄水。管道及孔口的尺寸、数目、位置、形状应根据其运用要求和坝体应力情况确定。

### 1.3.2.7　垫座与周边缝

对于地形不规则的河谷或局部有深槽时,可在基岩与坝体之间设置垫座,在垫座与坝体间设置永久性的周边缝。

### 1.3.2.8　重力墩

重力墩是拱坝坝端的人工支座。对形状复杂的河谷断面,通过设重力墩可改善支承坝体的河谷断面形状。

### 1.3.2.9　拱坝坝身泄水方式

拱坝的泄水方式常见的有自由跌落式、鼻坎挑流式、滑雪道式、坝身泄水孔式四种。

#### 1. 自由跌落式

如图 2-1-15 所示，拱坝自由跌落式泄流时，水流经坝顶自由跌入下游河床。适用于基岩良好、单宽泄洪量较小的小型拱坝。由于落水点距坝趾较近，坝下必须有防护设施。

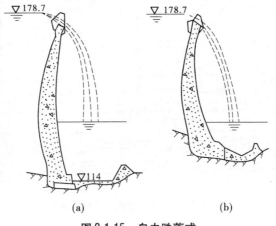

(a)　　　　　　　　　　　　　(b)

图 2-1-15　自由跌落式

#### 2. 鼻坎挑流式

为了使泄水跌落点远离坝脚，常在溢流堰顶曲线末端以反弧段连接成为挑流鼻坎，如图 2-1-16 所示，堰顶至鼻坎之间的高差一般不大于 6 ~ 8 m，大致为设计水头的 1.5 倍，反弧半径约等于堰上设计水头，鼻坎挑射角一般为 15° ~ 25°。由于落水点距坝趾较远，可适用于泄流量较大的轻薄拱坝。

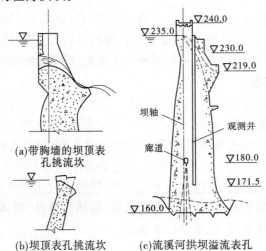

(a)带胸墙的坝顶表孔挑流坎

(b)坝顶表孔挑流坎　　(c)流溪河拱坝溢流表孔

图 2-1-16　鼻坎挑流式

#### 3. 滑雪道式

滑雪道式泄洪是拱坝特有的一种泄洪方式，如图 2-1-17 所示，其溢流面曲线由溢流坝顶和紧接其后的泄槽组成,泄槽与坝体彼此独立。水流流经泄槽,由槽末端的挑流鼻坎挑出,使水流在空中扩散,下落到距坝较远的地点。由于挑流坎一般比堰顶低很多,落差较大,因而挑距较远,适用于泄洪量较大、较薄的拱坝。

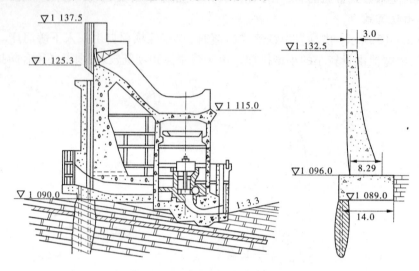

图 2-1-17　滑雪道式　（单位:m）

### 4. 坝身泄水孔式

在水面以下一定深度处,拱坝坝身可开设孔口。位于拱坝 1/2 坝高处或坝体上半部的泄水孔称作中孔;位于坝体下半部的称作底孔。拱坝泄流孔口在平面上多居中或对称于河床中线布置,孔口泄流一般是压力流,比堰顶溢流流速大,挑射距离远。

## 1.3.3　土石坝的基本结构

土石坝是指由当地土料、石料或混合料,经过抛填、碾压方法堆筑成的挡水坝,当坝体材料以土和砂砾为主时,称土坝;以石渣、卵石、爆破石料为主时,称堆石坝;当两类材料均占相当比例时,称土石混合坝。由于筑坝材料主要来自坝区,因而也称为当地材料坝。

### 1.3.3.1　土石坝的类型

按坝高土石坝可以分为低坝、中坝、高坝。高度在 30 m 以下的为低坝,高度在 30 ~ 70 m 的为中坝,高度超过 70 m 的为高坝。按施工方法,土石坝可分为碾压式土石坝、水力冲填坝、水坠坝、水中填土坝或水中倒土坝、土中灌水坝、定向爆破堆石坝。按坝体材料的组合和防渗体的相对位置可分为均质坝、黏土心墙坝和黏土斜墙坝、人工材料心墙和斜墙坝、多种土质坝几种形式。上述多种土质坝中,粗粒土改用砂砾石料筑成的坝,或用土石混合在一起的材料筑成的坝,称为土石混合坝;除防渗体外,坝体的绝大部分或全部由石料堆筑起来的称为堆石坝,如图 2-1-18 所示。

### 1.3.3.2　坝顶

坝顶一般都做护面。坝顶上游侧常设防浪墙,防浪墙可用混凝土或浆砌石修建。防浪墙的高度一般为 1.0 ~ 1.2 m,下游侧宜设缘石。坝顶应做成向一侧或两侧倾斜的横向坡度,坡度宜采用 2% ~ 3%,以利于排水,如图 2-1-19 所示。

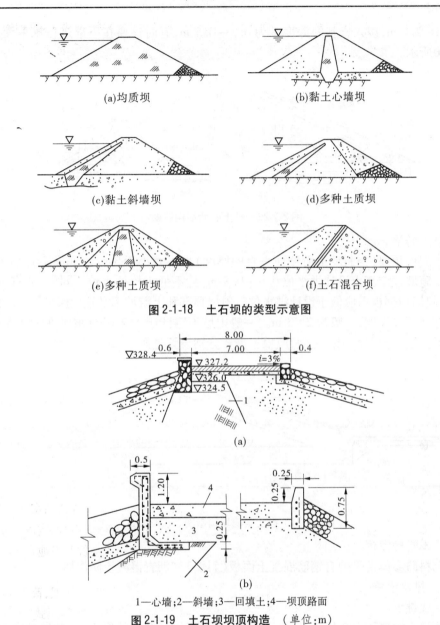

图 2-1-18　土石坝的类型示意图

1—心墙;2—斜墙;3—回填土;4—坝顶路面
图 2-1-19　土石坝坝顶构造　（单位:m）

### 1.3.3.3　防渗体

1. 黏土心墙

心墙一般布置在坝体中部,有时稍偏上游并稍微倾斜。心墙顶部厚度一般不小于 3 m。心墙厚度常根据土壤的允许渗透坡降而定。《碾压式土石坝设计规范》(SL 274—2001)规定心墙底部厚度不宜小于作用水头的 1/4。黏土心墙两侧边坡多在 1:0.15 ~ 1:0.3。心墙的顶部应高出设计洪水位 0.3 ~ 0.6 m,且不低于校核水位,当有可靠的防浪墙时,心墙顶部高程也不应低于设计洪水位。心墙顶与坝顶之间应设有保护层,厚度不小于该地区的冰冻或干燥深度,同时按结构要求不宜小于 1 m。心墙与坝壳之间应设置过渡层,岩石地基上的心墙,一般还要设混凝土垫座,或修建 1 ~ 3 道混凝土齿墙。齿墙的高度为 1.5~2.0 m,切入岩基的深度常为 0.2~0.5 m,有时还要在下部进行帷幕灌浆,如图 2-1-20 所示。

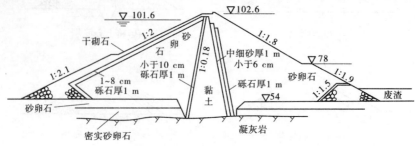

图 2-1-20　黏土心墙坝构造图

**2. 黏土斜墙**

黏土斜墙顶厚(与斜墙上游坡面垂直的厚度)也不宜小于 3 m。底厚不宜小于作用水头的 1/5。墙顶应高出设计洪水位 0.6~0.8 m,且不低于校核水位。同样,如有可靠的防浪墙,斜墙顶部也不应低于设计洪水位。斜墙顶部和上游坡都必须设保护层,厚度不得小于冰冻和干燥深度,一般为 2~3 m。一般内坡不宜陡于 1:2.0,外坡常在 1:2.5 以上。斜墙与保护层以及下游坝体之间,应根据需要分别设置过渡层,如图 2-1-21 所示。

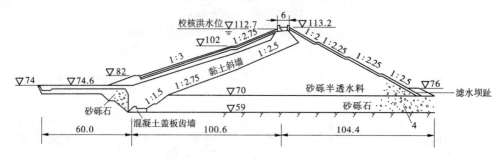

图 2-1-21　黏土斜墙坝构造图　(单位:m)

**3. 非土料防渗体**

非土料防渗体常见的有钢筋混凝土面板(斜墙)和沥青混凝土防渗体。

#### 1.3.3.4　排水设施

**1. 贴坡排水**

贴坡排水构造如图 2-1-22 所示。顶部应高于坝体浸润线的逸出点,贴坡排水构造简单、节省材料、便于维修,但不能降低浸润线。多用于浸润线很低和下游无水的情况。

**2. 棱体排水**

棱体排水构造如图 2-1-23 所示。在下游坝脚处用块石堆成棱体,顶部高程应超出下游最高水位,超出高度应大于波浪沿坡面的爬高。棱体排水可降低浸润线,防止渗透变形,保护下游坝脚不受尾水淘刷,且有支撑坝体增加稳定的作用。但石料用量较大、费用较高,与坝体施工有干扰,检修也较困难。

**3. 褥垫排水**

褥垫排水为伸展到坝体内的排水设施,在坝基面上平铺一层厚为 0.4~0.5 m 的块

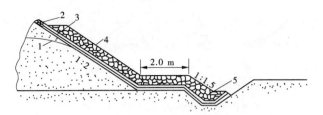

1—浸润线;2—护坡;3—反滤层;4—排水体;5—排水沟

**图 2-1-22　贴坡排水构造图**

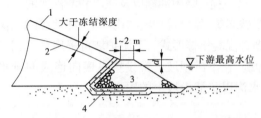

1—下游坝坡;2—浸润线;3—棱体排水;4—反滤层

**图 2-1-23　棱体排水构造图**

石,并用反滤层包裹。褥垫伸入坝体内的长度应根据渗流计算确定,对黏性土均质坝不大于坝底宽的 1/2,对砂性土均质坝不大于坝底宽的 1/3,如图 2-1-24 所示。当下游水位低于排水设施时,降低浸润线的效果显著,还有助于坝基排水固结。但当坝基产生不均匀沉陷时,褥垫排水层易遭断裂,而且检修困难,施工时有干扰。

4. 管式排水

管式排水的构造如图 2-1-25 所示。埋入坝体的暗管可以是带孔的陶瓦管、混凝土管或钢筋混凝土管,还可以由碎石堆筑而成。平行于坝轴线的集水管收集渗水,经由垂直于坝轴线的横向排水管排出。管式排水的优缺点与褥垫式排水相似,排水效果不如褥垫式好,但用料少。一般用于土石坝岸坡及台地地段,因为这里坝体下游经常无水,排水效果好。

5. 综合式排水

在实际工程中常根据具体情况采用几种排水形式组合在一起的综合式排水,如图 2-1-26 所示。

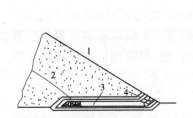

1—护坡;2—浸润线;3—排水体;4—反滤层

**图 2-1-24　褥垫排水构造图**

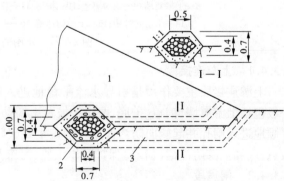

1—坝体;2—集水管;3—横向排水管

**图 2-1-25　管式排水构造图**　(单位:m)

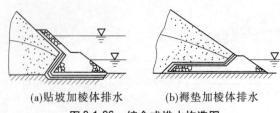

(a)贴坡加棱体排水          (b)褥垫加棱体排水

图 2-1-26   综合式排水构造图

#### 1.3.3.5    土石坝的护坡与坝坡排水

为保护土石坝坝坡免受波浪、降雨冲刷以及冰层和漂浮物的损害,防止坝体土料发生冻结、膨胀和收缩以及人畜破坏等,需设置护坡结构。上游护坡常采用堆石、干砌石或浆砌石、混凝土或钢筋混凝土、沥青混凝土等形式。下游护坡可采用草皮、干砌石、堆石等形式。

为了防止雨水的冲刷,在下游坝坡上常设置纵横向连通的排水沟。在土石坝与岸坡的结合处,也应设置排水沟以拦截山坡上的雨水。

### 1.3.4    水闸的基本结构

水闸是一种低水头的水工建筑物,兼有挡水和泄水的作用,用以调节水位、控制流量。水闸由上游连接段、闸室段和下游连接段三部分组成,如图 2-1-27 所示。

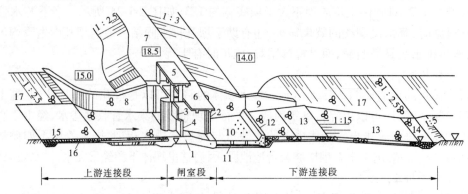

1—闸室底板;2—闸墩;3—胸墙;4—闸门;5—工作桥;6—交通桥;7—堤顶;
8—上游翼墙;9—下游翼墙;10—护坦;11—排水孔;12—消力坎;13—海漫;
14—下游防冲槽;15—上游防冲槽;16—上游护底;17—上、下游护坡

图 2-1-27   水闸的组成

#### 1.3.4.1    上游连接段

上游连接段主要作用是引导水流平稳地进入闸室,同时起防冲、防渗、挡土等作用。一般包括上游翼墙、铺盖、护底、两岸护坡及上游防冲槽等。上游翼墙的作用是引导水流平顺地进入闸孔并起侧向防渗作用。铺盖主要起防渗作用,其表面应满足抗冲要求。护坡、护底和上游防冲槽(齿墙)保护两岸土质、河床及铺盖头部不受冲刷。

#### 1.3.4.2    闸室段

闸室段是水闸的主体部分,通常包括底板、闸墩、闸门、胸墙、工作桥及交通桥等。底板是闸室的基础,承受闸室全部荷载,并较均匀地传给地基,此外,还有防冲、防渗等作用。

闸墩的作用是分隔闸孔并支撑闸门、工作桥等上部结构。闸门的作用是挡水和控制下泄水流。工作桥供安置启闭机和工作人员操作之用。交通桥的作用是连接两岸交通。

#### 1.3.4.3　下游连接段

下游连接段具有消能和扩散水流的作用。一般包括护坦、海漫、下游防冲槽、下游翼墙及护坡等。下游翼墙引导水流均匀扩散兼有防冲及侧向防渗等作用。护坦具有消能防冲作用。海漫的作用是进一步消除护坦出流的剩余动能、扩散水流、调整流速分布、防止河床受冲。下游防冲槽是海漫末端的防护设施，避免冲刷向上游扩展。

### 1.3.5　溢洪道的基本结构

溢洪道是用来宣泄水库中容纳不下的多余洪水，保证大坝及工程安全的建筑物。按结构形式主要分为开敞式溢洪道和封闭式溢洪道；河岸溢洪道按使用频率分为正常溢洪道和非常溢洪道。正槽溢洪道由进水渠、控制段、泄水槽、消能设施、出水渠五个部分组成。正槽溢洪道如图 2-1-28 所示。

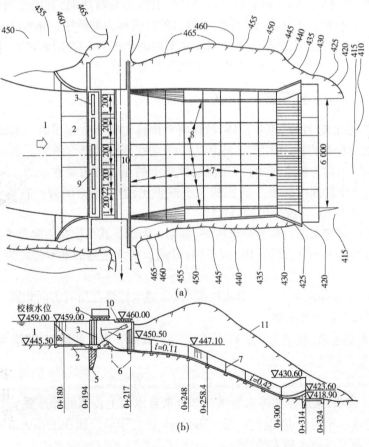

1—引水渠；2—混凝土护底；3—检修门槽；4—工作闸门；5—帷幕；
6—排水孔；7—横缝；8—纵缝；9—工作桥；10—公路桥；11—开挖线

**图 2-1-28　正槽溢洪道示意图**　（单位：cm）

# 第2章　水力学基本知识

水力学分为水静力学和水动力学两部分,水静力学研究液体处于静止状态下的力学规律,水动力学研究液体在运动状态时的力学规律、运动特性、能量转换等。工程中常见的水力学问题主要有作用力、过流能力、能量与消能、水面线和渗流等。

## 2.1　水头、水压力

### 2.1.1　水的物理性质

水是液体,不能保持固定的形状,具有易流动性,不易被压缩,有固定的体积,能形成自由表面。运动着的水体流层间产生内摩擦力的性质称为黏滞性。黏滞性影响着水的流动状态,同时也是水能损失的根源。纯水在4 ℃时的密度为1 000 kg/m³。水的密度随温度及压力变化微小,因此在水力学中水的密度可视为常数。

### 2.1.2　水压力与静水压强

固体边壁(包括容器)约束着液体,液体将对固体边壁产生作用力。水体对固体边壁(包括容器)的总作用力称为水压力,水压力分为动水压力和静水压力。水在静止状态下对固体边壁的压力称为静水压力;水在流动状态下的压力称为动水压力。静水压力的大小与受压面在水中的深度和受压面积的大小成正比,静水压力的方向垂直指向受压面。力的国际单位是牛顿(N)或千牛顿(kN)。

单位面积上的静水压力称为静水压强,常用 $p$ 表示。其单位是牛顿每平方米($N/m^2$)或千牛每平方米($kN/m^2$),即帕(Pa)或千帕(kPa)。静水压强的基本公式为

$$p = p_0 + \gamma h \tag{2-2-1}$$

式中　$p$——静止水体中某点位的静水压强(点位静水压强在所有方向相同);

　　　$p_0$——水面上的外压强;

　　　$\gamma$——水的容重,数值为9.8 $kN/m^3$,$\gamma = \rho g$,其中 $\rho$ 为水的密度,单位为 $kg/m^3$,$g$ 为重力加速度,一般取9.8 $m/s^2$;

　　　$h$——某点位的水深,也就是该点在水面下的淹没深度。

式(2-2-1)表明,某点位的静水压强一部分来自水面上传来的外压强 $p_0$,$p_0$ 具有大小不变地传递到水体中每一点的特点;另一部分 $\gamma h$ 相当于单位面积上高为 $h$ 的水体重力,且有水深越大静水压强也越大的特征。

$p/\gamma$ 称为压强高度或压强水头,不考虑 $p_0$ 的情况下又称单位水体的压能。压力水位计就是根据 $p = \gamma h$,当 $\gamma$ 取常数值时,由 $h = p/\gamma$ 计算传感器位置(零点高程)之上的水深测试水位的。

### 2.1.3　水头

水头指单位质量的液体所具有的机械能,包括位置水头、压强水头、流速水头,三者之和为总水头,位置水头与压强水头之和为测压管水头。水头用高度表示,常用单位为"米"。稳(恒)定流能量方程是描述水流能量守恒关系的数学公式,称为伯努利方程。以下从该方程出发,介绍各种水头的含义。从断面总流考察,该方程常写为式(2-2-2)形式。下面结合图 2-2-1 的管流和图 2-2-2 的河道水流说明能量方程的工程物理意义。

$$z_1 + \frac{p_1}{\rho g} + \frac{\alpha_1 v_1^2}{2g} = z_2 + \frac{p_2}{\rho g} + \frac{\alpha_2 v_2^2}{2g} + h_w \qquad (2\text{-}2\text{-}2)$$

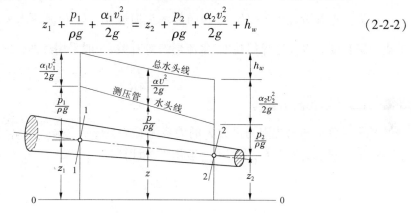

图 2-2-1　管流中伯努利方程的能量水头曲线

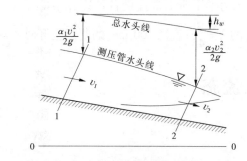

图 2-2-2　河流中伯努利方程的能量水头曲线

图 2-2-1 和图 2-2-2 中的 0—0 线为位置起算的高程基面,1—1 和 2—2 分别为考察的上、下游两个过流断面。方程中的脚标 1、2 分别表示为 1—1 和 2—2 过流断面的物理量。

式(2-2-2)共包含了 4 个物理量,其中 $z$ 为从 0—0 线起算的高程数值,代表总流断面上单位重量流体所具有的平均位能,一般又称为位置水头;$\frac{p}{\rho g}$($p$ 为点位的静水压强,$\rho$ 为水的密度,$g$ 为重力加速度)代表断面上单位重量流体所具有的平均压能,它反映了断面上各点平均动水压强所对应的压强高度;$z + \frac{p}{\rho g}$ 称为测压管水头;$\frac{\alpha v^2}{2g}$($v$ 为流速,$\alpha$ 称为动能修正系数)代表断面上单位重量流体所具有的平均动能,一般称为流速水头。$\alpha$ 由过流断面流速分布的均匀程度而定,流速分布越均匀,$\alpha$ 值越接近 1;流速分布越不均匀,$\alpha$ 值越大;一般不详细考察断面流速分布的均匀程度时取 $\alpha = 1$。$h_w$ 为单位重量流体从一个断面流至另一个断面克服水流阻力做功所损失的平均能量,一般称为水头损失。习惯上把单位重量流体所具有的总机械能,即位能、压能、动能的总和称为总水头,并以 $H$ 表示,即

$$H = z + \frac{p}{\rho g} + \frac{\alpha v^2}{2g}。$$

在总流中任意选取两个断面,这两个断面上流体所具有的总水头若为 $H_1$ 和 $H_2$,根据能量方程式可得:$H_1 = H_2 + h_w$。对于理想流体,由于没有水头损失,$h_w = 0$,则 $H_1 = H_2$,即在不计能量损失的情况下,总流中任何断面上的总水头保持不变。

水头损失分沿程水头损失 $h_y$ 和局部水头损失 $h_j$。$h_y$ 与流速水头 $\frac{v^2}{2g}$、水力半径 $R$、管道或明渠长度 $L$ 以及边界粗糙度、水流形态等有关,一般采用达西公式计算:

$$h_y = \lambda \frac{L}{4R} \frac{v^2}{2g} \tag{2-2-3}$$

式中　$\lambda$——沿程阻力系数。

谢才系数 $C$ 与沿程阻力系数 $\lambda$ 的关系为 $C = \sqrt{8g/\lambda}$。

对于局部水头损失 $h_j$,实用上一般用下式计算:

$$h_j = \zeta \frac{v^2}{2g} \tag{2-2-4}$$

式中　$\zeta$——局部阻力系数。

$\lambda$ 和 $\zeta$ 由试验获得。水力学手册中常提供各种边界条件下 $\lambda$ 和 $\zeta$ 的参考数值,可选择采用。如普通混凝土管的 $\lambda = \frac{1}{45}$;直径 100 mm 的闸阀全开时 $\zeta = 0.14$。

## 2.2　流速、流量、流态

### 2.2.1　流速与流量

工程中常遇到处于运动状态的水流,通常把表征水流运动状态的物理量称为水流运动要素,水流运动要素主要包括流速、流量、动水压强等。

#### 2.2.1.1　流速

流速是指液体质点在单位时间内运动的距离,一般用 $v$ 表示,常用单位为米每秒(m/s)。流速是一个矢量,既有大小又有方向。江河渠道中不同过水断面及同一过水断面上不同点的流速往往是不同的(垂线上河渠底为零、水面附近最大,河宽方向上河岸小、河中大,管道中心点流速最大),一般所说的流速是指同一断面上的平均流速。

#### 2.2.1.2　流量

流量是指单位时间内通过河道某一过水断面的液体体积,一般用 $Q$ 表示,常用单位是立方米每秒(m³/s)或升每秒(L/s)。如果河道某一过水断面的面积($A$)已知,又知该过水断面上的平均流速($v$),则通过该断面的流量为:$Q = Av$。

河道的横断面是指垂直于流向的横截面;横断面与河床的交线为河床线;河床线与水

面线之间的范围叫作河道过水断面,过水断面面积应根据水深、水面宽和断面形状对应的面积公式进行计算;河床线与历年最高水位之间的范围叫作河道大断面。

### 2.2.1.3　动水压强

液体运动时,液体中任意点上的压强称为动水压强。动水压强除与水深有关外,还与流速、流动方向、流态等因素有关。

## 2.2.2　流态

### 2.2.2.1　描述水流运动的两种方法

自然界中的水流运动非常复杂,必须采用一定的方法来描述水流的运动规律,水力学中描述水流运动常用质点系法和流场法,也叫作迹线法和流线法。

1. 质点系法

质点系法是以液体中各质点为研究对象,分别沿流程跟踪考察分析每一个质点所经过的轨迹及其运动要素的变化规律,把每个液体质点的运动情况综合起来获得整个液体的运动规律。同一个质点沿流程所经过的轨迹叫作迹线,所以这种研究方法也叫作轨迹法或迹线法。由于水流的质点繁多,每个质点的运动轨迹各不相同,用这种方法研究水流运动是非常困难的。

2. 流场法

流场法是用流线来描述水流运动的,所以也叫作流线法。它不是分别沿流程跟踪考察各个质点的运动轨迹,而是着眼于考察分析液体各质点在同一时刻、通过不同固定空间点时的运动要素情况,这相当于研究各运动要素的分布状况,以此获得整个液体的运动规律。

流线是指某一瞬时、由流场中许多质点按一定规律组成的连续曲线,在这些曲线上每个水流质点的流速方向都与曲线在该点相切。也就是说,流线是一条由许多质点在同一时刻组成并与各质点的流速方向相切的曲线,如图 2-2-3 所示。

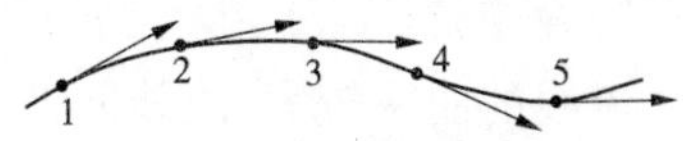

图 2-2-3　流线示意图

### 2.2.2.2　水流运动状态

1. 恒定流与非恒定流

根据在任意固定空间点上的运动要素是否随时间变化将水流分为恒定流和非恒定流。

1) 恒定流

如果在任意选定的固定空间点上,水流的所有运动要素都不随时间发生变化,这种水流称为恒定流。自然江河、渠道中的水流一般为非恒定流,为了便于分析研究,对于运动要素随时间变化不大的水流可近似认为是恒定流。

2) 非恒定流

在任一固定空间点上,任何一项运动要素随时间发生变化的水流称为非恒定流。

2. 均匀流与非均匀流

根据液体运动要素是否随流程变化又将水流分为均匀流与非均匀流两种。

1）均匀流

运动要素不随流程变化的水流称为均匀流。均匀流中,同一流线上液体质点流速的大小和方向沿程不变,流线为一组相互平行的直线,过水断面为平面,各过水断面上流量、平均流速、流速分布、水深、过水面积不变。由此可见,只有恒定流才有可能产生均匀流。

明渠水流是指具有自由水面(水面各点压强均等于大气压强)的水流,又称为无压流。天然河道、人工渠道、渡槽、无压管道和隧(涵)洞中的水流均属于明渠水流。明渠水流可能是恒定流或非恒定流,也可能是均匀流或非均匀流。若明渠当中的水流满足均匀流的条件,则称为明渠均匀流(也称为明渠恒定均匀流)。

2）非均匀流

只要运动要素中任何一项沿流程发生变化就为非均匀流。

3.渐变流与急变流

在非均匀流中,根据流线形状及沿程变化情况又可将水流分为渐变流或急变流。

1）渐变流

流线近乎平行(流线间的倾斜夹角很小)、流线的曲率不大(近乎直线)的水流叫作渐变流,见图2-2-4。渐变流过水断面可近似当作平面,水流的离心力可以忽略,同一断面上动水压强符合静水压强的分布规律。

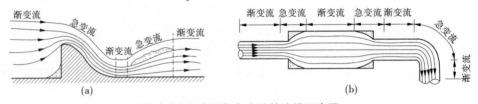

图2-2-4　渐变流与急变流的流线示意图

2）急变流

流线的曲率较大、流线间的倾斜夹角较大,这种水流叫作急变流。在急变流段不能忽略离心力,过水断面一般是曲面,急变流过水断面上动水压强不符合静水压强分布规律。

4.层流与紊流

在一定的条件下,液体表现为层流和紊流两种不同的流动形态,两种形态水流的内部结构、断面流速分布和能量损失规律等都不同。

1）层流

当流速较小时,水流质点做有条不紊的线状运动,水流各层或各微小流束上的质点彼此互不混掺,各个质点的运动轨迹互不相交,这种流动形态称为层流。

2）紊流

当流速较大时,水流在沿大的流动方向向前运动的过程中,各层或各微小流束上的质点形成涡体而导致彼此混掺,每个质点的运动轨迹都是曲折错综复杂的、没有确定的规律性,这种流动形态称为紊流。

# 第 3 章　土力学基本知识

## 3.1　土的分类

### 3.1.1　土的工程分类

　　在工程中,土有许多类别,表 2-3-1 ~ 表 2-3-4 是按土的工程分类标准对各种粒径的土进行的分类。

表 2-3-1　巨粒土的分类

| 土类 | 粒组含量 | | 土类代号 | 土类名称 |
|---|---|---|---|---|
| 巨粒土 | 巨粒含量 >75% | 漂石含量大于卵石含量 | B | 漂石(块石) |
| | | 漂石含量不大于卵石含量 | Cb | 卵石(碎石) |
| 混合巨粒土 | 50% <巨粒含量≤75% | 漂石含量大于卵石含量 | BSI | 混合土漂石(块石) |
| | | 漂石含量不大于卵石含量 | CbSI | 混合土卵石(块石) |
| 巨粒混合土 | 15% <巨粒含量≤50% | 漂石含量大于卵石含量 | SIB | 漂石(块石)混合土 |
| | | 漂石含量不大于卵石含量 | SICb | 卵石(碎石)混合土 |

表 2-3-2　砾类土的分类

| 土类 | 粒组含量 | | 土类代号 | 土类名称 |
|---|---|---|---|---|
| 砾 | 细粒含量 <5% | 级配:$C_u \geq 5,1 \leq C_c \leq 3$ | GW | 级配良好砾 |
| | | 级配:不同时满足上述要求 | GP | 级配不良砾 |
| 含细粒土砾 | 5% ≤细粒含量 <15% | | GF | 含细粒土砾 |
| 细粒土质砾 | 15% ≤细粒含量 <50% | 细粒组中粉粒含量不大于50% | GC | 黏土质砾 |
| | | 细粒组中粉粒含量大于50% | GM | 粉土质砾 |

表 2-3-3　砂类土的分类

| 土类 | 粒组含量 | | 土类代号 | 土类名称 |
|---|---|---|---|---|
| 砂 | 细粒含量 <5% | 级配:$C_u \geq 5,1 \leq C_c \leq 3$ | SW | 级配良好砂 |
| | | 级配:不同时满足上述要求 | SP | 级配不良砂 |
| 含细粒土砂 | 5% ≤细粒含量 <15% | | SF | 含细粒土砂 |
| 细粒土质砂 | 15% ≤细粒含量 <50% | 细粒组中粉粒含量不大于50% | SC | 黏土质砂 |
| | | 细粒组中粉粒含量大于50% | SM | 粉土质砂 |

表 2-3-4　细粒土的分类

| 土的塑性指标在塑性图中的位置 | | 土类代号 | 土类名称 |
|---|---|---|---|
| $I_p \geq 0.73(\omega_L - 20)$ 和 $I_p \geq 7$ | $\omega_L \geq 50\%$ | CH | 高液限黏土 |
| | $\omega_L < 50\%$ | CL | 低液限黏土 |
| $I_p < 0.73(\omega_L - 20)$ 和 $I_p < 4$ | $\omega_L \geq 50\%$ | MH | 高液限粉土 |
| | $\omega_L < 50\%$ | ML | 低液限粉土 |

## 3.1.2　土的简易分类与识别

土是由岩石经过长期风化、剥蚀、搬运、沉积而成的散粒体,土具有多孔性、多样性和易变性,工程中常将土作为建筑物的地基和建筑材料等。通过对土料的观察、手试(如攥、捏、摸、搓条等)或简易试验,结合实践经验,可以粗略地确定土的工程性质、干湿度、软硬度、塑性、干强度及施工难易程度等特征,由此对土进行简易分类。

### 3.1.2.1　细粒土的简易测试

通过现场观察和进行干强度测试、手捻感觉、韧性试验(也称为搓条法)、敏感性测试(也称摇震反应)等简易测试,可对细粒土进行如表 2-3-5 所示的分类。

表 2-3-5　土的目测法鉴别

| 土类 | 粉土 | 粉质黏土 | 黏土 |
|---|---|---|---|
| 肉眼观察 | 含有较多的砂粒或含有很多的云母片 | 含有少量的砂粒 | 看不到砂粒,在残积、坡积黏土中可看到岩石分化碎屑 |
| 手指揉搓 | 干时有面粉感,湿时粘手,干后一吹即掉 | 干时揉搓有少量的砂感,湿时粘手,干时不粘手 | 湿时有滑腻感,粘手,干后仍粘在手上 |
| 光泽反应 | 土面粗糙 | 土面光滑但无光泽 | 土面有油脂光泽 |
| 摇震反应 | 出水与消失都很迅速 | 反应很慢或基本没有反应 | 没有反应 |
| 韧性试验 | 不能再揉成土团重新搓条 | 可再揉成土团但手捏即碎 | 能再揉成土团重新搓条,手捏不碎 |
| 干强度试验 | 易用手指捏碎和碾成粉末 | 用力才能捏碎 | 捏不碎,折断后有棱角,断口光滑 |

### 3.1.2.2　砂性土的简易分类方法

砂土的简易(野外)分类方法如表 2-3-6 所示。

表 2-3-6　砂土的简易(野外)分类方法

| 鉴别特征 | 砾砂 | 粗砂 | 中砂 | 细砂 | 粉砂 |
|---|---|---|---|---|---|
| 观察颗粒粗细 | 大于 2 mm(高粱粒)颗粒含量占 1/4 以上 | 大于 0.5 mm(小米粒)颗粒含量占 1/2 以上 | 大于 0.25 mm(砂糖粒)颗粒含量占 1/2 以上 | 大于 0.1 mm(粗玉米粉)颗粒含量占大部分 | 大部分颗粒与细玉米粉(或小米粉)近似 |
| 干燥时状态 | 颗粒完全分散 | 颗粒基本全部分散,少胶结 | 颗粒基本分散,部分胶结,胶结的一碰即散 | 颗粒大部分分散,小部分胶结、稍微撞即散 | 颗粒大部分胶结、需稍加压才分散 |
| 湿润时手拍状态 | 表面无变化 | 表面无变化 | 表面偶有水印 | 表面有水印,俗称翻浆 | 表面有明显的翻浆现象 |

### 3.1.2.3　根据施工难易程度分类

根据开挖施工时的难易程度,可将土分成四类(级),见表 2-3-7。

表 2-3-7　土的分类(级)表

| 土的类别(等级) | 土的名称 | 自然湿密度(kg/m³) | 外观及其组成特性 | 开挖工具 |
|---|---|---|---|---|
| I | 砂土、种植土 | 1 650~1 750 | 疏松,黏着力差或易进水,略有黏性 | 用铁锹或略加脚踩开挖 |
| II | 壤土、淤泥、含根种植土 | 1 750~1 850 | 开挖时能成块并易打碎 | 用铁锹,需用脚踩开挖 |
| III | 黏土、干燥黄土、干淤泥、含少量砾石黏土 | 1 800~1 950 | 粘手,看不见砂粒,或干硬 | 用镐、三齿耙开挖或用锹并用力脚踩开挖 |
| IV | 坚硬黏土、砾质黏土、含卵石黏土 | 1 900~2 100 | 结构坚硬,分裂后成块状或含黏粒、砾石较多 | 用镐、三齿耙等开挖 |

# 3.2　土的比重、干密度、含水量、孔隙率

## 3.2.1　土的三相组成

天然状态下,土由固体、液体和气体三部分(三相)组成。固相(土颗粒)构成土的骨架,对土的性质起着决定性作用;土骨架孔隙中被水或气体充填,若孔隙中同时存在水和

气体则为湿土,全由水充填为饱和土,全由气体充填为干土。

### 3.2.1.1 土的固相

土的固相主要是矿物颗粒,有的还包含由于动植物腐烂而形成的有机质成分。矿物颗粒分为原生矿物和次生矿物。原生矿物为岩石受物理风化作用而生成的颗粒,其成分与母岩相同;次生矿物为岩石受化学风化作用而生成的颗粒,其成分与母岩不同。矿物颗粒的大小、形状、成分、组成及相互排列等因素对土的性质有重要影响。

### 3.2.1.2 土的液相

土的液相主要指土体孔隙中的水,分为结合水和自由水。

1. 结合水

结合水指被土颗粒表面吸附在其周围而形成的一层薄膜水。紧靠土粒周围、被牢固地吸附在土粒表面上的一层极薄的水称为强结合水,强结合水之外的为弱结合水。结合水主要存在于黏性土中,黏性土的黏性、塑性、变形、强度、渗透性等都与结合水密切相关,结合水的存在使细颗粒之间形成公共水膜,水膜变薄时土体不易变形且强度高,水膜增厚时土颗粒被挤开,土颗粒之间的联结不牢固。粗粒土的结合水现象不明显。

2. 自由水

自由水是位于结合水以外、不受土粒表面的吸附、主要受重力作用控制的水。自由水分为毛细水和重力水。从水面、沿土中的连通细微孔隙上升到土中的水称为毛细水,毛细水的上升可使土层受到浸湿、潮湿、含水率增高、土地沼泽化或盐渍化;重力水位于自由水面和地下水位或堤内浸润面以下、在土颗粒引力范围以外,这种水只受重力作用,在重力作用下发生流动或在土中渗透。自由水对土方工程的施工质量有显著影响。

### 3.2.1.3 土中的气体

土孔隙中的气体分为与大气连通的和密闭的两种。当土体受到外力时与大气连通的气体易被挤出,对土的性质无甚影响,砂土中的气体属于这种类型;对于密闭的气体,当土体受到外力时不易被挤出,只是发生压缩,而当外力减小或卸除后又恢复或部分恢复原体积,密闭气体的存在增加了土的压实难度,密闭气体多存在于黏土中。

## 3.2.2 土的物理性质指标

土的性质不仅取决于三相自身特性,也受三相之间的比例关系影响(密实与否、含水率大小等),所以把土体三相之间的数量关系称为土的物理性质指标,并作为评价土的工程性质的基本指标。

为便于理解,理想地把土中三相含量分别集中在一起,以图 2-3-1 所示柱状图表示,图中各符号的意义如下:$m$ 表示质量,$V$ 表示体积。下标 a 表示气体,下标 s 表示土粒,下标 w 表示水,下标 v 表示孔隙。如 $m_s$、$V_s$ 分别表示土粒质量和土粒体积。

### 3.2.2.1 实测指标

1. 土的密度及容重

(1)土的密度:指单位体积土体所具有的质量,用 $\rho$ 表示,$\rho = m/V = (m_s + m_w)/V$。

密度的国际单位是千克每立方米(kg/m³),习惯用克每立方厘米(g/cm³)或吨每立方米(t/m³)。一般土的密度为 1.6 ~ 2.2 g/cm³。密度是土的一个重要基本物理指标,反映

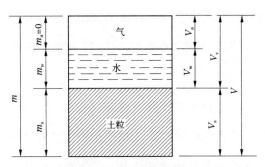

图 2-3-1　土的三相比例示意图

土的疏密状态,供换算土的其他物理性质指标和工程设计及施工质量控制之用。检测密度的常用方法有环刀法、灌砂法、灌水法、核子密度仪法等。

(2)土的容重(重度):指单位体积土体所受到的重力(重量),常用 $\gamma$ 表示:

$$\gamma = \frac{W}{V} = \frac{W_s + W_w}{V}; \quad \gamma = \rho g \qquad (2\text{-}3\text{-}1)$$

式中　$g$——重力加速度,在国际单位制中为 $9.81\ m/s^2$。

容重的国际单位为牛顿每立方米($N/m^3$)或千牛顿每立方米($kN/m^3$)。

2. 含水率(量)

土的含水率(量)是指土中水的质量与土粒质量的比值,以百分数表示:$\omega = \frac{m_w}{m_s} \times$

$100\% = \frac{W_w}{W_s} \times 100\%$,检测含水率的方法有烘干法、酒精燃烧法、比重法、核子仪测定含水率法等。

3. 比重

土粒比重是指土在 $105\sim110\ ℃$ 下烘至恒重时的质量与同体积 $4\ ℃$ 时纯水的质量之比:

$$G_s = \frac{m_s}{V_s \rho_w} \qquad (2\text{-}3\text{-}2)$$

式中　$\rho_w$——$4\ ℃$ 时纯水的密度,取 $\rho_w = 1\ g/cm^3$。

比重主要取决于土的矿物成分和有机质含量,比重变化较小,砂土为 $2.65\sim2.69$、砂质粉土为 $2.70$、黏质粉土为 $2.72\sim2.73$、黏土为 $2.74\sim2.76$,含有机质的土比重值减小。比重的检测方法主要有比重瓶法、浮称法或虹吸法等。

### 3.2.2.2　换算指标

(1)干密度 $\rho_d$:指单位体积的土体中土粒所具有的质量,也就是单位体积的干土所具有的质量,即土体中土粒质量 $m_s$ 与总体积 $V$ 之比:$\rho_d = \frac{m_s}{V}$,单位为 $kg/m^3$ 或 $t/m^3$。

单位体积的干土所受的重力称为干容重(重度),$\gamma_d = \frac{W_s}{V}$,单位为 $N/m^3$ 或 $kN/m^3$。

干密度和干容重的单位不同、数值大小不同,都能反映土的密实情况,是评定填土压实质量的控制指标,土越密实,土密度或干容重越大。

(2)孔隙率:土体中的孔隙体积与总体积之比(百分数),记为 $n = \dfrac{V_v}{V} \times 100\%$。$n$ 反映土的密实程度,$n$ 越小土越密实。

(3)孔隙比:土体中的孔隙体积与土颗粒体积之比,记为 $e = \dfrac{V_v}{V_s}$,常用小数表示。孔隙比与土粒的大小及其排列的松密程度有关,$e$ 反映土的密实程度,$e$ 越小土越密实。

(4)饱和度:土中水的体积与孔隙体积之比(百分数),记为 $S_r = \dfrac{V_w}{V_v} \times 100\%$。饱和度反映土中孔隙被水充满的程度,孔隙被水完全充满时土达到饱和状态。

(5)饱和密度:土在饱和状态下,单位体积的土所具有的质量称为饱和密度,记为 $\rho_{sat}$,即 $\rho_{sat} = \dfrac{m_s + m_w}{V}$。饱和状态时,单位体积土的重量称为饱和容重(重度),记为 $\gamma_{sat}$,$\gamma_{sat} = \rho_{sat} g$。

(6)浮重度:处在水下(受到水的浮力作用)的单位体积的土所具有的重量(单位体积的土体中土颗粒所具有的重量减掉土颗粒受到的浮力之后的重量)称为浮容重,记为 $\gamma'$,$\gamma' = \dfrac{W_s - V_s \gamma_w}{V}$。

同一种土四种容重(重度)的数值上关系是:$\gamma_{sat} \geqslant \gamma \geqslant \gamma_d > \gamma'$。

土的密度 $\rho$、土粒比重 $G_s$ 和含水率 $\omega$ 三个指标是通过试验测定的,其他各指标可根据定义并利用土中三相关系导出其换算公式,如表 2-3-8 所示。

**表 2-3-8 常见三相比例指标换算关系式**

| 指标 | 符号 | 表达式 | 换算公式 |
|---|---|---|---|
| 孔隙比 | $e$ | $e = \dfrac{V_v}{V_s}$ | $e = \dfrac{G_s \gamma_w (1+\omega)}{\gamma} - 1,\ e = \dfrac{G_s \gamma_w}{\gamma_d} - 1,\ e = \dfrac{\omega G_s}{S_r},\ e = \dfrac{n}{1-n}$ |
| 干重度 | $\gamma_d$ | $\gamma_d = \dfrac{m_s g}{V}$ | $\gamma_d = \dfrac{\gamma}{1+\omega},\ \gamma_d = \dfrac{G_s \gamma_w}{1+e},\ \gamma_d = \dfrac{n S_r}{\omega} \gamma_w$ |
| 饱和重度 | $\gamma_{sat}$ | $\gamma_{sat} = \dfrac{m_s g + V_v \gamma_w}{V}$ | $\gamma_{sat} = \dfrac{(G_s - 1)\gamma}{G_s (1+\omega)} + \gamma_w,\ \gamma_{sat} = \dfrac{(G_s + e)\gamma_w}{1+e},\ \gamma_{sat} = \gamma' + \gamma_w,$ $\gamma_{sat} = \gamma_d + n\gamma_w$ |
| 浮重度 | $\gamma'$ | $\gamma' = \dfrac{m_s g - V_s \gamma_w}{V}$ | $\gamma' = \dfrac{(G_s - 1)\gamma}{G_s (1+\omega)},\ \gamma' = \dfrac{(G_s - 1)\gamma_w}{1+e},\ \gamma' = \gamma_{sat} - \gamma_w,$ $\gamma' = (G_s - 1)(1 - n)\gamma_w$ |
| 饱和度 | $S_r$ | $S_r = \dfrac{V_w}{V_v} \times 100\%$ | $S_r = \dfrac{\omega G_s \gamma}{G_s \gamma_w (1+\omega) - \gamma},\ S_r = \dfrac{\omega G_s}{e},\ S_r = \dfrac{\omega G_s \gamma_d}{G_s \gamma_w - \gamma_d},$ $S_r = \dfrac{\gamma(1+e) - G_s \gamma_w}{e \gamma_w}$ |
| 空隙率 | $n$ | $n = \dfrac{V_v}{V} \times 100\%$ | $n = 1 - \dfrac{\gamma}{G_s \gamma_w (1+\omega)},\ n = 1 - \dfrac{\gamma_d}{G_s \gamma_w},\ n = \dfrac{e}{1+e}$ |

## 3.3　压缩、固结、沉降、土的抗剪强度

### 3.3.1　土的压缩性

土的压缩性是指土在压力作用下体积减小的性质。试验表明,土的压缩主要是由于孔隙中的水分和气体被挤出,土粒相互移动靠拢,致使土的孔隙体积减小而引起的。压缩有两种形式:有侧限压缩和无侧限压缩。当自然界广阔土层上作用着大面积均布荷载时,认为是有侧限形式。一般工程与此近似,通常用这种形式。通过对土进行有侧限压缩试验,可以得出压缩曲线,即孔隙比随荷载的变化曲线,如图 2-3-2 所示。土的压缩可以通过压缩系数、压缩指数和压缩模量三个指标衡量。

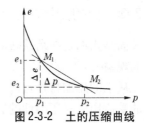

图 2-3-2　土的压缩曲线

压缩系数是指压缩曲线中某一压力范围的割线斜率,如图 2-3-2所示,记为 $\alpha$,单位为 $\mathrm{MPa}^{-1}$。

$$\alpha = \frac{e_1 - e_2}{p_2 - p_1} \tag{2-3-3}$$

此式为土的力学性质的基本定律之一,称为压缩定律。

压缩系数是表示土的压缩性大小的主要指标,压缩系数大,表明在某压力变化范围内孔隙比减小得越多,压缩性就越高。压缩系数不是常数,它随初始压力 $p_1$ 和压力增量 $p_2 - p_1$ 的变化而变化。在工程实际中,为便于比较,《建筑地基基础设计规范》(GB 50007—2011)规定以 $p_1 = 0.1$ MPa,$p_2 = 0.2$ MPa 的压缩系数即 $\alpha_{1-2}$ 作为判断土的压缩性高低的标准,并将土分为三类,具体内容见表 2-3-9。

表 2-3-9　压缩系数判断土的压缩性

| 压缩系数($\mathrm{MPa}^{-1}$) | $\alpha_{1-2} < 0.1$ | $0.1 \leqslant \alpha_{1-2} < 0.5$ | $\alpha_{1-2} \geqslant 0.5$ |
|---|---|---|---|
| 类型 | 低压缩性土 | 中压缩性土 | 高压缩性土 |

将压缩曲线的横坐标用对数坐标表示,将得到 $e \sim \lg p$ 压缩曲线。因为 $e \sim \lg p$ 曲线在很大压力范围内为一直线,该直线的斜率称作压缩指数,记为 $C_c$。

$$C_c = \frac{e_1 - e_2}{\lg p_2 - \lg p_1} \tag{2-3-4}$$

可以看出,$C_c$ 为一常数,$C_c$ 越大,土的压缩性越高;当 $C_c < 0.2$ 时,属于低压缩性土;当 $C_c > 0.4$ 时,属于高压缩性土。

压缩模量是指在侧限条件下受压时压力变化值 $\Delta p$ 与相应的压应变 $\Delta \varepsilon$ 的比值,记为 $E_s$,单位为 MPa。

$$E_s = \frac{\Delta p}{\Delta \varepsilon} = \frac{1 + e_1}{\alpha} \tag{2-3-5}$$

土的压缩系数和压缩模量,是判断土的压缩性和计算地基压缩变形量的重要指标。

两者之间的关系为反比关系。$\alpha$ 越小，$E_s$ 越大，表明在同一压力范围内土的压缩变形越小，土的压缩性越低。用压缩模量也可以判别土的压缩性大小，如表 2-3-10 所示。

表 2-3-10　压缩模量判断土的压缩性

| 压缩模量（MPa） | $E_s > 15$ | $4 \leq E_s \leq 15$ | $E_s < 4$ |
|---|---|---|---|
| 类型 | 低压缩性土 | 中压缩性土 | 高压缩性土 |

### 3.3.2　土的固结

固结指的是在荷载或其他因素作用下，土体孔隙中水分逐渐排出、体积压缩、密度增大的现象。

从土的压缩特性可以知道土体的受荷历史对压缩性产生了影响。为了考虑土层形成后的受荷历史对压缩性的影响，就必须了解土层的受荷历史，知道土层受过的前期固结压力。

前期固结压力是指土层在过去历史上曾经受过的最大固结压力，记为 $P_c$。前期固结压力是反映土体压密程度及判别其固结状态的一个指标。

前期固结压力 $P_c$ 与目前土层所承受的上覆土的自重压力 $p$ 进行比较，可把天然土层分三种不同的固结状态。

（1）$P_c = p$，称正常固结土，是指土层在沉积过程中，在土的自重压力作用下逐渐压密固结，固结后土层中的应力未发生明显变化。

（2）$P_c > p$，称超前固结土，是指土层在沉积历史上曾受过比现在大的应力而固结，土层原有的密度超过现有的自重压力相对的密度，而形成超压状态。

（3）$P_c < p$，称欠固结土，即土层在自重压力下尚未完成固结，新近沉积的土层如充填土，或排水条件差的土层如淤泥等处于欠固结状态。

一般当施加土层的荷重小于或等于土的前期固结压力时，土层的压缩变形量将极小甚至可以忽略不计；当荷重超过土的前期固结压力时，土层的压缩变形量将会有很大的变化。

在其他条件相同时，正常固结土的压缩量小于欠固结土的压缩量，大于超固结土的压缩量。

### 3.3.3　土的沉降

地基最终沉降量是指地基土在建筑物荷载作用下，变形完全稳定时基底处的最大竖向位移，记为 $s$，单位为 mm。地基沉降的原因主要是建筑物的荷重产生的附加应力引起、欠固结土的自重引起、地下水位下降引起和施工中水的渗流引起。建筑物地基变形的特征值有四种，即沉降量、沉降差、倾斜、局部倾斜。沉降量指基础中心的沉降量，以 mm 为单位。沉降差指同一建筑物中相邻两个基础沉降量的差值，以 mm 为单位。倾斜指独立基础倾斜方向两端点的沉降差与其距离的比值，以‰表示。局部倾斜指砌体承重结构沿纵向 6 ~ 10 m 内基础两点的沉降差与其距离的比值，以‰表示。计算地基最终沉降量的目的在于确定建筑物地基变形的特征值并进行判别,以便为建筑物设计值采取相应的措施提供依据,保证建筑物的安全。

### 3.3.4　土的抗剪强度

土的抗剪强度是指土体抵抗剪切破坏的极限能力,是土的重要力学性质之一。在外荷载作用下土体中将产生剪应力,若土体中某一平面上的剪应力超过了该平面上的抗剪强度,土就沿剪应力作用面产生相对滑动,该点便发生剪切破坏,如图 2-3-3 所示。若荷载继续增加,剪切破坏点将随之增多,形成局部塑性区,最终形成一个连续的滑动面,导致土体丧失整体稳定。大量的室内试验和工程实践都表明:土的破坏大多数是剪切破坏,土的强度问题实质上就是土的抗剪强度问题。工程中的地基承载力、挡土墙土压力、土坡稳定性等问题都与土的抗剪强度直接相关。

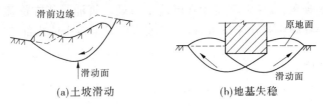

(a)土坡滑动　　　　(b)地基失稳

图 2-3-3　土体破坏示意图

## 3.4　渗流、渗流压力、浸润线、渗透坡降

土是松散颗粒的集合体,土体内具有互相连通的孔隙,当有水头差作用时,水就会从水位高的一侧渗向水位低的一侧。水在水位差作用下穿过土中连通孔隙发生流动的现象称为渗流(渗透)。土体内渗流的水面线叫作浸润线。土体被水透过的性能,称为土的渗透性。渗流会造成水量损失,也会使土的强度降低,还可能导致渗透破坏(渗透变形)。

### 3.4.1　达西定律

渗透水流在土中的流动属于层流,渗透速度 $v$ 与水头差 $h$ 成正比、与渗透路径(渗径)$L$ 成反比,即 $v \propto h/L$,见图 2-3-4。渗透速度 $v$ 还与土的渗透性强弱成正比,土的渗透性用渗透系数 $k$ 表示,$k$ 越大、渗透性越强、抗渗性越弱。达西通过试验得出

$$v = k \cdot h/L = kJ \qquad (2\text{-}3\text{-}6)$$

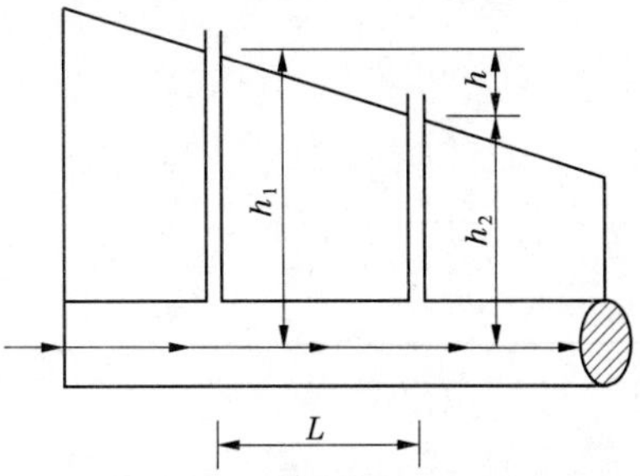

图 2-3-4　渗透水流示意图

式中　$J$——水力坡降或渗透坡降,$J = h/L$;

$k$——土的渗透系数,单位为米每天(m/d)或厘米每秒(cm/s)。

这就是达西定律:渗透速度与水力坡降的一次方成正比。

影响渗透系数的因素主要有:①土质;②砂性土的颗粒大小、形状、级配:颗粒越大、越均匀、越圆滑,渗透系数越大;③黏性土的矿物成分、黏粒含量:颗粒越细、黏粒含量越高,渗透系数越小;④土的密实程度:土越密实,渗透系数越小,抗渗能力越强;⑤水温:水温越

高,渗透系数越大。

### 3.4.2 渗透变形

渗透水流对土骨架的作用力称为渗透力,渗透力 $j$ 的大小与渗透坡降 $J$ 成正比,$j = J\gamma_w$,式中 $\gamma_w$ 为水的容重。渗透力的单位为 $kN/m^3$,方向与渗流方向一致。一般认为渗流出逸处的水流方向是自下而上的,如果渗透力刚好与土体的浮容重 $\gamma'$ 相等,即 $J\gamma_w = \gamma'$,则土颗粒处于即将被渗透水流冲走的临界状态,对应于临界状态时的水力坡降称为临界水力坡降,用 $J_{cr}$ 表示,$J_{cr} = \gamma'/\gamma_w$。工程中以容许水力坡降 $[J]$ 作为控制指标,$[J] = J_{cr}/K$,$K$ 为安全系数,一般取 $2 \sim 3$。

一般认为当实际水力坡降大于临界水力坡降时即发生渗透变形(渗透破坏)。渗透变形的形式有流土和管涌。流土是指在渗流作用下的局部土体隆起、浮动或颗粒群同时发生起动而流失的现象,流土一般发生在渗流出口处。管涌是指在渗流作用下土中的细颗粒通过粗颗粒的孔隙被带出土体的现象,管涌可以发生在土体内部。

# 第 4 章　材料力学基本知识

在水工监测工作中,会监测到水工建筑物相关材料特性,比如强度、变形、应力、应变等,为此需要了解这些基本概念,便于开展相关的监测工作。

## 4.1　强度、变形

在水利水电工程中,各种结构得到了广泛的运用。所谓结构,就是建筑物中承受力而起骨架作用的部分。结构是由单个的部件按照一定的规则组合而成的,组成结构的部件称为构件。一般来讲,构件都是由固体形态的工程材料制成的,并具有一定的外部形状和几何尺寸。在使用的过程中,所有的构件都要受到相邻构件或其他物体的作用,也就是说要受到外力。此外,它们都还要受到自身重力的作用。这些作用在建筑物或结构上的外力及它们自身的重力统称为荷载。

在荷载的作用下,构件的几何形状和尺寸大小都要发生一定程度的改变,这种改变在材料力学中称为变形。根据荷载本身的性质及荷载作用的位置不同,变形可以分为轴向拉伸(压缩)、剪切、扭转、弯曲四种基本变形。一般来讲,变形要随着荷载的增大而增大,当荷载达到某一数值时,构件会因为变形过大或被破坏而失去效用,通常简称为失效。构件的失效形式通常有三种:一是构件在使用中因承受的荷载过大而发生破坏;二是构件的变形超出了工程上所允许的范围;三是构件在荷载的作用下其几何形状无法保持原有的状态而失去平衡,通常也称为失稳。

构件本身对各种失效具有抵抗的能力,简称为抗力。在材料力学中,把构件抵抗破坏的能力称为强度,构件抵抗变形的能力称为刚度,构件抵抗失稳、维持原有平衡状态的能力称为稳定性。研究表明:构件的强度、刚度和稳定性,与其本身的几何形状、尺寸大小、所用材料、荷载情况以及工作环境等都有着非常密切的关系。

## 4.2　应力、应变

### 4.2.1　应力

在分析拉压杆横截面上分布内力的时候可知,轴力是拉压杆横截面上分布内力的合力,它只表示截面上总的受力情况,但单凭轴力的大小还不能判断杆件在外力作用下是否发生破坏。例如,相等的内力分布在较大的面积上时,比较安全;分布在较小的面积上时,就比较危险。因此,为了解决强度问题,还必须研究截面上各点处内力的分布规律,即用截面上各点处的内力的大小和方向来表明内力作用在该点处的强弱程度。为此,引入应力的概念。

　　在构件的截面上,围绕任意一点 $M$ 取微小面积 $\Delta A$(见图 2-4-1(a)),设 $\Delta A$ 上微内力的合力为 $\Delta F$。$\Delta F$ 与 $\Delta A$ 的比值称为 $\Delta A$ 上的平均应力。而将比值的极限值称为 $M$ 点处的应力。

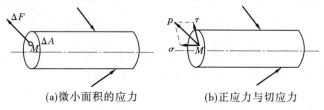

(a)微小面积的应力　　　　　　(b)正应力与切应力

**图 2-4-1　构件应力示意图**

　　应力是一个矢量,一般既不与截面垂直,也不与截面相切。通常把它分解为两个分量,如图 2-4-1(b)所示。垂直于截面的法向分量 $\sigma$,称为正应力;相切于截面的切向分量 $\tau$,称为切应力。

　　应力的单位是 Pa(帕),1 Pa = 1 N/m²。工程中,常采用 Pa 的倍数单位:kPa(千帕)、MPa(兆帕)、GPa(吉帕)。其关系为:1 kPa = $1 \times 10^3$ Pa,1 MPa = $1 \times 10^6$ Pa,1 GPa = $1 \times 10^9$ Pa。

## 4.2.2　应变

　　杆件在轴向拉伸和压缩时,所产生的主要变形是沿轴线方向的伸长或缩短,称为纵向变形;与此同时,垂直于轴线方向的横向尺寸也有所缩小或增大,称为横向变形。下面以杆件纵向变形说明应变的概念。

　　设拉压杆的原长为 $l$,在轴向外拉力 $F$ 的作用下,长度变为 $l_1$,杆的变形为 $\Delta l = l_1 - l$,纵向变形 $\Delta l$ 只反映杆在纵向的总变形量,它与杆的原长有关。为了进一步描述杆的变形程度,引进线应变的概念。根据平面假设,杆的各段都是均匀变形的,单位长度的纵向变形为 $\varepsilon = \Delta l / l$,$\varepsilon$ 称为纵向线应变。这种用来表示结构变形大小的相对值即是应变。显然,$\varepsilon$ 是一个量纲为 1 的量。大量的试验表明,在弹性限度内,正应力与线应变成正比。

# 第 5 章　测量学基本知识

测量是研究地球的形状和大小以及确定地面点位的科学。它的内容包括测定和测设两部分。测定是指使用测量仪器及工具,通过测量和计算,得到一系列测量数据或成果,将地球表面的地物和地貌缩绘成地形图提供使用。测设是指用一定的测量方法,将已规划设计好的地物,在实地标定出来,作为施工的依据。例如,地形图测绘属于测定,建筑物施工前位置的确定属于测设。

测量工作主要是确定地面点的点位。地面点的位置可以用它的平面直角坐标和高程来确定。测定地面点平面直角坐标的主要测量作业是测量水平角和水平距离。测定地面点高程的主要作业是测量高差。高差测量、水平角测量、水平距离测量是确定地面点位置的三种基本作业。

测量的主要仪器有水准仪(包括水准尺)、经纬仪、全站仪、卫星定位测量系统(如GPS)等,还有平板仪(测角)、测距仪、罗盘仪(测定和测设方位角)。

## 5.1　水准测量

水准仪的基本功能是在仪器按要求整平后提供一个扫描水平面,在水准尺的配合下,可扫描不同位置水准尺同一水平面与立尺点的高差尺寸,若准确知道该水平面的高程,由该高程减去各位置的高差尺寸,即可算出各位置的高程,此法称为"仪高法";其实在不知道水准仪扫描水平面高程的情况下,在地面两点间安置水准仪,观测竖立在两点上的水准标尺读数,测定地面两点同一水平面与立尺点的高差尺寸后,也可由这两个高差尺寸相减而得出两点之间的高差数值,此法称为"高差法"。一般的水准测量多用高差法作业。通常受仪器有效视距的限制,常由水准原点或任一已知高程点出发,沿选定的水准路线顺序设置测量站点,逐站逐点测定前进方向各点与后点的高差,由高差累计值加起始原点的高程,推算出目标点的高程。沿水准路线的水准测量如图 2-5-1 所示。

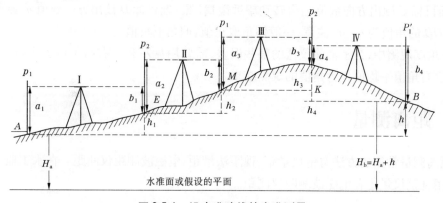

图 2-5-1　沿水准路线的水准测量

　　我国国家水准测量依精度不同分为一、二、三、四等。一、二等水准测量称为"精密水准测量",是国家高程控制的全面基础,可为研究地壳形变等提供数据。三、四等水准测量直接为地形测图和各种工程建设提供所必需的高程控制。水文普通测量的水准测量分为三、四、五等,各有不同的要求和适用条件。

　　水文工作中,引测、校测水准点、水尺零点以及水文设施的高程,要进行水准测量。在地形测量中建立高程控制,在断面测量中确定水面和岸上地形转折点高程,皆要进行水准测量。

　　水准点是用水准测量方法测定的高程控制点,该点相对于某一采用基面的高程是已知的,并设有标志或埋设带有标志的标石。水文站常用的水准点有基本水准点和校核水准点。基本水准点是水文测站永久性的高程控制点,应设在测站附近历年最高水位以上、不易损坏且便于引测的地点。校核水准点是水文测站用来引测断面、水尺和其他设施高程经常作校核测量的水准点,一般应设在观测断面的附近、便于经常引测的地方。

## 5.2　角度测量

　　角度测量是指测定水平角或竖直角的工作。水平角是一点到两个目标的方向线垂直投影在水平面上所成的夹角。竖直角是一点到目标的方向线和一特定方向之间在同一竖直面内的夹角,通常水平方向和目标间的夹角称为高度角(仰角或俯角),天顶方向和目标方向间的夹角称为天顶角。

　　使用经纬仪测量水平角度时,安置经纬仪,利用水准器整平仪器,使仪器中心与测站标志中心在同一铅垂线上,这时水平度盘的中心位于水平角顶点的铅垂线上(位置为 $O$),转动望远镜找(照)准目标 $A$ 读出方向数值 $a$,再转动望远镜找(照)准目标 $B$ 读出方向数值 $b$,则水平角 $AOB$ 的角值为 $b-a$。

　　使用经纬仪测量高度角(仰角或俯角),同样安置经纬仪,整平仪器,使仪器中心与测站标志中心在同一铅垂线上,转动望远镜找(照)准目标读出角度数值即为目标的仰角或俯角角值;但要测算两个任意点与仪器中心点在竖直面的角值,则需先转动望远镜找(照)准目标 $C$ 读出方向数值 $c$,再转动望远镜找(照)准目标 $D$ 读出方向数值 $d$,则竖直面的角 $COD$ 的角值为 $c-d$(注意:一般仰角取正值,俯角取负值)。

　　在角度观测中,为了消除仪器的某些误差,需要用盘左和盘右两个位置进行观测,取盘左、盘右角值平均值作为角值的观测结果。

## 5.3　距离测量

　　距离测量常用的方法有钢尺量距、视距法量距、电磁波测距仪测距。在水工监测工作中,常用到钢尺量距和电磁波测距仪测距。

### 5.3.1　钢尺量距

#### 5.3.1.1　量距工具

直线丈量的工具通常有钢尺和皮尺。钢尺的伸缩性较小,强度较高,故丈量精度较高,但钢尺容易生锈,且易折断;皮尺容易拉长,量距较为粗略,因此量距精度不高。

1. 钢尺

钢尺,又称钢卷尺。由薄钢带制成,宽 10 ~ 15 mm,厚约 0.4 mm,尺长有 20 m、30 m、50 m 等几种,卷放在金属架上或圆形盒内。如图 2-5-2 所示,钢尺的基本分划为毫米,在每米及每分米处刻有数字注记。由于尺的零点位置不同,钢尺可分为端点尺和刻线尺。端点尺是以尺环外缘作为尺子的零点,而刻线尺是以尺的前端刻线作为起点。

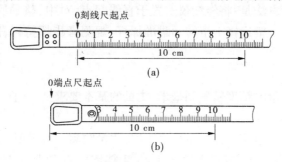

图 2-5-2　钢尺

2. 皮尺

皮尺是用麻线织成的带状尺子,又称布卷尺。皮尺上注有厘米分划。由于皮尺容易拉长,因此只能用于精度要求较低的地形测量和一般丈量工作。

3. 量距的辅助工具

量距的辅助工具有垂球、测钎、标杆等。垂球用于对点;测钎用于标定所量距离每尺段的起终点和计算整尺段数;标杆又称花杆,用于显示点位和标定直线方向。

#### 5.3.1.2　钢尺量距的注意事项

(1)丈量时应检查钢尺,看清钢尺的零点位置。

(2)量距时定线要准确,尺子要水平,拉力要均匀。

(3)读数时要细心、精确,不要看错、念错。

(4)使用钢尺时要加强对钢尺的保护,防止压、折,丈量完毕应将钢尺擦干净,并涂油防锈。

#### 5.3.1.3　一般量距

1. 直线定线

需要丈量的距离一般都比整尺要长,或地面起伏较大,为了便于丈量,量距前需要在两点的连线上标出若干个点,这项工作称为直线定线。直线定线一般用目估或仪器进行。对于一般精度量距,用目估法即可;对于精密量距,可用经纬仪定线。

目估法直线定线如图 2-5-3 所示,A、B 为待测距离的两个端点,先在 A、B 两点竖立标杆,甲站在 A 点标杆后约 1 m 处,乙持标杆目估站在 AB 线上。甲指挥乙左右移动标杆,

直到甲从 *A* 点沿标杆看到 *A*、1、2、*B* 四支标杆在同一直线上为止,同法可以定出直线上的其他点。

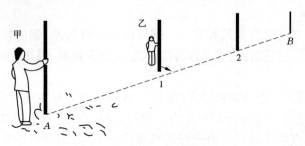

**图 2-5-3　目估法直线定线**

用经纬仪定线的方法是:将经纬仪安置于直线起点,对中、整平后,瞄准直线的端点,制动照准部制动螺旋。望远镜上下转动瞄准标杆,观测者指挥持标杆者移动标杆至视线方向上即可。

**2. 测量方法**

一般水平位移测量的精度精确到毫米,丈量的基本要求是:一直、二平、三准确。

**1)平坦地面距离测量**

当地面平坦时可沿地面直接丈量水平距离,丈量距离一般需要三人,前、后尺各一人,记录一人。如图 2-5-4 所示,后尺手站在 *A* 点,手持钢尺的零端,前尺手持钢尺的末端,沿丈量方向前进,走到一整尺段处,按定线时标出的直线方向,将尺拉平。前尺手将尺拉紧,均匀增加拉力,当达到标准拉力后(对于 30 m 钢尺,一般为 100 N;对于 50 m 钢尺,一般为 150 N)喊"预备",后尺手将尺零端对准起点且喊"好",这时前尺手把测钎对准末端整尺段处的刻线垂直插入地面,即得 *A*—1 的水平距离。同法依次丈量其他各尺段,后尺手依次收集已测过尺段零端测钎。最后不足一整尺段时,由前、后尺手同时读数,即得余长 *m*。由于后尺手手中的测钎数等于量过的整尺段数 *n*,所以 *AB* 的水平距离总长 *D* 为

$$D = nl + m \tag{2-5-1}$$

式中　*n*——整尺段数;

　　　*l*——钢尺长度;

　　　*m*——不足一整尺的余长。

**图 2-5-4　平坦地面距离测量**　(单位:m)

为了防止丈量中发生错误及提高量距精度,距离要往、返测量。上述为往测,返测时,需要重新定线,最后取往、返测距离的平均值作为丈量结果。往、返测丈量的距离之差与最后结果之比,并将分子化为 1 的分数形式,称为相对误差,即

$$K = \frac{\Delta D}{D} = \frac{1}{\frac{D}{\Delta D}} = \frac{1}{M} \tag{2-5-2}$$

式中　$\Delta D$——往、返丈量距离之差;

　　　$D$——往、返测量的平均值。

2)倾斜地面距离丈量

(1)平量法。沿倾斜地面丈量距离,当地势起伏不大时,可将钢尺拉平丈量。如图2-5-5所示,丈量由 $A$ 向 $B$ 进行。后尺手持钢尺零端,并将零刻线对准起点 $A$,前尺手进行直线定线后,将尺拉在 $AB$ 方向上并使尺子抬高水平,然后用垂球尖端将尺段的末端投于地面上,再插以测钎。当地面倾斜较大,将钢尺抬平有困难时,可将一尺段分成几段来平量,如图2-5-5中1、2、3段。由于从坡下向坡上丈量困难较大,故一般采用两次独立丈量,将钢尺的一端抬高或两端同时抬高使尺子水平。

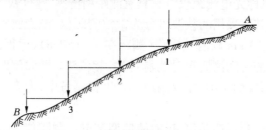

**图2-5-5　平量法倾斜地面丈量距离**

(2)斜量法。当倾斜地面的坡度均匀时,如图2-5-6所示,可以沿着斜坡丈量出 $AB$ 的斜距 $L$,测出地面的倾斜角 $\alpha$ 或 $AB$ 两点间的高差 $h$,然后计算 $AB$ 的水平距离 $D$,即

$$D = L\cos\alpha \tag{2-5-3}$$

或　　　　　$$D = \sqrt{L^2 - h^2} \tag{2-5-4}$$

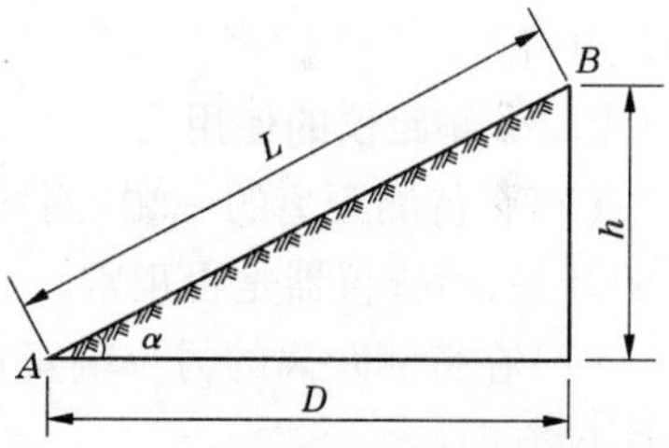

**图2-5-6　斜量法倾斜地面丈量距离**

#### 5.3.1.4　精密量距

当量距精度要求在1/10 000以上时,要用钢尺精密量距。精密量距前,要对钢尺进行检定。

*1. 钢尺检定*

精密量距前,要对钢尺进行检定,由于钢尺的材料性质、制造误差等原因,使用时钢尺的实际长度与名义长度(钢尺尺面上标注的长度)不一样,通常在使用前对钢尺进行检定,用钢尺的尺长方程式来表示尺长。尺长方程式为:$l_t = l_0 + \Delta l + \alpha(t - t_0)l_0$,其中,$l_t$ 为钢尺在温度 $t$ ℃时的实际长度;$l_0$ 为钢尺名义长度;$\Delta l$ 为尺长改正数;$\alpha$ 为钢尺的膨胀系数,一般为 $1.25 \times 10^{-5}$/℃;$t$ 为钢尺量距时的温度;$t_0$ 为钢尺检定时的温度(一般为20℃)。

*2. 丈量方法*

钢尺检定后,得出在检定时拉力与温度条件下的尺长方程式,丈量前,先用经纬仪定线。

如果地势平坦或坡度均匀,则可测定直线两端点高差作为倾斜改正的依据;若沿线坡度变化,地面起伏,定线时应注意坡度变化处,两标志间的距离要略短于钢尺长度。丈量时根据弹簧秤对钢尺施加标准拉力,并同时用温度计测定温度。每段要丈量三次,每次丈量应略微变动尺子位置,三次读得长度之差的允许值根据不同要求而定,一般不超过2~5 mm。如在限差范围内,取三次平均值作为最后结果。分别对尺寸、温度和倾斜进行改正后,将测量的结果加上上述三项改正,即得所量距离长度。上述计算往返丈量分别进行,当量距相对误差在限差范围之内时,其结果为距离丈量的最后结果。

## 5.3.2　电磁波测距简介

### 5.3.2.1　概述

电磁波测距是用电磁波(光波、微波)作为载波的测距仪器来测量两点间距离的一种方法,电磁波测距仪也称光电测距仪。它具有测距精度高、速度快、不受地形影响等优点。

电磁波测距仪按其所采用的载波可分为微波测距仪、激光测距仪、红外测距仪;按测程可分为短程(测距在3 km以内)、中程(测距在3~15 km)、远程(测距在15 km以上);按光波在测段内传播的时间测定可分为脉冲法、相位法。微波测距仪和激光测距仪多用于远程测距,红外测距仪用于中、短程测距。在工程测量中,大多采用相位法短程红外测距仪。

电磁波测距仪主要包括测距仪、反射棱镜两部分。测距仪上有望远镜、控制面板、液晶显示窗、可充电池等部件;反射棱镜有单棱镜和三棱镜两种,用来反射来自测距仪发射的红外光。

### 5.3.2.2　测距仪的使用

(1)在待测距离的一端(测站点)安置经纬仪和测距仪,经纬仪对中、整平,打开测距仪的开关,检查仪器是否正常。

(2)在待测距离的另一端安置反射棱镜,反射棱镜对中、整平后,使棱镜反射面朝向测距仪方向。

(3)在测站点上用经纬仪望远镜瞄准目标棱镜中心,按下测距仪操作面板上的测量功能键进行距离测量,显示屏即可显示测量结果。

# 第 6 章　电工学基本知识

　　水工监测过程中,经常会用到一些测量设备,这些设备的使用、维护、调试都会牵涉到一些与电相关的概念,以下先简单介绍电压、电流、电阻、电容、直流电、交流电、电功率这些基本概念,然后介绍电工中常用的两种仪器万用表和兆欧表的使用。

## 6.1　电压、电流、电阻、电容、直流电、交流电、电功率

　　电路就是电流通过的路径。把一些电工设备或元件按照一定的方式连接起来构成电流的通路,叫作电路。电路一般由电源、负载和中间环节三部分组成。电源能将非电能转换成电能,向电路提供电能。负载能将电能转换成非电能,是用电设备。中间环节是指将电源与负载连接起来的部分,是用来传输和控制电能的,如导线、开关设备、保护设备及测量设备等。

　　电荷的定向移动形成电流。历史上把正电荷移动的方向规定为电流的实际方向。计量电流大小的物理量称为电流强度,简称电流,用 $I$ 表示。电流强度的定义为:单位时间内通过导体某一横截面的电量。在国际单位制中,电流的单位是安培,简称安(A)。实用中,电流的单位还有千安(kA)、毫安(mA)、微安(μA)和纳安(nA),它们的换算关系为:

$$1 \text{ A} = 10^{-3} \text{ kA} = 10^3 \text{ mA} = 10^6 \text{ μA} = 10^9 \text{ nA}$$

　　电荷 $q$ 在电场中从 $A$ 点移动到 $B$ 点,电场力所做的功 $W_{AB}$ 与电荷量 $q$ 的比值,叫作 $A$、$B$ 两点间的电势差($A$、$B$ 两点间的电势之差),用 $U_{AB}$ 表示,也称为电压。当电压的大小和方向都不随时间变化时,称为直流电压,用大写字母 $U$ 表示;当电压随时间而变化时,称为交流电压,用小写字母 $u$ 表示。电路中某点的电位是指电场力将单位正电荷从该点移至参考点(零电位点)所做的功。电位的高低与参考点的选择有关,参考点可以任意选取。电路中某一点的电位,随参考点的选择不同而不同,但在同一电路中只能选择一个参考点。在电路中常选大地或电气设备的外壳为参考点。一般规定电压的方向就是电位降低的方向。通常高电位端用"+"表示,低电位端用"−"表示。也可以用箭头表示电压的方向,即由高电位端指向低电位端。在国际单位制中,电压的单位为伏特,简称伏(V)。电位和电压具有相同的单位。电压的常用单位还有千伏(kV)、毫伏(mV)、微伏(μV),其换算关系为:

$$1 \text{ V} = 10^{-3} \text{ kV} = 10^3 \text{ mV} = 10^6 \text{ μV}$$

　　因为物质对电流产生的阻碍作用,所以称其为该作用下的电阻物质。电阻将会导致电子流通量的变化,电阻越小,电子流通量越大,反之亦然。没有电阻或电阻很小的物质称为电导体,简称导体。不能形成电流传输的物质称为电绝缘体,简称绝缘体。在物理学中,用电阻来表示导体对电流阻碍作用的大小,用大写字母 $R$ 表示。导体的电阻越大,表示导体对电流的阻碍作用越大。不同的导体,电阻一般不同,电阻是导体本身的一种特

性。电阻元件是对电流呈现阻碍作用的耗能元件。欧姆定律表明一段含电阻的电路,流过其中的电流与它两端所加的电压成正比,与它的电阻成反比。在国际单位制中,电阻的单位为欧姆($\Omega$),简称欧。在实用中,还有千欧($k\Omega$)、兆欧($M\Omega$),其换算关系为:

$$1\ \Omega = 10^{-3}\ k\Omega = 10^{-6}\ M\Omega$$

接通电路后,在电源和负载之间就有能量的交换。它们在单位时间内产生或接收的电能叫作电功率,简称功率,用 $P$ 表示。电功率可表示为 $P = UI = I^2R = U^2/R$。在国际单位制中,功率的单位为瓦特(W),简称瓦。常用的单位还有千瓦(kW)和兆瓦(MW),其换算关系为:

$$1\ W = 10^{-3}\ kW = 10^{-6}\ MW$$

工程上,常用千瓦时(kWh)表示 $t$ 时间内产生(或消耗)电能的单位。1 kWh 又称为1 度电,1 kW 的用电器工作 1 h 消耗的电能为 1 度电。

当电流的大小和方向都不随时间变化时,称为直流电流,用大写字母 $I$ 表示,对随时间变化的电流,用小写字母 $i$ 表示。大小和方向随时间做周期性变化的电动势、电压和电流统称为交流电,按正弦规律变化的交流电,称为正弦交流电。

电容(或称电容量)是表现电容器容纳电荷本领的物理量。一般把电容器的两极板间的电势差增加 1 V 所需的电量,叫作电容器的电容。电容器从物理学上讲,它是一种静态电荷存储介质,它的用途较广,它是电子、电力领域中不可缺少的电子元件。电容的符号是 $C$。在国际单位制里,电容的单位是法拉,简称法,符号是 F,由于法拉这个单位太大,所以常用的电容单位有毫法(mF)、微法($\mu F$)、纳法(nF)和皮法(pF)(皮法又称微微法)等,其换算关系是:

$$1\ F = 10^3\ mF = 10^6\ \mu F = 10^9\ nF = 10^{12}\ pF$$

## 6.2　万用表、兆欧表使用方法

### 6.2.1　指针式万用表的使用

万用表也称为万能表,一般可用来测量直流电流、交流电流和电阻等。有的万用表还可测量功率、电感和电容等,万用表的形式很多,使用的方法也有些不同,但基本原理是一样的。500 型指针式万用表的面板如图 2-6-1 所示。

以下介绍指针式万用表的使用方法:

(1)熟悉表盘上各符号的意义及各个旋钮和选择开关的主要作用。

(2)进行机械调零。

(3)根据被测量的种类及大小,选择转换开关的挡位及量程,找出对应的刻度线。

(4)选择表笔插孔的位置。

(5)测量电压:测量电压时要选择好量程,如果用小量程去测量大电压,则会有烧表的危险;如果用大量程去测量小电压,那么指针偏转太小,无法读数。量程的选择应尽量使指针偏转到满刻度的 2/3 左右。如果事先不清楚被测电压的大小,应先选择最高量程挡,然后逐渐减小到合适的量程。

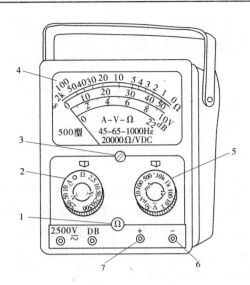

1—电阻调零;2—电压量程开关;3—机械调零;4—表头;5—电流电阻量程开关;
6—黑表笔插孔;7—红表笔插孔

**图 2-6-1 500 型指针式万用表的面板**

①交流电压的测量:将万用表的一个转换开关置于交、直流电压挡,另一个转换开关置于交流电压的合适量程上,万用表两表笔和被测电路或负载并联即可。

②直流电压的测量:将万用表的一个转换开关置于交、直流电压挡,另一个转换开关置于直流电压的合适量程上,且"+"表笔(红表笔)接到高电位处,"-"表笔(黑表笔)接到低电位处,即让电流从"+"表笔流入,从"-"表笔流出。若表笔接反,表头指针会反方向偏转,容易撞弯指针。

(6)测电流:测量直流电流时,将万用表的一个转换开关置于直流电流挡,另一个转换开关置于 50 μA ~ 500 mA 的合适量程上,电流的量程选择和读数方法与电压一样。测量时必须先断开电路,然后按照电流从"+"到"-"的方向,将万用表串联到被测电路中,即电流从红表笔流入,从黑表笔流出。如果误将万用表与负载并联,则因表头的内阻很小,会造成短路,烧毁仪表。其读数方法如下:

$$实际值 = 指示值 \times 量程/满偏$$

当电流通过线圈时,线圈在磁场的作用下带动指针偏转,指针偏转到最大角度时对应的电流 $I$ 称为表头的满偏电流。

(7)测电阻:用万用表测量电阻时,应按下列方法操作:

①选择合适的倍率挡。万用表欧姆挡的刻度线是不均匀的,所以倍率挡的选择应使指针停留在刻度线较稀的部分为宜,且指针越接近刻度尺的中间,读数越准确。一般情况下,应使指针指在刻度尺的 1/3 ~ 2/3 处。

②欧姆调零。测量电阻之前,应将 2 个表笔短接,同时调节"欧姆(电气)调零旋钮",使指针刚好指在欧姆刻度线右边的零位。如果指针不能调到零位,说明电池电压不足或仪表内部有问题。并且每换一次倍率挡,都要再次进行欧姆调零,以保证测量准确。

③读数:表头的读数乘以倍率,就是所测电阻的电阻值。

（8）万用表使用注意事项如下：

①在测电流、电压时，不能带电换量程。

②选择量程时，要先选大的，后选小的，尽量使被测值接近于量程。

③测电阻时，不能带电测量。因为测量电阻时，万用表由内部电池供电，如果带电测量则相当于接入一个额外的电源，可能损坏表头。

④用毕，应使转换开关在交流电压最大挡位或空挡上。

## 6.2.2　数字万用表的使用

现在，数字式测量仪表已成为主流，有取代模拟式仪表的趋势。与模拟式仪表相比，数字式仪表灵敏度高，准确度高，显示清晰，过载能力强，便于携带，使用更简单。下面以VICTOR 型数字万用表为例，简单介绍其使用方法和注意事项。

### 6.2.2.1　操作面板说明

操作面板说明如下（如图 2-6-2 所示）：

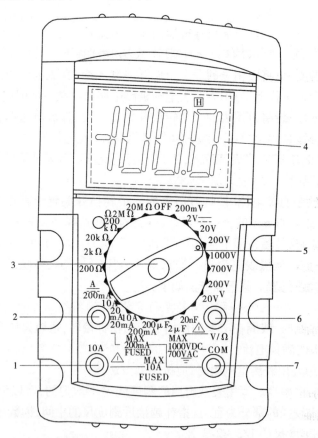

1—10 A 电流测试插座；2—电容及温度插座；3—保持开关；4—液晶显示器；
5—旋钮开关；6—电压、电阻插座；7—公共插座

**图 2-6-2　VICTOR 型数字万用表的面板**

（1）液晶显示器。显示仪表测量的数据。

（2）保持开关。按下此开关,仪表当前所测数值被保持,液晶显示器上出现" H "符号;再次按下保持开关," H "符号消失,退出保持功能状态。

（3）旋钮开关。用于改变测量功能及量程。

（4）电压、电阻插座。即"V/Ω"插座,测电压或电阻时,其为红表笔的插孔。

（5）公共插座。即"COM"插座,测电压、电流和电阻时,其为黑表笔的插孔。

（6）10 A 电流测试插座。当测试电流大于 200 mA 时,其红表笔插孔(最大为 10 A)。

（7）电容及温度插座。测电容及温度的插孔。

#### 6.2.2.2　测量方法

1. 直流电压的测量

（1）将黑表笔插入"COM"插孔,红表笔插入"V/Ω"插孔。

（2）将旋钮开关转至"V"量程上,然后将测试表笔跨接在被测电路上,红表笔所接的电压与极性显示在液晶显示器上。

注意事项如下:①如果事先对被测电压范围没有概念,应将旋钮开关转到最高的挡位,然后根据显示值转至相应挡位上;②如在高位显示"1",表示已超过量程范围,需将旋钮开关转至较高挡位上;③输入电压切勿超过 1 000 V,如超过,则有损坏仪表电路的危险。

2. 交流电压的测量

（1）将黑表笔插入"COM"插孔,红表笔插入"V/Ω"插孔。

（2）将旋钮开关转至相应的"V"量程上,然后将测试表笔跨接在被测电路上。

测量的注意事项与直流电压基本相同,但输入电压切勿超过 700 V。

3. 直流电流的测量

（1）将黑表笔插入"COM"插孔,红表笔插入"mA"插孔中(最大量程为 200 mA)或红表笔插入"10 A"插孔中(最大量程为 10 A)。

（2）将旋钮开关转至相应的"A"量程上,然后将仪表穿入被测电路中。被测电流值及红表笔点的电流极性将同时显示在液晶显示器上。

注意事项如下:①如果事先对被测电压范围没有概念,应将旋钮开关转到最高的挡位,然后根据显示值转至相应挡位上;②如在高位显示"1",表示已超过量程范围,需将旋钮开关转至较高挡位上;③最大输入电流为 200 mA 或 10 A(视红表笔插入位置而定),过大的电流会将熔丝熔断。

4. 交流电流的测量

（1）将黑表笔插入"COM"插孔,红表笔插入"mA"插孔中(最大量程为 200 mA)或红笔插入"10 A"插孔中(最大量程为 10 A)。

（2）将旋钮开关转至相应的"A"量程上,然后将仪表穿入被测电路中。

注意事项与直流电流的测量相同。

5. 电阻的测量

（1）将黑表笔插入"COM"插孔,红表笔插入"V/Ω"插孔。

(2)将量程开关转至相应的电阻量程上,将表笔跨接在被测电阻上。

注意事项如下:①如果电阻值超过所选的量程值,则会显示"1",这时应将旋钮开关转高一挡,当测量电阻超过 1 MΩ 时,读数需几秒时间才能稳定,这在测量高电阻时是正常的;②当输入端开路时,则显示过载情形;③测量在线路上的电阻时,要在确认被测电路所有电源已关、断而所有电容都已完全放电时,才可进行;④请勿在电阻量程输入电压,这是绝对禁止的,虽然仪表在该挡位上有电压防护功能。

6. 电容的测量

将被测电容插入电容插口,将旋钮开关置于相应的电容量上。

注意事项如下:①被测电容超过所选量程最大值时,显示器只显示"1",此时则应将开关转高一挡;②再将电容插入电容插口时,显示值可能尚未回到零,残留读数会逐渐减小但可以不予理会,它不会影响测量值;③在测试电容容量之前,对电容应充分地放电,以防止损坏仪表。

## 6.2.3　兆欧表的使用

兆欧表也叫绝缘电阻表,它是测量绝缘电阻最常用的仪表。它在测量绝缘电阻时本身就有高电压电源,这就是它与一般测量电阻仪表的不同之处。兆欧表用于测量绝缘电阻既方便又可靠。但是如果使用不当,它将给测量带来不必要的误差,因此必须正确使用兆欧表绝缘电阻进行测量。

兆欧表在工作时,自身产生高电压,而测量对象又是电气设备,所以必须正确使用,否则就会造成人身或设备事故。使用前,首先要做好以下各种准备:

(1)测量前必须将被测设备电源切断,并对地短路放电,决不允许设备带电进行测量,以保证人身和设备的安全。

(2)对可能感应出高压电的设备,必须消除这种可能性后,才能进行测量。

(3)被测物表面要清洁,减少接触电阻,确保测量结果的正确性。

(4)测量前要检查兆欧表是否处于正常工作状态,主要检查其"0"和"∞"两点。即摇动手柄,使电机达到额定转速,兆欧表在短路时应指在"0"位置,开路时应指在"∞"位置。

(5)兆欧表使用时应放在平稳、牢固的地方,且远离大的外电流导体和外磁场。

做好上述准备工作后就可以进行测量了,在测量时,还要注意兆欧表的正确接线,否则将引起不必要的误差甚至错误。

兆欧表的接线柱共有三个:一个为"L"即线端,一个"E"即为地端,再一个"G"即屏蔽端(也叫保护环),一般被测绝缘电阻都接在"L""E"端之间,但当被测绝缘体表面漏电严重时,必须将被测物的屏蔽环或无需测量的部分与"G"端相连接。这样漏电流就经由屏蔽端"G"直接流回发电机的负端形成回路,而不再流过兆欧表的测量机构(动圈)。这样就从根本上消除了表面漏电流的影响。特别应该注意的是测量电缆线芯和外表之间的绝缘电阻时,一定要接好屏蔽端钮"G",因为当空气湿度大或电缆绝缘表面又不干净时,其表面的漏电流将很大,为防止被测物因漏电而对其内部绝缘测量所造成的影响,一般在电缆外表加一个金属屏蔽环,与兆欧表的"G"端相连。

　　当用兆欧表摇测电气设备的绝缘电阻时,一定要注意"L"和"E"端不能接反,正确的接法是:"L"线端钮接被测设备导体,"E"地端钮接地的设备外壳,"G"屏蔽端接被测设备的绝缘部分。如果将"L"和"E"接反了,流过绝缘体内及表面的漏电流经外壳汇集到地,由地经"L"流进测量线圈,使"G"失去屏蔽作用而给测量带来很大误差。另外,因为"E"端内部引线同外壳的绝缘程度比"L"端与外壳的绝缘程度要低,当兆欧表放在地上使用,采用正确接线方式时,"E"端对仪表外壳和外壳对地的绝缘电阻,相当于短路,不会造成误差,而当"L"与"E"接反时,"E"对地的绝缘电阻同被测绝缘电阻并联,而使测量结果偏小,给测量带来较大误差。

# 第 7 章　水工建筑材料基本知识

## 7.1　常用水工建筑材料

建筑材料,指各项建筑工程(如水利、房屋、道路等)所使用的材料。建筑材料通常分为矿物质材料、有机质材料和金属材料三大类:矿物质材料包括天然石料、烧土制品、无机胶凝材料(石灰、水泥)、混凝土、砂浆等;有机质材料包括木材、竹材、沥青、合成高分子材料等;金属材料包括钢铁材料、各种有色金属材料。另外,按材料的力学性质又分为塑性材料和脆性材料。水利工程常用建筑材料有土石料、水泥、砂子、混凝土、砂浆、土工合成材料、钢材、沥青、木材、竹材等。

### 7.1.1　石料

岩石经开采、破碎或再经加工而获得的各种块体统称为天然石料。石料按石质分为岩浆岩(如花岗岩等)、沉积岩(如石灰岩、砂岩等)、变质岩(如片麻岩、大理岩等);按石料形状和加工程度分为料石、块石和卵石三大类。

(1)料石:形状规则的石料,又分长条料石和一般料石。将四棱上线、六面平整、八角齐全、不跋不翘、高和宽各为 30 ~ 40 cm、长度 100 ~ 150 cm 的料石称为长条料石;其余料石为一般料石,一般料石又分为细料石、半细料石、粗料石、毛料石。

细料石指细加工而成的规则六面体,表面凹凸不超过 2 mm,宽、厚一般不小于 20 cm,长度不大于厚度的 3 倍;半细料石的规格尺寸与细料石相同,表面凹凸深度不超过 1 cm;粗料石的规格尺寸与细料石相同,表面凹凸深度不超过 2 cm;毛料石是指表面未加工或仅稍加修整的较规则六面体,规格尺寸与细料石基本相同。

(2)块石:岩石经破碎(如爆破)而成的形状及大小不一的混合石料。块石中,形状比较规则(如有三个以上的平面且其中两个面大致平行)的石料常用于砌筑面层。习惯将形状及大小不规则的石料称为乱石,乱石的大小常用单块质量表示,一般将 5 ~ 15 kg 的称为小块石、15 ~ 75 kg 的称为一般块石、75 kg 以上的称为大块石。乱石多用于护根护脚、基础加固、抢险、堵口、截流等工程。

(3)卵石:经水力等自然因素搬运、滚动而变得较圆滑的石料,如河卵石或山卵石。

### 7.1.2　石灰

经物理和化学作用后能将散粒或块状的其他材料胶结在一起、并能由液态或半固态变成坚硬固体的材料,称为胶凝材料。按成分分为无机(或矿物)胶凝材料(如石灰、水泥)和有机胶凝材料(如沥青、环氧材料等)。按硬化方式分为气硬性胶凝材料和水硬性胶凝材料:只能在空气中硬化、提高并保持强度的胶凝材料(如石灰、石膏)为气硬性;在空气和水中均能硬化的胶凝材料(如水泥)为水硬性。

含碳酸钙的石料(石灰岩等)经高温煅烧变成生石灰(氧化钙),生石灰加水粉化(熟化)成为熟石灰(氢氧化钙);随着石灰浆中的水分蒸发,结晶的氢氧化钙与空气中的二氧化碳反应生成水和碳酸钙,从而硬化并提高强度(称为钙化)。纯石灰浆在硬化时会产生收缩裂缝,应配制成石灰砂浆或其他掺料的灰浆使用。

### 7.1.3 水泥

水泥品种有硅酸盐水泥、普通硅酸盐水泥、矿渣硅酸盐水泥、火山灰质硅酸盐水泥、粉煤灰硅酸盐水泥、大坝水泥、快硬硅酸盐水泥、抗硫酸盐硅酸盐水泥、特种水泥等。

### 7.1.4 水泥混凝土

凡由胶凝材料、骨料或外加剂,按适当比例配合后拌制成混合物,经凝结硬化而得到满足要求的材料,均称为混凝土(如水泥混凝土、沥青混凝土等)。由水泥、砂子、石子、水或外加剂按适当比例拌和后硬化而成的材料,称为水泥混凝土。

水泥混凝土的组成材料主要有水泥、细骨料、粗骨料、水,有时也添加外加剂。

(1)细骨料:一般采用天然砂(河砂、山谷砂)或人工砂,砂子有害杂质含量不超标、粗细适中、级配(粗细颗粒的分级及相互搭配)良好(粗细变化范围和相对含量合理,可使颗粒的总表面积减小、孔隙体积小,以节省水泥和使混凝土密实)、质地坚硬。

(2)粗骨料:有卵石和碎石两种。卵石表面光滑、孔隙率和表面积较小,拌制的混凝土和易性较好,但胶结力较差、强度较低;碎石表面粗糙、有棱角、孔隙率和表面积较大,拌制的混凝土和易性较差或水泥浆用量较多,但胶结力较强、强度较高。粗骨料应质地坚硬,形状以方正或近于球形为好,有害成分含量低、级配良好。

(3)水:饮用水可用于拌制和养护混凝土;天然水能否用于拌制和养护混凝土需经化验确定;废水、污水、沼泽水不能使用;海水不能用来拌制钢筋混凝土。

(4)外加剂:为改善混凝土性能或满足特定要求,常在四种主要材料之外再加入少量其他材料,统称为外加剂。常用外加剂有加气剂、塑化剂(减水剂)、促凝剂(早强剂)、缓凝剂等。

混凝土中水泥、砂子、石子、水四种主要材料用量(重量)之间的比例关系称为配合比,一般直接用各材料的重量表示,也可用各材料重量之间的比值(水泥重量作为1)表示,水的用量通常用水和水泥的重量比(水灰比)表示。混凝土的质量控制主要包括原材料的质量控制、配合比的优化选择、施工质量控制。选择优质原材料、优化材料配合比是保证混凝土质量的基础;配料、拌和、运输、入仓、浇筑、振捣、温控、养护都属于施工过程的质量控制。

常见其他混凝土有干硬性混凝土、灌注性混凝土、压浆混凝土(预填骨料)、喷混凝土、纤维混凝土、无砂混凝土等。干硬性混凝土的水泥用量少、水化热低,常用于碾压施工的混凝土坝、道路等工程;灌注性混凝土用于流动性要求大、不振捣、可自行灌注施工的混凝土工程或构件;压浆混凝土,是将拌和好的水泥砂浆压入已预填骨料的模板内;喷混凝土是用压缩空气喷射机将水泥、砂、石子混合物及高压水层层喷射在岩石面或老混凝土面上形成的混凝土,常用于缺陷修补、隧洞等岩体的衬砌或支护等;纤维混凝土是在混凝土中掺入短小纤维(钢纤维、塑料纤维、玻璃纤维),使其具有较高的抗拉强度、较强的抗裂性能和抗冲击性能,可用于溢洪道消能齿坎、轻型结构、抗震结构、防爆结构等;无砂混凝土具有透水性强的特点,可用于排水暗管、透水井管、滤水管等。

## 7.1.5　砂浆

砂浆是由胶凝材料、细骨料、水等材料按适当比例拌制而成的混合物,其凝结硬化后本身能满足强度及性能要求,并能将其他材料胶结在一起而成为一个整体。新拌制的砂浆要有良好的流动性、保水性和黏结能力,硬化后要有足够的强度和耐久性,砂浆的黏结强度随抗压强度的增大而增大,耐久性包括抗渗性、抗冻性、抗磨性、抗侵蚀性。

按胶凝材料不同,砂浆分为水泥砂浆、石灰砂浆、混合砂浆(水泥石灰、水泥黏土、石灰黏土)等;按用途不同,砂浆分为砌筑砂浆、抹面砂浆、防水砂浆、勾缝砂浆等。

## 7.1.6　沥青

按提炼方法沥青分为石油沥青(石油提炼汽油、煤油、柴油及润滑油后所得的渣油)和煤沥青(煤炼制焦炭或煤气时获得煤焦油,煤焦油蒸馏处理得轻油、中油、重油、蒽油和煤沥青);按用途分为道路沥青、建筑沥青、普通沥青等,建筑沥青的黏滞性高、耐热性好,水利工程常用道路沥青,其温度稳定性好(不过分软化,也不低温脆裂)。

## 7.1.7　金属材料

以铁为主要成分的金属及其合金为黑色金属,如钢和生铁;黑色金属以外的金属都是有色金属,如铜、铝、铅、锌、锡等。

建筑工程常用普通碳素钢、优质碳素钢、普通低合金结构钢、钢筋混凝土结构用热轧钢筋。钢筋混凝土结构用热轧钢筋由普通碳素钢中的二号钢以及普通低合金钢中的16锰钢、25锰硅钢热轧而成。按机械性能分为五级,常用的是Ⅰ~Ⅳ级,Ⅰ级是圆钢,其余为带肋钢筋(有不同的"肋"形,习惯统称为螺纹钢筋)。

钢铁易遭受腐蚀破坏,可使其截面减小、强度降低、性能退化,影响自身及结构的安全和使用寿命,对钢铁材料应采取防腐措施(如搪瓷、油漆、电镀、混凝土保护层等)。

## 7.1.8　木材

木材的主要产品有圆材、成材(包括板材、方材、枕木)、人造板及改性木材。圆材分为原条和原木,只去树枝但并未按一定尺寸截取或做成规定材种的伐倒木为原条,去树枝并按一定长度截取的木料称为原木(条);宽为厚的3倍及3倍以上为板材(薄板、中板、厚板、特厚板),宽度不足厚度的3倍为方材(小方、中方、大方、特大方),符合一定长度的短方木为枕木;利用木材或含有一定量纤维的其他植物作原料、采用物理和化学方法加工制造的板材称为人造板材(纤维板、胶合板、刨花板);将木材通过合成树脂溶液的浸渍或高温高压处理,以提高某些性能而制成的木材称为改性木材(如木材层积塑料、压缩木等)。

### 7.1.9　竹材

竹材的密度因竹龄(成熟竹材密度较大)、部位(梢段或秆壁外缘密度较大)和竹材品种而异;竹材的干缩率低于木材,弦向干缩率最大,径向干缩率次之,纵向干缩率最小;干燥时失水快,容易径裂;顺纹抗拉强度较高,顺纹抗剪强度低于木材。强度从竹竿丛部向上逐渐提高,并因竹种、年龄和立地条件而异。

可利用原竹或将竹材加工利用:如将原竹用作竹竿、竹片用作建筑材料,将中小竹材制作文具、乐器、农具、竹编等;加工利用有多种用途,如竹材层压板可制造机械耐磨零件等、竹材人造板可作工程材料、造纸、制纤维板、提取纤维、提供竹炭等。水利工程常将竹材用于架杆(脚手架、棚架)、架板、排水管以及编制抢险用竹笼、竹框等。

## 7.2　常用水工建筑材料的主要特性

### 7.2.1　建筑材料的基本性质

#### 7.2.1.1　物理性质

材料的物理性质指标有容重、含水量、比重、孔隙比、孔隙率、饱和度。天然状态下单位体积(总体积)的材料总重量,称为天然容重;材料的净重量与材料体积(不包括孔隙)所对应 4 ℃时的水重之比,称为比重(无量纲);孔隙体积与总体积之比,称为孔隙率(也称孔隙度)。

#### 7.2.1.2　力学性质

材料在外力作用下的变形性质和抵抗破坏的能力(强度、硬度)称为材料的力学性质。

变形性质是指材料在荷载(包括外力和自重)作用下发生形状和体积变化的有关性质。若材料在外力作用下产生变形、外力除去后变形能完全消失,称为弹性,这种能消失的变形称为弹性变形;若材料在外力作用下产生变形、外力除去后变形不能完全消失,称为塑性,不能消失的变形称为塑性变形;若材料在破坏前的塑性变形明显,该材料为塑性材料;若材料在破坏前的塑性变形不明显,该材料为脆性材料;固体材料在恒定外力的长期作用下,变形会随着时间的延长而逐渐增加,称为徐变;总变形不变时,随着时间的延长塑性变形越来越多,称为松弛;强度是指材料抵抗破坏的能力,以材料破坏时所能承受的应力值表示;硬度是指材料抵抗其他较硬物体压入的能力。

材料的总变形中往往同时包含弹性变形和塑性变形;材料的塑性与脆性可随着温度、含水量、加荷速度等因素的变化而变化。

#### 7.2.1.3　与水有关的性质

材料在空气中与水接触时,若其表面能被水湿润,称为亲水性材料;反之,则为憎水性材料。材料吸收水分的性质称为吸水性,吸水性与其亲水性和孔隙率大小有关;材料吸水达到饱和状态时所对应的含水率(含水量)称为饱和吸水率。在水作用下不会被损坏、强度也不显著降低的性质称为材料的耐水性,材料的耐水性常用软化系数(饱和状态下抗压强度/干燥状态下抗压强度)表示。材料抵抗水渗透的性能称为抗渗性,材料的抗渗性用渗透系数(如土料)或抗渗标号(如混凝土)表示,抗渗性的高低与孔隙率及孔隙特征(连通或封闭)有关。

### 7.2.1.4　耐久性、抗冻性

在外力及各种自然因素作用下,材料所具有的经久不易被破坏、也不易失去原有性能的性质,称为耐久性,包括抗冻性、抗风化性、抗腐(侵)蚀性、抗渗性、耐磨性等。

在水饱和状态下,材料能经受多次冻融循环而不破坏、也不明显(25%为界)降低强度的性能,称为抗冻性,以最多能经受的冻融循环次数(抗冻标号)表示其抗冻性强弱。抗风化性是指能抵抗干湿变化、冻融变化等气候作用的性能。抗腐(侵)蚀性指材料抵抗化学作用的性能。抗渗性指材料在水、油等压力作用下抵抗渗透的性质。耐磨性称耐磨耗性,指材料抵抗磨损的性能。

## 7.2.2　常用水工建筑材料主要特性

### 7.2.2.1　石料的主要技术特性

石料的主要技术指标有容重、抗压强度、抗冻性、软化系数等。石料中如含有较多黏土等易溶于水的物质时,遇水后将溶解软化、强度降低,其软化系数较小。用于水工建筑物的石料一般应质地均匀、完整坚硬、没有明显的风化迹象、不含软弱夹层、形状尺寸及单块重量符合要求,满足强度、抗冻、软化系数等要求。

### 7.2.2.2　水泥的主要技术特性

拌和后的水泥浆逐渐变稠并失去塑性(尚无强度)的过程称为凝结;水泥浆从凝结到强度逐渐提高,并变成坚硬的石状物体(水泥石)的过程称为硬化。水泥的凝结硬化是化学反应的过程,外界因素对反应结果有所影响,所以要对其进行养护。

水泥的主要技术指标有比重、容重、细度、凝结时间、强度或标号、水化热。

(1)细度:水泥颗粒的粗细程度,可用筛分粒径或比表面积(1 g水泥所具有的总表面积)表示。水泥颗粒越细,水化作用越迅速、凝结硬化越快、早期强度越高。

(2)凝结时间:自加水拌和时起至水泥浆塑性开始降低时止所经历的时间为初凝时间,自加水拌和时起至水泥浆完全失去塑性时止所经历的时间为终凝时间。初凝时间一般不得短于45 min,以便在初凝之前完成拌和、运输、浇筑;终凝时间一般不得长于12 h,以使已浇筑混凝土尽快凝结、硬化。

(3)强度或标号:强度是指其胶结能力的大小,有抗压强度、抗拉强度、抗剪强度等,强度与材质、龄期有关,以28 d龄期的抗压强度值作为水泥的标号。

(4)水化热:指水泥与水反应过程中所释放出的热量。水化热的大小及释放速度与水泥成分(品种)、标号、细度、温度等因素有关,标号越高水化热越大;水化热能使大体积混凝土内外产生较大的温差,甚至可能导致裂缝。

### 7.2.2.3　混凝土的主要技术特性

混凝土的主要技术性质有和易性、强度、耐久性等。

(1)和易性:指在一定施工条件下,便于施工操作并能获得质量均匀、密实的混凝土的特性。和易性包括流动性、黏聚性和保水性。流动性是指拌和物在自重和振捣作用下能产生流动、能填充满浇筑空间;黏聚性(抗离析性)是指拌和物具有一定的黏聚力,各种材料不出现分层或分离现象;保水性是指拌和物不产生严重的分泌水现象。

一般采用坍落度试验检测评定混凝土的和易性。如图 2-7-1 所示,现场取混凝土拌和物插捣装满坍落桶并抹平顶面,将桶提起后量测拌和物坍落数值(以 cm 计,称为坍落度),并通过感观(插捣和抹平是否容易、有无水析出、出水多少、是否有石子分离或崩裂)评定和易性。

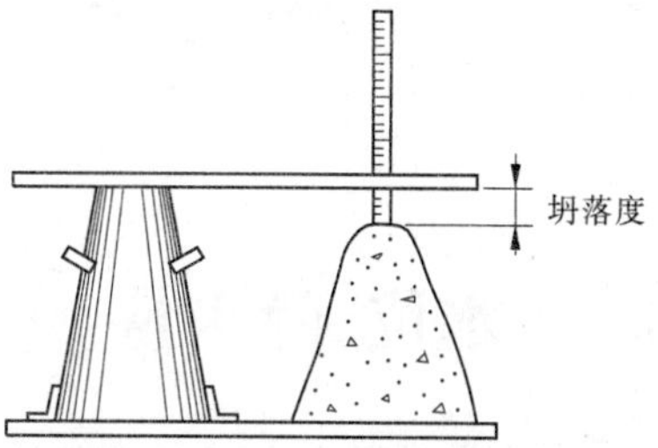

影响和易性的因素主要有水泥品种与用量、水泥浆用量与稠度、含砂率(砂与砂石总量的比值)大小、粗骨料颗粒形状大小与级配(颗粒粗细的分级和搭配)等。

图 2-7-1　坍落度测定示意图

(2)强度:现场取混凝土拌和物做成标准试件,在标准条件(温度 20 ± 3 ℃、相对湿度 95% 以上)下养护 28 d,以其抵抗破坏时的极限应力值表示强度(有抗压、抗拉、抗剪等强度),以抗压强度作为混凝土标号;影响混凝土强度的因素主要有材料品质、配合比、施工质量、养护条件、龄期等。

(3)耐久性(抗渗性、抗冻性、耐磨性、抗蚀性等):抗渗性以抗渗标号(28 d 龄期的标准试件在标准试验方法下所能承受的最大水压力值)表示,抗渗性与水灰比、水泥品种、骨料级配、振捣质量、养护条件等因素有关;耐磨性反映混凝土抵抗冲刷和磨损破坏的能力,强度越高其耐磨性越强,耐磨性还与水泥品种、骨料硬度、密实程度、表面平整光滑程度等有关;抗冻性以抗冻标号(28 d 龄期的混凝土在水饱和状态下最多能经受的冻融循环次数)表示,抗冻性强弱与水泥品种、标号、水灰比等因素有关;抗蚀性是指抵抗侵蚀的能力,可通过选用水泥品种、提高密实性或设置防护层而提高混凝土的抗蚀性。

### 7.2.2.4　木材的主要特性

木材在水利工程中常用于木桩、混凝土模板、脚手架等,木材具有质轻、强度较高、弹性和韧性较高、导热性低、保温性好、易于加工等优点,但也有构造不均匀、容易吸收和散发水分、易变形(裂缝、翘曲)、易腐朽虫蛀、强度降低、耐火性差等不足。

木材具有湿胀、干缩的特点,木材含水量过大或过小都易引起变形,如干裂、翘曲等,长时间处在水浸、潮湿的环境中易加速木材腐朽。

木材有抗压强度、抗拉强度、抗剪强度及抗弯强度,其强度大小与材质有关,还与作用力方向和纤维方向(顺纹、横纹)之间的关系有关。

木材的腐蚀由于菌(腐朽菌、变色菌、霉菌等)及虫蛀所致,防止木材腐朽的方法有干燥处理、通风、防潮、刷漆等,以消除菌虫生长条件。

# 第8章　水文气象基本知识

## 8.1　水位、降水量

水文学是研究水在自然界循环中的各种现象、内在联系及其变化规律的学科,为水资源的开发利用、工程建设与管理、防止和减轻自然灾害提供服务。

水文要素是指构成某一地区、某一时段水文状况的必要因素,是预报、研究水文情势的不同物理量。如降水、蒸发、下渗和径流是水文循环中的四个基本要素,水位、流量、水温和气温等是水库的水文要素。

### 8.1.1　水位

水位是水体(如河流、湖泊、水库、海洋、沼泽等)的自由水面相对于基面的高程,其单位以 m 计。水位是基本的水文要素之一,是掌握水流变化的重要标志,除可独立地表明其超过水工建筑物时会溢流等情势外,还经常用水位资料按水位流量关系推算流量变化过程,用水位推算水面比降等,在进行泥沙、水温、冰情等项目的测验工作中有时也需要水位观测资料。

实际工作中,需要了解某一点位某一时期内水位变化的一般规律和水位变化中的某些特征值,例如平均水位(时段平均水位、湖面多点位同时平均水位),某一点位某一时期最高(低)水位、中水位、常水位等。中水位常指测站一年中水位值的中值,常水位指测站一年中水位最经常出现的值。

水位观测常用的仪器设备有水尺、浮子式水位计、气泡式压力水位计、气介超声波和雷达水位计。现对各种仪器设备和使用简介如下:

(1)水尺。水尺是传统式直接观测水位的设备。直立式水尺是最具代表性的水位直接观测设备,由水尺靠桩和水尺板组成。一般沿水位观测断面的河岸不同高度设置一组水尺靠桩,将水尺板固定在水尺靠桩上,构成直立水尺组。水尺靠桩可采用木桩、钢管、钢筋混凝土等材料制成,水尺靠桩要求牢固、打入河底,避免发生下沉。水尺靠桩布设范围应高于测站历年最高水位及低于测站历年最低水位0.5 m。水尺板通常由长 1 m、宽 8～10 cm 的搪瓷板、木板或合成材料制成。水尺的刻度一般是 1 cm,误差不大于 0.5 mm。相邻两水尺之间的水位要有一定的重合,重合范围一般要求 0.1～0.2 m,当风浪大时重合部分应增大。水尺板固定好后,及时测量 0 刻度的高程(零点高程),记录备用。观测水位时在水尺板上读得水面与水尺板交接的刻度数(水尺读数)并立即记载,水尺读数加上该水尺零点高程得水位数值。

另外可在岩石上或水工建筑物上直接涂绘水尺刻度(斜面上应校正到竖直)测算水位,也有通过从水面以上某一已知高程的固定点用悬锤水尺测量离水面竖直高程差来计算水位的,悬锤水尺示意如图 2-8-1 所示,以及用测针测算水位(如蒸发观测就用测针测量水面高度)等。

(2)浮子式水位计。浮子式水位计是利用水面浮子随水面一同升降,并将它的运动通过比例传送给记录装置或指示装置的一种自记仪器。该类水位计设备装置由自记仪和自记台两部分组成。自记仪由感应部分、传动部分、记录部分、外壳等组成,浮子式水位自记仪结构示意如图 2-8-2所示。自记台按结构形式和在断面上的位置可分为岛式、岸式、岛岸结合式等。

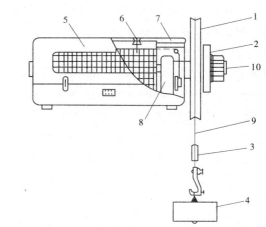

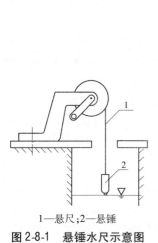

1—悬尺;2—悬锤

图 2-8-1　悬锤水尺示意图

1—1:2水位轮;2—1:1水位轮;3—平衡锤;4—浮子;5—记录纸及滚筒;6—笔架;7—导杆;8—自记钟;9—悬索;10—定位螺帽

图 2-8-2　浮子式水位计自记仪结构示意图

图 2-8-3 为岸式浮子式水位计示意图。由设在岸上的测井、仪器室和连接测井与河道的进水管组成,可以避免冰凌、漂浮物、船只等的碰撞,适用于岸边稳定、岸坡较陡、淤积较少的测站。岛式自记台由测井、支架、仪器室和连接至岸边的测桥组成,适用于不易受冰凌、船只和漂浮物撞击的测站。岛岸结合式自记台兼有岛式和岸式的特点,与岸式自记台相比,可以缩短进水管,适用于中低水位易受冰凌、漂浮物、船只碰撞的测站。

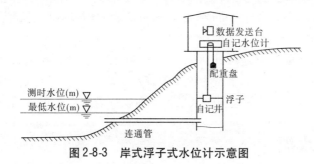

图 2-8-3　岸式浮子式水位计示意图

(3)气泡式压力水位计。气泡式压力水位计是通过气管向水下的固定测点通气,使通气管内的气体压力和测点静水压力平衡,测量通气管内气体压力感测的水深(水密度一定),水深加通气固定测点的高程即为水位的数值。

(4)气介超声波和雷达水位计。气介超声波和雷达水位计是一种把超声波(电磁波)

和电子技术相结合的水位测量仪器。它的原理是根据超声波(电磁波)在空气介质中传递到水面又返回到发射(接收)点的速度 $v$ 和时间 $t$ 测算所经过的距离 $H$(一般由 $H = \frac{1}{2}vt$ 计算),仪器基准高程减去此距离即为水位的数值。影响 $v$ 的因素较复杂,需要专门试验研究或借用已有成果。

### 8.1.2　降水量

大气中的液态或固态水,在重力作用下,克服空气阻力,从空中降落到地面的现象称为降水。降水的主要形式是降雨和降雪,前者为液态降水,后者为固态降水,其他的降水形式还有露、霜、雹等。

降水是水文循环的重要环节。描述降水的基本物理量如下:

(1)降水量(深)。降水量的概念是时段内(从某一时刻到其后的另一时刻)降落到地面上一定面积上的降水总量。按此定义,降水量应由体积度量,基本单位为 m³。但传统上总是用单位面积的降水量即平均降水深(或降水深)度量降水量,单位多以 mm 计,量纲是长度。降水量一般用专门的雨量计测出降水的 mm 数,如果仪器承接的是雪、雹等固态形式的降水,则一般将其融化成水再进行测量,也用 mm 数记录。但在进行水资源评价等考虑总水量时多用体积度量降水量。降水多发生在大的面积上,但仪器观测的点位相对面积很微小,常作为几何的点看待,因此又有"面降水量"和"点降水量"之说。随着雷达测雨等现代技术的应用,直接测量面雨量也逐步成为现实。根据降水量多少,可以按 24 h 降雨量大小将降雨分为小雨( <10 mm )、中雨(10 ~ 25 mm)、大雨(25 ~ 50 mm)、暴雨(50 ~ 100 mm )、大暴雨(100 ~ 200 mm)和特大暴雨( ≥200 mm)。

(2)降水历时。原始的降水历时的概念是一次降水过程中从某一时刻到其后另一时刻经历的降水时间,并不特指一次降水过程从开始到结束的全部历时。若指一次降水过程从降水开始到降水结束所经历的时间,则称为"次降水历时"。降水历时通常以 min、h 或 d 计。

(3)降水强度。降水强度是评定降水强弱急缓的概念,有单位时间降水量的含义,一般以 mm/min、mm/h、mm/d 计。mm/min 或 mm/h 多评定瞬时降水强度,mm/h 或 mm/d 多评定时段降水强度。

(4)日降水量。概念上是每日 00:00 ~ 24:00 的降水量。我国水文测验规定以北京时间每日 8 时至次日 8 时的降水量为该日的降水量。

(5)降水面积。降水笼罩范围的水平投影面积称为降水面积,一般以 km² 计。

## 8.2　气温、水温

### 8.2.1　气温

气温由地面气象观测规定高度(国际 1.25 ~ 2.00 m,我国 1.50 m)上的空气温度反映。气温的单位用摄氏度(℃)表示,有的以华氏度(F)表示,我国气温记录一般采用摄氏度(℃)为单位。摄氏 $C$ 与华氏 $F$ 的换算关系是: $C = \dfrac{5}{9}(F - 32)$ 或 $F = \dfrac{9}{5}C + 32$。

　　空气温度记录可以表征一个地方的热状况特征,因此气温是地面气象观测中所要测定的常规要素之一。气象业务标准规定定时气温基本站每日观测 4 次(每日 2 时、8 时、14 时、20 时),基准站每日观测 24 次(每小时 1 次),可计算日平均气温,也可从中摘录日最高气温和日最低气温。气温一般用气温计观测,现在有连续间歇观测的仪器,可按预置的间歇周期记录气温变化过程线。

## 8.2.2　水温

　　在水文学中,水温指水体中某一点或某一水域的温度,是反映水体热状况的指标,单位为℃。河流的水温与补给特征、所在地域、季节、时间、流程等因素有关。水深较大时,表层和下层、底层的水温也不同,水温呈沿深度的梯度分布。水域的温度可通过多点温度描述其温度空间分布或统计特征值(如平均值等)。

# 第9章　水工建筑物监测基本知识

## 9.1　影响水工建筑物安全的主要因素

　　水工建筑物的安全问题,不仅关系到其自身的安全,而且直接影响到服务对象的安全,甚至威胁到生命财产的安全。因此,从设计、建设到运行管理都必须严格执行相关规程规范的标准,确保工程安全。

　　根据水利工程长期运行经验总结,影响水工建筑物安全的因素主要包括以下几个方面:

　　(1)自然灾害。建筑物本身结构安全、结构强度不足或防洪标准偏低,遇到如大洪水、地震、滑坡、泥石流、雪崩、上游垮坝、泄水建筑物阻塞故障就可能导致水工建筑物出现安全事故。

　　(2)老化。建筑材料老化,也是一种自然规律。混凝土老化使强度和抗渗、抗侵蚀性能降低。基础水泥灌浆帷幕老化,防渗作用降低甚至失效。土坝边坡破坏和颗粒破裂,是土坝多年不断变化的重要原因。特别是在施工中产生的缺陷和质量隐患,蓄水后在水压力和水侵蚀作用下,逐渐向不利方向发展。材料老化虽然发展缓慢,但当出现明显迹象时,往往是很危险的,处理不及时可能导致严重的事故。另外,一些闸门、止水、启闭设备和电气控制系统等老化也可能引起水工建筑物安全事故。

　　(3)水流作用。水工建筑物在水中或水位活动范围内工作,水流的流速、流向、流量、流态在不断发生变化,水工建筑物如果不适应这样的变化,就可能引起安全事故。在水工建筑物内部,特别是土石建筑物,渗流产生的渗透压力、扬压力都可能导致土石坝失稳及渗透破坏。在高速水流经过的混凝土建筑物中,常因振动、空蚀等使建筑物发生破坏。

　　(4)人为原因。主要是设计、施工错误,运行维护中失误,人为破坏等。如在设计中没有合理考虑土的固结导致坝高不够引起漫顶事故,在考虑混凝土强度时没有合理考虑混凝土本身徐变使设计标准偏低。在施工中没有考虑到施工缝会随荷载、环境的变化而开合等,采用不合格的土的级配进行土石坝的填筑等,都有可能引起水工建筑物出现安全事故。

　　许多水工建筑物发生破坏原因是多方面的,因此必须加强前期设计、施工工作,做好工程运行管理中的监测工作,保证水工建筑物的安全。

## 9.2　水工建筑物监测项目及作用

　　安全监测工作贯穿于坝工建设与运行管理的全过程。我国水工建筑物安全监测分为设计、施工、运行三个主要阶段。监测工作包括:观测方法的研究,仪器设备的研制与生产,监测设计,监测设备的埋设安装,数据的采集、传输和储存,资料的整理和分析,水工建筑物实测性态的分析与评价等。水工建筑物监测一般可概括为现场检查和仪器监测两个部分。

## 9.2.1　现场检查

现场检查或观察就是用直觉方法或简单的工具,从建筑物外观显示出来的不正常现象中分析判断建筑物内部可能发生的问题,是一种直接维护建筑物安全运行的措施。即使有较完善监测仪器设施的工程,现场检查也是保证建筑物安全运行不可替代的手段。因为建筑物的局部破坏现象(也许是大事故的先兆),既不一定反映在所设观测点上,也不一定发生在所进行的观测时刻。

现场检查分为经常检查、定期检查和特别检查。经常检查是一种经常性、巡回性的制度式检查,一般一个月 1～2 次;定期检查需要一定的组织形式,进行较全面的检查,如每年大汛前后的检查;特别检查是发现建筑物有破坏、故障、对安全有疑虑时组织的专门性检查。

混凝土坝现场检查项目一般包括坝体、坝基和坝肩,引水和泄水建筑物,其他如岸坡、闸门、止水、启闭设备和电气控制系统等。土石坝现场检查项目一般包括土工建筑物边坡或堤(坝)脚的裂缝、渗水、塌陷等现象。

应当指出,监测或检查都是非常重要的,特别是中小型工程,主要靠经常性的观察与检查,发现问题,及时处理。

## 9.2.2　仪器监测

### 9.2.2.1　变形监测

变形监测包括土工、混凝土建筑物的水平及铅垂位移观测,它是判断水工建筑物正常工作的基本条件,是一项很重要的观测项目。

水平位移观测的常用方法是:用光学或机械方法设置一条基准线,量测坝上测点相对于基准线的偏移值,即可求出测点的水平位移。按设置基准线的方法不同,分为垂线法、引张线法、视准线法、激光准直法等。坝体表面的水平位移也可用三角网法等大地测量方法施测。

较高混凝土坝坝体内部的水平位移可用正垂线法、倒垂线法或引张线法量测。

(1)垂线法。垂线法是在坝内观测竖井或空腔设置一端固定的、在铅直方向张紧的不锈钢丝,当坝体变形时,钢丝仍保持铅直,可用于测量坝内不同高程测点的位移。一般大型工程不少于 3 条,中型工程不少于 2 条。按钢丝端部固定位置和方法不同,可分为正垂线法和倒垂线法。

正垂线法是上端固定在坝顶附近,下端用重锤张紧钢丝,可测各测点的相对位移。倒垂线法是将不锈钢丝锚固在坝体基岩深处,顶端自由,借液体对浮子的浮力将钢丝拉紧,可测各测点的绝对位移。

(2)引张线法。引张线法是在坝内不同高程的廊道内,通过设在坝体外两岸稳固岩体上的工作基点,将不锈钢丝拉紧,以其作为基准线来测量各点的水平位移。

在大坝变形监测中,普遍采用垂线法和引张线法。目前我国采用国产的遥测垂线坐标仪和遥测引张线仪主要有电容感应式、步进电机光电跟踪式等非接触式遥测仪器,提高了观测精度和观测效率。

(3)视准线法。视准线是在两岸稳固岸坡上便于观测处设置工作基点,在坝顶和坝坡上布置测点,利用工作基点间的视准线来测量坝体表面各测点的水平位移。这里的视准线,是指用经纬仪观察设置在对岸的固定觇标中心的视线。

(4)激光准直法。激光准直法分为大气激光准直法和真空激光准直法。前者又可分为激光经纬仪法和波带板法两种。

真空激光准直宜设在廊道中,也可设在坝顶。大气激光准直宜设在坝顶,两端点的距离不宜大于 300 m,同时使激光束高出坝面和旁离建筑物 1.5 m 以上;大气激光准直也可设在气温梯度较小、气流稳定的廊道内。

真空激光准直每测次应往返观测一测回,两个半测回测得偏离值之差不得大于 0.3 mm。大气激光准直每测次应观测两测回,两测回测得偏离值之差不得大于 1.5 mm。

(5)三角网法。利用两个或三个已知坐标的点作为工作基点,通过对测点交会算出坐标变化,从而确定其位移值,如图 2-9-1 所示。

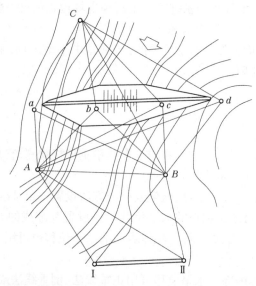

$A$、$B$、$C$—工作基点;$a$、$b$、$c$、$d$—测点;Ⅰ Ⅱ—三角网的基线

**图 2-9-1　大坝三角网水平位移观测示意图**

各种坝型外部的铅直位移,均可采用精密水准仪测定。不同水工建筑物岩基的铅直位移,可采用多点基岩位移计测量。

对混凝土坝坝内的铅直位移,除精密视准法外,还可采用精密连通管法量测。

土石坝的固结观测,实质上也是一种铅直位移观测。它是在坝体有代表性的断面(观测断面)内埋设横梁式固结管、深式标点组、电磁式沉降计或水管式沉降计,通过逐层测量各测点的高程变化,计算固结量。土石坝的孔隙水压力观测应与固结观测配合布置,用于了解坝体的固结程度和孔隙水压力的分布及消散情况,以便合理安排施工进度,核算坝坡的稳定性。

#### 9.2.2.2　接缝、裂缝观测

混凝土建筑物的伸缩缝是永久性的,是随荷载、环境的变化而开合的。观测方法是在测点处埋设金属标点或用测缝计进行。需要观测空间变化时,亦可埋设"三向标点",如图 2-9-2 所示。由于非正常情况所产生的裂缝,其分布、长度、宽度、深度的测量可根据不同情况采用测缝计、设标点、千分表、探伤仪以及坑探、槽探或钻孔等方法。

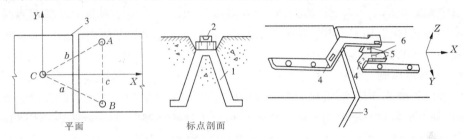

平面　　　　　　　　　标点剖面

(a)三点式金属标点结构示意图　　　　　(b)型板式三向标点结构安装示意图

1—埋件;2—卡尺测针卡着的小坑;3—伸缩缝;4—$X$ 方向的标点;
5　$Y$ 方向的标点;6　$Z$ 方向的标点;$A$、$B$、$C$　标点

**图 2-9-2　三向测缝计**

当土石坝的裂缝宽度大于 5 mm,或虽不足 5 mm,但较长、较深,或穿过坝轴线,以及弧形裂缝、垂直裂缝等都须进行观测。观测次数视裂缝发展情况而定。

#### 9.2.2.3　应力、应变和温度观测

在混凝土建筑物内设置应力、应变和温度观测点能及时了解局部范围内的应力、温度及其变化情况。

1. 应力、应变观测

应力、应变的离差比位移要小得多,作为安全监控指标比较容易把握,故常以此作为分级报警指标。应力属建筑物的微观性态,是建筑物的微观反映或局部现象反映,变位或变形属于综合现象的反映。埋设在坝体某一部位的仪器出现异常,总体不一定异常;总体异常,不一定所有监测仪表都异常,但总会有一些仪表异常。我国大坝安全监测经验表明:应力、应变观测比位移观测更易于发现大坝异常的先兆。

应力、应变观测仪器(如应力或应变计,钢筋、钢板应力计,锚索测力器等)的布置在设计时考虑,在施工期埋设在大坝内部,由于其对施工干扰较大,且易损坏,需进行维修与拆换,故应认真做好。应力、应变计等需用电缆接到集线箱,再使用仪表进行定期或巡回检测。在取得测量数据推算实际应力时,还应考虑温度、湿度以及化学作用、物理现象(如混凝土徐变)的影响。把这部分影响去掉才是实际的应力或应变,为此还需要同时进行温度等一系列同步测量,并安装相应的观测仪器。

重力坝的观测坝段常选择一个溢流坝段和一个非溢流坝段,对重要工程和地质条件复杂的工程还应增加观测坝段。拱坝的观测断面一般选择拱冠处的悬臂梁和若干个高程处的拱座断面。重力坝和拱坝的水平观测截面,应在距坝基面不小于 5 m 以上的不同高程处布置 3~5 个水平观测截面。

土石坝的应力观测,常选择 1~2 个横断面作为观测断面,在每个观测断面的不同高程上布置 2~3 排测点,测点分布在不同填筑材料区。所用仪器为土压力计。

在水闸的边墩、翼墙、底板等土与混凝土建筑物接触处,也常需量测土压力。

混凝土面板坝的面板应力观测,一般选择居于河床中部、距岸 1/4 河谷宽处及靠岸坡处等有代表性的面板,其中应包含长度最大的面板。

2. 温度观测

温度观测包括坝体内部温度观测、边界温度观测和基岩温度观测。温度观测的目的是掌握建筑物、建筑环境或基岩的温度分布情况及变化规律。坝体内部温度测点布置及温度观测仪器的选择应结合应力测点进行。

#### 9.2.2.4 渗流观测

据国内外统计,因渗流引起大坝出现事故或失事的约占 40%。水工建筑物渗流观测的目的,是以水在建筑物中的渗流规律来判断建筑物的性态及其安全情况。渗流观测的内容主要有渗流量、扬压力、浸润线、绕坝渗流和孔隙水压力等。

1. 土石坝的渗流观测

土石坝渗流观测包括浸润线、渗流量、坝体孔隙水压力、绕坝渗流等。

浸润线观测实际上就是用测压管观测坝体内各测点的渗流水位。坝体观测断面上一些测点的瞬时水位连线就是浸润线。由于上、下游水位的变化,浸润线也随时空发生变化。所以,浸润线要经常观测,以监测大坝防渗、地基渗流稳定性等情况。测压管水位常用测深锤、电测水位计等测量。测压管用金属管或塑料管,由进水管段、导管和管口保护三部分组成。进水管段需渗水通畅、不堵塞,为此,在管壁上应钻有足够的进水孔,并在管的外壁包扎过滤层;导管用以将进水管段延伸到坝面,要求管壁不透水;管口保护用于防止雨水、地表水流入,避免石块等杂物掉入管内。测压管应在坝竣工后、蓄水之前钻孔埋设。

渗流量观测一般将渗水集中到排水沟(渠)中,采用容积法、量水堰法或测流(速)方法进行观测,最常用的是量水堰法。

土石坝的孔隙水压力观测应与固结观测的布点相配合,其观测方法很多,使用传感器和电学测量方法有时能获得更好的效果,也易于遥测和数据采集与处理。

坝基、土石坝两岸或连接混凝土建筑物的土石坝坝体的绕坝渗流观测方法与以上所述基本相同。

为了判断排水设施的工作情况,检验有无发生管涌的征兆,对渗水应进行透明度观测。

2. 混凝土建筑物的渗流观测

混凝土建筑物的渗流观测包括地基扬压力观测、建筑物内部渗透压力观测、渗流量和绕坝渗流观测、外水压力观测等。地基扬压力观测,常采用的是测压管或差动电阻式渗压计,测点沿建筑与地基接触面布置。对大中型混凝土建筑物,测压断面不少于 3 个,每个断面测点也不少于 3 个。渗透流量及绕坝渗流的观测方法与土坝相同。

#### 9.2.2.5 水流观测

对于水位、流速、流向、流量、流态、水跃和水面线等项目,一般用水文测验的方法进行测量,辅以摄影、目测、描绘和描述,参见《水利水电工程水力学原型观测规范》(SL 616—2013)。

由高速水流引起的水工建筑物振动、空蚀、进气量、过水面压力分布等项目的观测部位、观测方法、观测设备等,参见《水利水电工程水力学原型观测规范》(SL 616—2013)。

### 9.2.3　大坝安全监测的作用

对运行中的水工建筑物进行安全监测,能及时获得其工作性态的第一手资料,从而可评价其状态、发现异常迹象实时预警、制定适当的控制水工建筑物运行的规程以及提出管理维修方案,减少事故、保障安全。

从总体上来说,大坝安全监测主要是监控大坝安全,掌握大坝运行状态,指导施工和运行,反馈设计。具体包括以下三个方面:一是在施工管理中,主要是为大体积混凝土建筑物的温控和接缝灌浆提供依据,例如重力坝纵缝和拱坝收缩缝灌浆时间的选择,需要了解坝块温度和缝的开合状况;掌握土石坝坝体固结和孔隙水压力的消散情况,以便合理安排施工进度等。二是大坝运行阶段,在竣工运行初期,依靠原型观测资料全面了解大坝的实际状态,检验设计的假定和方法,并为后期正常运用和管理提供主要依据。对运行过程中有隐患的水工建筑物的严密监测,能及时发现和预报其异常现象,使工程缺陷得到及时处理,避免事故的发生。大坝一般是建成后蓄水,但也有的是边建边蓄水。蓄水过程对工程是最不利的时期,这期间必须对大坝的微观、宏观的各种性态进行监测,特别是变位和渗流量的测定更为重要。对于扬压力、应力、应变以及围岩变位、两岸渗流等的监测都是重要的。土石坝的浸润线、总渗水量,重力坝的扬压力变化、坝基附近情况,拱坝的拱端和拱冠应力沿高程变化、温度分布等都需要特别注意。三是在科学研究方面,对于已投入运行的水利工程,为保证安全,提高工程的社会经济效益,延长工程设施的使用年限,降低运行成本,必须对工程中采用的新技术、新材料和新工艺进行试验研究,并应用试验成果指导水利工程的管理。以分布研究为目标的监测,可根据坝型确定观测内容。例如,重力坝纵缝的作用,横缝灌浆情况下的应力状态;拱坝实际应力分布与计算值、试验值的比较;土石坝的应力应变观测等。目标愈广泛,可靠性要求愈高,观测仪器的布点就愈要斟酌,甚至要重复配置。

# 第 10 章　水工建筑物抢险基本知识

## 10.1　水工建筑物险情分类

水工建筑物险情根据发生的现象,可以分为以下 10 种情况。

### 10.1.1　漫溢

洪水位持续上涨并逼近堤坝顶面高程,如不及时迅速加高抢护,水流即漫顶而过。

### 10.1.2　散浸

水库高水位运用或在汛期高水位下,堤坝背水坡及坡脚附近出现土壤潮湿或发软并有水渗出的现象,称为散浸。如图 2-10-1 所示为散浸险情示意图。

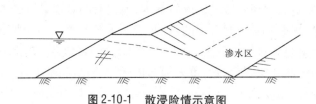

图 2-10-1　散浸险情示意图

### 10.1.3　管涌

土壤的渗透变形分管涌和流土两种。土体在渗透力作用下,有些细颗粒被渗流冲刷带至出口流失,或向相邻的粗粒土体的孔隙中流失,流失土粒逐渐增多,渗流流速增大,较粗颗粒也逐渐流失,久而久之,便会贯穿成连续通道形成管涌。如果渗流出口是粒配均匀的砂土或黏壤土,而且在渗流出口附近存在较高的剩余水头,所产生的浮托力超过覆盖土的有效压力,则渗流出口土体被顶破、隆起、击穿发生沙沸,或土体突然被冲失,局部成为洞穴、坑洼,这种现象称流土。由于在抢险中难以将管涌和流土严格区分,习惯上将这两种渗流破坏统称为管涌险情,如图 2-10-2 所示。

管涌和流土都可能引起堤身坍塌、蛰陷、裂缝、漏洞、脱坡,甚至决口等重大险情。管涌也叫翻沙鼓水,又称泡泉或地泉等。一般发生在背水坡脚附近或较远的潭坑、池塘或稻田中。险情多呈冒水冒沙状态。冒沙处形成"沙环",故又称"土沸"或"沙沸"。管涌孔径小的如蚁穴,大的数十厘米,少则出现一两个,多则出现管涌群,一般粉细砂层,颗粒细小均匀,且无黏性,在很小的渗透压力作用下,粉细颗粒即易被渗水带走形成管涌。

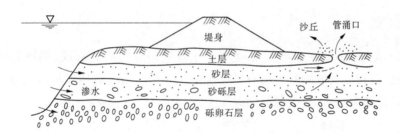

图 2-10-2 管涌险情示意图

## 10.1.4 漏洞

在汛期或高水位情况下,堤坝背水坡及坡脚附近出现横贯堤坝本身或基础的流水孔洞,称为漏洞。漏洞视出水是否带沙而分为清水漏洞和浑水漏洞两种。漏洞是最常见也是最危险的险情之一,如图 2-10-3 所示。

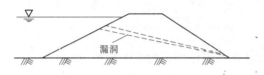

图 2-10-3 漏洞险情示意图

## 10.1.5 裂缝

裂缝是堤防、土坝、河工建筑物与沿河涵闸最常见的一种险情。堤坝裂缝按其出现部位可分为表面裂缝、内部裂缝;按其走向可分为横向裂缝、纵向裂缝、龟纹裂缝;按其成因可分为沉陷裂缝、干缩裂缝、冰冻裂缝、振动裂缝。

## 10.1.6 滑坡

滑坡是堤坝背水坡边坡失稳下滑造成的险情,如图 2-10-4 所示,开始时在堤坝顶部或边坡上发生裂缝或蛰裂,随着蛰裂的发展即形成滑坡,一般滑坡分圆弧滑动和局部挫落两种。前者滑裂面较深,呈圆弧形,滑动体较大,坡脚附近地面土壤往往推挤外移、隆起,或者沿地基软弱滑动面一起滑动;后者滑动范围较小,滑裂面较浅,虽危害较轻,也应及时恢复堤身完整,以免继续发展,滑坡严重者可导致堤防决口,须立即抢护。

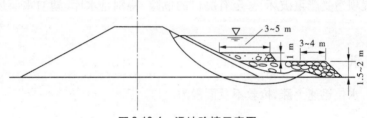

图 2-10-4 滑坡险情示意图

### 10.1.7　跌窝

跌窝又称陷坑,一般在洪峰前后堤坝突然发生局部塌陷而形成,如图 2-10-5 所示。在顶面、边坡、戗台以及坡脚附近均有可能发生。这种险情既破坏堤坝的完整性,又常缩短渗径,有时伴随渗水、管涌或漏洞同时发生,严重时有导致堤坝突然失事的危险。

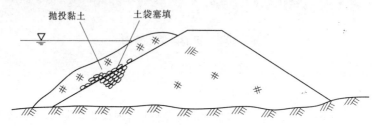

图 2-10-5　跌窝险情示意图

### 10.1.8　临水崩塌

崩塌是指堤坝临水坡在水流作用下发生的险情,如图 2-10-6 所示。崩岸是水流与河岸相互作用的结果,其形式是随着崩岸部位、滩槽高差、主流离岸远近和河岸土质组成等变化而有所不同,大致可分为弧形矬崩、条形倒崩、浪崩和地下水滑崩等四类。

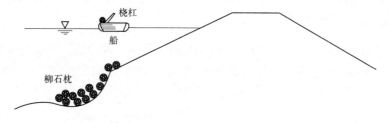

图 2-10-6　崩塌险情示意图

### 10.1.9　风浪

汛期涨水以后,堤坝临水面水深增大,风浪也随之增大,堤坝边坡在风浪的连续冲击淘刷和负压抽吸作用下,易遭受破坏。轻者把临水坡冲刷成浪坎,重者造成坍塌、滑坡、漫水等险情,使堤坝遭受严重破坏,甚至有决口的危险,特别是水库、湖泊水面辽阔,风浪破坏更为严重。

### 10.1.10　凌汛

流冰堵塞,水位迅速上涨,抢救不及而漫溢决口。

# 10.2　水工建筑物抢险常识

## 10.2.1　水工建筑物及机电设备险情的检查

### 10.2.1.1　对水工(穿堤)建筑物的检查

(1)观察建筑物各部分有无裂缝、渗漏、管涌、倾斜、滑动现象,表面有无脱壳松动或侵蚀现象。

(2)检查涵闸附近土堤与闸墙、翼墙连接部分有无缝隙、渗漏、蛰陷、水沟等损坏现象。

(3)对输水、泄水建筑物的进口段、弯段、岔管段和溢流堰面等部位,过流后应观察有无气蚀磨损或剥落、钢筋外露等现象。建筑物末端的边墙底板有无淘刷、排水孔有无堵塞现象。

(4)观察伸缩缝内填充物有无流失或漏水现象。

(5)观察涵闸下游渠道中有无翻沙鼓水现象。

(6)要注意涵闸关闸和泄水时闸前水流流态及漂浮物的观察。进水口段水流是否顺直,出口水流形态是否正常稳定,拦污栅是否堵塞壅水。监视上游河湾发展、沙滩动态及其可能对取水口的影响。

### 10.2.1.2　对建筑物内部的金属结构、机电设备的检查

(1)检查金属结构是否出现裂纹或焊缝开裂,表面油漆是否剥落或生锈。铆接结构应检查铆钉是否松动脱落。木结构有无腐蚀、开裂、虫蛀、脱榫、弯曲等现象。

(2)钢板衬砌和钢管、金属闸门的框架和面板,应注意观察有无不正常变形,有无气蚀和磨损。

(3)对启闭机,应观察是否运转灵活,有无不正常的声响和振动,传动机件和承重构件有无损坏磨损、变形,门槽有无堵塞、闸门吊点结构是否牢靠,止水设备是否完好,有无漏水,地脚螺丝是否松动,制动器是否有效,润滑油是否充足,安全保护设备是否完好等。

(4)检查电源、线路是否处于备用状态,备用电源能否正常并入和切断,配电柜的仪表及避雷装置是否正常等。

(5)要仔细检查钢丝绳缆有无锈蚀、断丝,除锈油是否流失变质。

## 10.2.2　常见水工建筑物险情的一般抢护方法

### 10.2.2.1　渗水险情

洪水偎堤后,背河坡或堤脚出现表土发软或有水渗出的现象,称为渗水险情。险情一般时应有专人观测,严重时应及时抢护,以防发展成管涌、漏洞、滑坡等险情。

坝前防渗处理可根据工程和地质条件采取水平防渗或垂直防渗等截渗措施,可采用抛填黏土(袋)构筑铺盖、铺设土工膜、帷幕灌浆或设置防渗墙等措施。坝后排水反滤措施可根据工程和坝基地质条件采取排水减压井(沟)、滤层压盖、排水暗管或反滤围井等措施。上游坝坡防渗处理可采取抛填黏土(袋)构筑戗堤或铺设土工膜等上游截渗措施,

险情严重时可采用填筑导渗材料处理。下游坝坡导渗处理可采取坝后设排水导渗沟或贴坡排水,险情严重时可采用透水后戗处理,并做好反滤保护。当大坝下游坝坡发生塌陷,且伴有渗水或漏洞险情时,应对大坝上游坝坡渗漏通道进行截堵,对不宜直接翻筑的背水塌陷,可采用填筑滤料法抢护。

#### 10.2.2.2　冲塌险情

洪水偎堤走溜,淘刷堤脚,堤坡失稳,发生坍塌。该险情一般长度大、坍塌快,如不及时抢护,将会冲决堤防。水深溜急坍塌长的堤段,应采用垜或短丁坝群导溜外移,保护堤防。其他冲塌险情可按下述方法抢护。

(1)沉柳缓流防冲。适应于堤防临水坡被淘刷长度较大的险情。维护方法是:用枝叶茂密的柳树头,捆扎大块石头等重物,顺堤从下游向上游,由外到里,依次抛沉。水浅溜缓时可改为挂柳防冲等措施。

(2)护坡固脚防冲。当堤防受水冲刷,堤脚或堤坡被冲破坏时,应采用护坡固脚,抑制水流继续淘刷。抢护方法:在冲刷部位抛投土袋、石块、柳石枕等防冲物体。抛投从坍塌严重部位开始,依次向两边展开,抛至坡度稳定为止。

#### 10.2.2.3　风浪险情

汛期河水上涨,水面变宽。当风速较大时,风浪对堤防冲击力强,轻者造成堤坡坍塌变陡,重者出现滑坡、浸溢等险情,甚至造成决口,应因地制宜,采取具体抢护措施。

(1)织物防浪。此法防浪效果好,宜优先使用。用土工织物、篷布或编织布铺放在堤坡上,织物底部一般应高出洪水位 $1.5 \sim 2$ m。为了避免被风浪揭开,织物的四周可用预制混凝土块、石块或碎石镇压。亦可用绳栓土袋镇压,此时土袋应置于水下等风浪影响范围之外。

(2)土袋防浪。此法适用于风浪破坏已经发生的堤段,用编织袋、麻袋或草袋装土、砂、碎石或砖等,袋间排挤紧密,上下错缝,叠铺在迎水堤坡。

(3)挂柳防浪。用柳树枝头,要求干枝长 1 m 以上,枝径 0.1 m 左右,或将几棵捆扎使用。在堤顶打木桩,桩距 $2 \sim 3$ m。用双股 $10 \sim 12$ 号铅丝或绳将柳头系在木桩上,在树杈处捆扎砂(石)袋,使树梢沉入水下。

#### 10.2.2.4　管涌险情

管涌多发生在背河坡脚附近地面或较远的潭坑、池塘或洼地。汛期高水位时,在渗透压力作用下土中的细颗粒被带出,落于孔口周围形成沙环。发现管涌险情后,及时抢护。

(1)反滤铺盖。在背河大面积出现管涌时,如料源不足,可采用反滤铺盖抢护。即在出现管涌的范围内,分层铺填透水性好的反滤料,以降低涌水流速,制止地基土颗粒流失。根据所用反滤材料的不同分为砂石反滤铺盖和梢料反滤铺盖。

(2)反滤围井。对于数目不多且各自独立,或数目虽多但尚未连成大片的管涌群,可用反滤围井抢护。方法是清除地面杂物并挖除软泥 0.2 m,用土袋分层错缝围成井状,井内分层铺设反滤料(如砂石、梢料),在适当高度设排水管排水。

(3)无滤层围井(俗称养水盆)。当管涌险情严重,反滤料一时难以筹措时,可在管涌口强筑围井,抬高井内水位,降低渗透压力,制止渗透破坏,以稳定管涌险情,在适当高度设排水管排水。

（4）背河月堤。当背河堤脚附近出现分布范围较大的管涌群时,可在背河堤脚出险范围外用土或土袋抢筑月堤。积蓄漏水,抬高水位反压,制止涌水带出砂粒,在适当高度设排水管排水。

## 10.2.2.5　滑坡险情

堤防滑坡又称脱坡,一般是由于水流淘刷、内部渗水作用或顶部压载造成的。堤防滑坡后堤身断面变窄,水流渗径变短,可诱发其他险情,发现险情后,应查明原因,及时抢护。

对因水库高水位运行、大坝渗漏等引起的下游坝坡滑坡,应采取开挖回填、加培缓坡、压重固脚和导渗排水等综合措施处理。对库水位骤降引起的上游滑坡,应立即停止放水,使库内保持一定水位;然后采取开挖回填、压重固脚等处理措施。对水库风浪淘刷引起的上游坝坡滑坡,应采用翻挖、分层填土夯实的方法进行回填处理,按大坝护坡要求恢复原状;必要时,采取防风浪淘刷护坡形式。对地震引起的上、下游坝坡滑坡,应采取开挖回填、放缓坝坡、压重固脚等措施处理。对穿坝建筑物附近坝坡发生滑坡,应先查明滑坡的原因,判明是否存在穿坝建筑物断裂渗水,必要时结合穿坝建筑物渗漏安全隐患处置措施。对两岸坝肩附近下游坝坡发生滑坡,应先查明滑坡的原因,判明是否存在绕坝渗漏等现象,必要时结合绕坝渗漏安全隐患处置措施,采取开挖回填、加培缓坡、压重固脚和导渗排水等处理措施。对下游坝脚水流冲刷、鱼塘侵蚀等引起的下游坝坡滑坡,应结合对下游坝脚的防冲、防侵蚀措施,采取开挖回填、加培缓坡、压重固脚等措施处理。

## 10.2.2.6　裂缝险情

堤防裂缝是常见的一种险情,有时也是其他险情的预兆,危害较大的有纵向裂缝和横向裂缝。发现纵向裂缝需专人观测和维护,发展较快的要采取抢护措施。横向裂缝危害最大,一经发现必须迅速抢护。

对缝宽、缝深较小的纵向裂缝可只进行缝口封闭,防止雨水渗入;缝宽、缝深较大的纵向裂缝应采取开挖回填方法处理。对坝体分区结合部位(特别是防渗体与过渡料部位等)的纵向裂缝,应采用开挖回填处理,并做好层间过渡。坝体横向裂缝应采取开挖回填处理措施。对坝体与两坝肩及穿坝建筑物接触处的沉陷裂缝,一般采用开挖分层夯实回填处理,必要时采用开挖回填与防渗处理相结合的方法处理。对防浪墙与大坝防渗体接合部位裂缝,可采用充填式黏土灌浆的方法处理,要求防浪墙与防渗体紧密连接。

## 10.2.2.7　漏洞险情

漏洞是贯穿堤身或堤基的流水通道。多砂土质堤防,抗冲能力弱,漏洞扩大迅速,极易造成缺口。当发现漏洞后,必须尽快查出进水口,全力以赴,迅速抢堵。同时,在背河出水口采取反滤导渗措施,以缓和险情,抢堵后应有专人观察。

（1）塞堵漏洞。当探测到漏洞进口位置时,应优先采取堵塞法。塞堵料物有软楔、草捆、水布袋、软罩等。在有效控制漏洞险情的发展后,应及时用黏性土封堵闭气,做前戗加固。

（2）软帘盖堵。当知道漏洞进口大致位置且附近无树木杂物时,可采用软帘盖堵。软帘可用土工布或篷布制作。抢险时沿临水堤肩,顺坡铺盖洞口,或从船上铺放,然后抛压土工包、土工兜或土袋,再填压土料,修成前戗。

# 第 11 章　安全生产与环境保护知识

安全是相当宽泛的概念,比如人身安全,生产安全或安全生产,物品、场地安全及保护防护,数据安全及保密等在水工监测业务中都会遇到,应全面增强安全意识和采取实际措施。下面首先介绍水工建筑物观测工作安全技术操作的一般要求,然后就安全用电、水上救生和水上水文测验作业安全措施、高空作业安全防护、防雷避雷等介绍一些常识。

## 11.1　安全技术操作规程及安全防护知识

### 11.1.1　水工建筑物观测工作安全技术操作规程

(1)在进行建筑物观测时,必须注意安全保护,防止发生事故。

(2)各工程管理单位可根据观测工作和工程的具体情况,参考以下各项,制订水工建筑物观测工作的安全操作规程,作为观测规范的组成部分。

(3)在进行流量、冰凌等水文观测工作以及进行库区地形变化观测和水工建筑物上下游河床变形观测中的水深测量工作时,应按照水文规范及手册中有关的安全操作规程执行;使用经纬仪、水准仪等测量仪器进行观测工作时,应按照测量规范中有关的安全操作规程执行。

(4)在高空、水面、坑道、竖井、临水边墙等容易发生危险的地方进行观测工作时,观测人员不得少于两人,并应携带安全带、救生圈、安全帽、保险绳等安全保护设备。操作时,必须十分注意,不得说笑、打闹。

(5)观测人员进行操作的地点和往返的通道扶梯、扒梯等必须经常检查、清理和维修,以便于观测人员操作和通行。在有坠落危险的地方,应设置栏杆等保护设备。

(6)观测人员应根据观测需要,配备手电筒、胶靴、手套、雨衣等。

(7)观测人员在执行任务时,衣着及携带的工具应整齐利落,防止在攀援和操作时发生事故。

(8)在工程施工期间进行观测时,观测人员必须与施工人员密切联系,特别注意安全,防止由于施工操作而发生事故。

(9)在观测工作中使用电源观测、照明时或接近电气设备操作时,应注意防止触电。

(10)在大风、积雪、雷雨中进行观测,必须注意安全,防止落水、滑倒、雷击等事故。

(11)在输、泄水建筑物内进行观测时,观测人员必须与操作人员密切联系,防止意外放水而发生淹溺事故。

### 11.1.2　安全用电常识

电力是现代生产和社会生活的基本能源,水文业务活动与用电也紧密联系,工作人员应具备安全用电常识,操作电类仪具还必须遵守有关规程,在采取必要的安全措施的情况下使用和维修电工电气设备。

人体可以导电,人的安全电压是不高于 36 V,最基本的安全是不能用身体连通高于 36 V 的火线和地线(零线)。这里仅就一般安全用电常识提示如下:

(1)功率大的用电器一定要接地线。照明灯等用电器的开关一般接在火线端。单相三孔插座接线时专用接地插孔应与专用的保护接地线相连;采用接零保护时,接零线应从电源端专门引来,而不应就近利用引入插座的零线。

(2)不靠近高压带电体(室外高压线、变压器旁),不接触低压带电体。

(3)水的导电性较强,借水导电的信号电压要低于人体安全电压;不用湿手扳开关,插入或拔出插头。有人触电时不能用身体拉他,应立刻关掉总开关,然后用干燥的木棒将人和电线分开。

(4)安装、检修电器应穿绝缘鞋,站在绝缘体上,且应先切断电源。

(5)使用试电笔不能接触笔尖的金属杆。

(6)禁止用铜丝、铝丝等高熔点导电材质代替保险丝,禁止用橡皮胶代替电工绝缘胶布。

(7)在电路中应安装触电保护器,并定期检验其灵敏度。

(8)在雷雨时,不可走近高压电杆、铁塔、避雷针的接地线和接地体周围,以免因跨步电压而造成触电。下雷雨时,人直接操作的导电类的仪器工具要注意防雷击人;不使用收音机、录像机、电视机、计算机、GPS 和手机等有信号源仪器,且拔出电源插头,拔出电视机天线插头;暂时不使用电话,如一定要用,可用免提功能键。

## 11.1.3　水上救生常识

水上遇险通常包括人身落水、船体触礁、失火等险情,救生包括自救、帮救等,技术措施主要包括游泳方法、借用漂浮物法、稳定情绪呼救待救等。

落水遇险自救的基本原则为"尽可能保持体力,以最小的体力消耗在水上维持最长时间"。为了达到这一要求,当在水中遇险时,必须放慢呼吸频率、放松身体肌肉、减缓身体的动作、尽可能利用身上或身旁任何可增加浮力的物体,使身体浮在水上,以待救援。会游泳和有救生技能的人,如能保持镇静并能鼓起勇气,一定会成功逃生。

落水进入漩涡危险较大,脱离漩涡自救要了解漩涡的特点。漩涡多发生在水流汇合处、宽广河湾、内湾、暗礁、水底地洞、水边、桥梁下。漩涡虽然在水底只有一小点,但越往底下吸力越大,越往上层漩涡越大,漩力越弱。遇到漩涡可设法顺漩涡冲出解脱。若是较浅的漩涡,如溪流冲击所形成的小漩涡,没有漩涡眼,可以设法潜水解脱。脱离漩涡除可用潜水冲出外,也可采用爬泳顺着漩涡的离心力尽快地冲出。

船在水面航行,乘船遇险的机遇较大,应视具体情况抗险避险自救。当船艇进水或翻船时,切不可弃船离去,应保持镇静,扒扶住船艇的两侧,等待救助。如有条件,此时应该迅速穿上救生衣,发出求救信号(手机、信号弹、燃烧的衣物都可发出求救信号)。如果船上人数很多,可分成两部分,分别扒扶船的两侧,等待救援。如果船艇进水但未沉没,应留在船内,因小船虽然进水,如能保持平衡,短时间仍然不会下沉或翻覆,此时可用船桨或双手把小船慢慢划回岸边。如果在遇难的船舶上被迫"弃船",决不能放弃逃生的念头,要在工作人员的指挥下,登上救生筏或穿上救生衣,按顺序离开事故船只。如果来不及登上救生筏或者因救生筏不够不得不跳水时,应迎着风向前跳,以免遭漂浮物的撞击。跳水时双臂交叠在胸前,压住救生衣,双手捂住口鼻,以免跳下时呛水。眼睛望前方,双腿并拢伸直,脚先下水。不要向下望,否则身体会前扑,摔进水里,容易受伤。如果跳法正确,并深屏一口气,救生衣会使人在几秒钟内浮出水面,如果救生衣上有防溅兜帽,应该解开套在头上。跳船的正确位置应该是船尾,并尽可能地跳得远一些,不然船下沉时涡流会把人吸入船底下。弃船跳进水中要保持镇定,既要防止被水上漂浮物撞伤,又不要离出事船只太远,以免搜救人员寻不到你。如船在海中遇险,要耐心等待救援,看到救援船只挥动手臂示意自己位置。如果在江河湖泊中遇险,若水流不急,很容易游到岸边;若水流很急,不要直接朝岸边游去,而应该顺着水流游向下游岸边;如果河流弯曲,应向内弯即凸岸处游,通常那里水较浅并且水流速度较慢,应在那里上岸或者等待救援。

岸上或入水救援落水人,应镇静观察落水人的状况,可及时投放救生器材,招呼落水人寻找救生器材;会游泳的人入水救人应注意不被落水人缠住手脚。

## 11.1.4  高空作业安全防护知识

所谓高空作业,是指人在一定位置为基准的高处进行的作业。国家标准《高处作业分级》(GB 3608)规定:"凡在坠落高度基准面 2 m 以上(含 2 m)有可能坠落的高处进行作业,都称为高处作业。"高空作业有两方面的危险,一是高空作业者的坠落,二是高空作业处下落物砸人的概率高。水文缆道吊箱的测验作业、缆道养护作业等属于高空作业,应了解高空作业安全防护的一般概念,遵守专门的作业安全规定。

遇六级以上大风时,禁止露天进行高处作业。当结冻积雪严重,无法清除时,停止高处作业。高处作业、高处悬吊作业区,必要时在容易出险处安装符合安全要求的安全网、防护栏。地面要划出禁区,并围挡,挂上警示牌。

年满 18 岁,经体格检查合格后经过专门的业务培训(有些行业要取得特种作业资格证书)方可从事高处作业。作业前要做好安全教育和技术交底,落实安全措施。工作精力集中、不准打闹;工作完毕,清理现场物料,并从指定路线上下。凡患有高血压、心脏病、癫痫病、精神病和其他不适宜高处作业的人,禁止登高作业。

高空作业人员,要正确穿戴和使用防护用品,不准穿光滑的硬底鞋、高跟鞋和拖鞋。要使用合格的安全帽、安全带和安全绳。安全帽应戴紧、戴正,帽带应系在颌下并系紧;帽箍应根据人头型来调整箍紧,以防低头作业时帽子前滑挡住视线。安全带要束紧腰带,腰扣组件必须系紧系正;安全带的绳子牢固系在坚固的建筑结构件上或金属结构架上,不准系在活动物件上。为保证高空作业人员在移动过程中始终有安全保证,当进行特别危险作业时,要求在系好安全带的同时,系挂在安全绳上。禁止使用麻绳来做安全绳。使用 3 m 以上的长绳要加缓冲器。一条安全绳不能两人同时使用。

高空作业有一些"差速保护器"类的安全器械,应按规定使用,使用前应进行检查。

高处作业、高处悬吊作业所用的工具、零件、材料等必须装入工具袋。上下时手中不得拿物件;不得在高处投掷材料或工具等物件;不得将易滚易滑的工具、材料堆放在脚手架上。

靠近电源(低压)线路作业前,应先联系停电、确认停电后方可进行工作,并应设置绝缘挡壁,作业人员最少离开电线(低压)2 m 以外。禁止在高压线下作业。进行高处焊接、气割作业时,系好安全带,并且必须事先清除火星飞溅范围内的易燃易爆物品。

使用梯子时,必须先检查梯子是否坚固,是否符合安全要求。立梯坡度60°为宜,梯底宽度不小于 50 cm,并有防滑装置,梯顶无搭勾,梯脚不能稳固时,须有人扶梯,人字梯拉绳必须牢固。

## 11.1.5　防雷避雷常识

### 11.1.5.1　雷电的形成、分类和伤害

雷电是自然界(大气中)中的一种大规模静电放电现象。雷电多形成在积雨云中,积雨云随着温度和气流的变化会不停地运动,运动中摩擦生电,就形成了带电荷的云层。某些云层带有正电荷,另一些云层带有负电荷。另外,静电感应常使云层下面的建筑、树木等有异性电荷。随着电荷的积累,雷云的电压逐渐升高,当带有不同电荷的雷云与大地凸出物相互接近到一定距离时,其间的电场超过 25 ~ 30 kV/cm,将发生激烈的放电,同时出现强烈的闪光。由于放电时温度高达 2 000 ℃,空气受热急剧膨胀,随之发生爆炸的轰鸣声,这就是闪电与雷鸣。

地球上任何时候都有雷电在活动,雷电的大小和多少以及活动情况,与各个地区的地形、气象条件及所处的纬度有关。一般山地雷电比平原多,沿海地区比大陆腹地要多,建筑物越高,遭雷击的机会越多。

雷电可分直击雷、球形雷、感应雷和雷电侵入波四种。直击雷是由云层与地面凸出物之间的放电形成的强电流。球形雷是发红光或极亮白光快速运动(运动速度大约为 2 m/s)的火球。感应雷是由于雷云接近地面,在地面凸出物顶部感应出大量异性电荷的现象,巨大雷电流在周围空间产生迅速变化的强大磁场也是感应雷。雷电侵入波是由于雷击而在架空线路上或空中金属管道上产生的冲击电压沿线路或管道迅速传播(传播速度为 $3 \times 10^8$ m/s)的强电波。

雷电具有极大的破坏力,其破坏作用是综合的,包括电性质、热性质和机械性质的破坏。可以在瞬间毁坏发电机、电力变压器等电气设备,引起短路导致火灾或爆炸事故。可以在极短的时间内转换成大量的热能,造成易燃物品的燃烧或造成金属熔化飞溅而引起火灾。球形雷能从门、窗、烟囱等通道侵入室内,造成极其危险的电火。雷电侵入波使高压窜入低压,可造成突然爆炸起火等严重事故。

雷电对人和动物的伤害方式,归纳起来有直接雷击、接触电压、旁侧闪击和跨步电压四种形式。直接雷击袭击到人体,在高达几万到十几万安培的雷电电流通过人体导体流入到大地的过程中,人体及器官承受不了电热而受伤害甚至死亡。接触电压是雷电电流通过高大物体泄放强大雷电电流过程中,会在高大导体上产生高达几万到几十万伏的电压,人不小心触摸到这些物体时,受到这种触摸电压的袭击,发生触电事故。旁侧闪击是当雷电击中一个物体,泄放的强大雷电电流传入大地过程中,如果人就在这雷击中的物体附近,雷电电流就会在人体附近,将空气击穿,经过电阻很小的人体泄放下来使人遭受袭

击。跨步电压是当雷电从云中泄放到大地过程中产生电位场,人进入电位场后两脚站的地点电位不同,在人的两脚间就产生电压,也就有电流通过人的下肢,造成伤害。

受雷击被烧伤或严重休克的人,身体并不带电,应马上让其躺下,扑灭身上的火,并对他进行抢救。若伤者失去意识,但仍有呼吸或心跳,则自行恢复的可能性很大,应让伤者舒适平卧,安静休息后,再送医院治疗。若伤者已停止呼吸或心脏跳动,应迅速对其进行口对口人工呼吸和心脏按摩,在送往医院的途中要继续进行心肺复苏的急救。

### 11.1.5.2　人身避雷措施

(1)雷雨天气尽量不要在旷野里行走,应尽量离开山丘、海滨、河边、池旁;有雷情尽快离开铁丝网、金属晒衣绳、孤立的树木和没有防雷装置的孤立小建筑等;不宜进行户外球类运动;切勿游泳或从事其他水上作业,离开水面以及其他空旷的场地,寻找地方躲避。

(2)雷雨天要远离建筑物的避雷针及其接地引下线,远离各种天线、电线杆、高塔、烟囱、旗杆,远离帆布蓬车和拖拉机、摩托车等。电视机的室外天线在雷雨天要与电视机脱离,而与接地线连接。

(3)雷雨天如有条件应进入有宽大金属构架、有防雷设施的建筑物或金属壳的汽车和船只。不要躲在大树下。雷雨天应关好门窗,防止球形雷窜入室内造成危害。

(4)雷雨天要穿塑料等不浸水的雨衣;要走慢点,步子小点;不要骑自行车行走;不要用金属杆的雨伞,肩上不要扛带有金属杆的工具。

(5)雷暴时,人体最好离开可能传来雷电侵入波的线路和设备 1.5 m 以上;拔掉电源插头;不要打电话;不宜使用未加防雷设施的电气设备;不要靠近室内的金属设备如暖气片、自来水管、下水管;尽量离开电源线、电话线、广播线,以防止这些线路和设备对人体的二次放电。另外,不要穿潮湿的衣服,不要靠近潮湿的墙壁。

(6)人在遭受雷击前,会突然有头发竖起或皮肤颤动的感觉,这时应立刻躺倒在地,或选择低洼处蹲下,双脚并拢,双臂抱膝,头部下俯,尽量缩小暴露面。

### 11.1.5.3　防雷

防雷是指通过组成拦截、疏导最后泄放入地的一体化系统方式以防止由直击雷或雷电电磁脉冲对建筑物本身或其内部设备和器件造成损害的防护技术。防雷措施主要是在建筑物上安装避雷针、避雷网、避雷带、避雷线、引下线和接地装置或在金属设备、供电线路上采取接地保护。水文测报通常采取的防雷措施大致介绍如下:

(1)各种水文设施设备仪器按要求安装避雷设施设备,采用技术和质量均符合国家标准的防雷设备、器件、器材,避免使用非标准防雷产品和器件。

(2)应定期由有资质的专业防雷检测机构检测防雷设施,评估防雷设施是否符合国家规范要求。

(3)单位应设立防范雷电灾害责任人,负责防雷安全工作,建立各项防雷设施的定期检测、雷雨后的检查和日常的维护制度。例如,雷电活动期,适时向防雷接地浇水,减小入地电阻,以利雷电流入地;雷雨过后,检查安装在电话程控交换机、电脑等电器设备电源上和信号线上的过压保护器有无损坏,发现损坏时应及时更换。

### 11.1.6　工程抢险应注意的安全事项

（1）到达抢险现场，先观察了解周围环境，掌握地形状况、河流水势情况，以及房屋、行走路线等情况，以备应急躲避，并及时疏散围观群众。

（2）根据分工，密切配合，一切行动听指挥。

（3）抢险人员最好身穿救生衣或随身带上救生设备。

（4）抢险现场要有照明设备，并配备必要应急照明灯。

（5）抢险成功后派人留守现场，24 h 轮流值班巡视。

## 11.2　正确使用安全生产器具的知识

### 11.2.1　安全生产工器具的管理

（1）安全生产工器具的使用保管各营业所负责人为第一责任人，安全生产工器具的保管人为第二责任人。

（2）营业所负责人或安全生产工器具的保管人人事调动时必须做好安全生产工器具的书面交接手续。

（3）安全生产工器具应存放在通风良好、清洁干燥的专用库房。

（4）安全生产工器具应做到分类放置，摆放整齐，并在工器具柜内标明工器具名称、数量，应一一对应。

（5）绝缘手套、绝缘靴应单独存放，不得和其他工器具混放。

（6）安全生产工器具应编号正确，绝缘杆、验电器以支为单位，绝缘手套以只为单位进行编号。

（7）安全生产工器具根据安监科的安排，按周期进行试验，每次试验后，应有试验部门出具的试验合格证。

（8）绝缘杆、验电器、绝缘手套等安全生产工器具使用电压等级、试验日期、使用有效期标签贴在工具上。

（9）绝缘杆、验电器应标明使用的最小有效使用绝缘长度。

（10）接地线应放在专用架子上或柜内，均应统一编号，并应对号入座。

（11）安全生产工器具应设专人管理，按名称、数量、试验周期为主要内容建立台账，并严格执行安全生产工器具管理制度，做到账、物、卡相符。

（12）安全生产工器具专用仓库的湿度超过规定时应及时进行烘干。

（13）应建立专用安全生产工器具管理夹，台账、试验卡片、检查记录放入管理夹内。

（14）安全生产工器具严禁移作他用，未经部门负责人批准不得向外借用。

（15）不合格的工器具应及时检修报废，不得继续使用。

（16）绝缘工具受潮或表面损伤、脏污时，应及时处理并经试验合格后方可使用。

（17）安全帽按生产部门每人一个配置（送变电安装工程公司由自己配置），由个人保管，部门统一放置，人员调动时安全帽跟人走。

### 11.2.2　安全生产工器具使用

（1）在使用过程中，带电绝缘工具应装在工具袋、工具箱或工具车内，以防受潮和损伤。

（2）未经试验或试验不合格的安全生产工器具严禁使用，并不得放入安全生产工器具仓库，以防误用，试验不合格的安全生产工器具试验卡片应注销。

（3）安全生产工器具使用前，使用人必须对外观进行详细检查，绝缘手套还应进行挤压试验，不合格者严禁使用。

（4）对安全生产工器具的绝缘可靠性有怀疑时，应认真检查或做必要的试验。

（5）接地线使用前，应检查无散股、接地线螺紧固，方可使用，无编号严禁使用。

（6）使用后应将安全生产工器具整理好后及时放回原位，禁止乱拿乱放。

（7）阴雨天使用过的绝缘手套应清洗干净，晾干后放入柜内，绝缘杆、验电器应进行烘干。

（8）安全员应每月对安全生产工器具进行定期外观检查，并做好记录。

（9）安全生产工器具损坏时应立即上报安监科，以旧换新，不得私自报废。

### 11.2.3　安全生产工器具的检查

（1）安全生产工器具在发放使用或交回时，安全员必须做好记录，必须进行日常检查；使用者在使用前，必须认真进行检查。

（2）安全生产工器具的日常检查主要包括以下几项：①是否清洁、完好；②外壳、手柄有无裂缝和破损；③无机械损伤、变形、老化等现象；④是否符合设备的电压等级；⑤是否进行了定期检验和在有效使用期内。

## 11.3　环境保护的基础知识

### 11.3.1　环境问题和环境保护

环境科学和环境保护所研究的环境问题不是自然灾害问题（原生或第一环境问题），而是人为因素所引起的环境问题（次生或第二环境问题）。

这种人为环境问题一般可分为两类：一是不合理开发利用自然资源，超出环境承载力，使生态环境质量恶化或自然资源枯竭；二是人口激增、城市化和工农业高速发展引起的环境污染和破坏。总之，人为环境问题是人类经济社会的发展与环境的关系不协调所引起的问题。

环境保护就是采取法律的、行政的、经济的、科学技术的措施，合理地利用自然资源，防止环境污染和破坏，以求保护和发展生态平衡，扩大有用自然资源的再生产，保障人类社会的发展。

## 11.3.2　环境保护是我国的一项基本国策

我国的环境保护工作从 20 世纪 70 年代初起步,1973 年 8 月第一次全国环境保护会议确定了"全面规划、合理布局、综合利用、化害为利、依靠群众、大家动手、保护环境、造福人民"的环境保护 32 字方针。

1983 年 12 月,在第二次全国环境保护会议上,制定了我国环境保护事业的大政方针:一是明确提出"环境保护是我国的一项基本国策";二是确定了"经济建设、城乡建设与环境建设同步规划、同步实施、同步发展,实现经济效益、社会效益和环境效益统一"的战略方针;三是确定了符合国情的三大环境政策,即"预防为主,防治结合,综合治理""谁污染,谁治理"和"强化环境管理"。

1989 年,第三次全国环境保护会议明确了"只有坚定不移地贯彻执行环境保护这一项基本国策,环境保护工作才能得到不断深入发展"。

第四次全国环境保护会议是在 1996 年 4 月召开的。会议提出"保护环境是实施可持续发展战略的关键,保护环境就是保护生产力",并启动实施"33211"工程(实施对三河、三湖、两控区、一市、一海的污染治理,即重点治理"三河"(淮河、海河、辽河)、"三湖"(太湖、巢湖、滇池)的水污染,"两控区"(二氧化硫污染控制区和酸雨污染控制区)的空气污染,着力强化"一市"(首都北京市)和"一海"(渤海)的环境保护工程,确定了新时期的环境保护战略。

2001 年 1 月召开的第五次全国环境保护会议提出,环境保护是政府的一项重要职能,要按照社会主义市场经济的要求,动员全社会力量做好这项工作。

2006 年 4 月召开的第六次全国性会议改名为"全国环境保护大会"。这次会议提出了"十一五"时期环境保护的主要目标,强调着力做好四个方面的工作:①加大污染治理力度,切实解决突出的环境问题;②加强自然生态保护,努力扭转生态恶化趋势;③加快经济结构调整,从源头上减少对环境的破坏;④加快发展环境科技和环境保护产业,提高环境保护能力。

我国党和政府之所以十分重视环境保护,是因为保护生态环境和自然资源直接关系国家的长远发展,关系国家的强弱、民族的兴衰、社会的安定。我国是人口基数大、人均资源少的发展中国家,环境负荷大,环境污染严重,自然资源被不断浪费和破坏,已出现了资源短缺现象。为了我国的可持续发展,把环境保护作为基本国策不仅是重要的,而且是必需的。

## 11.3.3　环境保护的内容和任务

环境保护的内容世界各国不尽相同,同一国家在不同时期内容也有变化。但一般地说,大致包括两个方面:一是保护和改善环境质量,保护居民的身心健康,防止人体在环境污染影响下产生遗传变异和退化;二是合理开发利用自然资源,减少或消除有害物质进入环境,以及保护自然资源,加强生物多样性保护,维护生物资源的生产能力,使之得以恢复和扩大再生产。

《中华人民共和国环境保护法》第一章第一条明确提出环境保护的基本任务是:"保

护和改善生活环境和生态环境,防止污染和公害,保障人体健康,促进社会主义现代化建设的发展"。

## 11.3.4　水利工程对环境的影响

水利工程的兴建,特别是大型水库的形成,将使其周围环境发生明显的改变。在为发电、灌溉、供水、养殖、旅游等事业和解除洪涝灾害创造有利条件的同时,也会给人们带来一定的不利影响。充分利用有利条件,避免或减轻不利影响,是水利工作者在进行水利规划中必须认真研究和加以解决的问题。

水库引起的环境变化,主要表现在以下几个方面。

### 11.3.4.1　库区

#### 1.淹没

建坝后,水位在坝前壅高形成回水,在回水范围内,耕地、矿藏、名胜古迹等被淹没;工厂、铁路、公路设施需要拆迁;居民需要迁移,城镇需要迁建。对被淹没的土地和设施等要付赔偿费,要妥善安排移民的生产和生活,这是一项十分重要而复杂的工作。在我国人多、耕地少的条件下,应尽量减少水库的淹没损失,对库区内仅在高水位时才被淹没的土地,要采取适当措施加以利用。三峡工程移民百万,所采用的"以人为本""就地开发性移民",统筹安排生产和生活,是解决好库区移民的重要举措。

#### 2.滑坡、塌岸

岸坡浸水后,岩体的抗剪强度降低,在水库水位降落时,有可能因丧失稳定而塌滑,库区大范围坍岸,会加剧水库淤积;而坝址附近的滑坡,将给工作的正常施工和运行带来极为不利的后果。意大利瓦依昂拱坝,因库区大滑坡,岩体骤然滑入水库,使库水浸溢坝顶而突然下泄,造成下游巨大灾害,并使水库淤满报废。有的工程在施工中由于坝址附近发生滑坡,被迫改变设计,甚至中途停工,应当引以为戒。

#### 3.水库淤积

由于水流入库后流速减小,挟沙能力降低,使泥沙颗粒先粗后细逐渐下沉,造成淤积。淤积不仅使库容减小,缩短水库寿命,加大淹没损失,还将影响电站和航运的正常运行。解决和减轻水库淤积的根本措施包括做好上游封山育林、退耕还林、种草等水土保持工作,而水库的合理运行,如蓄清排浑、利用异重流排沙也是减少水库淤积的有效措施。

#### 4.生态变化

建坝蓄水对生态环境有很大影响,受影响的有库区和下游湿地生态系统,也有河流水生生态系统或直至河口生态系统。例如,水库淹没影响植物生存,并破坏其生存环境。又如,水环境变化对珍惜、濒危水生生物的种类、数量、栖息场所、繁殖场所有致命影响。长江中华鲟是一种大型洄游性珍稀鱼类,葛洲坝工程截流后,中华鲟洄游到其上游产卵场的通道被隔断,为使中华鲟不致灭绝,采取了多样性的保护措施,如中华鲟人工过坝、人工繁殖等。所以,水利水电建设必须对生态环境的影响进行识别、预测和评价。

#### 5.水温的变化

库水温度变幅随水深增加而减小,在水面处大致与气温接近,水深 10 m 左右,变幅较气温减小 2～5 ℃;水深 50～60 m 处,变幅仅 4～5 ℃,更深处水温几乎不再变化,而处于常温状态。库水年平均温度也随水深增加而减小,在水面处比年平均气温高 2~5 ℃;水深 50~60 m 处等于年平均气温,在深处低于年平均气温。

#### 6. 水质变化

水库蓄水后,由于库区内生物机体的分解,增加了库水的肥力,有利于水中藻生物的繁殖,对鱼类生长有利,但如清库不彻底,过多的有机质在库底分解,吸收深层水中的氧,产生硫化氢,也可使水质变坏。

流入水库的磷、氮等盐类,有利于植物和水生物的生长,但含量不能太高,否则,将促使藻类和水草丛生,而藻类和水草的枯死分解,又将消耗水中的氧,形成富氧氧化,造成水质恶化。

#### 7. 气象变化

水库形成一定的水域,大的水域能改变附近地区的小气候(多雾、降雨形态变化、气温变幅减小等),并使枢纽附近地区的生态平衡发生变化。

#### 8. 诱发地震

由于水库蓄水后引起的地震,称为诱发地震。20 世纪 60 年代以来,世界上有不少大水库在水库蓄水后发生了地震,如我国新丰江水电站于 1962 年 3 月 19 日发生诱发地震,震级 6.1 级。坝址烈度达到 8 度。产生诱发地震的库区一般存在近期活动性地质构造,地应力较高,有局部应力集中。当水库蓄水后,岩层中孔隙水压力增加,使原来稳定岩体中的地应力状态发生变化,地块活动性随之增加。因此,在勘测设计时,应充分调查研究本地区的地质情况,判断有无产生诱发地震的可能性。对已建工程,如发生诱发地震,则应加强观测,并对抗震能力弱的结构采取适当的加固措施。

#### 9. 卫生条件

水库蓄水后,地下水位升高,为利用地下水创造了有利条件,但也带来一些不利后果,如耕地盐碱化、形成沼泽地带、滋生蚊虫和其他有害的微生物。

### 11.3.4.2　水库下游

#### 1. 河道冲刷

河道水流中挟带的泥沙在库内沉积后,下泄清水的冲刷能力加大,将河床刷深,河水位下降,岸边地下水位也相应降低;同时,还可能引起主河槽的游动,或冲刷下游桥基和护岸工程。为此,在多泥沙河流上修建水库,需要研究下游河床的演变趋势,并提出适当的处理措施。

#### 2. 河道水量变化

枯水期,由于电站和灌溉用水,下泄流量增加,对航运有利,但当电站担负峰荷,泄放流量不均时,又将给航运带来不便。为了不使河道干涸,不过分降低下游的地下水位,保护水生动物的生长和维持河道的自然风光,应经常泄放一定数量的生态用水,以保护河流的正常功能。

#### 3. 河道水温

除溢洪道外,自水库泄放的水流大多来自水库深层,水温较低且变幅小,因而坝下的河水水温夏季较建库前低,冬季较建库前高。

4. 河道水质

库水的浑浊度和水温一样,随水深而异。工业和生活用水要求浑浊度不得过高,水库中、低层水温较低,水中溶解氧也低,对作物生长和鱼类生存都不利。

此外,在河道上建坝(闸),一方面为航运和枢纽上游的木材浮运创造了条件;另一方面由于河道受阻,需要设置通航、过木和过鱼建筑物设施。

## 11.3.5　环境保护措施

### 11.3.5.1　污染防治措施

水利水电工程污染防治措施主要包括生产废水和生活污水处理、生活垃圾处理、大气环境和声环境保护措施。根据污染源特性和环境保护要求,采取相应措施,应注意处理设施的运行管理要求。

对生活垃圾的处置应结合地方现有生活垃圾处理设施情况,分析利用现有设施的可行性,经技术经济比较后确定。注意生活垃圾处理设施应包括收运系统设施。

对一些大型地下洞室工程应注意对洞室废水的处理。

### 11.3.5.2　水环境保护措施

水利水电工程建成运行后,应注意对库区及下游水环境进行保护。保护措施分为工程措施和管理措施。工程措施主要包括污水处理系统工程、水污染防治工程、生态保护和恢复工程等;管理措施主要包括对水污染防治进行统一规划,污染物总量控制,应用经济和法律手段提出对策措施。

### 11.3.5.3　生态保护措施

水利水电工程生态环境保护措施主要包括陆生生态保护、水生生态保护、景观保护等。根据影响程度和生态保护要求,采取相应措施,应注意电站建设与周围景观的协调性,生态保护的运行管理要求等。

# 第 12 章　相关法律、法规知识

　　水工监测工应当学习并遵守国家法律、法规,更应学好与水工监测活动联系紧密的有关法律、法规。比如水工监测工作为生产劳动者应当学好《中华人民共和国劳动合同法》和《中华人民共和国安全生产法》,作为水利的尖兵或侦察兵应当学好《中华人民共和国水法》和《中华人民共和国防洪法》及《中华人民共和国河道管理条例》,作为水工监测行业的一分子更应全面学好并宣传《中华人民共和国测绘法》和《大坝安全管理条例》。下面介绍这些法律、法规。

## 12.1　《中华人民共和国水法》的相关知识

### 12.1.1　总则

　　《中华人民共和国水法》有总则,水资源规划,水资源开发利用,水资源、水域和水工程的保护,水资源配置和节约使用,水事纠纷处理与执法监督检查,法律责任,附则等八章,是一部为了合理开发、利用、节约和保护水资源,防治水害,实现水资源的可持续利用,适应国民经济和社会发展的需要的法律。在中华人民共和国领域内开发、利用、节约、保护、管理水资源,防治水害,适用本法。

### 12.1.2　水资源的权属与管理

　　水资源(包括地表水和地下水)属于国家所有。水资源的所有权由国务院代表国家行使。国家对水资源实行流域管理与行政区域管理相结合的管理体制。国务院水行政主管部门负责全国水资源的统一管理和监督工作。流域管理机构,在所管辖的范围内,行使法律、行政法规规定的和国务院水行政主管部门授予的水资源管理和监督职责。县级以上地方人民政府水行政主管部门按照规定的权限,负责本行政区域内水资源的统一管理和监督工作。农村集体经济组织的水塘和由农村集体经济组织修建管理的水库中的水,归各该农村集体经济组织使用。

　　国家对用水实行总量控制和定额管理相结合的制度,对水资源依法实行取水许可制度和有偿使用制度(但是,农村集体经济组织及其成员使用本集体经济组织的水塘、水库中的水的除外)。国务院水行政主管部门负责全国取水许可制度和水资源有偿使用制度的组织实施。任何单位和个人引水、截(蓄)水、排水,不得损害公共利益和他人的合法权益。

### 12.1.3　水资源规划

　　开发、利用、节约、保护水资源和防治水害,应当全面规划、统筹兼顾、标本兼治、综合利用、讲求效益,发挥水资源的多种功能,协调好生活、生产经营和生态环境用水。应当按照流域、区域统一制定规划。建设水工程,必须符合流域综合规划。调蓄径流和分配水量,应当依据流域规划和水中长期供求规划。制定规划,必须由县级以上人民政府水行政主管部门会同同级有关部门组织进行水资源综合科学考察和调查评价。县级以上人民政府水行政主管部门和流域管理机构应当加强水文、水资源信息系统建设,应当加强对水资源的动态监测。基本水文资料应当按照国家有关规定予以公开。

### 12.1.4　水资源节约与保护

国家厉行节约用水,大力推行节约用水措施,推广节约用水新技术、新工艺,发展节水型工业、农业和服务业,建立节水型社会。建设项目的节水设施没有建成或者没有达到国家规定的要求,擅自投入使用的,由县级以上人民政府有关部门或者流域管理机构依据职权,责令停止使用,限期改正,处五万元以上十万元以下的罚款。

国家保护水资源,采取有效措施,保护植被,植树种草,涵养水源,防治水土流失和水体污染,改善生态环境。按照流域综合规划、水资源保护规划和经济社会发展要求,拟定国家确定的重要江河、湖泊的水功能区划。禁止在饮用水水源保护区内设置排污口。

禁止在江河、湖泊、水库、运河、渠道内弃置、堆放阻碍行洪的物体和种植阻碍行洪的林木及高秆作物。禁止在航道内弃置沉船、设置碍航渔具、种植水生植物。禁止在河道管理范围内建设妨碍行洪的建筑物及构筑物以及从事影响河势稳定、危害河岸堤防安全和其他妨碍河道行洪的活动。禁止在水工程保护范围内从事影响水工程运行和危害水工程安全的爆破、打井、采石、取土等活动。禁止侵占、毁坏水工程及堤防、护岸等有关设施,毁坏防汛、水文监测、水文地质监测设施。

在河道管理范围内建设桥梁、码头和其他拦河、跨河、临河建筑物及构筑物,铺设跨河管道、电缆,应当符合国家规定的防洪标准和其他有关的技术要求,工程建设方案应当依照防洪法的有关规定报经有关水行政主管部门审查同意。

### 12.1.5　水事纠纷处理

不同行政区域之间发生水事纠纷的,应当协商处理;协商不成的,由上一级人民政府裁决,有关各方必须遵照执行。单位之间、个人之间、单位与个人之间发生的水事纠纷,应当协商解决;当事人不愿协商或者协商不成的,可以申请县级以上地方人民政府或者其授权的部门调解,也可以直接向人民法院提起民事诉讼。县级以上地方人民政府或者其授权的部门调解不成的,当事人可以向人民法院提起民事诉讼。在水事纠纷发生及其处理过程中煽动闹事、结伙斗殴、抢夺或者损坏公私财物、非法限制他人人身自由,构成犯罪的,依照刑法的有关规定追究刑事责任;尚不够刑事处罚的,由公安机关依法给予治安管理处罚。

# 12.2　《中华人民共和国防洪法》的相关知识

## 12.2.1　总则

《中华人民共和国防洪法》有总则、防洪规划、治理与防护、防洪区和防洪工程设施的管理、防汛抗洪、保障措施、法律责任、附则等八章,是为防治洪水,防御、减轻洪涝灾害,维护人民的生命和财产安全,保障社会主义现代化建设顺利进行的一部法律。防洪工作实行全面规划、统筹兼顾、预防为主、综合治理、局部利益服从全局利益的原则。开发利用和保护水资源,应当服从防洪总体安排,实行兴利与除害相结合的原则。防洪工作按照流域或者区域实行统一规划、分级实施和流域管理与行政区域管理相结合的制度。任何单位和个人都有保护防洪工程设施和依法参加防汛抗洪的义务。

## 12.2.2　防洪规划

防洪规划是指为防治某一流域、河段或者区域的洪涝灾害而制定的总体部署,包括国家确定的重要江河、湖泊的流域防洪规划,其他江河、河段、湖泊的防洪规划以及区域防洪规划。防洪规划应当服从所在地流域、区域的综合规划;区域防洪规划应当服从所在流域的流域防洪规划。防洪规划是江河、湖泊治理和防洪工程设施建设的基本依据。编制防洪规划,应当遵循确保重点、兼顾一般,以及防汛和抗旱相结合、工程措施和非工程措施相结合的原则,充分考虑洪涝规律和上下游、左右岸的关系以及国民经济对防洪的要求,并与国土规划和土地利用总体规划相协调。防洪规划应当确定防护对象,治理目标和任务、防洪措施和实施方案,划定洪泛区、蓄滞洪区和防洪保护区的范围,规定蓄滞洪区的使用原则。应当把防御风暴潮纳入本地区的防洪规划;对山体滑坡、崩塌和泥石流隐患进行全面调查,划定重点防治区,采取防治措施;城市、村镇和其他居民点以及工厂、矿山、铁路和公路干线的布局,应当避开山洪威胁,已经建在受山洪威胁的地方的,应当采取防御措施;平原、洼地、水网圩区、山谷、盆地等易涝地区,应当制定除涝治涝规划;国务院水行政主管部门应当会同有关部门和省、自治区、直辖市人民政府制定长江、黄河、珠江、辽河、淮河、海河入海河口的整治规划。在江河、湖泊上建设防洪工程和其他水工程、水电站等,应当符合防洪规划的要求;水库应当按照防洪规划的要求留足防洪库容。

## 12.2.3　治理与管理

防治江河洪水,应当蓄泄兼施,充分发挥河道行洪能力和水库、洼淀、湖泊调蓄洪水的功能,加强河道防护,因地制宜地采取定期清淤疏浚等措施,保持行洪畅通。应当保护、扩大流域林草植被,涵养水源,加强流域水土保持综合治理。整治河道和修建控制引导水流向、保护堤岸等工程,应当兼顾上下游、左右岸的关系,按照规划治导线实施,不得任意改变河水流向。禁止在河道、湖泊管理范围内建设妨碍行洪的建筑物、构筑物,倾倒垃圾、渣土,从事影响河势稳定、危害河岸堤防安全和其他妨碍河道行洪的活动;禁止在行洪河道内种植阻碍行洪的林木和高秆作物;禁止围湖造地;禁止围垦河道。

## 12.2.4　防汛抗洪

国务院设立国家防汛指挥机构,负责领导、组织全国的防汛抗洪工作。在国家确定的重要江河、湖泊可以设立由有关省、自治区、直辖市人民政府和该江河、湖泊的流域管理机构负责人等组成的防汛指挥机构。有防汛抗洪任务的县级以上地方人民政府设立由有关部门、当地驻军、人民武装部负责人等组成的防汛指挥机构。

在汛期,水库、闸坝和其他水工程设施的运用,汛期限制水位以上的防洪库容的运用,必须服从有关的防汛指挥机构的调度指挥和监督。在凌汛期,有防凌汛任务的江河的上游水库的下泄水量必须征得有关的防汛指挥机构的同意,并接受其监督。

在汛期,气象、水文、海洋等有关部门应当按照各自的职责,及时向有关防汛指挥机构提供天气、水文等实时信息和风暴潮预报;电信部门应当优先提供防汛抗洪通信的服务;运输、电力、物资材料供应等有关部门应当优先为防汛抗洪服务。

中国人民解放军、中国人民武装警察部队和民兵应当执行国家赋予的抗洪抢险任务。

### 12.2.5　防洪区概念

防洪区是指洪水泛滥可能淹及的地区,分为洪泛区、蓄滞洪区和防洪保护区。洪泛区是指尚无工程设施保护的洪水泛滥所及的地区。蓄滞洪区是指包括分洪口在内的河堤背水面以外临时储存洪水的低洼地区及湖泊等。防洪保护区是指在防洪标准内受防洪工程设施保护的地区。

洪泛区、蓄滞洪区和防洪保护区的范围,在防洪规划或者防御洪水方案中划定,并报请省级以上人民政府按照国务院规定的权限批准后予以公告。

## 12.3　《中华人民共和国测绘法》的相关知识

### 12.3.1　总则

《中华人民共和国测绘法》有总则、测绘基准和测绘系统、基础测绘、界线测绘和其他测绘、测绘资质资格、测绘成果、测量标志保护、法律责任、附则等九章,是为了加强测绘管理,促进测绘事业发展,保障测绘事业为国家经济建设、国防建设和社会发展服务,制定的一部法律。测绘是指对自然地理要素或者地表人工设施的形状、大小、空间位置及其属性等进行测定、采集、表述以及对获取的数据、信息、成果进行处理和提供的活动。从事测绘活动,应当使用国家规定的测绘基准和测绘系统,执行国家规定的测绘技术规范和标准。

### 12.3.2　测绘基准和测绘系统

国家设立和采用全国统一的大地基准、高程基准、深度基准和重力基准,建立全国统一的大地坐标系统、平面坐标系统、高程系统、地心坐标系统和重力测量系统,确定国家大地测量等级和精度以及国家基本比例尺地图的系列和基本精度。

### 12.3.3　基础测绘

基础测绘,是指建立全国统一的测绘基准和测绘系统,进行基础航空摄影,获取基础地理信息的遥感资料,测制和更新国家基本比例尺地图、影像图和数字化产品,建立、更新基础地理信息系统。

### 12.3.4　界线测绘和其他测绘

测量土地、建筑物、构筑物和地面其他附着物的权属界址线,应当按照县级以上人民政府确定的权属界线的界址点、界址线或者提供的有关登记资料和附图进行。水利、能源、交通、通信、资源开发和其他领域的工程测量活动,应当按照国家有关的工程测量技术规范进行。

### 12.3.5　测绘资质资格

国家对从事测绘活动的单位实行测绘资质管理制度。从事测绘活动的单位应当具备有与其从事的测绘活动相适应的专业技术人员;有与其从事的测绘活动相适应的技术装备和设施;有健全的技术、质量保证体系和测绘成果及资料档案管理制度;具备国务院测绘行政主管部门规定的其他条件并依法取得相应等级的测绘资质证书后,方可从事测绘活动。从事测绘活动的专业技术人员应当具备相应的执业资格条件,测绘人员进行测绘活动时,应当持有测绘作业证件。

### 12.3.6　测绘成果

国家实行测绘成果汇交制度。测绘项目完成后,测绘项目出资人或者承担国家投资的测绘项目的单位,应当向国务院测绘行政主管部门或者省、自治区、直辖市人民政府测绘行政主管部门汇交测绘成果资料。属于基础测绘项目的,应当汇交测绘成果副本;属于非基础测绘项目的,应当汇交测绘成果目录。负责接收测绘成果副本和目录的测绘行政主管部门应当出具测绘成果汇交凭证,并及时将测绘成果副本和目录移交给保管单位。

### 12.3.7　测量标志保护

永久性测量标志,是指各等级的三角点、基线点、导线点、军用控制点、重力点、天文点、水准点和卫星定位点的木质觇标、钢质觇标和标石标志,以及用于地形测图、工程测量和形变测量的固定标志和海底大地点设施。

任何单位和个人不得损毁或者擅自移动永久性测量标志和正在使用中的临时性测量标志,不得侵占永久性测量标志用地,不得在永久性测量标志安全控制范围内从事危害测量标志安全和使用效能的活动。测绘人员使用永久性测量标志,必须持有测绘作业证件,并保证测量标志的完好。保管测量标志的人员应当查验测量标志使用后的完好状况。

## 12.4　《中华人民共和国劳动合同法》的相关知识

### 12.4.1　总则

《中华人民共和国劳动合同法》有总则、劳动合同的订立、劳动合同的履行和变更、劳动合同的解除和终止、特别规定、监督检查、法律责任、附则等八章,是一部完善劳动合同制度,明确劳动合同双方当事人的权利和义务,保护劳动者的合法权益,构建和发展和谐稳定的劳动关系的法律。保护劳动者的合法权益,调整劳动关系,建立和维护适应社会主义市场经济的劳动制度,促进经济发展和社会进步的法律。中华人民共和国境内的企业、个体经济组织、民办非企业单位等组织(以下称用人单位)与劳动者建立劳动关系,订立、履行、变更、解除或者终止劳动合同,适用本法。国家机关、事业单位、社会团体和与其建立劳动关系的劳动者,订立、履行、变更、解除或者终止劳动合同,依照本法执行。

用人单位应当依法建立和完善劳动规章制度,保障劳动者享有劳动权利、履行劳动义务。用人单位在制定、修改或者决定有关劳动报酬、工作时间、休息休假、劳动安全卫生、保险福利、职工培训、劳动纪律以及劳动定额管理等直接涉及劳动者切身利益的规章制度或者重大事项时,应当经职工代表大会或者全体职工讨论,提出方案和意见,与工会或者职工代表平等协商确定。在规章制度和重大事项决定实施过程中,工会或者职工认为不适当的,有权向用人单位提出,通过协商予以修改完善。用人单位应当将直接涉及劳动者切身利益的规章制度和重大事项决定公示,或者告知劳动者。

## 12.4.2　劳动合同的订立

劳动合同分为固定期限劳动合同、无固定期限劳动合同和以完成一定工作任务为期限的劳动合同。

固定期限劳动合同,是指用人单位与劳动者约定合同终止时间的劳动合同。用人单位与劳动者协商一致,可以订立固定期限劳动合同。无固定期限劳动合同,是指用人单位与劳动者约定无确定终止时间的劳动合同。用人单位与劳动者协商一致,可以订立无固定期限劳动合同。以完成一定工作任务为期限的劳动合同,是指用人单位与劳动者约定以某项工作的完成为合同期限的劳动合同。用人单位与劳动者协商一致,可以订立以完成一定工作任务为期限的劳动合同。

用人单位招用劳动者时,应当如实告知劳动者工作内容、工作条件、工作地点、职业危害、安全生产状况、劳动报酬,以及劳动者要求了解的其他情况;用人单位有权了解劳动者与劳动合同直接相关的基本情况,劳动者应当如实说明。用人单位招用劳动者,不得扣押劳动者的居民身份证和其他证件,不得要求劳动者提供担保或者以其他名义向劳动者收取财物。

建立劳动关系,应当订立书面劳动合同。已建立劳动关系,未同时订立书面劳动合同的,应当自用工之日起一个月内订立书面劳动合同。用人单位与劳动者在用工前订立劳动合同的,劳动关系自用工之日起建立。用人单位未在用工的同时订立书面劳动合同,与劳动者约定的劳动报酬不明确的,新招用的劳动者的劳动报酬按照集体合同规定的标准执行;没有集体合同或者集体合同未规定的,实行同工同酬。劳动合同由用人单位与劳动者协商一致,并经用人单位与劳动者在劳动合同文本上签字或者盖章生效。劳动合同文本由用人单位和劳动者各执一份。

劳动合同期限三个月以上不满一年的,试用期不得超过一个月;劳动合同期限一年以上不满三年的,试用期不得超过二个月;三年以上固定期限和无固定期限的劳动合同,试用期不得超过六个月。

### 12.4.3　劳动合同的履行

用人单位与劳动者应当按照劳动合同的约定,全面履行各自的义务。

用人单位应当按照劳动合同约定和国家规定,向劳动者及时足额支付劳动报酬。用人单位拖欠或者未足额支付劳动报酬的,劳动者可以依法向当地人民法院申请支付令,人民法院应当依法发出支付令。用人单位应当严格执行劳动定额标准,不得强迫或者变相强迫劳动者加班。用人单位安排加班的,应当按照国家有关规定向劳动者支付加班费。

劳动者拒绝用人单位管理人员违章指挥、强令冒险作业的,不视为违反劳动合同。劳动者对危害生命安全和身体健康的劳动条件,有权对用人单位提出批评、检举和控告。

### 12.4.4　劳动合同的解除

用人单位与劳动者协商一致,可以解除劳动合同。劳动者提前三十日以书面形式通知用人单位,可以解除劳动合同。劳动者在试用期内提前三日通知用人单位,可以解除劳动合同。

用人单位有下列情形之一的,劳动者可以解除劳动合同:

(1)未按照劳动合同约定提供劳动保护或者劳动条件的。

(2)未及时足额支付劳动报酬的。

(3)未依法为劳动者缴纳社会保险费的。

(4)用人单位的规章制度违反法律、法规的规定,损害劳动者权益的。

(5)因本法第二十六条第一款规定的情形致使劳动合同无效的。

(6)法律、行政法规规定劳动者可以解除劳动合同的其他情形。

用人单位以暴力、威胁或者非法限制人身自由的手段强迫劳动者劳动的,或者用人单位违章指挥、强令冒险作业危及劳动者人身安全的,劳动者可以立即解除劳动合同,不需事先告知用人单位。

劳动者有下列情形之一的,用人单位可以解除劳动合同:

(1)在试用期间被证明不符合录用条件的。

(2)严重违反用人单位的规章制度的。

(3)严重失职,营私舞弊,给用人单位造成重大损害的。

(4)劳动者同时与其他用人单位建立劳动关系,对完成本单位的工作任务造成严重影响,或者经用人单位提出,拒不改正的。

(5)因本法第二十六条第一款第一项规定的情形致使劳动合同无效的。

(6)被依法追究刑事责任的。

## 12.5　《中华人民共和国安全生产法》的相关知识

### 12.5.1　总则

《中华人民共和国安全生产法》有总则、生产经营单位的安全生产保障、从业人员的权利和义务、安全生产的监督管理、生产安全事故的应急救援与调查处理、法律责任、附则等七章,是为了加强安全生产监督管理,防止和减少生产安全事故,保障人民群众生命和财产安全,促进经济发展的一部法律。在中华人民共和国领域内从事生产经营活动的单位的安全生产,适用本法。安全生产管理,坚持安全第一、预防为主的方针。

### 12.5.2　生产经营单位的安全生产保障

生产经营单位必须加强安全生产管理,建立、健全安全生产责任制度,完善安全生产条件,确保安全生产。不具备安全生产条件的,不得从事生产经营活动。必须执行依法制定的保障安全生产的国家标准或者行业标准,必须对安全设备进行经常性维护、保养,并定期检测,保证正常运转。组织制定并实施本单位的生产安全事故应急救援预案;及时、如实报告生产安全事故。应当对从业人员进行安全生产教育和培训,保证从业人员具备必要的安全生产知识,熟悉有关的安全生产规章制度和安全操作规程,掌握本岗位的安全操作技能。未经安全生产教育和培训合格的从业人员,不得上岗作业。

生产经营单位的主要负责人对本单位的安全生产工作全面负责。发生重大生产安全事故时,应当立即组织抢救,并不得在事故调查处理期间擅离职守,不得瞒报虚报。

### 12.5.3　从业人员的权利和义务

生产经营单位与从业人员订立的劳动合同,应当载明有关保障从业人员劳动安全、防止职业危害的事项,以及依法为从业人员办理工伤社会保险的事项。生产经营单位的从业人员有依法获得安全生产保障的权利,并应当依法履行安全生产方面的义务。

### 12.5.4　政府的职责

县级以上地方各级人民政府应当根据本行政区域内的安全生产状况,组织有关部门按照职责分工,对本行政区域内容易发生重大生产安全事故的生产经营单位进行严格检查;发现事故隐患,应当及时处理。应当组织有关部门制定本行政区域内特大生产安全事故应急救援预案,建立应急救援体系。

# 12.6　《中华人民共和国河道管理条例》的相关知识

### 12.6.1　总则

《中华人民共和国河道管理条例》有总则、河道整治与建设、河道保护、河道清障、经费、罚则、附则等七章,是为加强河道管理,保障防洪安全,发挥江河湖泊的综合效益的一部法规。条例适用于中华人民共和国领域内的河道(包括湖泊、人工水道、行洪区、蓄洪区、滞洪区)。国家对河道实行按水系统一管理和分级管理相结合的原则。一切单位和个人都有保护河道堤防安全和参加防汛抢险的义务。

## 12.6.2　河道管理

国务院水利行政主管部门是全国河道的主管机关。各省、自治区、直辖市的水利行政主管部门是该行政区域的河道主管机关。长江、黄河、淮河、海河、珠江、松花江、辽河等大江大河的主要河段,跨省、自治区、直辖市的重要河段,省、自治区、直辖市之间的边界河道以及国境边界河道,由国家授权的江河流域管理机构实施管理,或者由上述江河所在省、自治区、直辖市的河道主管机关根据流域统一规划实施管理。其他河道由省、自治区、直辖市或者市、县的河道主管机关实施管理。

河道划分等级,河道等级标准由国务院水利行政主管部门制定。河道岸线的界限,由河道主管机关会同交通等有关部门报县级以上地方人民政府划定。

## 12.6.3　河道使用

修建开发水利、防治水害、整治河道的各类工程和跨河、穿河、穿堤、临河的桥梁、码头、道路、渡口、管道、缆线等建筑物及设施,建设单位必须按照河道管理权限,将工程建设方案报送河道主管机关审查同意后,方可按照基本建设程序履行审批手续。建设项目经批准后,建设单位应当将施工安排告知河道主管机关。

修建桥梁、码头和其他设施,必须按照国家规定的防洪标准所确定的河宽进行,不得缩窄行洪通道。桥梁和栈桥的梁底必须高于设计洪水位,并按照防洪和航运的要求,留有一定的超高。设计洪水位由河道主管机关根据防洪规划确定。跨越河道的管道、线路的净空高度必须符合防洪和航运的要求。

堤防上已修建的涵闸、泵站和埋设的穿堤管道、缆线等建筑物及设施,河道主管机关应当定期检查,对不符合工程安全要求的,限期改建。新建此类建筑物及设施,必须经河道主管机关验收合格后方可启用,并服从河道主管机关的安全管理。

省、自治区、直辖市以河道为边界的,在河道两岸外侧各 10 km 之内,以及跨省、自治区、直辖市的河道,未经有关各方达成协议或者国务院水利行政主管部门批准,禁止单方面修建排水、阻水、引水、蓄水工程以及河道整治工程。

## 12.6.4　河道保护

有堤防的河道,其管理范围为两岸堤防之间的水域、沙洲、滩地(包括可耕地)、行洪区,两岸堤防及护堤地。无堤防的河道,其管理范围根据历史最高洪水位或者设计洪水位确定。

在河道管理范围内,禁止修建围堤、阻水渠道、阻水道路;种植高秆农作物、芦苇、杞柳、荻柴和树木(堤防防护林除外);设置拦河渔具;弃置矿渣、石渣、煤灰、泥土、垃圾等。禁止堆放、倾倒、掩埋、排放污染水体的物体。

在堤防和护堤地,禁止建房、放牧、开渠、打井、挖窖、葬坟、晒粮、存放物料、开采地下资源、进行考古发掘以及开展集市贸易活动。

禁止损毁堤防、护岸、闸坝等水工程建筑物和防汛设施、水文监测和测量设施、河岸地质监测设施以及通信照明等设施。

在河道管理范围内进行采砂、取土、淘金、弃置砂石或者淤泥,爆破、钻探、挖筑鱼塘,在河道滩地存放物料、修建厂房或者其他建筑设施,在河道滩地开采地下资源及进行考古发掘,必须报经河道主管机关批准;涉及其他部门的,由河道主管机关会同有关部门批准。

禁止围湖造田。城镇建设和发展不得占用河道滩地。确需利用堤顶或者戗台兼作公路的,须经上级河道主管机关批准。河道岸线的利用和建设,应当服从河道整治规划和航道整治规划。

对河道管理范围内的阻水障碍物,按照"谁设障,谁清除"的原则,由河道主管机关提出清障计划和实施方案,由防汛指挥部责令设障者在规定的期限内清除。

# 12.7　《水库大坝安全管理条例》的相关知识

## 12.7.1　总则

《水库大坝安全管理条例》有总则、大坝建设、大坝管理、险坝处理、罚则、附则等六章,是为加强水库大坝安全管理、保障人民生命财产和社会主义建设的安全、根据《中华人民共和国水法》制定的。条例适用于中华人民共和国境内坝高十五米以上或者库容一百万立方米以上的水库大坝(以下简称大坝)。大坝包括永久性挡水建筑物以及与其配合运用的泄洪、输水和过船建筑物等。

坝高十五米以下、十米以上或者库容一百万立方米以下、十万立方米以上,对重要城镇、交通干线、重要军事设施、工矿区安全有潜在危险的大坝,其安全管理参照本条例执行。

## 12.7.2　大坝建设

兴建大坝必须符合由国务院水行政主管部门会同有关大坝主管部门制定的大坝安全技术标准。

兴建大坝必须进行工程设计。大坝的工程设计必须由具有相应资格证书的单位承担。大坝的工程设计应当包括工程观测、通信、动力、照明、交通、消防等管理设施的设计。

大坝施工必须由具有相应资格证书的单位承担。大坝施工单位必须按照施工承包合同规定的设计文件、图纸要求和有关技术标准进行施工。建设单位和设计单位应当派驻代表,对施工质量进行监督检查。质量不符合设计要求的,必须返工或者采取补救措施。

大坝开工后,大坝主管部门应当组建大坝管理单位,由其按照工程基本建设验收规程参与质量检查以及大坝分部、分项验收和蓄水验收工作。大坝竣工后,建设单位应当申请大坝主管部门组织验收。

## 12.7.3　大坝管理

大坝及其设施受国家保护,任何单位和个人不得侵占、毁坏。大坝管理单位应当加强大坝的安全保卫工作。禁止在大坝管理和保护范围内进行爆破、打井、采石、采矿、挖沙、取土、修坟等危害大坝安全的活动。非大坝管理人员不得操作大坝的泄洪闸门、输水闸门以及其他设施,大坝管理人员操作时应当遵守有关的规章制度。禁止任何单位和个人干扰大坝的正常管理工作。禁止在大坝的集水区域内乱伐林木、陡坡开荒等导致水库淤积的活动。禁止在库区内围垦和进行采石、取土等危及山体的活动。禁止在坝体修建码头、渠道、堆放杂物、晾晒粮草。在大坝管理和保护范围内修建码头、鱼塘的,须经大坝主管部门批准,并与坝脚和泄水、输水建筑物保持一定距离,不得影响大坝安全、工程管理和抢险工作。

　　大坝管理单位必须按照有关技术标准,对大坝进行安全监测和检查;对监测资料应当及时整理分析,随时掌握大坝运行状况。发现异常现象和不安全因素时,大坝管理单位应当立即报告大坝主管部门,及时采取措施。大坝的运行,必须在保证安全的前提下,发挥综合效益。

　　大坝管理单位应当根据批准的计划和大坝主管部门的指令进行水库的调度运用。在汛期,综合利用的水库,其调度运用必须服从防汛指挥机构的统一指挥;以发电为主的水库,其汛限水位以上的防洪库容及其洪水调度运用,必须服从防汛指挥机构的统一指挥。

　　大坝主管部门应当建立大坝定期安全检查、鉴定制度。汛前、汛后以及暴风、暴雨、特大洪水或者强烈地震发生后,大坝主管部门应当组织对其所管辖的大坝的安全进行检查。

　　大坝管理单位和有关部门应当做好防汛抢险物料的准备和气象水情预报,并保证水情传递、报警以及大坝管理单位与大坝主管部门、上级防汛指挥机构之间联系通畅。

## 12.7.4　险坝处理

　　对尚未达到设计洪水标准、抗震设防标准或者有严重质量缺陷的险坝,大坝主管部门应当组织有关单位进行分类,采取除险加固等措施,或者废弃重建。大坝主管部门应当组织有关单位,对险坝可能出现的垮坝方式、淹没范围作出预估,并制订应急方案,报防汛指挥机构批准。

　　在险坝加固前,大坝管理单位应当制定保坝应急措施;经论证必须改变原设计运行方式的,应当报请大坝主管部门审批。

　　大坝主管部门应当对其所管辖的需要加固的险坝制订加固计划,限期消除危险;有关人民政府应当优先安排所需资金和物料。险坝加固必须由具有相应设计资格证书的单位作出加固设计,经审批后组织实施。险坝加固竣工后,由大坝主管部门组织验收。

# 第3篇　操作技能——初级工

第3篇　操作技能——初级工

# 模块 1　巡视检查

## 1.1　土(石)工建筑物检查

土石坝的巡视检查是用肉眼看、耳听、手摸等直观方法并辅以简单工具,对水工建筑物外露部分进行检查,以发现一切不正常现象,从中分析、判断建筑物内部的问题,从而进一步进行检查和观测,并采取相应的修理措施。土石坝的观测则是使用专门的仪器进行定期定量观测,这可以获得比较精确的数据,但仅用仪器设备对坝体进行观测是不能完全说明问题的,这是因为在坝的表面和内部设置的测点是典型断面和个别部位上的一些点,而坝的表面和内部异常情况的发生,往往不一定刚好发生在测点位置上,这就造成在测点上有可能测不出局部破坏情况。其次,用仪器观测是定时进行,定时的时间间隔一般较长,这就可能造成坝的异常情况发生在未观测时而错过及时发现故障的时机。例如,某大型水库在一个深夜上游坝面发生滑坡,是被保安人员巡视时发现的。因此,土石坝的巡视检查是发现土石坝异常情况的重要手段。据国内外水工建筑物的检查观测统计,大部分异常情况不是首先由仪器观测发现的,而是由平时的巡查发现的。

土石坝的检查观测工作分为三个时期:①从开始施工到首次蓄水为止的施工期。②从水库首次蓄水到(或接近)正常蓄水位的初蓄期。若首次蓄水后长期达不到正常蓄水位,初蓄期则为首次蓄水后的头 3 年。该阶段坝体与坝基的应力、渗漏、变形都变得较大、较快,是对土石坝加强检查观测的时期。③初蓄期后经过 3 ~ 5 年或更长时间,土石坝的性能及变形渐趋稳定,称为运行期。

### 1.1.1　土石坝巡视检查的制度和内容

土石坝的巡视检查分为三项:①日常巡视检查;②年度巡视检查;③特殊情况下的巡视检查。

巡视人员应按预先制定的巡视检查程序,对土石坝作例行检查,每座大坝都应根据工程的具体情况和特点,制定巡视检查的程序。程序应包括检查项目、检查顺序路线、记录格式、编制报告要求及检查人员的组成、职责等内容。对于不同类型的巡视检查,应采用相应的巡检次数。

#### 1.1.1.1　日常巡视检查

日常巡视检查一般由工程管理单位的职能科(股)组织有关专职人员进行,用直观的方法经常对土石坝表面、坝趾、坝体与岸坡连接处等部位进行巡查,以了解坝的形态和性能变化,发现不正常或影响安全的情况,保证大坝安全、完整、清洁、美观。在施工期,宜每周 2 次,每月不得少于 4 次;水库首次蓄水或提高水位期间,宜每天 1 次或每 2 天 1 次,具体依库水位上升速率而定;正常运行期,可逐步减少次数,但每月不宜少于 1 次;汛期应增加巡视检查次数;水库水位达到设计洪水位前后,每天至少应巡视检查 1 次。经常(日常)检查应有专人负责,并填写有关检查记录,主要包括以下几方面的内容。

(1)检查坝体有无裂缝。检查的重点是坝体与岸坡的连接部位、与刚性材料的接合部位、河谷形状的突变部位、坝体土料的变化部位、填土质量较差部位、冬季施工的坝段等部位。如果发现裂缝,应检查裂缝的位置、宽度、方向和错距,并跟踪记录,观测其发展情况。对于横向裂缝(垂直坝轴线),应检查贯穿的深度、位置,是否形成或将要形成漏水通道。对于纵向裂缝(平行坝轴线),检查是否形成向上游或向下游的圆弧形,观察有无滑坡的迹象,如图 3-1-1 所示。

图 3-1-1　土石坝坝体裂缝

(2)检查下游坝坡有无散浸和集中渗流现象(见图 3-1-2),渗流是清水还是浑水;在坝体与两岸接头部位和坝体与刚性建筑物连接部位有无集中渗流现象;坝脚和坝基渗流出逸处有无管涌、流土和沼泽化现象;埋设在坝体内的管道出口附近有无异常渗漏或形成漏水通道,检查渗流量有无变化。

图 3-1-2　土石坝下游坝坡集中渗流

(3)检查上下游坝坡有无滑坡、塌陷和隆起等现象,如图 3-1-3 所示为土石坝滑坡。

(4)检查护坡是否完好,有无松动、塌陷、垫层流失、石块架空、翻起等现象,检查草皮护坡有无损坏或局部缺草,坝面有无冲沟等情况。如图 3-1-4 所示为土石坝护坡松动情况。

图 3-1-3　土石坝滑坡

**图 3-1-4　土石坝护坡松动**

　　（5）检查坝体上和库区周围排水沟、截水沟、集水井等排水设备有无损坏、裂缝、漏水或被土石块杂草等阻塞。如图 3-1-5 所示为土石坝排水沟阻塞情况。

　　（6）检查防浪墙有无裂缝、变形、沉陷、倾斜等情况。坝顶路面有无坑洼，坝顶排水是否畅通。观测设施有无损坏等。

　　（7）检查坝体有无兽洞、白蚁穴道、蛇洞等洞穴，是否有害虫、害兽的活动迹象。如图 3-1-6 所示为土石坝内白蚁情况。

　　（8）对水质、水位、环境污染源等进行检查观测，对土坝量水堰的设备、测压管设备进行检查，如图 3-1-7 所示。

　　（9）对每次检查出的问题应及时研究分析，并确定妥善的处理措施。有关情况要记录存档，以备检索。

### 1.1.1.2　年度巡视检查

　　在每年汛前、汛后或枯水期（冰冻严重地区的冰冻期、融冰期）及高水位时，对大坝进

图 3-1-5 土石坝排水沟阻塞

图 3-1-6 土石坝内白蚁

图 3-1-7 土石坝量水堰检查

行全面巡视检查。年度巡视检查除按规定程序对大坝各种设施进行外观检查外，还应审阅大坝运行、维护记录和监测数据等资料档案，每年不少于 2～3 次。

### 1.1.1.3　特殊情况下的巡视检查

特殊情况下的巡视检查是当土石坝发生比较严重的险情或破坏现象，或发生特大洪水、3 年一遇暴雨、7 级以上大风、5 级以上地震，以及第一次最高水位、库水位日降落 0.5 m 以上等非常运用情况下，发生重大事故等情况时的检查。一般由工程管理单位组织专门力量进行巡查，必要时可邀请上级主管部门和设计、施工等单位共同进行。特别检查应结合观测资料进行分析研究，判断外界因素对土石坝状态和性能的影响，并对水库的管理运用提出结论性报告。

## 1.1.2　土石坝巡视检查的要求

为了保证巡视检查工作的正常开展，必须要有专人负责，落实巡查工作的"五定"要求，即定制度、定人员、定时间、定部位、定任务。同时确定巡查路线和顺序。特别应注意在高水位期间，要加强对背水坡、排水设备、两岸接头处、下游坝脚一带和其他渗透出逸部位的巡查，在大风浪期间加强对上游护坡的巡查，在暴雨期间加强对坝面排水系统和两岸截流排水设施的巡查，在泄流期间加强对坝脚可能被水流淘刷部位的巡查，在库水位骤降期间加强上游坝坡可能发生滑坡的巡查，在冰冻、有感地震后加强对坝体结构、渗流、两岸及地基的巡查，观察是否有异常现象。

对土石坝进行的巡视检查应注意以下要求：

（1）每次巡查都应按照规定的内容、要求、方法、路线、时间进行，每项工作都要安排专人分管，要明确各自的任务和职责。

（2）发现异常情况应及时上报，上级主管部门应分析决定是否进行高一级巡查工作。

（3）应加强水库安全运行的宣传工作，号召坝区周围群众爱护工程设施，爱护观测设备，做到防患于未然。

每次检查前，应按照检查程序要求做好准备工作。对于年度巡视检查和特殊情况下的巡视检查，准备工作主要包括：

（1）做好水库调度和电力安排，为检查引水、泄水建筑物提供检查条件、动力和照明。

（2）排干检查部位积水、清除堆积物。

（3）水下检查及专门检测设备、器具的准备和安排。

（4）安装或搭设临时设施，便于检查人员接近检查部位。

（5）准备交通工具和专门车辆、船只。

（6）安全防护措施准备。

## 1.1.3　巡视检查方法

巡视检查的一般方法通常是用眼看、耳听、脚踩、手摸等直观的方法，或辅以锤、钎、钢卷尺等简单工具对工程表面和异常现象进行检查量测。对大坝表面（包括坝脚及附近）要由数人列队进行检查，以防漏查。夜间检查要持照明工具。

（1）眼看：察看迎水面大坝附近水面是否有漩涡；迎水面护坡块石是否有移动、凹陷或突鼓;防浪墙、坝顶是否出现新的裂缝或原存在的裂缝有无变化;坝顶是否有塌坑;背水坡坝面、坝脚及附近范围内是否出现渗漏突鼓现象,尤其对长有喜水性草类的地方要仔细检查,判断渗漏水的浑浊变化;大坝附近及溢洪道两侧山体岩石是否错动或出现新裂缝;通信、电力线路是否畅通等。

(2)耳听:耳听是否出现不正常水流声。

(3)脚踩:检查坝坡、坝脚是否出现土质松软或潮湿甚至渗水。

(4)手摸:当眼看、耳听、脚踩中发现有异常情况时,则用手做进一步临时性检查,对长有杂草的渗漏外逸区,则用手感测试水温是否异常。

## 1.1.4　巡视检查项目和内容

巡视检查范围包括:坝体、坝基、坝肩;各类泄水、输水建筑物及其闸门;对大坝安全有重大影响的近坝库岸;其他与大坝安全有直接关系的建筑物和设施。巡查重点是大坝上游水面附近、上下游坝面、坝脚、涵洞进出口部位、溢洪道进出口及两岸、监测系统、病险隐患部位等。巡视检查的项目和内容见表 3-1-1。

表 3-1-1　巡视检查的项目和内容

| 检查项目 | 检查部位 | 检查内容 |
|---|---|---|
| 大坝 | 坝顶 | 有无裂缝、异常变形、积水或植物滋生等现象;防浪墙有无开裂、挤碎、架空、错断、倾斜等情况 |
| | 上游坝坡 | 护坡是否损坏;有无裂缝、剥落、滑动、隆起、塌坑、冲刷或植物滋生等现象;近坝水面有无冒泡、变浑或漩涡等异常现象 |
| | 下游坝坡 | 有无裂缝、剥落、滑动、隆起、塌坑、雨淋沟、散浸、积雪不均匀融化、冒水、渗水坑或流土、管涌等现象;坝面排水系统是否通畅;草皮护坡植被是否完好;有无兽洞、蚁穴等隐患 |
| | 坝趾 | 坝趾反滤体、减压井(或沟)等排水、导渗降压设施有无异常或破坏现象;渗漏水的水量、颜色、气味及浑浊度、酸碱度、温度有无变化;基础廊道是否有裂缝、渗水等现象 |
| | 廊道 | 坝内廊道有无裂缝、渗水、析钙等现象;坝体及坝基排水孔有无堵塞,析出物是否正常;总渗水量是否异常等 |
| | 观测设施 | 大坝观测设施运行是否正常,有无损坏、堵塞等现象 |
| 坝区 | 坝端 | 坝体与岸坡连续处有无裂缝、错动、渗水等现象;两岸坝端区有无裂缝、滑动、崩塌、溶蚀、隆起、塌坑、异常渗水和蚁穴、兽洞等 |
| | 坝址近区 | 有无阴湿、渗水、管涌、流土或隆起等现象;排水设施是否完好 |
| | 坝端岸坡 | 绕坝渗水是否正常;有无裂缝、滑动迹象;护坡有无隆起、塌陷或其他损坏现象 |

续表 3-1-1

| 检查项目 | 检查部位 | 检查内容 |
|---|---|---|
| 溢洪道 | 进水渠(引渠) | 有无坍塌、崩岸、淤堵或其他阻水现象;流态是否正常 |
| | 堰顶或闸室、闸墩、胸墙、边墙、溢流面、底板 | 有无裂缝、渗水、剥落、冲刷、磨损、空蚀等现象;伸缩缝、排水孔是否完好 |
| | 消能工 | 有无冲刷破损或砂石、杂物堆积等现象 |
| | 工作桥 | 是否有不均匀沉陷、裂缝、断裂等现象 |
| 输、泄水洞(管) | 引水段 | 有无堵塞、淤积、崩塌 |
| | 进水塔(竖井) | 有无裂缝、渗水、空蚀等损坏现象 |
| | 洞(管)身 | 洞壁有无裂缝、空蚀、渗水等损坏现象;洞身伸缩缝、排水孔是否正常 |
| | 出口 | 放水期水流形态、流量是否正常;停水期是否有水渗漏 |
| | 消能工 | 有无冲刷或砂石、杂物堆积等现象 |
| | 工作桥 | 是否有不均匀沉陷、裂缝、断裂等现象 |
| 闸门及启闭机 | | 闸门及其开度指示器、门槽、止水等能否正常工作,有无不安全因素 |
| | | 启闭机能否正常工作;备用电源及手动启闭是否可靠 |
| 通信及交通设施 | | 通信设施是否完好、畅通;照明及交通设施有无损坏及障碍 |

# 1.2　砌石工程检查

砌石坝是指以水泥砂浆作胶结材料,用条石或块石砌筑而成的挡水坝。检查观察是为了监视坝体和接触部分天然地面以及泄洪设施的状态有无变化。在有变化情况下,监视其发展程度。主要内容如下:

(1)坝体。要注意观察有无裂缝、渗水现象;砌块有无脱落、松动、风化、松软现象,分缝处的开合情况及缝内止水、填料是否完好无损。上游面不易观察的部位,可乘船靠近检查或用望远镜进行观察。在汛期或冬季要观察水面是否有漂浮物和冰凌,防止撞击坝体。

发现坝身有裂缝时,要量测裂缝所在坝段(或桩号)、高程、长度、宽度、走向、有无渗水、水量大小等,并详细记录,必要时进行拍照。对较重要的裂缝或渗水点,应设置标志或量水设施,定期进行观察监视。

(2)接触部分。要经常观察坝体与地面接触部位是否有破碎、裂纹、隆起、渗水等现象,应设置标志,加强观测分析,是否坝体失稳。

(3)泄洪设施。检查溢流面有无磨损、冲刷、破裂、漏水及阻水物体等。消能设施有无损坏等现象。有闸门控制要进行检查。

# 1.3　土(石)工建筑物巡视检查记录

　　巡视检查的各种记录、图件和报告等均属大坝安全监测的重要史料,除将原件归档外,应将发现问题的资料整理复制载入相应时段的资料整编。每次整编,除对本时段内巡视检查发现的异常问题及其原因分析、处理措施和效果观察等作出完整编录外,必要时可简要引述前期巡视检查结果加以对比分析。

　　每次日常巡视检查,均应作出记录。如发现异常情况,除应详细记述时间、部位、险情和绘出草图外,必要时应测图、摄影或录像,并应立即采取应急措施,上报主管部门。

## 1.3.1　记录和整理工作要求

　　(1)每次巡视检查均应按表 3-1-2 作出记录。如发现异常情况,除应详细记述时间、部位、险情和绘出草图外,必要时应测图、摄影或录像。

　　(2)现场记录必须及时整理,还应将本次巡视检查结果与以往巡视检查结果进行比较分析,如有问题或异常现象,应立即进行复查,以保证记录的准确性。

## 1.3.2　报告和存档工作要求

　　(1)日常巡视检查中发现异常现象时,应立即采取应急措施,并上报主管部门。

　　(2)年度巡视检查和特别巡视检查结束后,应提出简要报告,并对发现的问题及时采取应急措施,然后根据设计、施工、运行资料进行综合分析比较,写出详细报告,并立即报告主管部门。当巡视检查中发现异常情况时,应立即编写专门的检查报告,及时上报。特殊情况下的巡视检查,应在现场工作结束后立即提交一份简报,并在 20 d 内提出详细报告。年度巡视检查报告应在现场工作结束后 20 d 内提出。

　　(3)各种巡视检查的记录、图件和报告等均应整理归档。

表 3-1-2　巡视检查记录表

| |
|---|
| 检查日期_____年_____月_____日 |
| 库水位_____ |
| 天　气_____ |
| 参加人员_____ |
| 记录人员_____ |
| 检查方法_____<br>_____ |
| 检查路线_____<br>_____<br>_____<br>_____<br>_____ |

续表 3-1-2

## Ⅰ. 土石坝坝体检查

坝顶

　　坝顶公路路面裂缝＿＿＿＿＿＿＿＿＿＿＿＿＿＿＿＿＿＿＿＿＿

　　坝顶公路路面凹凸＿＿＿＿＿＿＿＿＿＿＿＿＿＿＿＿＿＿＿＿＿

　　防浪墙、灯柱、栏杆倾斜＿＿＿＿＿＿＿＿＿＿＿＿＿＿＿＿＿＿＿

　　防浪墙裂缝＿＿＿＿＿＿＿＿＿＿＿＿＿＿＿＿＿＿＿＿＿＿＿＿

　　坝顶面裂缝＿＿＿＿＿＿＿＿＿＿＿＿＿＿＿＿＿＿＿＿＿＿＿＿

　　　　纵向＿＿＿＿＿＿＿＿＿＿＿＿＿＿＿＿＿＿＿＿＿＿＿＿＿

　　　　横向＿＿＿＿＿＿＿＿＿＿＿＿＿＿＿＿＿＿＿＿＿＿＿＿＿

　　坝顶面沉降＿＿＿＿＿＿＿＿＿＿＿＿＿＿＿＿＿＿＿＿＿＿＿＿

　　　　侧向位移＿＿＿＿＿＿＿＿＿＿＿＿＿＿＿＿＿＿＿＿＿＿＿

　　其他异常＿＿＿＿＿＿＿＿＿＿＿＿＿＿＿＿＿＿＿＿＿＿＿＿＿

上游面

　　护坡情况＿＿＿＿＿＿＿＿＿＿＿＿＿＿＿＿＿＿＿＿＿＿＿＿＿

　　冲刷、堆积＿＿＿＿＿＿＿＿＿＿＿＿＿＿＿＿＿＿＿＿＿＿＿＿

　　裂缝＿＿＿＿＿＿＿＿＿＿＿＿＿＿＿＿＿＿＿＿＿＿＿＿＿＿＿

　　崩塌、剥落、滚动、凹陷＿＿＿＿＿＿＿＿＿＿＿＿＿＿＿＿＿＿＿

　　附近水面异常现象＿＿＿＿＿＿＿＿＿＿＿＿＿＿＿＿＿＿＿＿＿

　　植物生长＿＿＿＿＿＿＿＿＿＿＿＿＿＿＿＿＿＿＿＿＿＿＿＿＿

　　动物洞穴＿＿＿＿＿＿＿＿＿＿＿＿＿＿＿＿＿＿＿＿＿＿＿＿＿

　　其他异常＿＿＿＿＿＿＿＿＿＿＿＿＿＿＿＿＿＿＿＿＿＿＿＿＿

下游面

　　裂缝＿＿＿＿＿＿＿＿＿＿＿＿＿＿＿＿＿＿＿＿＿＿＿＿＿＿＿

　　滑动＿＿＿＿＿＿＿＿＿＿＿＿＿＿＿＿＿＿＿＿＿＿＿＿＿＿＿

　　冲蚀＿＿＿＿＿＿＿＿＿＿＿＿＿＿＿＿＿＿＿＿＿＿＿＿＿＿＿

　　渗水坑、湿斑＿＿＿＿＿＿＿＿＿＿＿＿＿＿＿＿＿＿＿＿＿＿＿

　　渗水量、渗水颜色、浑浊度＿＿＿＿＿＿＿＿＿＿＿＿＿＿＿＿＿

　　管涌＿＿＿＿＿＿＿＿＿＿＿＿＿＿＿＿＿＿＿＿＿＿＿＿＿＿＿

　　植物生长＿＿＿＿＿＿＿＿＿＿＿＿＿＿＿＿＿＿＿＿＿＿＿＿＿

　　动物洞穴＿＿＿＿＿＿＿＿＿＿＿＿＿＿＿＿＿＿＿＿＿＿＿＿＿

　　其他异常＿＿＿＿＿＿＿＿＿＿＿＿＿＿＿＿＿＿＿＿＿＿＿＿＿

坝面

　　绕坝渗流　左＿＿＿＿＿＿＿＿＿＿＿＿右＿＿＿＿＿＿＿＿＿＿

　　滑坡　　　左＿＿＿＿＿＿＿＿＿＿＿＿右＿＿＿＿＿＿＿＿＿＿

　　开裂现象　左＿＿＿＿＿＿＿＿＿＿＿＿右＿＿＿＿＿＿＿＿＿＿

　　植物生长　左＿＿＿＿＿＿＿＿＿＿＿＿右＿＿＿＿＿＿＿＿＿＿

　　其他异常＿＿＿＿＿＿＿＿＿＿＿＿＿＿＿＿＿＿＿＿＿＿＿＿＿

排水反滤系统及渗漏情况

　　形式＿＿＿＿＿＿＿＿＿＿＿＿＿＿＿＿＿＿＿＿＿＿＿＿＿＿＿

　　位置＿＿＿＿＿＿＿＿＿＿＿＿＿＿＿＿＿＿＿＿＿＿＿＿＿＿＿

　　估算流量＿＿＿＿＿＿＿＿＿＿＿＿＿＿＿＿＿＿＿＿＿＿＿＿＿

续表 3-1-2

　　渗水颜色_____

　　逸出冲刷_____

　　坝后排水减压井_____

　　其他异常_____

安全监测

　　监测布置_____

　　仪器完好状况_____

　　水平位移_____

　　垂直位移_____

　　孔隙水压力

　　　　设计孔隙水压力_____

　　　　实测最大孔隙水压力_____

　　浸润线情况_____

　　渗流与排水_____

　　地震_____

　　其他_____

　　_____

Ⅱ.面板堆石坝检查

坝顶

　　坝顶公路路面裂缝_____

　　坝顶公路路面凹凸_____

　　防浪墙、灯柱、栏杆倾斜_____

　　防浪墙裂缝_____

　　防浪墙止水_____

　　坝顶面裂缝_____

　　　　　纵向_____

　　　　　横向_____

　　坝顶面沉降_____

　　侧面位移_____

　　其他异常_____

上游防渗面板

　　隆起、凹陷_____

　　裂缝、渗水_____

　　冻融、剥落、剪切破坏_____

　　止水断裂、剥落、老化_____

　　植物生长_____

　　其他异常_____

下游面

　　裂缝_____

　　滑动_____

　　冲蚀_____

续表 3-1-2

湿斑 _____

渗水量、渗水颜色、浑蚀度 _____

植物生长 _____

动物洞穴 _____

其他异常 _____

坝肩 _____

　　绕坝渗流　左 _____　右 _____

　　滑坡　　　左 _____　右 _____

　　开裂现象　左 _____　右 _____

　　植物生长　左 _____　右 _____

　　其他异常 _____

排水反滤系统及渗漏情况

　　形式 _____

　　位置 _____

　　估算流量 _____

　　渗水颜色 _____

　　逸出冲刷 _____

　　其他异常 _____

安全监测

　　监测布置 _____

　　仪器完好状况 _____

　　水平位移 _____

　　垂直位移 _____

　　周边缝变形 _____

　　垂直缝变形 _____

　　渗流与排水 _____

　　地震 _____

　　其他 _____

# 1.4　混凝土建筑物检查

## 1.4.1　混凝土建筑物检查

　　为了及时发现对混凝土坝运行不利的异常现象,结合仪器设备的观测成果综合分析坝的运行状态,应对混凝土坝进行巡视检查。巡视检查的制度与土石坝一样,分日常巡视检查、年度巡视检查、特殊情况下的巡视检查。各种检查的组织形式和工作开展的要求也与土石坝基本相似,但还应结合混凝土建筑物的不同特点进行。

　　对混凝土坝,应对坝顶、上下游坝面、溢流面、廊道以及集水井、排水沟等处进行巡视检查。应检查这些部位有无裂缝、渗水、侵蚀、脱落、冲蚀、松软及钢筋裸露现象,排水系统是否正常,有无堵塞现象。还应检查伸缩缝、沉陷缝的填料、止水片是否完好,有无损坏流失和漏水,缝两侧坝体有无异常错动等情况,坝与两岸及基础连接部分的岩质有无风化、渗漏情况等。如图 3-1-8 所示为混凝土建筑物露筋情况。

**图 3-1-8　混凝土建筑物露筋情况**

　　当坝体出现裂缝时,应测量裂缝所在位置、高程、走向、长度、宽度等,并详细记载,绘制裂缝平面位置图、形状图,必要时进行照相。对重要裂缝,应埋设标点进行观测。

　　当坝体有渗透时,应测定渗水点部位、高程、桩号,详细观察渗水色泽,有无游离石灰石和黄锈析出。做好记载并绘好渗水点位置图,或进行照相。同时也应尽可能查明渗漏路径,分析渗漏原因及危害。必要时可用以下简易法测定渗水量。

　　(1)用脱脂棉花或纱布,先称好重量,然后铺贴于渗漏点上,记录起止时间,取下再称重量,即可算得渗水量。

　　(2)用容积法测量渗漏水量。观测时用秒表计时,测量某一时段引入容器的全部渗透水,测水时间应不少于 10 s。

　　检查混凝土有无脱壳,可以用木锤敲击,听声响进行判断。对表面松软程度进行检查,可用刀子试剥进行判断。对混凝土的脱壳、松软以及剥落,应量测其位置、面积、深度等。

　　溢洪道的所有部位都属于巡视检查对象。应检查溢洪道各部位有无损坏、裂缝、磨损、剥落、气蚀破坏等现象。对溢洪道的进水渠要检查两岸有无崩坍现象,应保证溢洪道进口有足够的宽度和边坡。溢洪道两侧岩石裂缝发育,严重风化或是土坡时,应注意检查坡顶排水系统是否完整。对溢洪道的边墙、底板排水孔,应检查有无堵塞现象。

有闸门控制的溢洪道,要检查闸墩、边墙、底板有无渗水现象。对闸门应检查有无变形、裂纹、脱焊、锈蚀,闸门主侧轮、止水设备是否正常,铆钉有无松动。对启闭机的电源系统、传动系统、制动系统、润滑系统以及手动启闭设备等,应检查是否正常。平时极少用的闸门启闭机,应在汛前进行试运转,以保证汛期正常使用。

大风和冰冻期间,应经常注意观察风浪和冰凌对闸门的影响情况。

溢洪道泄洪期间,应注意观察溢流堰下和消力池的水流形态以及陡坡段水面形态有无异常,漂浮物对溢洪道建筑物有无影响。泄洪以后还应组织专人对溢洪建筑物及其设备进行全面认真的检查。

### 1.4.2　排水管(孔)检查

混凝土排水管(孔)检查主要包括:

(1)排水设施的养护是否正常;各种排水、导渗设施有无断裂、损坏、阻塞、失效等现象,排水是否畅通。

(2)及时清除排水沟(管)内的淤泥、杂物及冰塞,保持通畅。如发现排水沟(管)局部的松动、裂缝和损坏,应及时用水泥砂浆修补。

(3)排水沟(管)的基础如被冲刷破坏,应先恢复基础,后修复排水沟(管);修复时,应使用与基础同样的土料,恢复到原来断面,并应严格夯实。

(4)随时检查修补滤水坝趾或导渗设施周边山坡的截水沟,防止山坡浑水淤塞坝趾导渗排水设施。

(5)减压井应经常进行清理疏通,保持排水畅通;周围如有积水渗入井内,应将积水排干,填平坑洼,保持井周无水。

### 1.4.3　混凝土建筑物巡视检查记录

#### 1.4.3.1　记录和整理

每次检查均应做好详细的现场记录,必要时应附有略图、素描或照片。现场检查表内容及要求见表3-1-3。

现场记录必须及时整理,登记专项卡片,还应将本次检查结果与上次或历次检查对比,分析有无异常迹象。在整理分析过程中,如有疑问或发现异常迹象,应立即对该检查项目进行复查,以保证记录准确无误。

#### 1.4.3.2　报告

(1)日常巡视检查中发现异常情况时,应立即编写检查报告,及时上报。

(2)年度巡视检查和特殊情况下的巡视检查,在现场工作结束后20 d内必须交出详细报告。特殊情况下的巡视检查,在现场工作结束后,还应立即提交一份简报。

各种记录、报告至少应保留一份副本,存档备查。

报告内容应包括:①工程概况;②检查日期,检查时坝上下游水位、泄水情况;③检查组参加人员及负责工程师的名单;④各项按计划规定的检查项目的检查结果,包括文字记录、描述和照片;⑤各检查项目的结果与上次或历次结果的对比和分析;⑥有否不属于规定检查项目、内容的其他异常情况发生;⑦必须加强及重点讲明的特殊问题;⑧检查结论;⑨检查的建议;⑩检查组成员和负责工程师签名。

表 3-1-3　　_____水工建筑物日常现场巡视检查表

坝型:_____　上游水位:____m　下游水位:____m　天气状况:_____　日期:_____

检查人员:_____

| 序号 | 检查项目 | 检查内容、要点 | 检查周期 | 是否异常 | 检查结果、主要存在问题 | 备注 |
|---|---|---|---|---|---|---|
| 一 | 坝基、坝肩 | | | | | |
| 1 | 基础岩体 | 检查有无挤压、错动、松动和鼓出等情况 | | | | |
| 2 | 坝体与岩体结合处 | 检查有无错动、开裂、脱离及渗水等现象 | | | | |
| 3 | 两岸坝肩区 | 检查有无裂缝、滑坡、溶蚀及绕坝渗流等情况 | | | | |
| 4 | 基础排水及坝基渗漏 | 检查排水畅通情况,渗漏水量及浑浊有无变化 | | | | |
| 二 | 坝体 | | | | | |
| 1 | 相邻坝段间及伸缩缝 | 检查相邻坝段之间的错动,伸缩缝开合、止水情况 | | | | |
| 2 | 坝体廊道 | 检查廊道壁、地面有无裂缝、裂缝渗漏水、析出物等情况 | | | | |
| 3 | 上下游坝面 | 有无裂缝,裂缝中漏水情况 | | | | |
| 4 | 混凝土结构 | 检查有无破损、水流浸蚀、脱落、露筋等情况 | | | | |
| 5 | 坝体排水 | 检查排水畅通情况,渗漏水量及浑浊、水质有无变化情况 | | | | |
| 6 | 坝顶、防浪墙 | 有无开裂、损坏情况 | | | | |
| 7 | 土坝 | 土坝有无裂缝、异常变形、积水或植物滋生等现象,土坝与混凝土坝接头处有无沉降及滑移迹象 | | | | |

续表 3-1-3

| 序号 | 检查项目 | 检查内容、要点 | 检查周期 | 是否异常 | 检查结果、主要存在问题 | 备注 |
|------|---------|--------------|---------|---------|------------------|------|
| 三 | 厂房 | | | | | |
| 1 | 排水(交通)廊道 | 检查裂缝及施工缝、剥(脱)落、隆起、膨胀、露筋,伸缩缝开合,渗水,渗水量、颜色变化,浑浊度,钙质离析 | | | | |
| 2 | 地面排水 | 检查基础排水是否顺畅,排水沟、地漏是否堵塞 | | | | |
| 3 | 厂房结构 | 检查柱梁结构变形、稳定情况,混凝土裂缝、膨胀、露筋,伸缩缝开合,渗漏水、析出物等现象 | | | | |
| 4 | 厂房屋面 | 检查结构变形,屋面渗漏水、开裂等情况 | | | | |
| 5 | 各辅助设施 | 观测、照明、通信、安全防护、防雷设施及警示标志是否完好等 | | | | |
| 6 | 各孔(管)洞 | 有无外水渗入,各对外管阀门是否可靠,门洞、电缆孔封堵是否严实 | | | | |
| 四 | 引水建筑物 | | | | | |
| 1 | 进水口 | 有无堵淤、裂缝、损伤 | | | | |
| 2 | 进水口拦污栅 | 设备运行情况,杂物、漂浮物情况 | | | | |
| 3 | 前池 | 是否漏水,近渠两岸山体是否有坍塌、沉陷、滑坡 | | | | |
| 五 | 泄水建筑物 | | | | | |
| 1 | 泄洪道 | 闸墩、边墙、门槽、溢流面等有无裂缝、冲淘、气蚀、磨损,工作桥有无开裂、损坏等情况 | | | | |
| 2 | 消能设施 | 鼻坎、护坦、二道坝等有无冲淘、冲坑、破坏和淤积及流态不良情况 | | | | |
| 3 | 下游河床 | 下游河床有无冲淘、冲坑、破坏和淤积等情况 | | | | |
| 六 | 近坝区岸坡 | 地下水露头及绕坝渗流情况,岸坡有无冲刷、塌陷、裂缝及滑移迹象 | | | | |

续表 3-1-3

| 序号 | 检查项目 | 检查内容、要点 | 检查周期 | 是否异常 | 检查结果、主要存在问题 | 备注 |
|---|---|---|---|---|---|---|
| 七 | 通航建筑物 | | | | | |
| 1 | 闸室 | 检查闸室边墙有无裂缝、渗漏水、析出物情况,过桥有无裂缝、损坏情况 | | | | |
| 2 | 上、下游闸首 | 混凝土有无裂缝、渗漏水、析出物情况 | | | | |
| 3 | 上、下游引航道 | 导航墩、系船墩、导航架有无损坏,航道淤积情况 | | | | |
| 八 | 闸门及金属结构 | | | | | |
| 1 | 闸门 | 门体有无变形、裂纹、焊缝开裂、锈蚀,导向装置卡阻、变形,止水封磨损、开裂损坏、老化,闸门振动、卡阻、漏水等情况 | | | | |
| 2 | 启闭机 | 设备有无变形、裂纹、焊缝开裂、锈蚀、润滑不良、制动失灵、钢丝绳打绞、断丝,运行有无异常响声等 | | | | |
| 3 | 电气、电源 | 启闭设备电机有无异常、控制回路是否可靠,电源供电是否正常 | | | | |
| 4 | 电缆 | 电缆有无损坏、发热、接头锈蚀、老化等情况 | | | | |
| 九 | 观测设施 | | | | | |
| 1 | 观测测点 | 观测站、沉陷点、测压管、测墩有无损坏、变形、破坏等情况 | | | | |
| 2 | 监测仪器 | 引张线、正倒垂线线体、浮体、浮液是否正常,测点装置(包括箱体)、模块有无受潮、受损等情况,引张线加力端重锤是否自由 | | | | |
| 3 | 监测系统 | 数据采集是否正常、稳定,数据是否有异常、突变等情况 | | | | |
| 4 | 电缆 | 仪器、电源、通信等电缆有无损坏、接头锈蚀、氧化等情况 | | | | |
| 十 | 开关站 | 地面有无开裂和不均匀沉降,地面排水是否畅通,边坡是否稳定 | | | | |
| 十一 | 防汛物资 | 当月使用情况,是否及时补充 | | | | |
| | 本次检查总体情况 | | | | | |

整理:_____　　　　　审核:_____

# 模块 2　环境量监测

## 2.1　水位监测

### 2.1.1　水尺测读

#### 2.1.1.1　水尺编号的标识

为便于正确识别和记载各水尺观读的数值,水位测验设置的水尺按规则统一编号,并标示在各水尺桩(面)上。一般直立式水尺标注在靠桩上部,矮桩式水尺标注在桩顶,倾斜式水尺标注在斜面上的明显位置。水尺编号规定见表 3-2-1。

表 3-2-1　水尺编号规定

| 类别 | 代号 | 意义 |
| --- | --- | --- |
| 组号 | P | 基本水尺 |
| | C | 流速仪测流断面水尺 |
| | S | 比降水尺 |
| | B | 其他专用或辅助水尺 |
| 脚号 | u | 设于上游的 |
| | l | 设于下游的 |
| | a、b、c… | 一个断面上有多股水流时,自左岸开始的 |

观测水位时,应先将所需观读水尺的编号写入记载表中,再观读、记录水尺读数。

#### 2.1.1.2　水尺读数观测方法

观测员应根据本站水文测验任务书要求、河流特性及水位涨落变化情况,合理分布确定水位观测段次,做好观测前准备工作。每天将使用的时钟与标准北京时间核对一次,日误差不应超过 300 s。携带观测记载簿及记录铅笔,提前 5 min 到达观测断面。到达观测时间时,应准时观读,并现场记录水尺读数。

水位观测一般读记至 1 cm,时间记至 1 min。水尺读数应按从 m、dm、cm 的顺序读取,并以 m 为单位记录,记至两位小数。

在观测水尺读数时,观测员身体应蹲下,使视线尽量与水面平行,以减少折光产生的误差。水面平稳时,直接读取水面截于水尺上的读数;有波浪时,为尽量减少因波浪对水位观测产生的误差,可利用水面的暂时平静进行观读,或者分别观读波浪的峰顶和谷底在水尺上的读数,取其平均值;波浪较大时,可先套好静水箱再进行观测;也可采用多次观读,取其平均值等方法进行观测。

　　观测矮桩式水尺时,测尺应垂直放在桩顶固定点上观读。当水面低于桩顶且下部未设水尺时,应将测尺底部触及水面,读取与桩顶固定点齐平的读数,并在记录的数字前加"－"号。

　　观测悬锤式或测针式水位计时,应使悬锤或测针恰抵水面,读取悬尺或游标尺在固定点的读数(固定点至水面的高度),并在记录的数字前加"－"号。

　　观测前应注意观察水尺情况,如直立式水尺发生倾斜、弯曲,倾斜式水尺发生隆鼓等情况,应在记载表备注说明,并及时使用其他水尺观测。

### 2.1.1.3　转换水尺的水位观测

　　换读水尺比测是指水位在涨落过程中,水面同时到达相邻两支水尺的尺面上,可以观测到同一时刻两支水尺的读数,并计算出各支水尺水位,用以检验两支水尺观测的水位是否衔接,并可检验水尺零点高程有无变动。

　　当水位的涨落过程需要换水尺观测时,应对两支相邻水尺同时比测一次。换尺频繁时期,若能确定水尺稳固,可不必每次换尺时都比测。

　　在水尺水位涨落换读观测中,两支相邻水尺同时比测的水位差不超过 2 cm 时,以平均值作为观测的水位。当比测的水位差超过 2 cm 时,应查明原因或校测水尺零点高程。当能判明某支水尺观测不准确时,可选用较准确的那支水尺读数计算水位,并应在未选用的记录数值上加一圆括号。应详细记录选用水位数值的依据,并将记录结果填入水位记载表的备注栏内。

### 2.1.1.4　冰期水位观测方法

　　冰期应观测河道、水库(湖泊)等水体的自由水面的水位。水位测次,以能测得完整的水位变化过程为原则。

　　当观读水尺处周围出现微冰、流冰花等冰情,水尺处能观测到自由水面时,直接观读水尺读数。

　　当观读水尺处为岸冰时,应将水尺周围的冰层打开,观读自由水面的水位。

　　封冻期观测水位,应将水尺周围的冰层打开,捞除碎冰,待水面平静后观读自由水面的水位。当水面起伏不息时,应测记平均水位;当自由水面低于冰层底面时,应按畅流期水位观测方法观测。当水从孔中冒出向冰上四面溢流时,应待水面回落平稳后观测;当水面不能回落时,可筑冰堰,待水面平稳后观测,或避开流水处另设新水尺进行观测。

　　当发生全断面冰上流水时,应将冰层打开,观测自由水面的水位,并量取冰上水深;当水下已冻实时,可直接观读冰上水位。

　　当发生层冰层水时,应将各个冰层逐一打开,然后再观测自由水位。当上述情况只是断面上的局部现象时,应避开这些地点重新凿孔,设尺观测。

　　当水尺处冻实时,应向河心方向另打冰孔,找出流水位置,增设水尺进行观测;当全断面冻实时,可停测,记录连底冻时间。

　　对于出现全断面冰上流水、层冰层水、冻实冰情的情况,应在水位记载表中注明。

### 2.1.1.5　比降水尺水位的观测

#### 1.比降水尺水位的观测方法

　　比降水尺水位一般由两名观测员同时观测。水位变化缓慢时,可由一人观测。观测步骤为:先观读上(或下)比降水尺,后观读下(或上)比降水尺,再返回观读一次上(或下)比降水尺,取上(或下)比降水尺的均值作为与下(或上)比降水尺的同时水位,往返的时间应基本相等。

比降水位一般读记至 1 cm。当上、下比降断面的水位差小于 0.2 m 时,比降水位应读记至 0.5 cm;时间应记录至 1 min。

2. 比降计算

水面比降数值 $S$ 是用观测到的上、下比降断面的水位计算而得的,等于上、下比降断面观测水位 $Z_u$、$Z_1$ 的差值除以上下比降断面间距 $L$,并以万分率(‰)表示,计算公式为

$$S = \frac{Z_u - Z_1}{L} \times 10\,000 \tag{3-2-1}$$

## 2.1.2　水位观测读数记录

### 2.1.2.1　水位观测设备编号及高程校测记载

测站使用的各断面水尺组在每一年汛前或一定时期内需统一重新编号。在使用中水尺因损坏或零点高程变动等原因,需进行水尺零点高程引校测和相应编号,因此需制作编号及高程校测索引表,供水位观测、计算和资料整编审查使用。水位观测设备编号及零点高程校测记载如表 3-2-2 所列,应根据具体情况按栏目填记。

表 3-2-2　水位观测设备编号及高程校测记载表

| 水尺编号 | 测定或校测 | | | | | | | | 校测前 | | 校测后 |
| | 日期 | 引据高程点 | 测量方法 | 测量者 | 测量记载簿号 | 高程(m) | 高程不符值(m) | | 应用高程(m) | 测定日期(年-月-日) | 应用高程(m) |
| | | | | | | | 实测 | 允许 | | | |
| | | | | | | | | | | | |
| | | | | | | | | | | | |
| | | | | | | | | | | | |

### 2.1.2.2　水尺观测水位记载

1. 水位观测记载簿

水位观测记载簿分为封面、观测应用的设备和水尺零点(或固定点等)高程说明表、基本水尺水位记载表。水位观测记载簿封面有测站名称和编码,流域水系名,所在行政区地名,记载水位的年度月份,观测、校核、站长签名,共有页数等。观测应用的设备和水尺零点(或固定点等)高程说明表填记采用基面及与基准(如国家 1985 高程基准)的关系,书写行填写基面水尺高程变动的日期、原因,校测时水尺的情况及设置临时水尺情况等相应内容。

2. 基本水尺水位记载表

基本水尺水位记载格式见表 3-2-3。

表 3-2-3 ＿＿＿＿＿站基本水尺水位记载表

| 日 | 时:分 | 水尺编号 | 水尺零点(或固定点)高程(m) | 水尺读数(m) | 水位(m) | 日平均水位(m) | 流向 | 风及起伏度 | 备注 |
|---|---|---|---|---|---|---|---|---|---|
|  |  |  |  |  |  |  |  |  |  |
|  |  |  |  |  |  |  |  |  |  |
|  |  |  |  |  |  |  |  |  |  |

表中各项目填记要求为:

(1)时间。日、时:分,填写水位观测的时间,如日期填写"06",时间填写"13:06"。

(2)水尺编号:填写该次所观测水尺的编号。

(3)水尺零点(或固定点)高程:填写该水尺或固定点的零点应用高程。

(4)水尺读数及水位:填写该次观读的水尺读数及计算出的水位。

不参加日平均水位计算的水位,使用黑铅笔在数值下方划一横线;选为月特征值的最高(低)水位或潮水位站选为高(低)潮的水位,应用红(蓝)铅笔在数值下方划一横线。

出现河干、连底冻情况,填记"河干"或"连底冻"字样。

对于水面低于零点高程的观测读数,应在记录的数字前加"−"号(如悬锤式或测针式水位计的观测数值及矮桩式水尺水面低于桩顶的读数等)。

(5)日平均水位:将计算所得的日平均水位填入该日第一次观测时间的相应栏内。用自记水位计观测的站,本栏不填,应改在"自记水位记录摘录表"上填写。

(6)流向:有顺逆流的站填写。当全日逆流或一日兼有逆流、停滞时,记"V"符号;当全日停滞时,记"×"符号;当一日兼有顺逆流、停滞时,记"⌣"符号;当全日顺流或一日兼有顺流、停滞时,可不另外加记顺流符号。

(7)风及起伏度:风向用表示风向的英文字母表示,风力记在字母的左边,水面起伏度记在右边。如北风 3 级,水尺处发生起伏约 14 cm 的波浪,水面起伏度为 2 级,则记为"3N2"。前后两次观测结果相同,使用相同符号时,记载不应省略,即不能以"〃"代替。

(8)备注:记载影响水情的有关现象以及其他需要记载的事项。

3. 自记水位观测记录的摘录

自记水位计水位观测记录数据是以 min 或其倍数为单位进行测量的,记录数据较多,整编数据处理工作量大,需根据情况进行摘录。数据摘录应在数据订正后进行,摘录的数据成果应能反映水位变化的完整过程,并满足计算日平均水位、统计特征值和推算流量的需要。

当水位变化不大且变率均匀时,可按等时距摘录;当水位变化急剧且变率不均匀时,摘录转折点和变化过程。8 时水位和特征值水位必须摘录,当水位基本定时观测时间改在其他时间时,应摘录相应时间的水位。

纸介质模拟自记水位计记录摘录的时刻宜选在 6 min 的整数倍之处。摘录点应在记录线上逐一标出,并应注明相应水位数值。

自记水位记录摘录可填入自记水位记录摘录表(见表3-2-4)。

表3-2-4　　　　　　站自记水位记录摘录表

仪器型号　　　　　　　　　　　　　　　　　　　　　　年　　月　　　第　　页

| 日 | 时:分 | 自记水位<br>(m) | 校核<br>水尺水位<br>(m) | 水位<br>订正数<br>(m) | 订正后<br>水位<br>(m) | 日平均<br>水位<br>(m) | 备注 |
|---|---|---|---|---|---|---|---|
|  |  |  |  |  |  |  |  |
|  |  |  |  |  |  |  |  |
|  |  |  |  |  |  |  |  |

有关栏目填记说明如下:

仪器型号:填写测站观测应用的自记水位计的型号。

自记水位:填写由自记仪观测并经过时间订正后的相应水位数值。

校核水尺水位:从基本水尺水位记载表内摘录。

水位订正数:对自记水位记录加以订正的水位订正数,当自记仪观测数值偏高时,水位订正数为负;偏低时,水位订正数为正;当不需要进行订正时,则水位订正数填为"0"或任其空白。

订正后水位:填写"自记水位"与"水位订正数"的代数和。

日平均水位:填写方法同基本水尺水位记载表。

## 2.2　降水量监测

### 2.2.1　人工雨量器的观测

降水量是在一定时间内降落在不透水水平面上水层的厚度,用 mm 作为度量单位。一定时间可以是年、月、日或若干小时(如 12 h)、分钟(如 10 min)等。

通过由一系列测站构成的站网的降水量观测,收集降水资料,可探索降水量的时空分布和变化规律,以满足各方面需要。

降水量观测包括测记降雨的时间和水量。

降水量的观测时间以北京时间为准,每日降水以北京时间 8 时为日分界,即从前一日 8 时至本日 8 时的降水总量作为前一日的降水量。

#### 2.2.1.1　雨量器结构原理和配套器具

人工雨量器结构如图 3-2-1 所示,主要由承雨器、储水筒、储水器和器盖等组成,并配有专用的量雨杯。承雨器口内直径为 200 mm,量雨杯的内直径为 40 mm。量雨杯的内截面面积正好是承雨器口内截面面积的 1/25,即降在承雨器口 1 mm 的降雨量,倒入量雨杯内的高度为 25 mm。因此,量雨杯的刻度即以 25 mm 高度为降雨量 1 mm 的标定值,并精确至 0.1 mm。

用于观测固态降水量的雨量器,还配有无漏斗的承雪器或采用漏斗能与承雨器分开的雨量器。

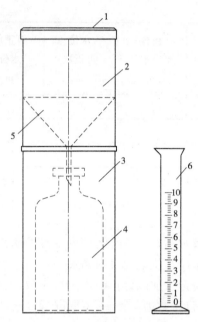

1—器口;2—承雨器;3—储水筒;4—储水器;5—漏斗;6—量雨杯

**图 3-2-1　雨量器示意图**

### 2.2.1.2　人工雨量器观测降雨量方法

降雨时,降落在人工雨量器承雨器内的降雨量通过漏斗集中流到储水器内。到达观测时间或降雨结束后,用专用的量雨杯量出储水器内的降水深(量)。

用雨量器观测降雨量,一般采用定时分段观测,降雨量观测段次及相应观测时间见表 3-2-5。水文测站观测降雨量所采用的段次,可根据《测站任务书》或者上级有关具体规定决定。

**表 3-2-5　降雨量观测段次及相应观测时间**

| 段次 | 观测时间(h) |
|---|---|
| 1 段 | 8 |
| 2 段 | 20,8 |
| 4 段 | 14,20,2,8 |
| 8 段 | 11,14,17,20,23,2,5,8 |
| 12 段 | 10,12,14,16,18,20,22,24,2,4,6,8 |
| 24 段 | 从本日 9 h 至次日 8 h,每 1 h 观测 1 次 |

在观测段次时间若继续降雨,则取出储水筒内的储水器,及时将空的备用储水器放入储水筒;如在观测时间降雨很小或者停止,可携带量雨杯到观测场观测降雨量。

在室内或在观测场,将储水瓶内的雨水倒入量雨杯,读数时视线应与水面凹面最低处平齐,观读至量雨杯的最小刻度,并立即记录,然后校对读数一次。降雨量很大时,可分数次取水测量,并分别记在备用纸上,然后累加得到降水总量并记录。

每日观测时,应注意检查雨量器受碰撞变形,漏斗有无裂纹,储水筒是否漏水。

遇有暴雨时,需采取加测的办法,防止降水溢出储水器。如有溢出,应同时更换储水筒,并量测筒内降水量。

每次观测后,储水筒和量雨杯内的积水要倒掉,以便更准确地观测其后的降水量。

## 2.2.2　降水量观测读数记录

### 2.2.2.1　降水量观测记载表(一)

降水量观测记载表(一)见表 3-2-6。

表 3-2-6　降水量观测记载表(一)

月份　　　　　　　　　　　(采用　　段次)　　　　　　　　第　　页

| 日 | 观测时间 | | 实测降水量 | 日降水量 | | 备注 |
|---|---|---|---|---|---|---|
| | 时 | 分 | mm | 日 | mm | |
| | | | | | | |
| | | | | | | |
| | | | | | | |
| | | | | | | |

填记说明如下:

(1)"月份"填记降水量观测记载的月;不同月,另取空白表从头开始填记。

(2)"采用　　段次"的中间填当月采用的段次。

(3)观测时间。

①不记起止时间者,将表头"时分"划去,填写按规定时段观测降水量的时间,记至整小时。若遇大暴雨加测,应按实际加测时分填记至分钟。

②记起止时间者,填记各次降水的起止时分,记至整分钟。当分钟数小于 10 者,应在十位数上写"0"补足两位。

③恰恰位于午夜日分界的时间,如果是时段或降水"止"的时间,则记 24(不记起止时间者)或 24:00(记起止时间者);如果是时段或降水"起"的时间,则记"0"或"0:00"。

(4)实测降水量:填记降水期间各观测时段和降水停止时所测记的降水量。

(5)日降水量:累加昨日 8 时至今日 8 时各次观测的降水量填入"mm"栏,并在"日"栏填昨日的日期。实测降水量右侧注有符号者,日降水量右侧亦应注相同的符号。某时段实测降水量不全或缺测,日降水量应加括号。未在日界观测降水量者,在"mm"栏记合并符号"↓"。

(6)备注:在观测工作中如发生缺测、可疑等影响观测资料精度和完整的事件,或发生特殊雨情、大风和冰雹以及雪深折算关系等,均应用文字在备注栏作详细说明。

#### 2.2.2.2　降水量观测记载表(二)

降水量观测记载表(二)见表3-2-7。

表 3-2-7　降水量观测记载表(二)

月份　　　　　　　　　　　　　　　　　　(采用　　段次)

| 日 | 时段降水量(mm) | | | | | | | | | | 日降水量（mm） | 备注 |
|---|---|---|---|---|---|---|---|---|---|---|---|---|
| | 时 | 时 | 时 | 时 | 时 | 时 | 时 | 时 | 时 | 时 | | |
| | | | | | | | | | | | | |
| | | | | | | | | | | | | |
| | | | | | | | | | | | | |
| | | | | | | | | | | | | |

填记说明如下:

(1)"月份""日降水量""备注"等栏填写方法同表3-2-6。

(2)在表头时段降水量"时"前填记观测时段时间的小时(如4段次分别在前4栏填14,20,2,8);有降水之日应先将日期填入,在规定的观测时段有降水时,将观测值记在该日相应的时段降水量栏内。

### 2.2.3　时段雨量、日雨量计算

用人工雨量筒在相应的观测时段观测到的降雨量,应记录在"降水量观测记载簿"中,作为一个时段的时段降雨量。把本日8时至次日8时各时段的降雨量累加(每日降水量以北京时间8时为日分界),就得到本日的日降雨量。

## 2.3　库水温监测

一些大型水库或水电站,在大坝初步设计阶段,考虑混凝土浇筑、水轮机设计等方面的需要,了解坝前水温是必要的。蓄水后,对大坝的养护也需要水温资料(例如,有些结冰河流上,为制定水工建筑物的防冰措施,在分析研究冰凌的形成与消失的规律或开展冰情预报时)。此外,大型水库调度运用的水量平衡分析中,水面蒸发的计算,多沙河流水库内水流泥沙运动规律的研究等,都需要提供表层或深层的水温资料。从水源的综合利用来考虑,有关工厂冷却设备的设计,防止热污染及水产养殖、农田灌溉、工业和城市给水,都要了解水温。

在水文学中,水温指水体中某一点或某一水域的温度,是反映水体热状况的指标,单位为℃。

水库的水温,由于所处环境不同和库内蓄热、对流、传递等作用,无论在空间分布还是时程变化上,都与河道水温状况不同。水深较大时,表层和下层、底层的水温也不同,水温有沿深度的梯度分布。水域的温度可通过多点温度描述其温度空间分布或统计特征值(如平均值等)。

### 2.3.1　深水温度计库水温观测

#### 2.3.1.1　测点布置

1.断面位置

水库的水温随着气温、入库水流温度及泄流条件等变化,不同深度的水温也有差异,因此水温观测应在水库的不同地点、不同深度处选择断面。断面可分为以下两种形式:

(1)坝面观测断面:将观测断面设置在上游坝面处,主要采用电阻式温度计进行遥测。最好在施工期将电阻温度计埋设在距上游坝面 5~10 cm 处的混凝土内,或固定于上游坝面的测点上。

(2)水库观测断面:在大坝上游附近选择一个观测断面,该断面应平行于大坝轴线。采用的观测仪器主要有深水温度计、半导体温度计、框式温度计及颠倒式温度计等。

2.测温线位置

为了掌握观测断面的水温分布,一般在观测断面上设 2~5 条从上向下的测温线,测线间距以能控制断面温度变化为原则。如对溢流坝、挡水坝、电站坝、泄流底孔等不同坝段,适当选择测温线。

3.测点位置

测温垂线上的测点分布应能反映出沿垂线的温度变化,在水深不大时,可仅观测水面、库底及水深一半处三个点的水温。当水深较大时,从正常蓄水位到死水位以下 10 m 处的范围内,每隔 5 m 左右布置一个测点;死水位以下 10 m 处再往下,可每 10 m 左右布置一个测点。在水温急变区附近,还可适当加密。水面以下的 20 cm 处作为表面测点。

#### 2.3.1.2　深水温度计观测库水温

水温观测一般采用刻度不大于 0.2 ℃ 的水温计。水深在 5 m 以内时,可使用框式温度计;当水深在 5~10 m 以上时,则最好用深水温度计或半导体温度计。水温读数一般应准确到 0.1~0.2 ℃,水温计放到测点水中后,应持续 5~8 min,使水温计温度能代表所在测点处的水温。为了保持仪器的灵敏可靠,水温计需定期进行鉴定。若采用电阻温度计观测水温则不受水深的限制,而且在水库或坝面的观测断面均可采用。

图 3-2-2 是国产 SWJ-73 型深水温度计结构。温度计装在固定管内,水银球部位于存水筒内,存水筒下有活门,上有小孔。使用时,将其系于绳索上,必要时可加铅鱼。在徐徐下放的过程中,存水筒活门受水冲动顶托而开启,使水不断涌入筒内,同时筒中存水又不断从筒上的通水孔溢出,当到达预定测点位置时,筒内即已盛满该测点的水样。待温度稳定后,上提温度计,使筒上小孔被橡皮盖住,活门受压盖住底孔,存水筒中存水不与外界交流。提出水面以后,立即观

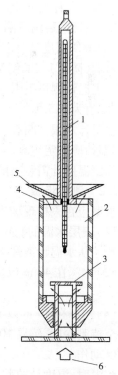

1—温度计;2—存水筒;3—活门;
4—通水孔;5—橡皮盖;6—水力顶托

图 3-2-2　深水温度计

测水温。为使尽快读出温度值,应先读小数,再读整数,以防温度变化。

#### 2.3.1.3　观测时间

水温观测时间应根据有关规程确定,下面的建议可作参考。

在蓄水期一般坝面观测断面随内部观测仪器同时进行观测;水库观测断面随外部变形观测同时进行观测。在出现最低和最高水位及气温时,应增加测次。

在掌握水温变化规律后,可适当减少测次。

每次观测应在选定的观测断面及测点处进行,在观测水库水温的同时还应观测水位和气温。

### 2.3.2　不同层次的水温观测读数记录

#### 2.3.2.1　仪器

(1)水温计:适用于测量水的表层温度。

水银温度计安装在特制金属套管内,套管开有可供温度计读数的窗孔,套管上端有一提环,以供系住绳索,套管下端旋紧着一只有孔的盛水金属圆筒,水温计的球部应位于金属圆筒的中央。

测量范围 $-6 \sim +40$ ℃,分度值为 0.2 ℃。

(2)深水温度计:适用于水深 40 m 以内的水温的测量。

深水温度计的盛水圆筒较大,并有上、下活门,利用其放入水中和提升时的自动启开和关闭,使筒内装满所测温度的水样。测量范围 $-2 \sim +40$ ℃,分度值为 0.2 ℃。

(3)颠倒温度计(闭端式)适用于测量水深在 40 m 以上的各层水温。

闭端(防压)式颠倒温度计由主温计和辅温计在厚壁玻璃套管内构成,套管两端完全封闭。主温计测量范围 $-2 \sim +32$ ℃,分度值为 0.1 ℃,辅温计测量范围 $-20 \sim +50$ ℃,分度值为 0.5 ℃。

主温计水银柱断裂应灵活,断点位置固定,复正温度计时,接受泡水银应全部回流,主、辅温计应固定牢靠。

颠倒温度计需装在颠倒采水器上使用。

#### 2.3.2.2　测定步骤

水温应在采样现场进行测定。

(1)表层水温的测定。将水温计投入水中至待测深度,感温 5 min 后,迅速上提并立即读数。从水温计离开水面至读数完毕应不超过 20 s,读数完毕后,将筒内水倒净。

(2)水深在 40 m 以内水温的测定。将深水温度计投入水中,与表层水温的测定步骤相同。

(3)水深在 40 m 以上水温的测定。将安装有闭端式颠倒温度计的颠倒采水器,投入水中至待测深度,感温 10 min 后,由"使锤"作用,打击采水器的"撞击开关",使采水器完成颠倒动作。

感温时,温度计的贮泡向下,断点以上的水银柱高度取决于现场温度,当温度计颠倒时,水银在断点断开,分成上、下两部分,此时接受泡一端的水银柱示度,即为所测温度。

上提采水器,立即读取主温计上的温度。

根据主、辅温计的读数,分别查主、辅温计的器差表(由温度计检定证中的检定值线性内插做成)得相应的校正值。

颠倒温度计的还原校正值 $K$ 的计算公式为

$$K = \frac{(T-t)(T+V_0)}{n}(1 + \frac{T+V_0}{n}) \times 10\,000 \qquad (3\text{-}2\text{-}2)$$

式中　$T$——主温计经器差校正后的读数;

　　　$t$——辅温计经器差校正后的读数;

　　　$V_0$——主温计自接受泡至刻度 0 ℃处的水银容积,以温度度数表示;

　　　$1/n$——水银与温度计玻璃的相对膨胀系数,$n$ 通常取值为 6 300。

主温计经器差校正后的读数 $T$ 加还原校正值 $K$,即为实际水温。

# 2.4　气温监测

气温是表示空气冷热程度的物理量,是影响大坝工作状态的主要因素之一,特别是对于没有进行混凝土内部温度观测的大坝,在进行观测资料分析时,气温是不可缺少的自变量。因此,气温观测是很重要的。

气温由地面气象观测规定高度(国际 1.25～2.00 m,我国 1.50 m)上的空气温度反映。气温的单位用摄氏度(℃)表示,有的以华氏度(F)表示,我国气温记录一般采用摄氏度(℃)为单位。摄氏与华氏的换算关系是:$C = \frac{5}{9}(F-32)$ 或 $F = \frac{9}{5}C + 32$。

空气温度记录可以表征一个地方的热状况特征,因此气温是地面气象观测中所要测定的常规要素之一。气象业务标准规定定时气温基本站每日观测 4 次(每日 2 时、8 时、14 时、20 时),基准站每日观测 24 次(每小时 1 次),可计算日平均气温,也可从中摘录日最高气温和日最低气温。气温一般用气温计观测,现在有连续间歇观测的仪器,可按预置的间歇周期记录气温变化过程线。

## 2.4.1　直读式温度计气温观测

### 2.4.1.1　最高温度表

最高温度表的构造与一般温度表不同,它的感应部分内有一玻璃针伸入毛细管,使感应部分和毛细管之间形成一个窄道。当温度升高时,感应部分水银体积膨胀,挤入毛细管;当温度下降时,毛细管内的水银由于通道狭窄而不能回缩到感应部分,因而能指示出上次调整后这段时间内的最高温度,如图 3-2-3 所示。

每天 20 h 观测一次,读数记入观测簿相应栏内,观测后需调整温度表。观测时,应注意温度表的水银柱有无上滑脱离开窄道的现象,如有上滑现象,应稍稍抬起温度表的顶端,使水银柱回到正常的位置,然后再读数。当气温在 -36 ℃以下时,停止最高温度表的观测,记录从缺,但应在备注栏内注明。

调整方法是,用手握住表身,感应部分向下,臂向外伸出约 30°的角度,用大臂将表前后甩动,毛细管内的水银就可以下落到感应部分,使示度接近于当时的干球温度。调整时,动作应迅速,尽量避免阳光照射,也不能用手接触感应部分,不要甩动到使感应部分向上的程度,以免水银柱滑上又甩下,损坏窄道。调整后把表放回到原来的位置上时,先放

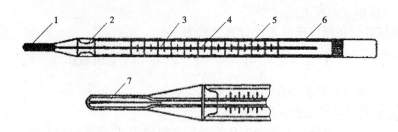

1—感应部分;2—鞍托;3—毛细管;4—水银柱;
5—刻度磁板;6—外套管;7—玻璃针尖
图 3-2-3　最高温度表

感应部分,后放表身部分。

### 2.4.1.2　最低温度表

最低温度表中的感应液是酒精,它的毛细管内有一哑铃形游标。当温度下降时,酒精柱便相应下降,由于酒精柱顶端的表面张力作用,带动游标下降;当温度上升时,酒精膨胀,酒精柱经过游标周围慢慢上升,而游标仍停留在原来位置上。因此,它能指示上一次调整以来这段时间内的最低温度,如图 3-2-4 所示。

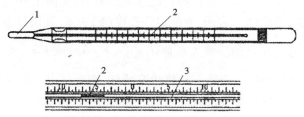

1—感应部分;2—游标;3—酒精柱
图 3-2-4　最低温度表

每天 20 h 观测一次,读数记入观测簿相应栏中,观测后调整温度表。观测时眼睛应平直地对准游标离感应部分远的一端,观测酒精柱顶时,对准凹面中点(即最低点)的位置。

调整时,抬高温度表的感应部分,表身倾斜,使游标回到酒精柱的顶端。

最低温度表酒精柱的示度,应在每月 1～5 日 20 时与干球温度表的示度(已经器差订正)进行比较。如两者平均误差≥0.5 ℃,该最低温度表可以使用,读数也不必进行平均误差订正;若平均误差 >0.5 ℃,应撤换最低温度表,并将此 5 d 的平均差订正在该 5 d 的逐日最低温度值上。若不能撤换,每日 20 h 要继续读酒精柱示度,以便计算最低温度表的全月补充订正值。方法如下:

将每日 20 h 的干球温度值减去最低温度表酒精柱数值(两者都是经器差订正后的数值),记入观测簿中。干球值大于最低者,差值为正,反之为负。月终统计时,求出全月差值代数和,除以全月实有记录次数,便是这个月最低温度表的平均订正值,然后将该订正值加在经器差订正后的逐日最低温度值上。若换用了新的最低温度表,在换用后的前 5 d 内,也应参照上述规定进行比较观测。

## 2.4.2　气温观测记载簿填记

气温观测记录可以设计如表 3-2-8 形式记载簿。

**表 3-2-8　气温观测记载簿**

工程部位_____　断面编号_____　测点编号_____　厂家编号_____

| 监测日期及时间 | 气温(℃) | 备注 |
| --- | --- | --- |
|  |  |  |
|  |  |  |
|  |  |  |

监测：　　　　　　　　　　记录：　　　　　　　　　校核：

# 模块 3　变形监测

通过对大量水利工程事故的统计分析可以看出,事故发生的一种重要表现形式是地基或坝肩的滑动,或地基发生不均匀沉降。而这种滑动或沉降是一种渐变过程,也就是说,是在施工、水库蓄水、建筑物运行过程中,建筑物及地基在多种荷载作用下发生变形、位移,逐渐积累达到失稳或稳定的过程。这种变化在建筑物外部(或表面),表现为水平位移和垂直位移的变化,对于某一侧线则表现为挠度、曲率的变化。

变形在建筑物的各种缝面,包括施工缝、预留的温度伸缩缝及各种原因产生的裂缝等则表现为缝面开合度的变化;对于岩体中存在的软弱结构面、可能的滑动面、开裂面等,既有张合又有相互错动的表现;对于填筑的土坝坝体、坝身、土基则有明显的沉降变形和固结变形等表现。

总之,水工建筑物在施工、蓄水、运行过程中会有各种变形方面的表现,可以使用多种方法进行监测,关键是看测值是否超过了允许的范围。这就要求选择一批对变形最敏感的部位布置测点,使用专门的监测仪器和监测方法,进行连续监测。认真地对实测数据进行处理分析,及时定量地对建筑物及其基础的变形、位移状态及发展趋势作出判断和预测。

变形监测资料具有直观、敏感的特点,适用于建筑物及其基础在施工期、分期蓄水期和运行期全过程的安全监控和安全预报,一旦发现异常迹象,可以及时采取补救措施,确保建筑物及其基础的安全。根据变形监测资料,还能检验水工设计方案的正确性,检验施工质量是否符合要求,有利于在今后工程中优化设计和施工方案,加快施工进度,节省工程投资。因而,变形监测是安全监测系统最重要的组成部分之一。

## 3.1　垂直位移监测

### 3.1.1　水准尺、尺承的使用

#### 3.1.1.1　水准尺

水准尺是水准测量时使用的标尺,常用的水准尺有塔尺和双面尺两种,用优质木材或玻璃钢制成,如图 3-3-1 所示。

塔尺的形状呈塔形,由几节套接而成,其全长可达 5 m,尺的底部为零刻划,尺面以黑白相间的分划刻划,最小刻划为 1 cm 或 0.5 cm,米和分米处注有数字,大于 1 m 的数字注记加注红点或黑点,点的个数表示米数。塔尺携带方便,但在连接处常会产生误差,一般用于精度较低的水准测量中。

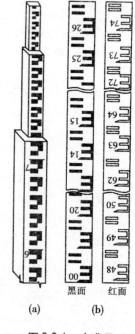

黑面　　红面

(a)　　(b)

图 3-3-1　水准尺

　　双面尺也叫直尺,尺长 3 m,尺的双面均有刻划,一面为黑白相间,称为黑面尺(也称基本分划),尺底端起点为零;另一面为红白相间,称为红面尺(也称辅助分划),尺底端起点是一个常数,一般为 4.687 m 或 4.787 m。不同尺常数的两根尺子组成一对使用,利用黑、红面尺零点相差的常数可对水准测量读数进行检核。双面尺用于三、四等精度以下的水准测量中。

### 3.1.1.2　尺承

　　如图 3-3-2 所示,尺承用铁制成,呈三角形。上面有一个凸起的半圆球。半球的顶点作为转点标志,使用时将尺承下面的三个脚踏入土中使其稳定,水准尺立于尺承的半圆球顶点上。

### 3.1.1.3　测读方法及注意事项

　　符合水准器气泡居中后,即可读取十字丝中丝在水准尺上的读数。读出米、分米、厘米、毫米四位数,毫米位是估读的。如图 3-3-3 所示,读数为 1.308 m,如果以毫米为单位,读记为 1 308 mm。

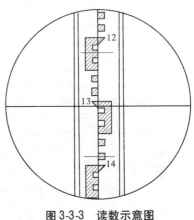

图 3-3-2　尺承　　　　　　　　　　　　　图 3-3-3　读数示意图

　　需要注意的是:当望远镜瞄准另一方向时,符合气泡两侧如果分离,则必须重新转动微倾螺旋使水准管气泡符合后才能对水准尺进行读数。

## 3.1.2　垂直位移测点和水准尺保养维护

　　(1)建筑物及其基础在自重、上下游水压力、温度等因素的影响下,会产生垂直方向的位移变形,在枢纽上下游一定范围的地壳,也受其影响产生形变。监测点是垂直位移监测点的简称,布设在被监测建(构)筑物上。布设时,要使其位于建(构)筑物的特征点上,能充分反映建(构)筑物的沉降变形情况,点位应当避开障碍物,便于观测和长期保护,标志应稳固,不影响建(构)筑物的美观和使用,还要考虑建筑物基础地质、建筑结构、应力分布等,对重要和薄弱部位应该适当增加监测点的数目。

　　(2)垂直位移测点应建有可靠的保护设施。冰冻区应深入冰冻线以下,并应采取措施防止雨水冲刷、护坡块体挤压和人为碰撞。

　　(3)水准尺要定期检查和测定:①一般检视是否弯曲、尺之底座有无磨损情况等;

②水准尺分划的检验;③水准尺红面与黑面零点差数的测定;④一对水准尺黑面零点差的测定。

(4)水准尺与标杆在施测时均应由测量工认真扶好,使其竖直,切不可将尺自立或靠立。塔尺抽出时,要检查接口是否准确。水准尺与标杆一般为木制或铝制,使用及存放时均应注意防水、防潮和防变形,尺面刻划与漆皮应精心保护,以保持其鲜明、清晰。

### 3.1.3　垂直位移标点、工作基点及水准基点的区分

#### 3.1.3.1　垂直位移标点

垂直位移标点埋设在水工建筑物上,应能较全面地反映水工建物的变形情况,对于重要部位可增加垂直位移标点,如图 3-3-4 所示。一般情况下,为便于将水工建筑物的水平位移及垂直位移综合起来分析,可不再另外埋设垂直位移标点,而是在水平位移标点上加上一个半圆球形标点头即可。若水平位移标点的混凝土墩太高,水准测量时不便立尺,则可在混凝土墩基座或侧面埋标志头,如图 3-3-5 所示。

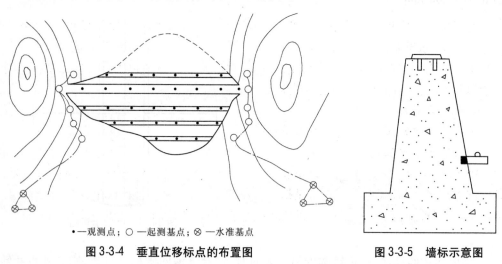

●—观测点;　○—起测基点;　⊗—水准基点

图 3-3-4　垂直位移标点的布置图　　　　　图 3-3-5　墙标示意图

#### 3.1.3.2　工作基点

起测基点是测定垂直位移标点的起点或终点。由于水准基点一般离坝较远,与垂直位移标点的高差也较大,如果每次垂直位移观测都从水准基点起测极为不便,因此通常在大坝两端的土坡上,选择坚实可靠的地方埋设工作基点。工作基点的高程与所测定的垂直位移标点的高程相差不宜过大,距离不宜过远,以减少垂直位移观测工作量。工作基点相当于临时水准点,为工作方便,最好在每一纵排位移标点的延长线上都布置起测基点,并适当与水平位移观测的工作基点或校核基点结合在一起。它的结构形式可参看图 3-3-6 及图 3-3-7。

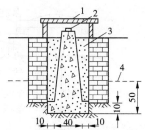
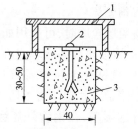

1—盖板;2—标点;3—填砂;4—冰冻线

**图 3-3-6 土基上工作基点结构图** (单位:cm)

1—保护盖;2—标点;3—混凝土

**图 3-3-7 基岩上工作基点结构图** (单位:cm)

### 3.1.3.3 水准基点

水准基点是垂直位移观测以及其他高程测量的基准点,如稍有变动而又未被发现则会影响到整个观测成果的可靠性,因此应保证其坚固与稳定,常埋设在不受库区水压力影响、便于保存、便于引测的地方。在一般情况下,水准基点应设置在地质条件较好,离坝址 1~2 km 处较为适宜。

对于中型水库和规模较小的大型水库,一般布置 1~2 个水准基点即可,大型水库需布置 2~3 个水准基点,而对规模特大的大型水库,则常需建立精密水准网系统。

水准基点因应保持高程长期稳定不变,所以要选用合适的标志并设置在基岩上或深埋于原状土中。它的结构形式主要有以下几种。

**1.地表岩石标**

地表覆盖层较薄时,水准基点可采用如图 3-3-8(a)所示的地表岩石标。

**2.混凝土水准基点**

如图 3-3-8(b)所示,混凝土水准基点由标柱和底盘组成,柱顶嵌入铜或不锈钢标志,其顶部做成半圆球形,点的高程就是指半圆球顶的高程,为了保护柱顶,应在点上加上一个护盖。若标志埋设在原状土里,则要求底盘要深入最大冻土深度以下至少 0.5 m。

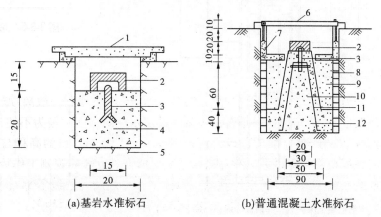

(a)基岩水准标石   (b)普通混凝土水准标石

1—混凝土保护盖;2—内盖;3—水准标志;4—浇筑混凝土;5—基岩;
6—加锁金属盖;7—混凝土水准保护井;8—衬砌保护;9—回填砂土;
10—混凝土柱石;11—钢筋;12—混凝土盘石

**图 3-3-8 水准点标石埋设结构示意图** (单位:cm)

**3.深埋钢管标**

地表覆盖层较厚时,可采用如图3-3-9所示的深埋钢管标,以使水准基点埋设在新鲜的基岩中。为此,先用钻机钻孔至新鲜岩石,再埋设钢管,并灌注水泥砂浆予以固定。为了防止表层岩土移动对钢管位置的影响,在钢管外还套以直径稍大的外管,内、外管之间垫以橡皮圈。当精度要求较高时,应在埋设时沿内管不同高度处,设置若干个电阻温度计,以便观测内管温度,进行温度改正。水准标志用不锈钢焊接在内管的顶部。

**4.深埋双管标**

如图3-3-10所示,选择适当地点,钻孔至新鲜岩石,但在套管内安装两根长度相等的金属细管,直径均为30 mm,一根为钢管,另一根为铝管。因为两细管受地温的影响,只要测定两根管子高程差的变化值,即可求得温度改正值,从而消除由于温度影响造成标志高程的误差。

如图3-3-11所示,设$h_0$为首次观测时两根管标的高差,$h_i$为某次观测时两根管标的高差,$\varepsilon_{铝}$和$\varepsilon_{钢}$分别为铝管和钢管的温差变形值,则有

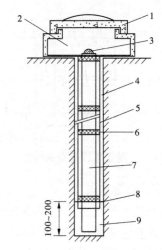

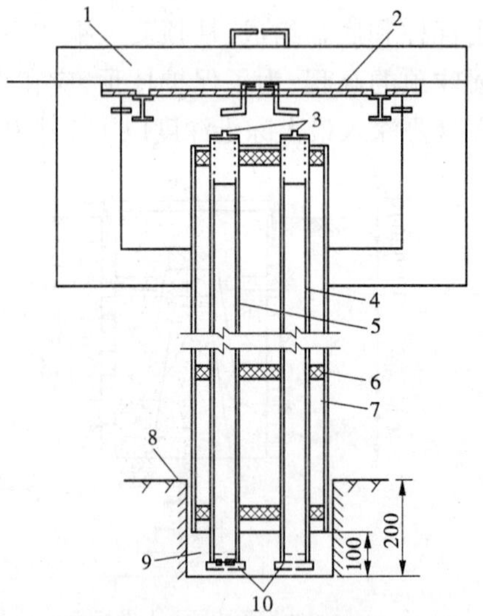

1—保护盖;2—保护井;3—标芯(有测温孔);
4—钻孔(内填);5—外管;6—橡胶环;
7—芯管(钢管);8—新鲜基岩面;
9—基点底靴(混凝土)

**图3-3-9 深埋钢管水准基点标石埋设示意图** (单位:cm)

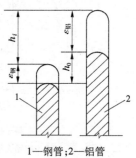

1—钢管;2—铝管

**图3-3-11 双金属管温差变形示意图**

1—钢筋混凝土保护盖;2—钢板标盖;3—标芯;
4—钢芯管;5—铝芯管;6—橡胶环;7—钻孔保护管;
8—新鲜基岩;9—M20水泥砂浆;10—金属管底板与固定根络

**图3-3-10 深埋双金属管水准基点标石埋设示意图** (单位:cm)

$$h_0 + \varepsilon_{铝} = h_i + \varepsilon_{钢} \tag{3-3-1}$$

由于铝的线膨胀系数为 0.000 024，钢的线膨胀系数为 0.000 012，所以

$$\varepsilon_{铝} = 2\varepsilon_{钢} \tag{3-3-2}$$

代入式(3-3-1)，可得钢管标在某次观测时的高程温度改正数为

$$\varepsilon_{钢} = h_i - h_0 \tag{3-3-3}$$

# 3.2　水平位移监测

## 3.2.1　建筑物水平位移钢尺测量

钢尺量距的具体内容参见第 2 篇第 5 章 5.3.1 节。

## 3.2.2　水平位移观测时觇标操作

觇标是观测位移时供照准用的，可分为固定觇标和活动觇标两种。

### 3.2.2.1　固定觇标

固定觇标是安置在工作基点上，供仪器照准构成视准线。其形式主要有以下几种：

(1)觇牌式固定觇标。如图 3-3-12 所示，其底座与经纬仪底座一致。使用时，将觇标安装在工作基点上，借助圆水准器及脚螺旋可将基座整平，从而使觇牌上图案的竖线处于铅垂位置，以利照准。

(2)标杆式固定觇标。如图 3-3-13 所示，它是由塔形钢条涂以红白油漆制成，其下部有内螺纹。使用时，将其与工作基点中心螺杆相连接。

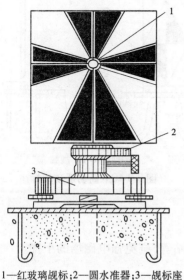

1—红玻璃觇标；2—圆水准器；3—觇标座

**图 3-3-12　觇牌式固定觇标**

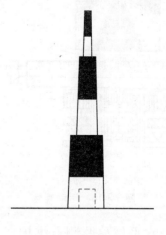

**图 3-3-13　标杆式固定觇标**

（3）插入式固定觇标。如图3-3-14所示。使用时将其直接插入工作基点顶部铁板的中心圆孔中。视准线法中所用的觇标，其形状、大小和图案对测量精度具有重要影响，故选用时应加以注意。

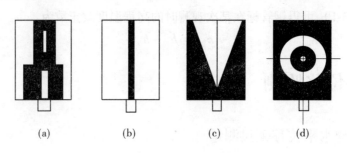

(a)　　　　(b)　　　　(c)　　　　(d)

图3-3-14　插入式固定觇标

### 3.2.2.2　活动觇标

活动觇标是被安置在位移标点上供经纬仪照准，从而在觇标基座的分划尺上读出位移标点的偏离值。较常用的一种活动觇标形式如图3-3-15所示，其底座与经纬仪底座相同。使用时，将活动觇标整平，调节水平微动螺旋，可移动觇标对准视准线，在分划尺和游杆上进行读数，一般可精确到0.1 mm。当位移标点顶部只埋设刻有"十"字线的钢板时，亦可采用简易活动觇标，如图3-3-16所示。

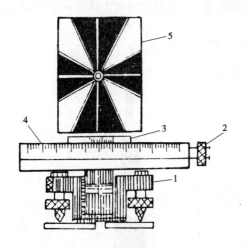

1—基座;2—微动螺旋;3—游标;4—分划尺;5—觇牌
图3-3-15　活动觇标

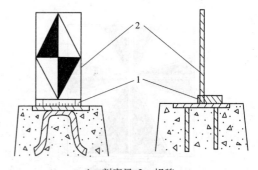

1—刻度尺;2—觇牌
图3-3-16　简易活动觇标

### 3.2.3　水平位移监测点维护

（1）位移监测点要远离高压线、变电站、发射台站等，避免强电磁场的干扰。

（2）监测点离障碍物距离应在1.0 m以上。

（3）监测点宜建立保护设施，防止雨水冲刷和侵蚀、护坡石块挤压、机械车辆碰撞及人为破坏。

## 3.2.4　水平位移标点、工作基点和校核基点区分

### 3.2.4.1　位移标点

位移标点是直接埋设在坝体上的,并与坝身牢固结合。对于无块石护坡的土坝,位移标点的形式如图3-3-17所示。对于有块石护坡的土坝,当位移标点埋设在坝坡上时,为防止块石对标点的影响,位移标点可采用图3-3-18所示的形式。位移标点可采用混凝土浇筑,再在其顶部埋设一块刻有"十"字线的钢板,十字线的交点即为位移标点的中心。当测量精度要求较高时,还须在位移标点的顶部埋设强制对中设备。

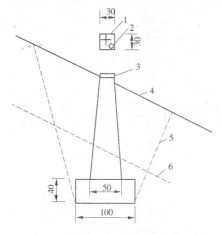

1—"十"字线;2—垂直位移标点头;3—铁板;
4—坝坡线;5—开挖线;6—冰冻深度线

图3-3-17　无护坡坝体位移标点
示意图　(单位:cm)

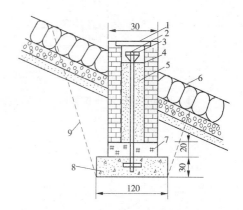

1—盖板;2—带"十"字线铁板;3—垂直位移标点头;
4—铁管;5—填砂;6—块石护坡;7—黏土;
8—混凝土底板;9—开挖线

图3-3-18　有块石护坡坝体位移标点
示意图　(单位:m)

### 3.2.4.2　工作基点

工作基点是供安置仪器和觇标以构成视准线用的,有固定工作基点和非固定工作基点两种。一般将埋设在大坝两端山坡基岩或原状土上不动的工作基点称为固定工作基点;若大坝较长(如大于500 m)或坝轴线为折线,为工作方便而在坝体适当位置埋设的工作基点,称为非固定工作基点。非固定工作基点将随着坝体的位移而位移。

工作基点通常为岩质和土质钢筋混凝土浇筑的观测墩,如图3-3-19所示。为了减少仪器和觇标的对中误差,提高观测精度,观测墩的顶部常埋设固定的强制对中设备。强制对中设备的形式主要有以下几种:

(1)旋入式。它是在观测墩的顶部埋设一个与仪器或觇标中心螺旋直径和螺距相同的螺杆,如图3-3-20所示。观测时,直接将仪器或觇标旋上。该形式加工简单,但只适用于基座中心孔与该螺杆相匹配的仪器。

(2)插入式。它是在观测墩的顶部埋设一个金属圆盘,圆盘中心开一锥形孔或圆柱孔,如图3-3-21所示。观测时,将锥形杆或圆柱杆插入孔中,而杆的上部则为螺杆与仪器或觇标底板的中心孔相连接。该形式可以先预制若干个连接螺杆,以适用于各种仪器,但稳定性稍差。

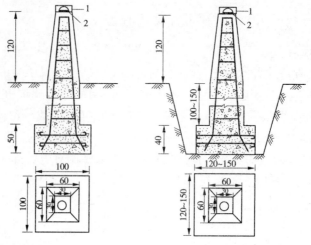

(a)岩质普通钢筋混凝土监测墩  (b)土质普通钢筋混凝土监测墩

图3-3-19　水平位移监测网及视准线标点埋设结构示意图　（单位:cm）

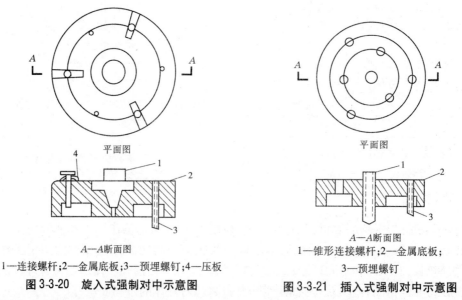

平面图　　　　　　　　　　　　　平面图

A—A断面图　　　　　　　　　　A—A断面图

　　　　　　　　　　　　　　　　1—锥形连接螺杆;2—金属底板;

1—连接螺杆;2—金属底板;3—预埋螺钉;4—压板　　　　3—预埋螺钉

图3-3-20　旋入式强制对中示意图　　　图3-3-21　插入式强制对中示意图

　　（3）刀槽式。它是在观测墩顶部埋设一个金属圆盘,在圆盘面上相隔120°的方向各开一刀槽,如图3-3-22所示。观测时,将仪器的底板卸下,使三个脚螺旋与三个刀槽相吻合。该形式要求具有较高的加工精度,且使用时稍显麻烦。

　　（4）点线面式。它是在观测墩顶部埋设一个金属圆盘,在圆盘面上相隔120°的方向设置三个支点,三个支点分别加工为圆锥孔、刀槽和平面,如图3-3-23所示。观测时,将仪器的三个脚螺旋分别置于圆锥孔、刀槽和平面上即可。该形式亦要求具有较高的加工精度。

　　以上几种强制对中设备在实际工作中可灵活选用,也可按需要另行设计。

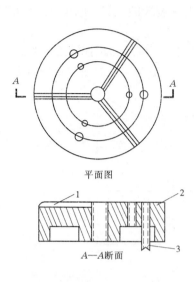

平面图

A—A断面

1—角槽;2—金属底板;3—预埋螺钉

图 3-3-22　刀槽式强制对中示意图

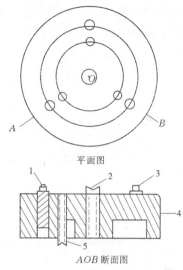

平面图

AOB 断面图

1—孔柱;2—槽柱;3—平面柱;

4—金属底板;5—预埋螺钉

图 3-3-23　点线面式强制对中示意图

### 3.2.4.3　校核基点

对于视准线法,应在大坝两端工作基点的延长线上,各埋设 1~2 个校核基点,以校核工作基点是否有位移。校核基点的结构基本上与工作基点相同,但校核基点不用于安置仪器,因此只要考虑在其顶部能安置觇标或埋设一块刻有"十"字的钢板,以供照准即可。

## 3.3　裂缝与接缝监测

### 3.3.1　观测的目的

裂缝是大坝较为常见的病害现象之一。有数据表明,大坝发生的事故中,因裂缝造成的占 25% 以上。通过检查观测,发现大坝产生裂缝后,有必要进一步了解其现状和发展趋势,分析其产生的原因和对坝体安全可能产生的影响,以便进行及时有效的处理。

裂缝形式多样,有的在坝体表面可以看到,有的隐蔽在坝体内部,要开挖检查才能发现。裂缝宽度,最窄的不到 1 mm,宽的可达数十厘米,甚至更宽。裂缝长度,短的不到 1 m,长的有数十米,甚至更长。裂缝深度,有的不到 1 m,有的深达坝基。裂缝走向,有平行于坝轴线方向的纵缝,有垂直于坝轴线方向的横缝,有大致水平的水平缝,此外还有倾斜裂缝及弧形裂缝等。

### 3.3.2　观测的项目、内容和方法

土坝裂缝观测,可根据情况,对全部裂缝观测,或选择重要裂缝区,或选择有代表性的典型裂缝进行观测。通常,对横向裂缝、缝宽大于 5 mm 或缝宽虽小于 5 mm 但长度较长的纵向裂缝、弧形裂缝、有明显垂直错距的裂缝以及坝体与混凝土或砌石建筑物连接处的裂缝,都应该进行观测。

　　土坝裂缝观测时,应先对裂缝进行编号,分别观测裂缝的位置、走向、长度、宽度及深度等项目。具体观测方法如下:

　　(1)土坝裂缝的位置和走向观测,可在裂缝地段按土坝桩号和距坝轴线的距离,用石灰或小木桩画出大小适宜的方格进行测量,并按适当比例绘制裂缝平面图,如图 3-3-24 所示。

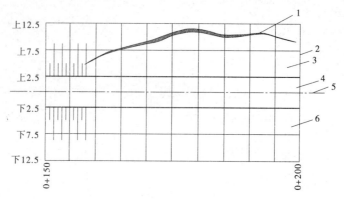

1—裂缝;2—方格网间距 5 m;3—上游坡;4—坝顶;5—坝轴线;6—下游坡

图 3-3-24　土坝裂缝平面图 　(单位:m)

　　(2)土坝裂缝长度的观测,可在裂缝的两端,打上木桩或用石灰标明,然后用皮尺或钢尺沿缝迹测量。并注意记录日期,以掌握其发展情况。

　　(3)土坝裂缝宽度的观测,可在缝宽最大或有代表性的缝段,用木桩或石灰等作标记,作为测点,用钢尺测量其距离。该距离的变化量即为裂缝宽度的变化量。测量时,应尽量防止损坏测点处的缝口,以免影响观测成果。在测点处的缝口,可以喷洒少量石灰水,以检查缝口是否遭到破坏。

　　(4)土坝裂缝深度的观测,可根据需要在裂缝若干适当位置进行钻孔探测。经对裂缝作初步分析,钻孔可打成垂直孔或斜孔。在报请上级主管机关同意后,也可开挖探坑或竖井,观测其立面裂缝的宽度、深度及裂缝两侧土体的相对位移。

　　进行坑探时,需小心开挖,对缝迹处的坑壁尤应注意,以保持缝迹完整。检查坑应分段开挖,分段量测,并绘制有缝迹的两面坑壁剖面图,直至裂缝尖灭处,并超过裂缝终点 0.5 m,如图 3-3-25 所示。对钻孔和探坑,

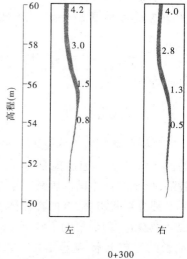

(注:图中数字为缝宽,单位为 mm)

图 3-3-25　土坝裂缝立面图

必须注意保护,加以遮盖。在取得必要的资料后,应立即按设计要求及时进行回填。

### 3.3.3　测次要求

　　裂缝观测的测次,应视裂缝发展情况而定。在裂缝发生的初期,应每天观测一次。在裂缝有显著发展和上游水位变化较大时,应增加测次。雨后必须加测。在裂缝发展减缓

后,可适当减少测次。对于需要长期观测的裂缝,要与坝体水平位移和垂直位移观测配合进行,其观测时间、次数可一致。

### 3.3.4　用钢尺测量记录土体裂缝位置、走向、长度、宽度和可见深度

#### 3.3.4.1　位置观测

裂缝位置一般用其在堤段上的里程桩号范围、在横断面上的位置及距某特征位置(如堤顶轴线、临背河堤肩、临背河堤脚)的距离表示。观测裂缝的位置变化主要是观测由于长度的发展而使其在里程桩号范围上的变化或到某特征位置的距离变化,这可直接观测记录不同时期裂缝两端点所对应的里程桩号变化或到某特征位置的距离的变化,一般只观测其中一项变化。为了观测方便、准确和便于对比,可在裂缝两端附近分别设置已标定里程桩号或到某特征位置距离的固定标志(如小木桩),只要定期量测裂缝两端到固定标志的距离即可发现其位置的变化,并计算变化量。

#### 3.3.4.2　走向观测

一条裂缝的大致走向一般用横向、纵向,或某斜向,或呈龟纹状(纵横交错)加以区分和表示,准确的走向可用裂缝在工程表面上的正投影图(类似于平面图)表示:在裂缝附近的工程表面上用诸多固定标志点(如小木桩或能较长时间保留的石灰点)画出大小适宜的方格网,并按比例将方格网和裂缝在方格网中的位置绘制在图纸上(称为裂缝位置及走向图),通过定期观测并修正裂缝位置及走向图,可根据裂缝在方格网中的位置变化(如到某条方格线的距离变化)确定裂缝走向变化。

#### 3.3.4.3　长度观测

裂缝长度可用钢尺直接沿缝丈量。若需要观测裂缝长度是否变化,可在裂缝两端分别设置固定标志点(木桩或能较长时间保留的石灰点),然后定期测量缝端到固定标志点的距离,根据距离变化可分析裂缝长度的变化。

#### 3.3.4.4　宽度观测

裂缝宽度可用钢尺直接量测。若需要观测裂缝宽度是否变化,可沿裂缝选择若干有代表性观测位置,在每个观测位置处的裂缝两侧各打一根木桩,两木桩间距以 50 cm 左右为宜,在木桩顶上设置小铁钉以标定丈量距离时的准确位置,通过定期丈量各观测位置处两木桩之间的距离,可比对分析裂缝宽度是否变化,并可计算裂缝宽度的变化量(距离的变化量);也可直接量测各观测位置处的裂缝宽度,以比对分析裂缝宽度是否变化和计算宽度变化量,直接测量裂缝宽度时应尽量避免对缝口的损坏,以免影响观测成果,为便于辨别缝口是否遭到破坏可在各观测位置处的缝口喷洒少量石灰水。

#### 3.3.4.5　深度观测

若需要观测裂缝深度是否变化,可根据直接观察结果和裂缝宽度的观测结果而定性分析判断,也可借助探杆或测绳,或开挖探坑(井)、在裂缝处钻孔取样等方法对裂缝深度进行定期量测,以比对分析裂缝深度是否变化和计算变化量。在开挖探坑(井)或钻孔取样前,可从缝口灌入石灰水,以利于识别缝迹。开挖探坑时,须注意保持缝迹完整,应分段开挖、分段测量,并绘制出缝迹剖面图,开挖深度要超过裂缝终点 0.5 m,要注意施工安全和开挖后的恢复回填。

### 3.3.5　测读、记录裂缝监测仪器读数

上述各项观测数值均计入表 3-3-1。

表 3-3-1　裂缝观测记录表

工程部位＿＿＿＿＿＿＿＿＿＿＿＿

| 序号 | 发现日期 | 裂缝编号 | 裂缝位置 | | | 裂缝描述 | | | | | | 备注 |
|---|---|---|---|---|---|---|---|---|---|---|---|---|
| | | | 桩号(m) | 轴距(m) | 高程(m) | 长(m) | 宽(m) | 深(m) | 走向(°) | 倾角(°) | 错距(m) | |
| | | | | | | | | | | | | |
| | | | | | | | | | | | | |

统计者：　　　　　　　　　　　　校核者：

# 模块4　渗流监测

## 4.1　渗流压力监测

### 4.1.1　测读、记录、换算测压管水位

测压管是一种古老而又常见的渗流监测仪器,它靠管中水柱的高度来表示渗透压力的大小。在水工建筑物原体观测中,测压管常用于监测地下水位、堤坝浸润线、孔隙水压力、绕闸坝渗流、坝基渗流压力、混凝土闸坝扬压力、隧洞涵洞的外水压力等。

测压管适用于水头小于20 m、土体渗透系数大于$1 \times 10^{-4}$ cm/s的坝体渗压观测。一般多采用无压测压管。测压管由进水口设备、导管及装有保护设备的管口三部分组成,如图3-4-1所示。

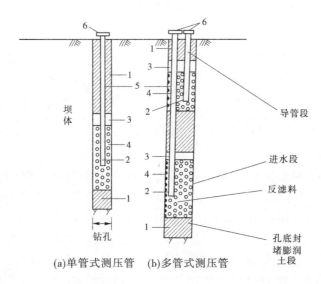

(a)单管式测压管　　(b)多管式测压管

1—水泥砂浆或水泥膨润土浆;2—有孔管头;3—细砂;
4—砾石反滤料;5—聚氯乙烯管;6—管盖
图3-4-1　无压式测压管示意图

#### 4.1.1.1　观测技术要求

(1)测压管水位读数精确到厘米,采用点测水位计时,两次测值误差不大于2 cm。

(2)观测时必须同时观测上、下游水位,并应注意观测渗透的滞后现象。

(3)测压管管口高程应按三等水准测量,要求每年校测一次,闭合差限差为$\pm 1.4\sqrt{n}$ mm。

(4)测压管灵敏度检查应按规范进行,管内水位在下列时间内恢复到接近原来水位的,可以认为合格:黏壤土:5 d;砂壤土:24 h;砂砾料:12 h。

(5)当管内淤塞已影响观测时,应立即进行清理,如经灵敏度检查不合格,堵塞、淤积经处理无效,或经资料分析测压管已失效,宜在该孔附近钻孔及重新埋设测压管。

#### 4.1.1.2　观测设备

采用的观测设备包括测绳、测锤。测绳一般要用柔性好、伸缩性小的绳索,并应设有长度标志;测锤为金属圆柱体。

#### 4.1.1.3　观测方法

将测锤徐徐放入测压管竖管,当重锤下端触及水面,听到锤击水面的响声时,立即拉住测绳,并反复几次上下移动,以测锤下端刚触及水面为准,然后量出测绳下放长度 $L$,在换算成测压管的水位 $G_n = H_n - L$($H_n$ 为测压管管口高程)测量时,取两次平均值,且要求读数之差不大于 2 cm。记录表如表 3-4-1 所示。

表 3-4-1　测压管水位测量记录表

水库水位:　　　 m　　　　　　　　　　　　　　　　　　日期:　　年　月　日

| 管口编号 | 管口高程(m) | 管口至水面距离(m) | | | 管内水位(m) | 备注 |
|---|---|---|---|---|---|---|
| | | 一次 | 二次 | 平均 | | |
| | | | | | | |
| | | | | | | |

观测人:　　　　　　　　　　　　记录人:

### 4.1.2　测读、记录渗压计读数

#### 4.1.2.1　观测仪器

渗压计是一种测量渗流水或静水压力的传感器。适用于回填或原位孔隙水压力的测定、扬压力的测定、水位或容器中流体压力的测定。具有抗干扰能力强、长期稳定、密封可靠等特点。目前普遍使用的是振弦式渗压计和差动电阻式渗压计。

振弦式孔隙水压力计具有二次密封性能,适用于填筑法施工安装,能长期埋设在水工建筑物或其他建筑物地基内,测量结构物地基内的孔隙(渗透)水压力,并可同步测量埋设点的温度,如图 3-4-2 所示。

振弦式渗压计主要由压力感应部件、振弦感应组件及引出电缆密封部件组成,如图 3-4-3 所示。渗压计的感应部件由透水石、感应板组成。感应板上接振弦感应组件,振弦感应组件由振动钢弦和电磁线圈构成。止水密封部分由接座套筒、橡皮圈及压紧圈等组成,内部填充环氧树脂防水胶,电缆由其中引出。

差动电阻式渗压计由前盖、透水石、弹性感应膜片、密封壳体、传感部件和引出电缆等组成,传感部件为差动电阻式感应组件,如图 3-4-4 所示。

差动电阻式渗压计埋设于混凝土或基岩内,渗透水压力自进水口经透水石作用于感应弹性膜片上,引起感应膜片位移,从而使其敏感组件上的两根电阻丝电阻值发生变化

图 3-4-2　振弦式孔隙水压力计外观图

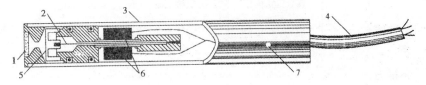

1—透水石;2—钢弦;3—不锈钢体;4—引出电缆;5—膜片;6—激励及接收线圈;7—内密封

图 3-4-3　振弦式渗压计结构示意图

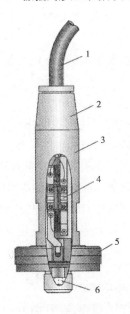

1—电缆;2—接座套筒;3—外壳;4—电阻敏感部件;5—敏感板;6—透水石

图 3-4-4　差动电阻式渗压计构造

（见图 3-4-5），其中一根 $R_1$ 减小（增大），另一根 $R_2$ 增大（减小），相应电阻比发生变化，通过电阻比指示仪测量其电阻比变化而得到渗透压力的变化量。

国内工程中常用的渗压计主要技术指标见表 3-4-2。

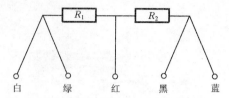

图 3-4-5  差动电阻式渗压计测量原理

表 3-4-2  国内常用的振弦式渗压计主要技术指标

| 型号 | 量程(MPa) | 灵敏度 | 精度 | 温度量测范围(℃) | 仪器长度(mm) |
|------|-----------|--------|------|-----------------|--------------|
| 4500S | 0.35 | 0.025% F.S | 0.01% F.S | -20~80 | 133 |
| 4500S | 0.7 | 0.025% F.S | 0.01% F.S | -20~80 | 133 |
| 4500S | 1 | 0.025% F.S | 0.01% F.S | -20~80 | 133 |
| 4500S | 2 | 0.025% F.S | 0.01% F.S | -20~80 | 133 |

#### 4.1.2.2  测量方法

振弦式渗压计可采用人工测读和自动化采集两种方式进行量测。

1. 人工量测与计算

人工方式量测时,振弦式渗压计可采用 PSM－V 型振弦式仪器检测仪进行测量。

1)仪器与振弦式仪器检测仪的连接

振弦式渗压计仪器电缆为五芯水工电缆,分别与接入指示仪的连接电缆对应颜色的分线电缆用电缆夹相连。

2)数据读取与记录

按照 PSM－V 型振弦式仪器检测仪使用说明书,读取频率模数 $F$。

振弦式渗压计埋设于坝体或基岩内,渗透水压力自进水口经透水石作用在渗压计的弹性膜片上,将引起弹性膜片的变形,并引起振弦应力的变化,从而改变振弦的振动频率。电磁线圈激振振弦并测量其振动频率,频率信号经电缆传输至读数装置,即可测出水荷载的压力值,同时由仪器中的热敏电阻可同步测出埋设点的温度值。

振弦式仪器的量测采用频率模数 $F$ 来度量,其定义为

$$F = \frac{f^2}{1\,000} \tag{3-4-1}$$

式中  $f$——振弦式仪器中钢丝的自振频率。

(1)当外界温度恒定,渗压计仅受到渗透(孔隙)水压力时,其压力值 $P$ 与输出的频率模数变化量 $\Delta F$ 具有如下线性关系:

$$P = k \times \Delta F \tag{3-4-2}$$

$$\Delta F = F - F_0 \tag{3-4-3}$$

式中  $k$——渗压计的最小读数,$kPa/kHz^2$,由厂家所附卡片给出;

$\Delta F$——实时测量的渗压计输出值相对于基准值的变化量,$kHz^2$;

$F$——实时测量的渗压计输出值,$kHz^2$;

$F_0$——渗压计的基准值，$kHz^2$。

（2）当渗压计的渗透（孔隙）水压力恒定时，若温度增加 $\Delta T$，渗压计有一个输出量 $\Delta F'$，这个输出量仅仅是由温度变化造成的，因此在计算时应予以扣除。

通过试验可知，$\Delta F'$ 与 $\Delta T$ 具有下列线性关系：

$$k \times \Delta F' = - b \times \Delta T \tag{3-4-4}$$

$$\Delta T = T - T_0 \tag{3-4-5}$$

式中　$b$——渗压计的温度修正系数，$kPa/℃$，由厂家给出；

　　　$\Delta T$——温度实时测量值相对于基准值的变化量，℃；

　　　$T$——温度的实时测量值，℃；

　　　$T_0$——温度的基准值，℃。

（3）当渗压计受到渗透（孔隙））水压力和温度的双重作用时，渗压计的一般计算公式为

$$P_{\mathrm{m}} = k \times (F - F_0) + b \times (T - T_0) \tag{3-4-6}$$

式中　$P_{\mathrm{m}}$——被测对象的渗透（孔隙）水压力，$kPa$，若大气压力有较大变化，应予以修正。

振弦式孔隙水压力计的观测数据填入表3-4-3，表格必须注明振弦式孔隙水压力计观测点的位置和埋设时间。

表3-4-3　渗压计观测记录表

| 工程名称 | | | 安装位置 | | | |
|---|---|---|---|---|---|---|
| 仪器设计编号 | | | 深度 | | 高程 | |
| 测孔编号 | | | 安装日期 | | | |
| 观测日期 | 时间 | 频率模数 $F$ | 温度（℃） | 观测 | 记录 | 校核 | 备注 |
| | | | | | | | |
| | | | | | | | |
| | | | | | | | |
| | | | | | | | |
| | | | | | | | |
| | | | | | | | |

### 2. 自动采集量测

振弦式渗压计安装埋设完毕，可接入"智能分布式安全监测数据采集系统"进行测量，该系统能实现自动定时监测，自动存储数据及数据处理，并能实现远距离监控和管理。具体使用方法请参阅相关资料。

振弦式渗压计接入"智能分布式安全监测数据采集系统"后，仪器的测量、计算存储均自动完成，无须人工干预。

## 4.2　渗流量监测

### 4.2.1　采用容积法测量、记录、计算渗流量

容积法适用于渗流量小于 1 L/s 的情况。观测时需进行记时,当记时开始时,将渗流水全部引入容器内,记时结束时停止。量出容器内的水量,已知记取的时间,即可计算渗流量,如表 3-4-4 所示。

表 3-4-4　容积法渗流量观测记录、计算表

测点编号:_____　　　　　　　　　　　　　　　　　　　　　位置:_____

| 日期 | 第一次 | | | 第二次 | | | 实测平均流量(L/s) | 上游水位(m) | 下游水位(m) | 备注 |
|---|---|---|---|---|---|---|---|---|---|---|
| | 充水时间(s) | 充水容积(L) | 实测流量(L/s) | 充水时间(s) | 充水容积(L) | 实测流量(L/s) | | | | |
| | | | | | | | | | | |
| | | | | | | | | | | |
| | | | | | | | | | | |
| | | | | | | | | | | |
| | | | | | | | | | | |

观测:　　　　　　　　　　　记录、计算:　　　　　　　　　　　校核:

采用容积法测渗流量时,应用量杯和秒表进行观测,当量杯开始接水时,即按动秒表,当停止接水时,即按停秒表,读取接水时间($t$)和取水量($V$),$t$ 不得小于 10 s,如小于 10 s,改用更大的容器测量。

渗流量计算:

$$Q = V/t \quad (\text{mL/s}) \tag{3-4-7}$$

式中　$V$——充水量,mL;

　　　$t$——接水时间,s。

用容积法监测排水量时,两次观测值之差不得大于两次测得渗流量平均的 5%。

### 4.2.2　使用水位测针或测尺测量、记录堰上水头

量水堰法适用于渗流量为 1～300 L/s 范围内的情况。量水堰一般需设置在集水沟的直线段上,为避免绕过量水堰的大量漏水,应将量水堰上下游排水沟底和边坡加以护砌,或者建造专门的混凝土或砌石引水槽,如图 3-4-6 所示。

为使堰上水流稳定,取得较准确的成果,设置量水堰应符合下列要求:

(1)堰壁需与引槽和来水方向垂直,并需直立。

(2)堰板要采用坚固的薄板,一般可将堰口靠下游边缘制成 45°角,使水流与堰口接

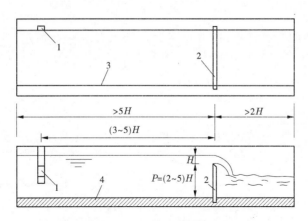

1—水尺或测量仪器；2—堰板；3—堰槽侧墙；4—堰槽底板

**图 3-4-6　量水堰结构示意图**

触时平顺。

（3）量水堰的形式应为非淹没式的，即紧靠量水堰的下游水头应低于堰顶高程，造成堰口自由出流。

（4）为使量水堰内水流完成纵向收缩，使计算时可以略去行近流速，堰板高必须大于或等于 5 倍堰上水头。

（5）装设堰板的沟槽段，应采取矩形断面。堰身长应大于 7 倍的堰上最大水头，同时不得小于 2.0 m。堰板上游的堰身长应大于 5 倍的堰上最大水头，同时不得小于 1.5 m；堰板下游的堰身长应大于 2 倍的堰上最大水头，同时不得小于 0.5 m。量水堰的水尺应设在堰板上游 3~5 倍堰上水头处，水尺刻度至毫米，尽可能用水位计代替水尺来观测，计数至 0.1 mm。

量水堰有以下几种形式。

#### 4.2.2.1　三角堰

过水断面为三角形的量水堰，称为三角堰。三角堰缺口为一等腰三角形，一般采用底角为直角，如图 3-4-7 所示。三角堰适用于渗流量小于 70 L/s 的情况，堰上水深一般不超过 0.3 m，最小不宜小于 0.05 m。直角三角堰结构及安装尺寸见表 3-4-5。

**表 3-4-5　直角三角堰标准尺寸表**

| 最大水深 $H$（cm） | 堰口深 $h$（cm） | 堰槛高 $P$（cm） | 堰板高 $D$（cm） | 堰肩宽 $T$（cm） | 堰口宽 $b$（cm） | 堰板宽 $L$（cm） | 测流范围（L/s） |
|---|---|---|---|---|---|---|---|
| 22 | 27 | 22 | 49 | 22 | 54 | 98 | 0.8~32 |
| 27 | 32 | 27 | 59 | 27 | 64 | 118 | 0.8~53 |
| 29 | 34 | 29 | 63 | 29 | 68 | 126 | 0.8~64 |
| 35 | 40 | 35 | 75 | 35 | 80 | 150 | 0.8~100 |

直角三角堰自由出流的流量计算公式为

$$Q = 1.4H^{5/2} \quad (\text{m}^3/\text{s}) \tag{3-4-8}$$

式中　$H$——堰上水头，m。

#### 4.2.2.2　梯形堰

梯形堰过水断面为一梯形,边坡常用 1:0.25,如图 3-4-8 所示。堰口应严格保持水平,底宽 $b$ 不宜大于 3 倍堰上水头。最大堰上水深不宜超过 0.3 m。适用于渗流量在 1~300 L/s 的情况。梯形堰标准尺寸见表 3-4-6。

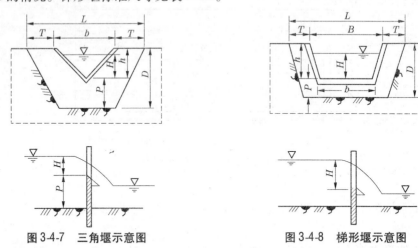

图 3-4-7　三角堰示意图　　　　　　　图 3-4-8　梯形堰示意图

堰口边坡为 1:0.25 的梯形堰流量计算公式为

$$Q = 1.86bH^{3/2}　（m^3/s）\tag{3-4-9}$$

表 3-4-6　梯形堰标准尺寸表(边坡 1:0.25)

| 堰槛宽 $b$(cm) | 堰口宽 $B$(cm) | 最大水深 $H$(cm) | 堰口深 $h$(cm) | 堰槛高 $P$(cm) | 堰板高 $D$(cm) | 堰肩宽 $T$(cm) | 堰板宽 $L$(cm) | 测流范围 (L/s) |
|---|---|---|---|---|---|---|---|---|
| 25 | 31.6 | 8.3 | 13.3 | 8.3 | 21.6 | 8.3 | 48.2 | 0.5~11.5 |
| 50 | 60.8 | 16.6 | 21.6 | 16.6 | 33.2 | 16.6 | 94.0 | 0.9~65.2 |
| 75 | 90.0 | 25.0 | 30.0 | 25.0 | 55.0 | 25.0 | 140.0 | 1.4~174.4 |
| 100 | 119.1 | 33.3 | 38.3 | 33.3 | 71.6 | 33.3 | 185.7 | 1.9~360.8 |

#### 4.2.2.3　矩形堰

矩形堰分有侧收缩和无侧收缩两种。

(1)有侧收缩矩形堰见图 3-4-9,堰前每侧收缩量 $T$ 至少应等于 2 倍最大堰上水头,即 $T \geqslant 2H_{max}$;堰后每侧收缩量 $E$ 至少等于最大堰上水头,即 $E \geqslant H_{max}$。

(2)无侧收缩矩形堰见图 3-4-10,堰后水流两侧边墙上应设置通气孔。

矩形堰堰门应严格保持水平,堰口宽度一般为 2~5 倍堰上水头,但最小为 0.25 m,最大为 2 m。一般用于渗流量大于 50 L/s 的情况。

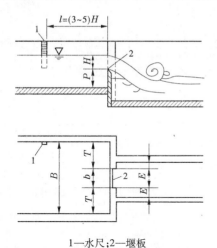

1—水尺;2—堰板

图 3-4-9　有侧收缩矩形堰结构示意图

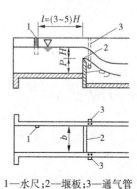

1—水尺;2—堰板;3—通气管

图 3-4-10　无侧收缩矩形堰结构示意图

矩形堰流量可采用下式计算:

$$Q = (0.402 + 0.054H/P)b \sqrt{2g}H^{3/2} = mb \sqrt{2g}H^{3/2} \qquad (3\text{-}4\text{-}10)$$

式中　$Q$——过堰流量,$m^3/s$;

$H$——堰上水头,m;

$b$——堰口宽,m;

$m$——流量系数。

对无侧收缩矩形堰 $m = 0.402 + 0.055H/P$,$P$ 为堰高。

对有侧收缩矩形堰,则 $m = \left[0.405 + \dfrac{0.002\,7}{H} - 0.03(B-6)/B\right]\left[1 + \dfrac{0.55b^2H^2}{B^2(H+P)^2}\right]$,其中 $B$ 为堰上游槽宽,$P$ 为堰高。

### 4.2.3　测读、记录堰上水位计读数和渗流水温

测量堰上水头应使用刻度至毫米的水尺。水位计的水位刻度应划分至毫米。水位计的滞后行程不大于 3 mm。

记时装置连续工作 30 d 以上,记时累积平均误差应不大于 ±30 s/d。连续工作 24 h 的记时钟,误差应不大于 ±30 s/d。电子记录仪的误差应不大于满刻度读数的 ±0.5%。

直接与污水接触的测量仪器部件,用耐腐蚀的材料制成。

安装在现场的仪器,应有防潮、防腐、防冻等措施。

在行近渠道上,距堰顶 $2h_{\max}$ 处测量堰上水头。若渠道中的水面波动不大,测量时不影响水流,可在渠道上直接测量,否则应在静水井中测量。

测流前应确定水头零点。水头零点即过堰水头为零时,水头测量位置处水尺的读数,或静水井基准板与堰顶的垂直距离。此值用水准仪测量求得。不能用下降或上升堰前水面至堰顶处的读数,当作水头零点。

水头测量的误差应为水头变幅的 ±1%,但不得大于 ±1 mm。

渗流水温的测读、记录见相关章节。

# 模块5　应力应变及温度监测

## 5.1　应力应变监测

　　水工建筑物在内、外荷载和各种因素作用下,建筑物本身及地基内部都将产生应力,随着荷载的变化,应力也将产生相应的变化。所以,应通过监测仪器和设备,对建筑物本身和地基内应力的大小、分布和变化进行观测。

　　应力观测的主要目的,是通过观测水工建筑物及地基内部实际应力的大小、方向和分布,检验应力是否超过材料或地基的强度极限,分析判断建筑物和地基产生裂缝并扩展甚至破坏的可能性,以便及时采取措施,保证工程安全;应力观测的另一个目的是将实测成果与设计假定数据进行对比,以检验设计、施工的合理性,为以后设计、施工正确取用数据和方法提供资料。

　　受观测仪器的限制,目前混凝土坝的应力观测,主要依靠观测其应变量来间接地求得应力值。它的方法是,在施工期间在坝内埋设应变计,用电缆引到观测站,接到集线箱上,用比例电桥测读仪器的电阻和电阻比,计算出坝体在应力、温度、湿度及化学作用下所产生的总变形。同时在测点附近埋设无应力计,以观测坝体的非应力变形量(在温度、湿度及化学作用下的变形),并从总变形量中扣除非应力变形量,即可求得坝体的应力应变,再通过混凝土徐变及弹性模数等关系,最后将应变换算成应力。对于只需观测压应力,同时压力方向又比较明确的部位,也可以采用应力计直接观测压应力。

### 5.1.1　应力应变仪器原始数据测读

　　(1)埋设初期一个月内,应变计、无应力计和温度计观测宜按如下频次进行:前24 h,1次/4 h;第2～3天,1次/8 h;第4～7天,1次/12 h;之后按表3-5-1测次要求进行观测。

表3-5-1　安全监测项目测次

| 监测类别 | 监测项目 | 施工期 | 首次蓄水期 | 运行期 |
|---|---|---|---|---|
| 应力、应变<br>及温度 | 应力 | 1次/周至1次/月 | 1次/天至1次/周 | 2次/月至1次/季 |
| | 应变 | 1次/周至1次/月 | 1次/天至1次/周 | 2次/月至1次/季 |
| | 混凝土温度 | 1次/周至1次/月 | 1次/天至1次/周 | 2次/月至1次/季 |
| | 坝基温度 | 1次/周至1次/月 | 1次/天至1次/周 | 2次/月至1次/季 |

　　(2)使用直读式接收仪表进行观测时,每月应对仪表进行一次检验。如需要更换仪表,应先检验是否有互换性。

（3）仪器设备应妥加保护。电缆的编号牌应防止锈蚀、混淆或丢失。电缆长度需要改变时，应在改变前后读取测值，并做好记录。集线箱及测控装置应保持干燥。

（4）仪器埋设后，应及时按适当频次观测以便获得仪器的初始值。初始值应根据埋设位置、材料的特性、仪器的性能及周围的温度等，从初期各次合格的观测值中选定。为便于监测资料分析，在各分析时段的起点应按适当频次观测，以便获得仪器的基准值。

（5）人工方式量测时，可采用便携式电阻比指示仪对差阻式系列仪器进行测量，采用便携式钢弦频率指示仪对振弦式系列仪器进行测量，采用便携式电位器式指示仪对电位器式系列仪器进行测量。

（6）差阻式系列仪器、振弦式系列仪器、电位器式系列仪器安装埋设完毕后，可接入"智能分布式安全监测数据采集系统"进行测量，该系统能实现自动定时监测、自动存储数据及数据处理，并能实现远距离监控和管理。

## 5.1.2　应力应变仪器观测数据记录

监测记录应真实可靠，记录表格式参见表 3-5-2 ~ 表 3-5-4。每次监测工作完成后，应进行资料整理。

表 3-5-2　土压力计（钢筋计、应变计、锚杆应力计等）监测记录表

工程部位_____　　断面编号_____　　测点编号_____　　厂家编号_____

| 监测日期及时间 | 仪器读数 | | 水位（m） | | 备注 |
|---|---|---|---|---|---|
| | 频模（$f^2 \times 10^{-3}$）/电阻比（0.01%） | 温度（℃）/温度电阻（Ω） | 上游 | 下游 | |
| | | | | | |
| | | | | | |
| | | | | | |

监测：　　　　　　　　　记录：　　　　　　　　　校核：

表 3-5-3　锚索测力计（振弦式）监测记录表

工程部位_____　　　　测点编号_____　　　　厂家编号_____

| 监测日期及时间 | 仪器读数（$f^2 \times 10^{-3}$） | | | | 温度（℃） | 备注 |
|---|---|---|---|---|---|---|
| | 1号传感器 | 2号传感器 | 3号传感器 | …　　n号传感器 | | |
| | | | | | | |
| | | | | | | |

监测：　　　　　　　　　记录：　　　　　　　　　校核：

表3-5-4　温度计监测记录表

工程部位＿＿＿＿＿　断面编号＿＿＿＿＿　测点编号＿＿＿＿＿　厂家编号＿＿＿＿＿

| 监测日期及时间 | 温度电阻(Ω) | 水位(m) | | 备注 |
| --- | --- | --- | --- | --- |
| | | 上游 | 下游 | |
| | | | | |
| | | | | |
| | | | | |

监测:　　　　　　　　记录:　　　　　　　　校核:

## 5.2　温度监测

混凝土坝施工期,由于水泥水化热而引起浇筑体的温度急剧上升,形成内外温差而导致产生表面裂缝,并由此引起新老混凝土之间的温差,即所谓基础温差,导致产生水平拉应力而引起坝体贯穿裂缝,影响坝体整体性。混凝土运用期,由于大坝的上游面受水温的影响,从而引起坝体的水平位移和裂缝的开合。

温度是影响大坝位移的主要因素,也是施工期间浇筑混凝土和进行坝缝灌浆的主要控制因素。拱坝的温度荷载在设计时是作为基本荷载来考虑的,所以混凝土的内部温度是影响混凝土坝设计、施工、安全运行一个重要因素。

为了解混凝土坝由于混凝土本身水化热以及外界的水温、气温和太阳辐射等因素形成的坝体内部温度分布和变化情况,以研究温度对坝的应力及体积变化的影响,分析坝体的运行状态;同时为了随时掌握施工中混凝土的散热情况,借以研究改进施工方法,防止产生温度裂缝,确定按缝灌浆时间,并为科研和设计积累资料,必须对混凝土坝进行温度观测。

### 5.2.1　温度计原始数据测读

(1)振弦式温度计采用分辨力不低于0.1 Hz的振弦读数仪测读,应平行测定2次,初始频率读数差不大于0.5 Hz;或采用分辨力为0.1 kHz$^2$的频率模数读数仪测读,平行测定2次,读数偏差不大于2 kHz$^2$。

(2)铜电阻式温度计采用分辨力不低于0.01%电阻读数仪测读,应平行测定2次,初始电阻读数差不大于0.10 Ω。

(3)热敏电阻温度计采用分辨力不低于0.1 ℃的温度读数仪表测读,应平行测定2次,初始温度读数差不大于0.5 ℃;或采用相应准确度的万用表测读初始电阻,应平行测定2次,其读数差不大于标称电阻(25 ℃时电阻值)的0.1%。

### 5.2.2　温度计观测数据记录

温度监测的传感器也比较多,目前我国最通用的为差动电阻式温度计。在差阻式仪器系列中,除专用的温度计外,其他仪器亦均能同时监测温度。前者的精度为0.3 ℃,后者为 0.5 ℃。在观测对象中除坝基外,混凝土、水和大气的温度变幅一般为 20~30 ℃,精度和变幅之比远大于 1:10,因此能确切反映出温度的变化规律性,效果较好,测值一般说来是可靠的。

　　主要用于测量水工建筑物中的内部温度,也可监测大坝施工中混凝土拌和及传输时的温度及水温、气温等。电阻温度计一般由电阻线圈、外壳及电缆三个主要部分组成,其电缆引出形式分为三芯、四芯,如图 3-5-1 所示。

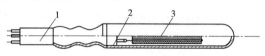

1—引出电缆;2—密封壳体;3—感温元件

**图 3-5-1　电阻式温度计结构图**

　　图 3-5-1 中的电阻线圈是感温元件,采用高强度漆包线按一定工艺绕制,用紫铜管作为温度计的外壳,与引出电缆槽密封而成。

　　温度计利用铜电阻在一定的温度范围内与温度成线性的关系工作,当温度计所在的温度变化时,其电阻值也随着变化。温度计算公式如下:

$$t = \alpha \left( R_t - R_0 \right) \tag{3-5-1}$$

式中　　$t$——测量点的温度,℃;

　　　　$R_t$——温度计实测电阻值,$\Omega$;

　　　　$R_0$——温度计零度电阻值,$\Omega$,$R_0 = 46.60\ \Omega$;

　　　　$\alpha$——温度计温度系数,℃$/\Omega$,$\alpha = 5$ ℃$/\Omega$。

电阻温度计主要技术参数见表 3-5-5。

**表 3-5-5　电阻温度计主要技术参数**

| | 温度测量范围(℃) | $-30 \sim +70$ |
|---|---|---|
| | 引出电缆芯线 | 4 |
| | 零度电阻值($\Omega$) | 46.60 |
| | 电阻温度系数(℃$/\Omega$) | 5.00 |
| | 温度测量精度(℃) | ±0.3 |
| 绝缘电阻(M$\Omega$) | 在使用温度范围内 | ≥50 |
| | 在 0.5 MPa 水中 | ≥50 |

　　电阻温度计使用比较广泛,既可安置在百叶箱里观测气温,也可放置在水库里观测水温,还可埋设在基岩或混凝土里观测坝基和坝体的温度,测温记录表见表 3-5-6。

表 3-5-6 ＿＿＿＿＿＿＿＿**混凝土测温记录表**

| 工程名称 | | | | 工程部位 | |
|---|---|---|---|---|---|
| 混凝土<br>浇筑日期 | | 混凝土<br>入模温度(℃) | | 混凝土浇筑时<br>大气温度(℃) | |
| 混凝土<br>养护方法 | | | | | |

测温记录

| 测温日期 | 测温<br>时间 | 测温孔温度(℃) | | | | | | | | | | | 大气温度(℃) |
|---|---|---|---|---|---|---|---|---|---|---|---|---|---|
| | | 1 | 2 | 3 | 4 | 5 | 6 | 7 | 8 | 9 | 10 | 11 | |
| | | | | | | | | | | | | | |
| | | | | | | | | | | | | | |
| | | | | | | | | | | | | | |
| | | | | | | | | | | | | | |
| | | | | | | | | | | | | | |
| | | | | | | | | | | | | | |
| | | | | | | | | | | | | | |
| | | | | | | | | | | | | | |
| 测温<br>孔布<br>置图 | | | | | | | | | | | | | |

# 第4篇　操作技能——中级工

# 模块 1　巡视检查

## 1.1　土(石)工建筑物检查

土坝经常受到水的作用,必须能在各种情况下维持自身稳定,防止滑坡事故。

土坝迎水的一面称作迎水坡或上游坡,背水的一面称为背水坡或下游坡。土坝边坡应根据坝高、坝体土料、坝基情况等考虑。其一般规定是:底部坝坡缓于上部坝坡,迎水坡缓于背水坡(因为迎水坡长期浸在水中,土体经常湿润饱和,库水位涨落交替,并受风浪冲击,尤其是在水库放水时比下游坡更易产生滑坡)。坝高大于 15 m 时,一般采用多级坝坡,并在变坡处设置平台(又叫马道),其作用是增加坝坡稳定、截取雨水以防冲刷坝坡。平台的宽度一般为 1.5~2.0 m,内设排水沟。

### 1.1.1　迎水坡检查

迎水坡检查主要包括护面或护坡是否损坏;有无裂缝、剥落、滑动、隆起、塌坑、冲刷或植物滋生等现象;近坝水面有无冒泡、变浑或漩涡等异常现象。

### 1.1.2　背水坡及坝趾检查

背水坡及坝趾主要包括检查有无裂缝、剥落、滑动、隆起、塌坑、雨淋沟、散浸、积雪不均匀融化、冒水、渗水坑或流土、管涌等现象;排水系统是否通畅;草皮护坡植被是否完好;有无兽洞、蚁穴等隐患。

在坝基渗漏的巡视检查中,要特别关注管涌或流土的巡查。管涌和流土是坝基发生渗漏破坏的两种主要类型,在水库持续高水位时,管涌或流土险情将不断扩大,有可能导致坝身局部坍塌,甚至有溃坝的危险。一般管涌和流土发生在大坝背水坡坡脚附近的地面上。

#### 1.1.2.1　管涌和流土的检查方法

如果发生管涌,管涌的出水口多呈孔状,出口处"翻沙鼓水",形如"泡泉",冒出黏土粒或细砂,形成"沙环"。出水口的大小不一样,小的如蚁穴大小,大的可达几十厘米;出水口的多少也不一样,少的只有 1~2 个,多的成群出现。如果发生流土,则出现土块隆起、膨胀、断裂或浮动等现象,又叫"牛皮胀"。若地基土为比较均匀的细砂,会出现小泉眼、冒气泡,继而是土颗粒向上鼓起,发生浮动、跳跃,这种现象也称为"沙沸"。

#### 1.1.2.2　漏洞的巡查

在背水坡或坝坡脚附近巡查中,如果在能看到明显的水流,甚至能听到哗哗的流水声,这表明大坝已有漏洞了。此时,首先要找到漏洞进口,在巡查时,一般是采用水面观察的方法。因为漏洞进水口附近的水体容易出现漩涡,所以要先观察水面有没有漩涡,如果看到漩涡,就可以确定漩涡下有漏洞进水口;如果漩涡不明显,可将米糠、锯末等漂浮物撒于水面,当发现这些东西在水面打漩或集中一处,那就表明此处水下有漏洞进水口。有条件时,最好请专业潜水人员下水探查漏洞,但要确保人身安全。

### 1.1.3　堤坝与岸坡或建筑物接合部检查

渗流绕过两坝端或沿着土坝与混凝土及砌石建筑物的接触面向下游流出,称为绕坝渗流。如果坝与岸坡连接不好,或土坝与混凝土及砌石建筑物接触面连接不好,或岸坡中有强透水层,或岸坡过陡产生裂缝,都有可能发生集中渗流,造成渗透变形,甚至造成土坝失事。

(1)坝端的检查。检查内容主要有坝体与岸坡连接处有无裂缝、错动、渗水等现象,两岸坝端区有无裂缝、滑动、崩塌、溶蚀、隆起、塌坑,异常渗水坝端区有无蚁穴、兽洞等。

(2)坝端岸坡的检查。检查内容主要有绕坝渗水是否正常;有无裂缝、滑动迹象;护坡有无隆起、塌陷或其他损坏现象。

(3)坝址近区的巡查。检查内容主要是看有无阴湿、渗水、管涌、流土或隆起等现象;排水设施是否完好。

大坝上下游近坝区岸坡,易遭受冲刷破坏,岸坡基岩也是水库渗水和绕坝渗流的主要通道。巡视检查应注意观察近坝区岸坡和地下水露头及绕坝渗流情况,注意观察岸坡有无冲刷、塌陷、裂缝及滑移迹象,注意观察岸坡基岩渗出的地下水浑浊度情况。巡视检查人员应对所负责的大坝近坝区岸坡,在不同的库水位情况下的岸坡渗水或漏水量变化情况基本清楚,这样在巡视检查过程中即能判断出近坝区岸坡渗水及绕坝渗流情况是否正常。对上游近坝区岸坡存在不稳定的滑坡岩体的水库,巡视检查人员每次巡视检查均应关注。

### 1.1.4　检查方法

检查主要依靠目视、耳听、手摸、鼻嗅等直观方法,可辅以锤、钎、量尺、放大镜、望远镜、照相机、摄像机等工器具进行;如有必要,可采用坑(槽)探挖、钻孔取样或孔内电视、注水或抽水试验、化学试剂测试、水下检查或水下电视摄像、超声波探测及锈蚀检测、材质化验或强度检测等特殊方法进行检查。

## 1.2　混凝土建筑物检查

### 1.2.1　伸缩缝、止水、填料检查

混凝土建筑物伸缩缝、止水、填料的检查主要包括:
(1)伸缩缝止水设施养护是否正常。
(2)检查各类止水设施是否完整无损、有无渗水或渗漏量是否超过允许范围。
(3)检查沥青井出流管、盖板等设施是否正常工作,如发现沥青溢出,应及时清除。
(4)沥青井5~10年加热一次,沥青不足时应补灌,沥青老化时应及时更换,更换的

废沥青应回收处理。

（5）伸缩缝充填物老化脱落，应及时充填封堵。

## 1.2.2　消能工、过流面检查

对于大坝泄水建筑物，溢洪道是确保水库安全的泄水通道，若遇堵塞或泄水不畅，就会危及工程的安全。因此，对溢洪道要进行经常检查观察，随时保持溢洪道的正常泄洪能力。通常巡视检查应注意观察溢洪道（泄水洞）的闸墩、边墙、胸墙、溢流面（洞身）工作桥等处有无裂缝和损伤。泄水建筑物在泄洪期间，还应注意观察水流流态、上游拦污设施情况和下游河床及岸坡冲刷、淤积是否正常。在泄洪当年汛后，还应组织对泄水建筑物泄流后有关情况进行检查，对溢流面或泄洪洞洞身、消能设施的磨损与冲蚀，下游冲坑深度或淤积情况进行检查、测量和记录。具体检查要求如下：

（1）泄洪前的检查。每当库水位接近溢洪高程将要泄洪之前，要组织力量进行一次详细检查，看溢洪道上是否有影响泄水的障碍物，两岸山坡是否稳定，如果发现岩石或土坡松动出现裂缝或塌坡，则应及早清除或采取加固措施，以免在溢洪时突然发生岸坡塌滑，堵塞溢洪道过水断面的险情。检查溢洪道各部位是否完好无损，如闸墩、底板、边墙、胸墙、溢洪堰、消力池等结构，有无裂缝、损坏和渗水等现象。

（2）泄洪过程中的检查。要随时观察建筑物的工作状态和防护工作，严禁在泄水口附近捞鱼或涉水，以免发生事故。

（3）泄洪后的检查。溢洪后应及时检查消力池、护坦、海漫、挑流鼻坎、消力墩、防冲齿墙等有无损坏或淘空，溢洪面、边墙等部位是否发生气蚀损坏，上下游截水墙或铺盖等防渗设施是否完好，伸缩缝内、侧墙前后有无渗水现象等。

溢洪道设有闸门的应同时对闸门及启闭设备进行检查。

## 1.2.3　引水和泄水建筑物检查

引水建筑物是为灌溉、发电、供水和专门用途的取水而设的。对于引水建筑物，应检查进水设施（如进水口、进水渠）有无淤堵；进水口、拦污栅有无损坏。泄水建筑物是为宣泄洪水或放空水库而设。对于泄水建筑物，通常是检查溢洪道（或泄洪洞）的闸墩、边墙、胸墙、溢流面等处有无裂缝及损伤；消能设施有无磨损、冲蚀，下游河床及岸坡冲刷和淤积情况；上游拦栅的情况等。在泄洪期间应注意观察水流流态。在泄洪当年汛后，还应组织对泄水建筑物泄流后的有关情况进行检查，对溢流面或泄洪洞洞身、消能设施的磨损与冲蚀，下游冲坑深度或淤积情况进行检查、测量和记录。

还应检查溢洪道、泄水设施和发电隧洞等建筑物混凝土有无风化、过应力、碱－活性骨料反应、冲刷、气蚀、磨损及人为作用引起的破损和裂缝情况，所有伸缩缝均不应生长植物。

## 1.2.4　近坝区岸坡检查

大坝的上下游近坝区岸坡，易遭受冲刷破坏，岸坡基岩也是水库渗水和绕坝渗流的主要通道。巡视检查应注意观察近坝区岸坡地下水露头变化及绕坝渗流情况；检查岸坡有无冲刷、塌陷、裂缝及滑移等情况;注意观察岸坡基岩的渗水浑浊度和不同库水位时的渗水量的变化情况。巡视检查人员应对所负责的大坝近坝区岸坡,在不同的库水位情况下的岸坡渗水或漏水量变化情况基本清楚,这样在巡视检查过程中即能判断出近坝区岸坡渗水及绕坝渗流情况是否正常。对上游近坝区岸坡存在不稳定的滑坡岩体的水库,巡视检查人员每次巡视检查均应关注。

### 1.2.5　检查方法

　　检查方法主要依靠目视、耳听、手摸、鼻嗅等直观方法,可辅以锤、钎、量尺、放大镜、望远镜、照相机、摄像机等工器具进行;如有必要,可采用坑(槽)探挖、钻孔取样或孔内电视、注水或抽水试验、化学试剂、水下检查或水下电视摄像、超声波探测及锈蚀检测、材质化验或强度检测等特殊方法进行检查。

# 模块 2　环境量监测

## 2.1　水位监测

### 2.1.1　水尺安装

#### 2.1.1.1　水尺的标划

水尺的刻度要求清晰,一般用"E"字形,左右交错排列。最小刻度为 1 cm,误差不大于 0.5 mm。当水尺长度在 0.5 m 以下时,累积误差不得超过 0.5 mm;当水尺长度在 0.5 m 以上时,累积误差不得超过长度的 1‰。水尺面宽不宜小于 5 cm。数字一般按 dm 标度,应清楚且大小适宜,下边缘应靠近相应的刻度处。刻度、数字及底板的色彩对比应鲜明,且不易褪色和剥落。

一般多使用成品搪瓷水尺板面,长度不足时使用多支板面拼接,也可自行刻画。搪瓷水尺板如图 4-2-1 所示。

**图 4-2-1　搪瓷水尺板**

#### 2.1.1.2　水尺的布设与安装

##### 1. 水尺的布设原则

水尺设置的位置应在测验断面上便于观测员接近,直接观读水位处。在风浪较大的观测点,宜设置静水设施。

水尺观读控制范围,应高(低)于测站历年最高(低)水位 0.5 m 以上(下),在此变幅可沿断面分高低安置多支水尺。相邻两支水尺的观测范围应有不小于 0.1 m 的重合;当风浪经常性较大时,重合部分可适当增大。当水位超出水尺的观读范围时,应及时增设水尺,如河道接近干涸或断流,当水边即将退出最后一支水尺时,应及时向河心方向增设水尺。

同一组基本水尺,各支水尺宜设置在同一断面线上。当因地形限制或其他原因不能设置在同一断面线时,其最上游与最下游水尺的水位差不应超过 1 cm。同一组比降水尺,如不能设置在同一断面线上,偏离断面线的距离不得超过 5 m,同时任何两支水尺的顺流向距离偏差不得超过上、下比降断面间距的 1/200。

##### 2. 直立式水尺的安装

直立式水尺的水尺板应固定在垂直的靠桩上,靠桩宜呈流线型,可用型钢、铁管或钢筋混凝土等材料制作,或用直径 10 ~ 20 cm 木桩做成。当采用木桩时,表面应做防腐处理。安装时,应将靠桩浇筑在稳固的岩石或水泥护坡上,或直接将靠桩打入河床。

靠桩入土深度应大于 1 m。松软土层或冻土层地带,宜埋设至松土层或冻土层以下至少 0.5 m;在淤泥河床上,入土深度不宜小于靠桩在河底以上高度的 1.5 倍。

水尺应与水平面垂直,安装时应吊垂线校正。

3.其他水尺的安装

矮桩式水尺的矮桩材料及入土深度与直立式水尺靠桩相同,桩顶应高出床面 10～20 cm,桩顶应牢固并成水平面,木质矮桩顶面宜打入直径为 2～3 cm 的金属圆头钉,以便放置测尺。两相邻桩顶的高差宜为 0.4～0.8 m,平坦岸坡宜为 0.2～0.4 m。

倾斜式水尺安装时的坡度应大于 30°。倾斜式水尺应将金属板固紧在岩石岸坡上或水工建筑物的斜坡上,按斜线与垂线长度的换算,在金属板上刻划尺度,或直接在水工建筑物的斜面上刻划,刻度面的坡度应均匀,刻度面应光滑。一般每间隔 2～4 m 应设置高程校核点。

4.水位计的设置与安装

测针式水位计以能测到历年最高和最低水位为宜。若测不到,应配置多台测针式或其他相同观测精度的设备。当同一断面需要设置两个以上水位计时,水位计可设置在不同高程的一系列基准板或台座上,但应处在同一断面线上;当受条件限制达不到此要求时,各水位计偏离断面线的距离不宜超过 1 m。

安装时,应将水位计支架紧固在用钢筋混凝土或水泥浇筑的台座上,测杆应与水面垂直,安装时可用吊垂线调整,并可加装简单的电气设备来判断指示针尖是否恰好接触水面。

悬锤式水位计宜设置在水流平顺无阻水影响的地方,能测到历年最高、最低水位。当条件限制测不到时,应配置其他观测设备。

安装时,支架应紧固在坚固的基础上,滚筒轴线应与水面平行,悬锤重量应能拉直悬索。安装后,应进行严格的率定,并定期检查测索引出的有效长度与记数器或刻度盘读数的一致性,其误差应小于 ±1 cm。

## 2.1.2　自记水位计校正

### 2.1.2.1　自记水位计主要类型

自记水位计是利用机械、压力、声波、电磁波等传感装置间接观测记录水位变化的设备,一般由水位感应、信息传输与记录装置三部分组成。常见感应水位的方式有浮子、水压力、超声波、雷达波等多种类型;按感应器是否触及水体分为接触式和非接触式;按数据传输距离可分为就地自记式与远传、遥测自记式;按水位记录形式可分为模拟记录曲线纸式与数字记录等。以下按感应分类简要介绍其原理。

1.浮子式自记水位计

浮子式自记水位计(见图 4-2-2)主要由感应传输部分和记录部分组成,靠它们的联合作用绘出水位升降变化的模拟曲线。感应传输部分直接感受水位变化,构件为浮筒(浮子)、悬索及平衡锤、变速齿轮组,浮筒(浮子)和平衡锤用塑胶铜线连接悬挂在水位轮上,水位涨落使浮筒升降带动水位轮正反旋转。记录部分由记录转筒、自记钟、自记笔及导杆组成,记录滚筒与水位轮直接连接,当水位轮旋转时,记录滚筒一起转;记录纸是装在记录滚筒外面的,记录笔是特制的小钢笔,由石英晶体自记钟以每小时一定的速度带动它在记录纸横坐标方向上单向运动,这样记录滚筒随水位变化作纵向运动,记录笔随时间变化作横向运动,将水位模拟曲线描绘在记录纸上。

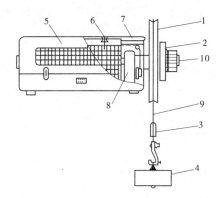

1—1:2水位轮;2—1:1水位轮;3—平衡锤;4—浮子;5—记录纸及滚筒;
6—笔架;7—导杆;8—自记钟;9—悬索;10—定位螺帽

**图 4-2-2 浮子式自记水位计结构示意图**

### 2. 压力式水位计

通过测量水体的静水压力,实现水位测量的仪器称为压力式水位计。设测点的静水压强为 $p$,水体密度为 $\rho$,则测量(传感固定测点)处的水深为 $H = p/\rho$。若固定测点高程为 $Z$,则 $Z + H$ 即为水位。该类仪器可应用在江河、湖泊、水库及其他密度比较稳定的天然水体中,实现水位测量和存储记录。

压力式水位计又分为气泡式和压阻式两种。气泡式是通过气管向水下的固定测点通气,使通气管内的气体压力和测点的静水压力平衡,从而通过测量通气管内气体压力来实现水压(水深)测量。压阻式是直接将压力传感器严格密封后置于水下测点,测量其静水压力(水深)。

### 3. 超声波水位计

超声波水位计是一种把声学和电子技术相结合的水位测量仪器。按照声波传播介质的区别可分为液介式和气介式两大类。传感器安装在水中的称之为液介式超声波水位计,而传感器安装在空气中不接触水体的,称之为气介式或非接触式超声波水位计。

超声波水位计的原理是,超声波在空气(或水中)传播速度为 $v$,当超声波在空气中(或水中)传播遇到水面(或气面)后被反射,仪器测得声波往返于传感器到水面(或气面)之间的时间 $t$,则超声波在空气中(或水中)传播的距离为 $H = \frac{1}{2}vt$,再用传感器安装起算零点高程 $Z$ 减去(或加上)$H$ 即得水位。

由于超声波在空气中的传播速度是温度的函数,一般有 $v = 331.45 + 0.61T$ ($T$ 为气温)的关系,正确地修正波速是保证测量精度的关键,因此非接触气介超声波水位计,需采用温度实时修正方法实现声波测距校准,以使测量精度达到规范要求。液介式超声波水位计也需要选择和校准声波测距。

气介式超声波水位计的主要特点有,在水位测量过程中没有任何部件接触水体,实现非接触测量,不受高速水流冲击,不受水面漂浮物的缠绕、堵塞或撞击以及水质电化反应的影响;设备无运动部件,不会因部件磨损锈蚀而产生故障,寿命长,可靠性好;采用实时温度自动校准技术,精度高;测量范围大,施测水位变幅可达 40 m;设备安装一般比建造水位计台(井)基建投资小。

4.雷达水位计

雷达水位计是通过非接触气介方式测量地表水位的一种高精度测量仪器。原理同非接触式超声波水位计,但由电磁波传输反射实施测量。可用于多泥沙、多漂浮物、多水草以及具有腐蚀性的污水、盐水等恶劣环境下的水位观测。

### 2.1.2.2　自记水位计的比测与校测

1.比测

自记水位计的比测应在仪器安装后或改变仪器类型时进行。一般为自记水位计与同位置同时刻的水尺观测水位比测。比测时可按水位变幅分几个测段分别进行,包括水流平稳、变化急剧等情况,每段比测次数应不少于 30 次。比测结果应符合:一般水位站置信水平 95% 的综合不确定度为 3 cm,系统误差为 ±1 cm;受波浪影响突出的近海地区水位站,综合不确定度可放宽至 5 cm。纸介质模拟自记水位计允许计时误差应符合表 4-2-1 的规定。在比测合格的水位变幅内,自记水位计可正式使用,比测资料可作为正式资料。不具备比测条件的无人值守站只可进行校测。

表 4-2-1　纸介质模拟自记水位计允许计时误差　　　　（单位:mm）

| 记录周期 | 允许误差 | |
| :---: | :---: | :---: |
| | 精密级 | 普通级 |
| 日记 | ±0.5 | ±3 |
| 周记 | ±2 | ±10 |
| 双周记 | ±3 | ±12 |
| 月记 | ±4 | |
| 季记 | ±9 | |
| 半年记 | ±12 | |
| 年记 | ±15 | |

2.校测

自记水位计校测在仪器的正常观测使用期进行,应定期或不定期进行,校测频次可根据仪器稳定程度、水位涨落率和巡测条件等确定。每次校测时,应记录校测时间、校测水位值、自记水位值、是否重新设置水位初始值等信息,作为水位资料计算整编的依据。当校测水位与自记水位系统偏差超过 ±2 cm 时,经确认后重新设置水位初始值。

自记水位计的校测可根据测站设施情况确定:

(1)设有水尺的自动监测站,可采用水尺观测值进行校测。未设置水尺的可采用悬锤式水位计、测针式水位计或水准测量的方法进行校测。

(2)采用纸记录的自记水位计的水位校测方法如下:

①使用日记式自记水位计时,每日 8 时定时校测一次;资料用于潮汐预报的潮水位站

应每日 8 时、20 时校测两次。当一日水位变化较大时,应根据水位变化情况适当增加校测次数。

②使用长周期自记水位计时,对周记和双周记式自记水位计应每 7 d 校测一次,对其他长期自记水位计应在使用初期根据需要加强校测,当运行稳定后,可根据情况适当减少校测次数。

③校测水位时,应在自记纸的时间坐标上画一短线。需要测记附属项目的站,应在观测校核水位的同时观测附属项目。

### 2.1.3　水位观测数据统计

#### 2.1.3.1　水位观测结果的计算

水位观测结果统计包括瞬时水位和日平均水位的计算。瞬时水位 $Z$ 数值用某一基面以上米数表示,为水尺读数 $h$ 与水尺零点高程 $Z_0$ 的代数和,即 $Z = Z_0 + h$。

计算时应注意水尺读数的正负号。水尺读数为水位观测记载表中的"水尺读数"值。

日平均水位是指在某一水位观测点一日内水位的平均值。其推求的几何原理是,将一日内水位变化的不规则梯形面积,概化为矩形面积,其高即为日平均水位。

日平均水位计算方法有时刻水位代表法、算术平均法、面积包围法,根据每日水位变化情况、观测次数及整编方法确定选用。

(1)时刻水位代表法。用当日某时刻观测或插补水位值作为本日的日平均水位。适用于一日内水位变化平稳,只观测一次水位时,该次水位值即为当日的日平均水位。

(2)算术平均法。用当日一次以上观测水位值的算术平均值作为本日的日平均水位。适用于一日内水位变化平缓,或变化虽较大但观测或摘录时距相等的情况。计算公式为

$$\overline{Z} = \frac{\sum_1^n Z_i}{n} \tag{4-2-1}$$

式中　$n$——一日观测水位的次数;

　　　$Z_i$——一日各观测时刻的水位值,m;

　　　$\overline{Z}$——日平均水位,m。

(3)面积包围法计算日平均水位。

计算日平均水位的面积包围法又称 48 加权法,以各次水位观测或插补值在一日 24 h 中所占时间的小时数为权重,用加权平均法计算值作为本日的日平均水位值。计算时可将一日内 0~24 h(当无 0 时或 24 h 实测水位时,应根据前后相邻水位直线插补推求)的折线水位过程线下的面积除以一日内的小时数求得。面积包围法计算日平均水位如图 4-2-3 所示,按式(4-2-2)计算:

$$\overline{Z} = \frac{1}{48}\left[Z_0 a + Z_1(a+b) + Z_2(b+c) + \cdots + Z_{n-1}(m+n) + Z_n n\right] \tag{4-2-2}$$

式中　$\overline{Z}$——日平均水位,m;

　　　$a$、$b$、$c$、$\cdots$、$n$——观测时距,h;

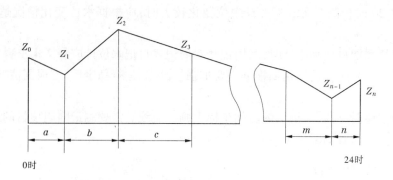

图 4-2-3　面积包围法计算日平均水位示意图

$Z_0$、$Z_1$、$Z_2$、$\cdots$、$Z_n$——相应时刻的水位值，m。

计算机水位资料整编均采用面积包围法。

以面积包围法求得的日平均值作为标准值，用其他方法求得的日平均值与标准值相比，其允许误差一般为 2 cm。

### 2.1.3.2　编制逐日平均水位表

首先对日平均水位的资料进行校核，因特殊情况水位缺测时，按以下方法处理：当每 2～5 d 观测一次水位时，其未观测水位的各日日平均水位可按直线插补求得。对于观测错误的资料，如能判定用插补的数值更为正确，则应采用插补值代替错误值进行改正。插补得到的资料，应在逐日平均水位表中注明。

当一日内有部分时间河干或连底冻，其余时间有水时，不计算日平均水位，但应在水位记载簿中注明情况。

日平均水位无使用价值的测站可不计算。

### 2.1.3.3　月、年水位的统计计算

（1）月（年）平均水位的计算。月（年）平均水位用全月（年）日平均水位总数和除以全月（年）天数求得。当发生河干、连底冻或记录不全，无法进行插补时，不宜计算月（年）平均水位，应在该栏填写"河干""连底冻"或"部分河干"等。

（2）月（年）最高（低）水位统计。月最高（低）水位在全月瞬时水位记录中挑选最高（低）水位及其发生日期。当最高、最低水位出现数次时，应挑选最初出现的一次填入。如极值发生在 0 时，一般填后一天的日期。如发生在某月第一天 0 时，参加前后两月挑选，被选为上月极值者，填上月的最后一日，被选为下月极值者，填下月的第一日。当本月记录不全时，应在所选特征水位数值上加"（）"。当发生河干或连底冻现象时，应在最低水位栏填记"河干"或"连底冻"及其发生日期。当一月内"河干"及"连底冻"现象都有发生时，最低水位栏可只填"河干"。

年最高（低）水位在全年各月最高（低）水位中挑选。

（3）各种保证率水位，可根据需要进行统计，一经统计应保持此表的连续；资料不全的站，可不进行统计。

一年中日平均水位高于和等于某一水位值的天数，称为该水位的保证率。例如，保证

率为 15 d 的水位为 236.50 m,就是指该年中有 15 d 的日平均水位高于或等于 236.50 m。一般在有航运的河流上,要求统计部分测站的各种保证率水位。其做法是对全年各日日平均水位由高到低排序,从中依次挑选第 1 日、第 15 日、第 30 日、第 90 日、第 180 日、第 270 日及最后日对应的日平均水位,即为其保证率水位。

## 2.2　降水量监测

### 2.2.1　用翻斗式雨量计、虹吸式自记雨量计进行观测

#### 2.2.1.1　划线模拟翻斗式自记雨量计的结构与使用方法

划线模拟翻斗式自记雨量计主要由传感器部分和记录器两大部分组成,其中传感器部分由承雨器、翻斗、发信部件、底座、外壳等组成,划线模拟记录器由图形记录装置、计数器、电子控制线路等组成,分辨力为 0.1 mm、0.2 mm、0.5 mm、1.0 mm。

划线模拟自记周期可选用 1 日、1 月或 3 个月。每日观测的雨量站,可用日记式;低山丘陵、平原地区、人口稠密、交通方便的雨量站,以及不计雨日的委托雨量站,实行间测或巡测的水文站、水位站的降水量观测宜选用 1 个月;对高山偏僻、人烟稀少、交通极不方便地区的雨量站,宜选用 3 个月。

日记式的观测时间为每日 8 时。用长期自记记录方式观测的观测时间,可选在自记周期末 1 ~ 3 d 内的无雨时进行。

每日观测雨量前,在记录纸正面填写观测日期和月份(背面印有降水量观测记录统计表);到观测场巡视传感器是否正常,若有自然排水量,应更换储水器,然后用量雨杯量测储水器内的降水量,并记载在该日降水量观测记录统计表中。降暴雨时应及时更换储水器,以免降水溢出;连续无雨或降雨量小于 5 mm 之日,可不换纸。在 8 时观测时,向承雨器注入清水,使笔尖升高至整毫米处开始记录,但每张记录纸连续使用日数不应超过 5 日,并应在各日记录线的末端注明日期。每月 1 日应换纸,便于按月装订;换纸时若无雨,可按动底板上的回零按钮,使笔尖调至零线上,然后再换纸。

长期自记观测换纸前,先对时,再对准记录笔位在记录纸零线上划注时间记号,注记年、月、日、时分和时差;按仪器说明书要求,更换记录纸、记录笔和石英钟电池。

#### 2.2.1.2　虹吸式自记雨量计的结构及使用

虹吸式自记雨量计主要由承雨器、浮子室、虹吸管、自记钟、记录笔、外壳等组成。

虹吸式自记雨量计的观测时间是每日 8 时,但在有降水之日应在 20 时巡视雨量计运行、记录情况。遇有暴风骤雨时要适当增加巡视次数,便于及时发现和排除故障,以防止漏测、漏记降雨过程。

每日 8 时观测前,需在记录纸正面填写观测日期和月份。到 8 时整时,立即对着记录笔尖所在位置,在记录纸零线上画一短垂线,作为检查自记钟快慢的时间记号。用笔档将自记笔拨离纸面,换装记录纸(记录纸一般设计为日记型)。换装在钟筒上的记录纸,其底边应与钟筒下缘对齐,纸面平整,纸头纸尾的纵横坐标衔接。给自记笔尖加墨水,拨回

笔档对时,对准记录笔开始记录时间,画时间记号。有降雨之日,应在 20 时巡视时画注 20 时记录笔尖所在位置的时间记号。

如果到 8 时换纸时间,没有降雨或仅降小雨,则应在换纸前慢慢注入一定量的清水,使雨量计发生人工虹吸,若注入的水量与虹吸雨量计所记录的水量之差绝对值小于等于 0.05 mm,虹吸历时小于 14 s,说明仪器正常,则可换纸。否则,要检查和调整雨量计合格后再换纸。

如果到 8 时换纸时间降大雨,则可等到雨小或雨停时再换纸。当记录笔笔尖已到达记录纸末端,降雨强度仍很大时,要拨开笔档转动钟筒,使笔尖转过压纸条,对准纵坐标线继续记录降雨量。

如连续几日无雨或者降雨量小于 5 mm 时可不用换纸,只需在 8 时观测时向承雨器注入清水,使笔尖升高至整毫米处开始记录。要在各日记录线的末端注明日期,一般每张记录纸连续使用日数不应超过 5 日。每月的 1 日要换纸,便于按月装订。降水量记录发生自然虹吸之日,需要换纸。

## 2.2.2　更换模拟自记雨量器记录纸、调节记录笔和校正时钟

### 2.2.2.1　模拟自记雨量器记录纸的更换

(1)无降水时,自记纸可连续使用 8 ~ 10 d,用加注 1.0 mm 水量的办法来抬高笔位,以免每日迹线重叠。

(2)有降水(自记迹线上升≥0.1 mm)时,必须换纸。自记记录开始和终止的两端须做时间记号,可轻抬自记笔根部,使笔尖在自记纸上画一短垂线;若记录开始或终止时有降水,则应用铅笔做时间记号。

(3)当自记纸上有降水记录,但换纸时无降水,则在换纸前应做人工虹吸(给承水器注水,产生虹吸),使笔尖回到自记纸零线位置。若换纸时正在降水,则不做人工虹吸。

### 2.2.2.2　记录笔的调节

(1)调整零点,往承水器里倒水,直到虹吸管排水为止。待排水完毕,自记笔若不停在自记纸零线上,就要拧松笔杆固定螺钉,把笔尖调至零线再固定好。

(2)用 10 mm 清水,缓缓注入承水器,注意自记笔尖移动是否灵活;如摩擦太大,要检查浮子顶端的直杆能否自由移动,自记笔右端的导轮或导向卡口是否能顺着支柱自由滑动。

(3)继续将水注入承水器,检查虹吸管位置是否正确。一般可先将虹吸管位置调高些,待 10 mm 水加完,自记笔尖停留在自记纸 10 mm 刻度线时,拧松固定虹吸管的连接螺帽,将虹吸管轻轻往下插,直到虹吸作用恰好开始为止,再固定好连接螺帽。此后,重复注水和调节几次,务必使虹吸作用开始时自记笔尖指在 10 mm 处,排水完毕时笔尖指在零线上。

如在降雨过程中巡视虹吸式自记雨量计时发现虹吸不正常,在降雨量累计达到 10 mm 时不能正常虹吸,出现平头或波动线,应将笔尖拨离纸面,用手握住笔架部件向下压,迫使雨量计发生虹吸。虹吸停止后,使笔尖对准时间和零线的交点继续记录,待雨停后对雨量计进行检查和调整。

常用酒精洗涤自记笔尖,以使墨水顺畅流出,雨量记录清晰、均匀。自记纸应放在干燥清洁的橱柜中保存。不能使用受潮、脏污或纸边发毛的记录纸。量雨杯和备用储水瓶应保持干燥、清洁。

### 2.2.2.3　时钟校正

自记雨量计运行过程中的时间记录误差:机械钟的日误差不超过 ±5 min,石英钟的日误差不超出 ±1 min,月误差不超过 ±5 min。当超过此误差时,应对时钟进行校正。

## 2.2.3　降水观测数据统计

### 2.2.3.1　自记雨量计日降水量的计算

虹吸式自记雨量计降水观测记录及日降水量计算见表 4-2-2。每日观测后,将测得的自然虹吸水量填入表 4-2-2 第(1)栏中,然后根据记录纸查算表中各项数值。如不需要进行虹吸量订正,则第(4)栏数值就是该日降水量;如需要订正,则第(6)栏的数值为最后的日降水量。

表 4-2-2　虹吸式雨量计降水量观测记录及日降水量计算表

| (1) | 自然虹吸水量(储水器内水量) | = | | mm |
| (2) | 自记纸上查得的未虹吸水量 | = | | mm |
| (3) | 自记纸上查得的底水量 | = | | mm |
| (4) | 自记纸上查得的日降水量 | = | | mm |
| (5) | 虹吸订正量 = (1) + (2) − (3) − (4) | = | | mm |
| (6) | 虹吸订正后的日降水量 = (4) + (5) | = | | mm |
| (7) | 时钟误差　8 时至 20 时　分,20 时至 8 时　分 | | | |
| 备注 | | | | |

记录笔划线翻斗式降水量观测记录统计如表 4-2-3 所示。

表 4-2-3　记录笔划线翻斗式降水量观测记录统计表

| (1) | 自然排水量(储水器内水量) | = | | mm |
| (2) | 记录纸上查得的日降水量 | = | | mm |
| (3) | 计数器累计的日降水量 | = | | mm |
| (4) | 订正量 = (1) − (2) 或 (1) − (3) | = | | mm |
| (5) | 日降水量 | = | | mm |
| (6) | 时钟误差　8 时至 20 时　分,20 时至 8 时　分 | | | |
| 备注 | | | | |

每日 8 时观测后,将量测到的自然排水量填入表 4-2-3 第(1)栏中,然后根据记录纸依序查算表中各项数值。但计数器累计的降水量,只在记录器发生故障时填入,否则任其空白。

根据表 4-2-3 计算出订正量,若需要订正,按订正方法进行订正,则第(1)栏自然排水量作为日降水量;若无需进行订正,则第(2)栏数值就作为日降水量。

#### 2.2.3.2 各时段最大降水量表(一)

各时段最大降水量表(一)如表4-2-4所示。

表4-2-4　各时段最大降水量表(一)

年份:　　　　　流域水系码:　　　　　降水量单位:mm　　　　　共　页第　页

| 站次 | 测站编码 | 站名 | 时段(min) | | | | | | | | | | | | |
|---|---|---|---|---|---|---|---|---|---|---|---|---|---|---|---|
| | | | 10 | 20 | 30 | 45 | 60 | 90 | 120 | 180 | 240 | 360 | 540 | 720 | 1 440 |
| | | | 最大降水量 | | | | | | | | | | | | |
| | | | 开始月.日 | | | | | | | | | | | | |
| | | | | | | | | | | | | | | | |
| | | | | | | | | | | | | | | | |
| | | | | | | | | | | | | | | | |

统计与填列方法如下:

(1)表内各分钟时段最大降水量一律采用1 min或5 min滑动进行挑选,在数据整理时,应注意采用1 min或5 min滑动摘录。

(2)表中各时段最大降水量值,分别在全年的自记记录纸上连续滑动挑选。

(3)自记雨量计短时间发生故障,经邻站对照分析插补修正的资料可参加统计。

(4)无自记记录期间可采用人工观测资料挑选,但应附注说明暴雨的时间、降水量等情况。一年内暴雨期自记记录不全或有舍弃情况,且无人工观测资料时,应在有自记记录期间挑选,并附注说明情况,如年内主要暴雨都无自记记录,则不编本表。

(5)挑选出来的数据分记两行,上行为各时段最大降水量,下行为对应时段的开始日期。日期以零时为日分界。

#### 2.2.3.3 各时段最大降水量表(二)

各时段最大降水量表(二)如表4-2-5所示。

表4-2-5　各时段最大降水量表(二)

年份:　　　　　流域水系码:　　　　　降水量单位:mm　　　　　共　页第　页

| 站次 | 测站编码 | 站名 | 时段(h) | | | | | | | | | | | | | | | | | | | | |
|---|---|---|---|---|---|---|---|---|---|---|---|---|---|---|---|---|---|---|---|---|---|---|---|---|
| | | | 1 | | | 2 | | | 3 | | | 6 | | | 12 | | | 24 | | | | | | |
| | | | 降水量 | 开始 | | 降水量 | 开始 | | 降水量 | 开始 | | 降水量 | 开始 | | 降水量 | 开始 | | 降水量 | 开始 | | | | | |
| | | | | 月 | 日 | | 月 | 日 | | 月 | 日 | | 月 | 日 | | 月 | 日 | | 月 | 日 | | | | |
| | | | | | | | | | | | | | | | | | | | | | | | | |
| | | | | | | | | | | | | | | | | | | | | | | | | |

统计与填列方法如下：

（1）表内各小时时段降水量，通过降水量摘录表统计而得。

（2）凡作此项统计的自记站或人工观测站，均按观测时段或摘录时段滑动统计。当有合并摘录时，应按合并前资料滑动统计。

（3）按 24 段观测或摘录的，各种时段最大降水量都应统计；按 12 段观测或摘录的，统计 2 h、6 h、12 h、24 h 的最大降水量；按 8 段观测或摘录的，统计 3 h、6 h、12 h、24 h 的最大降水量；按 4 段观测或摘录的，只统计 6 h、12 h、24 h 的最大降水量。不统计的各栏，任其空白。按两段制观测或只记日量的站，不作此项统计。

（4）挑选出来的各时段最大降水量，均应填记其时段开始的日期。日期以零时为日分界。

### 2.2.3.4　降水月特征值统计计算

1. 月降水量特征值统计

本月各日日降水量之总和为本月月降水量。

全月各日未降水时，月降水量记为"0"。

一月内部分日期（时段）雨量缺测时，月降水总量仍予计算，但应加不全统计符号"（ ）"。

全月缺测时，记"—"符号。

有跨月合并情况的，合并的量记入后月。前后月的月总量不加任何符号。合并量较大时应附注说明。

2. 月降水日数统计

本月降水日日数之总和。

全月无降水日时，记为"0"。

全月缺测时，记"—"符号。

一部分日期缺测时，根据有记录期间的降水日数统计，但应加不全统计符号。确知有降水和记载合并符号之日，可加入全月降水日数统计。

3. 月最大日降水量统计

全月无降水时，月最大日雨量不统计。

全月缺测时，记"—"符号。

一月部分日期缺测或无记录时，仍应统计，但应加不全统计符号。如确知其为月最大，则不加不全统计符号。

一月部分日期有合并降水时，如合并各日的平均值比其余各日仍大，可选作月最大日量，并加不全统计符号。

全月只有合并的降水量时，月最大日雨量不统计，应记"—"符号。

### 2.2.3.5　降水年特征值统计计算

年降水量、降水日数、日最大降水量统计计算类似于月特征值统计计算方法予以统计计算。

各时段最大降水量统计，可从逐日降水量中分别挑选全年最大 1 日降水量及连续 3

日、7 日、15 日、30 日(包括无降水之日在内)的最大降水量填入,并记明其开始日期(以 8 时为日分界)。全年资料不全时,统计值应加不全统计符号。能确知其为年最大值时,也可不加不全统计符号。

　　附注说明,主要是雨量场(器)的迁移情况(迁移日期、方向、距离、高差等);有关插补、分列资料情况;影响资料精度等的说明。

## 2.3　库水温监测

### 2.3.1　用半导体温度计、电阻温度计观测库水温

　　水温观测可用温度表法或热敏电阻法。一般用刻度不大于 0.2 ℃ 的半导体水温计或热敏温度计。使用的水温计须定期进行检定。

　　水温读数一般应准确至 0.1 ~ 0.2 ℃。观测时,当水深小于 1 m 时,可放至半深处,若水太浅,可斜放入水中,不能触及河底;当水深大于 1 m 时,水温计应放在水面以下 0.5 m 处。水温计放入水中停留时间不少于 5 min。

#### 2.3.1.1　半导体水温计

　　该仪器是利用热敏电阻随温度变化而改变电阻的原理做成的,用桥式电路进行观测。仪器制成后,应首先标定 mA 读数与标准温度之间的关系,并做成图表以供应用。在使用过程中,还要定期进行检验。

#### 2.3.1.2　电阻温度计

　　该仪器由电阻线圈、密封外壳和引出电缆三部分构成,如图 4-2-4 所示。线圈采用高强度漆包圆铜丝按一定工艺绕制,用紫铜管作仪器的外壳,并与引出电缆密封而成。当仪器测点处的水温变化时,线圈电阻随温度呈线性变化,观测出电阻值后即可计算水温,并控制观测值精度。

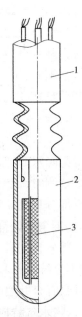

　　当采用水库观测断面时,在每一条测线上将温度计逐点下放至测点位置进行观测,直至最深点测毕后再提出水面。而当采用坝面观测断面时,则可在各观测站内进行观测。

　　国产 DW 型电阻温度计的技术指标如下:测量范围 30 ~ 70 ℃,零度电阻 $R_0 = 46.60\ \Omega$,电阻温度最小读数 $\alpha' = 5.0$ ℃/Ω,温度测量精度 ±0.3 ℃,绝缘电阻 ≥50 MΩ。

### 2.3.2　库水温观测数据统计

　　逐日水温表编制应在对水温观测读数、器差订正、最高(低)值等原始观测记录进行审核的基础上,整理水温逐日值、

1—电缆;2—外壳;3—电阻线圈

**图 4-2-4　电阻温度计**

统计制表。

逐日水温表表式如表 4-2-6 所示。表中日值填写每日 8 时(或规定的其他时间)所观测的水温数值。除矿化度很高的河流外,水温为负值者一般均改为 0.0。缺测之日可参照邻站或有关因素插补。

月统计中的(月)平均,全月资料完整者,以月总数除以全月日数得之。月最高、最低水温及日期:在全月规定的定时(包括 20 时)观测值中挑选最高值、最低值及其发生日期,若极值出现在 20 时,应在附注中说明。其他项目附属观测的水温,不参加挑选。

年统计中的(年)平均,以全年 12 个月的月平均水温总数除以 12 得之。如稳定封冻期按规定停测,则不计算年平均水温,该栏任其空白。年最高、最低水温及日期,从各月最高、最低水温中挑选。

附注说明逐日水温表中整编数值的来源以及有关影响资料精度情况。

表 4-2-6 ××河 ××站 逐日水温表 水温 ℃

| 日期 | | 月份 | | | | | | | | | | | |
|---|---|---|---|---|---|---|---|---|---|---|---|---|---|
| | | 1 | 2 | 3 | 4 | 5 | 6 | 7 | 8 | 9 | 10 | 11 | 12 |
| 1<br>2<br>3<br>…<br>29<br>30<br>31 | | | | | | | | | | | | | |
| 月统计 | 平均 | | | | | | | | | | | | |
| | 最高 | | | | | | | | | | | | |
| | 日期 | | | | | | | | | | | | |
| | 最低 | | | | | | | | | | | | |
| | 日期 | | | | | | | | | | | | |
| 年统计 | | 最高水温: 月 日 | | | | 最低水温: 月 日 | | | | 平均水温: | | | | |
| 备注 | | | | | | | | | | | | | |

# 2.4 气温监测

## 2.4.1 用自记温度计、干湿球温度计观测气温

### 2.4.1.1 自记温度计观测气温

自记温度计是自动记录气温连续变化的仪器。它由感应部分(双金属片)、传递放大部分(杠杆)及自记部分(自记钟、纸、笔)组成,如图 4-2-5 所示。

定时观测时,根据笔尖在自记纸上的位置观测读数,记入观测簿相应栏内,并作出时

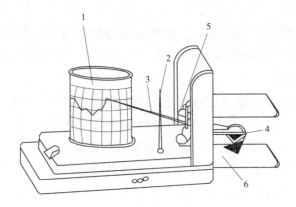

1—自记钟;2—笔档;3—笔杆;4—调整螺旋;5—杠杆;6—双金属片

图4-2-5    自记温度计

间记号。作记号方法是:轻轻地按动一下仪器右壁外侧的记时按钮,使笔尖在自记纸上填写好日期的新纸。上纸时要求将自记纸卷紧在钟筒上,两端的刻度线要对齐,底边紧靠钟筒突出的下缘,并注意勿使压纸条挡住有效记录的起止时间线,然后使笔尖对准记录开始的时间,拨回笔尖并作一时间记号。

### 2.4.1.2    干湿球温度计观测气温

干湿球温度表是由两支型号完全一样的温度表组成,如图4-2-6所示,是根据水银或酒精热胀冷缩的特性制成的,分为感应球部、毛细管、刻度磁板、外套管四部分。

(1)定时观测程序为:观测干球、湿球温度表,最低温度表酒精柱,毛发湿度表,最高温度表,最低温度表游标读数,调整最高、最低温度表,温度计和湿度计读数并作时间记录。

(2)各种温度表读数要准确到0.1 ℃,温度在0 ℃以下时,应加负号"-"。将读数记入观测簿相应栏内,并按所附检定证书进行器差订正。如温度超过检定证书范围,则以该检定证所列的最高或最低温度值的订正值进行订正。

(3)温度表读数时注意事项:

①避免视差,读数时必须保持视线和水银柱顶端齐平。

②动作迅速,读数力求敏捷,尽量缩短停留时间,并且勿使头、手和灯接近球部,不要对着温度表呼吸。

③注意复核,避免发生误读或颠倒零上、零下的差错。

(4)当湿球纱布开始冻结后,应立即从室内带一杯蒸馏水对湿球纱布进行溶冰,待纱布变软后,在球部下2～3 mm处剪断,然后把湿球温度表下的水杯从百叶箱内取走,以防水杯冻裂。

①气温在-10 ℃或以上,湿球纱布结冰时,观测前需先进行湿球溶冰。溶冰用水温相当于室内温度,可以从湿球温度示值的变化情况判断冰层是否完全溶化,如果示度很快上升到0 ℃,稍停一会继续上升,则表示

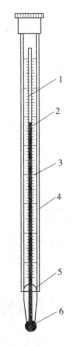

1—毛细管;2—水银柱;
3—刻度磁板;4—外套管;
5—鞍托;6—感应球部

图4-2-6    干湿球温度表

冰已溶化。

②气温在 -10 ℃以下时,停止观测湿球温度表,改用毛发湿度表或湿度计观测间断温度。但在冬季偶尔有几次气温低于 -10 ℃的地区,这时仍可用干湿球温度表进行观测。

③气温在 -36 ℃以下时,因为已接近水银的凝固点 -38.9 ℃,可改用酒精温度表观测气温,应事先将酒精温度表悬挂在干球温度表旁边,安装要求同干球温度表。如果没有备用的酒精温度表,也可用最低温度表酒精柱的示度来观测气温。

## 2.4.2　气温观测数据统计

### 2.4.2.1　气温日平均值计算

每日 8 时、14 时、20 时观测三次气温时,日平均值为 8 时、14 时、20 时和次日 8 时观测值之和除以 4,按式(4-2-3)计算

$$t = \frac{1}{4}(t_8 + t_{14} + t_{20} + t_{次日8}) \tag{4-2-3}$$

若有最低气温资料,则日平均值按式(4-2-4)计算

$$t = \frac{1}{4}\left[\frac{1}{2}(次日最低气温 + 次日 8 时气温) + t_8 + t_{14} + t_{20}\right] \tag{4-2-4}$$

连续或短周期间歇观测的气温记录仪器或系统,日平均气温原则上可按面积包围法计算,计算时间范围由本日 8 时至次日 8 时。日平均气温统计表如表 4-2-7 所示。

表 4-2-7 　　　　　　站日平均气温统计表

_____年　　　　　　　　　　　　　　　　　　　　　　　　　　　　　（单位:℃）

| 日期 | | 月份 | | | | | | | | | | | |
|---|---|---|---|---|---|---|---|---|---|---|---|---|---|
| | | 1 | 2 | 3 | 4 | 5 | 6 | 7 | 8 | 9 | 10 | 11 | 12 |
| 1<br>2<br>3<br>4<br>⋮<br>31 | | | | | | | | | | | | | |
| 全月统计 | 最高 | | | | | | | | | | | | |
| | 日期 | | | | | | | | | | | | |
| | 最低 | | | | | | | | | | | | |
| | 日期 | | | | | | | | | | | | |
| | 均值 | | | | | | | | | | | | |
| 全年统计 | 最高 | | | | 最低 | | | | 均值 | | | | |
| | 日期 | | | | 日期 | | | | | | | | |
| 备注 | | | | | | | | | | | | | |

### 2.4.2.2　气温月、年特征值统计

气温月、年特征值统计如表 4-2-8 所示。根据逐日平均气温,可计算出旬、月、年平均气温。从实测值中挑选月、年极值。

表 4-2-8 _____站_____气温月、年统计表 （气温单位：℃）

| 项目 | | 月份 | | | | | | | | | | | |
|---|---|---|---|---|---|---|---|---|---|---|---|---|---|
| | | 1 | 2 | 3 | 4 | 5 | 6 | 7 | 8 | 9 | 10 | 11 | 12 |
| 旬平均 | 上 | | | | | | | | | | | | |
| | 中 | | | | | | | | | | | | |
| | 下 | | | | | | | | | | | | |
| 月统计 | 平均 | | | | | | | | | | | | |
| | 最高 | | | | | | | | | | | | |
| | 日期 | | | | | | | | | | | | |
| | 最低 | | | | | | | | | | | | |
| | 日期 | | | | | | | | | | | | |
| 年统计 | | 最高气温　　月　　日 | | | | 最低气温　　月　　日 | | | | 平均气温 | | | | |
| 备注 | | | | | | | | | | | | | |

# 模块 3　变形监测

## 3.1　垂直位移监测

### 3.1.1　三、四等水准测量

#### 3.1.1.1　技术要求

三、四等水准测量是工程测量和大比例尺测图的基本控制,精度高,要求严格。其水准测量的路线布设应从附近国家高一级的水准点引测高程。

三、四等水准测量的操作方法、观测程序都有一定的技术要求。表 4-3-1 是三、四等水准测量的主要技术指标。

表 4-3-1　三、四等水准测量的主要技术指标

| 等级 | 视距（m） | 高差闭合限差（mm） | | 视线高度 | 前后视距差（m） | 前后视距累积差（m） | 黑、红面读数差（mm） | 黑、红面所测高差之差（mm） |
|---|---|---|---|---|---|---|---|---|
| | | 平地 | 山区 | | | | | |
| 三等 | ≤75 | $\pm 12\sqrt{L}$ | $\pm 4\sqrt{n}$ | 三丝能读数 | ≤2.0 | ≤5.0 | 2.0 | 3.0 |
| 四等 | ≤100 | $\pm 20\sqrt{L}$ | $\pm 6\sqrt{n}$ | 三丝能读数 | ≤3.0 | ≤10.0 | 3.0 | 5.0 |

注:$L$ 为路线长度,km;$n$ 为测站数。

#### 3.1.1.2　三、四等水准测量的施测方法

三、四等水准测量的观测应在通视良好、成像清晰稳定的情况下进行。

起测基点的校测,一般是将水准基点与较测基点构成闭合环线而进行联测。常须按二等水准测量的要求观测。根据需要,每年或几年测一次。

垂直位移标点的观测,一般从坝的一端的起测基点开始,测定若干个垂直位移标点后,到坝另一端的起测基点结束,构成附合水准路线。为了提高观测精度与效率,可以采取"四固定"(固定人员、仪器、测站、时间),并进行返测。

下面主要介绍双面尺法的观测程序。

1. 水准测量每一站的观测顺序

三等水准测量一般采用"后—前—前—后"的观测顺序,即:

后视黑面尺读上、下、中丝;

前视黑面尺读上、下、中丝;

前视红面尺读中丝;

后视红面尺读中丝。

这样的顺序主要是为了减小仪器下沉误差的影响。

四等水准测量每一站的观测顺序为:

后视黑面尺读上、下、中丝(1)、(2)、(3);

后视红面尺读中丝(4);

前视黑面尺读上、下、中丝(5)、(6)、(7);

前视红面尺读中丝(8)。

以上(1)、(2)、…、(8)表示观测与记录的顺序。这样的观测顺序简称为"后一后一前一前"。四等水准测量每站观测顺序也可为"后一前一前一后",方法同三等水准测量的观测顺序。

2.测站计算与校核

首先将观测数据(1)、(2)、…、(8)按表4-3-2的形式记录。

1)视距计算

后视距离(9) = [(1) - (2)] × 100。

前视距离(10) = [(5) - (6)] × 100。

前、后视距差值(11) = (9) - (10),三等不超过 2 m,四等不超过 3 m。

前、后视距累积差(12) = 前站(12) + 本站(11),三等不得超过 5 m,四等不超过 10 m。

2)同一水准尺红、黑面读数的检核

同一水准尺红、黑面中丝读数之差的检核:同一水准尺黑面中丝读数加上该尺常数 $K$(4.687 m 或 4.787 m),应等于红面中丝读数。即

(13) = (3) + $K_{后}$ - (4)

(14) = (7) + $K_{前}$ - (8)

三等不得超过 2 mm,四等不得超过 3 mm。

3)计算黑、红面的高差之差(15)、(16)

(15) = (3) - (7)

(16) = (4) - (8)

(17) = (15) - [(16) ± 0.1] = (13) - (14)(检核用)

三等(17)不得超过 3 mm,四等(17)不得超过 5 mm。式中,0.1 为两根水准尺的零点差,以 m 为单位。

4)计算平均高差

$$(18) = \frac{1}{2}\{(15) + [(16) ± 0.1]\}$$

### 3.1.1.3 每页计算和检核

(1)高差部分红、黑面后视中丝总和减红、黑面前视中丝总和应等于红、黑面高差总和,还应等于平均高差总和的 2 倍。

测站数为偶数时,

$$\sum[(3) + (4)] - \sum[(7) + (8)] = \sum[(15) + (16)] = 2\sum(18)$$

测站数为奇数时,

$$\sum[(3) + (4)] - \sum[(7) + (8)] = \sum[(15) + (16)] = 2\sum(18) ± 0.1$$

(2)视距部分。

后视距总和与前视距总和之差应等于末站视距累积差,即

$$\sum(9) - \sum(10) = 末站(12)$$

校核无误后,算出总视距:

水准路线的总视距 $= \sum(9) + \sum(10)$

### 3.1.1.4　成果计算

在完成水准路线观测后,计算高差闭合差,经检核合格后,调整闭合差并计算各点高程,方法同前,表4-3-2是四等水准测量的记录、计算与检核表。

表4-3-2　四等水准测量记录、计算与检核表

| 测站编号 | 后尺 下丝 上丝 | 前尺 下丝 上丝 | 方向及尺号 | 标尺读数 | | $K+$黑$-$红 (mm) | 高差中数 (m) | 备注 |
|---|---|---|---|---|---|---|---|---|
| | 后视距 | 前视距 | | 黑面 | 红面 | | | |
| | 视距差 $d$(m) | 累积差 $\sum d$(m) | | | | | | |
| | (1) | (5) | 后 $K_1$ | (3) | (4) | (13) | (18) | $K_1 = 4.687$ |
| | (2) | (6) | 前 $K_2$ | (7) | (8) | (14) | | $K_2 = 4.787$ |
| | (9) | (10) | 后－前 | (15) | (16) | (17) | | |
| | (11) | (12) | | | | | | |
| 1 | 2.121 | 2.196 | 后 $K_1$ | 1.934 | 6.621 | 0 | −0.074 5 | |
| | 1.747 | 1.821 | 前 $K_2$ | 2.008 | 6.796 | −1 | | |
| | 37.4 | 37.5 | 后－前 | −0.074 | −0.175 | +1 | | |
| | −0.1 | −0.1 | | | | | | |
| 2 | 1.914 | 2.055 | 后 $K_2$ | 1.726 | 6.513 | 0 | −0.142 | |
| | 1.539 | 2.055 | 前 $K_1$ | 1.869 | 6.554 | +2 | | |
| | 37.5 | 37.7 | 后－前 | −0.143 | −0.041 | −2 | | |
| | −0.2 | −0.3 | | | | | | |
| 3 | 1.974 | 2.412 | 后 $K_1$ | 1.836 | 6.520 | +3 | −0.173 5 | |
| | 1.702 | 1.875 | 前 $K_2$ | 2.007 | 6.796 | −2 | | |
| | 27.2 | 26.7 | 后－前 | −0.171 | −0.276 | +5 | | |
| | +0.5 | +0.2 | | | | | | |
| 4 | 1.589 | 2.106 | 后 $K_2$ | 1.358 | 6.144 | +1 | −0.515 5 | |
| | 1.126 | 1.640 | 前 $K_1$ | 1.872 | 6.561 | −2 | | |
| | 46.3 | 46.6 | 后－前 | −0.514 | −0.417 | +3 | | |
| | −0.3 | −0.1 | | | | | | |

$\sum(9) = 148.4$　　　　$\sum(3) + \sum(4) = 32.652$

$-\sum(10) = 148.5$　　　$-\sum(7) + \sum(8) = 34.463$　　　$\sum(15) + \sum(16) = -1.811$

　　　　$= -0.1$　　　　　　　　$= -1.811$

　　　　$= 4$站$(12)$

总视距 $\sum(9) + \sum(10) = 296.9$　　　　　　$\sum(18) = -0.905 5$

　　　　　　　　　　　　　　　　　　$2\sum(18) = -1.811$

### 3.1.2　用水管式沉降仪、电磁式沉降仪观测垂直位移

#### 3.1.2.1　水管式沉降仪观测垂直位移

1. 水管式沉降仪观测原理

水管式沉降仪是利用连通原理来测定坝体内测点垂直位移的观测装置。为了解土石坝在施工和运行期间坝体内的固结和沉降情况,许多面板堆石坝都采用了水管式沉降仪进行观测。

1) 水管式沉降仪的构造

水管式沉降仪的结构如图4-3-1所示,主要有沉降测头(由沉降箱、溢水杯、排气孔、排水孔、支撑底板等组成)、测量管路(进水管、通气管、排水管)、测量保护管、补水装置、阀门、测量装置等组成。图4-3-1表示的是只有一个测点的情况,一般同一高程同一断面上从上游到下游会有多个测点。

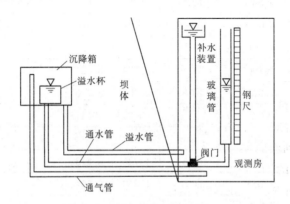

**图4-3-1　水管式沉降仪结构示意图**

2) 水管式沉降仪观测原理

水管式沉降仪测量采用连通管原理,即用水管将坝内测点的溢水杯与坝外观测房中的玻璃测量管相连接,使坝内溢水杯与坝外测量两端都处于同一大气压中,当溢水杯充满水并溢流后,根据连通管原理,观测房内玻璃管中液面高程即为溢水杯杯口高程,这样,测得的溢水杯杯口高程的变化量就是坝内测点的相对于观测房的垂直位移量。通过水准测量等方法测量观测房的绝对沉降后,就可以计算出测点的绝对沉降。

2. 测点布置

水管式沉降仪一般用来测量土石坝坝体内的垂直位移。水管式沉降仪的测点,一般沿坝高横向水平布置3排,分别在1/3、1/2及2/3坝高处或1/6~5/6坝高处(超高坝)。对软基及深厚覆盖层的坝基表面,还应布设一排测点。一般每排设测点3~12个(依据坝高增加或更多),测点横向排成一字形。为了同时观测坝体内部水平位移,水管式沉降仪一般和引张线联合布设。图4-3-2为某面板堆石坝在最大坝高断面的不同高程埋设的水管式沉降仪示意图。

3. 水管式沉降仪观测方法

水管式沉降仪观测的是测点相对于观测房的垂直位移。在观测房建好后应立即进行

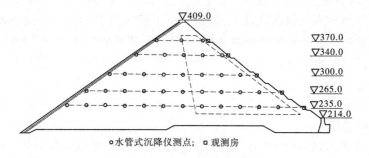

○水管式沉降仪测点； □观测房

**图4-3-2 水管式沉降仪布置示意图** （单位：m）

观测，首次观测一般观测两次，取平均值作为初始值。同时应用几何水准等方法观测房的垂直位移，两者相加即为测点的绝对沉降。可以采用如下公式计算位移量：

测点累计相对沉降＝观测时观测柜上某测点玻璃管水位－观测系统形成时观测柜上某测点玻璃管初始水位

观测房的绝对沉降＝观测时观测房内（上）固定点高程－观测房与观测系统形成时观测房内（上）该固定点的初始高程测点累计绝对沉降

＝测点累计相对沉降＋观测房的绝对沉降

　　水管式沉降仪的观测在建立初期可以采用人工观测方法，当条件许可后，应尽量采用自动化观测方法。观测前先读取补水前玻璃管读数，再打开补水装置的阀门对溢水杯和玻璃管进行充水，直到玻璃管内水位不再上升或相对稳定或排水管有水排出为止（是指排水管引入观测房内的方式），此时说明溢水杯内已经充满了水，并且玻璃管中水位与溢水杯水位同高，关闭补水阀，稳定约 10 min 后开始读数，读数一般进行两次，两次读数差不能超过 2 mm。表4-3-3 为水管式沉降仪观测记录表示例。

**表4-3-3 水管式沉降仪观测记录表**

测测点纵断面号：0＋212　　　　　测点横断面号：0－040　　　　　测点高程：300 m

| 日期（年-月-日） | 观测房累计沉降（mm） | 加水后水位读数（m） | | 平均值（m） | 首次读数（m） | 本次相对沉降量（mm） | 累计相对沉降（mm） | 累计绝对沉降（mm） |
| --- | --- | --- | --- | --- | --- | --- | --- | --- |
| | | 第一次 | 第二次 | | | | | |
| 2004-11-05 | 2.4 | 2.283 | 2.284 | 2.284 | 2.290 | 6 | 6 | 8.4 |
| 2004-11-12 | 4.5 | 2.242 | 2.282 | 2.262 | 2.290 | 22 | 28 | 32.5 |
| 2004-11-19 | 6.9 | 2.228 | 2.229 | 2.228 | 2.290 | 34 | 62 | 68.9 |

#### 3.1.2.2 电磁式沉降仪观测垂直位移

　　电磁式沉降仪可精确量测土与岩体的沉降与隆起，即可测量沿导管或测斜管轴向多点沉降和抬升位移。电磁式沉降仪包括一系列围绕于沉降管的磁性锚块，这些锚块沿钻孔或堤坝、填土的不同深度排列。

　　通过内有电缆导线的刻度卷尺的牵引，探头下降到沉降管中可以检测出管外的磁性锚块位置，探头内蜂鸣器会发出鸣声，并可由卷尺的刻度值确定锚块沿沉降管轴向的变形。磁性锚块有两种配置:簧片锚块(用于钻孔安装)和平板锚块(用于堤坝和填土安装)。簧片锚块可就地推入到沉降管上,通过一个下到沉降管中的销子或外部牵引线释放弹簧,使弹簧紧贴孔壁。平板锚块中央有一孔洞,并装有磁性体,在堤坝或填土进行过程中,可将平板锚块安装于沉降管上。当预期的变形超过1%时,可使用伸缩沉降管。

### 3.1.3　水准仪检查、保养

#### 3.1.3.1　仪器的装箱

(1)测量员在领取仪器时,必须详细了解仪器的构造,熟悉仪器各部分在箱槽内的位置。

(2)仪器在装箱前,须先用软毛刷刷去仪器外部的灰尘,并将各测微螺旋及底脚螺旋转到螺纹中部,然后旋松各制动螺丝,轻巧平稳地将仪器各个部分按装箱的要求放入箱中的相应凹槽内,然后扣紧夹钳,再旋紧仪器的制动螺丝。

(3)在关闭仪器箱盖前,应检查全部仪器的附件及零件是否齐全,仪器装妥后,仪器箱盖的关闭必须轻且无挤压现象,仪器各部分及各附件在箱内应无活动情况,否则就是装置得不正确。

(4)应随时检查仪器箱是否坚固,是否有裂缝,仪器箱的搭扣及提环是否牢固,若发现仪器箱的不完善处,应及时进行修理。

(5)仪器箱内都应放置干燥剂,并经常将干燥剂烘烤或日晒使之去潮。

#### 3.1.3.2　仪器的运送

(1)仪器准备长途运送时,应在仪器各部分与箱缝之间用软纸或包在纸内的棉花填实,且在木箱的注目处写"精密仪器""小心轻放""上部""不得倒放"及"防止潮湿"等字样,精密仪器应尽量由人随身携带。

(2)仪器装上载重汽车长途运输时,需在箱子内垫干草,箱上覆盖帆布,四周应填实,并且须在测量员看管下进行。

(3)无论何时不得让仪器倒倾或单独留在一个地方,因此测量员必须亲自看管或交付可靠的工人来看管。

#### 3.1.3.3　仪器的使用

(1)仪器必须做到有专人负责保管和维护。

(2)从箱内取出仪器时,应先将三脚架放好,并稳固地插入土内,仪器放在三脚架上后应立即旋上中心螺丝,绝不允许有片刻的停留。

(3)转动望远镜照准部或度盘时,必须注意是否已拧开了相应的固定螺旋,无论何时都不要用大力气去强行转动仪器的任何部分。当转动遇到故障时,应立即停止转动,找出原因并消除。

(4)仪器和各种零件、附件在用毕后,必须放在仪器箱中的固定位置,不准随便放在衣袋里或其他地方。

(5)假如在望远镜中看得见灰尘,须用清洁的、不掉纤维的软布或镜头纸擦拭,最好交由检修人员擦拭。

(6)必须保护仪器使其不受暴晒或淋湿,当有尘土、灰砂或工作间歇时,仪器应用特制的布罩套起来。

（7）绝对禁止将装有仪器的三脚架依靠在墙上、栅栏上、树上以及其他物体上。

（8）仪器还在架座上时，测量员无论如何也不应离开仪器。

（9）仪器应放在干燥不靠近发热器的地方，当将仪器由寒冷地方搬至暖和地方时，须待箱内温度与外面温度大致相等时方可开箱。由暖和地方搬至寒冷地方时亦同。

（10）在野外作业中，任何情况下不准坐在仪器箱子上，仪器箱也不准作其他用途。

## 3.2　水平位移监测

### 3.2.1　采用视准线法观测并记录水平位移

#### 3.2.1.1　观测原理

在坝体两端岸坡上各建立一个工作基点，通过两工作基点构成一条基准线，测量坝体某点到基准线的距离，其距离变化量即为该点的坝体位移。这里要求基准线不能随坝体位移而位移，亦即两工作基点必须建立在不受大坝变形影响且稳定可靠的两端基岩中。这条基准线是用一端工作基点上安置的经纬仪照准另一端工作基点上的固定觇标而得出的，因此把这条基准线称为视准线。它的观测原理可用图 4-3-3 来说明。

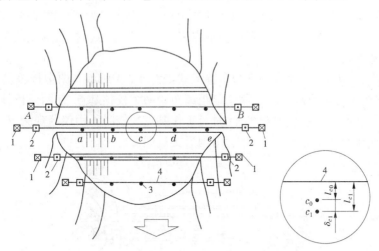

1—校核基准点；2—工作基点；3—位移标点；4—视准线

**图 4-3-3　视准线法观测水平位移原理图**

将经纬仪安置在 $A$（或 $B$）点，后视 $B$（或 $A$）点固定觇标，构成视准线。首次测出位移标点 $a$、$b$、$c$、$d$、$e$ 中心偏离视准线的距离 $l_{a0}$、$l_{b0}$、$l_{c0}$、$l_{d0}$、$l_{e0}$ 作为初测成果。当坝体发生水平位移后，各位移标点随之位移，再次测出各位移标点中心偏离视准线的距离 $l_{a1}$、$l_{b1}$、$l_{c1}$、$l_{d1}$、$l_{e1}$，与初测成果的差值即为各位移标点在垂直视准线方向上的水平位移，亦即坝体横向水平位移。以 $c$ 点为例，初测成果为 $l_{c0}$，坝体位移后的第一次测得 $c$ 点偏离视准线的距离为 $l_{c1}$，$l_{c1}$ 与 $l_{c0}$ 的差值即为第一次测得位移标点 $c$ 的横向水平位移量。因此，对任一点第 $i$ 次测得的累计横向水平位移量为

$$\delta_i = l_i - l_0 \tag{4-3-1}$$

式中　$\delta_i$——第 $i$ 次测得位移标点的累计横向水平位移量;

　　　$l_i$——第 $i$ 次测得位移标点偏离视准线的距离,亦即偏离值;

　　　$l_0$——初次测得位移标点偏离视准线的距离,亦即标点的初始偏距或埋设偏距。

由以上观测原理知,测定坝体水平位移除需建立工作基点外,还应在坝体上设置位移标点。另外还规定,坝体位移以向下游为正,向上游为负;向左岸为正,向右岸为负。

### 3.2.1.2　测点布设

1. 测点布设原则

为了全面掌握土石坝水平位移的变化规律,同时不使观测工作过于繁重,应在坝体上选择有代表性的部位作为测点,在测点上埋设位移点。测点选择的原则是要有代表性、能反映出坝体位移的全貌。对于坝体纵向来说,一般在坝顶的坝肩布设一排测点,最高蓄水位以上的上游坝坡布设一排,下游坝坡布设 2~3 排。位移标点的布设还应做到使各纵排上的标点在相应的横断面上。横断面一般选择在最大坝高处、合龙段、坝内有泄水底孔处以及地基坡度和地质情况突变的地段。横断面间距一般为 50~100 m,个数不少于 3 个。

工作基点是用来构成基准线的。要求将工作基点埋设于岸坡岩基中或原状土中,每排位移标点两端各一个。通过两工作基点中心构成的基准线应基本平行坝轴线,并高于位移标点顶部 0.5 m 以上。

工作基点要求稳固可靠,但在长期使用中难免有变化。为了检测工作基点是否发生位移,应设置更高一级的基准点,即校核基点来校核工作基点。校核基点的布设要求和稳定性较工作基点高。

位移标点、工作基点、校核基点的布置形式如图 4-3-4 所示。图中校核基点布设是一种形式,也可在每个工作基点附近隔一定距离布置两个校核基点,使两个校核基点与工作基点的连线分别平行和垂直坝轴线,此时对工作基点校核时不用仪器观测,只在校核基点和工作基点顶部的钢板上刻上十字线,用钢尺丈量即可。

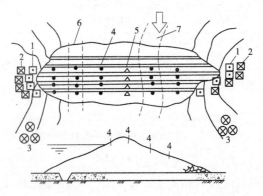

1—工作基点;2—校核基点;3—水准基点;4—位移标点;

5—增设工作基点;6—合龙段;7—原河床

图 4-3-4　土石坝位移测点布置示意图

2.测点结构

（1）位移标点。有块石护坡的土石坝埋设的位移标点形式如图 4-3-5(a)所示,标点柱身为 $\phi$50 mm 的铁管。铁管浇筑在混凝土坡的位移标点形式如图 4-3-5(b)所示,标点柱身和底座为钢筋混凝土结构。标点顶部高出坝面 50 ~ 80 cm,底座位于最深冰冻线以下 0.5 m 处。

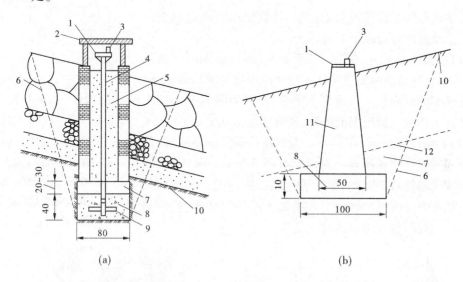

（a）　　　　　　　　　　　　　（b）

1—观测盘;2—保护盖;3—垂直位移标点;4—$\phi$50 mm 铁管;5—填沙;
6—开挖线;7—回填土;8—混凝土底座;9—铁销;10—坝体;11—柱身;12—最深冰冻线

**图 4-3-5　土石坝位移标点结构示意图**　（单位:cm）

（2）工作基点。工作基点供安置仪器和照准标志以构成基准线,分固定工作基点和非固定工作基点两种。布设在两岸山坡上的工作基点为固定工作基点。当大坝较长或为折线形坝时,需要在两个固定工作基点之间的坝体上增设工作基点,这种工作基点为非固定工作基点。固定工作基点和非固定工作基点的结构形式相同。

工作基点包括混凝土墩和上部结构两部分。混凝土墩通常由高 100 ~ 200 cm、断面 30 cm×30 cm 的混凝土柱体和长宽各 100 cm、厚 30 cm 的底板组成,如图 4-3-6 所示。

（3）校核基点。校核基点的结构形式和尺寸与工作基点相同,通常埋设在工作基点附近地基稳定处。

（4）观测盘。位移标点、工作基点和校核基点顶部均要设置供安置观测仪器或测量设备用的观测底盘。其形式有金属托架式,是一种类似经纬仪三角架上的三角形仪器底盘,浇筑混凝土墩时将其埋设在混凝土墩顶部,这种底盘的对中误差较大。另外还有三槽式、三点式强制对中底盘,它们的对中误差较小。此外,对于简易测量法或只用钢尺丈量时,观测底盘上只须刻十字线即可。

### 3.2.1.3　观测仪器和测量设备

视准线法观测一般用经纬仪。对于不太长的土石坝可用 $J_2$ 级经纬仪,坝长超过 500 m 时最好使用 $J_1$ 级经纬仪。

测定位移时,需要在另一工作基点和位移标点上安置标志,以供仪器照准目标和测量位移。常用的标志有固定觇标和活动觇标两种。

固定觇标设于固定工作基点上,供经纬仪瞄准构成基准线。

活动觇标置于位移标点上,供经纬仪瞄准并测量标点的位移。活动觇标分为以下两种形式:

(1)简易活动觇标,如图 4-3-7 所示,觇标底缘刻有毫米分划,其零分划与觇标图案中线一致。应用简易活动觇标,位移标点顶部的观测盘上只需刻上十字线,观测时将十字线中心对准觇标底缘分划尺上的位置,读数估读至 0.1 mm。

(2)精密活动觇标。图 4-3-8 为直插式精密活动觇标,使用时插入带圆孔的观测盘。觇标上有调节螺旋,用以移动觇标以对准观测仪器的竖丝,然后通过觇标的刻度尺和游标尺读数。精密活动觇标的底座形式类似于经纬仪底座,其位移标点顶部的观测盘应配强制对中底盘。

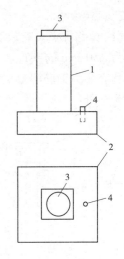

1—混凝土墩;2—底板;
3—观测盘;4—金属标点头

**图 4-3-6　工作基点结构示意图**

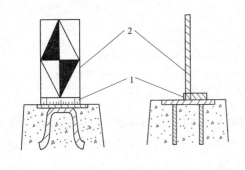

1—刻度尺;2—觇牌

**图 4-3-7　简易活动觇标**

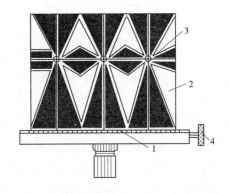

1—刻度尺;2—觇牌;3—觇标十字丝;4—水平微动螺旋

**图 4-3-8　精密活动觇标**

### 3.2.1.4　水平位移观测方法

**1.固定端点设站观测法**

如图 4-3-3 所示,将经纬仪(或大坝视准仪)安置在工作基点 $A$,$B$ 点安置固定觇标,在位移标点 $c$ 安置活动觇标。首先将经纬仪整平并调焦瞄准 $B$ 点的固定觇标中心,随即固定经纬仪水平度盘及照准部,使其不能左右转动。再次调焦准确,并调整水平微动螺旋,精确瞄准 $B$ 点觇标中心。这时通过望远镜十字丝中心,在空中得到一条通过 $A$、$B$ 两点的视准线。然后俯下望远镜,指挥 $c$ 点司标者移动觇牌,使觇牌的中线与望远镜的竖丝重合,随即令司标者停止移动觇牌并读数。读数后继续在原来方向上移动觇牌,令觇牌离开视准线,然后再反向移动觇牌,使觇牌中线再次与视准线重合,再读数。一般读取 2 ~ 4 次读数取其平均值作为上半测回。然后倒转望远镜,按上述方法测下半测回。取盘左盘右读数的平均值作为一测回成果。需测的测回数根据精度要求、视线长度及所用的仪器而定,也可由精度估算的方法进行估算。其余 $a$、$b$、$d$、$e$ 点的观测方法与 $c$ 点一样。观测标点的顺序一般是从靠近仪器端,依次向坝另一端观测。如果坝较长,前视最远处位移标点视线超过 250 m,可在 $A$ 点安置仪器观测靠近 $A$ 点 1/2 坝长内的位移标点,然后将仪器搬至 $B$ 点,在 $B$ 点后视 $A$ 点固定觇标后,观测靠近 $B$ 点 1/2 坝长内的位移标点。观测记录格式如表 4-3-4 所示。

表 4-3-4  水平位移观测记录计算表(视准线法)

日期_____  天气_____  气温_____  水位_____

测站_____  后视_____  司标_____  司镜_____

记录_____  计算_____  校核_____  (单位:mm)

| 测点 | 测回 | 正镜 | | | 倒镜 | | | 一次测回平均值 | 本次偏离值 | 埋设偏距 | 上次偏离值 | 间隔位移量 | 累计位移量 |
|---|---|---|---|---|---|---|---|---|---|---|---|---|---|
| | | 1 | 2 | 平均 | 1 | 2 | 平均 | | | | | | |
| Ⅲ-3 | 1 | +16.8 | +16.4 | +16.6 | +17.6 | +16.8 | +17.2 | +16.9 | +16.7 | +14.3 | +15.6 | +1.1 | +2.4 |
| | 2 | +16.6 | +15.8 | +16.2 | +16.6 | +17.0 | +16.8 | +16.5 | | | | | |
| ⋮ | ⋮ | ⋮ | ⋮ | ⋮ | ⋮ | ⋮ | ⋮ | ⋮ | ⋮ | ⋮ | ⋮ | ⋮ | ⋮ |

表 4-3-4 中的累计位移量按式(4-3-1)计算,每两次之间观测的间隔位移量由下式计算:

$$\delta_j = \delta_i - \delta_{i-1} = l_i - l_{i-1} \tag{4-3-2}$$

式中  $\delta_j$——间隔位移量;

  $\delta$——累计位移重;

  $i$——观测次序;

  $l$——偏离值。

当坝体较长,仅用两端固定工作基点进行观测时,误差将较大,这时可采用分段观测法。即在坝体上设置若干个非固定工作基点,较精确地测定非固定工作基点的偏离值,再在各分段内测定各位移标点的偏离值。这时由于利用固定工作基点只需测定少数几个非固定工作基点的偏离值,故可以选择最有利时间进行,也可增加测回数以提高观测精度。至于分几段合适,应视具体情况而定,一般以每段 300 m 左右为宜。

点位移后,视准线发生位移而在位移标点处的位移值计算:以 $C$ 点为例,设第 $i$ 次观测时 $C$ 点位移至 $C'$ 点,由图 4-3-9 可知,按视准线 $K'B$ 测得 $C'$ 点的偏离值为 $l''_{ci}$,实际上 $C'$ 点对 $AB$ 视准线的偏离值为

$$l_{ci} = l''_{ci} + l'_{ci} = l''_{ci} + \frac{BC}{BK}\Delta K \tag{4-3-3}$$

第 $i$ 次测得 $C$ 点的累计位移值为

$$\delta_{ci} = l_{ci} - l_{c0} = l''_{ci} + \frac{BC}{BK}\Delta K - l_{c0} \tag{4-3-4}$$

式中  $l''_{ci}$——视准线 $K'B$ 测得 $C'$ 点的偏离值;

$l'_{ci}$——视准线在位移标点 $C$ 处的位移值；

$l_{c0}$——$C$ 点偏离 $AB$ 视准线的初始偏离值；

$BK$ 和 $BC$——$K$ 点至 $B$ 点和 $C$ 点至 $B$ 点的距离,可实地丈量得出。

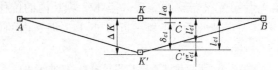

**图 4-3-9　直线坝非固定工作基点设站观测示意图**

当视准线分为三段、四段等,均可按同法进行计算。

2. 中点设站观测法

上述分段观测,当测定 $K$ 点的偏离值时,仪器仍然置于固定端点后视另一固定端点,此时视线长度并未缩短,精度很难提高。只有当 $K$ 点测定以后,利用它来测定分段内位移标点的偏离值时才缩短了视线。中点设站分段观测法是将经纬仪安置于非固定工作基点进行观测,如图 4-3-10 所示。$A$ 和 $B$ 分别为大坝两端的固定工作基点,$K$ 为非固定工作基点。布点时为了消除仪器的调焦误差,尽可能 $s_1 = s_2$。观测时,将经纬仪安置于变位后的非固定工作基点 $K'$ 上,在固定工作基点 $A$ 和 $B$ 上分别安置固定觇标和活动觇标。先于盘左位置后视 $A$ 点,十字线竖线与觇标中心精确重合后即固定水平度盘及照准部,倒转望远镜前视 $B$ 点,并指挥 $B$ 点司标者令觇标中心与视线重合 $n$ 次,读取 $n$ 次读数,为上半测回。然后在水平方向将仪器旋转 $180°$,以盘右位置后视 $A$ 点,再次倒转望远镜前视 $B$ 点,同上法读取 $n$ 次读数为下半测回。两半测回为一测回,按精度要求依法施测若干测回。由图 4-3-10 可知,$K'$ 点的偏离值为

$$l_K = 0.5l_B \tag{4-3-5}$$

式中　$l_B$——$B$ 点活动觇标读数。

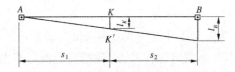

**图 4-3-10　直线坝非固定工作基点中点设站观测示意图**

如果 $K$ 点未设在 $A$、$B$ 中点,即 $s_1 \neq s_2$ 时,$l_K$ 的计算式为

$$l_K = \frac{s_1}{s_1 + s_2}l_B \tag{4-3-6}$$

由上可知,将仪器置于中间的非固定工作基点进行观测,视线缩短一半,观测精度将有很大提高。

### 3.2.2　使用测斜仪、正垂线、倒垂线、引张线、钢丝位移计观测水平位移

#### 3.2.2.1　使用测斜仪观测水平位移

为了测定坝体或边坡岩体的水平位移及倾斜变化,特别是量测深部岩体结构面上下岩盘间的错动,可使用便携式或固定式倾斜仪,而较为常用的是便携式倾斜仪。

一个倾斜仪系统包括倾斜盘、倾斜仪和一个数据采集单元。在一些特殊环境下倾斜盘安装在结构物上,通常粘在结构物上,也可以通过螺丝固定在结构物表面。为获得数据,操作员连接数据采集单元到倾斜仪上,将倾斜仪放在倾斜盘上。倾斜仪的底部紧贴水平倾斜盘,或者是垂直倾斜盘。在获取第一个数据后,操作员旋转倾斜仪180°,获取第二个数据。两个数据随后进行组合。倾斜的变化是通过比较初始读数和实时读数得到的,将结果转化为角度或者位移量。

一台倾斜仪可以用来测量多个倾斜平面。其特点是:①安装方便,铜制倾斜盘可以粘接或用螺丝固定在结构物上;②使用简单,一个操作员就可简单、快速地读数,可靠、精确、适应性好。

### 3.2.2.2 使用正垂线法观测水平位移

1. 观测原理与正垂线布置形式

正垂线是在坝的上部悬挂带重锤的不锈钢丝,利用地球引力使钢丝铅垂这一特点来测量坝体的水平位移。若在坝体不同高程处设置夹线装置作为测点,从上到下顺次夹紧钢丝上端,即可在坝基观测站测得测点相对坝基的水平位移,从而求得坝体的挠度,这种形式称为多点支承一点观测的正垂线,如图 4-3-11(a)、(b)。如果只在坝顶悬挂钢丝,在坝体不同高程处设置观测点,测量坝顶与各测点的相对水平位移来求得坝体挠度的,称为一点支承多点观测正垂线,如图 4-3-11(c)、(d)所示。

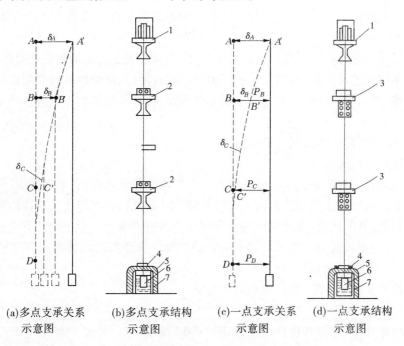

(a)多点支承关系示意图　(b)多点支承结构示意图　(c)一点支承关系示意图　(d)一点支承结构示意图

1—悬挂装置;2—夹线装置;3—坝体观测点;4—坝底观测点;5—观测墩;6—重锤;7—油箱

**图 4-3-11　正垂线多点支承和一点支承示意图**

2. 正垂线装置的构成

不论是多点支承还是一点支承正垂线,一般由以下几部分构成:

（1）悬挂装置。供吊挂垂线之用，常固定支撑在靠近坝顶处的廊道壁上或观测井壁上。

（2）夹线装置。固定夹线装置是悬挂垂线的支点，在垂线使用期间，应保持不变。即使在垂线受损折断后，支点亦能保证所换垂线位置不变。活动夹线装置是多点支承一点观测时的支点，观测时从上到下依次夹线。当采用一点支承多点观测形式时，取消活动夹线装置，而在不同高程取观测台。

（3）不锈钢丝。为直径 1 mm 的高强度不锈钢丝。观测仪器为接触式仪器时，需配的重锤较重，钢丝直径一般为 2 mm 左右。

（4）重锤。为金属或混凝土块，其上设有阻尼叶片，重量一般不超过垂线极限拉应力的 30%。但对接触式垂线仪，重锤需达 200 ~ 500 kg。

（5）油箱。为高 50 cm、直径大于重锤直径 20 cm 的圆柱桶。内装变压器油，使之起阻尼作用，促使重锤很快静止。

（6）观测台。构造与倒垂线观测台相似。也可从墙壁上埋设型钢安装仪器底座，特别是一点支承多点观测，是在观测井壁的测点位置埋设型钢安置底座。

3. 现场观测

正垂线观测使用的仪器和观测方法与倒垂线相同。观测步骤首先是挂上重锤，安好仪器，待钢丝稳定后才进行观测。观测顺序是：自上而下逐点观测为第一测回，再自下而上观测为第二测回。每测回测点要照准两次，读数两次。两次读数差小于 0.1 mm，测回差小于 0.15 mm。

由于正垂线是悬挂在本身产生位移的坝体上，只能观测与最低测点之间的相对位移。为了观测坝体的绝对位移，可将正垂线与倒垂线联合使用，即将倒垂线观测台与正垂线最低测点设在一起，测出最低点正垂线至倒垂线的距离，即可推算出正垂线各测点的绝对位移。

### 3.2.2.3　使用倒垂线法观测水平位移

1. 倒垂线原理与设备

倒垂线是将一根不锈钢丝的下端埋设在大坝地基深层基岩内，上端连接浮体，浮体漂浮于液体上。由于浮力始终铅直向上，故浮体静止的时候，必然与连接浮体的钢丝向下的拉力大小相等，方向相反，亦即钢丝与浮力同在一条铅垂线上。由于钢丝下端埋于不变形的基岩中，因此钢丝就成为空间位置不变的基准线。只要测出坝体测点到钢丝距离的变化量，即为坝体的水平位移。

倒垂线装置由浮体组、垂线和观测台构成。

1）浮体组

浮体组由油箱、浮筒和连杆组成，如图 4-3-12 所示。

（1）油箱。为一环形铁筒，外径 60 cm，内径 15 cm，高 45 cm。内环中心空洞部分是浮筒连杆穿过的活动部位。

（2）浮筒。形状与油箱相同，外径 50 cm，内径 25 cm，高 33 cm。这种结构和尺寸能保证浮筒在油箱内有一定的活动范围。浮筒上口有连接支架，以安装连杆。

（3）连杆。为一空心金属管，长 50 cm。上与浮筒支架连接，下端连接钢丝。

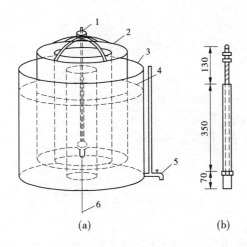

1—连杆;2—浮筒;3—油箱;4—油位指示;5—水嘴;6—钢丝

**图 4-3-12 倒垂线浮体组构成示意图**

2)垂线

一般采用直径 1 mm 的不锈钢丝,上端连接浮筒连杆,下端固定于基岩深处的锚块上。钢丝的极限抗拉强度应大于 2 倍浮力。

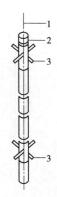

锚块形状如图 4-3-13 所示,它埋设于基岩深处。埋设锚块需在基础钻孔,孔深一般为坝高的 1/3,孔径 150 ~ 300 mm。锚块放于孔底,用混凝土浇筑在基础内。

3)观测台

观测台由混凝土或金属支架构成,中部为直径 15 cm 的圆孔或边长 15 cm 的方孔,以穿过垂线。台面要求水平,设有观测仪底座或其他观测设备。

4)垂线坐标仪

常见的垂线坐标仪有光学垂线仪和遥测垂线仪两大类。近年来垂线坐标仪发展很快,主要体现在精度的提高(由原来的 1 mm 级提高到 0.1 mm 级)和遥测自动化的日臻完善及可靠性的不断提高。

1—钢丝;2—连接螺丝;
3—支撑

**图 4-3-13 倒垂线
锚块示意图**

(1)光学垂线仪。

图 4-3-14 为国产光学垂线仪,仪器下部有一可供望远镜前后(纵向)移动的凹形槽板,目镜的下部有一套固定和微动的螺旋及纵向游标读数尺。凹形槽板下部另设有供望远镜左右(横向)移动的装置和对应的固定与微动用的螺旋及横向游标读数尺。望远镜设计有使钢丝的影像旋转 90°的光学系统,观测时从两个方向移动仪器的望远镜,可用纵横向微动螺旋精确照准垂线。

(2)遥测垂线仪。

图 4-3-15 所示是由南京水利水文自动研究所生产的 STC – 5 型步进电机光电跟踪式遥测垂线坐标仪,由传动机构和测量机构组成。它的工作原理是:步进电机驱动丝杆带动

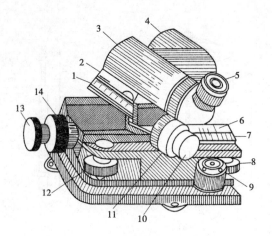

1—读数尺;2—游标;3—物镜1;4—物镜2;5—目镜;6—游标;7—读数尺;
8—脚螺旋;9—圆水准器;10—手轮;11—上部固定螺旋;12—脚螺旋;13—手轮;14—下部固定螺旋

**图 4-3-14　光学垂线仪示意图**

探头做直线运动,探头中的光电照准器依次扫描基准杆和垂线,一旦光线被基准杆和垂线遮断,光电管立即将信号反送给检测仪或测控装置,经自动处理测得垂线在 $X$、$Y$ 两个方向的位移,与初始位置相比而求出垂线的位移量。

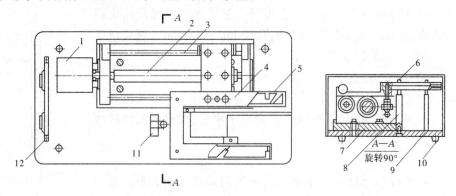

1—步进电机;2—丝棒;3—导棒;4—探头;5—光缆索;6—基准杆;
7—基座;8—基准杆座;9—底板;10—外壳;11—加热体;12—插座

**图 4-3-15　STC-5 型步进电机光电跟踪式遥测垂线坐标仪示意图**

虽然遥测垂线坐标仪的技术发展很快,但便携式光学坐标仪仍然是必不可少的垂线观测仪器。光学垂线观测仪的操作步骤为:将仪器安置在测点上,利用仪器的角螺旋将仪器整平,插上照明系统,接通电源。调节目镜螺旋,此时可在目镜中看到带有十字线的分划板像;旋转横向导轨手轮,此时能在视场中看到竖线像,慢慢转动手轮,直至垂线的竖线像正好夹在十字线竖线中央。旋转纵向导轨手轮,此时能在视场中看到横线像,慢慢转动手轮,直至垂线的横线像正好夹在十字线横线中央。从读数尺和游标尺上可分别读出纵、横向垂线的偏离值。

2. 现场观测

观测前,首先应检查钢丝的张紧程度,使钢丝的拉力每次基本一致。达到这一要求的做法,是在钢丝长度不变的情况下,观测油箱的油位指示,使油位每次保持一致,浮力即一致,钢丝的拉力也就一致了。其次要检查浮筒是否能在油箱中自由移动,做到静止时浮筒不能接触油箱。浮筒重心不能偏移,人为拨动浮筒后应回复到原来位置。还要检查防风措施,避免气流对浮筒和钢丝的影响。检查完毕后,应待钢丝稳定一段时间才进行观测。

观测时,将仪器安放在底座上,置中调平,照准测线,各条垂线上各个测点的观测,应从上而下或者从下而上,依次在尽量短的时间内完成。每一个点的观测,分别读取 $x$ 与 $y$ 轴(即左右岸与上下游)方向读数各两次,取平均值作为测回值。每测点测两个测回,两测回间需要重新安置仪器。读数限差与测回限差分别为 0.1 mm 与 0.15 mm。观测中照明灯光的位置应固定,不得随意移动。

计算坝体测点的水平位移要根据规定的方向、垂线仪纵横尺上刻划的方向和观测员面向方向三个因素决定。一般规定位移向下游和左岸为正,反之为负;上下游方向为纵轴 $y$,左右岸方向为横轴 $x$。垂线仪安置的坐标方向应和大坝坐标方向一致。

### 3.2.2.4 使用引张线法观测水平位移

引张线法具有操作和计算简单、精度高、便于实现自动化观测等优点,尤其在廊道中设置引张线,因不受气候影响,具有明显的有利条件,因此在重力坝水平位移观测中应优先采用。

1. 观测原理及设备

在设于坝体两端的基点间拉紧一根钢丝作为基准线,然后测量坝体上各测点相对基准线的偏离值,以计算水平位移量。这根钢丝称为引张线,它相当于视准线法中的视准线,是一条可见的基准线,如图 4-3-16 所示。

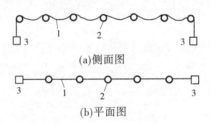

(a)侧面图

(b)平面图

1—钢丝;2—浮托装置;3—端点装置

**图 4-3-16 引张线法观测原理及设备**

由于水库大坝长度一般在数十米以上,如果仅靠坝两端的基点来支承钢丝,因其跨度较长,钢丝在本身重力作用下将下垂成悬链状,不便观测。为了解决垂径过大问题,需在引张线两端加上重锤,使钢丝张紧,并在中间加设若干浮托装置,将钢丝托起近似成一条水平线。因此,引张线观测设备由钢丝、端点装置和测点装置三部分组成。

1) 钢丝

一般采用 $\phi 0.8 \sim 1.2$ mm 的不锈钢丝,钢丝强度要求不小于 $1.5 \times 10^6$ kPa。为了防止风的影响和外界干扰,全部测线需用 $\phi 10$ cm 的钢管或塑料管保护。正常使用时,钢丝全线不能接触保护管。

2）端点装置

端点装置由混凝土基座、夹线装置、滑轮、线锤连结装置以及重锤等组成，如图 4-3-17 所示。

夹线装置的作用是使钢丝始终固定在一个位置上。它的构造是在钢质基板上嵌入一个铜质 V 形夹槽，将钢丝放入 V 形槽中，盖上压板，旋紧压板螺丝，测线即被固定在这个位置上，如图 4-3-18 所示。

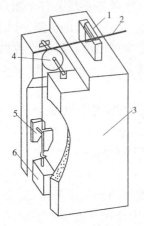

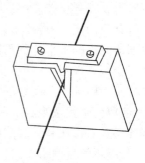

1—夹线装置；2—钢丝；3—混凝土墩；
4—滑轮；5—悬挂装置；6—重锤

图 4-3-17　引张线端点装置　　　　　　　　图 4-3-18　夹线装置

夹线装置安装时，需注意 V 形槽中心线与钢丝方向一致，并落在滑轮槽中心的平面上。但要注意，当测线通过滑轮拉紧后，测线与 V 形槽中心线应重合，并且钢丝高出槽底 2 mm 左右。

线锤连结装置上有卷线轴和插销，以便卷紧钢丝，悬挂重锤并张紧钢丝。重锤的重量视钢丝的强度而定。重锤重量愈大，钢丝所受拉力愈大，引张线的灵敏度愈高，观测精度也愈高。重锤重量可按钢丝抗拉强度的 1/3～1/2 考虑。

3）测点装置

设置在坝体测点上，由水箱、浮船、读数尺和保护箱构成，如图 4-3-19 所示。浮船支撑钢丝，在钢丝张紧时，浮船不能接触水箱，以保证钢丝在过两端点 V 形夹线槽中心的直线上。读数尺为 150 mm 长的不锈钢尺，固定在槽钢上，槽钢埋入坝体测点位置。安装时应尽可能使各测点钢尺在同一水平面上，误差不超过 ±5 mm。测点也可不设读数尺而采用光学遥测仪器。测点装置一般 20～30 m 设置一个。保护管固定在保护箱上。

2. 观测方法

引张线的钢丝张紧后固定在两端的端点装置上，水平投影为一条直线，这条直线是观测的基准线。测点埋设在坝体上，随坝体变形而位移。观测时只要测出钢丝在测点标尺上的读数，与上次测值比较，即可得出该测点在垂直引张线方向的水平位移，其位移计算原理与视准线法相似。

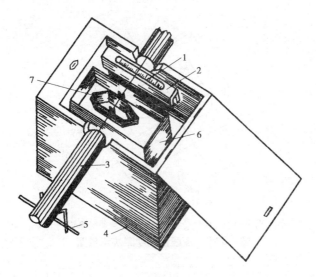

1—量测标尺;2—槽钢;3—保护管;4—保护箱;5—保护管支架;6—水箱;7—浮船

**图 4-3-19 引张线测点装置**

1) 观测步骤

引张线观测随所用仪器的不同方法亦不同,无论采用哪一种仪器和方法观测,都应按以下的步骤进行。

(1) 在端点上用线锤悬挂装置挂上重锤,使钢丝张紧。

(2) 调节端点上的滑轮支架,使钢丝通过夹线装置 V 形槽中心,此时钢丝应高出槽底 2 mm 左右,然后夹紧固定。但应注意,只有挂锤后才能夹线,松夹后才能放锤。

(3) 向水箱充水或油至正常位置,使浮船托起钢丝,并高出标尺面 0.5 mm 左右。

(4) 检查各测点装置,浮船应处于自由浮动状态,钢丝不应接触水箱边缘和全部保护管。

(5) 端点和测点检查正常后,待钢丝稳定 30 min,即可安置仪器进行测读。测读从一端开始依次至另一端止,为一测回。测完一测回后,将钢丝拔离平衡位置,让其浮动恢复平衡,待稳定后从另一端返测,进行第二测回测读。如此观测 2~4 个测回,各测回值的互差要求不超过 ±0.2 mm。

(6) 全部观测完后,将端点夹线松开,取下重锤。

(7) 若引张线设在廊道内,观测时应将通风洞暂时封闭。对于坝面的引张线应选择无风天观测,并在观测一点时,将其他测点的观测箱盖好。

2) 常用的观测方法

(1) 直接目视法。用肉眼并使视线垂直于尺面观测,分别读出钢丝左边缘和右边缘在标尺上投影的读数 $a$ 和 $b$,估读至 0.1 mm,得出钢丝中心在标尺上读数为 $L=(a+b)/2$。显然 $|a-b|$ 应为钢丝的直径,以此可作为检查读数的正确性和精度。

(2) 挂线目视法。将标尺设在水箱的侧面,在靠近标尺的钢丝上系上很细的丝线,下挂小锤,如图 4-3-20 所示。用肉眼正视标尺直接读数。

(3) 读数显微镜法。该法是将一个具有测微分划线的读数显微镜置于标尺上方,测读毫米以下的数,而毫米整数直接用肉眼读出,如图 4-3-21 所示。

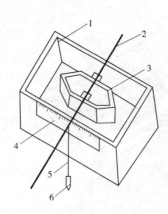

1—水箱;2—钢丝;3—浮船;4—标尺;5—细丝绳;6—小锤

图 4-3-20　挂线目视观测法示意图

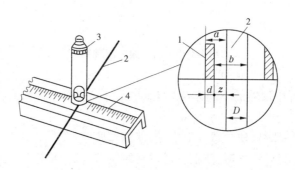

1—标尺毫米分划线;2—钢丝;3—读数显微镜;4—标尺

图 4-3-21　读数显微镜观测法示意图

观测时,先读取毫米整数,再将读数显微镜垂直于标尺上,调焦至成像清晰,转动显微镜内测管,使测微分划线与钢丝平行。然后左右移动显微镜,使测微分划线与标尺毫米分划线的左边缘重合,读取该分划线至钢丝左边缘的间距 $a$。第二次移动显微镜,将测微分划线与标尺毫米分划线的右边缘重合,读取该分划线至钢丝右边缘的间距 $b$。由图 4-3-21 有以 $a+b=2z+d+D$,即 $(a+b)/2=z+(d+D)/2$。而 $(a+b)/2$ 即为标尺毫米分划线中心至钢丝中心的距离。于是得钢丝中心在标尺上的读数为

$$L = r + \frac{a+b}{2} \tag{4-3-7}$$

式中　$r$——离服从标尺上读取的毫米整数。

由图 4-3-21 可知 $b-a=D-d$,即钢丝直径与标尺分划线粗度的差值为定值。同样,该值可作为检查读数有无错误和精度的标准。

(4)光电跟踪遥测法。南京自动化研究所研制的 YZ–1 型光电跟踪差动电感式引张线遥测仪是机电与光学部件相结合的远距离自动遥测仪。该仪器测量范围为 0~20 mm,最小读数 0.02 mm(桥式仪表)或 0.01 mm(数字仪表),遥测距离为 0~100 m。

该仪器的工作原理如图 4-3-22 所示。光源被引张线挡住的阴影通过光电头的光学镜头放大,投影到上部两块起光电转换作用的硅光电池上。硅光电池受光照的面积不同,

产生的电压会不同。两块硅光电池以图 4-3-23 所示方式连接。如引张线遮挡的阴影在两块硅光电池上的面积不等,就有输出电压 $U_R = (I_1 - I_2) \times R$,称为差分电压。$U_R$ 经放大器放大后,使微电机运转,通过传动机构带动光电头作相应的直线运动。光电头在运动过程中,与钢丝作相对位移,使得钢丝遮挡两块光电池的阴影面积变化,$U_R$ 跟着变化。当两块光电池被遮挡的阴影面积相等时,$U_R = 0$,光电头停止移动,全部过程达到了光电自动跟踪的目的。

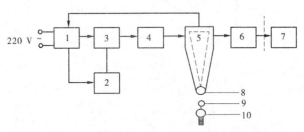

1—放大器;2—控制电路;3—微电机;4—传动机构;5—光电池;
6—位移传感器;7—指示仪表;8—光透镜;9—引张线;10—光源

图 4-3-22　引张线遥测仪工作原理方框图

　　该仪器的位移传感器采用差动电感式遥测仪,它由差动电感传感器、杠杆传动系统、油箱等部件组成。当大坝变位后,引张线推动遥测仪的传动杆并通过杠杆系统使传感器磁芯移动,从而把机械位移变成电信号并经接收仪(比例电桥或数字显示仪)指示出来。传感器工作原理如图 4-3-24 所示,$L_1$ 与 $L_2$ 为传感器的两组线圈,$R_1$ 与 $R_2$ 为接收仪电阻,它们构成四臂电桥。当引张线通过杠杆传动系统推动铁芯上下移动时,$I_1 \neq I_2$,电桥失去平衡,接收仪有相应的显示,此显示即对应了遥测仪相对钢丝的位移量。

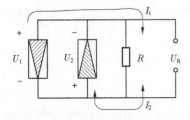

图 4-3-23　输出差分电压过程图

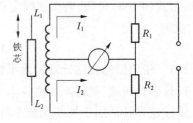

图 4-3-24　电感传感器原理图

　　该套仪器在观测过程中避免了照准误差,也没有仪器调焦、调平误差的影响,因此观测精度高,速度快,操作方便。但在湿度大、气温低的情况下会影响正常观测。

　　3. 端点变位测定

　　引张线的端点一般设在坝体上,会随坝体变形而位移。对设于坝顶的引张线,其端点变位可用视准线法或精密丈量等方法量测。设在廊道内的引张线,其端点变位一般用倒垂线观测。倒垂线设置在引张线端点附近,在引张线端点基座上增设位移标心 $A$,在倒垂线观测墩上设置位移标心 $E$,如图 4-3-25 所示。

　　设 $A$、$E$ 标心之间的距离为 $s$,倒垂线钢丝中心 $R$ 至 $E$ 的距离为 $a$。$R$ 的空间位置是固定不变的。当坝体位移后,$A$ 点和 $E$ 点位移至 $A'$ 和 $E'$。观测时用钢尺量出 $A'$、$E'$ 之间的

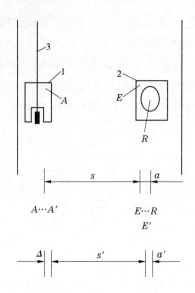

1—引张线端点基座;2—倒垂线观测墩;3—引张线;

A—引张线端点位移标心;E—倒垂线观测墩标心;R—倒垂线

**图 4-3-25　引张线端点变位测定示意图**

距离 $s'$,由垂线仪测出 $R$、$E'$ 的距离 $a'$,即可计算出引张线端点的位移值 $\Delta$。由图 4-3-25 可知:

$$\Delta = (s + a) - (s' + a')$$

$$= (s - s') + (a - a') = \Delta s + \Delta a \qquad (4\text{-}3\text{-}8)$$

式中,$\Delta s$ 和 $\Delta a$ 的正负与 $A$、$E$、$R$ 三点之间的相对位置有关,应根据实际情况分析确定。此外,由式(4-3-8)可知,若引张线与倒垂线很近,两观测墩合为一体,观测中则无 $s$ 而只有 $a$,此时

$$\Delta = a - a' = \Delta a \qquad (4\text{-}3\text{-}9)$$

### 3.2.2.5　使用钢丝位移计观测水平位移

**1. 位移计用途、规格及主要技术参数**

钢丝位移计适用于长期观测土石坝、土堤、边坡等土体内部的位移,是了解被测物体稳定性的有效监测设备。钢丝水平位移计可单独安装,亦可与水管式沉降仪联合安装进行观测。

WLD – 1 型钢丝水平位移计主要技术参数如表 4-3-5 所示。

**表 4-3-5　WLD – 1 型钢丝水平位移主要技术参数**

| 规格代号 | WLD – 1 |
| --- | --- |
| 测点数量 | 根据设计要求 |
| 管线长度(m) | 10 ~ 200 |
| 测量范围(mm) | 500 ~ 800 |
| 最小读数(mm) | ≤0.05 |
| 测量精度(mm/m) | ±2/100 |
| 钢丝直径(mm) | 2 |

## 2. 结构及工作原理

WLD-1 型钢丝水平位移计由锚固板、铟合金钢丝、保护钢管、伸缩接头、测量架、配重机构、读数游标卡尺等组成。它的工作原理是：当被测结构物发生变形时将会带动锚固板移动，通过固定在锚固板上的钢丝卡头传递给钢丝，钢丝再带动读数游标卡尺上的游标，用目测方式很方便地将位移数据读出。测点的位移量等于实时测量值与初始值之差，再加上观测房内固定标点的相对位移量。观测房内固定标点的位移量由视准线测出。

## 3. 计算方法

（1）当外界温度恒定、观测房内固定标点没有位移时，位移计与被测结构物的变形具有如下线性关系：

$$L = \Delta d \tag{4-3-10}$$

$$\Delta d = d - d_0 \tag{4-3-11}$$

式中　$L$——位移计的相对位移量，mm；

$\Delta d$——位移计的位移相对于基准值的变化量，mm；

$d$——位移计的实时测量值，mm；

$d_0$——位移计的基准值（初始测量值），mm。

（2）当被测结构物没有发生变形，而温度增加 $\Delta T$ 时，这将引起钢丝的变形并产生测值的变化，这个测值仅仅是由温度变化而造成的，因此在计算时应予以扣除。

试验可知 $\Delta d'$ 与 $\Delta T$ 具有如下线性关系：

$$L' = \Delta d' - bh\Delta T = 0 \tag{4-3-12}$$

则

$$\Delta d' = bh\Delta T \tag{4-3-13}$$

$$\Delta T = T - T_0 \tag{4-3-14}$$

式中　$b$——位移计铟合金钢丝的膨胀系数，取 $0.8 \times 10^{-6} \sim 1.35 \times 10^{-6}$，$1/℃$；

$\Delta T$——温度相对于基准值的变化量，℃；

$T$——温度的实时测量值，℃；

$T_0$——温度的基准值（初始测量值），℃；

$h$——位移计钢丝的有效安装长度，mm。

（3）埋设在坝体内的位移计，受到的是位移和温度的双重作用，同时要累加上观测房内固定标点的相对位移量。因此，位移计的一般计算公式为

$$L_m = \Delta d - bh\Delta T + \Delta D \tag{4-3-15}$$

$$\Delta D = D - D_0 \tag{4-3-16}$$

式中　$L_m$——被测结构物的位移量，mm；

$\Delta D$——观测房内固定标点相对于基准值的变化量，mm；

$D$——观测房内固定标点的实时测量值，mm；

$D_0$——观测房内固定标点的基准值（初始测量值），mm。

## 4. 埋设与安装

钢丝水平位移计的埋设方法有两种：一种为挖沟槽埋设方法（坝体内）；另一种为不挖沟槽埋设方法（坝体表面）。

1) 定位与基床平整

WLD-1型钢丝水平位移计采用沟槽埋设方法(坝体内):在坝面填筑到测点设计高程以上约80 cm时,开挖至埋设高程以下30 cm,开始平整基床做埋设前准备。不挖沟槽埋设方法为(坝体表面):在坝面填筑到测点设计高程时,开始平整基床做埋设准备。

当按设计要求选择好埋设管线位置后,应精心平整基床,在细粒料坝体中,整平压实达埋设高程;在粗粒料坝体中,应以反滤层做基础填平,人工压实到埋设高程,压实度应与周围的坝体相同。整平后的基床不平整度应不大于 ±5 mm。

2) 位移计的安装

A. 定位

将测量架安置在观测房内的设计位置上,使测量标尺方向对准埋设管路的预留孔。从观测房的预留孔开始排列保护钢管,并使保护钢管伸进房内距离测量标尺前端约20 cm。

B. 排列保护钢管

排列保护钢管时,二段钢管在伸缩接头中应相隔约30 cm,在伸缩接头中安装分线盘及相应的配套零件。当排列到设计测点时,应增加安装锚固板及对应编号的分线盘和钢丝夹头。以此法安装至最后一个测点。

C. 排放钢丝

钢丝排放时应先检查钢丝质量,钢丝外表不应有伤痕、折弯、缩径及其他缺陷。在钢丝排放过程中不得使其扭转和受伤,在施放时应用专用的引线器牵引。

将钢丝固定于引线器上,利用引线器使钢丝穿过保护钢管、挡泥圈、伸缩接头(甲)、锚固板、伸缩接头(乙)……当钢丝到达测点位置时在分线盘(测点)上安装钢丝夹头,将钢丝夹紧并将余头再用压板固定在分线盘上。

D. 伸缩接头安装

伸缩接头中要安装分线盘及轴承,在测点位置两伸缩接头之间安装锚固板。伸缩接头上的红线标记应向上,以保证钢丝在伸缩接头中处于水平位置。

E. 管线调整

管线定位后要调整其水平度和直线度,可用拉紧的钢丝作准线将管线理直。水平度和直线度均应在 ±5 mm 范围内。管线调整完成后即将所有螺钉紧定,不得有丝毫松动。

F. 测量架安装

管线调整完成后即可以进行测量架安装。先将测量架固定在已浇筑好并已凝固的混凝土台上,用膨胀螺钉固定测量架。测量架底框下的混凝土台座应低于底框,为扩大位移范围预留。然后将钢丝经尺架绕在砝码盘的小盘上,并用压线板将钢丝固定在砝码盘的小盘上。吊重钢丝绳绕在砝码盘的大盘上,并用压线板将钢丝绳固定在砝码盘的大盘上。钢丝和钢丝绳在大、小盘上应各绕三圈。测尺安装好后,即可检查钢丝的联动是否正常,并可进行初步的测试。

G. 浇筑与回填

首先对各个安装环节进行全面检查,再进行一次初步的测试,确认合格后可进行回填。回填的步骤是:首先在锚固板埋设处也就是测点处,立模浇一个能全包住锚固板的钢筋混凝土的块体。块体尺寸应能将锚固板及两端法兰盘全部包进块体内,并捣实。施工中,应防止混凝土砂浆进入伸缩接头与保护钢管之间的缝隙,否则将会影响伸缩接头的滑动。混凝土块体拆模后,即可进行管线四周回填。管线四周回填应十分仔细,必须压实到与四周坝体相同的密实度,在压实中要防止冲击保护钢管。回填应采用原坝料,靠近仪器周围应用细粒料填充压实。当回填超过仪器顶面 1.8 m 时,即可进行大坝正常施工的填筑。

H. 试测

一切安装正常后,即可进行试测。试测先在砝码盘的大盘上吊重 60 kg 的砝码,对钢丝进行预拉直(此工作亦可在回填前进行),24 h 后改为正常测试的吊重 45 kg 的砝码。反复多次的加卸荷测试读数值,其重复读数小于 2 mm,即可认为安装完成。

3)测量

钢丝位移计的钢丝不应长期承受荷载,否则钢丝会产生疲劳变形。每次测量完成后,即应取下部分砝码,留 10 ~ 20 kg 砝码在砝码盘上,正常测试时的砝码应为 45 kg。增减砝码应轻拿轻放,不得冲击钢丝。

4)注意事项

应定期用视准线测量钢丝位移计测架所在标点的位移量。测量时给每个测点加砝码至 45 kg,加砝码 30 min 后(测值稳定)即可开始读数。每隔 15 min 读数一次,最后两次读数一致即为测量的真值。

## 3.3　裂缝与接缝监测

### 3.3.1　用游标卡尺、千分表等观测裂缝与接缝标点间距

通过游标卡尺或者千分表测量埋设在结构缝或者裂缝两端的机械曲臂基点间距离的变化量,从而可以测得结构缝或者裂缝的位移,用来监测混凝土结构缝或者其他刚性建筑物裂缝的变化情况。

#### 3.3.1.1　游标卡尺的使用

游标卡尺是一种常用的量具,具有结构简单、使用方便、精度中等和测量尺寸范围大等特点,可以用它来测量零件的外径、内径、长度、宽度、厚度、深度和孔距等,应用范围很广。

1. 游标卡尺的结构

游标卡尺由主尺、副尺、自动螺钉、量爪、深度测量杆等组成,如图 4-3-26 所示。

2. 游标卡尺原理

游标卡尺的刻线原理如图 4-3-27 所示。主尺上每小格 1 mm,副尺刻度总长 49 mm 并等分为 50 小格,因此副尺的每小格长度为 49 mm/50 = 0.98 mm,最小测量精度为 1 mm − 0.98 mm = 0.02 mm。

3. 游标卡尺的读数

(1)两条重合是整数:副尺的第一条零线与主尺的任意一条刻度线重合并且副尺的最后一条零线与主尺的任意一条刻度线重合,此时读数为副尺的第一条零线所对应的主尺的刻度线,该读数是整数。

(2)一条重合是偶数(小数):副尺的第一条零线所对应的主尺的左边最近的一条刻

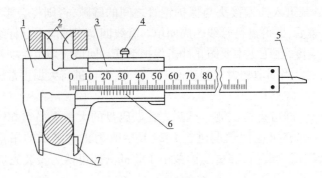

1—尺身;2—上量爪;3—尺框;4—紧固螺钉;5—深度尺;6—游标;7—下量爪

图 4-3-26　游标卡尺的结构型式

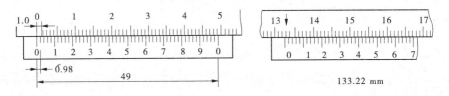

图 4-3-27　游标卡尺读数

度线作为整数部分,并且在副尺上找到与主尺重合最好的一条刻度线,以该刻度线向左数到第一条零线时的格数乘以 0.02 后作为小数部分。

(3)没有重合是奇数(小数):副尺的第一条零线所对应的主尺的左边最近的一条刻度线作为整数部分,副尺上相邻的两条刻度线被主尺上对应的相邻两条刻度线所包容,从副尺上该两条刻度线的左边一条向左数到第一条零线时的格数乘以 0.02 再加 0.01 后作为小数部分。

4. 游标卡尺的使用方法

量具使用得是否合理,不但影响量具本身的精度,而且直接影响测量精度,甚至发生事故,造成不必要的损失。所以,必须重视量具的正确使用,对测量技术精益求精,获得正确的测量结果,确保数据准确。

使用游标卡尺测量零件尺寸时,必须注意下列几点:

(1)测量前应把卡尺揩干净,检查卡尺的两个测量面和测量刃口是否平直无损,把两个量爪紧密贴合时,应无明显的间隙,同时游标和主尺的零位刻线要相互对准。这个过程称为校对游标卡尺的零位。

(2)移动尺框时,活动要自如,不应出现过松或过紧,更不能有晃动现象。用固定螺钉固定尺框时,卡尺的读数不应有所改变。在移动尺框时,不要忘记松开固定螺钉,亦不宜过松以免掉了。

(3)测量缝隙宽度时,要放正游标卡尺的位置,应使卡尺两测量刃的连线垂直于缝隙,不能歪斜,否则,量爪若在如图 4-3-28 所示的错误的位置上,也将使测量结果不准确(可能大也可能小)。

(4)为了获得正确的测量结果,可以多测量几次,即在同一缝隙的不同方向进行测量。

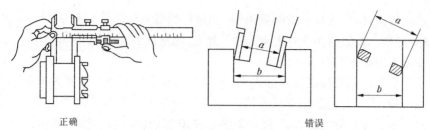

正确　　　　　　　　　　　　　　　　　　　错误

**图 4-3-28　测量沟槽宽度时正确与错误的位置式**

对于较长缝隙,则应当在全长的各个部位进行测量,务使获得一个比较准确的测量结果。

### 3.3.1.2　百分表和千分表的使用

**1.百分表的结构**

百分表和千分表,都是用来校正零件或夹具的安装位置、检验零件的形状精度或相互位置精度的。它们的结构原理没有什么大的不同,就是千分表的读数精度比较高,即千分表的读数值为 0.001 mm,而百分表的读数值为 0.01 mm。

百分表的外形如图 4-3-29 所示,8 为测量杆,6 为指针,表盘 3 上刻有 100 个等分格,其刻度值(即读数值)为 0.01 mm。当指针转一圈时,小指针即转动一小格,转数指示盘 5 的刻度值为 1 mm。用手转动表圈 4 时,表盘 3 也跟着转动,可使指针对准任一刻线。测量杆 8 是沿着套筒 7 上下移动的,套筒 8 可作为安装百分表用。9 是测量头,2 是手提测量杆用的圆头。

图 4-3-30 是百分表内部机构的示意图。带有齿条的测量杆 1 的直线移动,通过齿轮传动($Z_1$、$Z_2$、$Z_3$),转变为指针 2 的回转运动。齿轮 $Z_4$ 和弹簧 3 使齿轮传动的间隙始终在一个方向,起着稳定指针位置的作用。弹簧 4 是控制百分表的测量压力的。百分表内的齿轮传动机构,使测量杆直线移动 1 mm 时,指针正好回转一圈。

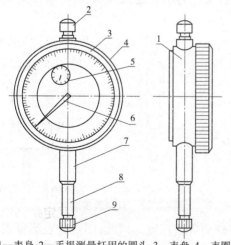

1—表身;2—手提测量杆用的圆头;3—表盘;4—表圈;
5—转数指示盘;6—指针;7—套筒;8—测量杆;9—测量头

**图 4-3-29　百分表外形示意图**

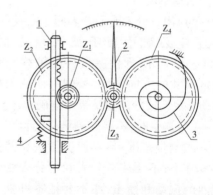

1—测量杆;2—指针;3—稳定指针弹簧;
4—控制百分表测量压力弹簧

**图 4-3-30　百分表的内部机构示意图**

由于百分表和千分表的测量杆是做直线移动的,可用来测量长度,所以它们也是长度测量工具。目前,国产百分表的测量范围(测量杆的最大移动量),有 0~3 mm、0~5 mm、0~10 mm 三种。读数值为 0.001 mm 的千分表,测量范围为 0~1 mm。

**2. 百分表和千分表的使用方法**

由于千分表的读数精度比百分表高,所以百分表适用于尺寸精度为 IT6~IT8 级零件的校正和检验;千分表则适用于尺寸精度为 IT5~IT7 级零件的校正和检验。百分表和千分表按其制造精度可分为 0 级、1 级和 2 级三种,0 级精度较高。使用时,应按照零件的形状和精度要求,选用合适的百分表或千分表的精度等级和测量范围。

使用百分表和千分表时,必须注意以下几点:

(1)使用前,应检查测量杆活动的灵活性。即轻轻推动测量杆时,测量杆在套筒内的移动要灵活,没有任何轧卡现象,且每次放松后,指针能回复到原来的刻度位置。

(2)使用百分表或千分表时,必须把它固定在可靠的夹持架上(如固定在万能表架或磁性表座上,如图 4-3-31 所示),夹持架要安放平稳,以免使测量结果不准确或摔坏百分表。

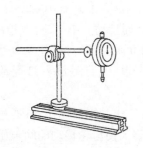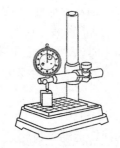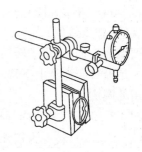

**图 4-3-31　安装在专用夹持架上的百分表**

(3)用夹持百分表的套筒来固定百分表时,夹紧力不要过大,以免因套筒变形而使测量杆活动不灵活。

(4)用百分表或千分表测量零件时,测量杆必须垂直于被测量表面。图 4-3-32 所示。即使测量杆的轴线与被测量尺寸的方向一致,否则将使测量杆活动不灵活或使测量结果不准确。

(5)测量时,不要使测量杆的行程超过它的测量范围;不要使测量头突然撞在零件上;不要使百分表和千分表受到剧烈的振动和撞击,亦不要把零件强迫

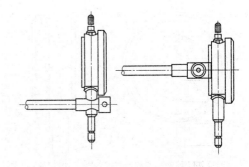

**图 4-3-32　百分表安装方法**

推入测量头下,免得损坏百分表和千分表的机件而失去精度。因此,用百分表测量表面粗糙或有显著凹凸不平的零件是错误的。

(6)用百分表校正或测量零件时,如图 4-3-33 所示。应当使测量杆有一定的初始测力。即在测量头与零件表面接触时,测量杆应有 0.3~1 mm 的压缩量(千分表可小一点,有 0.1 mm 即可),使指针转过半圈左右,然后转动表圈,使表盘的零位刻线对准指针。轻

轻地拉动手提测量杆的圆头,拉起和放松几次,检查指针所指的零位有无改变。当指针的零位稳定后,再开始测量或校正零件的工作。如果是校正零件,此时开始改变零件的相对位置,读出指针的偏摆值,就是零件安装的偏差数值。

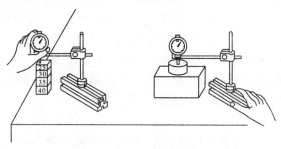

图 4-3-33　百分表尺寸校正与检验方法

(7)在使用百分表和千分表的过程中,要严格防止水、油和灰尘渗入表内,测量杆上也不要加油,免得粘有灰尘的油污进入表内,影响表的灵活性。

(8)百分表和千分表不使用时,应使测量杆处于自由状态,以免使表内的弹簧失效。如内径百分表上的百分表,不使用时,应拆下来保存。

## 3.3.2　钢尺的尺寸改正

精密量距前,要对钢尺进行检定并对钢尺尺寸进行改正。

### 3.3.2.1　钢尺检定

由于钢尺的材料性质、制造误差等原因,使用时钢尺的实际长度与名义长度(钢尺尺面上标注的长度)不一样,通常在使用前对钢尺进行检定,用钢尺的尺长方程式来表示尺长。

尺长方程式为

$$l_t = l_0 + \Delta l + \alpha(t - t_0)l_0 \tag{4-3-17}$$

式中　$l_t$——钢尺在温度 $t$ ℃时的实际长度;

　　　$l_0$——钢尺名义长度;

　　　$\Delta l$——尺长改正数;

　　　$\alpha$——钢尺的膨胀系数,一般为 $1.25 \times 10^{-5}$/℃;

　　　$t$——钢尺量距时的温度;

　　　$t_0$——钢尺检定时的温度(一般为 20 ℃)。

每根钢尺都应由尺长方程式才能得出实际长度,但尺长方程式中的 $\Delta l$ 会发生变化,故尺子使用一段时期后必须重新检定,得出新的尺长方程式。

检定钢尺常用比长法,即将欲检定的钢尺与有尺长方程式的标准钢尺进行比较,认为它们的膨胀系数是相同的,求出尺长改正数,进一步求出欲检定的钢尺的尺长方程式。

设丈量距离的基线长度为 $D$,丈量结果为 $D'$,则尺长改正数为

$$\Delta l = \frac{D - D'}{D'}l_0 \tag{4-3-18}$$

#### 3.3.2.2　尺寸改正

钢尺检定后,得出在检定时拉力与温度的条件下的尺长方程式,丈量前,先用经纬仪定线。

如果地势平坦或坡度均匀,则可测定直线两端点高差作为倾斜改正的依据;若沿线坡度变化,地面起伏,定线时应注意坡度变化处,两标志间的距离要略短于钢尺长度。丈量时根据弹簧秤对钢尺施加标准拉力,并同时用温度计测定温度。每段要丈量三次,每次丈量应略微变动尺子位置,三次读得长度之差的允许值根据不同要求而定,一般不超过 2 ~ 5 mm。如在限差范围内,取三次平均值作为最后结果。

1. 尺长改正

由于钢尺的实际长度与名义长度不符,故所量距离必须施加尺长改正。根据尺长方程式,算得钢尺在检定温度 $t_0$ 时尺长改正数 $\Delta l$,尺长改正数 $\Delta l$ 除以名义长度 $l$ 可得每米尺长改正数,再乘以所量得长度 $D'$,即得该段距离尺长改正。

尺长改正值:
$$\Delta D_l = \frac{\Delta l}{l} D' \tag{4-3-19}$$

2. 温度改正

由于量距时的平均温度 $t$ 与标准温度 $t_0$ 不相等,需要进行温度改正。

温度改正值:
$$\Delta D_t = \alpha(t - t_0) D' \tag{4-3-20}$$

3. 倾斜改正

设两点间高差为 $h$,为了将斜距 $D'$ 改算成水平距离 $D$,需要加倾斜改正(高差改正)。

倾斜改正值:
$$\Delta D_h = -\frac{h^2}{2D'} \tag{4-3-21}$$

#### 3.3.2.3　距离计算

将测得的结果 $D'$ 加上式(4-3-19) ~ 式(4-3-21)三项改正值,即得所量距离长度,即
$$D = D' + \Delta D_l + \Delta D_t + \Delta D_h \tag{4-3-22}$$

上述计算往、返丈量分别进行,当量距相对误差在限差范围之内时,取往、返测丈量平均值作为距离丈量的最后结果。

### 3.3.3　绘制裂缝分布图

裂缝检测性状的参数主要指裂缝的宽度、长度及深度。

裂缝的宽度是指结构裂缝的表面宽度,采用精度为 0.1 mm 的读数显微镜进行测量。

裂缝的长度是结构表面裂缝连续延伸的长度,采用钢卷尺进行测量。

裂缝的长度、宽度、深度、位置测量好后标绘在平面图上。

# 模块 4　渗流监测

渗流监测包括坝体与坝基渗透压力、绕坝渗流(含近坝区地下水位)、渗流量及水质分析。

## 4.1　渗流压力监测

### 4.1.1　校正水位测量器具

参照水准测量校正水准点。

### 4.1.2　连接渗压计信号电缆

仪器电缆布置时不得与交流电缆一同敷设,电缆走线应尽量避免受到移动设备、尖锐材料等的伤害。埋入坝体混凝土中的仪器电缆应详细记录埋设部位,使灌浆钻孔时避开缆线。

振弦式渗压计采用专用水工四芯或五芯电缆将仪器电缆接长,接长电缆的黑、蓝两根芯线与仪器电缆的黑芯线焊接在一起,接长电缆的绿、白芯线与仪器电缆的白芯线焊接在一起,接长电缆的红芯线与仪器电缆的红芯线焊接在一起,电缆接头可采用热缩管密封电缆接头技术。其步骤如下:

先将仪器电缆头每根芯线套上 $\phi5.0\ mm$(长度 3~4 cm,可自定)细热缩管,然后与电缆每根芯线一一进行对接。各连接芯线再用电烙铁焊锡焊牢,焊锡后将细热缩管覆盖住焊锡头,由中间向两边反复转动,用酒精灯或加热器对热缩管进行加热。如果是两根芯线与一根芯线焊接后则用稍大一些的 $\phi6.0\ mm$ 中热缩套管套上(长度 3~4 cm 可自定)。

各芯线连接热缩好后,用 J-20 电工自粘绝缘胶带分别缠紧,长度要求覆盖住每根芯线。然后用 J-20 电工自粘绝缘胶带总扎紧,要求缠均匀,长度以覆盖住所有芯线为宜。

先在焊锡前套上 $\phi18.0\ mm$ 两层大热缩管,长度分别为 14~16 cm、16~18 cm。然后将电缆 1 及电缆 2 再用锉刀锉一下,在电缆锉的位置处缠上 1 cm 宽的红色密封胶一圈多,操作时先将密封胶一头稍加热一下,立即卷粘在锉好电缆 1 及电缆 2 上一圈多,再将热缩管内层管套上进行反复转动加热,由中间向两边将气泡赶出,在密封胶位置处多多转动加热,然后再进行第二次上密封胶,操作方法同上,将热缩管外层管套上进行反复转动加热。

### 4.1.3　测量渗压计绝缘电阻

(1)用户开箱验收仪器,应先检查仪器的数量(包括附件)及出厂检验合格证是否与装箱清单相符。

（2）每支仪器都提供了率定数据，包括在常温和常温环境气压之下的零读数。

（3）开箱后每支仪器应先用 100 V 兆欧表量测电路与密封壳体之间的绝缘电阻，其测值应满足绝缘电阻规定要求。验收时每支仪器应用振弦式指示仪测量，检查仪器是否正常。

（4）仪器应保管在干燥、通风的房间中。

### 4.1.4　利用渗压计读数换算渗流压力

#### 4.1.4.1　基点读数

用厂家指定的读数仪读取初值，可根据不同的计算方法选择周期 $T_0$、频率 $f_0$ 或者模数 $F_0$ 作为初值。

（1）保证渗压计完全浸没水中 1~3 cm，避开阳光直射。

（2）将仪器电缆与振弦读数仪/采集仪连接，读取初始值并记录读数。

（3）等待 15 min 后重复读数操作，直到读数基本上稳定不变，说明传感器内部温度与水温一致，记录此时的数据作为初始值，并且记录水温、环境大气压和加长电缆后的线圈阻抗。

#### 4.1.4.2　数据读取与计算

振弦式渗压计可采用人工测读和自动化采集两种方式进行量测。

人工测读和自动化采集的内容可参见第 3 篇模块 4 第 4.1.2 节。

## 4.2　渗流量监测

### 4.2.1　连接水位计信号电缆

电容式量水堰水位计根据变面积型电容感应原理设计。当堰上水位发生变化时，采用屏蔽管接地方式改变可变极的电容感应长度，从而使其与中间极间的电容量发生变化，利用比率测量技术，通过测量仪器的中间极与可变极、中间极与固定极之间的电容比值的变化，将堰上水位的变化转换为电容比变化量输出。电容式量水堰水位计的原理及结构如图 4-4-1 所示，RL 型电容式量水堰渗流仪结构及工作原理如图 4-4-2 所示。电容式量水堰水位计信号输出参数为电容比值。电容式量水堰水位计测量范围的基本规格有 50 mm、80 mm、100 mm、150 mm。

用三芯屏蔽电缆将量水堰渗流量仪与专用数据采集模块相连接，即可构成完整的测量系统。

### 4.2.2　测量堰上水位计绝缘电阻

在正常试验大气条件下，用 100 V 绝缘电阻表测量电容式量水堰水位计感应极引线电缆与屏蔽线之间的绝缘电阻，电容式量水堰水位计感应极引线与屏蔽线之间的绝缘电阻应不小于 10 MΩ。

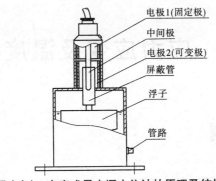

电极1(固定极)
中间极
电极2(可变极)
屏蔽管
浮子
管路

**图 4-4-1　电容式量水堰水位计的原理及结构示意图**

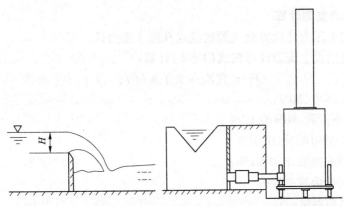

**图 4-4-2　RL 型电容式量水堰渗流仪结构及工作原理示意图**

## 4.2.3　利用观测读数换算渗流量

电容感应式传感器测出的堰上水头变化为

$$\Delta H = (Z_i - Z_0)K_f \tag{4-4-1}$$

式中　$Z_i - Z_0$——首次电容比输出与本次电容比之差；

　　　$K_f$——传感器分辨率，mm/字。

堰上水位为：

$$H = H_0 + \Delta H \tag{4-4-2}$$

式中　$H_0$——首次测堰上水位，可用水位测针测量；

　　　$H$——本次堰上水位。

渗流量

$$Q = CH^n \tag{4-4-3}$$

式中，指数 $n$ 取决于堰口形状，流量系数 $C$ 是由水力学试验求得的常数。将式(4-4-1)~式(4-4-3)编程，检测装置只要测量 $Z_i$ 即可求出 $i$ 时的渗流量 $Q_i$。

# 模块 5　应力应变及温度监测

## 5.1　应力应变监测

### 5.1.1　应力应变测读数据转换计算为相应的监测物理量

#### 5.1.1.1　土压力监测计算

（1）振弦式土压力计计算公式同振弦式孔隙水压力计。

（2）差动电阻式土压力计可按式（4-5-1）计算：

$$P_i = f(Z_0 - Z_i) + b(T_0 - T_i) \tag{4-5-1}$$

式中　$P_i$——土压力，MPa；

　　　$f$——最小读数，MPa/0.01%；

　　　$Z_0$——初始电阻比，0.01%；

　　　$Z_i$——当前电阻比，0.01%；

　　　$T_0$——初始温度，℃；

　　　$T_i$——当前温度，℃；

　　　$b$——温度修正系数，MPa/℃。

#### 5.1.1.2　应变监测计算

（1）振弦式应变计可按式（4-5-2）计算：

$$\varepsilon_i = K(R_i - R_0) + C(T_i - T_0) \tag{4-5-2}$$

式中　$\varepsilon_i$——应变，$\mu\varepsilon$；

　　　$K$——仪器系数，$\mu\varepsilon/(f^2 \times 10^{-3})$；

　　　$C$——温度系数，$\mu\varepsilon/℃$；

　　　$R_0$——初始频模读数，$f^2 \times 10^{-3}$，$f$ 为频率；

　　　$R_i$——当前频模读数，$f^2 \times 10^{-3}$，$f$ 为频率；

　　　$T_0$——初始温度，℃；

　　　$T_i$——当前温度，℃。

（2）差动电阻式应变计可按式（4-5-3）计算：

$$\varepsilon_i = f(Z_i - Z_0) + b(T_i - T_0) \tag{4-5-3}$$

式中　$\varepsilon_i$——应变，$\mu\varepsilon$；

　　　$f$——最小读数，MPa/0.01%；

　　　$Z_0$——初始电阻比，0.01%；

　　　$Z_i$——当前电阻比，0.01%；

　　　$T_0$——初始温度，℃；

$T_i$——当前温度,℃;

$b$——温度修正系数,$\mu\varepsilon$/℃。

### 5.1.1.3　钢筋(锚杆、钢板)应力监测计算

(1)振弦式应力计可按式(4-5-4)计算

$$\sigma_i = K(R_i - R_0) + C(T_i - T_0) \tag{4-5-4}$$

式中　$\sigma_i$——应力,MPa;

$K$——仪器系数,MPa$/(f^2 \times 10^{-3})$;

$C$——温度系数,MPa/℃;

$R_0$——初始频模读数,$f^2 \times 10^{-3}$,$f$为频率;

$R_i$——当前频模读数,$f^2 \times 10^{-3}$,$f$为频率;

$T_0$——初始温度,℃;

$T_i$——当前温度,℃。

(2)差动电阻式应力计可按式(4-5-5)计算:

$$\sigma_i = f(Z_i - Z_0) + b(T_i - T_0) \tag{4-5-5}$$

式中　$\sigma_i$——应力,MPa;

$f$——最小读数,MPa/0.01%;

$Z_0$——初始电阻比,0.01%;

$Z_i$——当前电阻比,0.01%;

$T_0$——初始温度,℃;

$T_i$——当前温度,℃;

$b$——温度修正系数,MPa/℃。

### 5.1.1.4　预应力锚索荷载监测计算

(1)振弦式锚索测力计可按式(4-5-6)计算

$$\left.\begin{array}{l} P_i = K(R_0 - R_i) - C(T_0 - T_i) \\ S_i = (P_0 - P_i)/P_0 \times 100 \end{array}\right\} \tag{4-5-6}$$

式中　$P_i$——锚索荷载,kN;

$S_i$——荷载损失率,%;

$K$——仪器系数,kN$/(f^2 \times 10^{-3})$;

$C$——温度系数,kN/℃;

$R_0$——初始频模读数,$f^2 \times 10^{-3}$,$f$为频率;

$R_i$——当前频模读数,$f^2 \times 10^{-3}$,$f$为频率;

$T_0$——初始温度,℃;

$T_i$——当前温度,℃;

$P_0$——锁定卸荷后荷载,kN。

以上荷载计算可先按各单弦读数及系数求荷载,然后再将其各单弦荷载求和平均;也可先将各单弦读数及系数分别求和平均,然后再求荷载。一般宜采用前者。

(2)差动电阻式锚索测力计按式(4-5-7)计算:

$$
\left.\begin{array}{l}
P_i = f(Z_0 - Z_i) - b(T_0 - T_i) \\
S_i = (P_0 - P_i)/P_0 \times 100
\end{array}\right\} \tag{4-5-7}
$$

式中　$P_i$——锚索荷载,kN;

　　　$S_i$——荷载损失率,%;

　　　$f$——最小读数, kN/0.01%;

　　　$Z_0$——初始电阻比,0.01%;

　　　$Z_i$——当前电阻比,0.01%;

　　　$T_0$——初始温度,℃;

　　　$T_i$——当前温度,℃;

　　　$b$——温度修正系数,kN/℃。

　　　$P_0$——锁定卸荷后荷载,kN。

## 5.1.2　测量应力应变仪器的绝缘电阻

### 5.1.2.1　观测仪器及观测原理

　　观测差动电阻式仪器,是在观测站使用比例电桥逐个接通集线箱上各个电缆插头,分别测读其电阻及电阻比。比例电桥的表盘如图 4-5-1 所示,其使用方法和步骤如下:

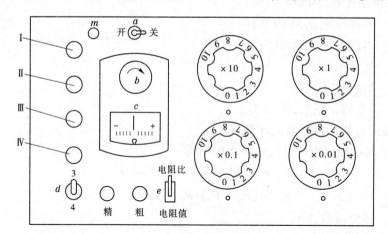

Ⅰ、Ⅱ、Ⅲ、Ⅳ—接线柱;$a$—检流计指针开关;$b$—检流计零点调整旋钮;$c$—检流计;
$d$—倒向开关;$e$—转换开关、粗调按钮、精调按钮;
×10、×1、×0.1、×0.01—可变电阻旋钮;$m$—外接校正检流计插孔

**图 4-5-1　比例电桥表盘示意图**

　　(1)开放检流计指针开关 $a$。

　　(2)以检流计零点调整旋钮 $b$,调整检流计,指针到零点。

　　(3)仪器的引出电缆有三芯及四芯两种。四芯电缆是将电缆芯线黑、红、绿、白的顺序分别接在接线柱Ⅰ、Ⅱ、Ⅲ、Ⅳ上,将倒向开关 $d$ 扳向"4";三芯电缆是将三芯按黑、红、白的顺序接在Ⅰ、Ⅱ、Ⅲ接线柱上,并将倒向开关 $d$ 扳向"3"。

　　(4)将转换开关 $e$ 分别倒向"电阻值"和"电阻比",则可测得观测仪器的电阻和电阻比。

(5)按下粗调按钮(表盘上注"粗"),此时检流计指针偏摆,调节表盘右边四个可变电阻使指针归零。然后松开粗调按钮,按下精调按钮(表盘上注"精"),此时指针仍可能有偏摆,重新调节可变电阻使指针归零,这时就可读出可变电阻盘上的数值。

(6)测读以后,即将读数记入记录表内,格式如表 4-5-1 所示。

**表 4-5-1　应变记录计算表**

| 仪　器　编　号: | 温 度 灵 敏 度 $a$:5.35 ℃/Ω |
| 出　厂　号　码: | 灵　敏　度　$f$:4.08×10$^{-5}$/格 |
| 埋　设　日　期:1959 年 8 月 15 日 4 时 | 修 正 灵 敏 度 $f'$:4.24×10$^{-6}$/格 |
| 埋　设　位　置: | 温 度 补 偿 系 数 $b$:13.6×10$^{-6}$/ ℃ |
| 电缆长度及芯数:4 | 基　准　值　时　间:1959 年 8 月 15 日 17 时 |
| 导线电阻 $2r$(20 ℃):2.71 Ω | 电阻比基准值:9 894 格 |
| 电阻 $R_0$ ( 0 ℃):69.32 Ω | 温 度 基 准 值:41.7 ℃ |

| 年-月-日 | 时间 | 电阻 $R_i$ (Ω) | 电阻变化 $\Delta R$ (Ω) | 温度 $T$ (℃) | 温度变化 $\Delta T$ (℃) | 电阻比 $Z$ (格) | 电阻比变化 $\Delta Z$ (格) | 指示值 $\varepsilon_i$ (×10$^{-6}$) | 温度补偿值 $\Delta Tb$ (×10$^{-6}$) | 实测应变 $\varepsilon_m$ (×10$^{-6}$) | 备注 |
|---|---|---|---|---|---|---|---|---|---|---|---|
| | | $R_i-69.32$ | $\Delta R\times5.35$ | | | | $Z-9894$ | $\Delta Z\times4.24$ | $\Delta T\times13.6$ | $\varepsilon_i+\Delta Tb$ | |
| 1959-08-15 | 3 | | | | | 9 931 | | | | | |
| 1959-08-15 | 4 | | | 24.0 | | 9 933 | | | | | |
| 1959-08-15 | 17 | 77.12 | 7.80 | 41.7 | 0 | 9 894 | 0 | 0 | 0 | 0 | 埋设前 |
| 1959-08-16 | 9 | 78.42 | 9.10 | 48.7 | +7.0 | 9 874 | −20 | −85 | +95 | +10 | 埋设后 |
| 1959-08-17 | 10 | 78.57 | 9.25 | 49.5 | +7.8 | 9 873 | −21 | −89 | +106 | +17 | 入仓温 |
| 1959-08-18 | 10 | 78.32 | 9.00 | 48.2 | +6.5 | 9 877 | −17 | −72 | +88 | +16 | 度 25 ℃ |
| 1959-08-19 | 10 | 77.91 | 8.59 | 46.0 | +4.3 | 9 884 | −10 | −42 | +58 | +16 | |
| 1959-08-20 | 16 | 77.38 | 8.06 | 43.2 | +1.5 | 9 890 | −4 | −17 | +20 | +3 | |

校核:_____　　　　　　　计算:_____　　　　　　　观测:_____

(7)测仪器的总电阻和分线电阻时,将仪器电缆分别按黑白(测总电阻)、黑绿、黑红、红绿、红白、绿白(测分线电阻)六组接于比例电桥的 I 、IV 接线柱上,分别测其电阻,并做好记录。

### 5.1.2.2　观测次数和时间的规定

(1)仪器被混凝土掩埋前后,各进行一次观测,测读仪器电阻、电阻比及总电阻与分线电阻。

(2)仪器被混凝土掩埋后,一般可在混凝土龄期 1 h、2 h、3 h、5 h、8 h、12 h、18 h、24 h 各测电阻和电阻比一次;第二天至第二天每 4 h 观测一次电阻比和电阻,每天观测一次总电阻;第四天至混凝土温度达到最高时每天观测 2~3 次。

(3)混凝土温度达到最高温度以后,每隔一天观测一次,共延续半个月。以后,可根据资料变化规律适当减少测次。混凝土工程全部竣工后,对于重型坝每月至少观测 2 次,对轻型坝每周观测 2 次。

(4)在特殊情况下,如地震、洪水期、温度剧烈变化、建筑物荷载迅速变化(如蓄水前后)及灌溉前后等其他情况,应适当增加测次。

### 5.1.3　连接应力应变监测仪器的电缆

#### 5.1.3.1　监测仪器应选用合适的专用电缆的类型

(1)电阻式温度计宜采用四芯水工电缆。

(2)差动电阻式仪器宜采用五芯水工电缆。

(3)振弦式仪器应采用屏蔽电缆。

(4)其他类型仪器应根据实际需要选择合适的水工电缆。

#### 5.1.3.2　监测仪器电缆走线宜符合的要求

(1)监测仪器电缆线路,在设计时应予以规划,宜使电缆牵引的距离最短和施工干扰最小。

(2)在建工程施工时电缆牵引路线与上下游坝面的距离不应小于 1.5 m。靠近上游面的电缆应分散牵引,必要时应采取止水措施。电缆水平牵引时可挖槽埋入混凝土内,垂直牵引时可用钢管保护。保护钢管的直径应大于电缆束的 1.5 ~ 2.0 倍。跨缝时,应采取措施使电缆有伸缩的空间。

(3)混凝土坝施工期仓面钻孔作业前应标明已埋监测仪器电缆的准确位置,采取有效的避让、保护措施,确保不对电缆产生破坏。

#### 5.1.3.3　接头材料

(1)橡胶护套电缆应采用硫化橡胶接头。

(2)PVC 护套电缆可采用热缩管接头或专用防水接头。

(3)在高水头环境中的 PVC 护套电缆应采用专用防水接头。

#### 5.1.3.4　监测仪器电缆选择应符合的要求

(1)埋设的仪器应连接具有耐酸、耐碱、防水、质地柔软的专用电缆,其芯线应为镀锡铜丝。

(2)电缆及电缆接头在环境温度为 −25 ~ +60 ℃ 和承受的水压为 1.0 MPa 时,绝缘电阻应大于 100 MΩ。

(3)电缆芯线宜在 100 m 内无接头。

(4)电阻式温度计或差动电阻式仪器的电缆芯线间电阻的偏差应不大于 5%。

(5)电缆内通入 0.1 ~ 0.15 MPa 气压时,不应有漏气。

#### 5.1.3.5　监测仪器电缆的检验应符合的要求

(1)成批电缆采用抽样检查法,抽样数量为本批的 10%,不应小于 100 m。

(2)检验用数字电桥或水工比例电桥应用标准率定器标定。

(3)用标准电阻箱分别测量电阻式温度计或差动电阻式仪器采用的电缆芯线黑、蓝、红、绿、白的电阻,偏差应不大于 5%。

(4)用 100 V/500 MΩ 直流电阻表测量被测电缆各芯线间的绝缘电阻,测值应不小于 100 MΩ。

（5）根据电缆耐水压参数，把待测电缆置于耐水压参数规定的水压环境下 48 h,用 100 V/500 MΩ 直流电阻表测量被测电缆芯线与水压试验容器间的绝缘电阻,测值应不小于 100 MΩ。

### 5.1.3.6　监测仪器电缆的准备工作

应根据监测设计和现场情况准备仪器的加长电缆,其长度按式(4-5-8)计算:

$$L = KL_0 + B \tag{4-5-8}$$

式中　$L$——接长电缆总长度，m;

　　　$L_0$——仪器到观测站牵引路线长度，m;

　　　$K$——接长电缆系数,宜取 1.05;

　　　$B$——观测端加长值,对坝内仪器为 2 ~ 3 m,对基岩仪器为 3 ~ 5 m。

### 5.1.3.7　橡胶护套电缆的连接应符合的要求

（1）按照图 4-5-2 剥制电缆端头,不应折断铜丝。

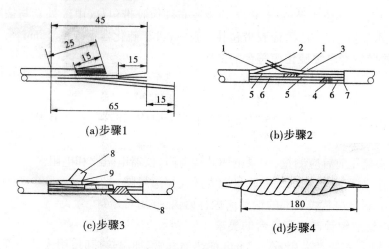

(a)步骤1　　　　　　　　　(b)步骤2

(c)步骤3　　　　　　　　　(d)步骤4

1—黑线芯丝;2—铜线搭接;3—扭紧铜丝;4—焊锡;5—红色芯线

6—白色芯线;7—绿色芯线;8—电工胶布;9—黄蜡绸

图 4-5-2　电缆连接示意图　（单位:mm）

（2）电阻式温度计或差动电阻式仪器出厂电缆为三芯时,与接长电缆连接时按表 4-5-2 进行,当需连接两电缆之间的芯线数相同时按表 4-5-3 进行。

表 4-5-2　不同芯线数的电缆端头长度　　　　　　　　　　（单位:mm）

| 芯线颜色 | 仪器出厂电缆 | 接长电缆 | |
| --- | --- | --- | --- |
| | 三芯 | 四芯 | 五芯 |
| 蓝 | | | 65 |
| 黑 | 25 | 65 | 65 |
| 红 | 45 | 45 | 45 |
| 绿 | — | 25 | 25 |
| 白 | 65 | 25 | 25 |

表 4-5-3　相同芯线数的电缆端头长度　　　　　　　（单位:mm）

| 芯线颜色 | 仪器电缆芯线 | | | 接长电缆芯线 | | |
| --- | --- | --- | --- | --- | --- | --- |
| | 三芯 | 四芯 | 五芯 | 三芯 | 四芯 | 五芯 |
| 蓝 | | | 25 | | | 105 |
| 黑 | 25 | 25 | 45 | 65 | 85 | 85 |
| 红 | 45 | 45 | 65 | 45 | 65 | 65 |
| 绿 | | 65 | 85 | | 45 | 45 |
| 白 | | 85 | 105 | 25 | 25 | 25 |

(3)连接时应保持各芯线长度一致,并使各芯线接头错开,采用锡和松香焊接,焊后检查芯线连接质量。

(4)芯线搭接部位用黄蜡绸、电工绝缘胶布和橡胶带包裹,电缆外套与橡胶带连接处应锉毛并涂补胎胶水,外层用橡胶带包扎,直径应大于硫化器钢模槽 2 mm。

### 5.1.3.8　橡胶护套电缆硫化应符合的要求

(1)接头硫化时应严格控制温度,硫化器预热至 100 ℃ 后放入接头,升温到 155 ~ 160 ℃,保持 15 min 后,关闭电源,自然冷却到 80 ℃ 后脱模。

(2)硫化接头在 0.10 ~ 0.15 MPa 气压下试验时应不漏气,在 1.0 MPa 压力水中的绝缘电阻应大于 50 MΩ。

(3)接头硫化前后应测量、记录电缆芯线电阻、仪器电阻比和电阻。

(4)应在仪器端、电缆中部和测量端安放仪器编号牌。

(5)电缆测量端芯线头部的铜丝应进行搪锡,并用石蜡封。

### 5.1.3.9　电缆热缩管连接应符合的要求

(1)接线时,芯线宜采用 $\phi$5 ~ 7 mm 的热缩套管,加温热缩时,用火从中部向两端均匀地加热,排尽管内空气,使热缩管均匀地收缩,并紧密地与芯线结合。

(2)缠好高压绝缘胶带后,将预先套在电缆上的 $\phi$18 ~ 20 mm 热缩套管移至缠胶带处加温热缩。

(3)热缩前应在热缩管与电缆外皮搭接段涂上热熔胶。

(4)接头热缩前后应测量、记录电缆芯线电阻、仪器电阻比和电阻。

### 5.1.3.10　电缆牵引应按设计要求实施

水平牵引可直接埋设在混凝土内或加槽钢保护;向上牵引时可沿混凝土柱或钢筋上引;向下牵引时宜预埋电缆或导管,导管中应设钢丝绳或其他承受电缆自重的附件。

埋设电缆时应避免电缆承受过大拉力或接触毛石和振捣器,电缆在导管的出口和入口处应用橡皮或麻布包扎,以防受损;混凝土浇筑后电缆未引入永久测站前,应用胶管或木箱加以保护,并设临时测站和防雨棚,严禁将电缆观测端浸入水中,以免芯线锈蚀或降低绝缘度。

### 5.1.4　维护保养观测电缆与读数仪

仪器设施及电缆在安装埋设过程及埋设后的保护工作是贯穿监测工程实施的关键。监测仪器电缆在埋设引线过程中,复杂(关键)部位以 PVC 管或钢管进行保护,如遇交叉施工,派专人看护电缆,如有损毁,及时按照规范要求进行电缆连接。

现场埋设仪器的保护方法及措施主要有:

(1)仪器的选购阶段,应考虑仪器的防尘、防锈、防潮、防雷击及长期稳定性等指标,减少仪器出现故障的概率。

(2)制定并执行安全生产制度,在仪器埋设阶段,仪器的保护责任到人,确保仪器的安全。埋设完成后,经常进行巡视,及时发现问题、及时解决问题。

(3)每次进行观测时,均对相应的监测仪器的工作状态、灵敏度等进行检查,保证仪器处于正常的工作状态。

(4)若仪器被损坏,及时报告监理人员,并组织修复。

(5)仪器设备配备相应的保护设备,防止意外损坏。

(6)在仪器设备所在地,明确标明监测点名及严禁破坏的警示语。

(7)在可能的地方建造观测室。

(8)每月在月报中反映仪器的运行状况。

(9)加强宣传,加强沟通,使那些与监测工作发生交叉作业的作业人员提高保护仪器意识。

观测仪器的保护方法及措施主要有:

(1)执行安全生产制度,落实观测仪器的保护责任到人,对所有观测设备建立台账,建立每台设备的档案,明确检测设备的保管人员。

(2)观测过程中,严格按规程规范操作,避免操作不当引起的仪器损坏。

(3)定期对仪器常数进行检校,保证仪器的正常工作状态。

(4)保证仪器存放场所通风、防潮并配备防火器材,以满足仪器设备的防护和储存条件,确保仪器设备的准确度和适用性。

(5)对观测设备设置标识,并将合格的和停用的隔离存放,防止发生误用、停用仪器设备的事故。

(6)观测设备的使用人员在搬运过程中做好包装、防护工作,确保检测设备的准确度和适用性。

(7)加强教育,提高作业人员保护仪器的意识。

## 5.2　温度监测

### 5.2.1　温度计的类型

测温装置通常按测量方式分为接触式和非接触式两大类。而根据测温目的和部位的不同还可分为两种:一种是监测设施内部的温度,如测量混凝土内部温度;另一种是监测表面温度,如测量轴承座外壁的温度。水利工程温度监测主要采用接触式测温装置。

接触式测温装置工作原理是使测温元件与被测对象有良好接触。通过传导和对流达到热平衡,使传感器的感温元件的温度反映出测温对象的温度,并把这一信息表示出来。常用的接触式传感器有以下几种:

(1)液体膨胀式温度计。它是以水银或酒精装在玻璃管内的温度计。当温度升高时,水银或酒精因膨胀而沿毛细管上升,在刻度尺上就可读出温度数值。这种温度计精度较高但易损坏,一般测温范围为 $-35 \sim 350$ ℃。

(2)固体膨胀式温度计。它分为杆式和双金属式两种,都是利用两种膨胀系数不同的金属(非金属)组合而成。测温范围 $-45 \sim 600$ ℃,适用于温度较高又要求结实耐用的场合。

(3)压力表或温度计。该类温度计是在封闭容器中充入液体、气体或低沸点液体的饱和蒸汽,在受热后体积膨胀或压力变化推动传动机构,带动指针,在刻度盘上显示出温度值。一般测温范围为 $-60 \sim 400$ ℃。

(4)电阻温度计。它是利用电阻与温度呈一定函数关系的金属导体或半导体材料制成测温元件。当温度变化时,电阻随温度而变化,通过测量电路转换,在显示器上显示出温度值。在工业上广泛应用电阻温度计来监测 $-200 \sim 500$ ℃ 范围温度,如测量混凝土内部温升。

(5)热电耦温度计。该类温度计是利用两种导体接触部位的温度差所产生的热电动势来测量温度。现已广泛用来测量 $100 \sim 1\ 300$ ℃ 范围内的温度。它的优点是测量精度高,便于信号远传,适应性较强。

## 5.2.2    测量温度计的绝缘电阻

水工比例电桥是用于量测差动电阻式仪器的电阻 $R_t$ 和电阻比 $Z$ 的专用接收仪表。这种接收仪表使用方便,操作简单,便于携带。只需两节一号电池做电源,特别适宜于施工现场使用。国内生产的电阻比电桥(水工比例电桥)的型号是 SBQ – 2 型,是水利水电工程中常用的接收仪表。这种型号的电桥由机壳、锰铜丝电阻、指针式检流计及电源等组成。测量时通过电缆将差动电阻式仪器的钢丝电阻和电桥内的电阻连接,组成电桥电路。调节电桥内的可变电阻,使电桥达到平衡,就可以从可变电阻的指示值读出仪器的测值,可变电阻由 $\times 10\ \Omega$、$\times 1\ \Omega$、$\times 0.1\ \Omega$、$\times 0.01\ \Omega$ 四档电阻串联而成,由电桥面板上 4 只旋钮加以调节。

SBQ – 2 型比例电桥的电阻比测量范围是 $0 \sim 1.111$,其基本量限是 $0.9 \sim 1.111$;电阻值测量范围是 $0 \sim 111.1\ \Omega$,其基本量限是 $0 \sim 111.1\ \Omega$。

在参比工作条件下,即环境温度为 $20 \pm 2$ ℃,环境相对湿度不大于80%,电阻比误差不超过 $\pm 0.01\%$,电阻值误差不超过 $\pm 0.02\ \Omega$。

在正常工作条件下,即环境温度为 $-10 \sim 40$ ℃,环境相对湿度不大于85%,在基本量限内的电阻比测量误差不超过 $\pm 0.02\%$,电阻值误差不超过 $\pm 0.03\ \Omega$。

### 5.2.3 连接温度计的电缆

#### 5.2.3.1 仪器电缆接长

除温度计外,差阻式系列仪器一般采用专用五芯水工电缆将仪器电缆接长,接长电缆的黑、蓝两根芯线与仪器电缆的黑芯线焊接在一起,接长电缆的绿、白芯线与仪器电缆的白芯线焊接在一起,接长电缆的红芯线与仪器电缆的红芯线焊接在一起(见图 4-5-3),电缆接头可采用热缩管密封电缆接头技术。

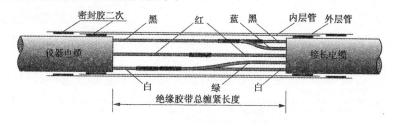

图 4-5-3 差阻式系列仪器电缆接长

振弦式仪器一般采用专用四芯电缆按照相同颜色芯线将仪器电缆接长,电缆接头可采用热缩管密封电缆接头技术,见图 4-5-4。

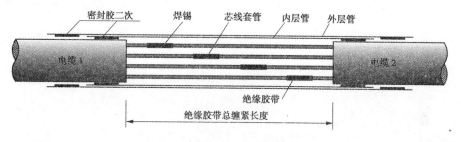

图 4-5-4 振弦式系列仪器电缆接长

#### 5.2.3.2 电缆安装

仪器电缆布置时不得与交流电缆一同敷设,电缆走线应尽量避免受到移动设备、尖锐材料等的伤害。埋入坝体混凝土中的仪器电缆应详细记录埋设部位,使灌浆钻孔时避开缆线。

### 5.2.4 利用观测值换算温度

铜电阻式温度计测量温度可按式(4-5-9)计算:

$$T_i = \alpha(R_i - R_0) \tag{4-5-9}$$

式中 $T_i$——温度,℃;

$\alpha$——仪器温度系数,℃/Ω;

$R_i$——当前电阻值,Ω;

$R_0$——0 ℃电阻值,Ω。

# 第5篇 操作技能——高级工

# 模块 1　巡视检查

## 1.1　土(石)工建筑物检查

### 1.1.1　蚁穴、兽洞等隐患检查

白蚁是一种危害性很大的昆虫,其种类繁多,分布很广。白蚁按栖居习性不同,大致可分为木栖白蚁、土栖白蚁和土木两栖白蚁三种类型。危害堤坝安全的是土栖白蚁。土栖白蚁在堤坝土壤里营巢筑路,到处寻水觅食。随着巢龄的增长和群体的发展,主巢搬迁由浅入深,巢体由小到大,主巢附近的副巢增多,蚁道蔓延伸长纵横交错,四通八达。有的蚁道贯穿堤坝内外坡,成为涨水时的漏水通道。一旦洪水来临,上游水位抬高,将导致堤坝漏水、散浸、跌窝和管涌等险情的产生,甚至发生决堤垮坝的严重事故。所谓"千里金堤,溃于蚁穴"就是这个道理。

白蚁的灭治,特别是对堤坝蚁害病患的处理,需要找到蚁巢的位置。蚁巢的寻找,通常采用问、找、挖的步骤进行,现分述如下。

#### 1.1.1.1　蚁穴的基本特征

白蚁对土坝的本质性威胁是在土坝内挖掘的四通八达的蚁道和主巢腔及众多的菌圃腔,如图 5-1-1 所示。蚁巢一般修筑在背水坡距坝面 2 m 以下,常水位浸润线以上。一般从有翅成虫分飞配对到成熟群体,历经 8～10 年,主巢腔积可达 0.15 m³,再加上菌圃和蚁道,一个群体可掏空土壤约 1 m³ 的腔积。白蚁除在背水坡取食植被外,还可通过地下蚁道,穿过土坝到迎水坡取食枯枝落叶和浪渣,而当汛期水位上升时,水流便有可能进入隐藏在土坝内的蚁道和巢腔内,造成散浸、管漏、跌窝和滑坡等险情。有些水库为增加蓄水量而加高培厚土坝,但在工程实施前未把旧土坝内已存在的白蚁隐患进行彻底清除,就把相当厚的土层覆盖上去,将原土坝内的白蚁隐患埋藏得更深了。白蚁巢穴越深,对土坝的安全威胁就越大,水位一旦提高,常会发生因蚁患导致的险情。

#### 1.1.1.2　调查蚁害情况

在灭治堤坝白蚁前,首先要进行调查研究。如了解建坝历史,坝型结构,坝身用料情况,是否利用小山包作坝体,坝身与两端相连山坡的蚁害情况,坝体的扩建及扩建前的蚁害情况,水库的常蓄水位及浸润线的位置,有翅成虫的分飞时间、部位和数量,堤坝的渗漏情况等。经过上述调查,可大致判断白蚁来源、蚁巢位置、危害蚁种、危害程度等情况,有利于指导调查人员对蚁巢具体位置的寻找和提出有效的灭治方法。

#### 1.1.1.3　寻找堤坝白蚁的方法

寻找堤坝白蚁的方法有以下两种:

(1)普查法。根据白蚁的生活习性,寻找白蚁修筑的泥被、泥线和分飞孔等地表活动

图 5-1-1　白蚁及蚁穴

迹象,每年在 3 ～6 月和 9 ～11 月白蚁活动盛期,组织专业灭蚁技术人员或经过短期训练的群众,如图 5-1-2 所示,在堤坝内外坡面的每一部位进行仔细检查,查看有无泥被、泥线和分飞孔,翻铲枯萎植物根部、枯枝、落叶、木材、乱石、牛粪、浪渣下面有无白蚁活动。若有则做好标记和记录,画山坡面蚁被、蚁线和分飞孔分布图,鉴别白蚁种类,待后处理。

图 5-1-2　白蚁普查

　　(2)诱蚁法。在雨水冲刷和人畜踩踏的坡面,用普查法寻找白蚁活动的地表迹象较为困难,此时可采用诱蚁法。诱蚁法常分为坑诱法和堆诱法两种。坑诱法是在白蚁活动季节,在堤坝背坡面上挖浅坑,坑的大小和间距没有一定的标准,一般以长 40 cm,宽、深各为 30 cm,坑距以 5 ～10 m 为宜,常设置 2 ～3 排(视堤坝高低而定),并使坑的布点在坡面上呈梅花形。将白蚁喜食的引诱饵料放入坑中,坑面用泥土盖密,以防蚂蚁等天敌入侵。引诱饵料有艾蒿枯枝、茅草、甘蔗渣、桉树皮、鸡爪草、干菱白壳、玉米芯、金刚刺、刺槐枯枝、枯松柴等,可根据当地白蚁喜食和料源情况因地制宜地选用。为防止雨水进入坑内,常在诱蚁坑的上方设排水沟或使坑顶凸出地面。堆诱法的布点距离与坑诱法相同,在布点位置铲除坡面杂草,堆上引诱饵料,堆料成底圆直径 0.5 m、高 0.5 m 的圆锥形,外面用泥皮糊住。引诱法可引来白蚁形成蚁道,一般过十天半个月翻挖检查。

### 1.1.1.4　寻找主蚁道的方法

　　查到堤坝白蚁的地表迹象或活动痕迹后,即可寻找主蚁道,目前采用下述方法:

(1)从泥被、泥线找主蚁道。发现泥被、泥线后,先铲去其周围 1 m² 的草皮,然后,仔细地铲去泥被、泥线,即可找到半月形的小蚁道。此时,可用喷粉器将滑石粉喷入小蚁道,或用细草茎插入小蚁道,再顺着白粉或细草茎挖出呈拱形较粗大的主蚁道。

(2)由分飞孔找主蚁道。找到分飞孔后,挖开分飞孔便会发现较宽阔的呈半月形的候飞室。一般候飞室下连主蚁道,与主巢相通,距主巢较近。由分飞孔找主蚁道省工省时,但受季节限制,只有在分飞季节才能采用。

(3)开沟寻找主蚁道。在泥被、泥线的上方,顺堤坝轴线开挖一条深 1 m,宽 0.5 m,长若干米的沟,一般均能截断蚁道。白蚁为了保持正常生活,一般在 1~2 d 后就会重修蚁道,把切断的蚁道修复连通。可根据新修的蚁道追挖主蚁道。

(4)用诱蚁法寻找主蚁道。诱蚁法可引来大量白蚁取食,并形成蚁道,可顺着该道追挖主蚁道。

(5)翻铲枯萎杂草找主蚁道。铲开杂草粘蔸找到白蚁时,可跟踪白蚁去向找出小蚁道,再顺着挖出主蚁道。

#### 1.1.1.5  确定巢位

找到主蚁道后,尚需判断和确定蚁巢位置,目前常用的方法介绍如下:

(1)沿主蚁道追挖蚁巢。找到主蚁道后,为避免追挖时散土阻塞蚁道迷失方向,可顺蚁道通入一根细长竹条,通入一段开挖一段。可发现蚁道由小到大,多数蚁道朝着一个方向或发现菌圃、菌圃腔,菌圃颜色渐深且由小到大,若用草茎插入蚁道内,便有许多工蚁与兵蚁咬住不放,抽出草茎有越来越浓的酸腥味;当锄触土有空洞回声时,则不远处便可获得蚁巢。

(2)利用锥探确定巢位。用长 4~5 m、直径 3 cm 左右的钢钎一根,在有白蚁活动地表迹象的一定范围内,间距 0.5 m,排成梅花形用力向下锥探,如有突然掉锥现象,即可判断地下有空洞或蚁巢。多插几个眼可确定蚁巢或空洞的范围,并可从锥上是否有酸腥味来区别是蚁巢还是其他空洞。此法虽有一定效果,但盲目性和劳动强度均大,可作为辅助找巢措施。

(3)根据鸡丛菌寻找蚁巢。鸡丛菌呈伞状,灰褐色,菌盖中央突出部分颜色较深,向四周逐渐变淡,可食用,鸡丛菌多长在土栖白蚁主巢和菌圃上方,一般在高温、高湿的夏季,下过透雨后,质地疏松的黄棕色土壤地面上容易长出。顺鸡丛菌向下挖即可找到蚁巢。利用鸡丛菌寻找蚁巢方法简便易行,但鸡丛菌出土后约 3 d 时间即枯萎凋落,因此必须抓紧鸡丛菌容易出现的季节,及时巡查并做好标记,以做日后挖巢依据。

(4)利用放射性同位素探巢。用松花粉或松花粉加枯艾蒿茎粉一份、糖两份、水一份,掺放射性同位素碘($I^{131}$)或锑($Sb^{124}$),制成小丸剂(或小条剂)引饵,放入主蚁道内,让白蚁食用。然后,用辐射仪可探出土壤中 55 cm 深处的中型蚁道($Sb^{124}$)、30 cm 深处的小型菌圃腔、43 cm 深处的主蚁道($I^{131}$)。此方法由于土层对射线吸收较大,难以探出更深的巢位。

### 1.1.2  滤水坝趾、减压井(或沟)等导渗降压设施检查

土坝坝身及坝基都有渗流通过,通过坝体的渗流将降低坝体的有效重量和土料的抗

剪强度,超过一定限度时,将引起坝体、坝基的渗透变形,如管涌、流土破坏,严重的可导致土坝失事。为防止渗漏引起坝趾的渗透变形,土石坝一般均需设置导渗减压设施。常见的导渗减压设施有导渗沟、减压井及水平盖重压渗等,如图5-1-3、图5-1-4所示。

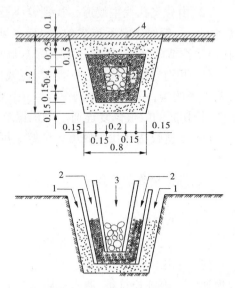

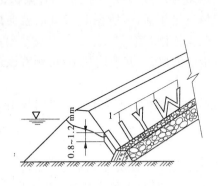

1—导渗沟

图5-1-3　导渗平面形状示意图

1—砂;2—卵石或碎石;3—片石;4—护坡

图5-1-4　导渗沟构造图　（单位:m）

当坝基表面有较薄的弱透水层或不透水层,且底下的透水层较浅时,一般采用排水沟截穿表层,用以控制渗流,也就是导渗沟导渗。日常巡视检查工作中重点检查导水沟是否淤堵,一旦发生淤堵情况或局部破坏,应及时清除和翻修。导渗沟的断面应满足正常排除渗水的要求,不足者,予以扩大。如发现有积水,应及时加以整修,使渗透水能够及时排除。

如果表部不透水层较厚,而其下透水层深厚或含水层成层显著,这时常采用减压井深入下部强透水层导渗。对减压井的检查主要是查看井内是否淤塞,否则就起不到减压作用。如发现淤塞应及时冲水清理,但不要破坏井壁反滤层,以免失去反滤作用。

### 1.1.3　背水坡及坝趾(堤脚)渗透变形检查

渗流对土体的作用:从宏观上看,影响坝的应力和变形;从微观上看,使土体颗粒失去原有的平衡,而产生渗透变形。渗透变形是土体在渗透水流作用下的破坏变形,它与土料性质、土粒级配、水流条件以及防渗排水设施有关,一般有以下几种形式:

(1)管涌:指坝体和坝基土体中部分细颗粒被渗流水带走的现象,如图5-1-5所示。细颗粒被带走后,孔隙扩大,管涌还将进一步发展。一般将管涌区分为内部管涌与外部管涌两种情况,前者颗粒移动只发生于坝体内部,后者颗粒可被带出坝体。管涌只发生于无黏性土中。它的产生条件为:内因是非黏性土颗粒不均匀,间断级配;外因是渗透流速达到一定值。管涌类型有机械管涌、化学管涌等。

图 5-1-5　管涌

（2）流土：指在渗流作用下，黏性土及均匀无黏性土体被浮动的现象。它的产生条件是渗透动水压力大于土体保持稳定的力。流土一般发生在黏性土及均匀非黏性土中，其发生部位常见于渗流从坝下游逸出处。

（3）接触冲刷：在细颗粒土和粗颗粒土的交接面上（包括建筑物与地基的接触面），渗流方向与交接面平行，细颗粒土被渗流水带走而发生破坏。一般发生于非黏性土中。

（4）接触流失：渗流垂直于渗透系数相差较大的两相邻土层流动时，将渗透系数较小的土层的细颗粒带入渗透系数较大的土层现象。一般发生于黏土心墙与坝壳之间、坝体与坝基或坝体与坝体排水之间。

例如，坝坡面局部范围有潮湿现象，土质比较松软，杂草也比较茂盛；在坝脚处，杂草茂盛、土质松软潮湿，甚至积水，如果人踩上去就往下陷，那就是已经"沼泽化"了；在坝体和坝肩接合部位，杂草也比较茂盛的话，则有可能是接触渗漏或绕坝渗漏引起的。

如果大坝渗漏，有时候还可以在下游坝坡看到明显细小的渗水逸出，渗漏严重时，会形成集中的水流，当有块石护坡时，甚至可以听到潺潺的流水声，这种情况非常危险。在发现集中渗漏时，要主要观察渗漏水的浑浊程度、渗水量及其变化情况。如果渗水的颜色由清水变得浑浊了，或者明显地夹带有土颗粒，而渗透水量又突然增大，那就表明坝体内部有可能已经发生渗透变形破坏了；当渗透水量突然变小或者中断了，那就表明有可能是上部土体坍塌，暂时把渗漏通道堵塞了，这个时候绝对不能疏忽大意，要严密加强观察。在坝下涵管出口处，也会有类似的现象，观察的方法也是一样的。

在观察大坝渗漏时，做好观察记录，要记录渗漏的部位、范围大小、高程、渗漏水量的大小与浑浊情况，以及其他相关的情况；要记录观察的时间、当时的库水位；要记录观察者和记录者的姓名等。

## 1.1.4　土（石）工建筑物监测设施、运行状况检查

大坝安全监测系统是大坝重要的附属设施，是监视大坝安全运行的耳目，它广泛布置在大坝各个部位，有的在廊道里，有的在坝肩公路旁，各种监测设施极易受人为碰撞、动物侵袭和各种自然因素的影响，从而影响安全监测资料的准确性和可靠性。因此，巡视检查的内容应包括安全监测系统，以便及时发现问题，及时进行处理，保证大坝安全监测系统

处于良好的状态。

　　监测设施主要检查如下内容:各类监测仪器,各测点的保护装置及接地防雷装置,监测仪器电缆、监测自动化系统网络电缆、电源电缆及供电系统等。

# 1.2　混凝土建筑物检查

## 1.2.1　排水设施排水和渗漏水的水量、颜色、气味及浑浊度等的检查

　　为保证混凝土建筑物功能的正常工作,应保证排水设施保持完整、通畅。根据混凝土建筑物特点,其检查部位及主要内容包括:

　　(1)坝面、廊道及其他表面的排水沟、孔应经常进行人工或机械清理。

　　(2)坝体、基础、溢洪道边墙及底板的排水孔应经常进行人工掏挖或机械疏通,疏通时应不损坏孔底反滤层。无法疏通的,应在附近补孔。

　　(3)检查集水井、集水廊道是否有淤积物,如发现有淤积物时应及时清除。

　　(4)渗漏调查。主要是指渗漏类型、部位和范围的检查,渗漏水来源、途径、是否与水库相通、渗漏量、压力和流速、浑浊度等,分析渗漏量与库水位、温度、湿度、时间的关系,并将调查结果绘成图表。同时应检查溶蚀状况,如部位、渗析物的颜色、形状、数量等。

## 1.2.2　混凝土建筑物金属结构运行状况检查

　　水工钢闸门(含拦污栅)、启闭设备和其他金属结构是渠首枢纽有关建筑物和渠系中水闸等建筑物的主要组成部分,其安全与否,直接影响着工程的正常运行。

　　巡视检查时金属结构的主要检查内容有:泄水时,闸门的进水口、门槽附近及闸门后水流流态是否正常;闸门关闭时的漏水状况;闸墩、门槽、胸墙、门墩、牛腿等部位是否有裂缝、剥蚀、老化等异常情况;门槽及孔口附近区域是否有气蚀、冲刷、淘空等破坏现象;闸墩及底板伸缩缝的开合错动情况,是否有不利于闸门和启闭机的不均匀沉陷;通气孔是否有坍塌、堵塞或排气不畅等情况;启闭机室是否有错动、裂缝、漏水、漏雨等异常现象,并判明对启闭机运行的影响;闸门和启闭机的附属设施是否完善;寒冷地区闸门的防冻设施是否有效;电气控制系统及设备和备用电源能否正常工作,自备电源启动时间是否满足要求等。

　　大坝泄洪闸门及其启闭设施、金属结构,是保证大坝安全的要害设备,一旦在汛期发生问题,将导致严重的灾难后果。应注意检查金属结构的腐蚀变形等情况;检查闸门及门槽、门支座、止水及平压阀、通气孔设施等能否正常工作;启闭设施能否应急启动;有些情况下(如汛前检查),还应安排做闸门及其启闭设施启门和闭门的操作试验。对金属结构的防护与锈蚀情况,除进行表面外观检查外,经一定的时间运行后,应采用仪器做锈蚀情况检测,并根据锈蚀程度进行刚度与强度复核。若闸门启闭过程中,存在因水力学或其他不明原因的振动现象,应做振动测试,查明振动原因并采取整改措施予以消除。此外,还应做闸门启闭力的测试、电气控制系统及备用能源能否正常工作等。

### 1.2.3　混凝土建筑物监测设施、运行状况检查

大坝监测设施是监视大坝安全运行的耳目,所以在日常工作中应完善大坝监测设施的防护措施,对易损坏的监测设施应加盖上锁、建围栅或房屋进行保护,尽量避免可能遭到的人为破坏。监测设施的巡视检查包括:

(1)边角网及视准线各观测墩。

(2)引张线的线体、测点装置及加力端。

(3)垂线的线体、浮体及浮液。

(4)激光准直的管道、测点箱及波带板。

(5)水准点。

(6)测压管。

(7)量水堰。

(8)各测点的保护装置、防潮装置及接地防雷装置。

(9)埋设仪器电缆、监测自动化系统网络电缆及电源。

(10)其他监测设施。

在开展大坝安全定期检查时,应按照《水库大坝安全鉴定办法》(水建管〔2003〕271号),对大坝监测设施进行鉴定,提出关于大坝监测设施鉴定和仪器校验的专题检查报告。

巡视检查人员应熟悉大坝监测设施的状况。在巡视检查过程中,要对引张线和垂线的线体、加力装置、浮液进行检查;要对边角网视准线各观测墩、基准点进行检查,要对各测点保护装置、防潮装置、接地防雷装置及电源和电缆进行检查。如发现原有状况改变,应及时查明原因予以恢复。巡视检查人员应用心记牢大坝运行正常情况下的一些数据或特征,注意数据变化量是否正常,如坝基及坝肩排水管渗漏量、坝基廊道内部扬压力表读数等,如发现数据异常应能立即给出明确的判断。

# 模块 2　环境量监测

## 2.1　水位监测

### 2.1.1　自记水位仪器安装要求

测站选用的自记水位计设备应符合国家水文质检部门的准入许可要求。

自记水位计设置应能测记到本站观测断面历年最高和最低水位。当受条件限制,一套自记水位计不能测记历年最高、最低水位时,可同时配置多套自记水位计或其他水位观测设备,且处在同一断面线上,相邻两套设备之间的水位观测值应有不小于 0.1 m 的重合。

#### 2.1.1.1　自记水位计传感器安装的基本要求

安装前应按自记水位计传感器说明书对技术指标进行全面的检查和测试。

传感器安装应牢固,不易受风力或水流冲击的影响;波浪较大的测站,应采取波浪抑制措施。对采用设备固定点高程进行初始值设置的测站,设备固定点高程的测量精度应不低于四等水准测量精度。

1. 浮子式自记水位计

浮子式自记水位计测井不应干扰水流的流态,井壁必须垂直,截面可建成圆形或椭圆形,应能容纳浮子随水位自由升降,浮筒(浮子)与井壁应有 5 ~ 10 cm 间隙。测井口应高于设计最高水位 0.5 ~ 1 m,井底应低于设计最低水位 0.5 ~ 1 m。

进水管管道应密封不漏水,进水管入水口应高于河底 0.1 ~ 0.3 m,测井入水口应高于测井底部 0.3 ~ 0.5 m。根据需要可以设置多个不同高程的进水管。井底及进水管应设防淤和清淤设施,卧式进水管可在入水口设置沉沙池。测井及进水管应定期清除泥沙。多沙河流,测井应设在经常流水处,并在测井下部上下游的两侧开防淤对流孔。因水位滞后及测井内外含沙量差异引起的水位差均不宜超过 1 cm。

记录仪器室应有一定的空间,方便维护,能通风、防雨、防潮。

2. 气泡式水位计

气泡式水位计入水管管口可设置在历年最低水位以下 0.5 m,河底以上 0.5 m 处。入水管应紧固,管口高程应稳定。当设置一级入水管会超出测压计的量程时,可分不同高程设置多级入水管。

水下管口的高程可按水尺零点高程测量的要求测定。供气装置的压力,应随时保持在测量所需的压力以上。当水位上涨时,应向管内连续不断地供气,以防止水流进入管内。测量水位时,从水下溢出的气泡应调节在每秒一个左右。当观测气泡不便时,可观测气流指示器。

### 3.压阻式水位计

压阻式水位计的压力传感器宜置于设计最低水位以下0.5 m。当受波浪影响时,可在二次仪表中增设阻尼装置。传感器的底座及安装应牢固,感压面应与流线平行,不应受到水流直接冲击。

### 4.超声波式水位计

超声波式水位计可采用气介式或液介式。气介式应设置在历史洪水位0.5 m以上。液介式宜设置在历年最低水位以下1 m,河底以上0.5 m,且不易淤积处。当水体的深度小于1 m时,不宜采用液介式。

传感器的安装应牢固。传感器发射(接收感应)面应平行于水面,应有防水、防腐、防损坏措施;液介式应定时为传感器冲沙,传感器表面的高程可按水尺零点高程测量的要求测定。

### 5.雷达水位计

雷达水位计传感器应牢固安装于支架上,传感器发射面应与水面水平。传感器设置在历史洪水位0.5 m以上,距离边壁至少0.8 m,以减弱扰动反射信号的影响。

#### 2.1.1.2 自记水位计参数设置

自记水位计安装测试完成后要根据不同时期的观测要求,及时进行时间、水位初始值(或零点高程)及采集段次等基本参数设置,以保证观测时间、水位数值误差及观测频次符合测验任务书要求。

(1)时钟设置。以标准北京时间进行设置。

(2)水位初始值或零点高程设置。根据人工观测水位与同时刻自记水位计观测值的差值,或通过测量仪器测定传感器感应面距水面的距离确定水位初始值。或者将传感器安装的零点高程输入。

(3)采集段次设置。按测站在汛期、枯水期、高洪时期的观测任务和报汛要求进行设置,其观测频次应不低于人工观测的要求(连续工作模拟记录的仪器不需此设置)。

#### 2.1.1.3 测站考证

测站考证是收集了解有关测站特性、测站的基本设施、站史、测站变迁等方面的情况,供整编水文资料作参考。对资料使用者来说,也是有重要参考价值的内容。测站考证是逐年都需进行的,因为随着情况的变化,整编方法也将有相应的变化,所以进行资料整编时首先应作测站考证。

测站考证包括原始观测数据和有关的各种情况说明,如测站说明表和位置、测站附近河流形势、大断面资料等,特别需要收集历年所采用的基面、水准点、水尺零点高程接测等有关资料,这些资料统称为考证资料。此外,还需了解测验、计算方法和仪器使用情况、断面基本设施等。

测站考证的内容如下:

(1)测站附近河流情况的考证。

考证内容包括:河床坡度;有无支流汇入,上下游有无固定或临时的水工建筑物;有无引水灌溉或工业用水;测验河段顺直长度及距弯道的距离;高水有无分流漫滩和枯水期有无浅滩、沙洲出现;有含沙量资料的站还要了解上游支流来沙的一般特性;河岸有无崩塌及河床组成情况,北方河流还应了解结冰、封冻、解冻等现象;在滨海河口段的测站还要了解潮汐影响程度。其他如有无工矿废水排入,对河流水质污染影响程度等。

（2）测站断面的考证。

①断面位置:基本水尺及流速仪、浮标,比降水尺断面布设情况和相互的距离;固定测流设备和测流建筑物的种类、形式、位置等。如断面曾有迁移,还应了解其迁移时间、原因及距离。

②断面的变化:了解断面的形状和冲淤变化程度。

③断面测次:主要应了解全年断面实测次数,以及洪水期借用断面是否恰当。

（3）基面和水准点的考证。

整编水位资料时,首先要将基面和水准点考证清楚。对基面考证,主要是查清有无基面变换和因水准网复测、平差、引据水准点高程数字有无变动等;对水准点考证,要查清有无因自然或人为因素影响,引起水准点高程发生变动。如有变化,应分析判明变化原因及日期,确定各个时期的正确高程数值,并查明对引测水尺零点高程有无影响。

（4）水尺零点高程考证。

水尺零点高程可能由于水准点高程发生变动、水准测量错误、水尺被碰撞、河道封冻期水尺被冰层上拔等原因而引起变动。考证可按下述步骤进行:

①将本年各次校测的记录加以整理、列表记出各次校测日期、零点高程、引据的水准点及其他有关情况,并了解校测时水准测量的精度等情况。

②结合水准点考证的结果,分析水尺零点高程校测的成果和误差情况,确定本年各次校测时每支水尺的"取用水尺零点高程"。

③如两次校测的"取用水尺零点高程"有了变化,则应分析水尺变动的原因及日期。一般可绘制逐时水位过程线或本站与邻站的水位相关曲线来分析水尺零点高程的变化情况和时间,以确定两次校测间各时段应采用的水尺零点高程。水尺零点高程考证表如表 5-2-1 所示。

表 5-2-1　　××河××站水尺零点高程考证表（2006 年）

| 水尺编号 | 测量或校测(年-月-日) | 测得高程(m) | 高程不符值(m) | | 引据水准点及高程 | | 水尺位置 | 原测高程(m) | 应用高程(m) | 变动原因 | 应用时间(起讫年-月-日) |
|---|---|---|---|---|---|---|---|---|---|---|---|
| | | | 实测 | 允许 | 编号 | 高程(m) | | | | | |
| $P_{15}$ | 2005-09-12 | 1 045.110 | | | BM永 | 1 059.508 | 左岸,起点距123 m | | 1 045.11 | | 2006-07-17~08-19 |
| $P_{15}$ | 2006-04-07 | 1 045.110 | 0.005 | 0.007 | BM4 | 1 056.192 | 左岸,起点距123 m | 1 045.110 | 1 045.11 | 未变 | |
| $P_{15}$ | 2006-08-01 | 1 045.116 | 0.003 | 0.003 | TBM2 | 1 045.228 | 左岸,起点距123 m | 1 045.110 | 1 045.11 | 未变 | |
| $P_{15}$ | 2006-09-01 | 1 045.109 | 0.002 | 0.003 | TBM2 | 1 045.228 | 左岸,起点距123 m | 1 045.110 | 1 045.11 | 未变 | |
| $P_{16}$ | 2005-09-12 | 1 044.679 | | | BM永 | 1 059.508 | 左岸,起点距125 m | | 1 044.68 | | 2006-07-17~08-19 |
| $P_{16}$ | 2006-04-07 | 1 044.676 | 0.005 | 0.007 | BM4 | 1 056.192 | 左岸,起点距125 m | 1 044.679 | 1 044.68 | 未变 | |
| $P_{16}$ | 2006-08-01 | 1 044.677 | 0.002 | 0.003 | TBM2 | 1 045.228 | 左岸,起点距125 m | 1 044.679 | 1 044.68 | 未变 | |
| $P_{16}$ | 2006-09-01 | 1 044.676 | 0.002 | 0.003 | TBM2 | 1 045.228 | 左岸,起点距125 m | 1 044.679 | 1 044.68 | 未变 | |

表 5-2-2 和表 5-2-3 是浮子式水位计和超声波水位计的安装考证表,可在实际作业时采用。

表 5-2-2　浮子式水位计安装考证表

| 工程名称 | | | | |
|---|---|---|---|---|
| 测井编号 | | 测井位置 | | |
| 测井直径(mm) | | 测井顶高程(m) | | 测井底高程(m) |
| 传感器编号 | | 量程(m) | | 生产厂家 |
| 分辨力(cm) | | 电缆长度(m) | | 电缆长度标记(m) |
| 水位计平台高程(m) | | 水位轮高度(m) | | 初始读数(m) |
| 天气 | | 上游水位(m) | | 下游水位(m) |
| 安装日期 | | 气温(℃) | | 气压(kPa) |
| 安装示意图及说明 | | | | |
| 技术负责人:　　　　校核人:　　　　安装及填表人:　　　　日期: | | | | |
| 监理工程师: | | | | |
| 备注 | | | | |

表 5-2-3　超声波水位计安装考证表

| 工程名称 | | 测点位置 | | |
|---|---|---|---|---|
| 超声波传感器编号 | | 量程(m) | | 分辨力(mm) |
| 声传感器生产厂家 | | | | |
| 温度传感器编号 | | 量程(℃) | | 分辨力(℃) |
| 温度传感器生产厂家 | | | | |
| 传感器安装高程(m) | | 初始读数(m) | | 水库水位(m) |
| 安装日期 | | 天气 | | 气温(℃) |
| 安装示意图及说明 | | | | |
| 技术负责人:　　　　校核人:　　　　安装及填表人:　　　　日期: | | | | |
| 监理工程师: | | | | |
| 备注 | | | | |

### 2.1.2　绘制水位过程线

水位过程线是点绘的水位随时间变化的连续曲线,可分为逐时(瞬时)水位过程线和逐日平均水位过程线。逐时水位过程线是在每次观测水位后随即点绘的,以便作为掌握水情变化趋势,合理布设流量、泥沙测次的参考,同时也是流量资料整编时建立水位—流量关系和进行合理性检查的重要参考依据。逐日平均水位过程线用以概括反映全年的水情变化趋势,其水位过程线一般与流量、含沙量、降水量、岸上气温、冰厚等水文要素过程线绘制在同一张图中。人工点绘时使用专用图纸,也可使用 Excel 或专用软件(如整汇编软件)绘制。

点绘过程线时图面要求布置适当,点清线细,点线分明。图上应注明图名(××坝20××年××月水位过程线图),坐标名称及单位(横坐标为水位(××基面以上米数),单位为 m,纵坐标为时间标度,单位为 h 或 d 等),图例,以及点绘、校核人签名。

人工点绘通常选用水文要素过程线专用图纸,用黑铅笔绘制。纵坐标为水位,横坐标为时间。图幅大小可按月或年水位的变化幅度确定比例大小,比例一般选择 1、2、5 或其10、1/10 的倍数,同一张图内一般不要变换比例。

在绘制逐时过程线时,各相邻点间一般用直线连绘。实测点间用实线连接,为插补过程时用虚线连绘。月水位极值用⊥或⊤(横线 7 mm、竖线 4 mm)符号标示,月最高水位符号用红色,月最低水位符号用蓝色。当一日内水位变化较大时,可将日平均水位用横线表示在水位过程线上。有河干或连底冻时,在开始与终了时间处画一竖线,中间注"河干"或"连底冻"字样。

水位过程线上除点绘水位值外,还在实测流量相应时刻、相应水位处点绘实测流量符号,并注明实测号数。

### 2.1.3　检查维护水位计

#### 2.1.3.1　自记水位计的日常检查

自记水位计日常检查一般包括机房环境安全、接头连接、电源工作、仪器工作、记录误差、数据保存等方面,检查可根据具体仪器配置和有关条件设计记录文档格式,随检查随记录,出现问题及时处理,记录文档保存备查。

(1)检查机房和测验环境的卫生、安全等,使仪器始终保持良好的工作环境和工作状态。记录仪表应存放在干燥、通风、清洁和不受腐蚀气体侵蚀的地方,并按说明书要求进行使用、保养和维护。

(2)检查主要记录仪表的接地、避雷针等防雷装置是否连接正常。

(3)检查设备与各种电缆的连接是否完好,保证接头紧固;是否存在因漏水或沿电缆、电源线入口进水而造成的故障。

(4)检查测站供电情况,供电电压是否在正常范围。仪器配接的蓄电池连接是否完好。仪器电源指示灯是否正常,处于何种供电状态。

(5)检查自记水位计记录显示或打印过程情况,判断水位计工作是否正常,出现故障应及时采取措施,使用其他方法观测;判断仪器参数设置是否符合测验要求;通过校测及其他测验(如流量测验观测的相应水位)观测值对比记录精度,保证观测数据的连续性、正确性和完整性。

(6)对于气介式的超声波、雷达等水位仪器测量端,应定期检查换能器安装处是否有鸟类、昆虫结网或脏物遮挡声波发射与接收,影响工作。

(7)检查仪器工作一定时期的数据备存情况,应定期将存储在仪器的测量数据读出并备份保存,保证测量数据的安全。

(8)纸介质模拟记录的自记水位计检查内容包括:

①在换记录纸时,应检查水位轮感应水位的灵敏性和走时机构工作的正常性。电源应充足,记录笔、墨水应适度。换纸后,应上紧自记钟,将自记笔尖调整到当时的准确时间和水位坐标上,观察 1~5 min,待一切正常后方可离开,当出现故障时应及时排除。

②应按记录周期定时换纸,并应注明换纸时间与校核水位。当换纸恰逢水位急剧变化或高、低潮时,可适当延迟换纸时间。

### 2.1.3.2 自记水位计的定期与不定期检查

自记水位计的检查和维护应定期和不定期进行,检查维护时应注意安全防护。现场维护时,应先备份数据。

1. 熟识仪器结构

应基本熟悉设备仪表板块插件的功能和连接方式,能进行整套设备的装接与调试,可拆装板块插件。

2. 定期检查

在汛前、汛中、汛后应对系统的运行状态进行全面的检查和测试。现场定期检查主要事项有:

(1)检查设备与各种电缆的连接是否完好,防水性能是否良好;检查蓄电池的密封性是否保持完好,测试电压是否正常,按保养说明要求对蓄电池进行充放电养护;测量太阳能电池的开路电压、短路电流是否满足要求,并检查接线是否正常;检查天线和馈线设施,保证接头紧固,防水措施可靠,输出功率等符合设计要求,查看避雷针、同轴避雷器等防雷装置的安装情况。

(2)对于液介式仪器,在汛期结束后水位较低时,检查换能器发射面是否有泥沙淤积或杂草遮盖,若有应及时清除。如果换能器发射面暴露出水面,拆卸的电缆接头必须用电工胶布密封包扎,防止雨水等进入电缆内部。

(3)对测站设备作全面的检查,包括各项参数的正确设置;模拟传感器参数变化、数据遥测终端发送数据、固态存储数据、中心站接收数据、中心站读出固态存储数据均应一致。

3. 不定期检查

可结合日常维护情况或根据远程监控信息进行不定期检查。主要是专项检查和检修,也可作全面检查,视具体情况而定。

4. 维修维护

应能使用万用表等配备检修仪具量测检查连接线路、接头的短(开)路并自行维修;根据故障特点判断模块插件是否正常,能使用常用备品备件进行更换和调试等工作。

### 2.1.4　判断水位观测资料合理性

对坝区水位观测资料进行合理性分析时,首先审查水位观测资料的内容是否全面、书写是否清楚;然后结合年内发生的重大洪水过程或冰凌情况,对依据水位观测资料绘制成的当年逐日或逐时段水位过程线进行全面分析检查,通过重点检查水位变化的连续性、洪水过程的完整性、流量与水位的对应性可初步判断有无异常水位;第三是对异常水位资料再进行多方面对证分析,如本站同期的其他观测资料、上下游相邻测站的水位及其他资料、区间降雨汇流或引水分流资料、附近河道建筑物或施工影响等,以最终判定资料的合理性。

除以上造成水位异常的原因外,水准点或水尺零点高程的变动或引用不正确、观测记录或计算错误、断面迁移或换读水尺不衔接等都可导致水位资料错误。审查发现水位资料不够合理时应彻底查清原因并予以插补修正,以提高整编资料的合理性和准确性。

## 2.2　降水量监测

### 2.2.1　自记雨量计安装要求

#### 2.2.1.1　降水观测场地查勘与场地设置要求

水文分区是水文站网规划的基础,根据流域的气候特点、水文特征和自然地理条件划分不同的水文分区,在同一水文分区内,气候和下垫面条件基本相似或有渐变的规律,而不同的水文分区则差别较大,故水文站网布设的原则也有差异。

在同一个水文分区内布设一系列降水量观测站点,形成降水量观测站网,得到控制月、年降水量和暴雨特征值在大范围内的分布规律和暴雨的时空变化,满足有关需求。为使观测数据具有代表性,必须根据站网规划的设站地点进行现场查勘。查勘前,要先了解设站目的,收集设站地区自然地理环境、交通和通信等资料,并结合地形图确定查勘范围,做好相关准备工作。

1. 观测场地查勘内容

查勘范围,拟设站地点 2 ~ 3 km$^2$。

查勘内容包括:自然地貌地形及高程高差特征;植被和农作物,河流、湖泊、水工程的分布;居民点和交通、通信、邮电、当地经济文化等方面的情况;降水障碍物的分布等。

查阅资料或调查气候特征、降水和气温的年内变化及其地区分布,初终霜、雪和结冰融冰的大致日期,常年风向风力及狂风暴雨和冰雹等情况。

2. 观测场地的环境要求

因降水量观测受风的影响最大,因此观测场地应避开强风区,其周围应空旷、平坦,不受突变地形、树林和建筑物以及烟尘的影响,使在该场地上观测的降水量能代表水平地面上的水深。

观测场如不能完全避开建筑物、树木等障碍物的影响时,雨量(计)离开障碍物边缘的距离不应小于障碍物顶部与仪器口高差的 2 倍,保证在降水倾斜下降时,四周地形或物体不致影响降水落入观测仪器内。

在山区,观测场不宜设在陡坡上、峡谷区和风口处,要选择相对平坦的场地,使承雨器口至山顶的仰角不大于30°。

如因条件限制,难以找到符合要求的雨量观测场地时,可设置杆式雨量器(计)。杆式雨量器(计)应设置在当地雨期常年盛行风向的障碍物的侧风区,杆位离开障碍物边缘的距离不应小于障碍物高度的1.5倍。在多风的高山、出山口、近海岸地区的雨量站,不宜设置杆式雨量器(计)。

原有观测场地如受各种建筑影响已不符合要求时,应重新选择。

在城镇、人口稠密地区设置的专用雨量站,观测场选择条件可以适当放宽。

3. 降水量场地设置要求

(1)观测场地仅设一台雨量器(计)时面积为4 m×4 m;同时设置雨量器和自记雨量计时面积为4 m×6 m;雨量器(计)上加防风圈测雪及设置测雪板或地面雨量器的雨量站,应加大观测场地面积。

(2)观测场地应平整,地面种草或作物,其高度不宜超过20 cm。场地四周设置栏栅防护,场内铺设观测人行小路。栏栅条的疏密以不阻滞空气流通又能削弱通过观测场的风力为准,在多雪地区还应考虑在近地面不致形成雪堆。有条件的地区,可利用灌木防护。栏栅或灌木的高度一般为1.2~1.5 m,并应常年保持一定的高度。杆式雨量器(计),可在其周围半径为1.0 m的范围内设置栏栅防护。

(3)观测场内的仪器安置要使仪器相互不受影响,观测场内的小路及门的设置方向,要便于进行观测工作,一般降水量观测场地平面布置如图5-2-1所示。

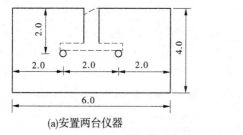

(a)安置两台仪器　　　　(b)安置一台仪器

**图 5-2-1　降水量观测场平面布置图** （单位:m）

(4)在观测场地周围有障碍物时,应测量障碍物所在的方位、高度及其边缘至仪器的距离,在山区应测量仪器口至山顶的仰角。

### 2.2.1.2 自记雨量计的安装

应先检查确认仪器各部分完整无损,传感器、显示记录器工作正常,方可投入安装。

用螺栓将仪器底座固定在混凝土基柱上,承雨口应水平。对有筒门的仪器外壳,其筒门朝向应背对本地常见风向。部分仪器可加装钢丝拉线拉紧仪器,有水平工作要求、配置水准泡的仪器应调节水准泡至水平。

传感器与显示记录器间用电缆传输信号的仪器,显示记录器应安装在稳固的桌面上;电缆长度应尽可能短,宜加套保护管后埋地敷设,若架空铺设,应有防雷措施;插头插座间应密封,安装牢固。使用交流电的仪器,应同时配备直流备用电源,以保证记录的连续性。

　　采用固态存贮的显示记录器,安装时应使用电量充足的蓄电池,并注意连接极性。当配有太阳能电池时,应保证连接正确。根据仪器说明书的要求,正确设置各项参数后,再进行人工注水试验,并调节使符合要求。试验完毕,应清除试验数据。

　　雨雪量计的安装,应针对不同仪器工作原理,妥善处理电源、燃气源、不冻液等安全隐患,注意安全防范。

　　仪器安装完毕后,应用水平尺复核,检查承雨器口是否水平。用测尺检查安装高度是否符合规定,用五等水准引测观测场地地面高程。若附近无引测水准点,可在大比例尺地形图上查读高程数。

### 2.2.1.3　雨量计安装考证表

　　各种雨量计安装后均应填写安装考证表,表5-2-4、表5-2-5是翻斗式雨量计和虹吸式雨量计安装考证表样,可供填写考证表使用。

**表5-2-4　翻斗式雨量计安装考证表**

| 工程名称 | | 测点编号 | | 测点位置 | |
|---|---|---|---|---|---|
| 雨量计编号 | | 雨量计型号 | | 分辨力(mm) | |
| 生产厂家 | | | | | |
| 基座水平度<br>(°) | | 承雨口水平度<br>(°) | | 安装高度(m) | |
| 翻斗翻转次数<br>(次) | | 记录器记录<br>次数(次) | | | |
| 每斗水量(mL) | | 翻转总次数<br>(次) | | 理论排水量 $L$<br>(mL) | |
| 实际排水量 $P$<br>(mL) | | 翻斗计量误差 $E$(%) | | | |
| 电缆长度(m) | | 电缆长度标记(m) | | | |
| 安装日期 | | 天气 | | 气温(℃) | |
| 上游水位(m) | | 下游水位(m) | | | |
| 安装示意图<br>及说明 | | | | | |

技术负责人:　　　　　校核人:　　　　　安装及填表人:　　　　　日期:

监理工程师:

| 备注 | |
|---|---|

表 5-2-5　虹吸式雨量计安装考证表

| 工程名称 | | 测点编号 | | 测点位置 | |
|---|---|---|---|---|---|
| 雨量计编号 | | 雨量计型号 | | 分辨力(mm) | |
| 生产厂家 | | | | | |
| 基座水平度<br>(°) | | 承雨口水平度<br>(°) | | 安装高度(m) | |
| 倒入清水量<br>(mm) | | 笔尖所指位置<br>(mm) | | 容量偏差(mm) | |
| 安装日期 | | 天气 | | 气温(℃) | |
| 上游水位(m) | | | 下游水位(m) | | |
| 安装示意图<br>及说明 | | | | | |
| 技术负责人：　　　　　校核人：　　　　　安装及填表人：　　　　　日期： | | | | | |
| 监理工程师： | | | | | |
| 备注 | | | | | |

## 2.2.2　设定、修改自记雨量计参数

### 2.2.2.1　设定仪器正常运转

将记录笔调整到零位,然后徐徐向器口注入相当于 2～3 个满量程的水量,检查记录笔是否从零坐标线至满量程处做往复运动,记录线是否正常,如查出故障应进行排除。然后将注入翻斗式长雨计的水量倒净,或将注入浮子式长雨计的水量放出,至阀门无水流出为止,关闭底阀,注入底水至 5～10 mm 深度,以消除浮子传动齿轮间的间隙影响,并将底水量记在记录纸上。

经检查维护仪器进入正常运转后,即操纵定纸机构将笔位调整到零线。在对时时,为了消除长雨计时钟的齿间间隙影响,应先将记录笔旋至起始记录时间的整小时位置,划出时间记号;注明月、日、时,然后关闭与石英钟连接的电源开关,在起始记录时间之前 10 min 旋动时速筒对准北京时间,持石英钟走 10 min 到记录笔所在的整小时位置,打开电源开关开始记录。

### 2.2.2.2　翻斗式雨量计精度率定

翻斗式雨量计精度率定方法是,从翻斗集水口注入一定的水量。它的要求为:模拟 0.5 mm/min 雨强时,其注入清水量应不少于相当于 4 mm 的雨量;模拟 2 mm/min 雨强时,其注入清水量应不少于相当于 15 mm 的雨量;模拟 4 mm/min 雨强时,其注入清水量应不少于相当于 30 mm 的雨量。误差应满足以下规定:仪器分辨率为 0.1 mm 时,排水量小于等于 10 mm,误差不应超过 ±0.2 mm,排水量大于 10 mm,误差不应超过 ±2%;仪器分辨率为 0.2 mm 时,排水量小于等于 10 mm,误差不应超过 ±0.4 mm,排水量大于 10

mm,误差不应超过 ±4%；仪器分辨率为 0.5 mm 时,排水量小于等于 12.5 mm,误差不应超过 ±0.5 mm,排水量大于 12.5 mm,误差不应超过 ±4%；仪器分辨率为 1.0 mm 时,排水量小于等于 25 mm,误差不应超过 ±1.0 mm,排水量大于 25 mm,误差不应超过 ±4%。

### 2.2.3　绘制雨量过程线

雨量过程线是表示降雨随时间变化的过程线。常以时段降雨量为纵坐标,时段时序为横坐标,采用柱状图形表示,见图 5-2-2。至于时段的长短,可根据计算的需要选择,分小时、天、月、年等,一般只需逐日过程线即可。

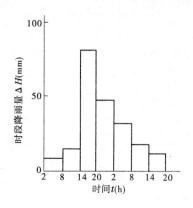

图 5-2-2　雨量过程线

### 2.2.4　检查维护雨量观测仪器

#### 2.2.4.1　一般降水量观测仪器的检查维护

**1. 检查**

新安装在观测场的雨量仪器,应按照有关规定和使用说明书认真检查仪器各部件安装是否正确。对传感器人工注水,观察相应显示记录,检查仪器运转是否正常。若显示记录器为固态存贮器,还应进行时间校对,检查降水量数据读出功能是否符合要求。对虹吸式雨量传感器,应进行示值标定、虹吸管位置的调整、零点和虹吸点稳定性检查。对翻斗式雨量传感器,分别以大约 0.5 mm/min、2.0 mm/min、4.0 mm/min 的模拟降水强度,用量雨杯向承雨器注入清水(分辨力为 0.1 mm、0.2 mm 的仪器注入量为 10 mm,分辨力为 0.5 mm、1.0 mm 的仪器注入量分别为 12.5 mm 和 25 mm),将显示记录值与排水量比较,其计量误差应在允许范围内。若超过其允许值,则应按仪器说明书的要求步骤,调节翻斗定位螺钉,改变翻斗翻转基点,直至合格。

经过运转检查和调试合格的仪器,试用 7 d 左右,证明仪器各部分性能合乎要求和运转正常后,才能正式投入使用。固态存贮器正式使用前,需对其内存贮的试验数据予以清除,对划线模拟记录的试验数据予以注明;在试用期内,检查时钟的走时误差是否符合要求,若仪器有校时功能,应检查校时功能是否正常。

停止使用的自记雨量计,在恢复使用前,应按照上述要求进行注水运行试验检查。

每年应用分度值不大于 0.1 mm 的游标卡尺测量观察场内各个仪器的承雨器口直径 1~2 次。检查时,应从 5 个不同方向测量器口直径。

每年应用水准器或水平尺检查 1~2 次承雨器口平面是否水平。

凡是检查不合格的仪器,应及时调整。无法调整的仪器,应送回生产厂家维修。

**2. 维护**

应注意保护仪器,防止碰撞。保护器身稳定,器口水平不变形。无人驻守的降水量站,应对仪器采取特殊安全防护措施。

应保持仪器内外清洁,及时清除承雨器中的树叶、泥沙、昆虫等杂物,保持传感器、承雨器汇流畅通,以防堵塞。

传感器与显示记录器间有电缆连接的仪器,应定期检查插座是否密封防水,电缆固定是否牢靠;并检查电源供电状况,及时更换电量不足的蓄电池。

多风沙地区在无雨或少雨季节,可将承雨器加盖,但要注意在降雨前及时将盖打开。

在结冰期间仪器停用时,应将传感器内积水排空,全面检查养护仪器,器口加盖,用塑料布包扎器身,也可将传感器取回室内保存。

长期自记雨量计的检查和维护工作,应在每次巡回检查和数据收集时,根据实际情况进行。

每次对仪器进行调试或检查都应有详细的记录,以备查考。

### 2.2.4.2　虹吸式自记雨量计的调整、养护

如在降雨过程中巡视虹吸式自记雨量计时发现虹吸不正常,在降雨量累计达到 10 mm 时不能正常虹吸,出现平头或波动线,应将笔尖拨离纸面,用手握住笔架部件向下压,迫使雨量计发生虹吸。虹吸停止后,使笔尖对准时间和零线的交点继续记录,待雨停后对雨量计进行检查和调整。

常用酒精洗涤自记笔尖,以使墨水顺畅流出,雨量记录清晰、均匀。

自记纸应放在干燥清洁的橱柜中保存。不能使用受潮、脏污或纸边发毛的记录纸。

### 2.2.4.3　翻斗式自记雨量计的调整、维护

要保持翻斗内壁清洁、无油污或污垢。若翻斗内有脏物,可用清水冲洗,不能用手或其他物体抹拭;计数翻斗与计量翻斗在无雨时应保持同倾于一侧,以便在降雨时计数翻斗与计量翻斗同时启动,及时送出第一斗脉冲信号;要保持基点长期不变,应拧紧调节翻斗容量的两对调节定位螺钉的锁紧螺帽。如发现任何一只螺帽有松动,应及时注水检查仪器基点是否正确;定期检查电池电压,若电压低于允许值,应更换全部电池,确保仪器正常工作。

## 2.2.5　判断降水量监测资料合理性

降水量记录后,应对监测资料进行整理和分析。各项整理计算分析工作,必须坚持一算两校,即委托雨量站完成原始记录资料的校正,故障处理和说明,统计日、月降水量,并于每月上旬将降水量观测记载簿或记录纸复印或抄录备份,以免丢失,同时将原件用挂号邮寄指导站,由指导站进行一校、二校及合理性检查。独立完成资料整理有困难的委托雨量站,由指导站协助进行。

指导站应按月或按长期自记周期进行合理性检查:①对照检查指导区域内各雨量站日、月、年降水量,暴雨期的时段降水量以及不正常的记录线;②同时有蒸发观测的站应与蒸发量进行对照检查;同时用雨量器与自记雨量计进行对比观测的雨量站,相互校对检查。

对降水量的单站合理性检查时,一般有如下规律:各时段最大降水量应随时间加长而增大,长时段降水强度一般小于短时段的降水强度。降水量摘录表或各时段最大降水量表与逐日降水量对照时,要检查相应的日量及符号,24 h 最大降水量应大于或等于一日最大降水量,各时段最大降水量应大于或等于摘录中相应的时段降水量。

对降水量资料的综合合理性检查时,应满足下列规定:

(1)邻站逐日降水量对照:用各站的逐日降水量表对照,在发生大暴雨或发现有问题

的地区,可用相邻各站某次暴雨的自记累积曲线或时段降水量进行检查。通常相邻站的降水时间、降水量、降水过程具有一定规律性。若发现某站情况特殊,要进一步检查其原因。

(2)邻站月、年降水量及降水日数对照:用各站月、年降水量及降水日数进行检查。若发现某站降水量或降水日数与邻站相差较大,应分析原因,并在有关表中附注说明。

(3)暴雨、汛期及年降水量等值线检查:分析暴雨中心、汛期及年降水量分布的合理性。

# 2.3 库水温监测

## 2.3.1 水温计安装要求

### 2.3.1.1 安装水温计

表层温度计一般不需要安装。颠倒温度计安装在颠倒采水器内,颠倒采水器按编号顺序自左向右安置在采水器架上。挑选 $V_0$(0 ℃刻度处的整个管内水银容积称为 $V_0$,每支温度计都有其特定的 $V_0$ 值,可在检定书上查到)和器差相近的两只闭端颠倒温度表,装在同一采水器的温度表管内,当水深超过 200 m 时,要装一只开端颠倒温度表。电阻式水温计一般都要固定,埋设时在仪器附近沿电缆走向的混凝土必须慎重地振捣密实。图 5-2-3 所示是埋设在坝面内 5 ~ 10 cm 处的电阻式水库温度计结构,可作为电阻式水温计安装参考。

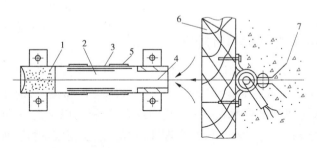

1—密封材料;2—温度计;3—保护套;4—电缆;5—固定圈;6—模板;7—固定锚
**图 5-2-3 水库温度计安装**

### 2.3.1.2 水温计安装考证表

库水温永久观测仪器设施安装埋设后应即时填写安装埋设考证表,考证表内容主要有:工程名称、设计编号、单元工程编码、仪器名称、型号规格、出厂编号、仪器出厂参数、安装部位、安装前后测值读数、安装日期、安装埋设示意图以及有关单位责任人签字签证等。表 5-2-6 为铜电阻式温度计安装埋设考证表。

在初次整编时,应按工程实设监测项目对考证资料进行全面收集、整理和审核。在以后各阶段,监测设施和仪器有变化时,均应重新填制或补充相应的考证图表,并注明变更原因、内容、时间等有关情况备查。

表 5-2-6　温度计安装埋设考证表

| 工程部位 | | | | | | |
|---|---|---|---|---|---|---|
| 埋设参数 | 桩号 | | 仪器参数 | 仪器型号 | | |
| | 坝轴距(m) | | | 生产厂家 | | |
| | 高程(m) | | | 出厂编号 | | |
| | | | | 温度系数(℃/Ω) | | |
| | 埋设区域 | | | 0 ℃电阻(Ω) | | |
| | | | | 电缆长度(m) | | |
| 埋设前温度电阻(Ω) | | | 埋设后温度电阻(Ω) | | | |
| 上游水位(m) | | 下游水位(m) | | 天气 | | |
| 埋设示意图及说明 | | | | | | |
| 埋设时段 | | 年　月　日至　年　月　日 | | | | |
| 有关责任人 | 主管 | | 埋设者 | | 填表者 | |
| | 校核者 | | 监测者 | | 填表日期 | |

## 2.3.2　绘制水温过程线与空间分布线

### 2.3.2.1　水温与气温综合过程线

以测量的时间点作为横坐标,以测量的气温与水温数据作为纵坐标,便可以绘制出气温与水温综合过程线,如图 5-2-4 所示。

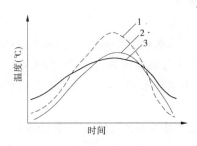

1—气温;2—表层水温;3—底层水温

**图 5-2-4　水温与气温综合过程线**

### 2.3.2.2　断面等温线图

断面等温线图是按一定比例缩绘观测断面图,在图上画出观测垂线与测点,选择有代表性的观测成果,将各个测点的水温注在相应的测点上,然后按照一般绘制等值线的方法绘制等温线图,如图 5-2-5 所示。

### 2.3.2.3　固定垂线年水温等值线图

固定垂线年水温等值线图是选择有代表性的垂线的观测成果,用年历格纸绘制,在绘

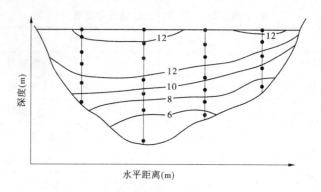

**图 5-2-5　观测断面等温线图**　（单位:℃）

制时,以水深为纵坐标,将水深零点定在年历格纸上方,将每次观测的各个测点的水温按日期绘在相应的水深处,然后按照一般绘制等值线的方法绘制等值线,如图 5-2-6 所示。

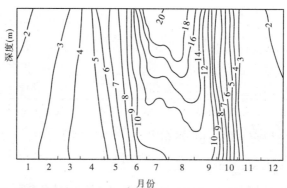

**图 5-2-6　固定垂线年水温等值线图**　（单位:℃）

#### 2.3.2.4　水库水温的分布特点

1. 水库等高面上的水温分布

美国、日本的资料表明,水库水温沿等高线上的分布基本上是均匀的,即使局部或临时出现波动,差值也很小。我国开展全库区水温观测的为数很少。从丹江口的一次库区观测结果及几个水库坝前的水温分布和一些小型水库的资料,可得出同样结论。

2. 水库水温的垂向分布

水温的垂向分布,除其他因素影响外,还与冬季是否封冻有关,现就此问题,介绍如下。

1) 南方水库水温的垂向分布

混合型水库:不同水深的温度均随月份而变,而与水深的关系不大,垂直温度梯度小。

分层性水库:这类水库的垂直水温结构大致可分为三层。①上层,又称活动层。位于水面水深 15 m 范围内,水温随气温而变化。库表水温在 10 ~ 31 ℃ 间变动。在升温期表面水温迅速上升,8 月份达最高值。之后,首先从表面向库底方向逐渐形成等温层,并随着时间的推移不断扩大等温层的厚度,到了次年 1 ~ 3 月,与中、下层的水温一致,构成全水深等温。②中层,又名温跃层。水温随水深剧烈变化,以 7 月、8 月最为显著,大约从 26 ℃ 降到 10 ℃,水深每下降 1 m,则水温也下降 1 ℃。③下层,也称滞温层。由于洪水的影响,与温跃层的界面在年内略有变动,上半年位于水深25 m以下,下半年在35 m以下,水温基本上常年不变,维持在10 ℃上下。

2)北方冬季封冻水库的水温垂向分布

冬季封冻的水库,其水温垂向分布一般经历五个时期:1~3月为封冻期,水面温度接近0 ℃,库底水温在4 ℃上下,水温呈逆温分布,出现冰期温度分层;4月份为融冰期,当库表水温回升到与库底同温时,库内处于等温状态;5~8月升温期及9~11月降温期内的垂向水温变化与南方同类水库大同小异;进入12月份库表水温与库底温度一致时,又一次出现等温。

3.水库水温的沿程分布

库区内水温沿程分布的基本特点是:升温期沿程递减,降温期沿程递增,水库湖泊段的水温高于峡谷段的水温。

## 2.3.3　检查水温计

对玻璃水温计,使用时必须规范操作,方能少发生问题。玻璃水温计不允许超过温度计的测量上限。用于测较高温度要事先预热,测较低温度要事先预冷,以防温度计炸裂。要按规定浸没方式使用;插入被测介质后须稳定一段时间后方可读数。另外,水温计须定期进行检定,具体检定由计量检定部门进行校核。

对颠倒温度计,一是颠倒采水器检查:采水器活门密封良好,弹簧松紧适宜,气门不漏气,固定夹和释放器无故障。颠倒温度表检查:要符合ZBY 116—82颠倒温度表标准的要求。二是绞车和钢丝绳的检查:绞车转动灵活,刹车和排绳器性能良好,钢丝绳不能有断脱扭折或细刺。

对半导体电阻式水温计,通常用万用表中的欧姆挡来检查电阻值排查故障现象。检查时,利用数字万用表笔连接传感器芯线,正常时的电阻值应与环境温度基本相符,25 ℃时,其电阻应为3 000 Ω左右,若对应的温度低于或高于被监测环境温度,通常是电缆断路或短路造成的,应重点检查电缆。电缆破损进水或受潮将导致测值失真,具体表现是当电缆进水后测量的温度值偏高。需要注意的是,若电缆长度过长,且是在高温环境下,在计算时应考虑电缆芯线本身的电阻,以获取更高的测量精度。低温环境下通常不必考虑电缆芯线电阻的影响。配套的电缆芯线电阻约为50 Ω/1 000 m,双向取2倍芯线电阻值。

## 2.3.4　判断库水温监测资料的合理性

进行单站合理性检查时,应绘制水温过程线检查,并与岸上气温、水位过程线对照。水温变化一般是连续、渐变的,与岸上气温变化趋势大体相应,且水温的变化常落后于气温的变化。在结冰期间,一般水温趋于0 ℃,但对矿化度很高的水体,可能要在水温低于0 ℃时才有冰出现。合理性检查时,当发生上游水库放水、冰川融冰或暴雨洪水等情况时,应注意水温会发生显著的变化。

水温资料进行综合合理性检查时,用上下游逐日水温过程线进行对照检查。上下游站的水温变化趋势应相似。但由于各河段所处的地理位置、气候条件不同,以及在人工调节或区间有较大水量加入时,可能发生异常情况。

# 2.4　气温监测

## 2.4.1　气温计安装要求

### 2.4.1.1　百叶箱

**1. 作用**

百叶箱是安置温度观测仪器的防护设备,见图 5-2-7,其作用为防止太阳对仪器的直接辐射和地面对仪器的反射辐射,保护仪器免受强风、雨、雪等的影响,并使仪器感应部分有适当的通风,能真实地感应外界空气温度的变化。

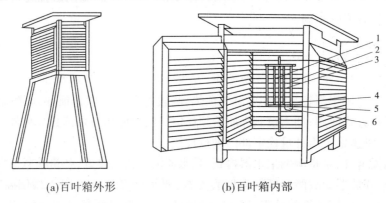

(a)百叶箱外形　　　　　　　　　　(b)百叶箱内部

1—干球温度表;2—湿球温度表;3—毛发湿度表;4—最高温度表;5—最低温度表;6—水杯

**图 5-2-7　百叶箱**

百叶箱分为大小两种规格:小百叶箱的内部高 537 mm、宽 460 mm、深 290 mm,供安置干、湿球,最高、最低温度表及毛发湿度表;大百叶箱的内部高 612 mm、宽 460 mm、深 460 mm,供安置自记温度计和湿度计。百叶箱内外各部分均涂刷白色油漆。

**2. 安装**

百叶箱应水平地固定在一个特制的支架上,支架应牢固地埋入地下,顶端约高出地面 125 cm,因为规范规定观测的是离地面 1.5 m 高度处的气温。对埋入地下的部分要涂防腐油。支架可用木材或角铁制成,将百叶箱装在架子上,用角铁和螺钉固定。多强风的地方,还需要在四个箱角拉上铁丝纤绳。箱门要朝正北向。

**3. 维护**

百叶箱要经常保持洁白,视具体情况每 1 ~ 3 年重新油漆一次、内外箱壁至少每月定期擦洗一次,寒冷季节可用毛刷刷拭干净。清洁百叶箱的时间以晴天上午为宜。在进行箱内清洁工作和洗涤百叶箱之前,应将仪器全部放入备用百叶箱内,清洗完毕,待干燥后,再将仪器放回。这项工作不得影响观测和记录。

百叶箱中不允许存放多余的物品。箱内靠近箱门处的顶板上、可安装照明用的电灯,但不用超过 25 W,读数时打开,观测后随即关上,以免影响温度。也可以用手电筒照明。

#### 2.4.1.2　干、湿球温度表安装

在小百叶箱的底板中心,安装一个温度表支架,将干、湿球温度计垂直悬挂在支架两侧的环内,球部向下,干球在东,湿球在西,球部中心离地面 1.5 m,湿球温度表球部包扎一条纱布,纱布的下部浸到一个带盖的水杯内,如图 5-2-8 所示。杯口距湿球球部约 3 cm,杯中盛蒸馏水,供湿润湿球纱布用。

湿球包扎纱布时,要把湿球温度表从百叶箱内拿出,先把手洗干净后,再用清洁的水将温度表的感应部分洗净,然后将长约 10 cm 的新纱布在蒸馏水中浸湿,使上端服帖无皱褶地包卷在水银球上,包卷纱布的重叠部分不要超过球部圆周的 1/4,包好后用纱线把高出球部上面的纱布扎紧,再把球部下面纱布紧靠着球部扎好,不要扎得过紧,并剪掉多余的纱线。

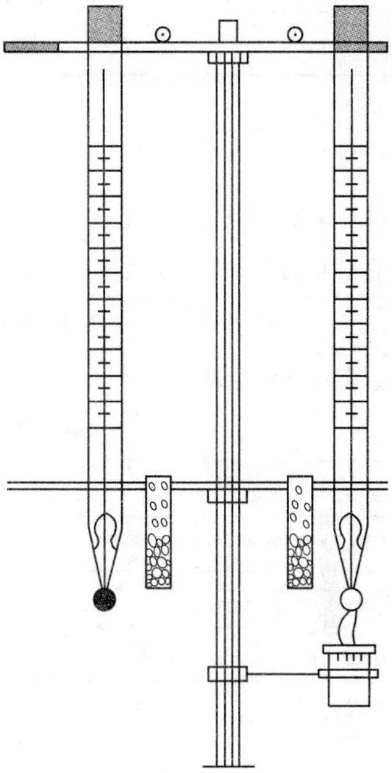

#### 2.4.1.3　自记温度计的安装

自记温度计应稳固地安装在大百叶箱内下面的架子上,底座保持水平,感应部分中部应离地面 1.5 m。

图 5-2-8　干、湿球温度表的安置

#### 2.4.1.4　最高温度表的安装

最高温度表安装在温度表支架横梁(或三通管)上面的一对弧形钩上,使感应部分向东并稍向下倾斜,约高出干、湿球温度表球部 3 cm。

#### 2.4.1.5　最低温度表的安装

最低温度表水平地安置在温度表支架下横梁(或三通管)下面的一对弧形钩上,感应部分向东,低于最高温度表 1 cm。

#### 2.4.1.6　气温计安装考证表

与水位计类似,气温永久观测仪器设施安装埋设后应即时填写气温计安装考证表,考证表内容主要有:工程名称、设计编号、单元工程编码、仪器名称、型号规格、出厂编号、仪器出厂参数、安装部位、安装前后测值读数、安装日期、安装埋设示意图以及有关单位责任人签字签证等。具体可参考表 5-2-7。

在初次整编时,应按工程实设监测项目对考证资料进行全面收集、整理和审核。在以后各阶段,监测设施和仪器有变化时,均应重新填制或补充相应的考证图表,并注明变更原因、内容、时间等有关情况备查。

### 2.4.2　绘制气温过程线

在收集各项气温数据后,应根据数据绘制气温过程线图,以测量的时间点作为横坐标,以测量的气温和水温数据作为纵坐标,便可以绘制出气温与水温过程线,如图 5-2-9 所示。在此基础上,分析气温的变化规律及其对工程安全的影响,并对影响工程安全的问

题提出处理意见。

**表 5-2-7　气温计安装考证表**

| 工程或项目名称 | | | |
|---|---|---|---|
| 温度计型式 | | 生产厂家 | |
| 温度计量程(℃) | | 出厂编号 | |
| 百叶箱材质 | | 生产厂家 | |
| 百叶箱及温度计安装部位 | 安装高程(m) | | |
| | 桩号(m) | | |
| | 坝轴距(m) | | |
| 温度计初始值(℃或读数) | | | |
| 埋设日期 | 气温(℃) | | 天气 |
| 埋设示意图及说明 | | | |
| 技术负责人:　　　　校核人:　　　　埋设及填表人:　　　　日期: | | | |
| 监理工程师: | | | |
| 备注 | | | |

## 2.4.3　检查气温计

### 2.4.3.1　干、湿球温度表的检查维护

（1）必须注意保持干、湿球温度表的正常状态。如果发现温度表内刻度磁板破损,毛细管内有水滴、黑色沉淀的氧化物或水银柱中断等情况,应立即换用备用温度表。

（2）干球温度表应经常保持清洁干燥,观测前巡视设备和仪器时,如发现干球上有灰尘或水,须立即用干净的软布拭去。

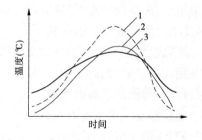

1—气温;2—表层水温;3—底层水温

**图 5-2-9　气温与水温过程线**

（3）湿球纱布必须经常保持清洁、柔软和湿润,一般应每周换一次。遇有沙尘暴风等天气,湿球纱布上明显沾有灰尘时,应立即更换。

在海岛、矿区或烟尘多的地方,湿球纱布容易被盐、油、烟尘等污染,应缩短更换纱布的期限。

（4）水杯中的蒸馏水要时常添满、保持清洁,一般每周更换一次。

（5）使用干、湿球温度表时,必须按配对的两支表同时使用及同时更换。

### 2.4.3.2　最高温度表的检查维护

最高温度表的检查维护同干球温度表,有时最高温度表会失灵,在温度下降时,水银柱像普通温度表一样回到感应部分,遇到这种情况应立即换用备用表。

#### 2.4.3.3　最低温度表的检查维护

在搬运和存放最低温度表时,最好将表身直立旋转,感应部分向下,并避免高温及震动,以免酒精柱蒸发和中断;有时由于搬运和调整不当,或者毛细管内一部分酒精被蒸发后凝结于管顶,或者因毛细管酒精柱上端残留气体,使酒精柱分离成几段,这些故障可用甩动、加热等方法加以修复。

#### 2.4.3.4　自记温度计的检查维护

(1)经常保持仪器清洁。感应部分有灰尘时,应用干洁毛笔清扫。

(2)当发现记录迹线出现"间断"或"阶梯"现象时,应及时检查自记笔尖对自记纸的压力是否适当。检查方法是:把仪器向自记笔杆的一面倾斜到 30°~40°,如笔尖稍稍离开钟筒,则说明笔尖对纸的压力是适宜的;如笔尖不离开钟筒,则说明笔尖对纸的压力过大;若稍有倾斜,笔尖即离开钟筒,则说明笔尖压力过小,此时应调节笔杆根部的螺丝或改变笔杆架子的倾斜度进行调整,直到适合。如经上述调整仍不能纠正,则应清洗、调整各个轴承和连接部分。

(3)注意自记值同实测值的比较,系统误差超过规定时,应调整仪器笔位。如果自记纸上标定的坐标示值不恰当,应按本站出现的气温范围适当修改坐标示值。

(4)笔尖须及时添加墨水,但不要过满,以免墨水溢出。如果笔尖出水不顺畅或画线粗涩,应用光滑坚韧的薄纸疏通笔缝;疏通无效,应更换笔尖。新笔尖应先用酒精擦拭除油,再上墨水。更换笔尖时应注意自记笔杆(包括笔尖)的长度必须与原来的等长。

(5)周转型自记钟一周快慢超过半小时,日转型自记钟一天快慢超过 10 min,应调整自记钟的快慢针。自记钟使用到一定期限(一年左右),应清洗加油。

(6)在严寒时,由于室外气温较低,自记钟会发生停摆现象,这常是润滑油在轴上冻凝所致。遇到这种情况,应换用备份自记钟;将停摆的自记钟进行清洗,并在轴和轴孔里加抗凝的钟表油。如测站无备份自记钟,可将自记钟拿回室内,盖住钟筒的上下孔(以免机件蒙上水汽),等自记钟接近室温后,将孔打开,在轴和轴孔里放一滴汽油,使机件滑润后恢复走动。但以后必须对这一自记钟进行清洗,以免机件生锈。当记录值与实测值相比较,系统误差超过 1.0 ℃时,应及时调整仪器笔位。

## 2.4.4　判断气温监测资料合理性

进行单站合理性检查时,应绘制气温过程线,分析气温资料的合理性。气温变化一般与地区气候相应,当发现不合理时,应查询来源和测量方法等,分析原因,查实后进行修正。

气温资料进行综合合理性检查时,用上下游逐日气温过程线进行对照检查。上下游站的气温变化趋势应相似。但由于各河段所处的地理位置、气候条件不同,以及在人工调节或区间有较大水量加入时,可能发生异常情况。

# 模块 3　变形监测

## 3.1　垂直位移监测

### 3.1.1　用静力水准仪观测垂直位移

#### 3.1.1.1　静力水准仪简介

　　静力水准系统是一种高精密液位测量系统,该系统适用于测量多点的相对沉降。在使用中,多个静力水准仪的容器用通液管连接,每一容器的液位由磁致伸缩式传感器测出,传感器的浮子位置随液位的变化而同步变化,由此可测出各测点的液位变化量。主要用于大型建筑物如水电站厂坝、高层建筑物、核电站、水利枢纽工程岩体等各测点不均匀沉降的测量。

　　在静力水准仪的系统中,所有各测点的垂直位移均是相对于其中的一点(又叫基准点)变化,该点的垂直位移是相对恒定的或者是可用其他方式准确确定,以便能精确计算出静力水准仪系统各测点的沉降变化量。静力水准仪有多种类型,包括振弦式、电阻式、液位式等。这里主要介绍液位式静力水准仪的使用。

　　JL-1型磁致伸缩式静力水准仪采用的传感器是利用磁致伸缩原理开发出的新一代高精度液位测量产品,是一种非接触式液位测量传感器。该传感器具有高分辨率、高精度、高稳定性、高可靠性、响应时间快、工作寿命长等优点。它的特点是:直线测量,绝对位置输出,非接触式连续测量,永不磨损,防护等级 IP65。传感器不用重新标定,也不用定期维护,输入/输出多种选择,可选择电压、电流模拟信号输出,RS485 数字信号输出。安装简单方便,与其他液位变送器和液位计相比有明显的优势。

#### 3.1.1.2　静力水准仪结构

　　JL-1型磁致伸缩式静力水准仪结构主要由观测电缆、传感器、水平泡、气管接头、通气管、加液塞、上端盖、贮液筒、防冻液、下端盖、通液管接头、通液管、底板、调节螺栓、安装架等部件组成,如图 5-3-1 所示。

#### 3.1.1.3　静力水准系统的应用

　　JL-1型静力水准仪所使用的磁致伸缩式液位传感器主要由测杆、电子仓、观测电缆以及套在测杆上的非接触磁浮球组成,如图 5-3-2 所示。

　　1. JL-1型磁致伸缩式液位传感器的工作原理

　　磁致伸缩式液位传感器的测杆内装有磁致伸缩线(波导丝),测杆由不导磁的不锈钢管制成,可靠地保护了波导丝。

　　工作时,由电路产生一起始脉冲,起始脉冲在波导丝中传输时,产生沿波导丝方向的旋转磁场,当这个磁场与浮球中的永久磁场相遇时,产生磁致伸缩效应,使波导丝发生扭动,这一扭动被电子拾能机构所感知并转换成相应的电流脉冲,测量电路计算出两个脉冲之间的时间差,即可精确地测出被测液位值。

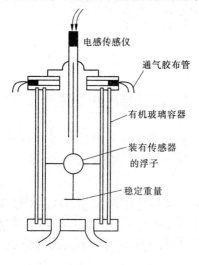

图 5-3-1　静力水准仪结构示意图

电感传感仪

通气胶布管

有机玻璃容器

装有传感器
的浮子

稳定重量

图 5-3-2　JL-1 型磁致伸缩式静力水准仪结构图

2. 静力水准仪的读数与计算

1) 读数

(1) 手动采集数据可使用 HC-1212 型读数仪直接读取模数 $F$。

(2) 自动采集数据可使用 HC-C800 分布式模块化自动测量单元测量(模数 $F$ = 读数 × 100,小数点后 4 舍 5 入)。

(3) 计算机读取(使用专用软件,直接读取工程值)。

2) 计算

(1) 静力水准仪基准点液位变化量 $\Delta h_j$(mm) 可按下列公式计算:

$$\Delta h_j = K_j(F_j - F_{oj}) \tag{5-3-1}$$

式中　$K_j$——静力水准仪基准点传感器系数,mm/F;

　　　$F_j$——静力水准仪基准点的当前读数,F;

　　　$F_{oj}$——静力水准仪基准点的初始读数,F。

(2) 静力水准仪各观测点液位变化量 $\Delta h_i$(mm) 可按下列公式计算:

$$\Delta h_i = K_i(F_i - F_{oi}) \tag{5-3-2}$$

式中　$K_i$——静力水准仪观测点传感器系数,mm/F;

　　　$F_{oi}$——静力水准仪观测点的初始读数,F;

　　　$F_i$——静力水准仪观测点的当前读数,F。

(3) 各观测点沉降或抬高的变化量 $\Delta H_i$(mm) 可按下列公式计算:

$$\Delta H_i = \Delta h_j - \Delta h_i = K_j(F_j - F_{oj}) - K_i(F_i - F_{oi}) \tag{5-3-3}$$

3) 说明

(1) 当静力水准仪观测计算值 $\Delta H_i$ 为负值时表示观测点地基沉降。

　　(2)当静力水准仪观测计算值 $\Delta H_i$ 为正值时表示观测点地基抬高。

　　(3)在正常工作范围内温度的变化对系统本身的影响很小,温度修正系数远远小于最小读数,可忽略温度对系统的影响。

### 3.1.2　一、二等水准测量

#### 3.1.2.1　观测方式

　　一、二等水准测量采用单路线往返观测。同一区段的往返观测,应使用同一类型的仪器和转点尺承沿同一道路进行。

　　在每一区段内,先连续进行所有测段的往测(或返测),随后再连续进行该区段的返测(或往测)。若区段较长,也可将区段分成 20～30 km 的几个分段,在分段内连续进行所有测段的往返观测。

　　同一测段的往测(或返测)与返测(或往测)应分别在上午与下午进行。在日间气温变化不大的阴天和观测条件较好时,若干里程的往返观测可同在上午或下午进行。但这种里程的总站数,一等不应超过该区段总站数的20%,二等不应超过该区段总站数的30%。

#### 3.1.2.2　观测的时间和气象条件

　　水准观测应在标尺分划线成像清晰而稳定时进行。下列情况下,不应进行观测:

　　(1)日出后与日落前 30 min 内。

　　(2)太阳中天前、后约 2 h 内(可根据地区、季节和气象情况适当增减,最短间歇时间不少于 2 h)。

　　(3)标尺分划线的影像跳动剧烈时。

　　(4)气温突变时。

　　(5)风力过大而使标尺与仪器不能稳定时。

#### 3.1.2.3　设置测站

　　一、二等水准观测,应根据路线土质选用尺桩(尺桩质量不轻于 1.5 kg,长度不短于 0.2 m)或尺台(尺台质量不轻于 5 kg)作转点尺承,所用尺桩数应不少于 4 个。特殊地段可采用大帽钉作为转点尺承。

　　测站视线长度(仪器至标尺距离)、前后视距差、视线高度、数字水准仪重复测量次数按表5-3-1 规定执行。

表 5-3-1　测站视线长度、前后视距差、视线高度、数字水准仪重复测量次数

| 等级 | 仪器类别 | 视线长度(m) | | 前后视距差(m) | | 任一测站上前后视距差累积(m) | | 视线高度(m) | | 数字水准仪重复测量次数 |
| --- | --- | --- | --- | --- | --- | --- | --- | --- | --- | --- |
| | | 光学 | 数字 | 光学 | 数字 | 光学 | 数字 | 光学(下丝读数) | 数字 | |
| 一等 | DSZ05、DS05 | ≤30 | ≥4 且≤30 | ≤0.5 | ≤1.0 | ≤1.5 | ≤3.0 | ≥0.5 | ≤2.80 且≥0.65 | ≥3 次 |
| 二等 | DSZ1、DS1 | ≤50 | ≥3 且≤50 | ≤1.0 | ≤1.5 | ≤3.0 | ≤6.0 | ≥0.3 | ≤2.80 且≥0.55 | ≥2 次 |

　　注:下丝为近地面的视距丝。几何法数字水准仪视线高度的高端限差,一、二等允许到 2.85 m,相位法数字水准仪重复测量次数可以为表中数值减少一次。所有数字水准仪,在地面震动较大时,应随时增加重复测量次数。

### 3.1.2.4　测站观测顺序和方法

**1. 光学水准仪观测**

往测时,奇数测站照准标尺分划的顺序为:①后视标尺的基本分划;②前视标尺的基本分划;③前视标尺的辅助分划;④后视标尺的辅助分划。

往测时,偶数测站照准标尺分划的顺序为:①前视标尺的基本分划;②后视标尺的基本分划;③后视标尺的辅助分划;④前视标尺的辅助分划。

返测时,奇、偶测站照准标尺的顺序分别与往测偶、奇测站相同。

测站观测采用光学测微法,一测站的操作程序如下(以往测奇数测站为例):

(1)首先将仪器整平(气泡式水准仪望远镜绕垂直轴旋转时,水准气泡两端影像的分离不得超过 1 cm,自动安平水准仪的圆气泡位于指标环中央)。

(2)将望远镜对准后视标尺(此时,利用标尺上圆水准器整置标尺垂直),使符合水准器两端的影像近于符合(双摆位自动安平水准仪应置于第Ⅰ摆位)。随后用上、下丝照准标尺基本分划进行视距读数。视距第四位数由测微鼓直接读得。然后,使符合水准器气泡准确符合,转动测微鼓用楔形平分丝精确照准标尺基本分划,并读定标尺基本分划与测微鼓读数(读至测微鼓的最小刻划)。

(3)旋转望远镜照准前视标尺,并使符合水准气泡两端影像准确符合(双摆位自动安平水准仪仍在第Ⅰ摆位),用楔形平分丝精确照准标尺基本分划,并读定标尺基本分划与测微鼓读数,然后用上、下丝照准标尺基本分划进行视距读数。

(4)用微动螺旋转动望远镜,照准前视标尺的辅助分划,并使符合气泡两端影像准确符合(双摆位自动安平水准仪置于第Ⅱ摆位),用楔形平分丝精确照准并进行辅助分划与测微鼓的读数。

(5)旋转望远镜,照准后视标尺的辅助分划,并使符合水准气泡的影像准确符合(双摆位自动安平水准仪仍在第Ⅱ摆位),用楔形平分丝精确照准并进行辅助分划与测微鼓的读数。

**2. 数字水准仪观测**

往、返测奇数站照准标尺顺序为:①后视标尺;②前视标尺;③前视标尺;④后视标尺。

往、返测偶数站照准标尺顺序为:①前视标尺;②后视标尺;③后视标尺;④前视标尺。

**3. 一测站操作程序**

一测站操作程序如下(以奇数站为例):

(1)首先将仪器整平(望远镜绕垂直轴旋转,圆气泡始终位于指标环中央)。

(2)将望远镜对准后视标尺(此时,标尺应按圆水准器整置于垂直位置),用垂直丝照准条码中央,精确调焦至条码影像清晰,按测量键。

(3)显示读数后,旋转望远镜照准前视标尺条码中央,精确调焦至条码影像清晰,按测量键。

(4)显示读数后,重新照准前视标尺,按测量键。

(5)显示读数后,旋转望远镜照准后视标尺条码中央,精确调焦至条码影像清晰,按测量键。显示测站成果,测站检核合格后迁站。

#### 3.1.2.5　间歇与检测

观测间歇时,最好在水准点上结束。否则,应在最后一站选择两个坚稳可靠、光滑突出、便于放置标尺的固定点,作为间歇点。如无固定点可选择,则间歇前应对最后两测站的转点尺桩(用尺台作转点尺承时,可用三个带帽钉的木桩)做妥善安置,作为间歇点。

间歇后应对间歇进行检测,比较任意两尺承点间歇前后所测高差,若符合限差(见表5-3-2)要求,即可由此起测;若超过限差,可变动仪器高度再检测一次,如仍超限,则应从前一水准点起测。

表 5-3-2　测站观测限差

(单位:mm)

| 等级 | 上、下丝读数平均值与中丝读数的差 | | 基辅分划读数的差 | 基辅分划所测高差的差 | 检测间歇点高差的差 |
|---|---|---|---|---|---|
| | 0.5 cm 刻划标尺 | 1 cm 刻划标尺 | | | |
| 一等 | 1.5 | 3.0 | 0.3 | 0.4 | 0.7 |
| 二等 | 1.5 | 3.0 | 0.4 | 0.6 | 1.0 |

检测成果应在手簿中保留,但计算高差时不采用。数字水准仪测量间歇可用建立新测段等方法检测,检测有因难时最好收测在固定点上。

#### 3.1.2.6　测站观测限差与设置

测站观测限差应不超过表5-3-2的规定。

使用双摆位自动安平水准仪观测时,不计算基辅分划读数差。

对于数字水准仪,同一标尺两次读数差不设限差,两次读数所测高差的差执行基辅分划所测高差之差的限差。

测站观测误差超限,在本站发现后可立即重测,若迁站后才检查发现,则应从水准点或间歇点(应经检测符合限差)起始,重新观测。

数字水准仪测段往返起始测站设置如下:

(1)仪器设置主要有:测量的高程单位和记录到内存的单位为 m;最小显示位为0.000 01 m;设置日期格式为实时年、月、日;设置时间格式为实时24 h 制。

(2)测站限差参数设置:视距限差的高端和低端;视线高限差的高端和低端;前后视距差限差;前后视距差累积限差;两次读数高差之差限差。

(3)作业设置:建立作业文件;建立测段名;选择测量模式:"aBFFB";输入起始点参考高程;输入点号(点名);输入其他测段信息。

(4)通信设置:按仪器说明书操作。

#### 3.1.2.7　观测中应遵守的事项

(1)观测前 30 min,应将仪器置于露天阴影下,使仪器与外界气温趋于一致;设站时,应用测伞遮蔽阳光;迁站时,应罩以仪器罩。使用数字水准仪前,还应进行预热,预热不少于 20 次单次测量。

(2)对气泡式水准仪,观测前应测出倾斜螺旋的置平零点,并作标记,随着气温变化,应随时调整零点位置。对于自动安平水准仪的圆水准器,应严格置平。

(3)在连续各测站上安置水准仪的三脚架时,应使其中两脚与水准路线的方向平行,而第三脚轮换置于路线方向的左侧与右侧。

(4)除路线转弯处外,每一测站上仪器与前后视标尺的三个位置,应接近一条直线。

(5)不应为了增加标尺读数,而把尺桩(台)安置在壕坑中。

(6)转动仪器的倾斜螺旋和测微鼓时,其最后旋转方向,均应为旋进。

(7)每一测段的往测与返测,其测站数均应为偶数。由往测转向返测时,两支标尺应互换位置,并应重新整置仪器。

(8)在高差甚大的地区,应选用长度稳定、标尺名义米长偏差和分划偶然误差较小的水准标尺作业。

(9)对于数字水准仪,应避免望远镜直接对着太阳;尽量避免视线被遮挡,遮挡不要超过标尺在望远镜中截长的 20%;仪器只能在厂方规定的温度范围内工作;确信震动源造成的震动消失后,才能启动测量键。

### 3.1.2.8　各类高程点的观测

(1)当观测水准点及其他固定点时,应仔细核对该点的位置、编号和名称是否与计划的点相符。

(2)在水准点及其他固定点上放置标尺前,应卸下标尺底面的套环。标尺的整置位置如下:

①观测基岩水准标石时,标尺置于主标志上;观测基本水准标石时,标尺置于上标志上。若主标志或上标志损坏,则标尺置于副标志或下标志上。对于未知主、副标志(或上、下标志)高差的水准标石,应测定主、副标志(或上、下标志)间的高差。观测时使用同一标尺,变换仪器高度测定两次,两次高差之差不得超过 1.0 mm。高差结果取中数后列入高差表,用方括号加注。

②观测其他固定点时,标尺置于需测定高程的位置上,在观测记录中应予以说明。

③水准点及其他固定点的观测结束后,应按原埋设情况填埋妥当,并按规定进行外部整饰。

### 3.1.2.9　结点的观测

观测至水准网的结点时,应在观测手簿中详细记录接测情况。

位于地面变形地区的结点,应与当地变形观测网联测。

位于变形量较大地区的结点,应由几个观测组协同作业,尽量缩短接测时间。

### 3.1.2.10　新旧路线联测或接测时的检测

新设的水准路线与已测的水准点联测或接测时,若该水准点的前后观测时间超过三个月,应进行检测。检测时,应单程检测一已测测段。如单程检测超限,则应检测该测段另一单程。若高差中数仍超限,则继续往前检测,以确定稳固可靠的已测点作为连接点。

### 3.1.2.11　往返测高差不符值、环闭合差

往返测高差不符值、环闭合差和检测高差之差的限差应不超过表 5-3-3 的规定。

表 5-3-3　　往返测高差不符值、环闭合差和检测高差之差的限差

| 等级 | 测段、区段、路线<br>往返测高差不符值 | 附合路线闭合差 | 环闭合差 | 检测已测<br>测段高差之差 |
|---|---|---|---|---|
| 一等 | $1.8\sqrt{R}$ | — | $2\sqrt{F}$ | $3\sqrt{R}$ |
| 二等 | $4\sqrt{R}$ | $4\sqrt{L}$ | $4\sqrt{F}$ | $6\sqrt{R}$ |

注:$R$ 为测段、区段或路线长度,km,当测段长度小于 0.1 km 时,按 0.1 km 计算;$L$ 为附合路线长度,km;$F$ 为环线长度,km。

检测已测测段高差之差的限差,对单程检测或往返检测均适用,检测测段长度小于 1 km 时,按 1 km 计算。检测测段两点间距离不宜小于 1 km。

水准环线由不同等级路线构成时,环线闭合差的限差应按各等级路线长度及其限差分别计算,然后取其平方和平方根为限差。

当连续若干测段的往返测高差不符值保持同一符号,且大于不符值限差的 20% 时,则在以后各测段的观测中,除酌量缩短视线外,还应采取加强仪器隔热和防止尺桩(台)位移等措施。

### 3.1.2.12　成果的重测和取舍

(1)测段往返测高差不符值超限,应先就可靠程度较小的往测或返测进行整测段重测,并按下列原则取舍:①若重测的高差与同方向原测高差的不符值超过往返测高差不符值的限差,但与另一单程高差的不符值不超出限差,则取用重测结果;②若同方向两高差不符值未超出限差,且其中数与另一单程高差的不符值不超出限差,则取同方向中数作为该单程的高差;③若①中的重测高差(或②中两同方向高差中数)与另一单程的高差不符值超出限差,应重测另一单程;④当超限测段经过两次或多次重测后,出现同向观测结果靠近而异向观测结果间不符值超限的分群现象时,如果同方向高差不符值小于限差之半,则取原测的往返高差中数作为往测结果,取重测的往返高差中数作为返测结果。

(2)区段、路线往返测高差不符值超限时,应就往返测高差不符值与区段(路线)不符值同符号中较大的测段进行重测,若重测后仍超出限差,则应重测其他测段。

(3)附合路线和环线闭合差超限时,应就路线上可靠程度较小(往返测高差不符值较大或观测条件较差)的某些测段进行重测,如果重测后仍超出限差,则应重测其他测段。

(4)当每千米水准测量的偶然中误差超出限差时,应分析原因,重测有关测段或路线。

(5)当测段重测与原测时间超过了三个月,且重测高差与原测高差之差超过检测限差时,应按规定进行该测段两端点可靠性的检测。

## 3.1.3　垂直位移监测设施埋设安装

### 3.1.3.1　测点和基点安装的要求

测点和基点安装前应做好下列准备工作:

(1)按规范和设计要求预制或现场浇筑测点和基点柱(墩)体。

(2)备好强制对中(归心)底盘(含附件)及二期混凝土材料。

(3)备好水准仪、经纬仪或全站仪以及其他辅助工具。

(4)按设计要求将各测点和基点准确放样。

测点和基点安装操作应符合下列要求:

(1)埋设时,应使立柱铅直,仪器基座水平。同一批测点和基点(工作基点和校核基点)强制对中(归心)底盘中心应位于一条视准线上。

(2)测点和基点与被测体应牢固结合,其底座埋入土层的深度应不小于0.5 m,冰冻区应深入冰冻线以下。

(3)位于护坡上的测点和基点应防止护坡块石对柱(墩)体挤压。

(4)强制对中(归心)底盘宜采用二期混凝土施工,二期混凝土与一期混凝土应牢固结合。

在安装过程中应对测点和基点采取保护措施,防止雨水冲刷和人为碰撞。

### 3.1.3.2　测点和基点安装的准确度

各测点偏离视准线的允许偏差为±10 mm,测点顶部底盘调准水平倾斜度允许偏差为±4′,测点强制对中底盘的对中允许偏差为±0.2 mm。工作基点和校核基点顶部底盘调准水平倾斜度允许偏差为±1′,强制对中(归心)底盘的对中允许偏差为±0.1 mm。

### 3.1.3.3　确定初始值,填写考证表

测点和基点安装完成及混凝土终凝后,即可确定其初始值(或基准值)。它的测定方法及准确度应符合下列要求:

(1)用水准仪引测基点高程。土石坝按《国家一、二等水准测量规范》(GB/T 12897—2006)规定的国家二等水准测量方法执行,但其闭合允许偏差取±$0.72\sqrt{n}$ mm($n$为测站数,下同);混凝土坝按《国家一、二等水准测量规范》(GB/T 12897—2006)规定的国家一等水准测量方法执行,但其闭合允许偏差取±$1.5\sqrt{n}$ mm。

(2)用水准仪观测测点高程。土石坝按《国家三、四等水准测量规范》(GB/T 12898—2009)规定的国家三等水准测量方法执行,但其闭合允许偏差取±$1.4\sqrt{n}$ mm;混凝土坝按《国家一、二等水准测量规范》(GB/T 12897—2006)规定的国家一等水准测量方法执行,但其闭合允许偏差取±$1.5\sqrt{n}$ mm。

(3)用视准线法测量水平位移时,可采用活动觇标法或小角度法。观测时宜在视准线两端各设固定测站,分别观测其靠近的位移测点与视准线的偏离值。

①用活动觇标法观测增设的工作基点,其允许偏差为±2 mm(取两倍中误差);观测位移测点时,每测回的允许偏差为±4 mm(取两倍中误差),测回数不得少于2个。

②用小角度法观测横向水平位移时,应采用$J_1$级经纬仪。测微器两次重合读数之差不应超过0.4″;一个测回中,正倒镜的小角值较差不应超过3″;同一测点,各测回小角值较差不应超过2″。

(4)用三角网前方交会法观测增设工作基点(或测点)的横向水平位移时,应用 J₁ 级经纬仪和全圆测回法,且不少于 4 个测回。各项限差要求:半测回归零差 ±6″,二倍视准差的互差 ±8″,各测回的测回差 ±5″。

(5)测点和基点安装过程中应做好安装考证,其考证表格式如表 5-3-4 ~ 表 5-3-8 所示。

表 5-3-4　水准基点安装考证表

| 工程或项目名称 | | | | | | |
|---|---|---|---|---|---|---|
| 引据起测基点情况 | 编号 | | 形式 | | 位置 | |
| | 高程(m) | | 接测距离(m) | | 基础情况 | |
| 水准基点编号 | | | 桩号(m) | | 坝轴距(m) | |
| 安装日期 | | | 天气 | | 气温(℃) | |
| 测定日期 | | | 高程(m) | | 天气 | |
| 安装示意图及说明 | | | | | | |
| 技术负责人:　　　　　校核人:　　　　　安装及填表人:　　　　　日期: | | | | | | |
| 监理工程师: | | | | | | |
| 备注 | | | | | | |

表 5-3-5　起测基点安装考证表

| 工程或项目名称 | | | | | | |
|---|---|---|---|---|---|---|
| 引据水准基点情况 | 编号 | | 形式 | | 位置 | |
| | 高程(m) | | 接测距离(m) | | 基础情况 | |
| 起测基点编号 | | | 桩号(m) | | 坝轴距(m) | |
| 安装日期 | | | 天气 | | 气温(℃) | |
| 测定日期 | | | 高程(m) | | 天气 | |
| 安装示意图及说明 | | | | | | |
| 技术负责人:　　　　　校核人:　　　　　安装及填表人:　　　　　日期: | | | | | | |
| 监理工程师: | | | | | | |
| 备注 | | | | | | |

**表 5-3-6　垂直位移测点安装考证表**

<table>
<tr><td colspan="3">工程或项目名称</td><td colspan="4"></td></tr>
<tr><td rowspan="2">引据起测基点情况</td><td>编号</td><td></td><td>形式</td><td></td><td>位置</td><td></td></tr>
<tr><td>高程(m)</td><td></td><td>接测距离(m)</td><td></td><td>基础情况</td><td></td></tr>
</table>

<table>
<tr><td rowspan="2">测点编号</td><td colspan="3">安装日期</td><td colspan="2">安装位置</td><td colspan="3">初始值测定日期</td><td rowspan="2">初始高程(m)</td><td rowspan="2">备注</td></tr>
<tr><td>年</td><td>月</td><td>日</td><td>桩号(m)</td><td>坝轴距(m)</td><td>年</td><td>月</td><td>日</td></tr>
<tr><td>1</td><td></td><td></td><td></td><td></td><td></td><td></td><td></td><td></td><td></td><td></td></tr>
<tr><td>2</td><td></td><td></td><td></td><td></td><td></td><td></td><td></td><td></td><td></td><td></td></tr>
<tr><td>3</td><td></td><td></td><td></td><td></td><td></td><td></td><td></td><td></td><td></td><td></td></tr>
<tr><td></td><td></td><td></td><td></td><td></td><td></td><td></td><td></td><td></td><td></td><td></td></tr>
<tr><td></td><td></td><td></td><td></td><td></td><td></td><td></td><td></td><td></td><td></td><td></td></tr>
<tr><td></td><td></td><td></td><td></td><td></td><td></td><td></td><td></td><td></td><td></td><td></td></tr>
<tr><td colspan="3">安装示意图及说明</td><td colspan="8"></td></tr>
<tr><td colspan="11">技术负责人：　校核人：　安装及填表人：　日期：</td></tr>
<tr><td colspan="11">监理工程师：</td></tr>
<tr><td colspan="3">备注</td><td colspan="8"></td></tr>
</table>

**表 5-3-7　校核基点安装考证表(视准线法)**

<table>
<tr><td colspan="3">工程或项目名称</td><td colspan="4"></td></tr>
<tr><td rowspan="2">引据水准基点情况</td><td>编号</td><td></td><td>形式</td><td></td><td>位置</td><td></td></tr>
<tr><td>高程(m)</td><td></td><td>接测距离(m)</td><td></td><td>基础情况</td><td></td></tr>
<tr><td colspan="2">校核基点编号</td><td></td><td>桩号(m)</td><td></td><td>坝轴距(m)</td><td></td></tr>
<tr><td colspan="2">安装日期</td><td></td><td>天气</td><td></td><td>气温(℃)</td><td></td></tr>
<tr><td colspan="2">测定日期</td><td></td><td>高程(m)</td><td></td><td>天气</td><td></td></tr>
<tr><td colspan="2">安装示意图及说明</td><td colspan="5">强制归心底盘安置方法及日期：</td></tr>
<tr><td colspan="7">技术负责人：　校核人：　安装及填表人：　日期：</td></tr>
<tr><td colspan="7">监理工程师：</td></tr>
<tr><td colspan="2">备注</td><td colspan="5"></td></tr>
</table>

表 5-3-8　工作基点安装考证表（视准线法）

| 工程或项目名称 | | | | | |
|---|---|---|---|---|---|
| 引据水准基点情况 | 编号 | | 形式 | | 位置 | |
| | 高程（m） | | 接测距离（m） | | 基础情况 | |
| 工作基点编号 | | | 桩号(m) | | 坝轴距(m) | |
| 安装日期 | | | 天气 | | 气温(℃) | |
| 测定日期 | | | 高程(m) | | 天气 | |
| 安装示意图及说明 | | 强制归心底盘安置方法及日期： | | | | |
| 技术负责人： | | 校核人： | | 安装及填表人： | 日期： |
| 监理工程师： | | | | | |
| 备注 | | | | | |

## 3.1.4　检查维护位移监测仪器设备

### 3.1.4.1　监测仪器、仪表的维护管理

（1）应建立仪器、仪表档案，包括名称、生产厂家、出厂号码、规格、型号、附件名称及数量、合格证书、使用说明书、出厂率定资料、销售商及日期、本单位予以的编号以及使用日期、使用人员、发生故障或损伤和相应的排除或送厂修复等情况。

（2）仪器、仪表在运输和使用过程中，应轻拿轻放，确保平稳放置，不受挤压、撞击或剧烈颠簸震动。使用时应遵照厂家提供的使用说明和注意事项。

（3）除埋设在工程内部的仪器外，各项仪器、仪表均应选择在通风、干燥、平稳、牢固的地方放置，并应注意防尘、防潮。

（4）仪器设备安装施工单位要建立适宜的仪器存放仓库，对所有仪器设备立账、设卡，做到账、物、卡三者相符；保持仓库的环境条件符合仪器设备的贮存要求。

（5）各种仪器、仪表应定期进行保养、率定、检定。电测仪器仪表应定期通电检验。

（6）监测中发现异常测值时，在进行复测前，应检查仪器、仪表是否正常，使用方法是否有错误。

（7）仪器、仪表使用后，应进行保养、维护。入水监测的仪器，应擦净晾干，并涂防护油。

（8）经常使用的无检修间隙时间的仪器、仪表，应配置备件，必要时仪器要有备份。

### 3.1.4.2　监测设备、设施的维护管理

（1）设置在现场的所有监测设备、设施，均应在其适当位置明显标出其编号；应经常或定期进行检查、维护。如有破损，应及时修复。

（2）所有基点和监测点，均应有考证表和总体布置图。水平基点和水准基点应定期校测。表面基点和测点，都应有相应的保护罩。

（3）电传监测设备，应定期检查接线是否坚固、电触点是否灵敏、有无断线和漏电现象，防雷设施是否正常，接地电阻是否合格，电缆有无老化、损坏；对有问题的监测设备应

及时修复改善,必要时更换新件。

(4)应及时清除影响测值的一切障碍物。量水堰应及时清洗堰板和清除上下游水槽内的水草、杂物。测压管淤积厚度超过透水段长度的1/3时,应进行掏淤。若采用压力水或压力气冲淤,应确保测压管不受损坏。

(5)现场自动化监测设施或集中遥测的监测站(房),应保持各种仪器设备正常运转的工作条件和环境。

(6)在工程除险加固、扩(改)建或工程维修施工中,对保留的监测设备与设施,均应妥加保护,对传输电缆要作特殊保护。

(7)为保护监测人员在高空、水面、坑道、竖井、陡崖、窄道、临水边墙等处安全操作和与通行所设置和配置的护栏、爬梯、保险绳、安全带、救生衣、安全鞋帽等,应经常检查、维护或更新。

## 3.2　水平位移监测

经纬仪视准线法一般只适用于在坝轴线为直线的大坝中测定垂直于坝轴线方向的位移量。但分析坝体的变形,有时还应测定平行于坝轴线方向的位移量。其次,在坝体上增设非固定工作基点或对个别特殊部位的观测,当采用视准线法进行观测有困难时,都可采用前方交会法进行观测。

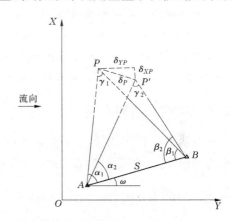

图 5-3-3　前方交会法观测位移示意图

### 3.2.1　前方交会法观测原理

前方交会(仅指测角交会)法是利用两个或三个已知坐标的固定工作基点,通过测定水平角确定位移标点的坐标变化,从而了解位移标点的位移情况。如图 5-3-3 所示,$A$点和 $B$ 点是已知坐标的工作基点,$P$ 点为待测的位移标点,第一次分别在 $A$、$B$ 点安置经纬仪,测出交会角 $\alpha_1$、$\beta_1$,算出 $P$ 点的坐标值为 $x_{P1}$、$y_{P1}$。

$$\left.\begin{array}{l} x_{P1} = \dfrac{x_A \cot\beta_1 + x_B \cot\alpha_1 - y_A + y_B}{\cot\alpha_1 + \cot\beta_1} \\[3mm] y_{P1} = \dfrac{y_A \cot\beta_1 + y_B \cot\alpha_1 + x_A - x_B}{\cot\alpha_1 + \cot\beta_1} \end{array}\right\} \tag{5-3-4}$$

如大坝发生变形,$P$ 点相应地移位至 $P'$,再次分别在 $A$、$B$ 点安置经纬仪,测出交会角 $\alpha_2$、$\beta_2$,并算出 $P'$ 点的坐标值 $x_{P2}$、$y_{P2}$。则 $P$ 点在 $X$ 方向和 $Y$ 方向的位移值分别为

$$\left.\begin{array}{l} \delta_{XP} = x_{P2} - x_{P1} \\ \delta_{YP} = y_{P2} - y_{P1} \end{array}\right\} \tag{5-3-5}$$

而 $P$ 点的位移值为

$$\delta_P = \sqrt{\delta_{xP}^2 + \delta_{yP}^2} \qquad\qquad (5\text{-}3\text{-}6)$$

一般规定:水平位移值向下游为正,向上游为负;向左岸为正,向右岸为负。为了方便说明问题,可将平行于坝轴线的方向作为 $X$ 轴(指向左岸为正),垂直于坝轴线的方向作为 $Y$ 轴(指向下游为正)。

### 3.2.2　测点的布设

与视准线法比较,前方交会法的观测及计算工作更为复杂,因此一般只用于解决某些特殊问题,如观测增设的非固定工作基点。有条件时,将前方交会法与视准线法配合使用,可获得较好的效果。前方交会法的固定工作基点的布设与前述介绍的基本相同,但为了提高观测成果的可靠性,布设时应注意以下几点:

(1)前方交会法的工作基点的选择,应使交会图形最佳,两固定工作基点到交会点处所成的夹角最好接近 90°,如条件限制,其夹角也不得小于 60° 或大于 120°。

(2)两固定工作基点到交会点的边长不能相差太悬殊,最好大致相等,以减少误差。

(3)固定工作基点应浇筑在地质条件良好的基岩上,并尽可能远离大坝承压区域或受水电站水轮机震动的地方。如条件限制,必须布设在土基上时,应设置较深而坚固的基础。一般应在每个基点附近埋设二个以上的校核点,以便定期校核基点是否有变动。

(4)固定工作基点到交会点的视线需离开地物 1.5 m 以上,以免受折光影响。固定工作基点的高程应选择在与交会点高程相差不大的地点,以免视线倾角过大。

位移标点的布设与视准线法中所述相同。

### 3.2.3　观测仪器和设备

在一般情况下,大坝的变形是很小的,因此交会角 $\alpha$、$\beta$ 的变化也很小。为保证测量水平角的精度,前方交会法观测水平位移通常使用 $J_6$ 级以上的经纬仪进行。

### 3.2.4　观测方法

交会角 $\alpha$ 和 $\beta$,可以根据不同等级的经纬仪、采用不同的方法进行观测。常用的观测方法有复测法及全圆测回法。

#### 1. 复测法

对于装有复测装置的 $DJ_6$ 型光学经纬仪,可采用复测法。该法的要点是将欲测的角度在水平度盘上重复相加几次,只读取起始读数 $a_1$ 及终了读数 $b_1$,最后取 $n$ 次的平均值 $(b_n - a_1)/n$ 作为角度值,借以减少读数误差,提高观测精度。该方法具体如下:

如图 5-3-4 所示,在测站点 $O$ 上安置经纬仪,对中整平,在盘左位置(正镜),使水平度盘的读数略大于零(如 0°01′00″)。扳下复测扳手,松开照准部制动螺旋,转动照准部,照准目标 $P$ 点,读取水平度盘读数 $a_1$(如仍为 0°01′00″)。扳上复测扳手,按顺时针方向旋转照准部照准目标 $B$ 点,读取水平度盘读数,设为 76°22′36″,则该角度的概值为

$$\beta_概 = 76°22′36″ - 0°01′00″ = 76°21′36″$$

第一次角度值测完后,再次扳下复测扳手,第二次照准 $P$ 点,此时水平度盘读数不变(仍为 76°22′36″)。扳上复测扳手,按顺时针方向转动照准部,第二次照准 $B$ 点,此时水

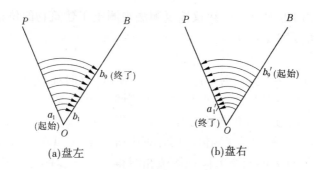

图 5-3-4　复测法观测示意图

平度盘上的读数增大了一个 $\beta$，但不必读数。依法继续复测，中间各次均不需读数，直至按规定的次数最后一次照准 $B$ 点时才读数。例如，规定复测 9 次，到第 9 次照准 $B$ 点时，读得读数 $b_9$ 为 327°14′30″，则上半测回的角度值为

$$\beta_{\pm} = \frac{b_n - a_1}{n} = \frac{327°14′30″ - 0°01′00″ + 360°}{9} = 76°21′30″$$

上式中加上了 360° 是因为第一次测出角度的概值为 76°，复测了 9 次，其总角度值应大于 76°×9 = 684°，读数已超过 360°。

施测下半测回时，扳下复测扳手，倒转望远镜以盘右位置（倒镜）照准 $B$ 点，此时水平度盘读数不变（仍为 327°14′30″）。然后扳上复测扳手，逆时针转动照准部照准 $P$ 点，这时水平度盘上读数减少了一个 $\beta$ 角。依法继续复测，直到最后一次照准 $P$ 点时才读数，设为 0°01′24″，则下半测回的角值为

$$\beta_{\pm} = \frac{327°14′30″ - 0°01′24″ + 360°}{9} = 76°21′28″$$

$\beta$ 的平均值为

$$\beta = \frac{1}{2}(\beta_{\pm} + \beta_{\pm}) = 76°21′29″$$

复测法的记录格式见表 5-3-9。

表 5-3-9　复测法观测记录表

| 测站 | 目标 | 复测次数 | 盘位 | 水平度盘读数 | 几倍角值 | 半测回角值 | 平均角值 |
|---|---|---|---|---|---|---|---|
| $O$ | $P$ | | 左 | 0°01′00″ | | | |
| | $B$ | 1 | | 76°22′36″ | 76°21′36″ | | |
| | $B$ | 9 | | 327°14′30″ | 327°13′30″ | 76°21′30″ | |
| | $B$ | | 右 | 327°14′30″ | | | 75°21′29″ |
| | $P$ | | | 0°01′24″ | 327°13′06″ | 76°21′28″ | |

由于复测法在整个观测过程中，不论复测几次，实际利用读数只有四次，这样可以大大减少读数误差，从而提高观测精度。但复测次数过多，由于受照准误差的限制，精度提

高并不显著。一般用 DJ$_6$ 型光学经纬仪按复测法观测土工建筑物的位移时,可观测 6 ~ 12 个测回,每测回可复测 6 ~ 9 次。

### 2. 全圆测回法

当在测站上需观测多个方向时,可采用全圆测回法(方向观测法)。一般应采用高精度的 T$_3$ 型经纬仪。全圆测回法的要点是在一个测回中把所有要观测的方向逐一照准进行观测,并在水平度盘上读数,求出各方向的方向观测值。而计算中所需要的水平角均可从有关的两个方向观测值相减得出。该方法具体如下:

如图 5-3-5 所示,在测站点 $O$ 上安置经纬仪,盘左照准选定的起始方向(称零方向)$A$,使平盘读数稍大于 0°00′,并读出起始方向的平盘读数(如 0°01′03″),再按顺时针方向转动照准部,依次照准 $B$、$C$、$D$ 各方向,分别读取平盘读数,继续顺时针方向转动照准部,照准 $A$ 方向读平盘读数。以上为盘左半测回或上半测回。盘右照准起始方向 $A$,读平盘读数,

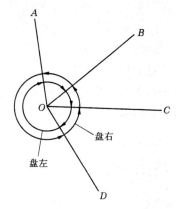

图 5-3-5　全圆测回法观测示意图

再按逆时针方向转动照准部,依次照准 $D$、$C$、$B$ 各点,最后照准 $A$ 点,并分别读取平盘读数。这样就完成了盘右半测回或下半测回观测。

上、下半测回合起来为一测回。如果需要观测 $n$ 个测回,则各测回间起始方向水平度盘的变换数为 $180/n$。

全圆测回法的记录格式见表 5-3-10。

表 5-3-10　全圆测回法的观测记录表

| 测回 | 测站 | 目标 | 水平度盘读数 | | | | | | 2C [左-(右±180°)] | $\dfrac{左+右±180°}{2}$ | 归零方向值 |
| | | | 盘左 | | | 盘右 | | | | | |
| | | | ° ′ | g | ″ | ° ′ | g | ″ | ″ | ° ′ ″ | ° ′ ″ |
| 1 | $O$ | $A$ | 0 01 | 03.42<br>03.55 | 06.97 | 180 01 | 04.19<br>04.26 | 08.45 | -1.48 | 0 01 07.78<br>0 01 07.71 | 0 00 00.00 |
| | | $B$ | 40 07 | 05.37<br>05.41 | 10.78 | 220 07 | 05.78<br>05.65 | 11.43 | -0.65 | 40 07 11.10 | 40 06 03.32 |
| | | $C$ | 103 59 | 28.95<br>29.06 | 58.01 | 283 59 | 29.36<br>29.49 | 58.85 | -0.84 | 103 59 58.43 | 103 58 50.65 |
| | | $D$ | 202 31 | 27.70<br>27.79 | 55.49 | 22 31 | 28.07<br>28.18 | 56.25 | -0.76 | 202 31 55.87 | 202 30 48.09 |
| | | $A$ | 0 01 | 03.58<br>03.47 | 07.05 | 180 01 | 04.36<br>04.27 | 08.63 | -1.58 | 0 01 07.84 | |

当使用 T$_3$ 型仪器按全圆测回法进行观测时,一般要求:半测回归零差(从起始方向回归到起始方向的平盘读数差)不应大于 6″;二倍视准差(2C)的变动范围不应超过 8″;归零后各测回同一方向值之差不应大于 5″。一般要求观测 4 ~ 6 个测回。

### 3.2.5　位移值的计算

前方交会法观测水平位移,是两次观测两交会角,利用两固定工作基点的坐标来求位移标点的坐标,从而确定位移标点的位移。但这样计算比较复杂,在实际工作中,通常可采用微分法、查图法或图解法求得位移值。

1. 微分法

如图 5-3-3 所示,在以平行于坝轴线的方向作为 $X$ 轴,垂直于坝轴线的方向作为 $Y$ 轴的直角坐标系中,$A$ 点和 $B$ 点为固定工作基点,$P$ 点为位移标点,$S$ 为 $AB$ 间水平距离,$\omega$ 为 $AB$ 边与 $Y$ 轴的夹角。设第一次测得交会角分别为 $\alpha_1$、$\beta_1$,第二次测得交会角为 $\alpha_2$、$\beta_2$,则交会角的变化值为

$$\left.\begin{array}{l} \mathrm{d}\alpha = \alpha_2 - \alpha_1 \\ \mathrm{d}\beta = \beta_2 - \beta_1 \end{array}\right\} \tag{5-3-7}$$

经推导,可求得位移标点的纵、横向位移值分别为

$$\left.\begin{array}{l} \delta_x = K_1 \mathrm{d}\alpha + K_2 \mathrm{d}\beta \\ \delta_y = -K_3 \mathrm{d}\alpha + K_4 \mathrm{d}\beta \end{array}\right\} \tag{5-3-8}$$

式中

$$K_1 = \frac{S\sin\beta_1 \sin(\beta_1 - \omega)}{\rho'' \sin^2 \gamma_1}; \quad K_2 = \frac{S\sin\alpha_1 \sin(\alpha_1 + \omega)}{\rho'' \sin^2 \gamma_1}$$

$$K_3 = \frac{S\sin\beta_1 \cos(\beta_1 - \omega)}{\rho'' \sin^2 \gamma_1}; \quad K_4 = \frac{S\sin\alpha_1 \cos(\alpha_1 + \omega)}{\rho'' \sin^2 \gamma_1}$$

其中,$\rho'' = 206\,265''$,$\gamma_1 = 180° - (\alpha_1 + \beta_1)$。

计算的具体步骤如下:

(1)检查观测成果。对第一次观测成果进行全面检查,检查是否合乎有关规范细则要求、有无超过限差规定,计算有无错误。经检查合乎要求后,方可进行计算。

(2)进行测站计算。将测站的各个测回归零方向值按算术平均值进行计算,求得测站上各方向的最后方向值,并根据观测图形求得有关交会角。

(3)$K_1$、$K_2$、$K_3$、$K_4$ 的计算。依据已知数据及观测数据,计算系数 $K_1$、$K_2$、$K_3$、$K_4$。

(4)位移值的计算。将算出的各 $K$ 值及交会角的变化值,计算纵、横向位移值。

算例可参考表 5-3-11。

2. 查图法

$\delta_x$、$\delta_y$ 都是 $\mathrm{d}\alpha$ 和 $\mathrm{d}\beta$ 的直线函数的代数和,$K$ 值即为直线函数式的斜率。为此,可用适当比例尺绘出这些直线图形,就可在直线图上查得 $\delta_x$ 和 $\delta_y$。现以 5:1 的比例尺绘制上例中 $\delta_x$、$\delta_y$ 的直线图,如图 5-3-6 所示。设 $\mathrm{d}\alpha = -20''$,$\mathrm{d}\beta = -15''$,可查得位移值分别为

$$\delta_x = -5.2 - 8.0 = -13.2 \text{(mm)}$$

$$\delta_y = +8.3 - 0.4 = +7.9 \text{(mm)}$$

3. 图解法

图解法是采用计算和图解相结合的方法求得位移值。如图 5-3-7 所示,若交会角的变化值为 $\mathrm{d}\alpha$ 和 $\mathrm{d}\beta$,则它们垂直于相应方向的线变化量为

表 5-3-11　微分法水平位移计算表

| 顺序 | 计算参数 | P 点 | 说明 |
|---|---|---|---|
| 1 | $\alpha_1$ | 63°52′47.19″ | 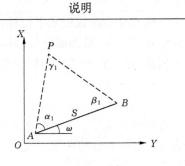 |
| 2 | $\beta_1$ | 55°21′55.95″ | |
| 3 | $\omega$ | 23°16′23.00″ | |
| 4 | $\alpha_1 + \omega$ | 87°09′10.19″ | |
| 5 | $\beta_1 - \omega$ | 32°05′32.95″ | |
| 6 | $\gamma_1 = 180° - (\alpha_1 + \beta_1)$ | 60°45′16.86″ | |
| 7 | $S$ | 93 928 | 计算公式: |
| 8 | $\rho''$ | 206 265 | $K_1 = \dfrac{S\sin\beta_1\sin(\beta_1 - \omega)}{\rho''\sin^2\gamma_1}$ |
| 9 | $K_1$ | 0.261 471 | |
| 10 | $K_2$ | 0.536 390 | $K_2 = \dfrac{S\sin\alpha_1\sin(\alpha_1 + \omega)}{\rho''\sin^2\gamma_1}$ |
| 11 | $K_3$ | 0.416 942 | |
| 12 | $K_4$ | 0.026 677 | $K_3 = \dfrac{S\sin\beta_1\cos(\beta_1 - \omega)}{\rho''\sin^2\gamma_1}$ |
| 13 | $d\alpha$ | −20″ | |
| 14 | $d\beta$ | −15″ | $K_4 = \dfrac{S\sin\alpha_1\cos(\alpha_1 + \omega)}{\rho''\sin^2\gamma_1}$ |
| 15 | $\delta_x$ | −13.28 | $\delta_x = K_1 d\alpha + K_2 d\beta$ |
| 16 | $\delta_y$ | +7.94 | $\delta_y = -K_3 d\alpha + K_4 d\beta$<br>（$S$、$\delta_x$、$\delta_y$ 的单位均为 mm） |

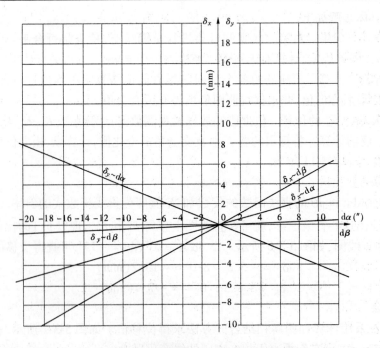

图 5-3-6　位移值与交会角变量关系图

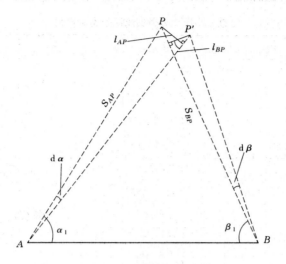

图 5-3-7　图解法示意图

$$l_{AP} = \frac{S_{AP}}{\rho''}\mathrm{d}\alpha; \quad l_{BP} = \frac{S_{BP}}{\rho''}\mathrm{d}\beta \tag{5-3-9}$$

式中　　$S_{AP}$——$AP$ 间水平距离；

　　　　$S_{BP}$——$BP$ 间水平距离；

　　　　$l_{AP}$——位移标点 $P$ 对 $AP$ 方向的位移值；

　　　　$l_{BP}$——位移标点 $P$ 对 $BP$ 方向的位移值。

经计算得 $l_{AP} = -8.59$ mm，$l_{BP} = -7.03$ mm。

由于 $\mathrm{d}\alpha$、$\mathrm{d}\beta$ 一般较小（只有几秒或几十秒），而 $S_{AP}$、$S_{BP}$ 较大（常在 100 m 以上），因此可近似地看作 $AP//AP'$，$BP//BP'$，则 $l_{AP} \perp AP$，$l_{BP} \perp BP$。利用 $l_{AP}$、$l_{BP}$ 和 $P$ 点的交会角作用，即可在图上求得 $P$ 点的位移值。具体步骤如下：

（1）准备数据。

①交会边长 $S_{AP}$、$S_{BP}$。仍以微分法为例，$S_{AP} = 88\,573$ mm，$S_{BP} = 96\,655$ mm。

②第一次观测交会角 $\alpha_1$、$\beta_1$ 及 $\gamma_1$。本例 $\alpha_1 = 63°52'47''$，$\beta_1 = 55°21'55''$，$\gamma_1 = 60°45'16''$。

③交会边 $AP$、$BP$ 的方位角。本例 $\alpha_{AP} = 2°50'49''$，$\alpha_{BP} = 302°05'32''$。

④交会角的变化量 $\mathrm{d}\alpha$、$\mathrm{d}\beta$。仍设 $\mathrm{d}\alpha = -20''$，$\mathrm{d}\beta = -15''$。

⑤线变化量 $l_{AP}$、$l_{BP}$。本例 $l_{AP} = -8.59$ mm，$l_{BP} = -7.03$ mm。

（2）展绘方向线。

①选定 $P$ 点。在坐标方格纸上选定 $P$ 点时，可根据 $P$ 点坐标值按一定的比例进行，以便后面还可直接从图上量得位移后 $P'$ 的坐标值。

②展绘方向线。通过 $P$ 点，根据交会边的方位角 $\alpha_{AP}$、$\beta_{BP}$，用正切法绘出 $AP$ 和 $BP$ 方向线。再根据 $l_{AP}$ 和 $l_{BP}$，分别作 $AP$ 和 $BP$ 的平行线。绘制时需注意其正负号。对方向线 $AP$ 来说，$\mathrm{d}\alpha$ 为正号，则在 $AP$ 方向线的左侧画平行线；$\mathrm{d}\alpha$ 为负号，则在 $AP$ 方向线的右侧画平行线。对方向线 $BP$ 来说，$\mathrm{d}\beta$ 为正号，应在 $BP$ 方向线的右侧画平行线；$\mathrm{d}\beta$ 为负号，则

应在 *BP* 方向线的左侧画平行线,如图 5-3-8 所示。

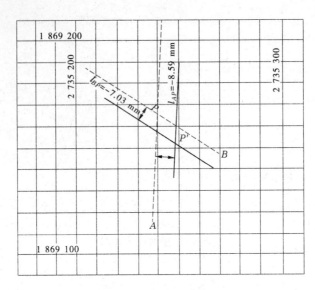

图 5-3-8　水平位移值图解法

(3)求位移值。

所画两平行线的交点即为位移后的 *P'* 位置。从图上可按坐标方向线直接量取 $\delta_x$、$\delta_y$。本例中,由图 5-3-8 可查得:$\delta_x = -13$ mm,$\delta_y = +8$ mm。总位移值为 $\delta_P = \sqrt{\delta_x^2 + \delta_y^2} = 15.48$ mm,总位移值亦可从图上直接量取。

# 3.3　裂缝与接缝监测

土石坝裂缝宜采用土位移计观测,面板堆石坝的混凝土面板的接缝及周边缝宜采用土位移计(单向或根据需要组装成两向或三向)观测,或采用专门的三向测缝计观测。混凝土坝的裂缝和接缝宜采用专门的小量程测缝计观测。

## 3.3.1　测缝标点埋设安装

### 3.3.1.1　单向测缝标点的埋设安装

在实际应用中,可根据裂缝分布情况,对重要的裂缝,选择有代表性的位置,在裂缝两侧各埋设一个标点;标点采用直径为 20 mm、长约 80 mm 的金属棒,埋入混凝土内 60 mm,外露部分为标点,标点上各有一个保护盖。两标点的距离不得少于 150 mm,用游标卡尺定期地测定两个标点之间距离变化值,以此来掌握裂缝的发展情况,其测量精度一般可达到 0.1 mm,如图 5-3-9 所示。

### 3.3.1.2　三向测缝标点的埋设安装

三向测缝标点有杆式和板式两种,见图 5-3-10、图 5-3-11,目前大多采用板式三向测缝标点。板式三向测缝标点是将两块宽为 30 mm、厚 5~7 mm 的金属板,做成相互垂直的 3 个方向的拐角,并在型板上焊三对不锈钢的三棱柱条,用以观测裂缝 3 个方向的变

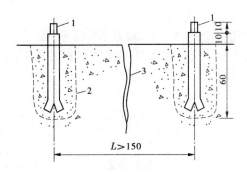

1—标点;2—钻孔线;3—裂缝

**图 5-3-9　单向测缝标带点安装示意图** （单位:mm）

化,用螺栓将型板锚固在混凝土上。用外径游标卡尺测量每对三棱柱条之间的距离变化,即可得三维相对位移。

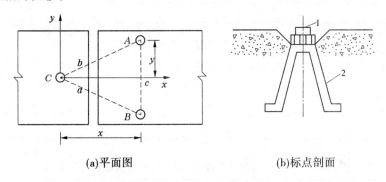

(a)平面图　　　　　　　　(b)标点剖面

1—卡尺测针卡着的小坑;2—钢筋

**图 5-3-10　平面三点式测缝标点结构图**

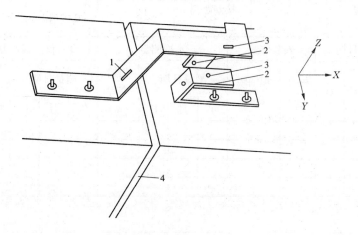

1—观测 X 方向的标点;2—观测 Y 方向的标点;
3—观测 Z 方向的标点;4—伸缩缝

**图 5-3-11　立面弯板式测缝标点结构图**

### 3.3.1.3 填写考证表

测缝标点埋设安装考证表如表 5-3-12 和表 5-3-13 所示。

表 5-3-12　水平位移测点安装考证表(视准线法)

| 工程或项目名称 | | | | | | | | | | |
|---|---|---|---|---|---|---|---|---|---|---|
| 引据工作基点情况 | 编号 | | | 形式 | | | | 位置 | | |
| | 高程(m) | | | 接测距离(m) | | | | 基础情况 | | |
| 测点编号 | 安装日期 | | | 安装位置 | | | 初始值测定日期 | | | 初始高程(m) | 备注 |
| | 年 | 月 | 日 | 桩号(m) | 坝轴距(m) | 偏离视准线(mm) | 年 | 月 | 日 | | |
| 1 | | | | | | | | | | | |
| 2 | | | | | | | | | | | |
| 3 | | | | | | | | | | | |
| 安装示意图及说明 | | | | | | | | | | | |
| 技术负责人:　　　　校核人:　　　　安装及填表人:　　　　日期: | | | | | | | | | | | |
| 监理工程师: | | | | | | | | | | | |
| 备注 | | | | | | | | | | | |

表 5-3-13　表面位移测点安装考证表(全站仪法或前方交会法)

| 工程或项目名称 | | | | | | | | | | | |
|---|---|---|---|---|---|---|---|---|---|---|---|
| 引据工作基点情况 | 编号 | | | 形式 | | | | 位置 | | | |
| | 高程(m) | | | 接测距离(m) | | | | 基础情况 | | | |
| 测点编号 | 安装日期 | | | 安装位置 | | 水准测量 | | | 全站仪法或前方交会法测量 | | 备注 |
| | 年 | 月 | 日 | 桩号(m) | 坝轴距(m) | 测量日期 | | | 初始高程(m) | 测量日期 | 初始测值(m) |
| | | | | | | 年 | 月 | 日 | | 年　月　日 | 纵向　横向 |
| 1 | | | | | | | | | | | |
| 2 | | | | | | | | | | | |
| 3 | | | | | | | | | | | |
| 安装示意图及说明 | | | | | | | | | | | |
| 技术负责人:　　　　校核人:　　　　安装及填表人:　　　　日期: | | | | | | | | | | | |
| 监理工程师: | | | | | | | | | | | |
| 备注 | | | | | | | | | | | |

### 3.3.2　安装埋设测缝计、裂缝计,填写考证表

#### 3.3.2.1　安装埋设技术应符合的要求

(1)埋设前应做好的准备工作:

①备好锚固板、木榔头及其他辅助工具和材料。

②备好土位移计、电缆及电缆接头。对土位移计和电缆做外观检查,应满足埋设要求。

③用相应仪表检查土位移计及电缆,应满足埋设要求。

④坑(槽)挖或井挖至拟观测的部位,并对裂缝进行描述。

(2)安装埋设操作应符合下列要求:

①在垂直于裂缝的两侧将锚固板平行于裂缝打入土体的预定深度,锚固板平面应与缝面平行,锚固板的位移计固定端应位于同一个垂直于裂缝的平面内。

②将位移计垂直于裂缝安装于锚固板的位移计固定端,调节位移计连杆,使其拉开,预留其闭合开度,并测记位移计的读数。

③小心地回填坑槽(井),锚固板和位移计周围应用木榔头轻轻击实,并使回填土体的含水率和密度与原土体基本一致。回填至位移计以上 50 cm 后,可用人工夯实方法回填。

④位移计电缆沿坑槽(井)壁上引至电缆沟,回填完毕后,测记位移计读数。

(3)在埋设过程中,应仔细地保护设备和电缆。

(4)当裂缝位于表面或混凝土结构与土体结合面时,可参照上述方法安装位移计,但应注意下列内容:

①若仪器外露,则应设置仪器保护装置。

②对于已建坝,可在混凝土结构物上设置一个位移计固定端。对于在建坝,可在混凝土结构物上预埋一个位移计固定端。

#### 3.3.2.2　单向测缝计安装技术应符合的要求

(1)单向测缝计安装前应做好下列准备工作:

①对于接缝开度观测,应按设计在接缝两侧面板上预埋好固定测缝计支座的固定螺栓。

②对于周边缝开度观测,应按设计在周边缝两侧的面板和趾板上预埋好测缝计固定支座(架)的固定螺栓。支座(架)应使测缝计安装后处于平行于面板和垂直于周边缝的位置。

③按设计制作仪器保护箱,并预埋固定螺栓。

(2)单向测缝计的安装操作应符合下列要求:

①在面板或趾板上安装固定支座(架)。

②安装好测缝计,调节接长杆(连杆)位置,拉开测缝计,使其预留可能的开合间距(或 1/3 ~ 1/2 量程位置)。

③测记测缝计读数。

(3)在安装过程中,应仔细地保护测缝计和电缆。安装完毕后,应及时安装仪器保护

罩。

（4）混凝土面板堆石坝单向测缝计安装准确度，其埋设位置（空间坐标）的允许偏差为 ±20 cm；测缝计与面板平行度的允许偏差为 ±1°；测缝计与周边缝或接缝的垂直度的允许偏差为 ±1°。

（5）混凝土面板堆石坝单向测缝计安装完毕应进行连续测读，取其环境量基本不变时的稳定读数作为起（初）始读数。不同型式传感器起（初）始读数的测定方法同上。

（6）混凝土面板堆石坝单向测缝计安装过程中应做好安装考证，见表 5-3-14、表 5-3-15。

表5-3-14　振弦式位移计安装考证表

| 工程或项目名称 | | | | |
|---|---|---|---|---|
| 测点编号 | | 仪器编号 | 生产厂家 | |
| 传感器系数 $K$<br>（mm/Hz²，kHz²） | | 量程<br>（mm） | 出厂零位移读数<br>（Hz，kHz²） | |
| 埋设日期 | | 天气 | 气温（℃） | |
| 气压（kPa） | | 上游水位（m） | 下游水位（m） | |
| 埋设方向 | | 锚固板间距<br>（mm） | 仪器与裂缝<br>不垂直度（°） | |
| 埋设高程（m） | | 桩号（m） | 坝轴距<br>（m） | |
| 埋设前频率<br>（Hz，kHz²） | | 安装调整后频率<br>（Hz，kHz²） | 安装调整后相应<br>位移（mm） | |
| 安装埋设完成后频率<br>（Hz，kHz²） | | 安装埋设完成后<br>相应位移（mm） | | |
| 埋设示意<br>图及说明 | | | | |

技术负责人：　　　　校核人：　　　　埋设及填表人：　　　　日期：

监理工程师：

备注

**表 5-3-15　电位器式位移计安装考证表**

| | | | | | |
|---|---|---|---|---|---|
| 工程或项目名称 | | | | | |
| 测点编号 | | 仪器编号 | | 生产厂家 | |
| 仪器常数 $K$（mm） | | 仪器常数 $C$（mm） | | 量程（mm） | 电源电压（V） |
| 埋设日期 | | 天气 | | 气温（℃） | |
| 气压(kPa) | | 上游水位（m） | | 下游水位（m） | |
| 埋设方向 | | 锚固板间距（mm） | | 仪器与裂缝不垂直度(°) | |
| 埋设高程(m) | | 桩号（m） | | 坝轴距（m） | |
| 埋设前输出电压（V） | | 安装调整后输出电压(V) | | 安装调整后开度（mm） | |
| 埋设完成后输出电压(V) | | 埋设完成后开度 $d_0$(mm) | | | |
| 埋设示意图及说明 | | | | | |

技术负责人：　　　　校核人：　　　　埋设及填表人：　　　　日期：

监理工程师：

| | |
|---|---|
| 备注 | |

### 3.3.2.3　电位器式两向或三向测缝计安装技术应符合的要求

（1）两向或三向测缝计安装前应做好下列准备工作：

①按设计要求做好两向或三向仪器固定支架。固定支架应使测缝计安装后处于一向垂直于面板；另一向或两向平行于面板的位置。

②分别在趾板和面板上制作测缝计安装基面，并于安装基面内预埋固定于趾板和面板的支座的螺栓。趾板和面板安装基面位于平行于面板的同一平面上。安装基面的混凝土应与趾板和面板牢固结合。

③备好两块可呈垂直状的平板。

④按设计做好仪器保护罩，并预埋好固定螺栓。

（2）两向或三向测缝计安装的操作应符合下列要求：

①将测缝计的两个固定支座分别固定在趾板和面板安装基面预埋的固定螺栓上。

②安装测缝计支座和测缝计，借助两平板，使一只测缝计垂直于面板；另一只或两只测缝计位于平行于面板的同一平面内。调节接长杆（连杆），拉开测缝计，使其预留可能的闭合间距（或 1/3 ~ 1/2 量程的位置）。

③准确测量两向或三向测缝计的起始长度，对于三向测缝计，还应准确测量位于趾板一侧的两测缝计端点的间距。

④测记测缝计起始读数。

（3）在安装过程中，应仔细地保护测缝计和电缆。

（4）混凝土面板堆石坝电位器式两向或三向测缝计安装的准确度，其埋设位置（空间坐标）的允许偏差为 ±200 mm；测缝计与面板平行度的允许偏差为 ±1°；测缝计与面板的垂直度的允许偏差为 ±1°。

（5）混凝土面板堆石坝电位器式两向或三向测缝计的安装起始值确定应符合下列要求：

①两向或三向测缝计的起始长度和趾板一侧两测缝计端点间距应采用游标卡尺测量，应平行测定两次，其读数差不超过 0.1 mm。

②各向测缝计的起始读数的确定同单向测缝计。

（6）混凝土面板堆石坝两向或三向测缝计在安装过程中，应做好安装考证表，见表 5-3-16、表 5-3-17。

### 3.3.2.4　旋转电位器式三向测缝计安装技术应符合的要求

（1）旋转电位器式三向测缝计安装前应做好下列准备工作：

①按设计做好固定传感器的支架。支架坐标板上的 3 支传感器孔呈直角布置，且相互之间距离宜相等。

②分别在趾板和面板上制作三向测缝计安装基面，两安装平面应处于平行于面板的同一平面上，安装基面混凝土应与趾板和面板牢固结合。在趾板一侧安装基面混凝土中预埋传感器支架的地脚螺栓，在面板一侧安装基面（含面板）混凝土中预埋不锈钢丝支架，不锈钢丝支架宜垂直于面板。

表 5-3-16　振弦式两向或三向测缝计安装考证表

| 工程或项目名称 | | | | |
|---|---|---|---|---|
| 测点编号 | | 生产厂家 | | |
| 安装高程(m) | | 桩号(m) | 坝轴距(m) | |
| 安装日期 | | 天气 | 气温(℃) | |
| 气压(kPa) | | 上游水位(m) | 下游水位(m) | |
| 安装方向 | 垂直于面板 | 平行于面板① | | 平行于面板② |
| 仪器编号 | | | | |
| 传感器系数 $K$ ($mm/Hz^2$, $kHz^2$) | | | | |
| 仪器量程(mm) | | | | |
| 安装前频率 ($Hz$, $kHz^2$) | | | | |
| 安装调整后频率 ($Hz$, $kHz^2$) | | | | |
| 安装完成后频率 ($Hz$, $kHz^2$) | | | | |
| 测缝计起始开度(mm) | | | | |
| 仪器与面板的不平行度 或不垂直度(°) | | | | |
| 安装示意 图及说明 | | | | |

技术负责人：　　　　校核人：　　　　安装及填表人：　　　　日期：

监理工程师：

备注

表 5-3-17 电位器式两向或三向测缝计安装考证表

| 工程或项目名称 | | | | | |
|---|---|---|---|---|---|
| 测点编号 | | | 生产厂家 | | |
| 高程(m) | | 桩号(m) | | 坝轴距(m) | |
| 安装日期 | | 天气 | | 气温(℃) | |
| 气压(kPa) | | 上游水位(m) | | 下游水位(m) | |
| 安装方向 | | 垂直于面板 | 平行于面板① | | 平行于面板② |
| 仪器编号 | | | | | |
| 仪器常数 $K$(mm) | | | | | |
| 仪器常数 $C$(mm) | | | | | |
| 仪器量程(mm) | | | | | |
| 电源电压(V) | | | | | |
| 仪器与面板的不平行度 或不垂直度(°) | | | | | |
| 安装前输出电压(V) | | | | | |
| 安装调整后输出电压 (V) | | | | | |
| 安装完毕输出电压(V) | | | | | |
| 测缝计初始长度(mm) | | | | | |
| 测缝计初始开度(mm) | | | | | |
| 趾板侧两测缝计端点 间距(mm) | | | | | |
| 安装示意 图及说明 | | | | | |

技术负责人: 校核人: 安装及填表人: 日期:

监理工程师:

| 备注 | |
|---|---|

③备好两块可呈垂直状的平板。

④做好仪器保护罩。

（2）旋转电位器式三向测缝计安装的操作应符合下列要求（见图 5-3-12）：

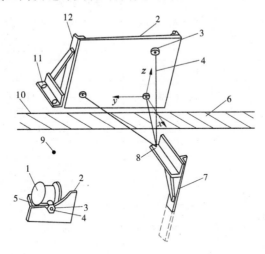

1—位移传感器;2—坐标板;3—传感器固定螺母;4—不锈钢丝;5—传感器托板;
6—周边缝;7—预埋板（虚线部分埋入面板内）;8—钢丝交点;9—面板;
10—趾板;11—地脚螺栓;12—支架

**图 5-3-12　旋转电位器式三向测缝计安装埋设示意图**

①安装传感器固定支架。借助两平板,使支架的坐标板平面垂直于面板平面。

②将 3 支传感器安装固定在坐标板上,并将其钢丝引出和固定在钢丝固定支架上。各传感器的钢丝宜拉至预先设置的可能的闭合长度（或 1/3 ~ 1/2 量程）,测记传感器读数。

③准确测量 3 支传感器的钢丝初始长度及 3 支传感器之间的距离。

（3）混凝土面板堆石坝旋转电位器式三向测缝计安装的准确度应符合下列要求：

①埋设位置（空间坐标）的允许偏差为 ±20 cm。

②传感器固定支架坐标板平面与面板平面不垂直度允许偏差为 ±1°。

③钢丝固定支架与面板平面不垂直度允许偏差为 ±10°。

（4）混凝土面板堆石坝旋转电位器式三向测缝计安装的起始值的确定应符合下列要求：

①三向测缝计的 3 支传感器的钢丝起始长度和 3 支传感器间的距离应用游标卡尺测量,应平行测定两次,其读数差不超过 0.05 mm。

②三向测缝计安装完毕应进行连续测读,取其环境量基本不变时的稳定读数作为起始读数。采用相应检测仪测读,每测次应平行测定两次,其读数差不超过 0.05 mm。

（5）混凝土面板堆石坝旋转电位器式三向测缝计在安装过程中应做好安装考证,其考证表格式见表 5-3-18。

表 5-3-18　旋转电位器式三向测缝计安装考证表

| 工程或项目名称 | | | | |
|---|---|---|---|---|
| 测点编号 | | 生产厂家 | | |
| 高程(m) | | 桩号(m) | 坝轴距(m) | |
| 安装日期 | | 天气 | 气温(℃) | |
| 气压(kPa) | | 上游水位(m) | 下游水位(m) | |
| 安装方向 | 1 – P | 2 – P | | 3 – P |
| 仪器编号 | | | | |
| 传感器系数 $K$(mm/字) | | | | |
| 仪器量程(mm) | | | | |
| 安装前传感器读数(字) | | | | |
| 安装调整后传感器读数(字) | | | | |
| 安装完毕传感器读数(字) | | | | |
| 传感器钢丝初始长度(mm) | | | | |
| $Z$轴传感器间距 $h$(mm) | | $Y$轴传感器间距 $S$(mm) | | |
| 坐标板与面板不垂直度(°) | | 钢丝固定支架与面板不垂直度(°) | | |
| 安装示意图及说明 | | | | |

技术负责人：　　　　校核人：　　　　安装及填表人：　　　　日期：

监理工程师：

备注

### 3.3.2.5　混凝土坝(结构物)裂缝和接缝观测的测缝计安装技术应符合的要求

(1)测缝计安装前应做好下列准备工作：

①按设计准备好测缝计、套筒、加长杆、信号电缆以及辅助材料和工具。

②当测缝计直接安装在混凝土表面时,还应备好地脚螺栓、固定支架和保护罩。

③当测缝计安装在混凝土内坝缝或基岩与混凝土交界面时,应备好储备箱或钻孔工具(设备)及填孔膨胀水泥砂浆。

④检查测缝计及信号电缆的外观,并用相关仪表检测其有关参数,应满足设计要求。

(2)测缝计安装的操作应符合下列要求(见图5-3-13)：

①当测缝计直接安装在混凝土表面时,首先在垂直于裂缝或接缝的两侧置入地脚螺栓,然后安装固定支架,再将测缝计安装在固定支架上;调整加长杆的长度,使测缝计处于

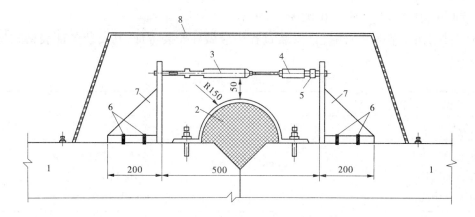

1—面板;2—接缝止水;3—测缝计;4—调整套;

5—万向接头;6—固定螺栓;7—支座;8—保护罩

**图 5-3-13　垂直缝杆式位移计(测缝计)安装埋设示意图**　(单位:mm)

适当的张开位置上;最后装上仪器保护罩。

②当测缝计安装在过水的混凝土表面时,可在垂直于裂缝或接缝的仪器埋设位置上开凿一个深约 20 cm 的坑槽(对于在建坝,可在埋设位置上将捣实的混凝土挖深约 20 cm 的坑槽);然后将除加长杆弯钩和仪器凸缘盘外全部用多层塑料布包裹的测缝计放入坑槽中,并将其临时固定;再调整加长杆长度,使测缝计处于适当的张开位置上;填入混凝土,并加强混凝土养护。

③当测缝计埋设在混凝土内坝缝时,首先在先浇混凝土块上垂直于缝面预埋测缝计套筒;当电缆须从先浇块引出时,应在模板上设置储放仪器和电缆用的储藏箱;将接缝处长约 40 cm 的电缆包上绝缘胶带;当后浇块混凝土浇至高出仪器埋设位置 20 cm 时,振捣压实后挖去混凝土,露出套筒,打开套筒盖,取出填塞物,安装测缝计,并使之处于适当的张开位置上,回填混凝土。

④当测缝计埋设在基岩与混凝土交界面上时,首先在基岩中垂直于交界面造一孔径大于 9 cm、深度为 50 cm 的孔,在孔中填入大半孔膨胀水泥砂浆,将带有加长杆的套筒压入孔中,使套筒口与孔口平齐,将套筒内填满棉纱,螺纹口涂上机(黄)油,旋上筒盖;待混凝土浇至高出仪器埋设位置约 20 cm 时,挖去捣实的混凝土,打开套筒盖,取出填塞物,旋上测缝计,并使之处于适当的张开位置上,回填混凝土。

(3)安装(埋设)过程中,应仔细保护测缝计和电缆。

(4)混凝土坝(结构物)裂缝或接缝测缝计安装准确度应符合下列要求:

①安装位置(空间坐标)的允许偏差为 ±20 cm 。

②仪器轴线与裂缝和接缝的不垂直度允许偏差为 ±2°。

(5)混凝土坝(结构物)测缝计安装的起(初)始值,应在现场安装固定后测定。回填混凝土的,应在安装固定后 24 h 测定。振弦式测缝计的起(初)始值用分辨力为 0.1 Hz 的振弦频率测定仪测读,应平行测读两次,其读数差不大于 0.2 Hz。也可用分辨力为 0.1 $kHz^2$ 的频率模数测读仪读数,应平行测定两次,其读数差不大于 2 $kHz^2$。

差动电阻式测缝计的起(初)始值用最小读数为 0.01% 差动电阻数字指示仪测读,应平行测读两次,其读数差不大于0.02%。

(6)混凝土坝(结构物)测缝计安装过程中应做好安装考证,其安装考证表格式见表5-3-19。

表5-3-19  测缝计安装考证表

| 工程或项目名称 | | | | | |
|---|---|---|---|---|---|
| 测点编号 | | 仪器编号 | | 生产厂家 | |
| 传感器系数 $K$<br>（mm/mV,$Hz^2$,<br>$kHz^2$,电阻比） | | 量程<br>（mm） | | 零位移读数<br>（Hz,$kHz^2$,<br>mV,电阻比） | |
| 埋设部位 | □混凝土表面　□过水混凝土表面　□混凝土内坝缝<br>□基岩与混凝土交界面 | | | | |
| 埋设高程<br>（m） | | 桩号（m） | | 坝轴距（m） | |
| 仪器轴线与裂缝或接缝(缝面)不垂直度（°） | | | | | |
| 安装(埋设)前读数 $R_1$（Hz,$kHz^2$,mV,电阻比） | | | | | |
| 安装(埋设)固定后读数 $R_0$（Hz,$kHz^2$,mV,电阻比） | | | | | |
| 安装完毕混凝土回填24 h后读数 $R$（Hz,$kHz^2$,mV,电阻比） | | | | | |
| 埋设日期 | | 天气 | | 气温（℃） | |
| 气压<br>（kPa） | | 上游水位<br>（m） | | 下游水位<br>（m） | |
| 埋设24 h<br>测读日期 | | 天气 | | 气温<br>（℃） | |
| 气压<br>（kPa） | | 上游水位<br>（m） | | 下游水位<br>（m） | |
| 上覆混凝土厚度（m） | | | | | |
| 埋设示意<br>图及说明 | | | | | |
| 技术负责人：　　　校核人：　　　埋设及填表人：　　　日期： | | | | | |
| 监理工程师： | | | | | |
| 备注 | 差动电阻式测缝计的传感器系数为其最小读数 $f$ | | | | |

### 3.3.3　检查维护裂缝、接缝观测的仪器设备

参见垂直位移监测仪器、仪表的维护管理。

# 模块 4　渗流监测

## 4.1　渗流压力监测

### 4.1.1　渗压计检查

（1）渗压计到达施工现场后，应开箱检查。用户开箱验收仪器时，应先检查仪器的数量（包括仪器附件）及检验合格证与装箱单是否相符。

（2）对于箱内每台仪器，先用 100 V 兆欧表及万用表，分别检查常温绝缘电阻及线圈电阻值，绝缘电阻不应低于 50 MΩ。

（3）仪器存放环境，应保持干燥通风，搬运时应小心轻放，切忌剧烈震动。

（4）如检测发现不正常读数的仪器，请返回厂家，不可在现场打开仪器检修。

另外，对于渗压计而言，由于在装有感应部件的密封室内除灌充中性油用于保护钢丝外，还保留少量空气，当温度升高后，空气和油都会膨胀，引起承压板向外变形，其变形方向刚好与渗水压力作用相反，使实测水压力减小，故计算渗水压力时，其温度补偿系数应取负号，这是与其他差阻式仪器的不同之处。渗压计反映的水压力应为负值，如果出现正值，则有可能是测值不正常或温度补偿系数 $b$ 的取值不合理造成的。

### 4.1.2　安装测压管、渗压计，填写考证表

#### 4.1.2.1　安装测压管

（1）埋设前应做好下列准备工作：

①集水反滤、封孔及回填材料的准备和要求满足规范要求。

②检查测压管（含附件）加工质量，应满足设计和规范要求。

③按设计要求测量放线，引测坝面高程。

测压管的埋设分为钻孔法和预埋法两种。

（2）钻孔法埋设测压管的操作应符合下列要求：

①按设计要求接好测压管。安装前先在孔底填约 20 cm 厚的反滤料，然后将测压管悬吊顺直，缓缓下放，直到反滤料顶面。

②测压管就位后，测记管底高程和管水位，并回填管外反滤料，逐层捣实，直至花管顶端以上 20 cm 处或设计要求的进水段高度。

③反滤料以上用膨胀土泥球封孔，封孔时应用特制漏斗严格控制泥球入孔数量和速度，泥球不得"架空"。封孔厚度不宜小于 6.0 m。封至设计高程后，若孔内水位低于此高程，应向管内注水，至水面超过泥球段顶面，使泥球吸水膨胀。

④封孔泥球顶面以上，可用原坝料回填，但应逐层捣实，使其干密度大于孔周土体干

密度。

⑤测压管封孔回填完成后,应按规范要求,做灵敏度检验,合格后,安设管口保护装置。

⑥在混凝土坝体或岩体内钻孔埋设测压管时,可采用给水钻,不应套管跟进。测压管花管周围用粗砂或细粒料作反滤料,导管段用水泥砂浆或水泥膨润土浆封孔回填,集水料与封孔料之间用 20 cm 厚细砂过渡。

⑦测压管软管接头在安装时,严禁超位移极限安装。安装螺栓要对称,逐步加压扭紧,以防局部泄漏。测压管软管接头在运输装卸时严禁锐利器具划破表面、密封面。垂直安装时接头管道两端应有垂向受力支承,可采取防拉脱装置,以防止工作受压拉脱。测压管软管接头安装部位应远离热源,严禁强辐射光线暴晒和使用不符合本产品要求的介质。1.6 MPa 以上的工作压力,安装螺栓要有弹性压垫,以防工作时螺栓松动。

(3)在建混凝土坝坝基扬压力观测可采用预埋法,其操作应符合下列要求:

①在测点位置用手风钻打孔,孔径 50 mm,孔底距建基面不大于 1.0 m。

②将测压管下端插入钻孔中,并用预埋插筋(Φ 20 mm) 焊接拉筋(Φ 20 mm) 固定,使之竖立;高度取决于第一层混凝土浇筑厚度,宜为 100 ~ 150 cm。

③随混凝土施工时,上接测压管,每层管不宜过长,其长度依现场施工机械、施工方法而定。

④在测压管埋设上接过程中,应保持管子直立,管口应加盖保护。大坝施工完成后,管口应埋设永久保护装置。

(4)测压管的埋设准确度应符合下列要求:

①钻孔法埋设测压管的准确度由钻孔倾斜度和高程量测决定。钻孔倾斜度不应大于 1°。特殊部位不应大于 0.5°。高程(由孔口以下深度换算)量测准确度,两次读数差不应大于 10 mm。

②预埋法埋设测压管的准确度,测压管倾斜度 100 m 内不应大于 1°。高程测量准确度,可按国家四等水准测量方法进行,但闭合允许偏差为 $\pm 2.8 \sqrt{n}$ mm($n$ 为测站数,下同)。

(5)测压管的起始值确定应符合下列要求:

①钻孔法埋设测压管的起始值为埋设后的管口高程,可按国家四等水准测量方法进行,但闭合允许偏差为 $\pm 2.8 \sqrt{n}$ mm。

②预埋法埋设测压管的起始值,当埋设过程中需测读管水位时,为上接管的管口高程。当埋设过程中不需测读管水位时,为终接管的管口高程。上接管和终接管的管口高程的测量方法及准确度与钻孔法相同。

#### 4.1.2.2　安装渗压计

(1)埋设前应做好下列准备工作:

①备好合格足够的干净中粗砂、泥球、回填用料及其他埋设辅助材料和专用工具等。用于渗压计周围回填的干净中粗砂,应起到集水和反滤作用。用于封孔的泥球,应做膨胀率和崩解试验,使之满足封孔和埋设要求。埋设用的集水反滤材料、封孔材料及回填用料同其周围介质,均应满足反滤及渗透稳定要求。备好信号电缆、电缆连接工具及材料。

②将透水石煮沸 1 ~ 2 h,待冷却后浸泡在冷开水中备用,不应露出水面。高进气压力滤头按厂家要求进行饱和处理。

③对渗压计和电缆做外观检查,并用相关仪表测试有关参数,检查结果应满足安装要求。将渗压计按要求接好电缆并在电缆头及孔口附近做好固定标记。

④采用小型渗压计深孔埋设情况下,下端应加适当配重。采用大型渗压计及深孔加配重时,应事先考察电缆持力能力,不满足时应采取保护措施。

⑤按设计测量放线,引测坝面高程。

(2)渗压计的埋设安装准确度应符合下列要求:

①钻孔埋设的渗压计,当埋设深度不大于 70 m 时,其埋设高程的允许偏差为 ±10 mm,当埋设深度大于 70 m 时,其埋设高程的允许偏差为 ±20 mm。

②坑(洞、孔)式埋设的渗压计,不同坝型不同坝高的埋设高程允许偏差为 ±10 mm;但用于土石坝监测的渗压计埋设高程,宜通过附近沉降测点的沉降增长,对其埋设高程做相应修正。

③测压管内安装的渗压计,当在测压管内安装深度不大于 70 m 时,其安装高程的允许偏差为 ±5 mm;安装深度大于 70 m 时,其安装高程的允许偏差为 ±10 mm。

(3)渗压计的起始值确定应符合下列要求:

①振弦式渗压计的零压频率(无强度气压修正的)或零压频率模数(有温度气压修正的),应在现场渗压计就位约 0.5 h 后测记。当钻孔埋设渗压计位于水下时,应先将渗压计于水下就位约 0.5 h 后测记该水位下渗压计的输出频率或频率模数值,再提出水面,并测记零压频率或频率模数值,然后用上述测值反算渗压计承受水头,与实测水位(头)比较,其允许偏差为 ±1%。零压频率用分辨力为 0.1 Hz 的振弦频率测定仪测读,应平行测定两次,其读数差不大于 1 Hz。零压频率模数用分辨力为 0.1 kHz$^2$ 的读数仪测读,应平行测定两次,其读数差不大于 2 kHz$^2$。

②差动电阻式渗压计的零压电阻比的测定方法同振弦式渗压计的,采用最小读数为 0.01% 的差动电阻式数字指示仪测读,应平行测定两次,其读数差不大于 0.02%。

③压阻式渗压计的零压电压的测读方法同振弦式渗压计的,采用准确度 0.005% 的电压表测读,应平行测定两次,其读数差不大于 0.2 mV。

(4)渗压计安装注意事项如下:

①进水条件:必须确保仪器的进水口畅通,防止水泥浆堵塞进水口,为此应将进水口用无纺土工布或钢丝布或多层细纱布装中砂、细砂做成人工的反滤层砂袋包裹。

②仪器预饱和:由于混凝土的渗透系数很小,而渗压计前盖空腔内有一定容积,需要一定的水量才能充填满。为了解决这个问题,使仪器的滞后尽可能小,在仪器埋设前(将透水石取下用水煮沸,然后再装上)必须将前盖空腔装满水,并排除气泡,滤层的砂也需充分饱和,埋设时将进水口朝上,以免空腔内的水溢出。

③密封止水:埋设在接近坝体迎水面的仪器,在电缆引出的途中,必须设有止水板,以防止迎水面高压水顺电缆渗透。

(5)在现浇混凝土内埋设渗压计。

在现浇混凝土内埋设渗压计,通常埋设在采用分层浇筑施工时的混凝土块施工缝上,主要用于监测在库水作用下,沿混凝土施工缝的渗透水压力。

①在先浇筑的混凝土块层面上的测点处预留一个直径 20 cm、深 30 cm 的孔。

②在上层混凝土浇筑前,将包裹反滤料的渗压计放入孔中,孔内填满饱和细砂,孔口加一盖板,如图5-4-1所示。

③理顺电缆,引向测站,测量初值,开始混凝土浇筑。

(6)在混凝土结构物基础上埋设渗压计。

①在基岩上钻一集水孔,孔径5 cm,深100 cm,孔内填以干净的砾石。

②将包裹细砂反滤料的渗压计放在集水孔上,在砂包上覆盖砂浆,待砂浆凝固后即可浇筑混凝土,如图5-4-2所示。

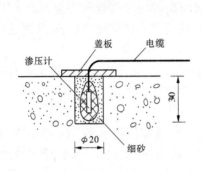

图5-4-1　现浇混凝土内埋设渗压计　(单位:cm)

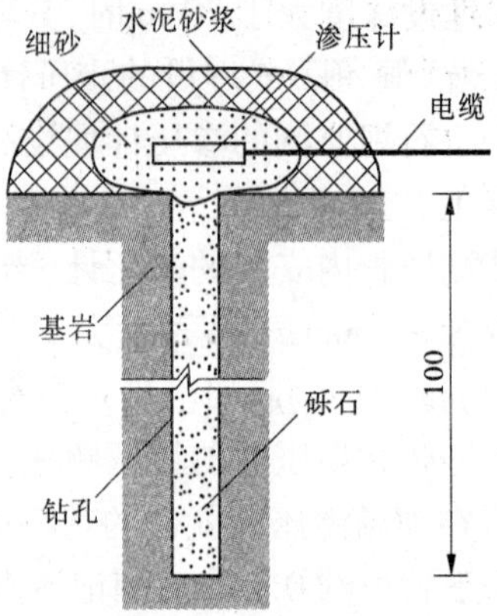

图5-4-2　混凝土结构物基础内埋设
渗压计　(单位:cm)

③记录埋设前后的仪器测值。

注:当混凝土结构物(如混凝土坝)的基础需进行固结灌浆和帷幕灌浆时,因压力灌浆的浆液可能堵塞集水孔和仪器进水口,故在灌浆施工之前不宜采用此法安装渗压计。

(7)在土石坝基础上埋设渗压计。

①当土石料填筑高于基础50~100 cm时,在测点处暂停填筑,挖去填土,露出50 cm×40 cm的基础。

②在底部填20 cm厚的砂,放入包裹细砂反滤料的渗压计,再覆盖20~30 cm的砂,浇水使砂层饱和。

③仪器电缆沿挖好的电缆沟引向观测站。电缆沟宽50 cm、深50 cm,电缆线之间应平行排列,呈S形向前引伸,如图5-4-3所示。

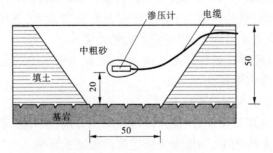

图5-4-3　土石坝基础内埋设渗压计　(单位:cm)

④用原填筑料分层回填,并用木槌分层击实。回填压实密度和含水量应与坝体设计一致。

⑤仪器和电缆的回填土在 120 cm 以内时,用人工或轻型机械进行压实;填土厚在 120～200 cm 时,可用静碾压实;填土超过 200 cm 时,可进行正常碾压施工。

⑥记录埋设前后的仪器测值。

(8)在一般土料坝体内埋设渗压计。

填筑体(如土石坝)在施工期埋设渗压计,可采用坑埋方法;在施工完毕后的运行期埋设渗压计,则可采用钻孔方法。

①当土石料填筑高于设计埋设高程 40 cm 时,在测点处暂停填筑,挖出一个底部尺寸(长×宽)为 30 cm×30 cm,深为 50 cm 的坑,如图 5-4-4 所示。

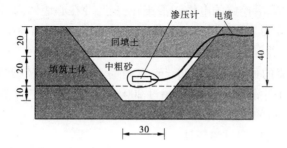

**图 5-4-4　一般土料土体中埋设渗压计**　(单位:cm)

②在底部填 10 cm 的干净中粗砂,放入包裹细砂反滤料的渗压计,再覆盖 20 cm 的中粗砂,浇水使砂层饱和。

③用原填筑料分层回填,并用木槌分层击实。回填压实密度和含水量应与坝体设计一致。对粗颗粒料中的埋设,应采用反滤的形式整平埋设基床和回填土料,由靠近仪器为细料向粗料过渡,如图 5-4-4 所示。

④仪器电缆沿挖好的电缆沟引向观测站。电缆沟宽 40 cm、深 40 cm,电缆线之间应平行排列,呈 S 形向前引伸。可根据设计要求,采用套管、槽板等对电缆进行专门的保护。

⑤仪器和电缆的回填土在 120 cm 以内时,用人工或轻型机械进行压实;填土厚在 120～200 cm 时,可用静碾压实;填土超过 200 cm 时,可进行正常碾压施工。

⑥记录埋设前后的仪器测值。

说明:也可采用专用钻孔工具钻孔埋设,在填筑高程高于埋设部位 100 cm 时进行。

(9)在黏性土料坝体内埋设渗压计。

在黏性土料(土石坝的黏土心墙)中埋设渗压计,当透水石为高进气值时,也可以采用不设反滤料的直接埋设方法。

①当土料填筑高于设计埋设高程 50 cm 时,在测点处暂停填筑,挖出一个底部尺寸(长×宽)为 30 cm×30 cm,深为 40 cm 的坑。

②在底部用与渗压计直径相同的前端呈锥形的铁棒打入土层中,深度与仪器长度一样,拔出铁棒后,将透水石已饱水的仪器读取初值后迅速插入孔内,并用手加压。仪器压入孔内后,用原填筑料分层回填,并用木槌分层击实。回填压实密度和含水量应与坝体设

计一致,如图 5-4-5 所示。

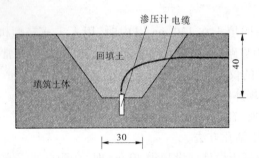

**图 5-4-5　黏性土料土体中埋设渗压计**　（单位:cm）

③同层仪器电缆沿挖好的电缆沟汇集在一起,并在心墙体内沿竖向引至顶部观测站。电缆沟宽 40 cm、深 40 cm,电缆线之间应平行排列,呈 S 形向前引伸。可根据设计要求,采用套管等对电缆进行专门的保护。

④仪器和电缆的回填土在 120 cm 以内时,用人工或轻型机械进行压实;填土厚 120 ~ 200 cm 时,可用静碾压实;填土超过 200 cm 时,可进行正常碾压施工。

⑤记录埋设前后的仪器测值。

(10)在水平浅孔中埋设渗压计。

在地下洞室围岩内或边坡岩体表面浅层埋设渗压计,需要采用水平浅孔埋设和集水。浅孔的深度为 50 cm,直径 150 ~ 200 mm,如果孔内无透水裂隙,可根据需要的深度在孔底套钻一个 30 mm 的小孔,经渗水试验合格后,小孔内填入砾石,在大孔内填含水细砂,将饱水的渗压计埋设在细砂中,孔口封以盖板,并用水泥砂浆封固,砂浆凝固后即可浇筑混凝土或填筑土石料,如图 5-4-6 所示。

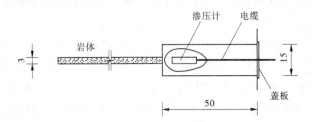

**图 5-4-6　水平浅孔中埋设渗压计**　（单位:cm）

(11)在深孔中埋设渗压计。

在坝基深部、边坡、运行期建筑物内进行渗透水压力监测,需要在钻孔内安装埋设渗压计。钻孔的深度由设计确定,孔径一般不小于 150 mm。岩体钻孔应做压水试验,钻孔位置应根据地质条件和压水试验结果确定。

埋设前测量好孔深,先向孔内倒入 20 ~ 40 cm 厚的中粗砂至仪器埋设高程,然后将带反滤砂包的渗压计放入孔底。如钻孔太深,为防因砂包及电缆自身过重受损,可用钢丝吊住砂包,并把电缆绑在钢丝上进行吊装。经检验合格后,在其上填 20 ~ 40 cm 中粗砂,并使之饱和,再填入 10 ~ 20 cm 细砂,最后在余孔段灌入水泥膨润土浆或预缩水泥砂浆。

可在钻孔内埋设多个渗压计,实现渗透水压力的分层监测。方法同上,但应做好相邻渗压计之间的封闭隔离,如图 5-4-7 所示。

当设计为监测建筑物或基础深层的渗透点压力时,应将渗压计封闭在不大于50 cm 的钻孔渗水段内。

当钻孔岩体的渗透系数很小时,渗压计应埋设在体积较小的集水孔段内。

(12)在测压管中安装渗压计。

在介质渗透系数较大部位(如土石坝坝壳)的渗透水压力监测、混凝土坝的扬压力监测以及大坝两岸的绕坝渗流监测等,通常采用测压管式孔隙压力计。当工程需要实施自动化监测时,可通过在测压管中安装渗压计来实现。

渗压计的典型安装方法是将仪器直接投入到测压管中的设计位置,如混凝土坝扬压力孔内安装渗压计(见图 5-4-8)。当测压管很深时,应采用钢丝或细钢丝绳拴住渗压计,仪器电缆绑在钢丝绳上,缓缓放入测压管中,钢丝绳固定在管口上部。

土石坝的测压管、混凝土坝的绕坝渗流孔管口结构能方便地进行人工比测,并对设备具有良好的防护功能,如图 5-4-9 所示。

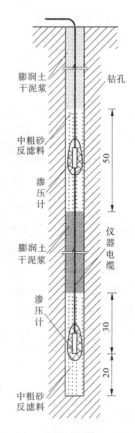

图 5-4-7　深孔中埋设渗压计　(单位:cm)

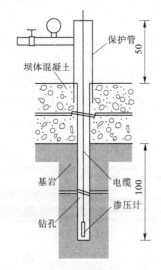

图 5-4-8　混凝土坝扬压力孔内
安装渗压计　(单位:cm)

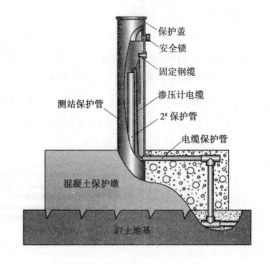

图 5-4-9　无压管口防护

在混凝土坝的扬压力孔测压管,经常表现为有压和时有压时无压状态,测压管管口既要能密封以承受压力,而当测压管无压时又要能进行人工比测,因此需要制备专门的管口设备,如图 5-4-10 所示。

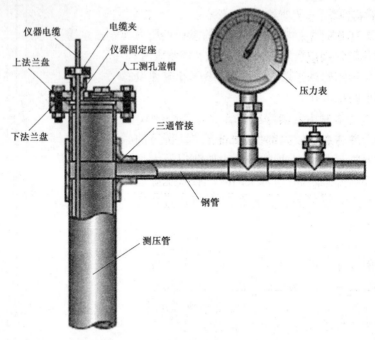

图 5-4-10　有压和时有时无压的管口装置

(13)电缆安装。

仪器电缆布置时不得与交流电缆一同敷设,电缆走线应尽量避免受到移动设备、尖锐材料等的伤害。埋入坝体混凝土中的仪器电缆应详细记录埋设部位,使灌浆钻孔时避开缆线。

SXX 型振弦式渗压计可采用专用四芯电缆按照相同颜色芯线将仪器电缆接长,电缆接头可采用热缩管密封电缆接头技术,其步骤如下:

(1)先将仪器电缆头每根芯线套上 3.0 mm(长度 3 ~ 4 cm 可自定)细热缩管,然后与电缆每根芯线一一进行对接。各连接芯线再用电烙铁焊锡焊牢,焊锡后将细热缩管覆盖住焊锡头,由中间向两边反复转动,用酒精灯或加热器对热缩管进行加热(见图 5-4-11)。

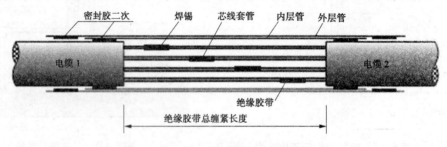

图 5-4-11　仪器电缆头连接

(2)各芯线连接热缩好后,用 J-20 电工自粘绝缘胶带分别缠紧,长度要求覆盖住每根芯线。然后用 J-20 电工自粘绝缘胶带总扎紧,要求缠均匀,长度以覆盖住所有芯线为宜。

（3）先在焊锡前套上直径 10.0 mm 二层大热缩管,长度分别为 14～16 cm、16～18 cm。然后将电缆 1 及电缆 2 再用锉刀锉一下,在电缆锉的位置处缠上 1 cm 宽的红色密封胶一圈多,操作时先将密封胶一头稍加热一下,立即卷粘在锉好的电缆 1 及电缆 2 上一圈多,再将热缩管内层管套上进行反复转动加热,由中间向两边将气泡赶出,在密封胶位置处多多转动加热,然后再进行第二次上密封胶,操作方法同上,将热缩管外层管套上进行反复转动加热。

注意:所有细、中、粗热缩套管都要事先在焊锡前套好。

### 4.1.2.3　测压管、渗压计安装考证表

测压管、渗压计安装考证表如表 5-4-1～表 5-4-9 所示。

表 5-4-1　测压管埋设考证表(钻孔法)

| 工程或项目名称 | | | | | | |
|---|---|---|---|---|---|---|
| 钻孔编号 | | 钻孔直径（m） | | 初见水位（m） | | 稳定水位（m） |
| 测点编号 | | 桩号（m） | | 坝轴距（m） | | 埋设部位 |
| 管底高程（m） | | 管口高程（m） | | 管长（m） | | 管内径（mm） |
| 透水段结构和长度(m) | | | | 管材 | | |
| 透水材料 | | 透水材料底、顶高程(m) | | | | |
| 封孔材料 | | 封孔材料底、顶高程(m) | | | | |
| 埋设日期 | | 天气 | | 上游水位（m） | | 下游水位（m） |
| 埋设示意图及说明 | | | | | | |
| 技术负责人:　　　校核人:　　　埋设及填表人:　　　日期: | | | | | | |
| 监理工程师: | | | | | | |
| 备注 | | | | | | |

表 5-4-2　测压管埋设考证表(预埋法)

| 工程或项目名称 | | | | | | |
|---|---|---|---|---|---|---|
| 钻孔编号 | | 桩号<br>(m) | | 坝轴距<br>(m) | | 建基面<br>高程(m) |
| 测点直径<br>(mm) | | 钻孔深度<br>(m) | | 孔底高程<br>(m) | | 钻孔方法 |
| 测压管管材 | | 管径<br>(mm) | | 架立方法 | | |
| 首根管管长<br>(m) | | 倾斜度<br>(°) | | 管口高程<br>(m) | | 埋设日期 |
| 1号上接管<br>管长(m) | | 倾斜度<br>(°) | | 管口高程<br>(m) | | 埋设日期 |
| … | | | | | | |
| | | | | | | |
| 终根上接管<br>管长(m) | | 倾斜度<br>(°) | | 管口高程<br>(m) | | 埋设日期 |
| 埋设示意<br>图及说明 | | | | | | |

技术负责人:　　　　校核人:　　　　　埋设及填表人:　　　　　日期:

监理工程师:

| 备注 | |
|---|---|

### 表5-4-3　振弦式孔隙水压力计埋设考证表（钻孔法）

| 工程或项目名称 | | | | | | | |
|---|---|---|---|---|---|---|---|
| 钻孔编号 | | 钻孔直径（mm） | | 初见水位（m） | | 稳定水位（m） | |
| 测点编号 | | 测头编号 | | 生产厂家 | | | |
| 传感器系数 $K$（kPa/Hz², kHz²） | | | | 量程（MPa） | | 测头内阻（Ω） | |
| 电缆长度（m） | | 电缆长度标记(m) | | ~ | | | |
| 埋设高程（m） | | 桩号（m） | | | 坝轴距（m） | | |
| 现场室内读数（Hz, kHz²） | | 孔内水深（m） | | | 入孔前读数（Hz, kHz²） | | |
| 就位后读数（Hz, kHz²） | | 零压读数（Hz, kHz²） | | | 埋设完毕读数（Hz, kHz²） | | |
| 埋设日期 | | 气温（℃） | | | 气压(kPa) | | |
| 天气 | | 上游水位（m） | | | 下游水位（m） | | |
| 埋设示意图及说明 | | | | | | | |

技术负责人：　　　　校核人：　　　　埋设及填表人：　　　　日期：

监理工程师：

| 备注 | |
|---|---|

表 5-4-4　振弦式孔隙水压力计埋设考证表（埋入法）

| 工程或项目名称 | | | | | |
|---|---|---|---|---|---|
| 测点编号 | | 测头编号 | | 生产厂家 | |
| 传感器标定系数 $K$（$kPa/Hz^2$，$kHz^2$） | | 量程（MPa） | | 测头内阻（Ω） | |
| 电缆长度（m） | | 电缆长度标记（m） | ~ | | |
| 埋设高程（m） | | 桩号（m） | | 坝轴距（m） | |
| 埋设前读数（Hz，$kHz^2$） | | 零压读数（Hz，$kHz^2$） | | 埋设完毕读数（Hz，$kHz^2$） | |
| 埋设日期 | | 气温（℃） | | 气压（kPa） | |
| 天气 | | 上游水位（m） | | 下游水位（m） | |
| 埋设示意图及说明 | | | | | |

技术负责人：　　　　　校核人：　　　　　埋设及填表人：　　　　　日期：

监理工程师：

备注

## 表5-4-5　差动电阻式孔隙水压力计埋设考证表(钻孔法)

| 工程或项目名称 | | | | | |
|---|---|---|---|---|---|
| 钻孔编号 | | 钻孔直径<br>(mm) | | 初见水位<br>(m) | 稳定水位<br>(m) |
| 测点编号 | | 测头编号 | | 生产厂家 | |
| 量程<br>(MPa) | | 出厂线长<br>(m) | | 电缆型号 | |
| 电缆接长<br>(m) | | 接长电缆长度<br>标记(m) | | ~ | 接长电缆<br>型号 |
| 最小读数 $f$<br>(kPa/0.01%) | | | 0 ℃时电阻值<br>$R'_0(\Omega)$ | | |
| 温度修正系数 $b$<br>(kPa/℃) | | | 温度系数 $a'$<br>(℃/$\Omega$) | | |
| 埋设高程<br>(m) | | 桩号(m) | | 坝轴距(m) | |
| 埋前电阻比 $Z_0$ | | | 埋前电阻值<br>$R_0(\Omega)$ | | |
| 埋后电阻比 $Z_t$ | | | 埋后电阻值<br>$R_t(\Omega)$ | | |
| 埋设日期 | | 气温<br>(℃) | | 气压<br>(kPa) | |
| 天气 | | 上游水位<br>(m) | | 下游水位<br>(m) | |
| 埋设示意<br>图及说明 | | | | | |

技术负责人：　　　　校核人：　　　　埋设及填表人：　　　　日期：

监理工程师：

| 备注 | |
|---|---|

表 5-4-6　差动电阻式孔隙水压力计埋设考证表（埋入法）

| 工程或项目名称 | | | | | |
|---|---|---|---|---|---|
| 测点编号 | | 测头编号 | | 生产厂家 | |
| 量程 | | 出厂线长（m） | | 电缆型号 | |
| 电缆接长（m） | | 接长电缆长度标记(m) | | ～ | 接长电缆型号 |
| 电缆接头型式及个数 | | 截水环数量 | | | 截水环间距(m) |
| 最小读数 f（kPa/0.01%） | | | 0 ℃时电阻值 $R'_0$（Ω） | | |
| 温度修正系数 b（kPa/℃） | | | 温度系数 a'（℃/Ω） | | |
| 埋设高程(m) | | 桩号(m) | | 坝轴距(m) | |
| 埋前电阻比 $Z_0$ | | 埋前电阻值 $R_0$（Ω） | | | |
| 埋后电阻比 $Z_t$ | | 埋后电阻值 $R_t$（Ω） | | | |
| 埋设日期 | | 气温(℃) | | 气压(kPa) | |
| 天气 | | 上游水位(m) | | 下游水位(m) | |
| 埋设示意图及说明 | | | | | |

技术负责人：　　　　校核人：　　　　埋设及填表人：　　　　日期：

监理工程师：

备注

**表 5-4-7　压阻式孔隙水压力计埋设考证表（钻孔法）**

| 钻孔编号 | | 钻孔直径<br>（mm） | | 初见水位<br>（m） | | 稳定水位<br>（m） | |
|---|---|---|---|---|---|---|---|
| 测点编号 | | 测头编号 | | 生产厂家 | | | |
| 传感器标定系数 $K$<br>（kPa/mV） | | | | | 量程<br>（MPa） | | |
| 电缆长度<br>（m） | | 接长电缆长度<br>标记（m） | | | ～ | | |
| 埋设高程（m） | | 桩号（m） | | | 坝轴距（m） | | |
| 现场室内电压<br>（mV） | | 孔内水深<br>（m） | | | 入孔前电压<br>（mV） | | |
| 就位后电压<br>（mV） | | 零压电压<br>（mV） | | | 埋设完毕电压<br>（mV） | | |
| 埋设日期 | | 气温<br>（℃） | | | 气压<br>（kPa） | | |
| 天气 | | 上游水位<br>（m） | | | 下游水位<br>（m） | | |
| 埋设示意<br>图及说明 | | | | | | | |

技术负责人：　　　　校核人：　　　　埋设及填表人：　　　　日期：

监理工程师：

备注

表5-4-8　压阻式孔隙水压力计埋设考证表(埋入法)

| 工程或项目名称 | | | | | |
|---|---|---|---|---|---|
| 钻孔编号 | | 测头编号 | | 生产厂家 | |
| 传感器系数 K<br>（kPa/mV） | | | | 量程<br>（MPa） | |
| 电缆长度<br>（m） | | 接长电缆长度<br>标记(m) | ～ | 截水环<br>数量 | |
| 埋设高程<br>（m） | | 桩号<br>（m） | | 坝轴距<br>（m） | |
| 埋前电压<br>（mV） | | 零压电压<br>（mV） | | 埋设完毕电压<br>（mV） | |
| 埋设日期 | | 气温(℃) | | 气压(kPa) | |
| 天气 | | 上游水位<br>（m） | | 下游水位<br>（m） | |
| 埋设示意图<br>及说明 | | | | | |

技术负责人：　　　　　校核人：　　　　　埋设及填表人：　　　　　日期：

监理工程师：

| 备注 | |
|---|---|

表 5-4-9　混凝土坝施工期渗压计孔(洞)式埋设考证表

| 工程或项目名称 | | | | | |
|---|---|---|---|---|---|
| 测点编号 | | 测头编号 | | 生产厂家 | |
| 量程<br>(MPa) | | 出厂线长<br>(m) | | 电缆型号 | |
| 电缆接长<br>(m) | | 接长电缆长度<br>标记(m) | ~ | 接长电缆<br>型号 | |
| 电缆接头型<br>式及个数 | | | 电缆走向 | | |
| 传感器系数 $K$(kPa/Hz$^2$,kHz$^2$,<br>电阻比,mV) | | | | 0 ℃时电阻值<br>$R'_0$(Ω) | |
| 传感器温度修正系数 $b$(kPa/℃) | | | | 温度系数 $a'$<br>(℃/Ω) | |
| 埋设部位 | □混凝土浇筑层面　　□混凝土与基岩交界面<br>□水平浅孔　　　　　□坝基深孔 | | | | |
| 埋设高程(m) | | 桩号(m) | | 坝轴距(m) | |
| 埋设前读数<br>(Hz,kHz$^2$,电阻比,mV) | | | 零压读数<br>(Hz,kHz$^2$,电阻比,mV) | | |
| 埋设完成后读数<br>(Hz,kHz$^2$,<br>电阻比,mV) | | | 封孔砂浆混凝土凝固<br>后读数(Hz,kHz$^2$,<br>电阻比,mV) | | |
| 埋设前电阻(Ω) | | | 埋设后电阻(Ω) | | |
| 埋设日期 | | 气温(℃) | | 气压(kPa) | |
| 天气 | | 上游水位<br>(m) | | 下游水位<br>(m) | |
| 埋设示意<br>图及说明 | | | | | |

技术负责人：　　　　校核人：　　　　埋设及填表人：　　　　　　日期：

监理工程师：

备注

### 4.1.3 渗压计读数仪检查维护

平时使用渗压计读数仪时应注意以下几点：

(1)仪器应保管好，不能放置在潮湿、环境温度不符合要求的场所。

(2)仪器在工作或放置时，尽量避免灰尘和阳光直射，严禁雨水浸湿任何部分。

(3)仪器不可受击、受压及摔打。

(4)仪器长期不使用时，每半年充电一次。

常见渗压计读数仪故障的简单修理：

(1)打开仪器电源开关，仪器不显示任何字符，可能是仪器没有充电或仪器主机故障，这时将仪器充电或修理仪器主机。

(2)打开仪器主机开关，显示不正常，可能是仪器没有复位或主机故障，按复位键或修理主机。

(3)测量不正常，可能是传感器电缆线未接好或电缆线断线，或传感器故障或主机故障，应根据情况解决或修理。

振弦式孔隙水压力计的维修只需周期地检查电缆的连接和接线端子是否良好。因为振弦式孔隙水压力计本身是密封的，用户不能进行维修。以下是振弦式渗压计几种常见故障的维修方法。

(1)振弦式渗压计的读数故障。处理办法是：①用一只欧姆表跨接在仪器的端子上，检查线圈的电阻，正常情况下，电阻是 180( ±5% )Ω，加上电缆的电阻(导线电阻大约每 100 m 4.6 Ω)。如果电阻非常大，或无限大，那么电缆可能是断了，遇此情况只需更换电缆，重新检测；如果电阻很低，那么仪器的电缆可能是短路了，检查原因排除故障或更换仪器电缆再重新检测。②用另一只仪器检查读数仪本身是否有故障。

(2)振弦式渗压计计数不稳定。处理办法是：①用蓝色接线柱将屏蔽线接到读数仪上；②将读数仪放在一块绝缘的材料上，使其与大地绝缘；③检查附近是否有干扰源，如电动机、发电机、天线或电缆，可能的话，移开振弦式渗压计的电缆，有关滤波和屏蔽设备问题与生产厂家联系；④振弦式渗压计可能已经过载或坏了；⑤振弦式渗压计可能与屏蔽短路了，检查一下屏蔽线与振弦式孔隙水压力计之间的电阻。

(3)热敏电阻的阻值太高。处理办法是：①一般是连接端子和插头等有开路的地方，检查一下相应的地方；②振弦式渗压计的内部可能进水了，该问题无法进行处理。

## 4.2 渗流量监测

### 4.2.1 堰上水位计检查

堰上水位计外观应平整、光洁、无锈斑及裂痕、无明显划痕；传感器表面应进行防腐处理；各部分连接牢固；引出电缆、护套无损伤。传感器应有铭牌标志，铭牌上应标明产品名称、型号、规格、出厂编号、制造厂名称和生产日期。

检查堰上水位计绝缘电阻和初始(零水位)读数：

（1）绝缘性检验测试前，传感器在正常试验大气条件下预先置放 8 h。

（2）绝缘性检验测试时，应将传感器芯线可靠并联后施测。

（3）传感器正常试验大气条件下的绝缘性按第（2）条要求直接检测。

（4）差动电阻式水压力传感器在温度为 0 ℃和 +40 ℃水中的绝缘性、非水压力传感器在温度为 0 ℃和 +60 ℃水中的绝缘性在相应温度的水中进行检测。

（5）非差动电阻式的水压力传感器应在其测量范围额定压力水中、在水下工作的非水压力传感器应在 0.5 MPa 或规定的压力水中检测信号电缆芯线与外护套间的绝缘电阻。

合格性判定标准如下：

（1）经绝缘性检验测试后，用传感器读数仪测读传感器，其输出信号应稳定。

（2）绝缘电阻满足规定要求。

### 4.2.2　安装量水堰，填写考证表

三角堰材料可选用 VC、玻璃钢、不锈钢。流量较大时，要相应增加壁厚。三角口处的尺寸准确、缘台平直、光滑，板面光滑、平整、无扭曲；三角堰的中心线要与渠道的中心线重合；三角堰可按图 5-4-12、图 5-4-13 加工。注意：安装该直角三角堰的上游渠道宽是 600 mm，三角顶角与上游渠底的高度是 250 mm。

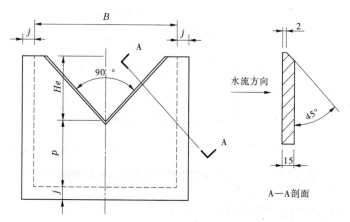

**图 5-4-12　直角三角堰堰板构造** （单位：cm）

三角堰安装在渠道上如图 5-4-14 所示。堰板要竖直，要安在渠道的中轴线上。加工三角堰时，可使顶角变成圆角。在确定水位等于零的位置时要注意，三角堰的水位零点应在三角堰的侧边的延长线的交点上。仪表的探头要安装在上游距离堰板 0.5～1 m 的位置。

量水堰安装考证表见表 5-4-10、表 5-4-11。

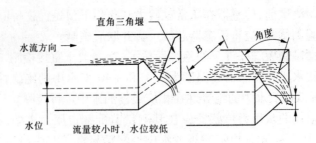

**图 5-4-13　三角堰建造效果图**

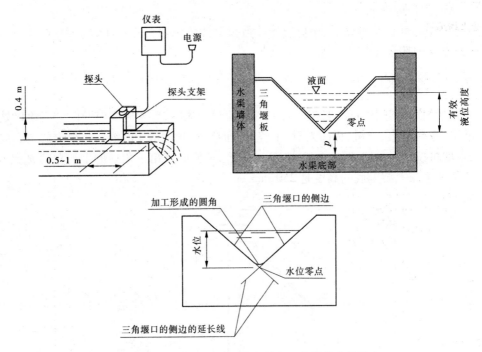

**图 5-4-14　三角堰在渠道上的安装和三角堰的水位零点**

### 4.2.3　检查、维护水位计读数仪

检查、维护水位计读数仪同其他类似仪器。

### 4.2.4　换算标准渗流量

由于黏滞性随水温变化而变化,温度因素可造成渗流量相当大的变化。为了在分析中消除这一影响,在分析之前要把不同温度的渗流量换算成某一标准温度下的渗流量:

$$Q_T = \frac{\nu_t}{\nu_T} Q_t \tag{5-4-1}$$

式中　$Q_T$、$Q_t$——标准水温渗流量和实测水温渗流量;

　　　$\nu_T$、$\nu_t$——标准水温和实测水温时水的运动黏滞系数。

当取 $T = 10\ ℃$ 为标准温度时,式(5-4-1)可近似为

$$Q_{10} = Q_t / (0.67 + 0.033t) \tag{5-4-2}$$

式中 $Q_{10}$——10 ℃的渗流量;

$Q_t$——实测水温渗流量;

$t$——实测水温。

实际上,多数工程没有量水堰水温观测,可把全年的日平均气温看作一条正弦曲线,进行温度模拟,以 1 月平均气温和 7 月平均气温作为最小值、最大值。

表 5-4-10 振弦式堰上水位仪安装考证表

| 工程或项目名称 | | | | | | |
|---|---|---|---|---|---|---|
| 量水堰编号 | | 桩号<br>(m) | | 坝轴距<br>(m) | | 堰口高程<br>(m) |
| 传感器编号 | | | 生产厂家 | | | |
| 传感器系数<br>(mm/kHz²) | | | 传感器厂家系数<br>(mm/kHz²) | | 量程<br>(mm) | |
| 传感器零位读数<br>(kHz²) | | | 传感器零位温度<br>(℃) | | | |
| 安装后传感器读数<br>(kHz²) | | | 安装后传感器<br>温度(℃) | | | |
| 水位仪顶高程<br>(m) | | | 水位仪组件长<br>(m) | | 水位仪底<br>高程(m) | |
| 安装日期 | | 天气 | 气温<br>(℃) | | 水温<br>(℃) | |
| 上游水位(m) | | | 下游水位(m) | | | |
| 安装示意<br>图及说明 | 安装示意图: | | 说明:<br>安装后测试计算堰上水头为 mm<br>实际量测堰上水头为 mm | | | |

技术负责人: 校核人: 埋设及填表人: 日期:

监理工程师:

| 备注 | |
|---|---|

表 5-4-11　电容感应式堰上水位仪安装考证表

| | | | | | | |
|---|---|---|---|---|---|---|
| 工程或项目名称 | | | | | | |
| 量水堰编号 | | 桩号<br>（m） | | 坝轴距<br>（m） | | 堰口高程<br>（m） |
| 传感器编号 | | | 生产厂家 | | | |
| 传感器系数<br>（mm） | | | 传感器厂家系数<br>（mm） | | | 量程<br>（mm） |
| 安装前传感器零压输出值<br>（电容比） | | | 安装后传感器初始电<br>容比输出值(电容比) | | | |
| 安装日期 | | 天气 | | 气温<br>（℃） | | 水温<br>（℃） |
| 上游水位(m) | | | 下游水位(m) | | | |
| 安装示意<br>图及说明 | 安装示意图：　　　　　　　　　　　说明：<br>　　　　　　　　　　　　　　　　　安装后测试计算堰上水头为　　mm<br>　　　　　　　　　　　　　　　　　实际量测堰上水头为　　mm | | | | | |

技术负责人：　　　　　校核人：　　　　　埋设及填表人：　　　　　日期：

监理工程师：

| | |
|---|---|
| 备注 | |

# 模块 5　应力应变及温度监测

## 5.1　应力应变监测

### 5.1.1　埋设安装应力应变监测传感器,填写考证表

#### 5.1.1.1　应变监测仪器及安装

##### 1.差动电阻式应变计

差动电阻式(简称差阻式)系列应变计主要由电阻感应组件、外壳及引出电缆密封室三个主要部分构成。图 5-5-1 为 250 mm 标距差阻式应变计的结构示意图。

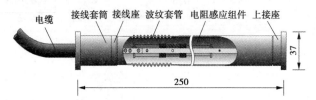

电缆　接线套筒　接线座　波纹套管　电阻感应组件　上接座

**图 5-5-1　250 mm 标距差阻式应变计结构示意图**　(单位:mm)

图 5-5-1 中电阻感应组件主要由两根专门的差动变化的电阻钢丝与相关的安装件组成。弹性波纹管分别与接线座、上接座锡焊在一起。止水密封部分由接座套筒及相应的止水密封部件组成。仪器中充有变压器油,以防止电阻钢丝生锈,同时在钢丝通电发热时吸收热量,使测值稳定。仪器波纹管的外表面包裹一层布带,使仪器与周围混凝土相脱开。

差阻式应变计埋设于混凝土内,混凝土的变形将通过凸缘盘引起仪器内电阻感应组件发生相对位移,从而使其组件上的两根电阻丝电阻值发生变化,其中一根 $R_1$ 减小(增大),另一根 $R_2$ 增大(减小),相应电阻比发生变化,通过电阻比指示仪测量其电阻比变化而得到混凝土的应变变化量。应变计可同时测量电阻值的变化,经换算即为混凝土的温度测值。

差阻式应变计的电阻变化与应变和温度的关系如下:

$$\varepsilon = f\Delta Z + b\Delta t \tag{5-5-1}$$

式中　$\varepsilon$——应变量,$10^{-6}$;

　　　$f$——应变计最小读数,$10^{-6}/0.01\%$;

　　　$b$——应变计的温度修正系数,$10^{-6}/℃$;

　　　$\Delta Z$——电阻比相对于基准值的变化量,拉伸为正,压缩为负;

　　　$\Delta t$——温度相对于基准值的变化量,温度升高为正,降低为负,℃。

根据不同要求和不同的使用环境,差阻式应变计有多种型号,表 5-5-1 中列出了差阻

式应变计的主要参数。其中,ZS – 25、ZS – 25M、ZS – 25MH 型应变计可用于埋入含粗骨料的混凝土结构中。ZS – 25M 为加大弹性模量的应变计,ZS – 25MH 为加大弹性模量和量程的应变计,供工程中的特种应用。

表 5-5-1　差阻式应变计主要参数

| 标距(mm) | | 100 | 150 | 250 | 250 | 250 | 100 | 150 | 250 |
|---|---|---|---|---|---|---|---|---|---|
| 有效直径(mm) | | 21 | 21 | 29 | 29 | 29 | 21 | 21 | 29 |
| 端部直径(mm) | | 27 | 27 | 37 | 37 | 37 | 27 | 27 | 37 |
| 应变测量范围 $(10^{-6}\mu\varepsilon)$ | 拉 | 1 000 | 1 200 | 600 | 600 | 200 | 1 000 | 1 200 | 600 |
| | 压 | – 1 500 | – 1 200 | – 1 000 | – 1 000 | – 2 000 | – 1 500 | – 1 200 | – 1 000 |
| 最小读数 $(10^{-6}/0.01\%)\leqslant$ | | 6.0 | 4.0 | 3.0 | 3.0 | 4.0 | 6.0 | 4.0 | 3.0 |
| 弹性模量(MPa) | | 150 ~ 250 | | 300 ~ 500 | 1 000 | | | 300 ~ 500 | |
| 耐水压(MPa) | | 0.5 | | | | | 2.0(3.0、5.0 可定制) | | |
| 绝缘电阻 ( MΩ ) | 使用温度范围内 | ≥50 | | | | | | | |
| | 0.5 MPa 水中 | | | | | | | | |
| 温度测量范围(℃) | | – 25 ~ +60 | | | | | | | |
| 温度测量精度(℃) | | ±0.5 | | | | | | | |
| 温度修正系数 $(10^{-6}/℃)$ | | 13.4 | 12.3 | 11.3 | 11.3 | 11.3 | 13.4 | 12.3 | 11.3 |

　　ZS – 15、ZS – 15G 型应变计埋设在混凝土结构内部或结构物表面,其中 ZS – 15G 为供特种场合应用的耐高压应变计。

　　ZS – 10、ZS – 10G 型应变计埋设在小断面混凝土结构内部,通常多配合夹具用于表面安装,其中 ZS – 10G 为供特种场合应用的耐高压应变计。

　　2. 振弦式应变计

　　振弦式应变计由两个带 O 形密封圈的端块、保护管、管内振弦感应组件等组成,振弦感应组件主要由张紧钢丝及激振线圈与相关的安装件构成。图 5-5-2 为 150 mm 标距振弦式应变计的结构示意图。

　　振弦式应变计埋设于混凝土内,混凝土的变形将通过仪器端块引起仪器内钢弦变形,使钢弦发生应力变化,从而改变钢弦的振动频率。测量时利用电磁线圈激拨钢弦并量测其振动频率,频率信号经电缆传输至频率读数装置或数据采集系统,再经换算即可得到混凝土的应变变化量。同时由应变计中的热敏电阻可同步测出埋设点的温度值。

　　埋设在混凝土建筑物内的应变计,受到的是变形和温度的双重作用,因此应变计一般

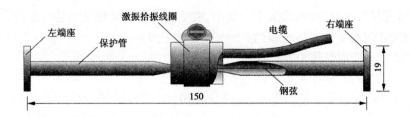

**图 5-5-2** 150 mm 标距振弦式应变计结构示意图 （单位：mm）

计算公式为

$$\varepsilon = k(F - F_0) + b(T - T_0) \tag{5-5-2}$$

式中 $\varepsilon$——被测混凝土的应变量，$10^{-6}$；

$k$——应变计的最小读数，$10^{-6}/\text{kHz}^2$；

$F$——实时测量的应变计输出值，$\text{kHz}^2$；

$F_0$——应变计的基准值，$\text{kHz}^2$；

$b$——应变计的温度修正系数，$10^{-6}/℃$；

$T$——温度的实时测量值，℃；

$T_0$——温度的基准值，℃。

振弦式应变计主要有埋入式及表面安装两种，表 5-5-2 中列出了振弦式应变计的主要参数。

**表 5-5-2 VS 系列振弦式应变计主要参数**

| 安装埋设方式 | | 埋入式 | 表面安装 |
|---|---|---|---|
| 尺寸参数 | 标距 $L$(mm) | 150 | 150 |
| | 端部直径 $D$(mm) | 19 | 12 |
| 性能参数 | 应变测量范围(με) | 3 000 | |
| | 分辨力(με) | 0.5 ~ 1.0 | |
| | 精度(%F.S.) | ≤0.25(0.1 可选) | |
| | 温度测量范围(℃) | −20 ~ +60 | |
| | 温度测量精度(℃) | ±0.5 | |
| | 绝缘电阻(MΩ) | ≥50 | |
| | 仪器频率范围(Hz) | 400 ~ 1 400(指示仪用 B 挡) | |

**3. 应变计安装**

应变计的使用场合很多，可以埋设在混凝土内部，也可安装在结构物表面，其工作情况及施工条件亦不尽相同，所以埋设安装方法也不一样，一般有以下几种安装方式：

（1）用扎带（或铅丝）和铁棒绑扎定位在钢筋网（或锚索）上。

（2）直接插入现浇混凝土中或在已浇混凝土上用支座支杆预装定位后浇入混凝土中。

（3）预先浇筑在相同材料的混凝土块中，凿毛后埋入建筑物现浇混凝土内。

（4）埋设在混凝土或岩石试块内。

（5）作为基岩应变计埋设在槽坑内。

（6）在浆砌块石结构中埋设在块石钻孔内。

通常，埋设在混凝土中的应变计需配套埋设无应力计，但埋设在岩体中的应变计则无须埋设无应力计。无应力计是装设于无应力计筒内的应变计，埋设在相同环境的应变计（组）旁（约 1 m），用于扣除应变计的非应力应变，也可用于研究混凝土的自生体积变形等材料特性。

下面主要叙述差阻式应变计的埋设方法，而振弦式应变计的埋设方法与此类似。

1）单向应变计的安装埋设

单向应变计可在混凝土振捣或碾压后，在埋设部位挖槽埋设，并用相同混凝土（剔除粒径大于 8 cm 的骨料）人工回填，人工捣实；埋设仪器的角度误差应不超过 1°，位置误差应不超过 2 cm；仪器埋好后，其部位应做明显标记，并留人看护。

2）两向应变计的安装埋设

两向应变计可在混凝土振捣或碾压后，在埋设部位挖槽埋设，并用相同混凝土（剔除粒径大于 8 cm 的骨料）人工回填，人工捣实；两应变计应保持相互垂直，相距 8 ~ 10 cm。埋设仪器的角度误差应不超过 1°，位置误差应不超过 2 cm；两应变计组成的平面应与结构面平行或垂直；仪器埋好后，其部位应做明显标记，并留人看护。

3）应变计组的安装埋设

根据混凝土施工方式的不同，一般在常态混凝土中应变计组的埋设与碾压混凝土中应变计组的埋设方法不尽相同，以下分别介绍。

A. 常态混凝土中应变计组的埋设

（1）仪器埋设应设专人负责，运送仪器时要轻拿轻放，埋设仪器要细心操作，保证仪器不损坏和安装位置正确，埋设仪器过程中应进行现场维护。

（2）根据仪器埋设的数量，备齐仪器（已根据设计施工要求接长电缆）和附件（支座、支杆等），并做好仪器编号和存档工作，同时考虑适当的仪器备用量。

（3）按照埋设点的高程、方位及埋设部位混凝土浇筑进度，将预埋件预埋在先浇筑的混凝土层内，预埋件杆外露长度应不小于 20 cm（见图 5-5-3（a））。预埋杆可根据需要适当加长，其螺纹部分应用纱布或牛皮纸包裹好，以免砂浆玷污或碰伤。

（4）当混凝土浇筑到接近埋设高程时，用适当尺寸的挡板挡好埋设点周围的混凝土，取下预埋件螺纹的裹布，安装支座并固定其位置和方向，然后将支杆套管按设计要求的方向装上支座。应变计组仪器编号如图 5-5-3（b）所示。

（5）将套管上螺帽松开，取出支杆（螺母应套在支杆上）旋入仪器上接座端，拧紧后将支杆套入套管内，将螺帽并紧（见图 5-5-3（c））。

（6）将接好仪器的支杆插入支杆套筒内，借助支杆两端的橡胶圈保证支杆的方向和位置稳定。

（7）按设计编号安装好相应的应变计，应严格控制应变计的安装方向，埋设仪器的角度误差应不超过 1°。定位后将仪器电缆捆扎在一起，并按设计去向引到临时或永久观测站。

(8)仪器周围的混凝土,应剔除粒径大于8 cm的骨料,从周围慢慢倒入仪器附近,并用人工方法捣实。

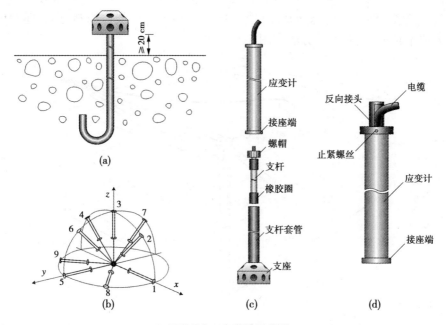

图5-5-3  应变计组埋设

(9)埋设过程中应进行现场维护,非工作人员不得进入埋设点5 m半径范围以内。仪器埋好后,其部位应做明显标记,并留人看护。

(10)应变计安装埋设完毕后,2 h测一次,至混凝土终凝后改4 h一次测一天,再改8 h一次测一天,再改一天测一次,逐渐减少至施工期正常观测频次。应变计的观测时间应与相应的无应力计相同。

为减少和避免约束应力的影响,应变计应埋设在浇筑层的中部,该层与上、下层混凝土浇筑时间间歇不应超过10 d。

B. 碾压混凝土中应变计组的埋设

对于碾压混凝土施工方法,应变计宜采用挖坑埋设方法。

(1)根据仪器埋设的数量,备齐仪器(已根据设计施工要求接长电缆)和附件(支座、支杆等),并做好仪器编号和存档工作,同时考虑适当的仪器备用量。

(2)由于应变计组的坑埋需采用反向埋设,因此向下垂直90°向、45°向、135°向的应变计需在接长电缆前装上特制的反向接头,如图5-5-3(d)所示,接长电缆后经测量是正常的再运到现场。

(3)按照上一节应变计组附件安装方法,按设计编号安装好相应的应变计。其中,向下垂直90°向、45°向、135°向的应变计采用特制的反向接头和带有电缆一侧的仪器端座连接,然后接在支座支杆上,反向接头与仪器端座是用螺丝连接或用止紧螺钉止紧。为了保证测点真正处于"点应力状态",尽可能缩小成组仪器布置范围(支座支杆加工成8 cm

长）。互成90°水平向两支应变计可以不使用反向接头。

（4）可采取两种坑埋方式：一种是在测点处预置 80 cm × 80 cm × 60 cm 的预留盒，待第二层碾压后取出预留盒，造成一个 80 cm × 80 cm × 60 cm 的预留坑；另一种方式是在碾压过的混凝土表面现挖一个深 60 cm、底部为 70 cm × 70 cm 的坑。将已装在支座支杆上的应变计组倒置，慢慢放入挖好的坑内并定位，所有应变计应严格控制方向，埋设仪器的角度误差应不超过 1°，其安装方法如图 5-5-4 所示。

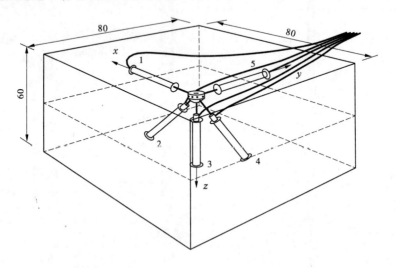

**图 5-5-4　碾压混凝土中应变计组反向埋设**　（单位：cm）

（5）用相同的碾压混凝土料（剔除粒径大于 8 cm 的骨料）人工回填覆盖，加适量含水泥的水，采用小型振捣棒细心捣实。测点处周边 2 m 范围不得强力振捣，该处上层混凝土仍为人工填筑，小型振捣棒捣实。也可在回填混凝土并经人工捣实后，采用 1 t 人工碾碾压 8 ~ 10 遍。

（6）在回填碾压混凝土和碾压过程中，应不断监测仪器变化，判明仪器受振动碾压后的工作状态。

（7）仪器引出电缆，集中绑好，开凿电缆沟水平敷设，电缆在沟内放松成 S 形延伸，在电缆上面覆盖混凝土的厚度应大于 15 cm，回填碾压混凝土也是要剔除 4 cm 以上的大骨料，然后用碾子碾压实，避免沿电缆埋设方向形成渗水途径。仪器电缆应按设计要求引到临时或永久观测站。

（8）埋设过程中应进行现场维护，非工作人员不得进入埋设点 5 m 半径范围以内。仪器埋好后，其部位应做明显标记，防止运料车、推土机压在其上行驶。

4）基岩应变计的安装埋设

差阻式应变计可作为基岩应变计安装埋设在岩体中。根据设计要求，基岩应变计可采用钻孔或凿槽方式埋设。

（1）钻孔埋设。采用钻孔埋设，钻孔的孔径一般 75 ~ 90 mm，孔深根据设计要求确定。孔内应冲洗干净，排除积水，仪器应位于埋设孔中心，其方向误差应不超过 ±1°。埋设时应采用膨胀水泥砂浆(或微缩水泥砂浆)填孔。为防止水泥砂浆对仪器变形的影响,应在仪器中间嵌一层 2 mm 厚的橡皮或油毛毡,如图 5-5-5 所示。

(2)凿槽埋设。采用凿槽埋设时,开槽的尺寸为 500 mm×200 mm×200 mm。仪器安装定位的方向误差应不超过 ±1°。埋设时应将槽坑清洗干净,采用膨胀水泥砂浆(或微缩水泥砂浆)铺填。为了防止砂浆对仪器变形的影响,应在仪器中嵌一层 2 mm 厚的橡皮或油毛毡。埋设示意图如图 5-5-5 所示。

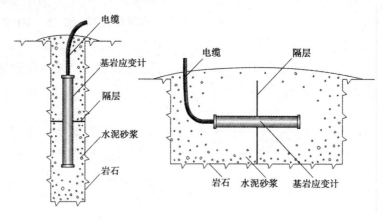

**图 5-5-5　基岩应变计埋设**

5)其他应用

差阻式应变计除应用于大坝坝体及坝基外,还可应用于各种工程结构物中,并可采用不同的安装埋设方法。

(1)绑扎埋设。在钢筋混凝土结构中,可在混凝土浇筑前将应变计绑扎在钢筋构架之上;在预应力混凝土中,可将应变计绑扎在预应力锚索上。在钢筋或锚索的捆扎点处,应先缠一道减震的橡胶带或微孔塑料。绑扎在一根钢筋(或锚索)上时需加垫块,绑扎在两根钢筋之间则用细钢筋支承。绑扎安装时应确保应变计的方向偏差不应大于 1°。应变计绑扎埋设示意图如图 5-5-6 所示。

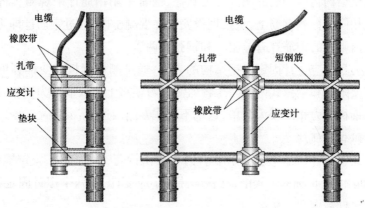

**图 5-5-6　应变计的绑扎埋设**

（2）预制埋设。差阻式应变计（组）可以根据需要采用预制块埋设方法，将应变计（组）在预制块模板内精确定位，然后在预制块内浇筑与现场配合比相同的混凝土，并用小振捣棒或人工捣实。预制块制备后应洒水养护，待达到设计龄期（一般为1～3 d），将预制块表面凿毛，运至现场，在设计的测点部位放入现浇混凝土中。预制块的尺寸与仪器（组）有关，对于250 mm标距的大应变计，预制块尺寸宜为100 cm×100 cm×100 cm。

（3）条石中埋设。当需要监测浆砌石结构中（如浆砌石坝）的应力应变时，可在条石中埋设应变计（组）。由于条石尺寸有限，一般采用小规格仪器，如ZS－10型差阻式应变计。它的安装埋设方法与基岩应变计类似，可采用风钻钻孔，孔径$\phi$50 mm，孔深约200 mm，仪器置于孔内中心位置，中间以2 mm橡皮隔开，孔内回填微缩水泥砂浆（或微膨胀水泥砂浆），其埋设示意图如图5-5-7所示。

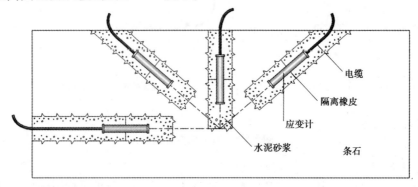

图 5-5-7　条石中埋设应变计

4. 填写考证表

差动电阻式应变计安装考证表见表5-5-3、表5-5-4。

### 5.1.1.2　钢筋应力与钢板应力监测

钢筋混凝土结构物内钢筋的实际受力状态，通常采用钢筋计来观测。将钢筋计的两端焊接在直径相同的待测钢筋上，直接埋设安装在混凝土内，通过钢筋计即可确定钢筋受到的应力。国内常用的钢筋计有差阻式和钢弦式两类。

通常利用夹具将应变计固定在钢结构的表面，通过测量钢板应变推算钢板应力。常用的应变计有差阻式和钢弦式两类。工程监测上习惯将上述仪器称为钢板计。由于安装钢板计与测量钢板应力相对较为简单，这里不再作专门叙述。

1. 差动电阻式钢筋计

差动电阻式钢筋计（简称差阻式钢筋计）主要由钢套、敏感部件、紧定螺钉、电缆及连接杆等构成，如图5-5-8所示。其中，敏感部件为小应变计，用六个螺钉固定在钢套中间。钢筋计两端连接杆与钢套焊接。

### 表 5-5-3　差动电阻式应变计（含无应力计）安装考证表

| 工程或项目名称 | | | | | | |
|---|---|---|---|---|---|---|
| 测点编号 | | 生产厂家 | | | | |
| 传感器编号 | | 仪器型号 | | 仪器量程<br>（$\mu\varepsilon$） | 压 | |
| 出厂编号 | | 标距（mm） | | | 拉 | |
| 传感器系数 $f$<br>（$\mu\varepsilon/0.01\%$） | | 温度系数 $a'$<br>（℃/Ω） | | 0 ℃时电阻值<br>（Ω） | | |
| 温度补偿<br>系数（$\mu\varepsilon$/℃） | | 接线长度<br>（m） | | 埋设方向 | | |
| 埋设高程（m） | | 桩号（m） | | 坝轴距（m） | | |
| 埋设日期 | | 气温<br>（℃） | | 混凝土入仓<br>温度（℃） | | |
| 天气 | | 上游水位<br>（m） | | 下游水位<br>（m） | | |
| 起始读数 | $Z_0$ | | 绝缘电阻<br>（MΩ） | 安装前 | | |
| | $R_0/T_0$<br>（Ω/℃） | | | 安装后 | | |
| 埋设后观测时间<br>（月　日　时） | | | | | | |
| 埋设后<br>读数 | $Z_i$ | | | | | |
| | $R_i/T_i$（Ω/℃） | | | | | |
| 埋设示意<br>图及说明 | | | | | | |

技术负责人：　　　　校核人：　　　　埋设及填表人：　　　　日期：

监理工程师：

| 备注 | |
|---|---|

表 5-5-4　差动电阻式应变计组安装考证表

| 工程或项目名称 | | | | | | | |
|---|---|---|---|---|---|---|---|
| 仪器型号 | | | 生产厂家 | | | | |
| 标距(mm) | | | | 量程 | | 压 | |
| 接线长度(m) | | | | (με) | | 拉 | |
| 传感器序号 | | | | | | | |
| 测点编号 | | | | | | | |
| 传感器编号 | | | | | | | |
| 出厂编号 | | | | | | | |
| 传感器系数 $f(με/0.01\%)$ | | | | | | | |
| 温度系数 $a'(℃/Ω)$ | | | | | | | |
| 0 ℃时电阻值 $R'(Ω)$ | | | | | | | |
| 埋设高程(m) | | | | | | | |
| 桩号(m) | | | | | | | |
| 坝轴距(m) | | | | | | | |
| 埋设方向 | | | | | | | |
| 绝缘电阻 (MΩ) | 安装前 | | | | | | |
| | 安装后 | | | | | | |
| 起始读数 | $Z_0$ | | | | | | |
| | $R_0/T_0(Ω/℃)$ | | | | | | |
| 稳定后 读数 | $Z_i$ | | | | | | |
| | $R_i/T_i(Ω/℃)$ | | | | | | |
| 埋设日期 | | 天气 | | | 气温(℃) | | |
| 上游水位 (m) | | 下游水位 (m) | | | 混凝土入仓 温度(℃) | | |
| 埋设示意 图及说明 | | | | | | | |

技术负责人：　　　　　　校核人：　　　　　　埋设及填表人：　　　　　　日期：

监理工程师：

备注

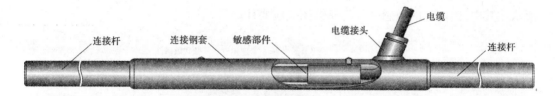

图 5-5-8　差阻式钢筋计

差阻式钢筋计埋设于混凝土内,钢筋计连接杆与所要测量的钢筋通过焊接或螺套连接在一起,当钢筋的应力发生变化而引起差阻式感应组件发生相对位移,从而使得感应组件上的两根电阻丝的电阻值发生变化,其中一根 $R_1$ 减小(增大),另一根 $R_2$ 增大(减小),通过电阻比指示仪测量其电阻比变化而得到钢筋应力的变化量。钢筋计可同时测量电阻值的变化,经换算即为测点处的混凝土温度测值。

埋设在混凝土建筑物内的钢筋计,受到应力和温度的双重作用,因此钢筋计的一般计算公式为

$$\sigma = f\Delta Z + b\Delta t \qquad (5\text{-}5\text{-}3)$$

式中　$\sigma$——应力,MPa;

$f$——钢筋计最小读数,MPa/0.01%;

$b$——钢筋计的温度修正系数,MPa/℃;

$\Delta Z$——电阻比相对于基准值的变化量,拉伸为正,压缩为负;

$\Delta t$——温度相对于基准值的变化量,温度升高为正,降低为负,℃。

差阻式钢筋计有多种型号,表 5-5-5 中列出了系列差阻式钢筋计的主要参数。其中,规格及型号中的 * 代表钢筋直径,主要有 16 mm、18 mm、20 mm、22 mm、25 mm、28 mm、32 mm、36 mm、40 mm 几种。

表 5-5-5　差阻式钢筋计主要参数

| 规格及型号 | | HZR- * | HZR- * -T1 | HZR- * -T2 | HZR- * -G | HZR- * -T1G | HZR- * -T2G |
|---|---|---|---|---|---|---|---|
| 应力测量范围 | 拉伸(MPa) | 0 ~ 200 | 0 ~ 300 | 0 ~ 400 | 0 ~ 200 | 0 ~ 300 | 0 ~ 400 |
| | 压缩(MPa) | 0 ~ 100 | | | | | |
| 最小读数(MPa/0.01%)≤ | | 1 | 1.3 | 1.6 | 1 | 1.3 | 1.6 |
| 性能参数 | 温度测量范围(℃) | − 25 ~ +60 | | | | | |
| | 温度测量精度(℃) | ±0.5 | | | | | |
| | 温度修正系数(MPa/℃) | 0.06 | | | | | |
| | 绝缘电阻(MΩ) | ≥50 | | | | | |
| | 耐水压(MPa) | 0.5 | | | 3.0、5.0 | | |
| | 长度(mm) | 780 | | | | | |

### 2. 振弦式钢筋计

振弦式钢筋计主要由钢套、连接杆、弦式敏感部件及激振电磁线圈等组成,如图 5-5-9

所示。其中,钢筋计的敏感部件为一振弦式应变计。

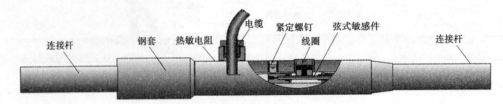

**图 5-5-9 振弦式钢筋计**

振弦式钢筋计的敏感部件为一振弦式应变计。将钢筋计与所要测量的钢筋采用焊接或螺纹方式连接在一起,当钢筋所受的应力发生变化时,振弦式应变计输出的信号频率发生变化。电磁线圈激拨振弦并测量其振动频率,频率信号经电缆传输至读数装置或数据采集系统,再经换算即可得到钢筋应力的变化。同时由钢筋计中的热敏电阻可同步测出埋设点的温度值。

埋设在混凝土建筑物内或其他结构物中的钢筋计,受到的是应力和温度的双重作用,因此钢筋计一般计算公式为

$$\sigma = k(F - F_0) + b(T - T_0) \tag{5-5-4}$$

式中    $\sigma$——被测结构物钢筋所受的应力值,MPa;

       $k$——钢筋计的最小读数,MPa $/\text{kHz}^2$;

       $F$——实时测量的钢筋计输出值,$\text{kHz}^2$;

       $F_0$——钢筋计的基准值;

       其他符号含义同前。

振弦式钢筋计也有多种型号,表 5-5-6 中列出了振弦式钢筋计的主要参数。其中,规格及型号中的 * 代表钢筋直径,主要有 16 mm、18 mm、20 mm、22 mm、25 mm、28 mm、32 mm、36 mm、40 mm 几种。

**表 5-5-6 振弦式钢筋计主要参数**

| 规格及型号 | | NVR- * | NVR- * -T1 | NVR- * -T2 | NVR- * -G | NVR- * -T1G | NVR- * -T2G |
|---|---|---|---|---|---|---|---|
| 性能参数 | 应力测量范围 | 拉伸(MPa) | 0 ~ 200 | 0 ~ 300 | 0 ~ 400 | 0 ~ 200 | 0 ~ 300 | 0 ~ 400 |
| | | 压缩(MPa) | 0 ~ 100 | | | | | |
| | 分辨力(% F. S. )≤ | 0.05 | | | | | |
| | 精度(% F. S. )≤ | 0.25 | | | | | |
| | 温度测量范围(℃) | -20 ~ +60 | | | | | |
| | 温度测量精度(℃) | ±0.5 | | | | | |
| | 绝缘电阻(MΩ) | ≥50 | | | | | |
| | 耐水压(MPa) | 0.5 | | 3.0、5.0 | | | |
| | 长度(mm) | 680 | | | | | |
| | 仪器频率范围(Hz) | 1 300 ~ 2 300(指示仪用 D 挡测量) | | | | | |

3. 钢筋计安装

钢筋计主要有以下安装方式:

(1)与结构钢筋连接,安装于钢筋网上并浇筑于混凝土构件中。

(2)与锚杆连接,作为锚杆应力计埋设在基岩或边坡钻孔中。

两种类型的钢筋计现场安装要求基本相同,下面以差阻式钢筋计为例,说明钢筋计几种典型的安装方式。

1)安装在结构钢筋上

(1)按钢筋直径选配相应的钢筋计,如果规格不符合,应选择尽量接近于结构钢筋直径的钢筋计,例如:钢筋直径为 35 mm,可使用 ZR－36 或 ZR－32 的钢筋计,此时仪器的最小读数应进行修正。如直径差异过大,则应考虑改变配筋设计。

(2)在安装前必须对已率定好的钢筋计逐一进行检测,确认仪器是正常的,并同时检查接长电缆的芯线电阻、绝缘度等应达到规定的技术条件,此时才可以按设计要求将钢筋计接长电缆,做好仪器编号和存档工作。

(3)钢筋计总长 60～80 cm,需按设计要求同结构钢筋连接,其焊接加长工作可在钢筋加工厂预先做好(也可在现场埋设时电焊连接方式),通常可采用以下几种方法:

①对焊。

一般直径小于 28 mm 的仪器可采用对焊机对焊,此法焊接速度很快,可不必做降温冷却工作,焊接强度完全符合要求。对于直径大于 28 mm 的钢筋,不宜采用对焊焊接。

焊接时应将钢筋与钢筋计中心线对正,之后采用对接法把仪器两端的连接杆分别与钢筋焊接在一起,如图 5-5-10 所示。

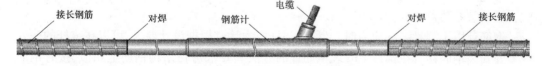

图 5-5-10　钢筋与钢筋计对焊连接

②熔槽焊。

将仪器与焊接钢筋两端头部削成斜坡45°～60°,如图 5-5-11 所示。用略大于钢筋直径的角钢,长 30 cm,摆正仪器与钢筋在同一中心线上,不得有弯斜现象,焊接应用优质焊条,焊层应均匀,焊一层即用小锤打去焊渣,这样层层焊接到略高出为止。

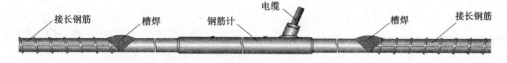

图 5-5-11　钢筋与钢筋计熔槽焊连接

为了避免焊接时温升过高而损伤仪器,焊接时,仪器要包上湿棉纱并不断浇上冷水,焊接过程中仪器测出的温度应低于 60 ℃。为防止仪器温度过高,可以用停停焊焊的办法,焊接处不得洒水冷却,以免焊层变硬脆。

③绑条焊。

采用绑条焊接时,为确保钢筋计沿轴心受力,不仅要求钢筋与钢筋计连接杆应沿中心线对正,而且要求采用对称的双绑条焊接,绑条的截面面积应为结构钢筋的1.5倍,绑条与结构钢筋和连接杆的搭接长度均应为5倍钢筋直径,并应采用双面焊,如图5-5-12所示。

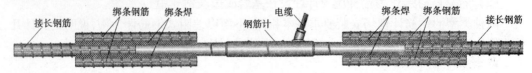

**图5-5-12　钢筋与钢筋计绑条焊连接**

同样,为了避免焊接时温升过高而损伤仪器,焊接时,仪器要包上湿棉纱并不断浇上冷水,焊接过程中仪器测出的温度应低于60 ℃。为防止仪器温度过高,可以用停停焊焊的办法,焊接处不得洒水冷却,以免焊层变硬脆。绑条焊处断面较大,为减少附加应力的干扰,宜涂沥青,包扎麻布,使之与混凝土脱开。

④螺纹连接。

采用螺纹连接接长钢筋计可减少现场焊接工作量和施工干扰,要求钢筋计的连接杆和结构钢筋的连接头均应加工成相同直径的阳螺纹,并配以带阴螺纹的套管,可在现场直接安装,如图5-5-13所示。

**图5-5-13　钢筋与钢筋计螺纹连接**

2)安装在锚杆上

钢筋计用于测量锚杆应力时,又称为锚杆应力计。根据设计要求,可以在锚杆的一处或多处安装钢筋计。在锚杆上安装钢筋计的方法和要求与在结构钢筋上相似,接有钢筋计的锚杆应力计通常安装在岩体的钻孔中。

A.钻孔灌浆安装锚杆应力计

锚杆应力计的现场埋设可采用两种方法。

(1)当钻孔直径较大、无须快速接续下一道工序(如钢丝网喷锚)时,可采用水泥灌浆封孔。将接好锚杆应力计的锚杆、灌浆管、排气管一起插入钻孔中,经测量确认仪器工作正常,理顺电缆,封堵孔口,进行灌浆。一般水泥砂浆配合比宜为1:1～1:2,水灰比为0.38～0.40。灌浆时,应在设计规定的压力下进行,灌至孔内停止吸浆时,持续10 min,即可结束。砂浆固化后,测其初始值。电缆引至观测站,按设计要求定期监测,如图5-5-14所示。

(2)当钻孔孔径较小且有后续工序连续作业时,可采用锚固剂填充,使之快速凝结,并与岩体固结为一个整体,形成后续工序的撑点。

采用钻孔内灌浆或填充时,可以在一根锚杆的一处或多处安装锚杆应力计,实现沿锚杆不同深度的多点监测。

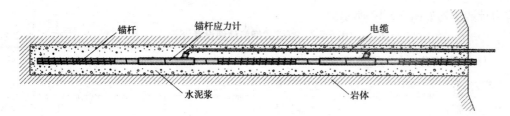

**图 5-5-14　钻孔灌浆安装锚杆应力计**

B. 钻孔不灌浆安装锚杆应力计

根据设计要求,可以在锚杆的端部设置锚头,填以 40～50 cm 水泥砂浆予以锚固,在孔口设置锚板,并用螺栓拧紧。此安装方法宜在锚固上设置一个锚杆应力计,其测值将反映锚杆控制范围内的岩体的平均受力状态,如图 5-5-15 所示。

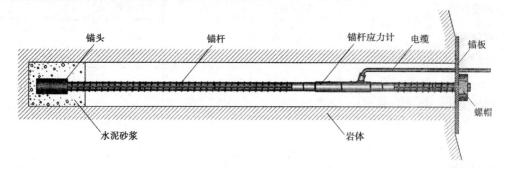

**图 5-5-15　钻孔不灌浆安装锚杆应力计**

对于预应力锚杆,锚杆测力计安装就位后,加荷张拉前,应准确测得初始值和环境温度。

观测锚杆应在与其有影响的其他工作锚杆张拉之前进行张拉加荷,如无特别要求,张拉程序一般应与工作锚杆的张拉程序相同。对于分级加荷张拉时,一般对每级荷载测读一次。张拉荷载稳定后,应及时测定锁定荷载。

4. 填写考证表

振弦式钢筋计埋设考证表见表 5-5-7。

### 5.1.1.3　压力监测

压力观测常用仪器主要有压应力计、土压力计。

1. 混凝土压应力计

混凝土压应力计用于监测混凝土建筑物内的压应力,适用于长期埋设在水工建筑物或其他建筑物内部,直接测量混凝土内部的应力。

1) 差阻式系列混凝土应力计

差阻式系列应力计由电阻传感部件(含敏感元件)及感应板部件组成。电阻感应组件主要由两根电阻丝与相关的安装件组成。止水密封部分由接座套筒及相应的止水密封部件组成。在油室中装有中性油,以防止电阻钢丝生锈,同时在钢丝通电发热时也起到吸收热量的作用,使测值稳定。

感应板部件由背板、下板焊接而成,两板中间有间隔 0.10 mm 的空腔薄膜,其中充满 S－G 溶液,电阻传感部件为差动电阻式组件,测量信号由电缆输出。差阻式系列混凝土应力计的结构如图 5-5-16 所示。

表 5-5-7　振弦式钢筋计埋设考证表

| 工程或项目名称 | | | | | | |
|---|---|---|---|---|---|---|
| 测点编号 | | 生产厂家 | | | | |
| 传感器编号 | | 仪器型号 | | 仪器量程（MPa） | 压 | |
| 出厂编号 | | 仪器长度（mm） | | | 拉 | |
| 传感器系数 $K$（MPa/Hz$^2$,kHz$^2$） | | 温度补偿系数（MPa/℃） | | 线圈内阻（Ω） | | |
| 埋设方向 | | 桩号（m） | | 坝轴距（m） | | |
| 埋设高程（m） | | 接线长度（m） | | 钢筋计连接方式 | | |
| 起始读数 | $f_0$（Hz,kHz$^2$） | | 绝缘电阻（MΩ） | 安装前 | | |
| | $T_i$（℃） | | | 安装后 | | |
| 埋设日期 | | 气温（℃） | | 混凝土入仓温度（℃） | | |
| 天气 | | 上游水位（m） | | 下游水位（m） | | |
| 埋设后观测时间（ 月　日　时） | | | | | | |
| 埋设后测试 | $f_i$（Hz,kHz$^2$） | | | | | |
| | $T_i$（℃） | | | | | |
| 埋设示意图及说明 | | | | | | |

技术负责人：　　　　校核人：　　　　埋设及填表人：　　　　日期：

监理工程师：

| 备注 | |
|---|---|

　　差阻式系列应力计埋设于混凝土内,当仪器受到压应力垂直作用于感应板部件时,空腔内 S-G 溶液将压力传给与背板感应膜片连接的电阻感应组件,使组件上的两根电阻丝电阻值发生变化,其中一根 $R_1$ 减小(增大),另一根 $R_2$ 增大(减小),相应电阻比发生变化。电阻感应组件把背板感应膜片的位移转换成电阻比变化量由电缆输出,从而完成混

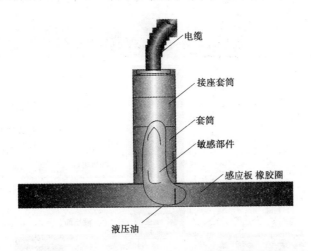

**图 5-5-16　差阻式系列混凝土应力计结构图**

凝土内部压应力的测量。应力计可同时测量电阻值的变化,经换算即为混凝土的温度测值。

差阻式应力计的电阻变化与应力和温度的关系如下:

$$\sigma = f\Delta Z + b\Delta t \tag{5-5-5}$$

式中　$\sigma$——应力值,MPa;

　　　$f$——应力计最小读数,MPa/0.01%;

　　　$b$——应力计的温度修正系数,0.02 MPa/℃;

　　　$\Delta Z$——电阻比相对于基准值的变化量;

　　　$\Delta t$——温度相对于基准值的变化量,温度升高为正,降低为负,℃。

常用差阻式压应力计主要技术参数见表 5-5-8。

**表 5-5-8　常用差阻式压应力计主要技术参数**

| 测量范围(MPa) | 3 | 6 | 10 | 12 |
|---|---|---|---|---|
| 灵敏度(MPa/0.01%)≤ | 0.02 | 0.04 | 0.06 | 0.08 |
| 温度测量范围(℃) | -20 ~ +60 | | | |
| 温度测量精度(℃) | ±0.5 | | | |
| 绝缘电阻(MΩ) | ≥50 | | | |
| 最大外径(mm) | 200 | | | |
| 仪器高度(mm) | 140 | | | |

注:如工程有特殊要求可以订制。

2)振弦式系列混凝土压应力计

振弦式混凝土压应力计主要由背板、感应板、信号传输电缆、振弦及激振电磁线圈等组成,如图 5-5-17 所示。

当被测结构物内部应力发生变化时,混凝土应力计感应板同步感受应力的变化,感应板将会产生变形,变形传递给振弦转变成振弦应力的变化,从而改变振弦的振动频率。电

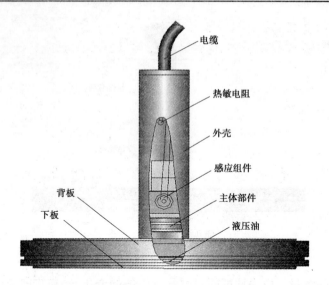

**图 5-5-17　振弦式系列混凝土应力计结构图**

磁线圈激振振弦并测量其振动频率,频率信号经电缆传输至读数装置,即可测出被测结构物的压应力值。同时可测出埋设点的温度值。

振弦式系列混凝土应力计的计算公式为

$$\sigma = k(F - F_0) + b(T - T_0) \tag{5-5-6}$$

式中　$\sigma$——混凝土压应力,MPa。

　　　$k$——压应力计的最小读数,MPa/kHz$^2$;

　　　$F$——实时测量的压应力计的输出值,kHz$^2$;

　　　$F_0$——压应力计的基准值,kHz$^2$;

　　　$b$——压应力计的温度修正系数,MPa/℃;

　　　$T$——温度的实时测量值,℃;

　　　$T_0$——温度的基准值,℃。

国内常用振弦式压应力计的主要参数见表 5-5-9。

**表 5-5-9　振弦式界面土压力计主要参数表**

| 尺寸参数 | 最大外径 $D$(mm) | 200 | | | |
|---|---|---|---|---|---|
| | 仪器高度 $H$(mm) | 145 | | | |
| 性能参数 | 测量范围(MPa) | 3 | 6 | 10 | 12 |
| | 分辨率(%F.S.) | ≤0.05 | | | |
| | 温度测量范围(℃) | −20 ~ +60 | | | |
| | 温度测量精度(℃) | ±0.5 | | | |
| | 绝缘电阻(MΩ) | ≥50 | | | |

3)压应力计的安装埋设

压应力计埋设在混凝土中,有以下几种安装方式和基本要求:

（1）埋设方向：垂直方向；水平方向；倾斜（45°）方向。

（2）在混凝土中安装应力计时，应在已硬化的混凝土预留坑中进行。

（3）埋设时，压力计受压板与混凝土之间应完全接触，不能存在气泡和空隙。

下面以差阻式系列应力计为例，说明几种典型的埋设方式。

A. 常态混凝土中埋设应力计

（1）垂直方向。

①在已浇筑至埋设点高程的混凝土表面应事先预留底面积约为 40 cm×40 cm、深 30 cm 的坑，次日将埋设坑表面刷毛，在坑底部用砂浆铺平（厚度约 5 cm），用水平器保持底板水平。

②砂浆初凝后，再用 80 g 水泥、120 g 砂（粒径≤0.6 mm）和适当水拌成塑性砂浆，做成一圆锥状放在中央，然后将应力计轻轻旋压使砂浆从应力计底盘边缘挤出，再用一个三脚架放在应力计表面，加上 100～200 N 荷重，保持 12 h。

③将除去 5 cm 以上大骨料的同标号混凝土回填覆盖，并用小型振捣器振捣，然后轻轻取出三脚架，并在埋设处插上标志。

④仪器电缆按设计去向引至临时或永久观测站。暴露在施工面上的电缆应做好保护。

⑤应力计安装埋设完毕后，2 h 测一次，至混凝土终凝后改 4 h 一次测一天，再改 8 h 一次测一天，再改一天测一次，逐渐减少至施工期正常观测频次。

在基岩面埋设垂直方向应力计除不预留坑外，其他与在混凝土表面埋设垂直方向应力计的要求、方法、步骤相同。

应力计的垂直安装如图 5-5-18 所示。

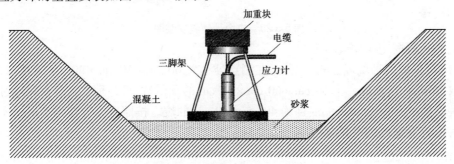

**图 5-5-18　应力计垂直安装图**

（2）水平方向。

①在已浇筑至埋设点高程的混凝土表面应事先预留底面积约为 40 cm×40 cm、深 30 cm 的坑，次日将埋设坑表面刷毛，在坑底部用砂浆铺平（厚度约 5 cm），用水平器保持底板水平。

②为确保应力计安装方向和位置的正确，应采用专门的支架将应力计固定在测点处。

③用除去 5 cm 以上骨料的混凝土回填覆盖，并用小型捣振器振捣后，将支架去掉。混凝土硬化前切勿使应力计受到任何冲击。

应力计的水平安装如图 5-5-19 所示。

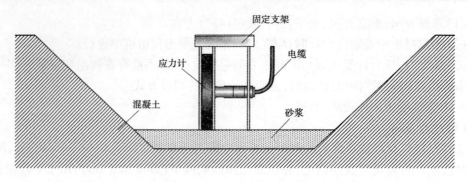

图 5-5-19　应力计水平安装图

（3）倾斜方向。

应力计按倾斜方向安装时，其安装方法与水平方向相同，但需采用专门的支架，以保证应力计的安装角度。

应力计倾斜安装如图 5-5-20 所示。

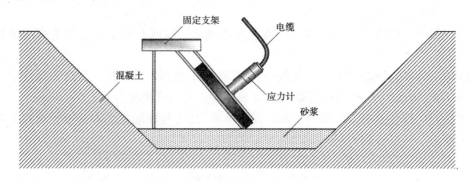

图 5-5-20　应力计倾斜安装图

B. 碾压混凝土中埋设应力计

（1）可采取两种坑埋方式：一种是在测点处预置 60 cm×60 cm×30 cm 的预留盒，碾压后取出预留盒，造成一个 60 cm×60 cm×30 cm 的预留坑；另一种方式是在碾压过的混凝土表面现挖一个深 30 cm、底部为 40 cm×40 cm 的坑。按照应力计在常态混凝土的安装方法进行垂直、水平和倾斜安装，如图 5-5-21 所示。

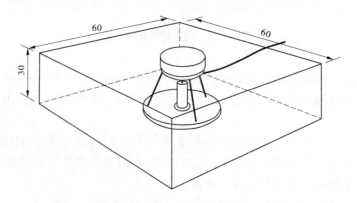

图 5-5-21　碾压混凝土中埋设应力计　（单位：cm）

（2）用相同的碾压混凝土料（剔除粒径大于 8 cm 的骨料）人工回填，加适量含水泥的水，采用小型振捣棒细心捣实。测点处周边 2 m 范围不得强力振捣，该处上层混凝土仍为人工填筑，小型振捣棒捣实。也可在回填混凝土并经人工捣实后，采用 1 t 人工碾碾压 8～10 遍。

（3）埋设仪器在回填碾压混凝土和碾压过程中，应不断监测仪器变化，判明仪器受振动碾压后的工作状态。

（4）仪器引出电缆，集中绑好，开凿电缆沟水平敷设，电缆在沟内放松成 S 形延伸，在电缆上面覆盖混凝土的厚度应大于 15 cm，回填碾压混凝土也是要剔除 4 cm 以上的大骨料，然后用碾子碾压实，避免沿电缆埋设方向形成渗水途径。仪器电缆应按设计要求引到临时或永久观测站。

（5）埋设过程中应进行现场维护，非工作人员不得进入埋设点 5 m 半径范围以内。仪器埋好后，其部位应做明显标记，防止运料车、推土机压在其上行驶。

2. 土压力计

土压力观测是工程监测的重要内容之一，一般采用土压力计来直接测定。土压力计按埋设方式，又可分为埋入式和边界式两种。埋入式土压力计是埋入土体中测量土体的应力分布，也称为介质土压力计。边界土压力计是安装在刚性结构物表面，受压面面向土体，测量接触压力，又称为界面土压力计。按测量原理分，常用土压力计又分差阻式和振弦式两类。

1）差阻式介质土压力计

差阻式介质土压力计主要由压力盒、差阻式压力传感器和电缆等组成。压力盒由两块圆形不锈钢板焊接而成，形成约 1 mm 的空腔。它的圆板圆周加工一圆槽，使其传压均匀，减小径向应力的影响。圆腔内用高真空技术充满 S－G 传压溶液。油腔通过不锈钢管与差阻式传感器连接构成封闭的承压系统。图 5-5-22 为差阻式介质土压力计的结构示意图。

图 5-5-22　差阻式介质土压力计结构示意图

图 5-5-22 中压力传感器主要由两根专门的差动电阻钢丝与相关的安装件组成。止水密封部分由接座套筒及相应的止水密封部件组成。在油室中装有中性油，以防止电阻钢丝生锈，同时在钢丝通电发热时也起到吸收热量的作用，使测值稳定。

差阻式介质土压力计埋设于土体内，土体的压力通过压力盒内液体感应并传递给差阻式压力传感器，引起仪器内电阻感应组件发生相对位移，从而使感应组件上的两根电阻丝电阻值发生变化，其中一根 $R_1$ 减小（增大），另一根 $R_2$ 增大（减小），相应电阻比发生变化，通过差动电阻数字仪测量其电阻比变化而得到土体的压力变化量。介质土压力计可同时测量电阻值的变化，经换算即为土体的温度测值。

差阻式介质土压力计的电阻变化与压力和温度的关系如下：

$$p = f\Delta Z + b\Delta t \tag{5-5-7}$$

式中　$p$——土压力,MPa;

　　　$f$——介质土压力计最小读数,MPa/0.01%;

　　　$b$——介质土压力计的温度修正系数,MPa/℃;

　　　$\Delta Z$——电阻比相对于基准值的变化量,压力增加为负;

　　　$\Delta t$——温度相对于基准值的变化量,温度升高为正,降低为负,℃。

国内常用差阻式介质土压力计的主要参数见表5-5-10。

表 5-5-10　差阻式介质土压力计主要参数表

| 测量范围(MPa) | 0.2 | 0.4 | 0.8 | 1.6 | 2.5 | 3.0 |
|---|---|---|---|---|---|---|
| 最小读数(MPa/0.01%) < | 0.001 5 | 0.003 | 0.006 | 0.012 | 0.018 | 0.022 |
| 温度测量范围(℃) | -10 ~ +40 | | | | | |
| 温度测量精度(℃) | ±0.5 | | | | | |
| 允许接长电缆(m) | 2 000 | | | | | |
| 绝缘电阻(MΩ) | >50 | | | | | |
| 压力盒最大外径(mm) | 230 | | | | | |
| 仪器长度(mm) | 600 | | | | | |
| 压力盒厚度(mm) | 7 | | | | | |

2)差阻式界面土压力计

差阻式界面土压力计主要由压力盒、差阻式压力传感器和电缆等组成。压力盒由圆形的薄钢感应板和厚钢板支承板焊接而成,形成约1 mm的空腔。圆腔内用高真空技术充满S-G传压溶液。图5-5-23为差阻式界面土压力计的结构示意图。

图5-5-23中压力传感器主要由两根专门的差动电阻钢丝与相关的安装件组成。止水密封部分由接座套筒及相应的止水密封部件组成。在油室中装有中性油,以防止电阻钢丝生锈,同时在钢丝通电发热时也起到吸收热量的作用,使测值稳定。

差阻式界面土压力计背板埋设于刚性结构物(如混凝土等)上,其感应板与结构物表面齐平,以便充分感应作用于结构物接触面的土体的压力。土体的压力通过仪器的下板变形将压力传给背板中间小感应板,感应板变形使差阻感应部件电阻比发生变化,通过差动电阻数字仪测量其电阻比变化而得到土体的压力变化量。界面土压力计可同时测量电阻值的变化,经换算即为土体的温度测值。

差阻式界面土压力计的计算公式与前述差阻式介质土压力计的压力计算公式相同。

国内常用差阻式界面土压力计的主要参数见表5-5-11。

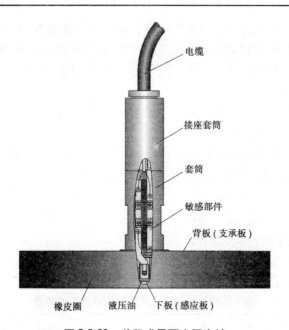

图 5-5-23　差阻式界面土压力计

表 5-5-11　差阻式界面土压力计主要参数表

| 测量范围(MPa) | 0.2 | 0.4 | 0.8 | 1.6 | 3.0 |
|---|---|---|---|---|---|
| 灵敏度(MPa/0.01%) | 0.001 5 | 0.003 0 | 0.006 0 | 0.010 | 0.018 |
| 温度测量范围(℃) | −20 ~ +60 | | | | |
| 温度测量精度(℃) | ±0.5 | | | | |
| 允许接长电缆(m) | 2 000 | | | | |
| 绝缘电阻(MΩ) | ≥50 | | | | |
| 最大外径(mm) | 200 | | | | |
| 仪器高度(mm) | 140 | | | | |

3)振弦式介质土压力计

振弦式介质土压力计主要由压力盒及引出电缆密封部件等组成。压力盒由两块圆形不锈钢板焊接而成,形成约 1 mm 的空腔,腔内充满 S‒G 溶液。油腔通过不锈钢管与振弦式压力传感器连接构成封闭的承压系统(见图 5-5-24)。

图 5-5-24　振弦式介质土压力计

振弦式介质土压力计埋设于土体内,土体压力通过压力盒内液体感应并传递给振弦式压力传感器,使仪器钢丝的张力发生改变,从而改变了其共振频率。

测量时测读设备向仪器电磁线圈发送激振电压迫使钢丝振动,该振动在线圈中产生感应电压。测读设备测读对应于峰值电压的频率,即钢丝的共振频率,即可计算得到土体的压应力值。通过仪器内的热敏电阻可同步测出埋设点的温度值。

土压力计的一般计算公式为

$$P_m = k(F - F_0) + b(T - T_0) \tag{5-5-8}$$

式中　$P_m$——被测对象的土压力,kPa。

$k$——土压力计的最小读数,$kPa/kHz^2$;

$F$——实时测量的土压力计输出值,$kHz^2$;

$F_0$——土压力计的基准值,$kHz^2$;

$b$——土压力计的温度修正系数,$kPa/℃$;

$T$——温度的实时测量值,℃;

$T_0$——温度的基准值,℃。

国内常用振弦式介质土压力计的主要参数见表 5-5-12。

表 5-5-12　振弦式介质土压力计主要参数表

| 尺寸参数 | 仪器长度(mm) | 455 |
| --- | --- | --- |
| | 压力盒直径/厚度(mm) | 230/7 |
| 性能参数 | 测量范围(MPa) | 0.1/0.2/0.4/0.6/0.8/1.0/1.6/2.5/4.0/5.0 |
| | 分辨率(%F.S.) | ≤0.05 |
| | 精度(%F.S.) | ≤0.5 |
| | 温度测量范围(℃) | -20 ~ +60 |
| | 温度测量精度(℃) | ±0.5 |
| | 耐水压(MPa) | 0.5 |

4)振弦式界面土压力计

振弦式界面土压力计主要由三部分构成:由上下板组成的压力感应部件,振弦式压力传感器及引出电缆密封部件,如图 5-5-25 所示。

振弦式界面土压力计背板埋设于刚性结构物(如混凝土等)上,其感应板与结构物表面齐平,以便充分感应作用于结构物接触面的土体的压力。土体的压力通过仪器的下板变形将压力传给弦式压力传感器,即可测出土压力值。测量仪器内的热敏电阻可同步测出埋设点的温度值。

振弦式界面土压力计的计算公式与振弦式介质土压力计的计算公式相同。

国内常用振弦式界面土压力计的主要参数见表 5-5-13。

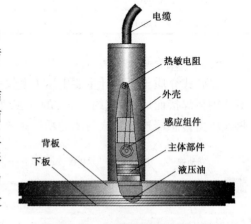

图 5-5-25　振弦式界面土压力计

（电缆、热敏电阻、外壳、感应组件、主体部件、液压油、背板、下板）

表 5-5-13　振弦式界面土压力计主要参数表

| 尺寸参数 | 最大外径 $D$(mm) | 175 | | | | | | |
|---|---|---|---|---|---|---|---|---|
| | 承压盘高 $h$(mm) | 20 | | | | | | |
| | 仪器高度 $H$(mm) | 100 | | | | | | |
| 性能参数 | 测量范围(kPa) | 0~100 | 0~200 | 0~400 | 0~800 | 0~1 600 | 0~2 500 | 0~3 000 |
| | 最小读数 $K$(kPa/F)≤ | 0.08 | 0.10 | 0.20 | 0.40 | 0.80 | 1.25 | 1.50 |
| | 温度测量范围(℃) | -20~+60 | | | | | | |
| | 温度测量精度(℃) | ±0.5 | | | | | | |
| | 绝缘电阻(MΩ) | ≥50 | | | | | | |

5)介质土压力计安装

介质土压力计埋设在土体、土石填筑体内,宜采用挖坑方式安装,可根据设计要求埋设成垂直、水平和倾斜等不同方向。两种类型的介质土压力计的埋设要求基本一致,下面以差阻式介质土压力计为例,介绍几种常用的安装埋设方式。

A.埋设在心墙和均质坝里

(1)可根据设计要求在测点处埋设单支或沿不同方向埋设多支土压力计。

(2)在坝体填筑面高于测点高程 1.0 m 时,在埋设点沿平行于坝轴线开挖一个埋设坑,坑的深度挖至埋设高程以下 5 cm,若压力盒为 45°或垂直放置,则开挖至埋设高程以下半个压力盒直径稍深一点。坑底面尺寸以保证各支仪器间相距 200 cm、仪器距坑的边缘 100 cm、能方便安装埋设操作为宜。

(3)细心平整开挖坑的基床,对水平、45°、垂直布置的土压力计埋设坑应分别开挖成型。土压力盒的中心点均应在埋设点的同一高程上。开挖成型埋设示意如图 5-5-26。

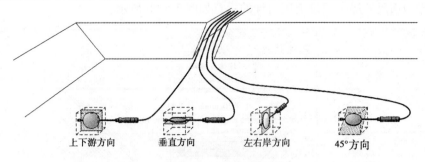

上下游方向　　垂直方向　　左右岸方向　　45°方向

图 5-5-26　在心墙和均质坝里埋设介质土压力计开挖成型示意图

(4)回填土应尽量采用挖出的土料,并尽量保持原湿度。土压力计周围铺填 5 cm 厚潮湿的均匀中细砂,然后回填 20~30 cm 筛去直径大于 5 mm 的原坝体料,之后再回填原坝体料,并用人工仔细夯实,干密度应达到设计要求。

(5)填土每层厚 10~20 cm,用人工将土夯实。土压力计及其电缆上的人工回填土料应超过 1 m 以上,方可恢复采用正常的施工碾压设备。

(6)仪器电缆应铺设在电缆沟槽内,也可将电缆铺设在专门设计的槽形扣板内。电缆沟深度不小于50 cm,沟内应先铺20 cm砂子或细的坝体材料,电缆敷设其上,多根电缆时相互间距不小于1.5 cm,电缆距保护层边界应大于15 cm。当需铺设多层电缆或有电缆交叉时,层间应间隔不少于5 cm。埋设时宜采用S形走线。

(7)为防止形成渗水通道,电缆沟在回填时应设置止水塞。止水塞由5%的膨润土和坝体材料混合组成,沟内止水塞设置的间距应小于20 m。

(8)土压力计在埋设前、土体回填和压实后均应及时检测读数,确保仪器工作正常。

在心墙和均质坝里介质土压力计的埋设安装示意如图5-5-27所示。

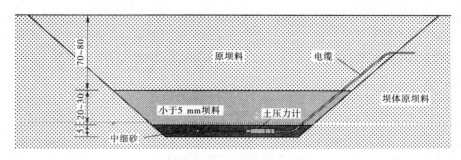

**图5-5-27  在心墙和均质坝里埋设介质土压力计示意图**  (尺寸单位:cm)

B. 埋设在心墙坝反滤层内

(1)反滤层中土压力计的埋设方法基本上与防渗体内的埋设方法相同,但反滤料是一种松散体,成型比较困难,需借助模型板将埋设基床成型。

(2)回填时以反滤的形式回填,紧贴土压力计周围人工回填厚约10 cm潮湿的中细砂,其次是厚约15 cm筛去直径大于5 mm的原反滤料,再次是厚约20 cm筛去直径大于20 mm的原反滤料,然后继续回填原反滤料至土压力盒顶面以上120 cm。之后可转入正常的填筑施工程序,达180 cm后方可采用施工机械碾压,填筑的密度应符合设计要求。

在心墙坝反滤层中埋设土压力计的示意如图5-5-28所示。

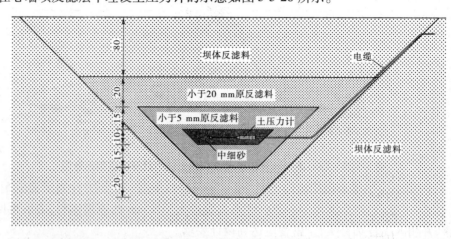

**图5-5-28  在心墙坝反滤层中埋设土压力计示意图**  (尺寸单位:cm)

C. 埋设在粗粒料坝壳中

(1)在粗粒料中埋设土压力计,应从仪器处开始采用不同粒径的骨料分层回填,以形成从细到粗的过渡。

（2）当填筑高程高于埋设点高程 1.0 m 时，在埋设点沿平行于坝轴线开挖一个埋设坑，坑的深度挖至埋设高程以下 45 cm，若压力盒为 45°或垂直放置，则开挖至埋设高程以下半个压力盒直径稍深一点。坑底面尺寸以保证各支仪器间相距 200 cm、仪器距坑的边缘 100 cm，能方便安装埋设操作为宜。

（3）对水平、45°、垂直布置的土压力计埋设坑应分别开挖成型。土压力盒的中心点均应在埋设点的同一高程上。

（4）以反滤的形式细心平整开挖坑的基床，首先在原坝料上铺以厚约 20 cm、筛去直径大于 20 cm 的原坝料，再铺以厚约 15 cm、筛去直径大于 5 mm 的原坝料，然后在放压力盒处铺厚约 10 cm 潮湿的不含砾石的均匀中细砂，各层分别继续人工压实，应达到设计要求的密实度。

（5）将土压力盒置放于砂层上，以同上反滤形式相反的顺序回填，并继续压实，直至埋设点高程以上 120 cm。之后即可按正常程序进行填筑施工。回填过程中应注意防止土压力盒位置的移动，传感器、连接管、压力盒周围应充填密实。

在粗粒料坝壳中埋设土压力计的示意如图 5-5-29 所示。

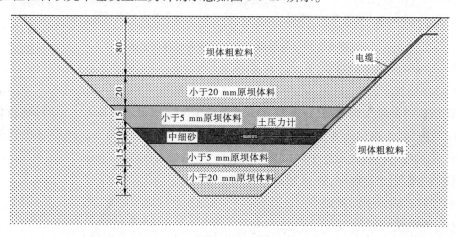

**图 5-5-29　在粗粒料坝壳中埋设土压力计示意图**　（单位：cm）

6）界面土压力计安装

界面土压力计是单面受荷、竖式结构，可埋设在如下工程建筑物内，监测接触面上土体的土压力：

（1）承受填土侧压力的建筑物中，如挡土墙、与土石坝连接的溢洪道等。

（2）在土石坝基础，如土石坝基底或心墙的混凝土垫层上、坝基混凝土防渗墙等。

（3）土石坝内输水管道外壁，监测管道周边的土压力。

（4）水工建筑物淤积部分，如混凝土坝上游面水库淤积的泥沙压力。

界面土压力计通常埋设在刚性结构物内，感应板面向土体，并与结构物表面齐平。

A. 与混凝土施工同期埋设

在混凝土建筑物浇筑过程中埋设时，应在混凝土浇筑到测点处，将土压力计膜面置向表面，并与其表面齐平，固定在预定位置上（如模板上），继续浇筑混凝土。

在建筑物基底上埋设土压力计时,可先将土压力计埋设在预制的混凝土块内。清基完成后,在预定埋设位置将表面整平,然后将土压力计放上。

仪器电缆线埋入混凝土内,引向测站。如引出电缆穿过混凝土结构物和土体接触面时,电缆应在接触面上呈 U 形置放,以免土体变形拉断。

土压力计的安装示意如图 5-5-30 所示。

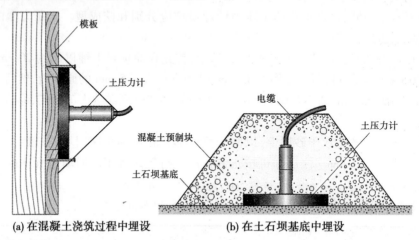

(a) 在混凝土浇筑过程中埋设　　　　(b) 在土石坝基底中埋设

**图 5-5-30　与混凝土施工同期埋设界面土压力计**

B. 在混凝土施工后埋设

(1)预埋盒。

在结构物混凝土施工前,在测点部位安装一个为土压力计尺寸 1.1 倍的预埋盒,待混凝土浇筑完成后,取出预埋盒,安装土压力计,回填水泥砂浆并捣实。回填时注意保证土压力计膜面与结构物表面齐平。

仪器电缆引出接触面,在接触面上呈 U 形置放,然后根据设计要求引向测站。

(2)挖坑法。

结构物混凝土浇筑完成后,在测点处挖一个尺寸为土压力计 1.1 倍的坑,安装土压力计,回填水泥砂浆并捣实。回填时注意保证土压力计膜面与结构物表面齐平。

仪器电缆引出接触面,在接触面上呈 U 形置放,然后根据设计要求引向测站。土压力计在埋设前后均应及时检测读数,确保仪器工作正常。在混凝土施工后埋设土压力计的示意如图 5-5-31 所示。

3. 填写考证表

振弦式压力计和差动式压力计的安装考证表分别见表 5-5-14、表 5-5-15。

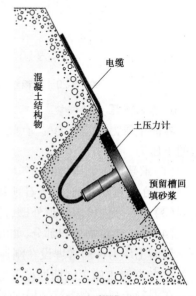

**图 5-5-31　挖坑法埋设土压力计示意图**

### 表 5-5-14　振弦式压力计安装考证表

| 工程或项目名称 | | | | | | |
|---|---|---|---|---|---|---|
| 测点编号 | | 生产厂家 | | | | |
| 传感器编号 | | 出厂编号 | | 仪器型号 | | |
| 仪器量程（MPa） | | 仪器尺寸<br>（mm） | | 接线长度<br>（m） | | |
| 传感器系数 $K$<br>（$kPa/Hz^2$,$kHz^2$） | | 温度补偿系数<br>（MPa/℃） | | 线圈内阻<br>（Ω） | | |
| 埋设高程<br>（m） | | 桩号<br>（m） | | 坝轴距<br>（m） | | |
| 埋设方向 | | 埋设区域 | | 绝缘电阻<br>（Ω） | | |
| 起始读数 | $f_0$<br>（Hz,$kHz^2$） | | 埋设后读数 | $f_i$<br>（Hz,$kHz^2$） | | |
| | $T_0$<br>（℃） | | | $T_i$<br>（℃） | | |
| 埋设日期 | | 天气 | | 气温（℃） | | |
| 上游水位（m） | | | 下游水位（m） | | | |
| 埋设示意<br>图及说明 | | | | | | |

技术负责人：　　　　　校核人：　　　　　埋设及填表人：　　　　　日期：

监理工程师：

备注

表 5-5-15　差动式压力计安装考证表

| 工程或项目名称 | | | | | |
|---|---|---|---|---|---|
| 测点编号 | | 生产厂家 | | | |
| 传感器编号 | | 出厂编号 | | 仪器型号 | |
| 仪器量程(MPa) | | 仪器尺寸<br>(mm) | | 接线长度<br>(m) | |
| 传感器系数 $K$<br>(MPa/0.01%) | | 温度系数 $a'$<br>(℃/Ω) | | 0 ℃时电阻值<br>$R'_0(\Omega)$ | |
| 温度补偿系数<br>(MPa/℃) | | 接线长度<br>(m) | | 绝缘电阻<br>(MΩ) | |
| 埋设高程<br>(m) | | 桩号<br>(m) | | 坝轴距<br>(m) | |
| 埋设日期 | | 天气 | | 气温(℃) | |

| 上游水位(m) | | | 下游水位(m) | |
|---|---|---|---|---|
| 起始读数 | $Z_0$ | | 埋设后读数 | $Z_i$ | |
| | $T_0$(℃) | | | $T_i$(℃) | |
| | $R_0(\Omega)$ | | | $R_i(\Omega)$ | |

| 埋设示意<br>图及说明 | |
|---|---|
| | |

技术负责人：　　　　校核人：　　　　埋设及填表人：　　　　日期：

监理工程师：

| 备注 | |
|---|---|

#### 5.1.1.4　锚索(锚杆)荷载监测

锚索测力计用于监测岩体和工程结构中的预压应力变化,适用于长期安装在用于加固岩体、洞室、混凝土结构物的锚索的锚具中,监测锚索中的轴向拉力。

锚索测力计主要由承重筒、保护桶、敏感部件、电缆及密封组件等组成。敏感部件一般为振弦式应变计或差阻式应变计,所以国内工程上常用的锚索测力计也分为振弦式锚索测力计和差阻式锚索测力计两类。表 5-5-16 及表 5-5-17 为两种类型的锚索测力计的主要参数。应变计的数量根据不同承载力要求配置,可为 3~6 支,均匀布置在测力钢筒上。

表 5-5-16　振弦式锚索测力计主要参数表

| | 额定载荷(kN) | 1 000 | 1 500 | 2 000 | 3 000 | 4 000 | 5 000 | 6 000 |
|---|---|---|---|---|---|---|---|---|
| 性能参数 | 分辨力(%F.S.)≤ | 0.05 | | | | | | |
| | 精度(%F.S.)≤ | 0.25~0.5 | | | | | | |
| | 温度测量范围(℃) | -25~+60 | | | | | | |
| | 温度测量精度(℃) | ±0.5 | | | | | | |
| | 耐水压(MPa) | 0.5(2.0、3.0 可订制) | | | | | | |
| | 仪器频率范围(Hz) | 1 800~2 600 | | | | | | |

表 5-5-17　差阻式锚索测力计主要参数表

| 量程(kN) | 1 000 | 1 500 | 2 000 | 3 000 | 4 000 | 5 000 | 6 000 |
|---|---|---|---|---|---|---|---|
| 最小读数(kN/0.01%)≤ | 4 | 6 | 8 | 12 | 16 | 20 | 24 |
| 过范围限(%F.S.) | 20 | | | | | 15 | |
| 温度测量范围(℃) | -25~+60 | | | | | | |
| 温度测量精度(℃) | ±0.5 | | | | | | |
| 耐水压力(MPa) | 0.5(2.0 可定制) | | | | | | |
| 绝缘电阻(MΩ) | ≥50 | | | | | | |
| 最大高度(mm) | 205 | | | | | | |
| 说明 | 标准配置与 OVM 锚具尺寸配套,其他规格及量程按需订制 | | | | | | |

由于锚索测力计在测力的承重筒上均布着多支应变计,将锚索测力计安装于锚具上后,当荷载使承重筒产生轴向变形时,应变计与承重筒产生同步变形,利用差阻式仪器或振弦式仪器的测量原理,即可测量锚索中的轴向拉力。

配置不同的附件,锚索测力计可以进行不同方式的安装:

(1)作为锚索测力计永久性安装在锚具上。

(2)安装在锚具上供施工时临时检测用。

（3）作为工程现场加压试验的监测设备。

1. 永久性锚索测力计

（1）完成预应力锚索施工准备工作后，将预应力锚索穿入仪器的承压钢筒，并将测力计安装在工作锚和钢垫座之间。

（2）锚索测力计在安装时应尽可能对中，以避免过大的偏心荷载。为了使测力计受力均匀，应在测力计承载钢筒的上下面设置专门加工的承载垫板，如图 5-5-32 所示。承载垫板应保证足够的厚度，表面必须加工平整光滑，不得有任何疤痕异物。依据经验，350 t 以下建议厚度不小于 45 mm，400 t 以上厚度不小于 60 mm。如现场加工有困难，可在购买设备时一并订购。

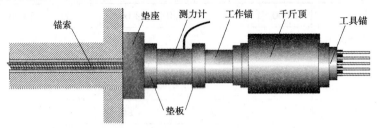

**图 5-5-32　永久性锚索测力计安装**

（3）为防止锚索测力计在张拉过程中在垫板上产生滑移、测值偏小或测值失真，必须保证锚索测力计的安装基面与锚束的中心轴线垂直，偏差应在 ±1.5° 以内。对于偏斜孔必须在孔口处采取必要的纠偏处理措施。

（4）上、下承载垫板应可靠地压在测力计钢筒上，锚固垫板与测力承载钢筒之间不应有间隙。安装过程中对仪器进行监测，使承压钢筒均匀受压。加载时应从中间锚索开始向周围锚索逐步加载，以免仪器偏心受力或过载。应在荷载稳定后测取读数，同时注意各支传感器反映的荷载是否一致。如发现几何偏心过大（仪器分测不等值，即为有几何偏心），应即时予以调整。

（5）安装完成后，即可按照预加应力施工程序进行施工，在锚索张拉和锚固全过程中进行监测，以测定预应力大小及预应力损失，确定超拉值。预加应力施工完成后，可利用测力计进行长期安全监测。同时根据仪器编号和设计编号做好记录并存档，严格保护好仪器的引出电缆。

2. 临时性锚索测力计

当锚索测力计仅供锚索张拉施工时监测其拉力变化过程，而不作为长期监测时，测力计应安装在工作锚之后，如图 5-5-33 所示。当张拉完成后，工作锚锁定，其后的测力计即可拆除。

锚索测力计的安装方法和要求与永久性锚索测力计相同。

3. 现场试验用测力计

锚索测力计可以用于作为现场工程结构物的压力试验监测设备，如桩基的承载试验。为使荷载传递均匀，测力计的承压垫座应采用球形支座，如图 5-5-34 所示。它的安装方法和要求同永久性锚索测力计。

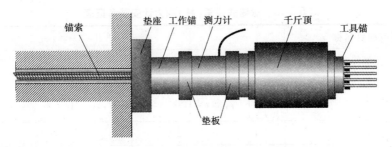

**图 5-5-33　临时性锚索测力计安装**

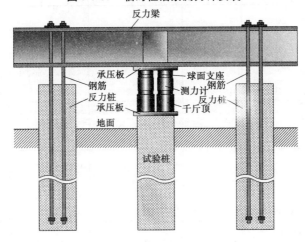

**图 5-5-34　现场试验用测力计安装**

4. 关于仪器的现场率定

锚索测力计在出厂前均经过严格的检验率定,出厂时会提供相应的检验率定表。如用户需进行现场率定,为了达到满意的效果,应注意以下事项:

(1)应尽可能选择较高精度的压力加载装置。

(2)率定时,为反映锚索测力计在现场的实际受力状态,压力机需配置特制的加压垫块,锚索测力计的承载筒的上下面还要设置专门加工的承载垫板。承载垫板和加压垫块的表面必须加工平整光滑,不得有任何疤痕异物。

(3)正式加压前,应先对锚索测力计预压三次,预压压力应大于锚索测力计额定压力 10%,且在最大压力处停留 1 min 以上。预压完成后,应将仪器静置 5 min 以后才可进行正式率定。

(4)为了保证测读精度,必须严格保证施加压力的稳定。

5. 填写考证表

振弦式锚索(杆)测力计和差动电阻式锚索(杆)测力计的安装考证表分别见表 5-5-18 和表 5-5-19。

### 表 5-5-18　振弦式锚索(杆)测力计安装考证表

| | | | | | |
|---|---|---|---|---|---|
| 工程或项目名称 | | | | | |
| 仪器型号 | | | 生产厂家 | | |
| 仪器尺寸<br>(mm) | | 仪器量程<br>(mm) | | 接线长度<br>(m) | |
| 传感器序号 | 1 | 2 | 3 | | 4 |
| 测点编号 | | | | | |
| 传感器编号 | | | | | |
| 出厂编号 | | | | | |
| 传感器系数 $K$<br>($kN/Hz^2$,$kHz^2$) | | | | | |
| 温度补偿系数<br>(MPa/℃) | | | | | |
| 线圈内阻<br>(MΩ) | | | | | |
| 绝缘电阻<br>(MΩ) | 安装前 | | | | |
| | 安装后 | | | | |
| 起始读数 | $f_0$($kN/Hz^2$,$kHz^2$) | | | | |
| | $T_0$(℃) | | | | |
| 稳定后<br>读数 | $f_i$($kN/Hz^2$,$kHz^2$) | | | | |
| | $T_i$(℃) | | | | |
| 埋设高程<br>(m) | | 桩号<br>(m) | | 坝轴距<br>(m) | |
| 埋设日期 | | 天气 | | 气温(℃) | |
| 上游水位<br>(m) | | | 下游水位<br>(m) | | |
| 埋设示意<br>图及说明 | | | | | |

技术负责人:　　　　　校核人:　　　　　埋设及填表人:　　　　　日期:

监理工程师:

备注

表 5-5-19　差动电阻式锚索(杆)测力计安装考证表

| 工程或项目名称 | | | | |
|---|---|---|---|---|
| 仪器型号 | | 生产厂家 | | |
| 仪器尺寸 (mm) | | 仪器量程 (mm) | | 接线长度 (m) |
| 传感器序号 | 1 | 2 | 3 | 4 |
| 测点编号 | | | | |
| 传感器编号 | | | | |
| 出厂编号 | | | | |
| 传感器系数 $f$ (kN/0.01%) | | | | |
| 温度系数 $a'$ (℃/Ω) | | | | |
| 0 ℃时电阻值 $R'_0$ (Ω) | | | | |
| 温度补偿系数 (MPa/℃) | | | | |

| 绝缘电阻 (MΩ) | 安装前 | | | | |
|---|---|---|---|---|---|
| | 安装后 | | | | |
| 起始读数 | $Z_0$ | | | | |
| | $T_0(℃)$ | | | | |
| | $R_0(Ω)$ | | | | |
| 稳定后读数 | $Z_i$ | | | | |
| | $T_i(℃)$ | | | | |
| | $R_i(Ω)$ | | | | |

| 埋设高程 (m) | | 桩号 (m) | | 坝轴距 (m) |
|---|---|---|---|---|
| 埋设日期 | | 天气 | | 气温(℃) |
| 上游水位 (m) | | | 下游水位 (m) | |

| 埋设示意图及说明 | |
|---|---|

技术负责人：　　　校核人：　　　埋设及填表人：　　　日期：

监理工程师：

备注

## 5.1.2　检查维护应力应变监测仪器

### 5.1.2.1　一般要求

(1)仪器到达施工现场后,应开箱检查。用户开箱验收仪器时,应先检查仪器的数量(包括仪器附件)及检验合格证与装箱单是否相符,随箱资料是否齐全。

(2)仪器存放环境,应保持干燥通风,搬运时应小心轻放,切忌剧烈震动。

(3)如经检测有不正常读数的仪器,应返回厂家,不可在现场打开仪器检修。

### 5.1.2.2　差阻式仪器的要求

1. 对箱内仪器的要求

对于箱内每台仪器,用 100 V 兆欧表及万用表,分别检查常温绝缘电阻及总电阻值,绝缘电阻不应低于 50 MΩ,总电阻值与出厂常温电阻值相比较不应有大的变化。

2. 差阻式应变计的要求

(1)仪器各项系数的检查验收方法,可参照《大坝监测仪器应变计第 1 部分:差动电阻式应变计》(GB/T 3408.1—2008)的试验方法进行。

(2)应变计自由状态的电阻比,随温度变化和波纹管的变形等因素而变化,仪器内部中性变压器油,当温度升高时,体积增大产生轴向拉伸。对于大应变计,每升高 1 ℃时,电阻比约增加 $2 \times 0.01\%$;小应变计每升高 1 ℃时,电阻比约增加 $1 \times 0.01\%$,仪器零度电阻比若有变化,表明波纹管由于某些原因产生永久变形。考核仪器稳定性的指标是零度实测电阻值,仪器零度实测电阻值不应有较大的变化。

3. 差阻式测缝计的要求

(1)仪器各项系数的检查验收方法,可参照《大坝监测仪器测缝计第 1 部分:差动电阻式测缝计》(GB/T 3410.1—2008)的试验方法进行。

(2)由于差阻式测缝计外壳刚度很小,自由状态的电阻比实际上不是一个稳定值,因此不能以自由状态电阻比作为考核仪器稳定的指标。考核仪器稳定性的指标是零度实测电阻值,仪器零度实测值电阻值不应有较大的变化,超过 0.1 Ω 时,应与厂家联系。

4. 差阻式钢筋计的要求

(1)仪器各项系数的检查验收方法,可参照《大坝监测仪器钢筋计第 1 部分:差动电阻式钢筋计》(GB/T 3409.1—2008)的试验方法进行。

(2)由于差阻式钢筋计存在温度修正,因此差阻式钢筋计的自由状态电阻比随温度变化而变化。根据出厂检查时的零度电阻值 $R_{t0}$ 和零度电阻比 $Z_{i0}$,现场实测的自由状态的电阻比 $Z_i$ 与计算电阻比 $Z_i'$ 之间不能相差过大。$Z_i'$ 一般采用如下公式:

$$Z_i' = Z_{i0} - (R_t - R_{t0})a'b/f \tag{5-5-9}$$

其中,$R_t$ 为现场检查时的实测电阻值,$a'$、$f$、$b$ 意义同前。相差超过 $10 \times 0.01\%$ 时需与厂家联系。

5. 差阻式渗压计的要求

(1)仪器各项系数的检查验收方法,可参照《大坝监测仪器孔隙水压力计算第 1 部分:振弦式孔隙水压力计》(GB/T 3411.1—2009)的试验方法进行。

(2)对于差阻式渗压计,其自由状态的电阻比随温度变化而变化,温度每升高 1 ℃

时,电阻比约增加 $b/f \times 0.01\%$。现场实测的自由状态电阻比如与计算的电阻比相差大于 $5 \times 0.01\%$ 时,应与厂家联系处理。考核仪器稳定性的主要指标是仪器实测零度电阻值,仪器实测零度电阻值不应有较大的变化,当变化大于 $0.1\ \Omega$ 时,应与厂家联系。

#### 5.1.2.3　振弦式仪器的要求

对于箱内每台仪器,用 100 V 兆欧表及万用表,分别检查常温绝缘电阻及线圈电阻值,绝缘电阻不应低于 50 MΩ。

## 5.2　温度监测

温度监测是工程监测中应用最广泛的项目之一。按照《混凝土坝安全监测技术规范》(SL 601—2013)规定,一、二级大坝需观测混凝土温度、坝基温度、库水温和气温;三、四级大坝应观测气温。

### 5.2.1　埋设安装温度计,填写考证表

#### 5.2.1.1　电阻温度计

温度监测的传感器也比较多,目前我国最通用的为差动电阻式温度计。在差阻式仪器系列中,除专用的温度计外,其他仪器亦均能同时兼测温度。前者的精度为 0.3 ℃,后者为 0.5 ℃。在观测对象中除坝基外,混凝土、水和大气的温度变幅一般为 20 ~ 30 ℃,精度和变幅之比远大于 1:10,因此能确切反映出温度的变化规律性,效果较好,测值一般来说是可靠的。

电阻温度计主要用于测量水工建筑物中的内部温度,也可监测大坝施工中混凝土拌和及传输时的温度及水温、气温等。电阻温度计一般由电阻线圈、外壳及电缆三个主要部分组成。其电缆引出形式分为三芯、四芯,如图 5-5-35 所示。

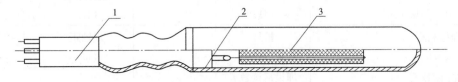

1—引出电缆;2—密封壳体;3—感温元件
**图 5-5-35　电阻式温度计结构图**

图 5-5-35 中的电阻线圈是感温元件,采用高强度漆包线按一定工艺绕制,用紫铜管作为温度计的外壳,与引出电缆槽密封而成。

温度计利用铜电阻在一定的温度范围内与温度成线性关系工作,当温度计所在的温度变化时,其电阻值也随着变化。温度计算公式:

$$t = \alpha \left( R_t - R_0 \right) \tag{5-5-10}$$

式中　$t$——测量点的温度,℃;

　　　$R_t$——温度计实测电阻值,$\Omega$;

　　　$R_0$——温度计零度电阻值,$\Omega$,取 $R_0 = 46.60\ \Omega$;

　　　$\alpha$——温度计温度系数,℃/$\Omega$,取 $\alpha = 5$ ℃/$\Omega$。

电阻温度计主要技术参数见表 5-5-20。

**表 5-5-20　电阻温度计主要技术参数**

| 温度测量范围(℃) | | −30 ~ +70 |
|---|---|---|
| 引出电缆芯线 | | 4 |
| 零度电阻值(Ω) | | 46.60 |
| 电阻温度系数(℃/Ω) | | 5.00 |
| 温度测量精度(℃) | | ±0.3 |
| 绝缘电阻<br>(MΩ) | 在使用温度范围内 | ≥50 |
| | 在 0.5 MPa 水中 | ≥50 |

电阻温度计使用比较广泛,既可安置在百叶箱里观测气温,也可放置在水库里观测水温,还可埋设在基岩或混凝土里观测坝基和坝体的温度。

### 5.2.1.2　水温计安装和水温计安装考证表

水温计安装和水温计安装考证表参考本篇模块 2 第 2.3.1 节。表 5-5-21 ~ 表 5-5-23 为温度计安装埋设考证表。

**表 5-5-21　振弦式温度计安装考证表**

| 工程或项目名称 | | | | | |
|---|---|---|---|---|---|
| 仪器型号 | | | 生产厂家 | | |
| 仪器量程<br>(℃) | | 仪器尺寸<br>(mm) | | 接线长度<br>(m) | |
| 传感器系数 $K$<br>(℃/Hz², kHz²) | | 线圈电阻<br>(Ω) | | 绝缘电阻<br>(Ω) | |
| 埋设高程<br>(m) | | 桩号<br>(m) | | 坝轴距<br>(m) | |
| 起始读数 $f_0$<br>(℃/Hz², kHz²) | | 埋设后读数 $f_i$<br>(℃/Hz², kHz²) | | | |
| 埋设日期 | | 天气 | | 气温(℃) | |
| 上游水位(m) | | | 下游水位(m) | | |
| 埋设示意<br>图及说明 | | | | | |
| 技术负责人:　　　　校核人:　　　　埋设及填表人:　　　　日期: | | | | | |
| 监理工程师: | | | | | |
| 备注 | | | | | |

**表 5-5-22 铜电阻式温度计安装考证表**

| 工程或项目名称 | | | | | |
|---|---|---|---|---|---|
| 仪器型号 | | | 生产厂家 | | |
| 仪器量程<br>（℃） | | 仪器尺寸<br>（mm） | | 接线长度<br>（m） | |
| 温度常数 $K$（℃/$\Omega$） | | 0 ℃时电阻值<br>$R'_0$（$\Omega$） | | 绝缘电阻（ M$\Omega$） | |
| 埋设高程(m) | | 桩号<br>（m） | | 坝轴距<br>（m） | |
| 起始读数 $R_0$（$\Omega$） | | 埋设后读数 $R_i$（$\Omega$） | | | |
| 埋设日期 | | 天气 | | 气温(℃) | |
| 上游水位(m) | | | 下游水位(m) | | |
| 埋设示意<br>图及说明 | | | | | |
| 技术负责人： | | 校核人： | 埋设及填表人： | | 日期： |
| 监理工程师： | | | | | |
| 备注 | | | | | |

**表 5-5-23 热敏式温度计安装考证表**

| 工程或项目名称 | | | | | |
|---|---|---|---|---|---|
| 仪器型号 | | | 生产厂家 | | |
| 仪器量程<br>（℃） | | 仪器尺寸<br>（mm） | | 接线长度<br>（m） | |
| 温度常数 $K$（℃/$\Omega$） | | 0 ℃时电阻值<br>$R'_0$（$\Omega$） | | 绝缘电阻（ M$\Omega$） | |
| 埋设高程(m) | | 桩号<br>（m） | | 坝轴距<br>（m） | |
| 起始读数 $T_0$<br>（$R_0$）$\Omega$ | | 埋设后读数<br>$T_i$（$R_i$）（$\Omega$） | | | |
| 埋设日期 | | 天气 | | 气温(℃) | |
| 上游水位(m) | | | 下游水位(m) | | |
| 埋设示意<br>图及说明 | | | | | |
| 技术负责人： | | 校核人： | 埋设及填表人： | | 日期： |
| 监理工程师： | | | | | |
| 备注 | | | | | |

## 5.2.2 检查、维护温度计

参考本篇模块 2 第 2.3.3 节。

# 第6篇　操作技能——技师

# 模块 1　巡视检查

## 1.1　土(石)工建筑物检查

### 1.1.1　编写土(石)工建筑物巡视检查方案

为确保土(石)工建筑物的安全运行,加强对大坝汛期的巡查工作,做到及时发现问题、及时处理问题,一般均应提前制订土(石)工建筑物巡视检查方案。巡视检查方案须根据建筑物的实际情况制订,一般包含以下内容。

(1)工程概况。

(2)巡视检查方案制订的依据。一般根据行业主管部门制定的现行规范、规程以及各地各部门制定的办法、实施细则等,如《土石坝安全监测技术规范》《×××水库大坝巡视检查办法》。

(3)确定巡视检查组织机构。大坝巡查由水库管理单位负责实施,没有专管机构的小型水库由主管部门(如乡、镇、街道办事处,村或业主等)组织实施。水库管理单位行政负责人、业主或主管部门行政负责人为巡查总负责人;大坝巡查必须有掌握一定专业知识或具有一定管理经验的人员参加。必要时,可报请上一级水行政主管部门及上一级有关专家会同检查;每年汛前应组织水库管理人员和参加巡查的乡、镇、街道办事处,村干部以及业主进行有关专业知识培训等。

(4)制定相应的巡视检查工作程序。工作程序包括:检查内容、检查方法、检查顺序、检查路线、记录表式、每次巡查的文字材料及检查人员的组成和职责等。

①汛前检查。汛前检查在每年汛前完成,对大坝区域可能发生地质灾害部位进行全面检查,特别应对上年汛后检查中提出的整改项目落实情况进行检查,并写出检查报告,对尚存在的危险部位应有处理措施或预防办法。

②汛期巡检。汛期大坝区每场暴雨(日降雨量达 50 mm 以上)及大洪水过后,应组织对大坝区域可能发生地质灾害部位进行全面巡查,发现危险点应及时落实隔离措施,划定警戒区域,设立告示牌,并组织应急处理。当水库遭遇较大暴雨、洪水、水库水位骤升骤降,达到汛期控制水位或超过历史最高水位等情况时,应按规定增加巡查次数,每天不少于 2 次。当发生比较严重的破坏现象或出现其他危险迹象时,应组织专门人员对可能出现险情的部位进行连续监视观测。

③汛后检查。汛后检查在每年汛底之前完成,通过对可能存在地质灾害部位的详细检查,并写出检查报告,报告中应明确需采取工程措施的部位、范围、处理方案及处理期限。

④检查路线。巡视检查路线的确定,不但要考虑巡视检查项目的全面性,还要考虑巡

视检查过程中人员安全和交通的便利性。日常巡视检查要确定合理路线,做到巡查全覆盖、不留死角,特别是重点部分和容易忽视的地方、隐患部位不出现遗漏。巡视人员应遵循的检查路线:对坝脚排水、导水设施及坝趾区排水沟或渗水坑地巡视检查;对下游坝坡和下游岸坡进行巡查,应从左侧岸坡上坝,从下游坝面下坝,再从右侧岸坡上坝,如坝面较大,则需要反复几次上坝、下坝,检查每处坝面;从右侧沿坝体巡查至左侧坝体尽头;从左侧上游坝面巡查至尽头,同时观察水面情况;对其他部位进行巡查,如输水涵洞(管)、溢洪道、闸门等方面;对大坝安全有重大影响的近坝区岸坡和其他对大坝安全有直接关系的建筑物与设施。

主坝应按从左至右,从上至下,先内坡、后外坡、最后排水棱体的检查程序。主坝巡视的具体内容包括:有无纵横裂缝、塌坑、滑坡及隆起现象,有无白蚁鼠洞,迎水坡有无风浪冲刷,背水坡有无散浸及集中渗漏,有无绕坝渗漏,坝趾有无管涌迹象,排水棱体有无沉陷崩塌。

为了查清整个坝面的情况,通常应按要求多次步行巡视坝坡,直至确认无异常现象。坝坡巡视的具体内容包括:

①对坝脚排水、导水设施及坝趾区排水沟或渗水坑地巡视检查。

②对下游坝坡和下游岸坡进行巡查。为了查清整个坝面的情况,通常应按要求多次步行巡视坝坡。由于坡面凹凸不平、植物滋生或其他情况影响,站在某一指定部位仅能看清四周的部分坡面。因此,要确保了解整个坝坡是否存在影响,必须反复步行巡视,直至确认无异常现象。常用的巡视方式如表6-1-1所示。

表6-1-1　土石坝检查路线

| 巡视方式 | 说明 |
| --- | --- |
| 之字形路线检查 | 能保证控制整个坝坡和坝顶,适用于区域小或坡度平缓的坝坡 |
| 平行路线检查 | 按平行于坝顶路线顺序沿坝坡向下检查,适用于坡度很陡或者面积大的坝坡 |

表6-1-1中的两种步行巡视检查坝坡和坝顶的方式较常用,主要目的是详细了解整个坝坡情况。在步行巡视坝坡过程中,应随时随地停下,环视360°进行观察。

按上述方式检查还可以从不同角度观察坝坡,有时也可观察到一些未被发现的缺陷。此外,从远处观察,也可发现诸如坝面扭曲和坝上植物生长的微小变化等异常现象。最后,可在一日内太阳光照射角小的时候从远处观察坝坡和坝趾区域,这是由于太阳光反射易发现湿润地带。

③坝坡与坝基接触面。检查方法为步行巡视检查。进行坝基与坝坡的接触面检查很重要,因为该接触面易受地表径流冲蚀且沿下游接触面常出现渗漏现象。

④坝顶。坝顶检查方式与坝坡检查相似,既可采用之字形路线,也可采用平行路线,检查时应注意:为了检查坝顶各部位,应尽量多巡查,确保不遗漏任何缺陷。保证各部位都能巡视到。从不同的角度观察坝顶,有些缺陷可就近发现,而有些缺陷只能从远处观察到。

⑤对其他部位进行巡查,如输水涵洞(管)、溢洪道、闸门等方面;对大坝安全有重大

影响的近坝区岸坡和其他对大坝安全有直接关系的建筑物与设施。

（5）检查方法的确定。通常用眼看、耳听、脚踩、手动等直观方法，并辅以锤、钎、钢卷尺等简单工具对工程表面和异常现象进行检查量测。对大坝表面（包括护坡、坝脚）要由数人列队进行拉网式检查，以防漏查。检查时应仔细、认真。

①眼看：迎水面护坡块石有无移动、凹陷或突鼓；察看迎水面大坝附近水面有无漩涡；防浪墙、坝顶是否出现裂缝或原存在的裂缝有无变化；涵洞进出口部位及洞轴线附近坝坡是否有塌坑、渗漏和突鼓现象；溢洪道是否畅通；坝顶有无塌坑；背水坡坝面、坝脚及护坡范围内是否出现渗漏、突鼓现象，尤其对长有喜水性草类的地方要仔细检查，判断渗漏的浑浊变化；大坝附近及溢洪道两侧山体岩石是否有错动或出现新裂缝；水库病险部位是否进一步发展；通信、电力线路是否畅通等。

②耳听：耳听是否出现不正常水流声。

③脚踩：检查坝脚和坝坡中是否出现土质松软或潮湿甚至渗水的现象。

④手动：当眼看、耳听、脚踩中发现有异常情况时，必须再用手作进一步临时检查，对长有杂草的渗漏逸出区，则用手感测试水温是否异常；动手操作或转动闸门启闭设施、放水设施能否正常运行。

（6）结果处理。汛后检查完成后，依据检查结果，向领导汇报，及时组织人力进行处理。对检查过程中发现的易发生危石脱落或山体坍塌的危险部位，应及时落实隔离措施，划定警戒区域，设立告示牌，并组织应急处理。对需采取较大工程措施的，按工程维护办法流程组织实施。

（7）结语。

## 土石坝巡视检查案例

### 1. 工程概况

某电站工程，是某流域梯级开发的最后一级。该工程规模属大（2）型，工程等别为Ⅱ等。由拦河坝、泄水建筑物、发电引水系统及电站厂房等主要建筑物组成。最大坝高51 m，水库总库容 1.21 亿 $m^3$，装机容量141 MW。

永久性主要建筑物的级别：①挡水建筑物（大坝）、泄水建筑物、引水建筑物的进水口采用2级；②电站厂房、尾水渠等其他永久建筑物采用3级；③临时建筑物采用4级。

工程总体布置方案：挡水建筑物（大坝）为混合坝型，坝长963.10 m，坝顶高程为916.0 m，防浪墙顶高程917.2 m；最大坝高51 m，坝顶宽度为8 m，如图6-1-1、图6-1-2所示。

建立工程碾压混凝土和黏土心墙混合坝巡视检查周期，在工程中起到决定性作用。厂坝区域防止地质灾害动态巡视检查实行汛前检查、汛期巡查和汛后检查制度。

### 2. 汛前检查

汛前检查在每年5月底之前完成，由水调中心安全监测办公室组织进行，对厂坝区域可能发生地质灾害部位进行全面检查，特别应对上年汛后检查中提出的整改项目落实情况进行检查，并写出检查报告，对尚存在危险的部位应有处理措施或预防办法。

### 3. 汛期巡检

汛期厂坝区每场暴雨（日降雨量达50 mm以上）及大洪水过后，水调中心组织对厂坝

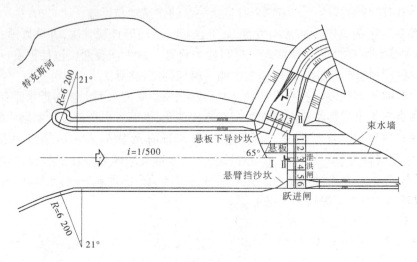

**图6-1-1　平面布置示意图**　（尺寸单位:cm）

**图6-1-2　下游示意图**

区域可能发生地质灾害部位进行全面巡查,发现危险点,应及时落实隔离措施,划定警戒区域,设立告示牌,并组织应急处理。

当水库遭遇较大暴雨、洪水、水库水位骤升骤降,达到汛期控制水位或超过历史最高水位等情况时,应按规定增加巡查次数,每天不少于2次。发生比较严重的破坏现象或出现其他危险迹象时,应组织专门人员对可能出现险情的部位进行连续监视观测。

**4. 汛后检查**

汛后检查在每年9月底之前完成,由水调中心安全监测办公室组织进行,对可能存在地质灾害的部位详细检查,并写出检查报告,报告中应明确需采取工程措施的部位、范围、处理方案及处理期限。

**5. 检查方法**

检查方法:通常用眼看、耳听、脚踩、手动等直观方法,并辅以锤、钎、钢卷尺等简单工具对工程表面和异常现象进行检查量测。对大坝表面(包括填压层、坝脚)要由数人列队进行拉网式检查,以防漏查。检查时应仔细、认真。

(1)眼看:迎水面护坡块石有无移动、凹陷或突鼓;察看迎水面大坝附近水面有无漩涡;防浪墙、坝顶是否出现裂缝或原存在的裂缝有无变化;涵洞进出口部位及洞轴线附近坝坡是否有塌坑、渗漏和突鼓现象;溢洪道是否畅通;坝顶有无塌坑;背水坡坝面、坝脚及填压层范围内是否出现渗漏、突鼓现象,尤其对长有喜水性草类的地方要仔细检查,判断渗漏的浑浊变化;大坝附近及溢洪道两侧山体岩石有无错动或出现新裂缝;水库病险部位是否进一步发展;通信、电力线路是否畅通等。

(2)耳听:耳听是否出现不正常水流声。

(3)脚踩:检查坝脚和坝坡中是否出现土质松软或潮湿甚至渗水的现象。

(4)手动:当眼看、耳听、脚踩中发现有异常情况时,必须再用手作进一步临时检查,对长有杂草的渗漏逸出区,则用手感测试水温是否异常;动手操作或转动闸门启闭设施、放水设施能否正常运行。

6. 巡检线路

巡视检查路线的确定,不但要考虑巡视检查项目的全面性,还要考虑巡视检查过程中人员安全和交通的便利性。从坝趾到坝顶的全过程依次为:左坝肩→底孔检修闸房→溢流表孔→引水发电洞大坝→坝顶→右坝肩→下游护坡→主变压器房→厂房→廊道→泄洪底孔。

7. 结果处理

汛后检查完成后,依据检查结果,向领导汇报,及时组织人力进行处理。

对检查过程中发现的易发生危石脱落或山体坍塌的危险部位,应及时落实隔离措施,划定警戒区域,设立告示牌,并组织应急处理。

对需采取较大工程措施的,按工程维护办法流程组织实施。

# 1.1.2  编写土(石)工建筑物巡视检查报告

## 1.1.2.1  日常巡视检查报告的内容

报告内容应简单扼要,可用表单形式,要说明检查时间、范围、发现的问题等,必要时附上照片及略图。

## 1.1.2.2  年度巡视检查报告的内容

(1)检查日期。

(2)本次检查的目的和任务。

(3)检查组参加人员名单及其职务。

(4)对规定项目的检查结果(包括文字记录、略图、素描和照片等)。

(5)历次检查结果的对比、分析和判断。

(6)不属于规定检查项目的异常情况发现、分析和判断。

(7)必须加以说明的特殊问题。

(8)检查结论(包括对某些检查结论的不一致意见)。

(9)检查组的建议。

(10)检查组成员的签名。

# 1.2　混凝土建筑物检查

## 1.2.1　编写混凝土建筑物巡视检查方案

由于混凝土坝与土石坝的工作特点及要求不同,一般日常巡视检查和年度巡视检查的现场检查由水电厂负责,特殊情况的巡视检查的现场检查由安全检查组负责。巡视检查要求做好下列主要准备工作:

(1)做好水库调度和电力安排,为检查泄洪建筑物和检查工作所需动力作准备。

(2)排干检查部位建筑物内的积水。

(3)水下检查专门准备和安排。

(4)安装临时设施,便于检查人员的进出。

(5)准备交通工具和专门车辆船只。

以上准备均需事先与有关单位联系,并将计划通知有关部门。现场检查组应准备好需用的有关大坝安全的数据、资料和图纸,带全现场检查所需的工具设备等器材。现场检查时间应尽量安排在一年中用水影响最小、大多数受检结构部位易于观察和可进行试验的时间。如有条件,检查过程中的水库水位应有接近最高水位、接近正常水位、接近最低水位三种工况。

现场检查过程中,现场检查组成员应会同大坝运行管理、设计、施工和地方机构人员就检查工作进行讨论。做好调查研究工作,以便弄清坝工安全状况,进一步明确必须深入调查研究的问题。

现场检查必须按三种不同类型的检查要求和检查项目详细记录,并注意拍摄实况照片和录像。

**混凝土坝巡视检查案例**

1. 工程概况

峡口拱坝位于湖北省南漳县峡口集镇,为沮河干流上的一座以发电为主兼有防洪、航运、灌溉、养殖等综合效益的控制性枢纽工程,枢纽为Ⅱ等,主要建筑物为2级。

峡口拱坝位于扬子准地台中部,地质条件比较稳定,坝址区地震基本烈度为6度,大坝外围无深切邻谷,库盘隔水性能好,库区不存在严重渗漏问题。坝址控制流域面积1 458 km²,按百年一遇洪水标准设计,千年一遇洪水标准校核。水库设计洪水位264.88 m,校核洪水位266.47 m,正常蓄水位264.13 m,为年调节水库。

枢纽工程主要由混凝土拱坝(含坝身表、中孔)、右岸发电引水隧洞、地面厂房和开关站等组成。大坝为双曲拱坝,设计最大坝高84.8 m,厚高比0.189,坝身设3个表孔和2个中孔泄洪;发电引水隧洞布置于右岸,电站装有2台单机15 MW的混流式水轮发电机组,如图6-1-3所示。

峡口拱坝于2002年8月开工,同年11月截流,2006年1月15日下闸蓄水,2007年7月竣工验收。首次蓄水后,主管单位对监测技术人员进行了以监测技术基本原理与数据

图 6-1-3 峡口拱坝

采集、监测信息管理、监测资料分析与安全评价为主要内容的培训；同时，以《混凝土坝安全监测技术规范》(SL 601—2013) 为依据，在深入分析峡口拱坝具体情况的基础上，编制了峡口拱坝安全监测企业规程。

2. 峡口拱坝巡视检查重点

巡视检查路线的确定应坚持全面巡查、关注重点的原则。拱坝作为一种安全性较强的坝型，其安全程度主要取决于拱坝坝肩岩体的稳定性和坝体结构的整体性。因此，在巡视检查中，除对大坝及周边进行全面巡查外，应重点关注坝肩岩体稳定性状态、坝肩灌浆排水平硐及基础灌浆廊道渗流状态、坝体横缝开合度状态及坝体裂缝状态。

(1)对于坝肩岩体稳定性，应重点检查坝肩岩体(特别是危岩)是否存在挤压、错动、松动和鼓出等现象，土体边坡是否存在冲刷、塌陷、裂缝和滑移(滑坡)现象，以及地下水有无露头现象等，并重点分析历次巡视检查中这些现象的变化情况。

(2)对于坝肩灌浆排水平硐和基础灌浆廊道，应重点检查平硐或廊道内顶部和壁面是否存在渗漏、侵蚀、裂缝等现象，排水孔流量大小和浑浊度情况，平硐或廊道底面排水沟流量大小和浑浊度情况，并重点分析历次巡视检查中渗流量大小和浑浊度的变化情况。

(3)对于坝体横缝开合度，应重点检查灌浆后的横缝是否存在张开、特别是持续张开的现象，缝面是否存在渗漏现象，以及渗漏的变化过程、渗漏析出物状态等。

(4)对于坝体裂缝，应重点检查裂缝的部位、走向、宽度及其变化情况，并重点分析裂缝的成因以及裂缝对大坝安全的危害程度(如是否存在贯穿性裂缝、是否破坏拱坝的整体性、是否损坏构件的稳定性、是否影响大坝功能的发挥等)。

在巡视检查中，应特别注重历次检查情况的对比、分析，重点判断上述检查项目是否存在突变现象、是否存在向恶化方向持续发展的迹象。

3. 峡口拱坝巡视检查路线

确定巡视检查路线时，不仅要考虑巡视检查内容的全面性，而且要考虑巡视检查过程中交通的便利性和检查人员与仪器的安全性。

　　峡口拱坝办公楼和上坝公路位于拱坝下游右侧;拱坝下游面具有比较完善的交通桥,可近距离检查下游坝面以及泄洪中孔和表孔;左、右岸坝肩分别在236 m和210 m高程设置有灌浆排水平硐,且10 m高程平硐与基础灌浆廊道连通;坝上游面无交通条件,只能借助于望远镜等设备进行远视检查;发电隧洞进口位于拱坝上游右侧岸边。

　　根据以上布局情况,确定峡口拱坝巡视检查总体路线如下:以拱坝右侧上坝公路为起点,对沿公路边坡和右坝肩山体进行巡视检查;从右坝肩步入拱坝右侧下游面,利用右263.8 m、255 m、244 m高程交通桥,对拱坝右侧下游面进行巡视检查;进入236 m高程灌浆平硐,对右坝肩岩体情况进行巡视检查;返回244 m高程交通桥,经右中孔启闭室,至230.5 m交通桥,再经左中孔启闭室至左244 m交通桥,重点检查泄洪建筑物及泄洪设施情况;分别进入左236 m、左210 m高程灌浆排水平硐,对左坝肩岩体情况进行巡视检查;进入基础灌浆廊道,对坝基情况进行巡视检查;进入右210 m高程排水灌浆平硐,对右坝肩岩体情况进行巡视检查;经210 m交通桥、坝下游面左侧交通桥、255 m交通桥及263.8 m交通桥至左坝顶,对拱坝左侧下游面进行巡视检查;至左坝肩对左坝肩山体进行巡视检查,并在左坝肩利用望远镜对左侧上游面进行检查;自左坝肩经坝面至右坝肩,对坝顶、表孔溢流面、表孔启闭设备、观测设施等进行巡视检查;至上游面右侧电站进水口,对进水口淤积、堵塞情况以及进水塔安全状况进行巡视检查。

## 1.2.2　编写混凝土建筑物巡视检查报告

　　现场检查后,一般在20天内提出现场检查报告。现场检查报告是现场检查的成果,报告内容要简明扼要,力求全面、客观地叙述大坝状况。提出的结论和建议要有充分的基础和依据,对存在的问题要有解决的办法。现场检查报告的主要要求如下:

　　(1)日常检查报告内容应简明扼要说明问题,必要时附上影像资料。

　　(2)其他检查报告的内容中应包括:①检查日期;②本次检查的目的和任务;③检查组参加人员名单及其职务;④检查环境条件及结果(包括文字记录、略图、影像资料);⑤历次检查结果的对比、分析及判断;⑥异常情况发现、分析及判断;⑦必须加以说明的特殊问题;⑧检查结论(包括对某些检查结论的不一致意见);⑨检查组的建议;⑩检查组成员的签名。

# 模块2　变形监测

## 2.1　垂直位移监测

### 2.1.1　操作运用、维护垂直位移自动化监测设备

#### 2.1.1.1　大坝安全自动监测系统组成

大坝安全自动监测系统由大坝安全监测数据采集系统和大坝安全监测信息管理系统两部分组成。大坝安全监测数据采集系统由分布在大坝现场的监测仪器、测量控制装置、中央控制装置(监控主机)、信息管理主机以及电源线路、通信媒体等部分组成。监控主机是分布式大坝安全监测自动化系统的中央节点,数据采集软件安装在监控主机上,对现场所有设备进行统一控制和管理;测量控制装置是分布式大坝安全监测自动化系统的关键设备,它能对接入系统的监测仪器进行自动测量、数据存储、数据传输等功能。

*1.大坝安全监测数据采集系统*

大坝安全监测数据采集系统一般由分布在大坝现场的各类传感器(测点)、测量控制装置(MCU)、中央控制装置(CCU)和配套软件、电缆及通信设施等组成。测控装置放置在监测仪器附近,通过电缆实现对监测仪器的自动采集,测控装置内各仪器测量模块自带CPU,独立并行工作,对所接入的仪器按照中央控制装置的命令或预先设定的时间进行自动控制、测量,并就地转换为数字量暂存在测量模块内,向监控主机自报或根据监控主机的命令向主机传送所测数据。

*1)测控装置(MCU)*

测控装置是大坝安全监测自动化系统的关键设备,是分布式数据采集网络的节点装置。用于系统中各种类型监测仪器(传感器)的数据测量、存储和传输,安装在监测仪器附近。

测控装置由智能数据采集模块、电源模块、人工比测模块、防雷模块、进口密封机箱等部件组成,各数据采集智能模块均有CPU、时钟电路、数据存储电路、数据通信电路、接口转换电路、测量电路等,可对水工建筑物及岩土工程的变形、渗流、渗压、温度、应力应变、水位、气象等项目进行自动监测。

*2)智能数据采集模块*

智能数据采集模块的种类、可接入的仪器类型和数量见表6-2-1。

数据采集模块分为系统主电路和测量电路两部分。系统主电路包含电源电路、中央微处理器CPU、数据存储电路RAM、时钟电路、键盘显示接口电路、通信电路、看门狗电路等;测量电路包含与传感器的接口选通电路、控制电路和测量电路。

表 6-2-1　　智能数据采集模块统计表

| 序号 | 名称 | 型号 | 通道数 | 说明 |
|---|---|---|---|---|
| 1 | 差阻式仪器采集模块 | R16M | 16 | 4/5 芯差阻式仪器或温度计 |
| 2 | 振弦式仪器采集模块 | V16M | 16 | 各类振弦式仪器 |
| 3 | 步进式仪器采集模块 | S1/4M | 1/4 | 步进电机式垂线坐标仪或引张线仪 |
| 4 | 标准信号仪器采集模块 | E16M | 16 | 各类电压、电流量输出仪器 |
| 5 | 环境量仪器采集模块 | H3M/ FRV | 11 | 浮子式仪器、雨量计和差阻式仪器或振弦式仪器 |
| 6 | 气象站仪器采集模块 | M7M | 7 | 7 种气象站仪器,如风速、风向、气温、气压、雨量、蒸发、湿度等 |
| 7 | 渗流量仪器采集模块 | D4M | 4 | 排水管渗流量 |

　　模块采用单板结构设计、隔离技术、CMOS 集成芯片,具有智能化程度高、功耗低、抗干扰能力强、测量精度高、可靠性好的特点,对于不同类型的传感器均有相对应的测量电路。测量模块的原理图如图 6-2-1 所示。

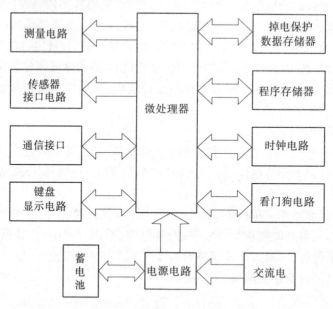

图 6-2-1　　测量模块电路原理图

3)测控装置安装调试

A. 测控装置安装

按设计要求确定安装位置,安装位置要求考虑仪器接入并节约仪器电缆。

为了测控装置维护方便,安装高度不超过 1.6 m,但也不能太低。根据监测站的结构,采用悬挂安装的测控装置,也可固定在基座上。测控装置安装要求水平。

将电源线、通信线和接地线接入测控装置内相应的接线柱上。

将引入监测房的仪器电缆按技术设计要求,顺序接入测控装置的接线端子上,并记录仪器接入前后人工和自动化的测值,同时记录仪器编号。要求进线整齐、标记明确。

B. 测控装置调试

测控装置完成所有的接线后就可以开始调试,其步骤如下:

(1)设置。首先用小键盘完成测控装置的地址、测点类型、测点数量的设置,具体设置详见小键盘的使用。一般根据测控装置的位置从左到右、从近到远按顺序设置数据采集模块的地址,便于查找。其次根据接入传感器的排列顺序,确定每支仪器在数据采集模块内的编号。

(2)通信检查。MCU 的通信线接完后,在数据采集计算机上可用数据采集软件或超级终端进行通信调试,确保每一个模块通信正常。

(3)自检。在自检命令中所有模块均对其 RAM、ROM、时钟等电路自检;测量 MCU 内的蓄电池的电压、充电电压和模块上的温度,检测各测量模块的类型、接入监测仪器的数量以及该模块的工作情况;测量差动电阻式模块(R16M、H3M 等)中的两个串联的 50 Ω 高精度电阻的电阻值、电阻比和芯线电阻,以检验模块的测量电路是否正常。

(4)测量。在 MCU 处先用小键盘对每一支仪器进行测量,确定仪器测量正常,记录测量数据;同时通过人工比测接口,利用便携式测量仪表对接入 MCU 的仪器进行测量,并与 MCU 测量的数据相比较,测量数据的重复性、一致性应满足规范要求。

(5)联调。在中央控制装置(监控主机)上,利用数据采集软件控制所有测控装置,进行所有功能检查,如测量(巡回测量、选点测量、选箱测量、自动测量)、时间查询和设置、定时自动测量时间间隔查询和设置、自动测量数据读取等,所有功能运行正常、可靠,自动化测量结果与人工测量结果一致。

(6)整理。在完成 MCU 的调试工作后,应对接入 MCU 的每一根电缆做好标记,顺序整理好;拧紧 MCU 接线通道的密封端子,对空的通道应该用电缆头将其堵死;调好加热电阻,使其正常工作,一般调为 10 ~ 20 ℃;把观测房清扫干净,把 MCU 擦拭干净并用专用钥匙锁好;做好相关的调试记录。

(7)仪器测值定义。测控装置安装完,传感器的电缆引至测控装置处,即可开始传感器的接线。对于不同的传感器,须接入不同的测量模块。

4)振弦式仪器的使用

振弦式仪器是智能型便携式仪表,以微处理器为主体,由 RS232 接口、液晶显示器及其驱动器、带掉电保护的数据存储器和测量电路等组成。它的原理框图见图 6-2-2。该检测仪先用激振电路产生激振信号给振弦式仪器激振,然后再对仪器产生的频率信号进行滤波、放大、采样,测量仪器的周期,换算成仪器的读数($F^2/1\,000$)。对有测温的仪器测量仪器的温度电阻,换算成温度。

(1)与仪器连接。振弦式仪器检测仪有四个接线柱,标记为黑、红、绿、白,黑红与传感器的线圈导线相连,绿白与传感器的温度电阻导线相连。

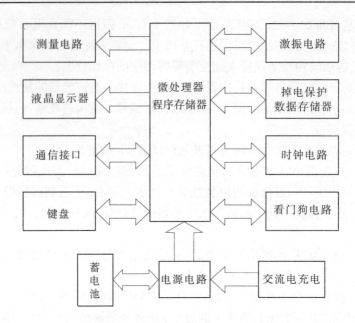

**图 6-2-2　振弦式仪器检测仪原理框图**

（2）与计算机通信。振弦式仪器检测仪随机配有专用通信线和采集软件,通信线一端与计算机串口相连,一端与检测仪相连,运行专用采集软件,按照菜单提示操作即可将检测仪内存储的数据传输到计算机中,可进行数据浏览、存储、打印等。

（3）充电。振弦式仪器检测仪随机配有专用充电线,把电源插头插入电源插座,另一端插入检测仪电源插孔,充电时间约 15 h。

5）差阻式仪器的使用

差阻式仪器用于测量四芯或五芯差动电阻式仪器的电阻、电阻比、芯线电阻及埋入式铜电阻温度计的温度电阻。以微处理器为主体,由 RS232 接口、液晶显示器及其驱动器、带掉电保护的数据存储器和测量电路等组成。它的原理框图见图 6-2-3。仪表采用高稳定的稳压电源给传感器供电,将非电量转换成电量,然后由高输入阻抗的 V/F 转换器将电量转换成数字量的方式工作,有效地消除了传感器的长导线电阻及芯线变差的影响。

（1）与仪器连接。仪器接线:差阻式仪器检测仪有五个接线柱,标记为蓝、黑、红、绿、白,根据仪器芯线的颜色,接到相对应的接线柱上。其中,$R_1$、$R_2$、$R_t$ 为传感器钢丝电阻,$r$ 蓝、$t$ 白分别为长电缆芯线电阻。

切换装置连接:用随机带的通信控制线(一端为 9 针插头,一端为 10 芯插头)与 RUS型自动切换装置连接,9 针一端与本仪表 9 针插座相连,10 芯一端与 RUS 型自动切换装置的插座连接,将该装置的信号线按芯线颜色与本仪表的接线柱相连接即可。

（2）与计算机通信。检测仪随机配有专用通信线和采集软件,通信线一端与计算机串口相连,一端与检测仪相连,运行专用采集软件,按照菜单提示操作即可将检测仪内存储的数据传输到计算机中,可进行数据浏览、存储、打印等。

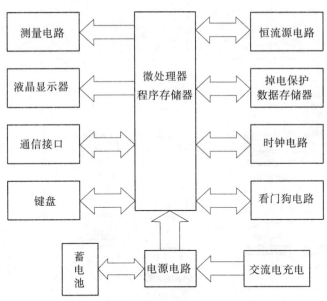

**图 6-2-3　差阻式仪器原理框图**

（3）充电。检测仪随机配有专用充电线，把电源插头插入电源插座，另一端插入检测仪电源插孔，充电时间约 15 h。

**2. 大坝安全监测信息管理系统**

大坝安全监测信息管理系统由监控主机、管理主机（工作站）、服务器等构成安全管理监测局域网，对外可以与其他局域网和广域网互联。信管主机用于安装大坝安全信息管理软件和资料分析软件，同时作为监控主机的备用；异地的上级有关管理部门可在任何时间透明地监控远端的自动化监测系统，完成操作者所希望进行的各种操作。它的监控管理系统为多任务网络运行方式、Windows xp/NT 图形操作环境，人机接口以图形界面方式实现。操作者只需按图形窗口所提示的菜单或按钮进行操作即可实现操作控制和功能调用，操作极为方便、简捷。

安全监测自动化系统采用分层分布式的网络结构，即包括测站层的现场网络和信息管理中心的计算机网络。

**1）信息管理中心组网方式**

信息管理中心一般位于监测管理室或中心站内，一般由监测服务器、监测工作站、网络交换机、打印机、便携式电脑、UPS 电源设备等组成。信息管理中心网络结构如图 6-2-4 所示。

监测数据、系统参数和其他信息资料存放在数据库中，数据库运行在监测服务器上以实现资源共享；监测工作站作为前端用户访问和处理数据库中的数据。除系统管理员可以直接在监测服务器上对系统进行参数设置、数据库管理等操作外，其他操作人员通过权限设置在监测工作站对监测自动化系统进行数据的查询、监视等操作。

**2）现场测站组网方式**

现场测站层由各测点传感器和测量控制装置（MCU）组成。大型工程测站层可能包括若干个现场网络，各现场网络具有相对的独立性，可以单独运行分别进行管理，又可由

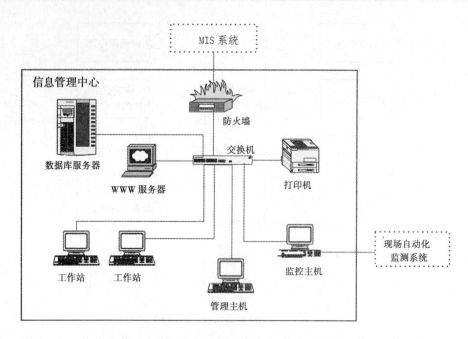

**图6-2-4 信息管理中心网络结构**

信息管理中心统一管理,以满足各建筑物施工期及运行期的安全监测要求。现场网络与监测中心的通信通过水电站或水库的通信干线(串行网关)和网络交换机实现。现场网络内通信介质可采用光缆或屏蔽双绞线(或二者混用);距离较远的数据测控装置(MCU)也可通过无线通信装置或其他通信方式接入现场网络。

3. 系统运行要求

1)传感器运行的要求

振弦式仪器运行的要求如下:

(1)所有测压管不能堵塞。

(2)振弦式渗压计的测量电缆根据"测点装置及测点对照表"正确接入相应的 MCU(微控制单元、单片机)。

(3)每次人工观测后,渗压计电缆和保护盖应及时恢复原位。并要注意电缆不要被保护盖压断。

垂线、引张线及垂线坐标仪、引张线仪的要求如下:

(1)垂线及引张线仪应处于自由静止状态。

(2)垂线及引张线仪上不应有滴水和杂物。

(3)垂线坐标仪和引张线仪的测量电缆根据"测点装置及测点对照表"正确接入相应的 MCU。

(4)垂线坐标仪和引张线仪的加热去湿电阻应一直保持加热状态。

(5)垂线坐标仪和引张线仪应防止渗水直接流到外壳上。

2)MCU 运行的要求

(1)MCU 的内配蓄电池应接通,使之处于浮充状态。

(2)MCU 的系统工作电源(220 V AC 50 Hz)和系统加热电源(220 V AC 50 Hz)应正常工作。

(3)MCU 应接入 RS－422 通信总线。

(4)MCU 电源和通信应接入防雷器。

(5)MCU 箱门应关紧。

(6)MCU 的接地应正确、可靠。

3)CCU 运行的要求

(1)UPS 应正常工作,正确接入 CCU。

(2)CCU 向各 MCU 不间断提供稳定可靠的系统工作电源(220 V AC 50 Hz)和系统加热电源(220 V AC 50 Hz)。

(3)CCU 的工作环境:温度为 +10 ~ +30 ℃,湿度 <75%。

(4)CCU 中的工控机要求专机专用。

(5)CCU 的接地应正确、可靠。

4.系统运行操作

1)CCU 控制运行操作

(1)每周 2 次自动化监测系统巡测,可采取中央控制方式,也可采用自动控制方式运行。每周施测时间如无特殊情况应固定不变。

(2)在汛期高水位、低温高水位,以及某些部位出现异常等情况下,可根据有关要求加密测次并采取自动控制方式运行。

(3)正常情况下,CCU 处于工作状态,显示器可以关掉运行。

2)中心站主机远程控制 CCU 运行操作

(1)MCU 的 RS－422 通信总线接入 CCU 的 RS－485 通信卡的 1 口。

(2)CCU 的 RS－422 通信总线一端接入 CCU 的 RS－485 通信卡的 2 口,另一端接入主机的 RS－485 通信卡的 1 口。

(3)CCU 向各 MCU 提供正常的系统工作电源(220 V AC 50 Hz)和系统加热电源(220 V AC 50 Hz)。

(4)CCU 运行大坝安全监测数据采集系统软件。

(5)主机运行大坝安全信息管理系统操作手册。

(6)在主机上即可进行远控自动化数据采集,具体操作详见相应的《大坝安全信息管理系统操作手册》。

(7)测量完毕后,逐级退出系统,再关机。

3)主机直接远程控制各 MCU 测量的操作

(1)CCU 的 RS－422 通信总线一端通过总线驱动器接入 MCU 的 RS－422 通信总线的另一端,另一端接入主机的 RS－485 通信卡的 1 口。

(2)CCU 向各 MCU 提供正常的系统工作电源(220 V AC 50 Hz)和系统加热电源(220 V AC 50 Hz)。

(3)主机运行"大坝安全监测数据采集系统软件"。

(4)进行远控自动化数据采集,具体操作详见相应的《大坝安全监测数据采集系统软件操作手册》。

（5）测量完毕后,逐级退出系统,再关机。

**5. 大坝安全监测自动化系统维护**

1）巡视维护周期确定

每一个月进行一次系统巡视维护。正式运行的第三年到第七年,每个季度巡视维护1 次,对故障率较高的少数仪器设备可局部加密维护次数。正式运行第八年后根据系统的运行情况和仪器设备实际老化状态确定巡视维护周期。

根据规定,每三个月应对监测自动化系统至少进行 1 次巡回检查。汛前应进行 1 次全面检查。每次台风来临前,应对监测自动化系统进行 1 次巡视检查。

2）定期维护步骤

对系统内的监测仪器、监测仪器配套装置、连接电缆、MCU、防雷器、总线电缆、电源、CCU、主机、消防设备逐一检查。对以上各个环节的不正常或损坏进行记录。

### 2.1.1.2 操作运用、维护垂直位移自动化监测设备

以上是一般监测自动化系统的工作原理、使用要求,下面以 BGK-1675 型水管式沉降仪的操作使用为例,说明如何操作运用、维护垂直位移自动化监测设备。

**1. 工作原理**

水管式沉降仪运用连通器原理,即连通管两端口液面保持同一水平面,见图 6-2-5。观测人员在观测房内测出测管端液面高程时,便可知道另一端（测点）的液面高程。前后两次高程测量读数之差即为该测点的沉降量,见式（6-2-1）。

$$S_1 = H_1 - H_0 \tag{6-2-1}$$

式中　$S_1$——测点的沉降量,mm;

　　　$H_1$——当前测量读数,mm;

　　　$H_0$——初始测量读数,mm。

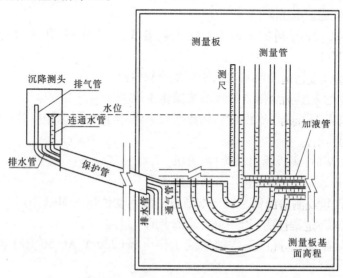

**图 6-2-5　水管式沉降仪原理示意图**

根据管线的长度、系统安装和测量情况,系统精度通常可达到 1~5 mm。

水管式沉降仪可人工进行观测或通过安装微压计或精密水位计实现自动测量。人工测量式水管式沉降仪主要由沉降测头、管路和显示板(观测板)三部分构成,如图 6-2-5 所示。自动测量式水管式沉降仪还包含有微压计或精密水位计、测控单元及电磁阀等自动控制和测量部件。

### 2. 主要部件介绍

#### 1) 沉降测头

在沉降测头内已装配好连通水管、通气管,并在沉降测头底部留有连通水管、排水管、通气管接头。沉降测头顶部距离连通水管顶部距离 $h = 20$ mm,现场安装测量沉降测头时,可据此确定高程,如图 6-2-6 所示。

其他尺寸如下:沉降测头高度为 345 mm;容器直径为 167 mm,底盘直径为 192 mm;通气管顶部距离沉降测头顶部为 10 mm;安装时建议在连接好管线后,将测头浇筑在 500 mm³ 混凝土块中,以避免碾压等情况的破坏。

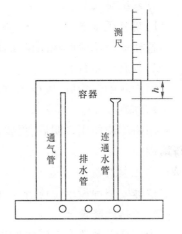

图 6-2-6　沉降测头布置示意图

#### 2) 管路

在沉降测头的底盘分别有 $\phi 8$ 连通水管、$\phi 12$ 排水管、$\phi 10$ 通气管的几个接头,分别连接尼龙管。为保护管路,管路外必须穿保护管。

连通水管与观测房的测量板相应编号的有机玻璃管相接。排水管、通气管也必须接至观测房。

连通水管的作用是将沉降测头连通水管水杯口与测量板的测量管连通,形成 U 形管。通常配备 $\phi 8$ 尼龙管。铺设时应避免使用接头,确保管路的可靠性。

排水管的作用是在加液时,使沉降测头容器中连通水管水杯口溢出的水排出。排水管必领引至观测房,且不可将水排入保护管内,通常配备 $\phi 12$ 尼龙管。同样,应尽可能少用管接头。

为保证在坝体变形时管路有很好的延展性,管路在保护管中应保持松弛状态,但应避免垂直方向有弯曲,其目的是避免发生气阻现象。管路应避免缠绕,并应做标记,以便区分。必须使用接头连接时,需进行密封试验,以保证接头的可靠性。可将管路一端密闭,将接头浸入水中,用打气筒加压至 0.2 MPa 进行检验,也可用此法检验管路本身是否有开裂。

#### 3) 保护管

各沉降测头至观测房的管路必须外套保护管。通常建议每个测头(3 条管线)使用一根 $\phi 50$ mm、具有一定柔性的厚壁塑料管(推荐使用厚壁 PE 管或 PPR 管)。保护管长度可根据现场条件及施工方便程度自由截取,接头可用直径稍大的同材料管子制作,用铁丝进行绑扎。

#### 4) 测量板

水管式沉降仪的测量板应布置在土石坝沉降测量高程下游坡面处的观测房内。观测房地面高程应低于沉降测量高程线 1.4 ~ 1.6 m。根据该高程沉降测头的多少可设计成单只测量板形式或多只测量板形式。测量板安装有 $\phi20$ mm $\times 3$ 有机玻璃管,它是溢流水管的测量管,管侧装有刻度尺,最小刻度为 1 mm。从测头引至管测房的排水管、通气管也应固定在观测台。连通水管与测量管之间及连通水管与加液管之间均设有阀门,控制连通水管的进水及排气。

3. 系统安装

1)确定埋设方案

各相关单位应按观测设计要求确定具体的合理埋设方案,及时沟通,协调作业。

2)仪器设备的检查

用户收到仪器后,应按供货清单验收:数量、规格、合格证、使用说明书等。

3)培训

用户阅读使用说明后,可要求仪器供货单位按合同规定对参加仪器埋设、观测人员进行培训。

4)工具与材料

仪器安装埋设单位应有计划地做好各项准备工作:施工用工具、材料、场地等。

4. 管路坡降设计

为保证设备符合连通管原理,系统正常工作,管路埋设高程必须低于沉降测头内连通水管水杯口的高程,管路的铺设高程由沉降测头到观测台应逐渐下降,其作用是使沉降测头内连通管水杯口的溢流水能顺利通过排水管排至观测房的排水沟,防止沉降测头内积水。它的坡度及平整度应根据规范要求、现场条件、管线长度等来确定,通常为 0.5% ~ 2%。

沉降测头水杯口与管路出口间高差大小应结合具体工程、埋设高程、管路的长短、预估坝体沉降变形量等因素确定,一般不应小于 1.0 ~ 1.5 m。

对于粗粒料坝体,一般采用局部坡降法,它比均匀坡降法、分段坡降法节省埋设工作量和碎石保护料。局部坡降法是在距沉降测头 10 ~ 20 m 的一段管路上设置较大坡降(1% ~ 1.5%),其余部分则采用水平埋设,见图 6-2-7 和图 6-2-8。

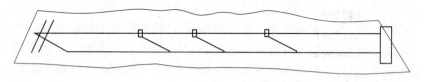

**图 6-2-7　局部坡降法观测剖面图**

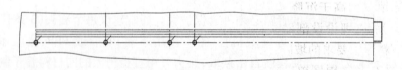

**图 6-2-8　局部坡降法观测平面图**

观测房内地面或顶部设有观测标点,该标点由设在大坝两端的视准线标定以控制、计算测量管内液面的高程。

5. 管路埋设施工

按施工方式不同,水管式沉降仪管路的埋设可分为槽式法、挖沟埋设法、沟槽混合法及坝面直接敷设法。具体采用何种方法应根据设计要求、具体工程和施工条件等因素而定。

1) 槽式法

当坝面填筑到低于管路埋设高程(0.8 ~ 1.2 m,测头距观测房较远时,应取 1.5 m 左右)时,沿管路埋设剖面线(管路埋设剖面线与沉降测头埋设线不在同一剖面线)两侧相距 1.5 ~ 3.0 m,用坝料中块石干砌成槽;也可直接用坝料堆筑两道埂,见图6-2-9。坝面填筑时,可使管路埋设剖面坝轴线方向成马鞍形,如图6-2-9 中的虚线所示。

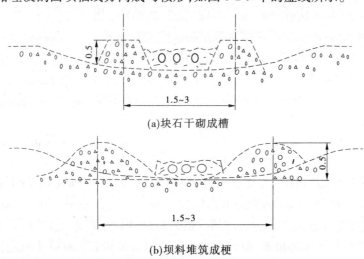

(a)块石干砌成槽

(b)坝料堆筑成埂

图6-2-9　槽式法埋设管路示意图　(单位:m)

槽深或埂高与坝面和管路埋设高程有关,一般为 0.5 m,靠沉降测头部分应高一些。在槽底铺垫碎石料,厚度 0.25 ~ 0.3 m。管路周围也应用碎石料保护。管路埋设部位可作为新回填层坝料的一部分,埋设后不必在槽内进行专门的人工或机械压实。但对槽式法,应严禁回填机械将坝料直接卸至管路埋设部位,否则管线容易造成较大的偏移,并有可能被大粒径石块砸坏或压扁管路。正确的回填方法是将坝料卸于埋设剖面两侧后,再用推土机将坝料缓慢地推至管路埋设剖面上。槽式法的优点是对坝面施工干扰小,施工速度快,不需专用的压实工具。

2) 挖沟埋设法

当坝体填筑到高于沉降测头埋设高程 0.8 ~ 1.2 m 后,沿埋设剖面线挖沟,在沟底回填碎石料形成要求的坡降,将管路沿沟中间铺设,并在管路周围覆盖碎石料,然后由人工或机械压实,沟底宽度应大于压实机具的宽度,如图6-2-10 所示。

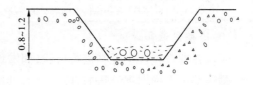

图6-2-10　挖沟埋设法示意图　(单位:m)

挖沟埋设法优点是易于保护管路,回填料易压实,但施工时间长,对坝面施工干扰大,挖沟较费劲。

对于现场管路埋设,应结合施工情况综合考虑,全面协调,选用适合的施工方法。

6. 碎石保护料

在埋设管路时,周围必须用碎石料保护。对碎石料的基本要求是:一是粒径不宜太大,要能起到保护管路的作用;二是应有一定的级配,易于压实;三是应满足土坝坝料的要求。碎石料最大粒径应小于 50 ~ 80 mm,并有一定的级配。

7. 沉降测头的埋设与检验

沉降测头的埋设应贴紧碾压密实的结构,不可埋设在铺垫的碎石料上,否则会影响坝体变形测量的准确性。

通常可将测头浇筑在 500 $mm^3$ 的混凝土基础中,如图 6-2-11 所示,但必须使测头底部向下并保证安装后水平,且须标记连通水管管口位置,用于安装时的检验。测头位置的检验通过式(6-2-2)确定:

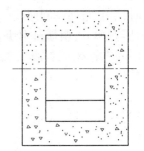

$$H = h - \Delta h \qquad (6-2-2)$$

图 6-2-11　沉降头埋设示意图

式中　$H$——水杯口的高程;

　　　$h$——测量容器的高程;

　　　$\Delta h$——容器顶端至水杯口的高程。

对系统充水后,20 ~ 30 min 后对测量管内水位高度 $H_0$ 进行测量,由于水的表面张力作用,通常 $H_0$ 比 $H$ 大 2 mm,否则应进行检查。

测头位置确定无误后即可进行回填。粗粒料坝体以反滤形式回填,人工压实至测头顶部 1.8 m;细粒料坝体回填原坝料,人工压实至测头顶部 1.5 m 后才可进行正常回填施工。

将测头安装于设计高程后做好安装记录。

8. 观测房

水管式沉降仪系统的观测房通常建在坝后坡上,可在装置埋设前,或与装置埋设同时进行。观测房内外均应设排水沟。观测房应设置固定标点。观测房面积根据设备多少决定(通常沉降系统配合大量程水平位移监测系统共同使用),通常为 12 ~ 20 $m^2$,高度通常为 3.5 m。

9. 埋设施工

埋设水管式沉降仪的施工面较大,为保证埋设质量,应确定合理的埋设、施工方案,各施工单位应及时沟通、相互配合、加强组织管理,减少相互干扰。

10. 检查记录和考证

建议在埋设过程中经常进行检验,如发现异常现象,需及时解决。

测头部位上面回填一层后,即可正式进行定期观测。

埋设过程的施工记录(系统编号、安装位置、安装高程、安装日期、测量水管读数、固定标点高程等)应详细记录,并可绘制安装示意图,共同作为考证资料。

### 2.1.2　判断垂直位移监测仪器和设施运行状态

以 BGK－1675 型水管式沉降仪为例,主要检查观测房内的测量板基座应与观测房底板连接牢固,读数尺刻度清晰,垂直地面,压力水室、阀门等的布置是否合理,检查水箱、管路(进水管、排水管、通气管)进出口以及测量板上带刻度的玻璃管畅通,无异物。

#### 2.1.2.1　测试

现场测试方法如下:

(1)打开脱气水箱的供水开关向压力水室供水,水满后关紧水阀。

(2)向压力水罐施加 1~5 m 的水头压力。

(3)关闭测量管与连通管的连通开关,打开压力水罐与进水管的开关,连续不间断地进水,使溢流出的水从排水管排出,排净进水管内可能存在的空气。

(4)再三通压力室管、进水管、量测管,使量测管水位升到管口附近,即关压力室管,待量测管液面稳定(指间隔 10~20 min 读一次数,两次读数不变),测读一次,并记录稳定时间。

(5)同前述的步骤,循环进行三次测读。

排水管不出水,测值产生突变,可能是排气管或排水管、连通管受堵或破裂所致,应联合生产厂家和安装单位采用压力通气泵进行通气检查和维修。

#### 2.1.2.2　精度控制

水管式沉降仪的测量精度,取决于测头内水杯与测量读数管中的气体是否排尽,排气的方法是在观测房给进水管充压力水(0.5 MPa),需要经过 4~6 倍管路的充水。反复充水不仅可以排出气泡,而且可以消除充入水与管路内原有的温差造成的测量误差。

管式沉降仪观测时,应先排尽测量管路内水中气泡。安装埋设完成后,从观测房端由测量管路(进水管)向测头注入蒸馏水直到完全充满管路,并在观测房内有回水后停止充水,等回水停止,管路水位稳定才能取读数。当回水远远小于进水速度时,水位在测头腔内上升,水就会进入通气管中,这样就造成通气管堵塞、整个测量系统失灵。

由于水管式沉降仪的各测点位移是相对观测房的位移,因此在取得沉降仪起始值的同时应测量观测房地面(或观测房变形标点)高程,作为观测房高程的起始值。以后每次观测时也应同时观测观测房的沉降。

## 2.2　水平位移监测

### 2.2.1　操作运用、维护水平位移自动化监测设备

自动化监测系统设备前 2.1.1 节所述。下面介绍 BGK－4427 ISW 铟钢丝(钢缆)式水平位移计的操作运用方法。

#### 2.2.1.1　测量原理

BGK－4427 ISW 铟钢丝(钢缆)式水平位移计多用于面板堆石坝中水平位移的测量。如图 6-2-12 所示,在堆石体中,若锚固点在水平方向上发生位移,则通过一端固定在锚固

板上的铟钢丝(或钢缆)传递给位移传感器,从而得到测处的水平位移。在同一高程同一断面处布置多个相同的测点,即可得到多个点的水平位移,工程中通常配合 GK – 4650 振弦式水管沉降仪来测量该点的垂直位移。

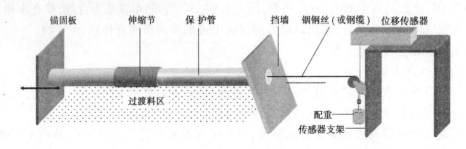

图 6-2-12　BGK – 4427 ISW **铟钢丝(钢缆)式水平位移计测量原理图**

### 2.2.1.2　系统组成

BGK – 4427 ISW 铟钢丝(或钢缆)式水平位移计由大量程位移传感器、锚固装置、铟钢丝(或钢缆)、保护管、伸缩节及配重等组成。单组测点数为 4 个,需要多点监测时只需增加铟钢丝(或钢缆)数或增加组数即可。

1. 传感器

传感器为 GK – 4427 大量程位移传感器,如图 6-2-13 所示。该传感器采用振弦式结构,外部用钢绞线与被测装置相连接,具有传输距离远、稳定性好、可在恶劣环境下使用等优点。它的性能指标为:

图 6-2-13　GK – 4427 **大量程位移传感器外观图**

标准量程:0.5 m、1.0 m、2.0 m;

分辨率:0.025% F. S. ;

精度:±0.1% F. S. ;

温度范围: – 30 ~ 60 ℃;

尺寸:152 mm × 152 mm × 610 mm。

2. 传递钢丝

传递钢丝为 $\phi$1.2 ~ 1.5 mm 铟钢丝(或钢缆),铟钢丝(或钢缆)具有刚性好、质轻、线膨胀系数低的特点。钢丝的固定端不锈钢连接头与锚固板及配重块钢丝连接的带孔螺栓接头。钢缆接头采用压接的方式,连接强度高,抗拉强度可达 80 kg 以上,如图 6-2-14 所示。

3. 保护管与伸缩节

保护管为抗腐蚀性好的 $\phi$50 mm 热镀锌钢管,每 3 m 一根。管与管的连接用标准管接头,两端与锚固板(或中间保护管与保护管之间)的连接采用带密封结构的伸缩接头。伸缩节部分为带 O 形密封的钢管,可在伸缩套管间自由移动,如图 6-2-15 所示。

4. 支撑片与扣环

支撑片用尼龙 – 6 制作,主要作用是支撑铟钢丝(或钢缆)以使铟钢丝(或钢缆)集中保护管中间避免铟钢丝(或钢缆)碰劈,同时具有减小摩擦力的作用,使位移传递更加可

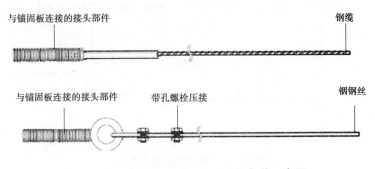

图 6-2-14　铟钢丝(或钢缆)及连接部件示意图

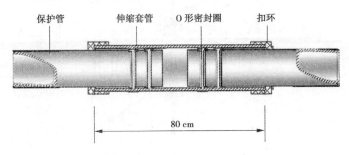

图 6-2-15　伸缩节结构示意图

靠。如图 6-2-16 所示,中间 4 个孔为钢丝孔,支撑片用 PVC 材料制成。扣环用尼龙制成,见图 6-2-17,安装在伸缩套管两端,以避免泥沙进入,同时在安装时可保持伸缩套管与保护管基本在同一轴线上。

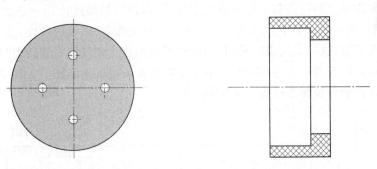

图 6-2-16　支撑片示意图　　　　图 6-2-17　扣环结构示意图

### 5.锚固装置

锚固装置由 10 mm 钢板及伸缩套管构成,分两种:一种是首锚固装置,另一种是中间锚固装置。它们的区别在于:首锚固装置为单端焊接有伸缩套管,板上有一个固定孔,用于靠近上游的测点;中间锚固装置为两端焊接有伸缩套管,用于中间及其最下游的测点。它们的结构分别见图 6-2-18、图 6-2-19。

### 2.2.1.3　现场准备

#### 1.场地要求

由于水平位移计的安装施工量大,为保证安装顺利进行,施工的场地应有足够的安装

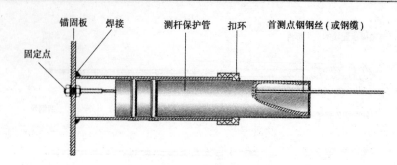

图 6-2-18　首锚固装置示意图

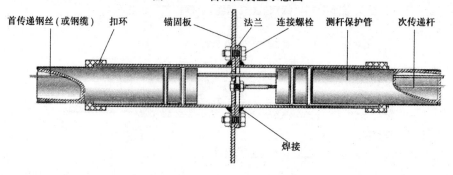

图 6-2-19　中间锚固装置示意图

空间。应根据设计图纸所示仪器位置的桩号、高程,在坝体填筑到仪器位置时做好埋设前准备工作。

　　由于仪器布置在一条带上,采用方法是当填筑超过测点高程 2 m 左右时,以仪器安装的中心线为基准从上游过渡料层至下游规定位置,以设计的坡度推出一条底部约 4 m 宽的沟,然后用振动碾碾压平整。但由于现代施工机械化作业,填筑速度快,施工干扰大,加上工程工期等因素,这一方法难以采用,因此也可在填筑达到仪器安装高程时土建与仪器安装同时进行。以 8 测点水平位移计为例,安装所需条带场地如图 6-2-20 所示,依据安装中心桩号在两侧各预留 2 m 即 4 m 宽的条带。

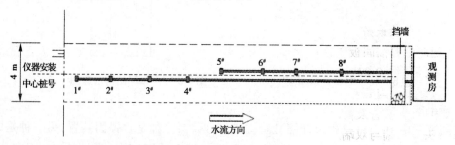

图 6-2-20　安装场地示意图

经碾压后的场地平整度高程误差应小于 10 cm。

2. 平整回填

　　在欲安装的场地具备条件后,即在整平的基底上,回填厚度为 30 cm 的过渡料并用振动碾碾压后,再回填厚度为 20 cm 的垫层料(垫层料的粒径宜小于 5 mm),用振动碾碾压密实,作为安装仪器的基床。

#### 2.2.1.4 安装

1. 工具和材料

(1)5″、10″活动扳手各 2 把。

(2)液压钳 1 把(用于钢丝连接)、管钳 2 把。

(3)10″平锉、5″圆锉各 1 把(修整钢管毛刺)。

(4)生料带及自粘胶带。

(5)黄油。

(6)导杆(用于安装仪器)。

(7)其他常用工具。

2. 铟钢丝(或钢缆)、保护管及锚固板安装

以 8 测点水平位移计为例。

1)组织

水平位移计安装工作量大,施工相对复杂,同时也可能造成与土建施工的相互冲突。因此,在施工中土建施工应为仪器安装安排适当的工期,尽可能地避免干扰。同时在安装时组织要严密、细致,特别要注意做好施工记录以备考证。

2)测量放线

按照设计桩号将仪器安装位置布点。按要求 8 测点需要安装 2 组,管中心相距为 50 cm,故放线应依据两组仪器的中心线桩号为准,在两侧各 25 cm 的位置布置放线,同时在锚固点处做好标记,见图 6-2-21。

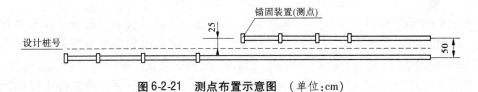

**图 6-2-21 测点布置示意图** (单位:cm)

3)布置锚固板嵌槽

在标记好的各锚固板安装位置凿一 20 cm × 60 cm 见方、深 20 cm 的槽,以备锚固板的安装嵌入,见图 6-2-22。

4)铺放保护管与锚固装置

将锚固板、保护管及伸缩接头按所需长度及数量预先摆放在铺设位置,需要注意的是,伸缩接头有单端与双端之分。单端的用于连接锚固装置,双端的用于保护管中间部分的连接。当锚固板之间的距离小于 30 m 时,用一个双端伸缩节即可,大于 30 m 时可用 2个以上,且尽量布置在等分位置段。

上述工作完成,暂不连接,因保护管连接时要与铟钢丝(或钢缆)安装同步进行。

5)铟钢丝(钢缆)及保护管安装

(1)保护管与铟钢丝(钢缆)。铟钢丝(或钢缆)通常是整盘运送到现场的,将铟钢丝(或钢缆)松开后,按要求截取所需长度,一般应比设计长度多出 2 m 以上。

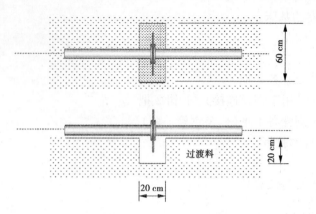

图 6-2-22　锚固板嵌槽示意图

　　铟钢丝(或钢缆)的安装宜从下游向上游方向开始进行。观测房通常布置在下游,所以在观测房一端应先安装一个套管,如果没有观测房也应预留伸缩接头。注意:预留的接头需要套入伸缩套管 35 cm,图 6-2-23 中是接入观测房的尺寸,为 40 cm。

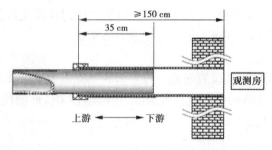

图 6-2-23　观测房段的保护管与伸缩接头

　　所有的伸缩套管内表面及 O 形密封全圈上均应涂抹适量黄油以润滑。先将所有保护管、保护管接头、伸缩节、支撑片以及锚板按照测点间距长度顺各测点摆放整齐而不连接,再将各铟钢丝(或钢缆)按照所需长度下好,在观测房位置逐根穿入保护管等组件,可以从下游开始向上游组装。以 4 点一组为例,先安装第一节伸缩管。首先将 4 根铟钢丝(或钢缆)首、末端做好编号及长度标记,例如最长的一根为 1#,次之为 2#、3#,最短的一根为 4#。端部用胶带绑扎在引导工具上(可自制),穿入第一根保护管,注意套入保护管前需要安装一支撑片,同时注意支撑片的方向,2# 与 3# 应在水平面上,并且铟钢丝(或钢缆)按照图 6-2-24 支撑片方向排列,1# 杆安装在最高的一个点,套入后装上扣环,如图 6-2-25 所示。

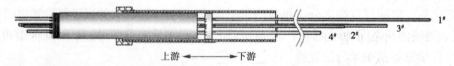

图 6-2-24　第一个伸缩接头安装示意

　　需要注意的是,连接好第一节伸缩接头后,应将铟钢丝(或钢缆)往延长的方向抽出大于 3.5 m 的长度(因保护管的长度为 3 m),然后套入要接长的保护管,注意装好支撑

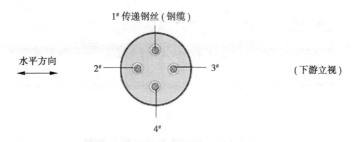

图 6-2-25　支撑片上的传递钢丝(钢缆)顺序

片,并推入管接头内,如图 6-2-26 所示。在连接保护管时应注意,在每一个保护管与接头之间应用生料带做好防水处理。旋转保护管的时候应避免铟钢丝(或钢缆)与支撑片转动,防止铟钢丝(或钢缆)扭转交叉,解决的办法是在安装时配合引导工具(可用长于 3.5 m 的角钢或钢管自制)将外露的铟钢丝(或钢缆)两端用手握住或固定铟钢丝(或钢缆)即可避免。

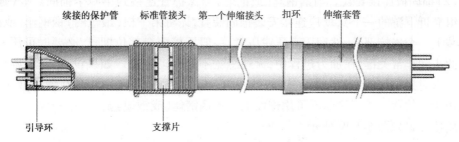

图 6-2-26　伸缩接头及保护管接头连接示意图

引导工具制作:引导工具是由一段长度取 3.5 m、直径 20 mm 钢管在现场制作而成,然后在管的一端径向互成 90°钻两对(4 个)直径 5 mm 对穿孔即可,孔用来挂钢丝以牵引,另一端开一个 12 mm 以上的对穿孔用于可插入 10 mm 的短钢筋防止钢管在牵引的过程中发生扭转,如图 6-2-27 所示。每安装一根保护管,将铟钢丝(或钢缆)装上支撑片,再将钢丝绑扎在引导杆上。

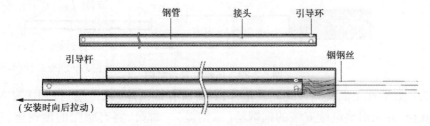

图 6-2-27　引导工具及运用示意图

安装完第一个保护管,继续将各铟钢丝(或钢缆)往延长方向拉出,注意保持引导管不可转动,然后再次执行上述步骤,安装下一节保护管,直到安装中间伸缩接头,按下述方法进行:

将伸缩接头一端与保护管相连,然后将铟钢丝(或钢缆)装上支撑片。将其套入伸缩套管内,套入的深度为 35 cm,见图 6-2-28。

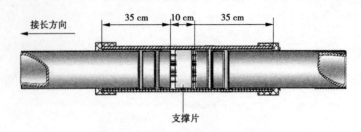

图 6-2-28  伸缩套管的连接示意图

在套入延长方向的伸缩接头时,套入的深度同样为 35 cm,在伸缩套管中间预留 10 cm 的间隙是用作可能产生的压缩。

当两个锚固点之间的距离在约大于 20 m 小于 30 m 时,则在保护管中间段设一伸缩节,超过 50 m 则可设两个以上的伸缩节(推荐的间距为 15~20 m)。

配备有不同短尺寸长度保护管,可在安装时根据需要调整。

(2)锚固板连接安装。当铟钢丝(或钢缆)与保护管连接到第一个锚固点处(通常是同一组靠近下游的一个),就应连接安装锚固装置,先将第一根(最短的)铟钢丝(或钢缆)端部装上一个连接部件,然后用液压钳压紧,一般压接两个部位即可,必要时可压三个部位。此步骤非常关键,在加力过程中,大约感觉不能压动为止。如果没有压紧,则可能在加载配重时接头与铟钢丝(或钢缆)松弛脱离,造成该测点报废。注意在使用液压钳时,应使用压块的背面相压接而不可用槽面来压接铟钢丝(或钢缆)。

压接位置如图 6-2-29 所示。

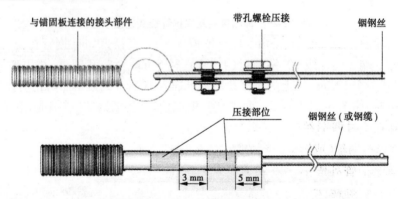

图 6-2-29  压接位置示意图

接头压好后在上面旋入一螺帽及垫片,再将所有铟钢丝(或钢缆)按顺序套入锚固板相应的孔位,并拉出要继续安装的铟钢丝(或钢缆)一部分,将有螺帽的铟钢丝(或钢缆)用另一螺帽及垫片拧紧固定在锚固板上,最后同连接螺栓将锚固板与伸缩套管连接固定,如图 6-2-30 所示。

锚固板安装连接完成后,将锚固板放入锚固槽,进行一些必要的整平调整,然后在槽中回填过渡料,人工夯实。

完成以上安装后,即可进行下一步接续延长工作,分别重复上述步骤,安装各锚固装置,直到最后一个锚固点。

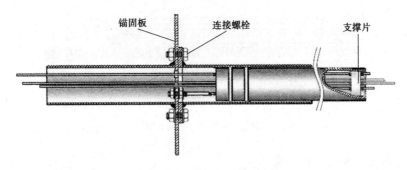

图 6-2-30 锚固板连接示意图

另一组的安装方法相同,注意保护管的中心距离一定要保持在 50 cm。

(3)铟钢丝(或钢缆)的连接加长。安装过程中,有时可能遇到铟钢丝(或钢缆)折断、长度不够或因施工分时段安装监测的情况,这时需要对铟钢丝(或钢缆)进行加长,连接的方法是用专用的铟钢丝(或钢缆)连接管进行连接。压接的方法同上,需要注意的是,接头的位置应尽可能远离支撑片或锚固板,一般应大于 1 m,如图 6-2-31 所示。钢丝或钢缆的连接仅作为一种补救措施,通常采用整根的钢丝或钢缆,不推荐连接加长。

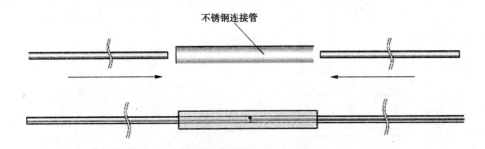

图 6-2-31 铟钢丝(或钢缆)的连接加长

(4)观测房端铟钢丝(或钢缆)的预留。在安装完所有铟钢丝(或钢缆)及保护管后,应将观测房内保护管外露的多余铟钢丝(或钢缆)切断,一般预留不少于 3 m 即可,如图 6-2-32 所示。

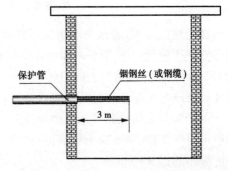

图 6-2-32 铟钢丝(或钢缆)预留长度

3. 回填

1)回填料的要求

保护管周围回填料应选取粒径小于 5 mm 的河砂或人工砂,回填的垫层料与过渡料应选用与面板后相同的垫层料和过渡料,但过渡料中应剔除大于 300 mm 的块石。

2)回填厚度

回填的厚度如图 6-2-33 所示分层回填,每层厚 25 cm,并用人工捣实。

图 6-2-33 铟钢丝(或钢缆)预留长度 （单位:cm）

**4.传感器支架及其组件的安装**

1)观测房要求

尺寸要求:观测房内部有效基本尺寸不应小于图 6-2-34、图 6-2-35 中的基本尺寸,如果考虑其他仪器的安装,宽度应相应加大,注意水平位移计的铟钢丝(或钢缆)引入观测房中的位置应严格按照图示尺寸施工,浆砌石挡墙最好环绕观测房并与观测房间保持一定的距离。工程若在同高程布置并采用沉降仪进行垂直位移观测(图中的沉降仪电缆保护管位置尺寸为假定值),则高度应按照图 6-2-34 所示尺寸。

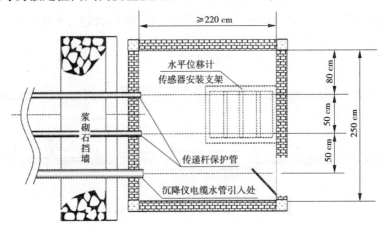

图 6-2-34 观测房平面示意图

在土建施工中,若认为观测房不宜太高,可降低传感器安装支架的底部安装高度,即底部安装于地面以下 30 cm,即可在支架安装位置设一深 30 cm 的槽,长度(上下游方向)为 125 cm,宽度(左右岸方向)100 cm,中心位置不变,则房内高度可相应降低 30 cm,这些尺寸只要满足水平位移计或沉降仪的工作条件,均可在施工中进行必要的调整。

由于加载在传感器支架上的配重达 400 余 kg,对地面要求有足够的强度,以使传感器稳定可靠工作,地面应为钢筋混凝土结构。地面要抹平整,尤其是安装支架的位置,平整度应不超过 ±1 cm。

除此之外,应在观测房上游及左右侧设浆砌石或混凝土挡土墙(图 6-2-34 和图 6-2-35 仅绘出上游侧挡墙)。尤其在施工中应对观测房做好保护措施,如在屋顶铺设草垫等缓冲物。

2)安装工具与设备

电焊机、活动扳手、锉刀、磨光机、连接螺栓、十字或一字改锥、φ6 mm 内六角扳手(需

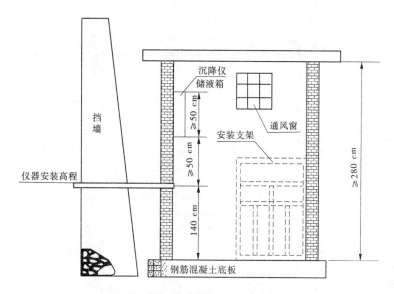

图 6-2-35  观测房立面示意图

要加工为专用英制扳手)。

3)传感器支架安装固定

传感器支架通常在现场制作安装,是由角钢制作的框架结构,用以安装传感器、滑轮组及悬挂配重,具有土建施工简单、安装方便及迅速的特点。支架的高度严格与引入观测房的水平位移计铟钢丝(或钢缆)高度匹配,请参照图 6-2-36 控制。安装时应保证地面平整,如不平整则应处理,固定之前应使用水平尺对支架找平,然后再用膨胀螺栓固定在地面上,也可在地面施工时预埋 $\phi 14$ mm 固定螺栓,以保证支架足够稳定,如图 6-2-36 所示。

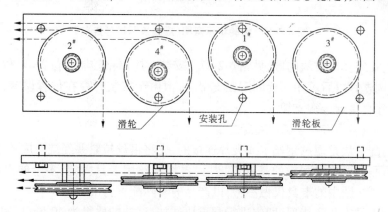

图 6-2-36  滑轮组示意图(虚线表示钢丝走向)

在确定支架安装平面满足要求之后,同时要注意支架的水平位置,看支架的中心线是否刚好在两铟钢丝(或钢缆)保护管之间,如符合所有要求,即可固定支架。

4)安装滑轮组件

根据测点数目不同,滑轮组件分 4 滑轮组与 3 滑轮组。对于 8 测点,则需在支架上安装 2 组。4 滑轮组示意图见图 6-2-37,悬挂钢丝绳时注意保持在滑轮上互不干扰重叠。

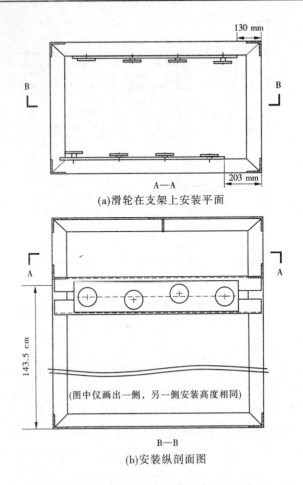

(a)滑轮在支架上安装平面

(b)安装纵剖面图

**图 6-2-37 滑轮组示意图(虚线表示钢丝走向)**

滑轮组安装在支架两内侧,见图 6-2-37。安装时应严格控制其位置,其位置误差应小于 2 mm。调整好以后可用螺栓固定在支架上,但由于安装时存在位置误差,比较难于控制,所以推荐直接焊接在支架上。

5) 铟钢丝(或钢缆)与配重块的连接

钢缆与配重块是通过钢丝卡或夹片连接的,先将钢丝拉紧并经绕对应的滑轮,避免交错。根据监测需要确定配重的悬挂高度后,再将钢丝用卡具固定,多余的钢缆应绕成小盘,见图 6-2-38(图中的卡具仅做参考,以产品的实际配置为准)。

所有的卡具安装完毕后,即应进行配重块试挂,试挂的质量为 40 kg,厂家提供的是每块 10 kg 的配重块。试挂前应检查各钢丝与滑轮槽是否吻合,有无交叉或脱槽,夹片是否夹紧。

如图 6-2-39 所示,将底部配重块与挂钩相连,然后将挂钩挂至钢丝或钢缆上,逐块加载至 40 kg,此时应仔细检查钢丝与接头及夹片是否有松动。同时检查配重块底部如落至地面,应卸载并重新调整卡具位置,至到符合要求位置。

所有测点应试挂预拉 72 h 后方可安装传感器。

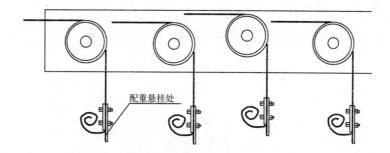

图 6-2-38　钢丝卡具的安装

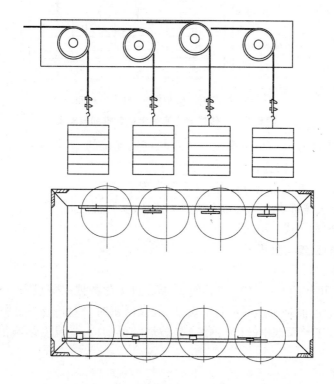

图 6-2-39　配重块悬挂在支架上的位置示意图

6）传感器安装

为减少安装占地面积,传感器分两层相互交叉安装在传感器支架上。上、下层各为一组。GK－4427位移传感器的结构为保护箱及安装底板结构,见图 6-2-40,传递钢缆由机箱底部引出。在安装传感器之前,应使用读数仪检查其是否正常。

通常在安装现场来确定传感器安装的位置,这样易于调整,最终确定后,用电焊将传感器安装底

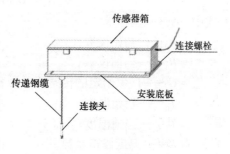

图 6-2-40　传感器的结构

板焊接在支架上,见图 6-2-41。

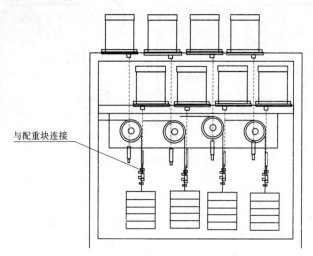

与配重块连接

（图上仅示出一组配重块,另一组相同）

**图 6-2-41　传感器在支架上位置排列与安装**

　　传感器钢缆是通过一小段钢丝与配重块挂钩连接的,其长度约 15 cm,根据需要截取。然后将其固定在挂钩上,注意钢丝不宜弯曲,当配重块移动时可带动钢缆自由伸缩。在固定钢缆之后,配重块会略有提升,这是正常现象。

　　标准的配重块是每块 10 kg,每个测点为 4 块,实际使用时可作适当调整,可减至 2 块或 3 块,但不得超过 4 块。

### 2.2.1.5　数据的采集与处理

　　1. 数据采集

　　数据的采集可使用 GK – 403 或其他 geokon 自动化数据采集设备读取。需要说明的是,由于读取的温度值是传感器本身的温度,故在修正时是对传感器的修正,并非对铟钢丝（或钢缆）的修正。而铟钢丝（或钢缆）是玻璃纤维结构,受温度影响很小,计算时可不必考虑。

　　2. 数据处理

　　通过观测取得的数据有频率模数及温度值,可根据式（6-2-3）进行计算。

$$S = G\,(R_1 - R_0) + K(T_1 - T_0) \tag{6-2-3}$$

式中　$S$——位移量;

　　　　$R_0$——初始读数;

　　　　$R_1$——当前读数;

　　　　$G$——厂家给定的传感器系数;

　　　　$T_0$——初始温度;

　　　　$T_1$——当前温度;

　　　　$K$——温度修正系数。

　　3. 符号惯例

　　在式（6-2-3）中,当 $S > 0$ 时,两点之间的距离减小,相当于锚固点向下游发生位移;当

$S < 0$ 时,两点之间的距离增加,相当于锚固点向上游发生位移。

### 2.2.2　判断水平位移监测仪器和设施运行状态

#### 2.2.2.1　外观检查

现场检查时,主要检查引张线式水平位移计的线体、砝码质量,读数尺(游标卡尺)设置是否完好、合理,固定砝码和测量加重砝码比例是否合理。

有关单位的观测试验认为,当测线长度达 1 000 m 时,测线承受拉应力不宜小于 500 $N/mm^2$。一般可考虑拉应力达到钢丝强度的 1/3 ~ 1/2,据以计算重锤质量。

例如:每根测线待测时,在观测房内的测线末端加挂砝码质量 25 kg。每次观测时给每根测线末端加重到测读质量 50 kg。通过两个大小滑轮(直径比 3∶1)的传力,相应测线钢丝上承受 150 kg 拉力。加重稳定后开始读数,此读数即为测读数,读数精确到 0.1 mm。读数结束,将砝码质量减到待测质量 25 kg。平行进行两次测读,其读数差不得大于 2 mm。该观测方法正确,满足设计要求。

#### 2.2.2.2　测试

现场测试方法如下:

(1)加重测试前,对各测点测读一次,记为读数 $B_0$。

(2)加重稳定(指间隔 10 ~ 20 min 读一次数,两次读数不变)后,对各测点测读一次,记为读数 $A_1$。

(3)再卸重—加重—测读,循环两次,并测读,记为读数 $A_2$、$A_3$。

(4)最后卸重到待测挂重,稳定后测读复位读数,记为读数 $B$。

其中,$B - B_0$ 为复位差,$A_2 - A_1$、$A_3 - A_1$ 为读数差,复位差和读数差均应小于 2 mm。

## 2.3　裂缝与接缝监测

### 2.3.1　操作运用、维护裂缝与接缝监测自动化设备

下面就 GK – 4400 振弦式埋入型测缝计的操作使用来说明操作运用、维护裂缝与接缝监测自动化设备。

#### 2.3.1.1　简介

GK – 4400 型振弦式埋入型测缝计主要用于测量混凝土块之间的升降或断面的接缝开度或边界位移,以及在完全灌浆的钻孔中跨越破碎带。

该仪器由一个经过系列热处理的振弦感应元件构成,一端连接弦的应力释放弹簧,而另一端是连接杆,如图 6-2-42 所示。由于传递杆从传感器筒体拉出,弹簧拉伸导致应力增加,并由振弦元件感应。弹簧的应力与弦张力成正比,因而裂缝的开度用弦式读数仪通过测量应变的变化很精确地确定。该单元是完全密封的并且可以在 1.75 MPa 压力下正常工作。

使用时,应将套筒底座固定在先浇筑起来的混凝土中,并且当模板拆除后,从套筒底座中将套筒底塞拉出。然后把传感器拧进套筒底座的丝扣(注意必须在连接器定位销落

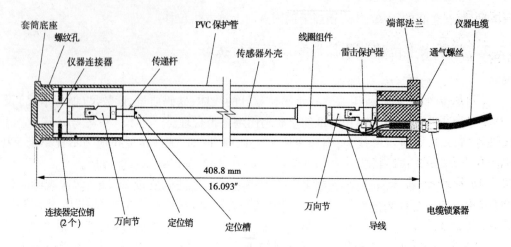

图 6-2-42　GK-4400 型振弦埋入式测缝计结构示意图

入保护管的定位槽中才可拧入），慢慢拉伸然后将其浇筑到下一块浇筑的混凝土中。接缝的任何开度均由牢固锚固在两个浇筑的混凝土块内传感器测得。由于仪器本身比保护管体小，在仪器上通过采用万向节点连接而允许有一定量的剪切移位。

同时，在振弦传感器内装有热敏电阻，用以测量测缝计安装部位的温度。另外，在传感器筒内有一个三极等离子体浪涌脉冲放电器，用以保护瞬间由直接或间接雷电冲击电荷对传感器的破坏。

### 2.3.1.2　安装

#### 1.初步检验

当收到仪器时，应检查是否能正常工作（如有半导体温度计，也应包括在内）。把仪器连在 GK-403 读数仪上，当仪器的螺纹连接器拉出大约 3 mm 时，仪器"B"挡读数将在 2 000 左右，切记连接头的拉伸不能超过仪器量程。在传感器端上的螺纹连接头也不能任意转动。电路的连续性检查也可以采用万用表，传感器导线间的电阻大约为 180 $\Omega$ ± 10 $\Omega$，当检查时记住加上电缆电阻（22AWG 标准铜导线的线电阻大约为 48.5 $\Omega$/km，两向则乘 2）。绿线和白线之间在 25 ℃时约为 3 000 $\Omega$，并且任何导线与屏蔽线之间的绝缘应超过 2 M$\Omega$。

#### 2.埋入式测缝计安装

振弦埋入式测缝计的安装包括两个步骤：第一步，安装套筒底座；第二步，安装传感器。

##### 1）安装套筒底座

欲将传感器的套筒底座安装在先浇筑起来的混凝土中，有多种安装套筒底座的方法，但不论在任何场合，都要切记套筒底座的面必须与可看到的拟完成的混凝土面一致。

套筒底座的底塞有一个螺母用来固定套筒底座到模板上，见图 6-2-43。如果仪器不这样安装，底塞上的螺丝孔须堵上，以保护底塞不受混凝土影响。

另外，套筒底座也可焊接到钢筋上或用捆扎线绑扎就位。

##### 2）安装传感器

（1）当拆除模板并露出套筒底座后，拉套筒底塞上螺栓将底塞取出。此时，套筒底座内应彻底清理干净并接着抹上薄薄一层黄油。

（2）把测缝计放进套筒底座之前,应保证连接头的定位销销钉落入传感器塑料保护管的定位槽内。

（3）从电缆端法兰盘上卸下密封通气螺丝。

（4）在传感器连接器的丝口上抹少许环氧或螺纹锁固剂,把传感器推进套筒底座直至不动。在施加向孔内压力的同时,顺时针方向旋转传感器直到接头稳妥地拧紧在套筒底座内的丝扣中,如图6-2-44。注意:如果用钢性直埋式电缆,电缆束或卷筒也应旋转进行,以免卷曲电缆。

（5）下一步是把传感器和电缆固定就位以便浇筑混凝土,此时应从传感器（和温度计）上读取读数。可以轻轻挤压传感器,建议把传感器往外拉,直到在"B"挡获得的读数达 3 000～3 500,这样把

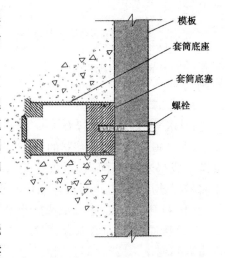

图6-2-43　套筒底座安装

仪器设置在额定量程的25%左右。应切记:把传感器从套筒底座中拉回后不能再扭转。如果传感器需要从套筒底座中卸下来,应把它推进去使定位销卡住并逆时针旋转直到变松为止。

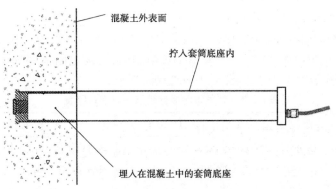

图6-2-44　埋入式测缝计安装

（6）将密封螺丝重新安装在传感器端部法兰盘上。

**3. 电缆安装**

电缆的走向应注意尽量减小因移动施工设备、碎石屑或其他原因而导致电缆损坏的可能性。

电缆也可以加长,但不会影响传感器的读数。接头应为防水接头,最好采用 3M Scotchcast™的 82-A1 型接头套件,用环氧灌封。该种套件可从厂家买到。

**4. 电噪声影响**

在进行仪器电缆安装操作中,应当心使它们尽可能保持远离电干扰源,诸如动力电源线、发电机、电动机、变压器、弧焊机等。电缆绝不允许与交流电缆一同埋设或敷设! 否则,仪器电缆将从电力电缆中感应 50 Hz 或 60 Hz（或其他频率）的噪声,这给获得稳定的

读数造成一定影响。

**5. 初始读数**

必须读取初始读数并应认真记录安装时的温度。当传感器就位后并在浇筑第二块混凝土之前,应读取初始读数。当第二块混凝土养护期后再次读取读数,或者根据需要调整观测周期。

### 2.3.1.3　读取数据

**1. GK-403 读数仪操作**

GK-403 可存储传感器的测值,而且还可以应用率定参数把测值转换成工程单位,如英寸或毫米。要了解读数仪有关"G"挡上的详尽资料请参阅 GK-403 仪器手册。以下将概述使用"B"挡进行仪器测量的步骤:

(1)打开读数仪,把显示选择器置"B"挡。读数仪在"数字位"(见下文式(6-2-4))。

(2)接通系统,前面显示器窗口上将出现读数,在读数过程中,最后一位数可能在一两个数间变化。按"存储"按钮记录显示值。热敏电阻也将读出并直接以摄氏度显示。

(3)如果没有任何操作,几分钟后读数仪将会自动关闭。

**2. 温度测量**

每一支振弦式埋入型测缝计都内置有热敏电阻用于测温。该热敏电阻给出一个因温度变化引起的各种电阻输出。通常绿、白线连接到内置热敏电阻。

(1)把来自测缝计的两根热敏电阻导线连到万用表上(因电阻随温度变化值是很大的,电缆电阻的影响通常是很小的)。

(2)查阅表 6-2-2 测量电阻对应的温度。另一方面,温度可以用式(6-2-4)计算出来。例如,3 400 Ω 的电阻等于 22 ℃。当采用了长电缆时,电缆电阻需要加进来计算。标准的 22AWG 标准铜线电缆大约是 48.5 Ω/km,双向则乘 2。

表 6-2-2　半导体温度计阻值—温度对照表

| 电阻(Ω) | 温度(℃) | 电阻(Ω) | 温度(℃) | 电阻(Ω) | 温度(℃) | 电阻(Ω) | 温度(℃) | 电阻(Ω) | 温度(℃) |
|---|---|---|---|---|---|---|---|---|---|
| 201.1k | −50 | 16.60k | −10 | 2 417 | 30 | 525.4 | 70 | 153.2 | 110 |
| 187.3k | −49 | 15.72k | −9 | 2 317 | 31 | 507.8 | 71 | 149.0 | 111 |
| 174.5k | −48 | 14.90k | −8 | 2 221 | 32 | 490.9 | 72 | 145.0 | 112 |
| 162.7k | −47 | 14.12k | −7 | 2 130 | 33 | 474.7 | 73 | 141.1 | 113 |
| 151.7k | −46 | 13.39k | −6 | 2 042 | 34 | 459.0 | 74 | 137.2 | 114 |
| 141.6k | −45 | 12.70k | −5 | 1 959 | 35 | 444.0 | 75 | 133.6 | 115 |
| 132.2k | −44 | 12.05k | −4 | 1 880 | 36 | 429.5 | 76 | 130.0 | 116 |
| 123.5k | −43 | 11.44k | −3 | 1 805 | 37 | 415.6 | 77 | 126.5 | 117 |
| 115.4k | −42 | 10.86k | −2 | 1 733 | 38 | 402.2 | 78 | 123.2 | 118 |
| 107.9k | −41 | 10.31k | −1 | 1 664 | 39 | 389.3 | 79 | 119.9 | 119 |
| 101.0k | −40 | 9 796 | 0 | 1 598 | 40 | 376.9 | 80 | 116.8 | 120 |

续表 6-2-2

| 电阻(Ω) | 温度(℃) | 电阻(Ω) | 温度(℃) | 电阻(Ω) | 温度(℃) | 电阻(Ω) | 温度(℃) | 电阻(Ω) | 温度(℃) |
|---|---|---|---|---|---|---|---|---|---|
| 94.48k | −39 | 9 310 | +1 | 1 535 | 41 | 364.9 | 81 | 113.8 | 121 |
| 88.46k | −38 | 8 851 | 2 | 1 475 | 42 | 353.4 | 82 | 110.8 | 122 |
| 82.87k | −37 | 8 417 | 3 | 1 418 | 43 | 342.2 | 83 | 107.9 | 123 |
| 77.66k | −36 | 8 006 | 4 | 1 363 | 44 | 331.5 | 84 | 105.2 | 124 |
| 72.81k | −35 | 7 618 | 5 | 1 310 | 45 | 321.2 | 85 | 102.5 | 125 |
| 68.30k | −34 | 7 252 | 6 | 1 260 | 46 | 311.3 | 86 | 99.9 | 126 |
| 64.09k | −33 | 6 905 | 7 | 1 212 | 47 | 301.7 | 87 | 97.3 | 127 |
| 60.17k | −32 | 6 576 | 8 | 1 167 | 48 | 292.4 | 88 | 94.9 | 128 |
| 56.51k | −31 | 6 265 | 9 | 1 123 | 49 | 283.5 | 89 | 92.5 | 129 |
| 53.10k | −30 | 5 971 | 10 | 1 081 | 50 | 274.9 | 90 | 90.2 | 130 |
| 49.91k | −29 | 5 692 | 11 | 1 040 | 51 | 266.6 | 91 | 87.9 | 131 |
| 46.94k | −28 | 5 427 | 12 | 1 002 | 52 | 258.6 | 92 | 85.7 | 132 |
| 44.16k | −27 | 5 177 | 13 | 965.0 | 53 | 250.9 | 93 | 83.6 | 133 |
| 41.56k | −26 | 4 939 | 14 | 929.6 | 54 | 243.4 | 94 | 81.6 | 134 |
| 39.13k | −25 | 4 714 | 15 | 895.8 | 55 | 236.2 | 95 | 79.6 | 135 |
| 36.86k | −24 | 4 500 | 16 | 863.3 | 56 | 229.3 | 96 | 77.6 | 136 |
| 34.73k | −23 | 4 297 | 17 | 832.2 | 57 | 222.6 | 97 | 75.8 | 137 |
| 32.74k | −22 | 4 105 | 18 | 802.3 | 58 | 216.1 | 98 | 73.9 | 138 |
| 30.87k | −21 | 3 922 | 19 | 773.7 | 59 | 209.8 | 99 | 72.2 | 139 |
| 29.13k | −20 | 3 748 | 20 | 746.3 | 60 | 203.8 | 100 | 70.4 | 140 |
| 27.49k | −19 | 3 583 | 21 | 719.9 | 61 | 197.9 | 101 | 68.8 | 141 |
| 25.95k | −18 | 3 426 | 22 | 694.7 | 62 | 192.2 | 102 | 67.1 | 142 |
| 24.51k | −17 | 3 277 | 23 | 670.4 | 63 | 186.8 | 103 | 65.5 | 143 |
| 23.16k | −16 | 3 135 | 24 | 647.1 | 64 | 181.5 | 104 | 64.0 | 144 |
| 21.89k | −15 | 3 000 | 25 | 624.7 | 65 | 176.4 | 105 | 62.5 | 145 |
| 20.70k | −14 | 2 872 | 26 | 603.3 | 66 | 171.4 | 106 | 61.1 | 146 |
| 19.58k | −13 | 2 750 | 27 | 582.6 | 67 | 166.7 | 107 | 59.6 | 147 |
| 18.52k | −12 | 2 633 | 28 | 562.8 | 68 | 162.0 | 108 | 58.3 | 148 |
| 17.53k | −11 | 2 523 | 29 | 543.7 | 69 | 157.6 | 109 | 56.8 | 149 |
| | | | | | | | | 55.6 | 150 |

注:半导体温度计类型为 YSI 44005,Dale#1C3001 − B3,Alpha#13A3001 − B3。

电阻转化为温度的公式:

$$T = \frac{1}{A + B\ln R + C(\ln R)^3} - 273.2 \qquad (6\text{-}2\text{-}4)$$

式中　$T$——摄氏温度,℃;

　　　$R$——温度传感器电阻值,Ω;

　　　$\ln R$——阻值的自然对数;

　　　$A$——系数,取 $1.405\,1 \times 10^{-3}$(在 $-50 \sim +150$ ℃范围内计算有效);

　　　$B$——系数,取 $2.369 \times 10^{-4}$;

　　　$C$——系数,取 $1.019 \times 10^{-7}$。

### 2.3.1.4　数据处理

1. 变形计算

基康对弦式测缝计测量和换算所采用的基本单位是"Digit(字)"。由 GK - 401 和 GK - 403 在"B"挡的显示单位为"数字值"。数字值的转换基于下列公式:

$$\text{Digit} = [1/周期]^2 \times 10^{-3} \quad 或 \quad 字 = \text{Hz}^2 \times 10^{-3} \tag{6-2-5}$$

把数字值换算为位移采用下列公式:

$$位移 = (当前读数 - 初始读数) \times 率定系数 \times 换算系数 \tag{6-2-6}$$

或

$$D = (R_1 - R_0)CF$$

式中　$R_1$——当前读数;

　　　$R_0$——常是在安装时获得的初始读数;

　　　$C$——率定系数,通常采用 mm/字;

　　　$F$——工程单位换算系数(可选择的)。

例如,12 mm 量程的测缝计在安装时的初始读数($R_0$)是 3 150 数字值。当前读数($R_1$)是 6 000 数字值,率定系数是 0.003 56 mm/数字值,则变形变化是:

$$D = (6\,000 - 3\,150) \times 0.003\,56 = +10.146(\text{mm})$$

注意:增加的读数(数字值)表示拉伸或位移增加。

2. 温度修正

GK - 4400 型振弦式测缝计有很小的温度膨胀系数,在大多数场合没有必要进行修正。然而,如果期望最大的精度或者温度变化过大( $>10$ ℃)时才有必要修正。埋入测缝计的混凝土块体温度系数也应考虑进来计算。传感器对温度变化的修正,混凝土块体的变形也许是比较显著的。缝开度计算采用下列公式:

$$D_{修正} = (R_1 - R_0)C + (T_1 - T_0)K + L_C \tag{6-2-7}$$

式中　$R_1$——当前读数;

　　　$R_0$——初始读数;

　　　$T_1$——当前温度;

　　　$T_0$——初始温度;

　　　$K$——温度系数;

　　　$L_C$——仪器长度的修正值。

温度系数 $K$ 通过率定决定,$K$ 值随传感器传递杆的位置变化。因而,温度修正过程中的第一步是基于下式决定相应的温度系数:

$$温度系数 = [(数字值读数 \times 系数) + 常数] \times 率定系数 \tag{6-2-8}$$

或

$$K = [(R_1 \times M) + B] \times C$$

式中,系数和常数值见表6-2-3,系数($M$)和常数($B$)值随传感器的量程而改变。

表6-2-3　温度系数计算中的系数和常数

| 型号 | 4400 – 12 mm | 4400 – 25 mm | 4400 – 50 mm |
|---|---|---|---|
| 系数($M$) | 0.000 295 | 0.000 301 | 0.000 330 |
| 常数($B$) | 1.724 | 0.911 | 0.415 |
| 传感器长度($L$) | 338 mm | 333 mm | 274 mm |

这里的 $L$ 以 mm 为单位,表6-2-3 中可以查出,与率定参数单位相对应。

仪器长度的修正($L_c$)采用下列公式计算。

$$L_C = 17.3 \times 10 - 6 \, L(T_1 - T_0) \tag{6-2-9}$$

**3. 环境因素**

既然安装测缝计的目的是监测位置状况,就应当经常观测和记录可能影响这些状况条件的因素,看起来微小的影响可能对监测结构的性态产生实际影响,可以给出一种潜在问题的早期征兆。这些因素包括(不止这些):气流、降雨、潮汐、填挖高程与层次、交通、温度和大气压变化、人员变动、附近施工行为、季节变化等。

## 2.3.2　判断并排除裂缝与接缝监测设施常见故障

振弦式埋入型测缝计的维护与修理应该定期检查电缆接头和集线箱的维护。一旦安装后,测缝计通常是难于接近,并且要补救也受到限制。参阅下面所列的问题,尽可能解决一些遇到的困难。对更多的排除故障的方法应向厂家咨询。

### 2.3.2.1　测缝计读数不稳

(1)读数仪的挡位是否正确? 如果使用数据记录仪自动记录读数,扫描频率的激励设置是否正确?

(2)测缝计的传递杆位置是否超出了仪器的特定量程? 注意当传感器的传递杆连同定位销钉完全缩回定位槽时,读数很可能不稳,因为振弦欠量程,没有在额定工作范围内。

(3)附近是否有电噪声源? 噪声源的最大可能来自电动机、发电机、变压器、弧焊机和大功率无线电天线。无论采用便携读数仪还是数据记录仪,应确认屏蔽线是否已可靠接地。如果采用 GK – 401 读数仪则将绿色线夹与测缝计电缆的屏蔽线相连。如果采用 GK – 403 读数仪则将蓝色线夹与屏蔽线相连。

### 2.3.2.2　测缝计错误读数

(1)电缆断了或是压坏了? 可以用一块万用表检查。两根传感器线之间的正常电阻(通常红线和黑线)是 180 Ω ± 10 Ω。检查时记住加上电缆电阻(22 AWG 标准铜线大约是 48.5 Ω/km)。如果电阻无穷大或很高( >1 MΩ),应怀疑是电缆断了。如果阻值很低( <100 Ω),可能是电缆短路。修复断电缆和短路电缆的接线工具套件可从厂家买到。

(2)将读数仪或数据记录仪连接其他仪器是否工作? 如不工作,读数仪或数据记录仪可能出了故障。

# 模块 3　渗流监测

## 3.1　渗流压力监测

### 3.1.1　操作运用、维护渗流压力自动化监测设备

定期对所有自动化设备和现场仪器进行一次检查维护,并记入台账,发现问题及时处理,并报告上级部门,如不能及时处理或处理不好的应逐级向上汇报,并及时电告厂家来人处理。

机房电源应保持良好接地,机房外供给现场的各路电源应确保正常,并应经常检查。

每月检查各引张线及垂线线体是否自由,如有异物应及时清除。

每月对渗流、渗压设备进行清理,如有异物应及时清除。

自动监测系统在运行初期测次为每天一次,时间为上午 8 时,并加强监视和分析测量数据的变化规律,在运行一年后测量周期可适当延长。

每月须定时将自动化测量成果打印上报,并对设备运行情况做好分析。

每月应对测量数据进行整理分析,剔除异常值,并与人工测值进行对比,对差异大的应及时分析原因,提出处理意见和措施并进行处理。

每年年终应将所有自动化测量成果进行整理、整编,按整编要求编制成果表,编写整编说明,刊印成册,并对自动化整编成果进行备份存档。

每年应对整个监测自动化系统进行一次系统检查,做好详细记录,存档备查。

### 3.1.2　判断、排除测压管常见故障

#### 3.1.2.1　测压管灵敏度检验

测压管至少每年检查一次淤积情况,测压管管口装置如发现漏水应及时修理,应经常检查水龙头是否被堵、压力表是否正常,每年须对压力表检校一次。测压管管口高程、压力表表座高程、量水堰的堰顶高程、水尺和测针的零点高程要每隔一定年限校测一次。

测压管的灵敏度检验应经常进行,其方法有:

(1)注水法:适用于管中水位低于管口情况,一般应在库水位稳定期进行。试验前先测定管中水位,然后向管内注清水。一般情况下,用水将导管灌满,测得注水水面高程后,分别以 5 min、10 min、15 min、20 min、30 min、60 min 的间隔测量水位一次,以后时间可适当延长,直至水位回降至原水位并稳定 2 h。根据记录测量结果,绘制水位下降过程线。管内水位在下列时间内恢复到接近原来水位的,可认为灵敏度合格:黏壤土 5 d,砂壤土 24 h,砂砾料 12 h,如管内水位长时间未恢复到接近原来水位的,可以考虑测压管可能已经堵塞,相反,如管内水位没有上升或上升很少且下降很快,就要考虑测压管是否失效或与上下游贯通等问题。当一孔埋多根测压管时,应自上而下逐根检验,并同时观测非注水

管的水位变化,以检查它们之间的封孔止水是否可靠。

(2)放水法:适用于管中水位高于管口情况。先测定管中水位,然后放水,直至放不出。测得水面高程后,分别以 5 min、10 min、15 min、20 min、30 min、60 min 间隙测量水位一次,以后时间可适当延长,直至水位回升至原水位并稳定 2 h。对不同地基水位恢复时间的判别标准同注水法。

### 3.1.2.2　测压管故障原因

测压管经过多年运行后导致有效测程缩短,甚至失去监测功能。导致这种情况出现的原因有两个:一是管体;二是环境。

1. 管体

因管体自身原因的变化主要有:

(1)自然氧化锈蚀。通常表现为镀锌层消失、测压管整体氧化锈蚀,锈蚀程度较均匀。

(2)电化学腐蚀。通常出现在管内水面界变区,坝体渗漏较严重或坝下游地势较低区域,地下水位较高的坝下下游水位测区等。从地下拔出的废管所做的折管试验看,易折弯处通常发生在这些区域。

(3)管体穿孔。位于岸坡等处的测压管,因地质情况较复杂,在地层界变区,有的年久后在管外形成的浸润带或小溪流,对管体外部产生局部腐蚀,日久形成腐蚀穿孔。

(4)管内杂物卡管后与管体剥落的氧化物、泥塞等形成的塞堵腐蚀体。管壁重度氧化、锈蚀剥离脱落,如图 6-3-1 所示。

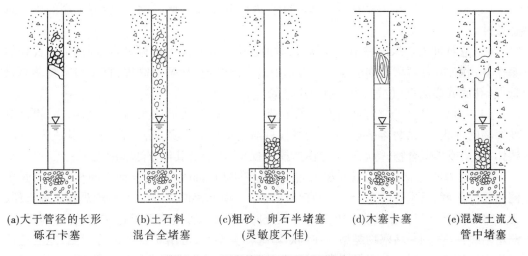

(a)大于管径的长形砾石卡塞　　(b)土石料混合全堵塞　　(c)粗砂、卵石半堵塞(灵敏度不佳)　　(d)木塞卡塞　　(e)混凝土流入管中堵塞

**图 6-3-1　测压管堵塞类型剖面示意图**

2. 环境

因环境引起的变化主要有:

(1)孔管整体移位。受大坝总体变形的影响,孔管出现总体位移,其位移方向主要是沉降及移向坝下游方向,通常在测压管埋设时在管口确定了一处测点作为管体测量的标示基准,通过它能够容易地监测到这种位移。

(2)孔内底高程升高。这种情况相对复杂,测压管建设时期不同,其建设过程中的管理状况、技术水平等都直接影响在役测压管的正常运行。除常见的杂物堵塞和管口落入砂土外,还出现由管体中部因腐蚀产生的管体孔洞向管体内泄漏泥沙等,造成孔底升高。

(3)管体倾斜。通常发生在半坝高以上区域,由不同土层间的不均匀位移产生,通过管体倾斜的变化,可以在一定程度上反映坝体内部位移的变化。

(4)管体或管段弯曲。多见由管口受外力作用产生,一般位于管口地面下1.5 m左右至地面部分,常出现硬弯。少部分因土体不均匀横向位移产生,多发生在管上部坝高1/3以上区域,弯曲变化较均匀,总弯曲量约为管径的3/10。

(5)管口冰堵。一般发生在每年的1月中旬至3月中下旬。

(6)管内落入异物堵塞。主要是人为因素所致,常见的管内异物主要有刚性体异物、弹塑体异物及散粒状异物等。

(7)管口变形。受外力作用引起管口形状的变化。

(8)水位异常抬高。管水位无任何相关性,或只与雨水相关。

(9)孔深异常。孔底比原档案记载的孔底高程高出多个数量级,或孔底回升等,用清孔设备清掏亦不能使孔底高程降低,或虽然暂时降低了,但不久又重新升高。

### 3.1.2.3 排除测压管常见故障

测压管堵塞一般采用风力冲洗法进行处理,其设备如图6-3-2所示,常用的处理过程如下。

(1)先用抓物器抓捞孔中悬堵区上部或孔底可抓出的松弛异物,距孔口较近的直接采取手抓掏捞或配合手工工具取出异物。

(2)钻切清孔。钻刀钻切首先清除孔管内的弹塑体塞堵异物,为后道工序的施工创造条件。

(3)立杆冲击。取出弹塑体异物后,对前述方法难以奏效的硬堵点,利用加力杆作铅垂往复式旋冲,分解堵塞物形成的应力集中区,逐次降低堵塞点高程,直至堵塞物落至最低点(孔底或终堵点)位置,交由后道工序处理。

(4)钻磨疏通。经立杆冲击至最低点或已位于孔底或形成死堵点的堵塞物,再区分堵塞物的性状,下钻磨器钻除、粉碾与稀搅。对刚性堵塞物实施钻磨疏通,使其成为粉体、浆体、碎屑或其混合物,待后道工序由掏捞法提出,再配合其他方法继续处理。

(5)风力冲洗。送风胶管应尽力缩短,而直径14 mm冷轧无缝钢管的长度应略长于测压管的深度,长木杆以6~8 m为宜,各管接头一定要绑扎牢固。有风罐观察压力方便,无风罐可用人字形可控接头。冲洗前必须查阅测压管设计、施工资料,校测管口高程、量测堵塞物深度、判断堵塞物类型。在判断堵塞物类型时,可用8#铁丝进行探测,能通过堵塞物到达管底的,则为砂石料堵塞,无法到达管底的,则为木塞或卵石卡塞。

处理前后均要做注水试验。初次处理应先从0.3 MPa压力用起,逐渐加大压力。直径14 mm钢管上应标明警戒深度(进水箱或进水管段减0.5 m),再向下要减缓下冲速度、边冲边测,如图6-3-2所示。

作业时要使钢管快速上下移动(幅度1 m左右),使进风口与堵塞物保持0.2~1.2 m的距离,万一卡管,可用2~3把管钳边转动钢管边上提,即可排除。

遇有湿黏土堵塞物风管被吸住时,应停风提管。遇有混凝土堵塞,应换用尖型、斧刃型螺纹钢钢钎冲捣,交替冲洗,直到把混凝土打穿。

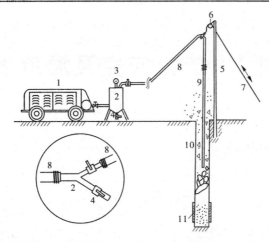

1—空压机;2—风罐或人字形可控接头;3—压力表;4—减压阀;5—木杆;6—滑轮;7—绳;
8—送风胶管;9 —14 mm 铁管;10—测压管剖面示意图;11—进水管段

图 6-3-2　风力冲洗法设备布置图

(6)扫孔。自管口至管底扫孔,重点扫除水面媒质变化区及附近区域的氧化剥蚀物。

(7)提浆。由前述工序处理后落至孔底及经过再处理后的孔底浆状物,由掏捞提浆装置提出孔外。

(8)清洗。缓加适量清水,建立压力平衡区,清除管壁附着物。

(9)提升。孔深 10 m 左右的浅管,配合泵升装置,直接洗管并清除管底剩余杂物;深管需严格控制水头,防止因洗管造成进水段滤体破坏,通常用进水段水头压力不大于 0.1 MPa,配合提浆清孔。

(10)测量。施工处理过程中不断测量管内底高程,检测管内状况,重复前述过程。

(11)特殊管处理。①折弯管。当折弯点位于管段上部时,由人工开挖至弯折点后,截除坏管段,沿管口中心法线方向顺延接至地面。②漏砂孔管。需原点异位重新建孔,原管留存供观测测量参考。③孔底抬升管。通常发生在未封管底的塑性心墙内,同时不宜做掏孔处理,需记录管底回升情况,报上级主管部门论证,观察孔底变化并做出处理。④孔管整体移位。需测量位移(包括水平和竖向)状况,提交资料分析使用。

# 3.2　渗流量监测

## 3.2.1　操作运用、维护渗流量自动化监测设备

参考 2.1.1。

## 3.2.2　判断、排除量水堰常见故障

经常清除堰前堰后淤积、杂草,保持渠道畅通无阻,水流流态好,量水数据可靠、精度高。

定期校核量水堰尺寸,防止地基沉陷变形等情况,如超过允许误差范围时要销毁,重新制作安装。

# 模块4　应力应变及温度监测

## 4.1　应力应变监测

### 4.1.1　操作运用、维护应力应变监测自动化设备

有关内容参考本篇第2.1.1节。

下面就 BGK - 4200/4210 振弦式应变计的操作使用来说明操作运用、维护应力应变监测自动化设备。

#### 4.1.1.1　简介

BGK - 4200 型振弦式应变计主要用于大体积混凝土结构中,诸如基础、桩、桥梁、大坝、密闭壳、隧道衬砌等的长期应变测量,见图6-4-1。

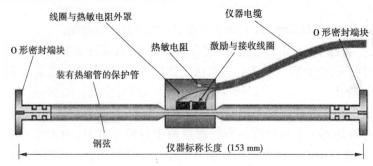

图 6-4-1　BGK - 4200 型振弦式应变计

4210 型振弦式应变计用于埋入大骨料混凝土(粒径大于 20 mm)中。4210 型标准仪器长度为 250 mm,也可按需要提供用于碾压混凝土的仪器或其他长度的仪器,见图6-4-2。

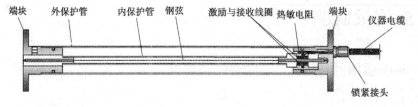

图 6-4-2　BGK - 4210 及 4210RCC 型振弦式应变计

仪器安装的主要方式是:通过预先将仪器绑扎在钢筋或预应力锚索(或钢绞线)上,再直接埋入混凝土;将仪器预先浇筑到混凝土预制块内,再将预制块浇筑到混凝土结构中,或灌注到混凝土观测孔中。

应变测量采用振弦原理:一定长度的钢弦张拉在两个端块之间,端块牢固置于混凝土

中,混凝土的变形使得两端块相对移动并导致钢弦张力变化,这种张力的变化使钢弦谐振频率改变,由此来测量混凝土的变形。仪器的信号激励与读数通过位于靠近钢弦的电磁线圈完成。

便携式读数仪或数据采集仪常用型号有 BGK – 408、MICRO – 10 或 MICRO – 40 自动数据采集设备,它们与任一基康振弦式应变计连接使用,能提供激振钢弦所需的脉冲电压,所测频率可直接显示为频率模数。

振弦式埋入型应变计不适合测量动态或应变变化迅速的场合。禁止旋转或拉伸仪器两端块以免引起永久性损坏。

### 4.1.1.2　仪器安装

BGK – 4200/4210 应变计是全密封并预装配有激励线圈(BGK – 4200 型为外置)。将应变计与读数仪连接并观察读数进行初始检测是非常必要的,所观测的读数应在中间值位置附近。

BGK – 4200 型应变计的压缩模量较小,安装过程及浇筑过程中应及时测量,及时调整,或采取适当防护措施,例如浇筑预制块。

检测两根导线(通常为红色与黑色)之间的电阻。对于 4200 型和 4210 型大约应为 180 $\Omega$ ± 10 $\Omega$,注意需要加上电缆电阻大约为 5 $\Omega$/100 m(双向乘以 2)。如果仪器内含半导体温度计,用欧姆计测量电阻(通常为白、绿色导线间电阻)。所得到的电阻读数应与所在环境温度基本相符,也可参照表 6-2-2。

如有读数不正常,可联系厂方返修,仪器不可在现场打开检修。

1. 将仪器埋入混凝土

将 BGK – 4200/4210 应变计埋入混凝土结构时,通常可采用下列两种方法:

(1)直接将仪器浇筑到混凝土混合料中。

(2)将仪器预先浇筑到预制块内,随后再将预制块浇筑到结构中。

将仪器直接浇筑到结构中时,安装期间须避免对两个端块施加过大的力,可用读数仪监测读数变化,如果读数超过允许范围,应停止浇筑,并做相应调整(制作预制块时也应监测读数)。对于 4200 型和 4210 型,可用绑扎丝直接将仪器绑扎到仪器的保护管上就位,见图 6-4-3。绑扎丝不能捆得太紧,因为钢筋和电缆在混凝土填筑和振捣过程中可能会产生移动,因而影响到传感器。浇筑过程中必须避免由于振捣而损坏仪器和电缆,在仪器半径 1 m 范围内禁止用机械振捣器振捣而应该采用人工振捣。如果能有把握保证仪器放置后定位正确,也可以将仪器直接放入混合料中。

将 BGK – 4200 型应变计悬挂在钢筋间,注意下列说明:

(1)在如图 6-4-3 所示的两位置(捆扎点附近)用一层自硫化橡胶带缠绕包裹,该橡胶层起振动缓冲作用,以缓冲悬挂系统的任何振动。有时候如果没有橡胶层,由于绑扎丝绑得太紧,绑扎丝的共振频率会干扰仪器谐振频率,这将导致读数不稳或根本没有读数。然而一旦在混凝土浇筑后,这些影响将会消除。

(2)选一定长度的绑扎丝,通常用捆绑钢筋网的扎丝,缠绕应变计本体两圈,注意橡胶带各离仪器两端约 3 cm。

(3)将仪器安装在钢筋之间,用绑扎丝末端绕钢筋缠绕两次,再将绑扎丝自身缠绕。

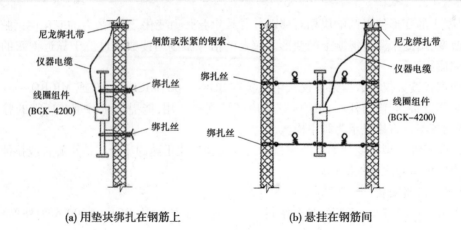

(a) 用垫块绑扎在钢筋上　　　　　　　(b) 悬挂在钢筋间

**图 6-4-3　将 BGK－4200 应变计绑扎到钢筋上**

（4）扎紧绑扎丝并扭紧活套固定仪器。

（5）装上激励线圈并用软管卡（喉箍）固定，用尼龙绑扎带将仪器电缆固定在钢筋上。
在钢筋上绑扎仪器时，应特别注意以下事项：

（1）由于仪器构造精密，在把仪器固定到钢筋上时，确保仪器在纵向不受张拉或受压。

（2）安装时，没有必要在仪器主体部分捆扎缠绕自硫化胶带。

**2. 采用浇筑预制块或灌浆安装**

替代以上安装的另一种方法是将仪器预浇筑在与大体积混凝土相同混合料的预制块中，然后在混凝土填筑之前放置该结构。预制块应在安装前不少于 1 d 或不超过 3 d 制作（根据混凝土凝结时间调整），在安装至大体积混凝土之前，预制块应用水继续养护。

埋入式应变计还能用于喷射混凝土和岩石钻孔或混凝土钻孔中。当用于喷射混凝土中，应特别小心保护电缆引线。可把仪器装进导管或较粗的管道中用以保护电缆。可用手压实仪器周围区域的混凝土来安装仪器，然后进行喷浆操作。

**3. 多向应变计与无应力计的安装埋设**

有时需要布置多向应变计来监测混凝土的应变，BGK－4200/4210 型应变计配合专用的支杆支座也可用于多向应变计的安装。图 6-4-4（a）即为三向应变计的安装，图 6-4-4（b）即为五向应变计的安装图。安装时将支座固定杆用钻孔的方式固定于老混凝土上。若安装在新浇混凝土中，则需要将支座固定杆焊接在一段合适长度的钢筋上，并将钢筋下端焊接较短的钢筋形成十字架，以避免在浇筑过程中转动。安装应变计时注意将所有支杆用螺丝锁紧在支座上，防止松动。此外，还有七向、九向应变计，安装方法相同。

仪器在埋设回填混凝土时的注意事项同单向应变计。

有些工程的混凝土需要连续、快速地浇筑，如防渗墙、桥墩等，如将 BGK－4200 型应变计用于这些建筑的安装时，特别是当连续浇筑的高度大于仪器安装高程 4 m 以上时，建议在仪器安装前两天将仪器预制在混凝土块中，以防止连续浇筑时，因混凝土的自重对仪器挤压造成仪器超量程压缩而失灵。预制混凝土可以用与待浇建筑物的混凝土相同级配的砂浆，尺寸为直径 φ75～100 mm，长度为 250 mm，见图 6-4-5，绑扎丝用于将预制的块体

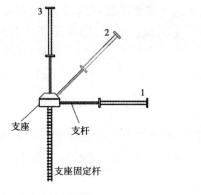
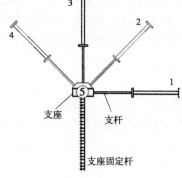

(a) 三向应变计轴向安装　　　　　　(b) 五向应变计轴向安装

**图 6-4-4　多向应变计安装**

固定在钢筋或支架上,此法也可用于常规混凝土的仪器安装。预制过程也应避免因压缩造成仪器超量程,应及时测量、调整。

无应力计通常用于测量混凝土的自生体积变形,用以消除多向应变计因混凝土自生体积变形而造成的观测误差。埋设时将仪器安装于配套的无应力桶中并用人工振捣密实(见图 6-4-6)。埋设时也应及时测量、调整。

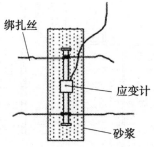
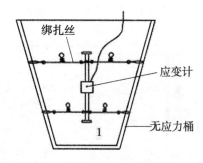

**图 6-4-5　将仪器预制在混凝土块中**　　　**图 6-4-6　无应力计安装**

**4. 电缆保护和终端连接**

从应变计引出来的电缆可使用柔性软管来保护,也可采用带电缆密封接头和保护盖的终端集线箱,允许多支仪器电缆在一处集中,使电缆引线能得到完全防护。终端集线箱面板有内设插座或旋转选择开关,逐一连接对应的接线端子即可。

电缆可拼接加长而不影响仪器读数。电缆的连接可使用专用的 ES - 3 高强热缩管热缩保护,使用这种热缩管在连接符合标准的状况下通常可达到不低于 5 MPa 的耐压。注意要按芯线颜色对接以保持极性,要保持接头完全防水,可使用 ES - 3 自带胶高强热缩管来密封连接,也可使用如 3M Scotchcast™ 82 - A1 型拼接头(环氧基),这些部件均可在基康公司购买。

电缆可以通过剥皮、挂锡后接到读数仪上的接线夹来进行读数。

**5. 雷电防护**

BGK - 4200/4210 埋入型应变计,不同于大多数其他类型的仪器,内部不包含雷电防护器件,如等离子体防浪涌电压避雷器。但这通常也不是问题,因为仪器安装在混凝土或水泥浆中,多少与潜在破坏性瞬变电流有一定隔离。但是,仍有需要雷电防护的场合,例如仪器与钢筋相连,钢筋有可能直接或间接暴露在雷电袭击中。同样,如果仪器电缆是暴露的,则比较适合安装雷电防护器件,因为电流瞬变可能会沿着电缆传递到仪器中并可能损坏仪器。

雷电防护中应注意下列事项:

(1)如果仪器连接到集线箱或多路箱上,若等离子体防浪涌电压避雷器(放电器),应装进终端箱/多路集线箱来提供瞬间保护。基康提供的终端箱和多路集线箱均预留有安装这些附件的位置。

(2)仪器备有 LAB – 3 避雷器板和配套外壳,它们安装在所监测结构的仪器电缆出口处。外壳有一个可拆卸的装置,因此在保护板损坏时,用户可以对部件进行维修或更换。外壳和地面间设有接地线,便于瞬间泄放电流,见图6-4-7。

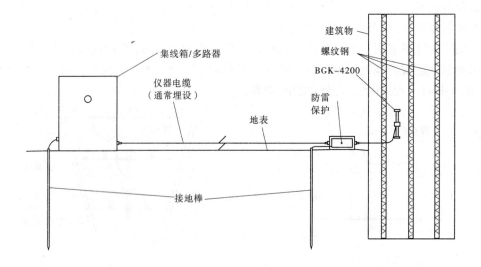

图 6-4-7　雷电防护设计

(3)等离子体防浪涌电压避雷器可用环氧树脂黏结在靠近传感器的仪器电缆中。用接地母线或灌浆柱或钢筋本身将脉冲避雷器与大地连接。

### 4.1.1.3　读数

BGK – 4200/4210 型应变计的读数通常用 GK – 403 或 BGK – 408 来进行,其各自的读数挡位见表6-4-1。

这里需要说明的是,在使用 GK – 403 的"D"挡来对 BGK – 4200 型应变计进行读数时,需要对读数结果进行处理。因 GK – 403 的"D"挡已经固化 GK – 4200 型应变计的理论仪器系数 3.304,该挡显示结果的含义为 $f^2 \times 3.304 \times 10^{-3}$(单位为 $\mu\varepsilon$,$f$ 为振弦频率),即相当于 B 挡的读数乘以系数 3.304,而此系数仅用于 GK – 4200 型应变计,故该读数在进行数据处理时必须除以 3.304,再按照前面介绍的方法进行计算。当使用 BGK – 408 读数仪读数时,其显示的读数直接代入公式进行计算。

表 6-4-1　埋入式应变计用 BGK - 408 时的读数挡位

| 型号 | BGK - 4200 | BGK - 4210/4210RCC |
| --- | --- | --- |
| 读数仪挡 | C | B |
| 显示单位 | 模数($f \times 10^{-3}$) | 模数($f \times 10^{-3}$) |
| 频率范围 | 400 ~ 1 200 Hz | 1 400 ~ 3 200 Hz |
| 中值读数 | 800 | 5 000 |
| 最小读数 | 400 | 2 000 |
| 最大读数 | 1 200 | 10 000 |

1. GK - 403 读数仪操作

GK - 403 能存储仪器读数也可应用率定系数将读数转化为工程单位。有关读数仪的更多信息,请查找 GK - 403 使用手册。

用读数仪所带的连接线与读数仪连接,或在有终端箱(集线箱)的测站用一根专用连接线连接。红色和黑色线夹用于连接振弦传感器,白色和绿色线夹用于连接半导体温度计,蓝色线夹连接电缆屏蔽线。

(1)对应不同应变计,将显示选择键旋到"C"(用于 BGK - 4200)或"B"(用于 BGK - 4210)挡,正确挡位见表6-4-1。注意不要使用"B"挡来读取 BGK - 4200,否则将出现读数不稳定或无读数现象。

(2)打开仪器,读数将显示在面板显示窗口。当读数时,最后一位读数可能会变化1 ~ 2个数字,按"储存"键记录所显示数值。如果没有读数显示或读数不稳定,请查看本模块第4.1.2节中的故障排除建议。本读数仪能同时显示半导体温度计的温度值,单位以摄氏度形式显示在仪器读数上方。

(3)如果不继续操作,在大约 5 min 后,仪器将自动关闭节省能源。

2. BGK - 408 读数仪操作

用读数仪所带的连接线与读数仪连接,或在有终端箱(集线箱)的测站用一根专用连接线连接。红色和黑色线夹用于连接振弦传感器,白色和绿色线夹用于连接半导体温度计,蓝色线夹连接电缆屏蔽线。

(1)对应不同应变计,通过上下按键设置读数仪为"B"(BGK - 4210)或"C"(BGK - 4200)挡,正确位置见表6-4-1。

(2)打开仪器,读数将显示在面板显示窗口。当读数时,最后一位读数可能会变化1 ~ 2 个数字,按"确认"键记录所显示数值。如果没有读数显示或读数不稳定,请查看本模块第4.1.2节中的故障排除建议。本读数仪能同时显示半导体温度计的温度值,单位以摄氏度形式显示在仪器读数下方。

(3)如果不继续操作,在设定的定时时间后,仪器将自动关闭节省能源,也可手动直接关闭电源。

3. MICRO - 10 或 BGK - MICRO 数据采集仪的设置

当配以 GK - MICRO - 10 数据采集仪或其他基于 CR10 的数据采集仪测量应变计时,

可选取下列参数。

当配以 MICRO‑10 数据采集仪使用埋入式应变计时,为转化成微应变,对于所选取仪器类型和仪器参数条目请查看表6-4-2。在使用 P28 振弦仪器测量指令给 CR10 编写程序时,表6-4-2 还列出了设置初始和结束频率作为扫频激励的范围。另外,如果应变计备有率定表,确切数值就能够从率定的初始和结束频率中计算出来。为使传感器的稳定性和分辨率达到最大,应选择一个相对较窄的频带激振频率范围。可以通过读取一个初始数据,然后设置低于初始频率200 Hz 以下、高于结束频率200 Hz 以上来计算这些频率设置。

表6-4-2　埋入式应变计数据采集仪参数

| MICRO‑10 仪器类型 | 4200 | 4210 |
| --- | --- | --- |
| 仪器系数 | 3.304 | 0.356 8 |
| 初始频率(P28) | 4(400 Hz) | 14(1 400 Hz) |
| 结束频率(P28) | 10(1 000 Hz) | 32(32 001 Hz) |

当使用 BGK‑MICRO 时,直接选择仪器的型号 GK‑4200 型即可。

4.温度测量

所有振弦仪器都配有测读温度的半导体温度计,随着温度变化,半导体温度计的输出电阻也变化。通常白、绿色芯线连接到仪器内部的半导体温度计。

(1)把欧姆表连接到应变计半导体温度计两根导线上。由于电阻随着温度变化非常大,电缆电阻通常不计。

(2)按照表6-2-2 查找所测电阻对应温度,或者用式(6-2-4)计算温度。

#### 4.1.1.4　数据处理

相关的计算以提供的率定表中的计算公式为准。

下面的公式即为读数转换为应变的计算公式。当 BGK‑4200 型应变计使用 GK‑403 读数仪 D 挡读数时,其计算公式为

$$\mu\varepsilon = (R_1 - R_0)GC/3.304 \qquad (6\text{-}4\text{-}1)$$

式中　$R_1$——GK‑403"D"挡的当前读数;

　　　$R_0$——GK‑403"D"挡的初始读数;

　　　$G$——BGK‑4200 型应变计的应变系数,理论值为 3.15;

　　　$C$——修正系数,通常为 0.9~1.1,由率定表给出。

注意:GK‑403 的"D"挡读数相当于"B"挡读数乘 3.304,但不可使用 GK‑403 的"B"挡来读取 BGK‑4200 型应变计。

在厂家的实际装配操作中,弦的固定会有少许的缩短或伸长,导致拉伸时仪器系数会偏离理论应变系数,然而所提供每一批仪器的仪器系数($B$)都是相同的,因此 BGK‑4200 型应变计的率定表是每批提供一份而不是每支一份。

当使用 BGK‑408 读数仪的"C"挡读数时,其计算公式为

$$\mu\varepsilon = (R_1 - R_0)GC \qquad (6\text{-}4\text{-}2)$$

对于 BGK – 4210 型应变计,则使用 GK – 403"B"(或 BGK – 408 的"B")挡读数时,其计算方法为

$$\mu\varepsilon = (R_1 - R_0)G \tag{6-4-3}$$

对于使用 BGK – 408 读数仪,无论设置为"B"(BGK – 4210)挡或"C"挡(BGK – 4200),其计算公式均直接代入上面公式即可。

注意:①当$(R_1 - R_0)$为正时,表示张拉;②计算时,请以率定表上提供的计算公式为准。

1. GK – 403 读数仪的"B"挡

对于 GK – 403 置于"B"挡的读数,实际换算中必须采用提供的率定系数(这些系数可以是任一批仪器系数的平均值,也可以是单个仪器的率定值,理论系数通常是不被采用的)。

表6-4-3 为对应读数仪挡位不同型号仪器的理论系数与检验系数(检验系数来自某一批仪器为例)。

**表 6-4-3　埋入式应变计系数**

| 型号 | 4200 | 4210 |
| --- | --- | --- |
| 读数仪挡位 | D | B |
| 标准系数 | 3.15 | 0.356 8 |
| 检验系数 | 3.327 | 0.342 3 |

2. 应变分辨率

当使用 GK – 403 读数仪时的"D"挡 (BGK – 4200)时,仪器整个量程的应变分辨率为$±0.1 \mu\varepsilon$。

4210 型应变计提供的分辨率为 0.1 周期,然而,一些仪器的读数可能会波动 ± 0.5 字左右,但并不影响实际应用。

3. 温度影响

由于温度大幅度的变化是不正常的(特别在混凝土养护过程中),因此在应变观测中测量温度显得非常必要,这样可以获得温度修正值,并有可能获得由于温度波动引起的任何真正影响应变的数值。

用于振弦仪器的钢材温度膨胀系数 $CF_1$ 为 12.2 $\mu\varepsilon/℃$,因此由于仪器温度影响而修正的混凝土总应变可由式(6-4-4)计算出。

$$\mu\varepsilon_{总} = (R_1 - R_0)G + (T_1 - T_0)CF_1 \tag{6-4-4}$$

式(6-4-4)中包括混凝土中温度引起的应变,加上荷载变化引起的应变。在无荷载区域温度引起的混凝土应变可由式(6-4-5)计算出来。

$$\mu\varepsilon_{温度} = (T_1 - T_0)CF_2 \tag{6-4-5}$$

式中　$CF_2$——混凝土温度膨胀系数,除非系数已知,其额定值为 10.4 $\mu\varepsilon/℃$。

因此,式(6-4-6)用于计算仅仅因荷载变化引起的混凝土应变:

$$\mu\varepsilon_{负载} = (R_1 - R_0)G + (T_1 - T_0)(CF_1 - CF_2) \tag{6-4-6}$$

例如：

$R_0 = 3\,000\ \mu\varepsilon, T_0 = 20\ ℃$

$R_1 = 2\,900\ \mu\varepsilon, T_1 = 30\ ℃$

（1）$\mu\varepsilon_{视在}$ ＝（2 900 － 3 000）＝ －100（压缩）

（2）$\mu\varepsilon_{总}$ ＝（2 900 － 3 000）＋（30 － 20）× 12.2 ＝ ＋22（拉伸）

（3）$\mu\varepsilon_{温度}$ ＝（30 － 20）× 10.4 ＝ ＋104（拉伸）

（4）$\mu\varepsilon_{负载}$ ＝（2 900 － 3 000）＋（30 － 20）×（12.2 － 10.4）＝ －82（压缩）

注意：由于假设是根据混凝土温度系数确定的，这些公式应作为一般指导。如果系数已知，总应变也可忽略温度计算（假设没有徐变）。

**4. 收缩影响**

混凝土特性是干缩湿胀，收缩和膨胀会引起与荷载或压力变化无关的明显大的应变变化，这个应变可能是几百个微应变。

修正这些多余的应变非常难。可以在恒定条件下将混凝土置于水中试验，但对于经常暴露在不同大气条件卜的混凝土结构是不可能办到的。有时，试图将应变计浇筑到混凝土预制块测量收缩或膨胀影响，混凝土预制块保持无荷载并暴露在与有效仪器湿度相同的环境中，此仪器测出的应变可作为修正值。

**5. 徐变影响**

在持续负载下，混凝土将产生徐变。可在实验室中将仪器被浇筑在混凝土预制块中，然后通过弹性的方式加载，这样徐变现象就能确定。

**6. 自身影响**

在一些老混凝土中，含有骨料和碱性水泥的特殊混合物，混凝土经受化学变化和再结晶，可能会随着时间膨胀，这种膨胀非常像蠕变，但是在相反方向，并很难计算。

## 4.1.2　判断应力应变监测仪器和设施运行状态

埋入式应变计的维修和故障排除局限于定期检查电缆接头和维修终端箱，一旦安装好，通常接触不到仪器，修理也受限制。

出现故障可查阅下列问题及可能的解决办法，有关更多的故障排除帮助可向厂方咨询。

### 4.1.2.1　应变计读数不稳

（1）读数仪挡位设置是否正确？如果使用数据记录仪自动记录读数，扫描频率激励设置是否正确？

（2）应变读数是否超出仪器额定范围（或压力或张拉）？

（3）附近有电噪声源吗？大多数可能的电噪声源为电动机、发电机和天线。将仪器移开安装场地或安装滤波器，不管是使用便携式读数仪还是数据记录仪，都应确保屏蔽线接地。

（4）读数仪在读取另一个应变计吗？如果没有，读数仪有可能电池不足或失灵。

### 4.1.2.2　应变计不能读数

（1）电缆被切断或被压破了吗？这可以用一欧姆表来检测。仪器两根接线（通常红线和黑线)之间的额定电阻为 180 Ω ± 10 Ω。记住当检测时应加上电缆电阻(5 Ω/m,双向乘以 2)。如果电阻无穷大,应怀疑电缆断路。如果电阻非常小( < 100 Ω),电缆有可能短路。

(2)读数仪或数据记录仪在读取另一应变计了吗? 如果没有,读数仪有可能有故障。

## 4.2　温度监测

### 4.2.1　操作运用、维护温度监测自动化设备

有关内容参考本篇第 2.1.1 节。

下面就 BGK - 3700 型温度计的操作使用来说明操作运用、维护温度监测自动化设备。

#### 4.2.1.1　简介

BGK - 3700 系列温度的核心元件采用半导体热敏电阻传感器(见图 6-4-8),该产品用优质不锈钢外壳封装, BGK02 - 187V3 专用电缆,具有优越的防水性能。信号的稳定性和精度不受由于潮湿而引起的电缆电阻变化、接触电阻变化的影响。该产品可广泛用于高科技、工业生产及科研领域的温度控制系统及温度检测。采用 GK - 403 或 BGK - 408 等读数仪可直接显示被监测环境的摄氏温度值。

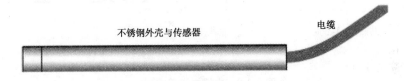

不锈钢外壳与传感器　　　　　　　　　　　电缆

图 6-4-8　BGK - 3700 型温度计外形结构

BGK - 3700 系列温度传感器具有下列特点:①长期稳定性好;②具有适应各种恶劣环境的不锈钢结构;③防水性能佳;④使用寿命长;⑤高灵敏度;⑥适用于非强酸、非强碱或非强腐蚀性环境下的流体、固态或气体温度的测量。

#### 4.2.1.2　技术参数

温度测量范围: - 30 ~ + 70 ℃;

精度:标准 ±0.5 ℃(可选 ±0.2 ℃或 ±0.1 ℃);

分辨率:0.1 ℃;

常温阻值:3 kΩ(25 ℃时);

年稳定性:≤1‰;

绝缘电阻:≥50 MΩ;

耐电压:1 500 V;

耗散系数:2 ~ 3 MW/℃;

热时间常数:6 ~ 12 s;

外型尺寸:$\phi 11 \times 110$ mm;

电缆规格:BGK02 - 187V3,导线颜色绿、白(温度传感器)、屏蔽(接地)。

### 4.2.1.3　电缆的焊接加长

标准 BGK - 3700 型温度计在出厂时配备 3 m 电缆,电缆型号为 BGK02 - 187V3。电缆加长宜使用 BGK02 - 187V3 专用电缆,也可使用 BGK02 - 250V6 电缆。安装前,需根据现场情况进行连接加长。埋设在土体中的电缆应尽可能避免接头。如无法避免电缆连接,应采用防水接头,推荐采用 ES - 3 型专用热缩接头,也可使用环氧接头,如 3M Scotch-cast™的 82 - A1 型专用电缆接头,这些接头装置可从厂家订购。

下面详细介绍使用 ES - 3 型专用热缩接头的接线方法。

焊接前用万用表测量传感器芯线间电阻数值并记录。其中,绿白芯线电阻在室温 25 ℃时应 3 kΩ 左右;对于 BGK - 3700 型温度计,红黑芯线电阻与绿白芯线电阻相同。

焊接前将电缆端部剥除外皮,长度约 8 cm ,露出芯线,在剩余电缆外皮部位用砂布或砂纸打毛,长度约 3 cm。电缆外面套 $\phi$12 mm 热缩套管(长度约 14 cm)。用剥线钳将芯线剥除 0.5 ~ 0.8 cm 芯线外皮,芯线上套 $\phi$2 mm 热缩套管,如图 6-4-9 所示。芯线对应颜色对接并拧在一起后,用电烙铁焊锡。焊锡过程应避免虚焊并去除毛刺。5 根芯线均需焊接,焊接时注意:

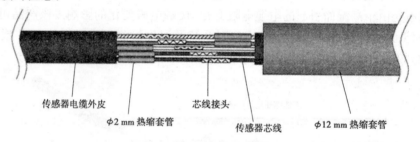

传感器电缆外皮　　　　　芯线接头

$\phi$2 mm 热缩套管　　　传感器芯线　　　$\phi$12 mm 热缩套管

图 6-4-9　电缆焊接示意图

(1)将各个芯线接头错开。

(2)保证各芯线长度一致,以保证电缆受拉时,各芯线能均匀受力。

焊接结束后,裸露芯线长度大约为 7 cm。焊接结束后,将 $\phi$2 mm 热缩套管推至芯线接头部位,用热风枪将热缩套管热缩于接头部位。最后将 $\phi$12 mm 热缩套管推至电缆接头部位,用热风枪将热缩套管热缩于接头部位。$\phi$12 mm 热缩套管每端均应压在传感器电缆外皮 3 cm 左右。使用热风枪吹热缩套管时应控制温度,必须使热缩套管内部的热熔胶熔化呈透明、流动状态,完全充满接头内部。温度过高会使芯线外皮熔化,造成芯线短路,也会造成热缩套管碳化变脆。

注意:芯线焊接工作结束后,必须用读数仪进行读数测量检查,并使用万用表测量各芯线间电缆电阻情况。避免因焊接工作造成接头部位芯线短路、断路情况。

### 4.2.1.4　使用环境及安装注意事项

虽然该传感器适用于各种恶劣环境,在使用时应注意避免用于超过测量范围的区域(特殊要求可定制),同时还应注意避免传感器在强酸、强碱的环境下长期工作。

用于混凝土、土体或钻孔中时可直接安装埋设,但应注意对电缆实施保护,此外还应符合相关规范要求。

#### 4.2.1.5　操作使用与数据处理方法

BGK – 3700 型温度计信号电缆采用的是 4 芯屏蔽电缆,电缆芯线颜色分别为黑、红、绿、白,另外一根裸线为屏蔽接地(见图 6-4-10)。其中,红与白并联,绿与黑并联,测量时可任意连接黑、红芯线或者连接绿、白芯线均可。也可将温度计的红、白芯线或绿、黑芯线分别拧在一起与读数仪的绿、白线夹连接测量。

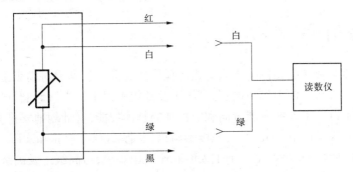

**图 6-4-10　BGK – 3700 型温度计接线示意图**

在测量时,可使用 GK – 403 或 BGK – 408 读数仪的绿、白接线夹连接传感器的对应电缆芯线直接读取,此时的读数由读数仪将电阻直接转换为摄氏度。

注意,请勿同时将读数仪的 4 色接线夹与温度计的 4 芯导线连接,即测量 BGK – 3700 温度计时,只能用读数仪的绿、白线夹连接传感器的绿、白芯线(也可单独连接红、黑芯线)才可正确测量温度,否则可能造成读数错误。

由于温度与其本身的电阻为非线性关系,但可通过式(6-2-4)将电阻—温度线性化。

在测量时,可使用 GK – 403 或 BGK – 408 直接读取,此时的读数由读数仪将电阻直接显示为摄氏度。

若没有专用读数仪,也可使用数字欧姆表来读取电阻值,通过上述的公式进行计算处理,也可通过仪器使用说明书提供的表格直接查得温度值。

### 4.2.2　判断温度监测仪器运行状态

当产生故障时,通常用万用表中的欧姆挡来检查电阻值排查故障现象。

检查时,利用数字万用表笔连接传感器芯线,正常时的电阻值应与环境温度基本相符,25 ℃时,其电阻应为 3 000 Ω 左右,若对应的温度低于或高于被监测环境温度,通常是电缆断路或短路造成的,应重点检查电缆。

电缆破损进水或受潮将导致测值失真,具体表现是当电缆进水后测量的温度值偏高。

需要注意的是,若电缆长度过长时,且是在高温环境下,在计算时应考虑电缆芯线本身的电阻,以获取更高的测量精度。低温环境下通常不必考虑电缆芯线电阻的影响。配套的电缆芯线电阻约为 50 Ω/1 000 m,双向取 2 倍芯线电阻值。

# 模块 5　指导与培训

## 5.1　操作指导

　　技师对高级工及高级工以下工人有指导操作的义务。技师要对高级工及高级工以下工人进行工作安排与具体工作指导；与高级工及高级工以下工人一起制订培养计划，明确高级工及高级工以下工人的发展方向和应提高的具体技能，有计划地安排参与监测工作；督促高级工及高级工以下工人学习，积极参与培训，提高专业素养和实际工作能力；通过言传身教，提高高级工及高级工以下工人的职业道德水平；对高级工及高级工以下工人的情况向部门负责人及人力资源部反馈。

　　让高级工及高级工以下工人在一定时期内变换工作岗位，使其获得不同岗位的工作经验。这种方法的优点：一是能丰富培训对象的工作经历，尽快发现高级工及高级工以下工人的长处和短处，从而更好地开发高级工及高级工以下工人的特长；二是能加强高级工及高级工以下工人对各岗位工作的了解，扩展高级工及高级工以下工人的知识面，为高级工及高级工以下工人今后完成合作性的任务打下基础。

## 5.2　理论培训

### 5.2.1　编制水工监测工业务学习与技能培训方案

　　水工监测工是依靠水工监测技能知识，利用仪器设备，按照技术规程，实施水工观察、监测、资料整理的人员。为了保证和提高水工监测工的业务技能水平，中华人民共和国人力资源和社会保障部、水利部共同组织有关专家，制定了《水工监测工国家职业技能标准》(见附录 1)，为水工监测工职业教育、职业培训和职业技能鉴定提供了科学、规范的依据。本书就是与该标准配套的教材。按照水利行业业务特点，各级水工监测工除等级培训受训外，还有围绕具体岗位和承担业务的学习任务。

　　从《水工监测工国家职业技能标准》的要求来看，水工监测工的技能要求是很高的，内容是很丰富的。简略概括，水工监测工技能有如下一些特点。

#### 5.2.1.1　水工监测的项目类型内容涉及面较宽

　　从职业技能标准的功能和本书的模块考察，有巡视检查、环境量监测、变形监测、渗流监测、应力应变及温度监测、监测资料整编等。再细分内容就更多了，并且不断地拓展和发展。

#### 5.2.1.2　水工监测发展迅猛、监测设施设备繁杂

　　水工监测是近几十年中伴随水利水电工程建设发展起来的一门涉及水工结构、电子

仪表、光学物理、统计数学等多种学科的新兴边缘技术学科。20 世纪 70 年代以前称为原型观测,即是在大坝原型中设置观测仪器进行现场测量,以期获得一些能反映大坝结构性态的特征量,习惯上分为内观和外观两大块,内观主要包括应力应变、温度、大坝内部变形、渗流渗压等;外观主要是大坝的宏观变形,包括垂直位移、水平位移、挠度,观测手段和方法主要是大地测量方法和垂线、引张线、静力水准等。70 年代中期以后,随着科学技术的发展和安全监测人员的努力工作,监测仪器、安装埋设技术与质量、资料分析以及观测成果的应用等都取得了不少进展,尤其是 80 年代中后期以来,随着电子计算技术的发展与应用,监测仪器自动化采集系统和资料处理分析技术得到了快速发展,在监测仪器方面的应用开始出现多元化的格局,一些振弦式仪器、差动变压器、电感、电容式仪器以及其他类型的监测仪器得到较为广泛的应用。

20 世纪 70 年代以来,世界各国监测仪器和监测技术得到了很快的发展,大坝安全监控的理论和方法不断完善,大坝安全监测和管理的自动化技术日趋完善,世界上一些大坝开始实现或基本实现了无人值守,通过自动化采集装置对大坝安全监测仪器实施自动定时数据观测,通过已建的个性化监控模型进行监控量的预测预报,使大坝安全监测在大坝安全管理中作用发挥得淋漓尽致。我国在监测自动化技术研究方面也不甘落后,20 世纪80 年代中后期,一批水电站相继上了自动化项目,那个时候的自动化采集系统在稳定性、耐候性、兼容性等方面还存在很多问题,比如有的自动化系统上了之后,系统不稳定,不能正常采集,又没有留下人工观测接口而不能采集数据,致使观测数据中断。可以说这个阶段自动化系统成功的不多,经验教训不少,使人们曾一度对监测自动化技术持怀疑和观望态度。进入 90 年代,自动化技术开始向多元化发展,主要分为监测资料处理分析自动化和采集自动化,这一时期随着电子计算机和软件的发展,利用计算机对人工采集的观测数据进行自动化计算处理分析十分普遍,涌现了许多监测资料处理分析的专门软件,包括资料的录入、自动检错、物理量计算、统计报表、绘图以及自动建模等诸多功能,版本不断更新,一些水电站利用电子计算机对以前几十年的观测数据建立了电子数据库。资料分析模型得到了空前发展,统计模型、确定性模型与混合模型三大模型技术日趋完善,在许多水电站开始应用,准确性较高。一些学者利用模糊数学理论和人工神经网络技术建立监测预报模型、利用三维有限元分析对大坝建筑物特性参数进行反演分析等都取得了可喜的成果。在自动化采集系统方面,随着电子技术的不断进步,在吸取了前期失败教训的基础上大胆创新,终于在 90 年代中后期有了突破性进展,目前国内监测自动化系统不论在稳定性、适应性和兼容性方面都有了长足进步,采用分布式采集方式、CANbus/RS – 485总线,兼容差动电阻式、振弦式、电容、电感、电位器、变送器、激光准直等各种类型的传感器,可通过光纤、电话线、双绞屏蔽线以及微波通信进行数据传输,可同时进行人工观测。

### 5.2.1.3　水工监测资料分析整理复杂

水工监测资料分析的主要方法有比较法、作图法、特征值统计法、数学模型法和其他一些方法。近年来,资料分析技术得到了较快发展,许多新技术、新方法在大坝监测资料分析领域得到了广为应用,如时间序列分析、灰色模型分析、模糊聚类分析、神经网络分析、决策分析以及专家系统技术等。

#### 5.2.1.4　水工监测技能需要广博宽泛的基础知识支持

为更有效地支撑上述水工监测工的技能,需要学习的基础知识很多,普通基础知识不算,直接或技术基础知识就可列出不少,如水文学、水力学、电子、计算机技术等都会用到。

水工监测工技师和高级技师具有水工监测工培训教师的资格,应有广博的知识和丰富的实际经历经验,需要学习培训方案、教案编写的有关知识,训练直接担当教学的能力。本书在水工监测技师和高级技师有关章节介绍了一些内容,要求在学好《水工监测工国家职业技能标准》的前提下,在掌握必要业务技能的基础上,在了解本工程监测情况后,能承担相应培训任务。

水工监测工等级培训受训分理论知识和操作技能两个方面,理论知识又分基础知识和技能相关知识两部分。具体培训受训有在教室按教材讲课、野外实际操作或仿真演练、内业整理资料作业实习等一般方式,在实际工作中还有更多更实际的情况,应结合具体情况,做好水工监测工培训工作。

另外,各单位实际生产组织和具体分工实施并不是按培训等级内容来确定和安排的,因此等级培训受训及培训教材只是按照一般工级级别要求提供学习知识技能的一种方式和载体,不可与各种关系及具体活动牵混,不能有"我不是某工级,不担任、不是该工级"的思想。

### 5.2.2　对水工监测工进行业务学习与技能培训

水工监测工业务学习和技能培训的目的和目标是满足单位业务生产对人力资源的要求,保质保量实施测站生产,完成业务任务,所以不同于系统的业务培训,但应是普遍全面学习和岗位自学辅导以及兼顾等级升级学习。

方案的一般内容结构为:目的目标、学习内容、方式方法、时间安排、督察考核等。

方案一般按年度编制,分全站人员学习和个人学习两方面。编写全体水工监测人员业务学习和技能培训方案,要熟悉业务,了解职工知识水平,从有关规范规程和手册及教材中选择内容。业务负责人定期召集大家学习水工监测办法,找出或指出与其相关标准、规范、规程的对应条文,然后要求各自自学,组织答疑讨论,加深理解,力求掌握并结合实际情况贯彻实施监测,使监测成果达到应有质量。

个人方案主要结合年度岗位学习相关内容、演练相关业务。由个人写学习计划,记学习笔记,撰学习心得,制订圆满完成任务的措施,设想可能的困难和克服的办法等。

等级升级学习方案主要按国家职业技能标准鉴定要求,学习配套教材相关内容。

上述各方案在充分讨论、比较、完善后可以汇编公布,以使大家明确目标内容,努力学习,建设成为学习型的监测班组。

关于学习,还可考虑的方面提示如下:

普遍学习和重点学习。水工监测的标准、规范和规程是实施生产保证质量的依据,体现着成熟的方法和做法,普遍学习应按种类、章节安排时间,由专人讲解,一起交谈理解,主要达到拓宽知识面,了解多种技能的目标。但标准、规范和规程又是针对全国来考虑的,方法、做法较多,因此应选择适合本工程的内容重点讲解,共同讨论,肯定和发扬本工程正确的做法,否定和改进不适当的做法。规范、标准种类很多,本工程班组常用的要详细学习,不常用的只作了解性学习。

岗位自学和交流拓展。将各业务岗位自学计划纳入测站学习方案,督导岗位自学,选择时机由岗位现职人员向全站或相关紧密岗位人员交流学习心得体会,或提出疑难问题共同探讨解决的途径和办法。在技能方面还可实施岗位实习或岗位感受,这样,不但拓宽了岗位视野,也为岗位应急顶替储备了人力资源。

升级学习主要靠自学,各级别的人员应制订有关学习计划,这类计划也可纳入班组学习方案,一同督导。工程管理单位可创造有利机会使之在较多适合级别等级的岗位学习实训,帮助理解等级要求的系统知识。

检查业务作业质量,总结出现的不符合规定的操作和记载计算的各类问题,整理后像向学生集中讲解作业习题错误一样讲解研讨,是纠正错误、完善不足的很有效的方法,也应写进测站业务学习方案中。

如有必要,也可写明考核内容和方法,如检查评比学习笔记,有普遍意义内容的出题答卷记分,某种业务作业竞赛,指定操作表演等。

业务培训实施可以有两方面的认识,一是结合水工监测业务学习和技能培训方案安排学习,可根据学习的内容和进度编习题和案例,督导检查,辅导实训。二是在有关机构组织下承担系统的业务培训教学,这种教学按指定的课程标准(大纲)和教材实施。系统培训教学要了解受训学员文化、等级、来源或工作地、承担过的主要业务等基本情况,以便针对大多数人员情况备课和组织教案。

现就系统培训教学的备课和教案编写予以提示。

备课主要是思索如何将知识技能向学习者怎么讲明白的过程,要求充分熟悉要讲的内容,本内容与已有知识的关联,可能遇到的知识障碍和克服办法,以往讲课的经验,容易接受的类同比喻例子,如何调动学习情绪等。编写教案一是依据课程标准(大纲),二是依据教科书(教材);又要考虑学生的实际情况、教学的环境来掌握,不能完全依赖课程标准(大纲)和教科书,教案设计要灵活多样,注重实效。教案应当是教学思路的提纲性方案,撰写出来的教案也只是实施教学过程的一个骨架结构,不能将每一个想法、每一件事都写进教案中去。但教案中必须有教学内容(教学课题)、教学目标、教学重点、教学难点、板书设计、演示文稿(ppt)、主要教学方法、教学工具、各阶段时间分配、教学过程、教师活动、学生活动、各阶段设计意图、课后评价与反思等内容。

当设计完成一个教案的同时,在备课教师的头脑中就会形成一个完整的授课方案。在教学实施的过程中,会有许多的不定因素出现,要靠备课时准备充分,靠平时的知识积累,靠实事求是地真诚对待,要在课堂教学中展示出自己的特色来,不能出现任何的科学性错误。同时要充分发挥出学习者的主观能动性。在教学方案的指导下,将有关内容(包括实训内容)组织成课时,按课时备课和编写教案,开展教学,实施培训。教学的效果应使大多数学员能够理解原理、掌握方法、会在实际作业中应用。

# 第7篇　操作技能——高级技师

第 1 篇　操作技能——高效技巧

# 模块 1 变形监测

## 1.1 垂直位移监测

零数据观测:依照《国家一、二等水准测量规范》作业,采用二等水准规程观测。将水准基准点组、各工作基点、坝体上的变形点全部纳入主网组成二等水准环路。坝体上的测点,利用其附近的工作基点,采用一等水准精度观测。

周期性观测:在主网复测周期内的各期测量,可直接利用垂直位移监测点附近的工作基点进行垂直位移监测。工作基点本身可能逐年有下沉,在监测时应以工作基点的首次高程作为起始高程,将工作基点各年的沉降量视为常数,在分析资料时加以考虑。

### 1.1.1 垂直位移工作基点引测与校测

为方便对建筑物垂直位移监测,达到快速获取监测数据的目的,在坝体合适的位置埋设垂直位移工作基点。

基准点是变形观测的基础,必须保证坚固和稳定,因此点位应选在变形区以外,地质条件好,又能够永久保存的地方。为检核基准点的稳定,水平和垂直位移监测的基准点均设置成基准点组。水准基准点组最好选在工程附近干扰少的地方,由三点组成扇形或等边三角形。三点应两两通视,以便于用大地测量的方法对基准点检核。

垂直位移观测采用二等水准规程观测,每公里高差中数的中误差不得大于 1 mm。采用局部精度加强的方法按一等水准精度施测,每公里高差中数的中误差不得大于 0.5 mm。

### 1.1.2 编写垂直位移监测仪器埋设安装、观测的方案

监测仪器埋设安装、观测的方案编写提纲如下:

1 监测项目、主要指标及工程量
2 编制依据及引用标准
3 工期安排
4 施工方案及工艺流程
4.1 施工主要方案
4.2 施工流程
施工流程图见图 7-1-1。
5 施工方法
5.1 施工前准备
(1)为确保现场埋设仪器符合施工图纸要求,应在主体工程开工前 35 天组织土建施

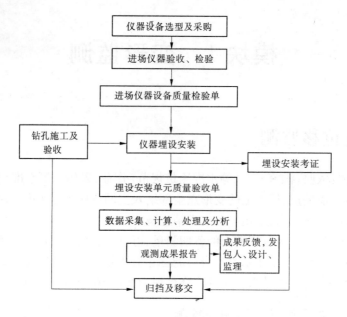

**图 7-1-1　监测施工流程图**

工标段和安全监测施工单位及设计单位共同进行安全监测仪器埋设施工设计技术交底与相关图纸会审会,使参建各方彻底了解安全监测项目设计意图与施工(含埋设后观测)技术要求,核对清楚土建施工图纸(土建施工单位)和安全监测仪器埋设图(安全监测施工单位)各类内、外观仪器数量、埋设位置、仪器型号与规格。特别是后期金属结构及机电安装对埋设的沉降标点观测有无影响等。

同时,监理部应将审查批准的土建标施工方案、进度计划与分年度及月(季)进度计划及时抄送安全监测项目施工单位,供其编制观测仪器采购(率定)与安装工作计划。

(2)安全监测项目施工单位应根据施工图纸会审后确定的仪器规格及型号、土建施工进度计划及仪器供货所需的时间要求,编制观测仪器及电缆等辅助装置采购计划报告,报送监理部审查后报请建设单位审批。采购计划报告应包括以下内容:

①土建标段观测仪器埋设简况(类型、规格及型号)。包括与仪器埋设相关工程项目施工计划进度、仪器埋设项目内容与技术要求、预期的仪器埋设计划进度。

②仪器供货或生产厂家情况。包括厂名、厂址、产品规格与技术参数、售后服务方式、资信及业绩情况。

③采购仪器件申报表。内容包括埋设部位、器件名称、规格型号、总体及本批采购数量、计划进场日期、供货价格、运输方式等。

(3)采购的观测仪器设备运到现场后,安全监测施工单位负责本标段现场埋设施工技术人员与监理部专职监理工程师或标段监理工程师共同对仪器进行开箱检查和验收,具体检验内容为:

①进场仪器是否为监理审查、建设单位批准厂家产品,有无出厂合格证。

②出厂时仪器资料参数卡片是否齐全,仪器数量与发货单是否一致。

③外观检查,仔细查看仪器外部有无损伤痕迹、锈斑等。

④用万用表测量仪器线路有无断线。

⑤用兆欧表测量仪器本身的绝缘是否达到出厂值。

⑥用二次仪表测试一下仪器测值是否正常。

经检验,若发现有上述缺陷的仪器将退货或向厂商交涉处理。

(4)进场仪器、电缆等设施应按使用保管说明书存放在安全、防潮的库房内,妥善保管。

### 5.2　观测仪器埋设准备工作

(1)安全监测项目施工单位应在观测仪器设备安装前 14 天,根据工程安全监测设计图纸、技术要求、招标文件技术条款和有关安全监测技术规程规范,结合土建标段施工进度计划编制完成安全监测设施施工方案,一式五份报送监理部审批。

安全监测设施施工方案应包括以下主要内容:

①各工程建筑物监测项目及内容。

②工地现场配备的监测仪器设备,包括测量仪表和检验设备清单(附厂家、型号、规格、合格证、仪器检验资料、说明书等);如对外委托进行观测仪器率定,则率定单位名称、资质等。

③作业设备、材料与人员配备及岗位设置。

④各种观测仪器的安装方法、施工程序与措施。

⑤埋设质量保证措施。

⑥作业进度计划。

⑦安全防护措施。

(2)仪器埋设前 7 天,安全监测项目施工单位应将拟定在本监理标负责仪器埋设及观测专业人员简历报监理部审查。拟定观测专业人员应在类似工程中负责过观测设施的安装埋设及观测工作,具有一定的实践经验和理论知识,并能按施工图纸要求,对观测仪器设备的选购、测试、率定、安装、观测和维护提供业务指导。

(3)安全监测项目施工单位在观测仪器埋设安装之前,应自行或委托有专业资质单位对每支埋设仪器进行检验、测试和率定及电缆连接检查,并取得专职监理工程师的质量检验合格确认签证。若率定后储存时间不超过 6 个月且无异常,可直接埋设,否则需重新率定。

(4)观测仪器(监测设备)的检验和率定。

为了核对仪器出厂参数的可靠性、检验仪器工作的可靠性,在到场仪器设备经专职监理工程师和安全监测施工单位技术人员联合开箱检查合格后,进行以下项目检验和率定:

①仪器的型号、规格应符合设计要求。

②仪器的出厂合格证、出厂率定资料卡片、仪器使用说明等资料齐全。

③按照有关技术规范,对仪器的主要工作性能(如力学性能、温度性能、防火绝缘性能等)进行率定。

④按检定周期和技术要求(在不影响正常安全监测或有替代仪器监测的前提下)将用于仪器观测的二次仪表(读数仪、精密电子水准仪)及时送到经监理部批准的国家计量部门或国家认可的检验单位进行检定、率定。在检定前应向监理部上报检定申请并经监

理部批准。

⑤仪器的出厂资料和仪器埋设前的率定结果应妥善保存,以备查证。

(5)电缆的检查和连接。

①仪器的连接电缆的耐久性和防水性能应符合设计和技术规范要求,并且防水绝缘检验合格。

②依据设计要求并结合现场情况,每支仪器连接的电缆长度要留有一定的富余;电缆应保持无接头的最大安装长度,尽量减少电缆的接头数量。

③仪器与电缆的连接按有关技术要求进行,连接后的接头应作防水性能试验。

④电阻式仪器电缆连接后应测量记录电缆芯线电阻、仪器电阻和电阻比。

⑤仪器与电缆连接后,在电缆测量端应有清晰耐久的仪器编号标记。

(6)施工单位在仪器率定和电缆连接检验合格后,应填写仪器设备进场报验单(相当于仪器设备质量检查评定表),报监理工程师进行签证。不合格的仪器设备不准使用。

(7)土建施工单位应结合工程进度和仪器设备埋设安装计划,按照合同文件和设计要求完成与仪器设备埋设配套的土建工程,如观测房、临时观测房、电缆管道等。

## 5.3 仪器埋设

(1)土建施工单位在有观测仪器埋设部位(混凝土仓号)计划施工前3天通知监理工程师与安全监测施工单位现场技术人员,也可由监理工程师通知安全监测施工单位现场技术人员。安全监测施工单位技术人员接到监理工程师或土建施工单位观测仪器埋设部位施工通知后,即可与土建施工单位、专职安全监测监理工程师或标段监理工程师共同进行仪器埋设测点放样。如发现测点与工程部位有矛盾时,土建和安全监测项目施工单位应联合提出处理措施,书面报告监理部,在未收到监理部正式答复以前,土建施工单位对有矛盾的部位应暂缓实施。

(2)已浇混凝土和基础内部需用机钻孔进行仪器埋设安装的,施工单位应在钻孔完成、经自检合格、报经监理工程师对成孔质量检查认证后,方可进行仪器设备埋设安装。

(3)施工单位应按照设计图纸、设计通知、设计技术要求和有关技术规范要求进行仪器设备的埋设安装。仪器埋设时应通知监理工程师到现场并做好仪器埋设现场记录。现场记录内容包括:

①仪器埋设位置。

②仪器的型号规格和设计编号。

③埋设安装的配件和预埋件。

④埋设安装过程和仪器埋设前后的观测读数。

⑤电缆的牵引保护。

⑥仪器埋设时的现场环境记录。

⑦仪器埋设位置和电缆走向的现场埋设草图。

(4)对不符合技术要求的,或在保管埋设过程中遭受损坏的仪器设备,安全监测项目施工单位应立即予以更换。对埋设安装中不符合操作程序和工艺要求的应及时予以补工或返工直至合格。由此所造成的损失,由安全监测项目施工单位承担合同责任。

(5)仪器设备安装埋设完成后,安全监测项目施工单位应对埋设仪器进行质量评定,填写观测仪器埋设考证表,并报监理工程师认证签证。

(6)只有当观测仪器埋设通过监理工程师认证签证,监理工程师与安全监测项目施工单位现场技术人员在混凝土开仓报审表上签字,土建施工单位方可进行埋设部位的混凝土浇筑或填土等项目施工。

(7)观测电缆全部集中到观测房或观测站后,安全监测项目施工单位应及时安装集线箱。设计要求建立数据采集系统和数据处理系统的,在完成电子计算机房建筑、敷设并连接完成全部观测电缆和传送电缆、埋设完接地网络、接通电源后,方可安装调试。

集线箱、数据采集系统和数据处理系统安装前,安全监测项目施工单位应报监理工程师检查批准。

### 5.4　仪器保护方法及措施

安全监测项目施工单位应经常巡视检查观测设施的保护情况,发现观测设施保护不良,应及时改进。若发现观测设备遭受破坏,应立即报告监理工程师进行现场检查,对有条件恢复的观测仪器应限期进行恢复。如观测仪器损坏已无法恢复,安全监测项目施工单位应在发现后的3日内提交书面报告,分析事故原因、经过和责任,提出处理与补救措施,报监理工程师审议。

### 5.5　现场观测实施

#### 5.5.1　一般规定

根据监测仪器的布置情况、类型、数量以及现场交通情况进行观测工作,具体实施方法如下:

(1)根据仪器布置情况及各部位仪器观测要求的不同,对安全监测项目进行施工。

(2)设立观测小组,指定专人负责该部位仪器的现场监测、巡视工作的安排及观测资料的分析、统计等工作,便于对现场和观测数据的熟悉,及时发现异常情况,及时进行现场调查、复测和上报工作。

(3)根据技术规范进行观测。

(4)小组内部进行细分,使观测工作做到"仪器设备固定、观测人员固定"。

(5)观测完成后,及时进行资料的统计整理工作,并进行初步分析,如有异常情况,及时向业主、监理汇报,同时组织现场的调查、复测工作,确保观测数据的准确性。

(6)每月按时上报初步分析报表,原始数据按监理要求的格式进行上报。

#### 5.5.2　变形观测的基本要求

(1)各项观测设施安装就位后,进行系统调试,经验收合格后进行首次观测。首次观测应连续、独立观测2次,合格后取其平均值作为首测值。

(2)各项变形观测资料做到数据无误,需进行换算的及时换算。

(3)观测频次符合规范规程的要求,观测数据及时分析,并绘制出典型测点的变形过程线,将分析结果及时上报监理。

#### 5.5.3　精度保证措施

(1)为保证监测点基准值的可靠性及精度,首次观测时独立进行,连续观测两次,取两次观测成果的平均值作为首值。

(2)为提高监测点位移量精度,克服某些系统误差的影响,各次观测采用相同的作业人员、相同的观测仪器、相同的观测线路和方案,并在有利的观测时段进行观测。

(3)对观测仪器进行定期检验,并妥善保护,确保仪器处于正常技术状态。

(4)严格执行规程、规范,遵照各种限差规定和计算方法。

6　施工期观测及资料整编分析

6.1　观测初始值的确定

6.2　施工期观测及频次

(1)施工期观测严格按照规范规定的监测项目、测次和时间进行,并做到"4无"(无缺测、无漏测、无不符合精度、无违时)。必要时,根据实际情况和监理人的指示,适当调整监测测次,以满足工程需要为原则。

(2)对已埋设安装并处于工作状态的监测仪器进行维护,并按监理人批准的方法及测次定期观测,记录全部原始观测数据,并按期向监理人提交监测资料和无任何修改痕迹的原始数据。

(3)遇暴雨、地震及其他特殊情况,增加观测次数。

6.3　巡视检查

巡视检查分日常巡视检查、年度巡视检查和特别巡视检查。日常巡视检查按每周1次进行,记录施工时间和空间形象,裂缝、渗水等情况。

6.4　资料整理

资料整理包括:监测资料检验、计算、整编分析和初步评价。

(1)仪器设备安装完毕后,按监理工程师批准的方法对仪器设备进行测试、校正、率定,并记录仪器设备在工作状态下的初始读数。

(2)在整个合同工期内,负责对已埋设安装并处于工作状态的观测仪器,按监理工程师批准的方法及测次定期观测和检验记录全部原始观测和检验资料,及时将观测资料换算为相应的位移等物理量,并进行资料整理,分析各监测量的变化规律和趋势,判断有无异常的观测值。按监理工程师的要求和规定的程序,上报监测成果资料。

(3)在汛期、测值出现异常或为施工提供必要的资料时,根据监理工程师要求对部分仪器增加测次,并按监理工程师的要求及时提供观测资料。

(4)在发现观测资料异常时,立即通知监理工程师,以便分析原因,并及时采取必要的措施。

(5)观测资料应用有效的软件系统进行平差计算及其他一些数据处理。资料计算确保正确无误。

7　质量保证措施

观测仪器的安装埋设过程中,应从以下几个方面进行质量控制:

(1)进场仪器质量控制。按照有关规程规范以及设计要求进行仪器的检验率定。

(2)定位放样误差控制。根据招标文件的要求,各监测点严格按施工图要求放样,各内观仪器埋设误差不超过设计要求,若测点确需移位,需经监理部专职监理工程师批准。

(3)仪器安装前、安装后仪器工作状态控制。仪器在安装前、安装后分别进行连续测读,确认仪器工作状态正常。

(4)覆盖前、覆盖后仪器工作状态控制。仪器在覆盖前、覆盖后分别进行连续测读,确认仪器工作状态正常并经专职监理工程师以及设计代表签认后方可覆盖。

(5)各种观测仪器埋设方法工艺控制。严格按照设计要求和规程规范、仪器使用说明书进行操作。

(6)埋设后资料、记录控制。仪器埋设后及时进行相关资料的整理工作,并逐级进行校审。

质量保证措施如下:

(1)按设计要求选购观测仪器设备,所有仪器设备均满足设计要求,均经过国家有关部门的正式计量认证。

(2)定期进行监测仪器设备的标定及技术规范要求的各项检验工作,保证监测设备保持良好的运行状态,满足监测工作的要求。

(3)按设计要求的频率进行监测。除记录仪器监测的数据外,还必须详细记录当时的外部环境的变化情况,保证监测数据的准确可靠。

(4)及时整理资料,建立好各监测项目的数据库,一般情况下每月向业主等有关部门提交监测月报。

(5)保证成果质量,定期提供建筑物安全状态评价的综合报告,必要时根据监测情况随时向业主、设计与监理单位提出监测分析的意见。

(6)认真进行建筑物的巡视检查,及时发现施工中存在的问题和安全隐患。

8 安全文明施工保证措施

(1)项目部设置安全组织机构,在施工区内设专职安全员,负责安全管理及检查工作,定期安全检查,对安全隐患及时处理,对工程施工人员,应树立"安全第一"的思想,提高安全意识。

(2)施工人员必须佩戴安全帽、安全绳,并将边坡观测数据用电缆引至安全位置,对于危险地段做好安全防护措施。

(3)施工人员熟知本工程的安全技术操作规程,防止不安全事故发生。

(4)高空作业时,工作架搭设采用安全网进行封闭,行走架上铺竹架板并固定牢靠。

(5)人员操作钻机按照操作规程进行,确保机械施工安全。

(6)为监测人员配备相应的安全防护用品,做好安全文明施工工作。

(7)监测过程中保证监测人员及第三者的人身安全。严格按安全规范作业。

(8)遵守业主及安全监测中心有关安全文明生产的规章制度,做好现场观测的防护工作,确保监测工作的顺利进行。

(9)每次观测完成后,及时对仪器设备进行保养维护整理,确保监测仪器设备的良好运行状态。

## 1.1.3 编写垂直位移监测仪器埋设安装、观测的技术总结

监测仪器埋设安装、观测的技术总结提纲如下:

1 安全监测工程基本情况

2 开工前监理准备工作

3 进场材料及仪器质量检验

4　监测仪器布置

5　施工控制

5.1　仪器安装埋设前准备工作

5.2　仪器埋设质量控制

5.3　基准值确定

5.4　观测阶段质量控制

5.5　监测信息反馈制度

5.6　施工质量处理

5.7　质量控制效果

6　工程进度

7　监测成果

(1)在监测仪器设备安装埋设完毕后,及时按照监理工程师批准的监测规程对仪器设备进行测试、校正,并记录仪器设备在工作状态下的初始读数,开展施工期监测。

(2)施工观测期内,发现观测数据确有异常时,立即通知业主和监理工程师,及时分析原因,采取必要的措施,并按照监理工程师的要求及时提供经整理的观测资料。

(3)施工期的监测数据采集工作按照规定的监测项目、测次和时间进行,并做到"4无"(无缺测、无漏测、无不符合精度、无违时)。必要时,还应根据实际情况和监理的指示,适当调整监测测次,以保证监测资料的精度和连续性。

观测及测次严格按照有关规程规范、设计技术要求实施。

(1)在汛期和测值出现异常情况下增加测次。

(2)按照技术要求整理,报告观测资料,并及时向监理工程师提供观测资料。

(3)施工期内,除按监理工程师指示负责观测外,还应对其建筑物及边坡进行巡视检查,并做好记录。如发现异常情况时,应立即通知监理工程师,并及时采取必要的措施。

8　施工质量评定

8.1　安全监测施工项目划分

根据《大坝安全监测系统验收规范》(GB/T 22385—2008)中有关项目划分的要求和建筑物规模及分类实际,确定安全监测施工项目划分。

8.2　安全监测项目分部工程质量评定标准

8.2.1　土建及安装项目

安全检测项目质量标准只有合格与不合格。混凝土工程(建筑物)中可更换和修复的仪器设备和表面设施完好率100%,埋入式不可更换仪器设施完好率85%以上,评为合格;土石方工程(渠道监测断面)可更换和修复的仪器设备和表面设施完好率100%,埋入式不可更换仪器设施完好率80%以上,评为合格。

8.2.1.1　重要监测部位(断面)

主控项目的质量经抽样检验应全部合格,无严重缺陷。

一般项目的质量经抽样检验应无严重缺陷,存在一般缺陷的项目比例小于30%。

8.2.1.2　一般监测部位(断面)

主控项目的质量经抽样检验宜全部合格,无严重缺陷。

一般项目的质量经抽样检验合格率在 90% 以上。

8.2.2　监测和资料处理

主控项目的质量经抽样检验合格率在 95% 以上。

一般项目的质量经抽样检验合格率在 90% 以上。

8.2.3　资料整编及初步分析

观测资料准确,基本上能反映建筑物的变形和仪器设备的运行性状;观测频次、月计划报告单和观测资料月报表、简报、报告均符合合同和有关规范以及监理文件要求;对异常情况能及时发现并向有关方面报告;对抽样检验质量进行定性评价。

8.3　单元工程质量等级评定

内外管仪器单元工程质量评定一般从进场检查、埋设、初期运行三个方面进行合格与否评定,但钻孔埋设渗压计则多个钻孔情况(详见钻孔埋设渗压计安装埋设单元工程质量评定表)。其评定标准如下:

(1)仪器设备进场后,经检查验收,其供应厂家是监理及建设单位审批厂家产品,规格型号符合设计要求,出厂合格证及测试证明材料齐全;自检或外委检测率定主要性能指标结果在有关规范和设计要求允许范围内,则评为合格。

(2)机钻钻孔孔深、孔径、孔倾斜角偏差和埋设(包括埋设断面或高程)位置满足设计要求,则评为合格。

(3)仪器电缆连接硫化、埋设安装(包括预埋件)以及电缆牵引和保护均符合有关规程规范和设计要求,并且可更换和修复仪器设备和表面设施完好率达 100%,评为合格。

(4)经初期(埋设后 1~2 个月)运行,仪器设备等观测设施正常运行,则评为合格。

9　竣工验收(分部工程验收)

9.1　安全监测仪器埋设安装每个土建标段划为若干个分部工程项目,当按合同要求全部完成并具备竣工条件后,安全监测项目施工单位应及时提出分部工程竣工验收申请,监理部在收到验收申请后,及时进行检查审核,具备验收条件时,组织建设、设计、质监、施工单位进行分部工程验收签证。

9.2　分部工程验收应具备条件

(1)该分部工程所有单元工程已经完建,并已通过质量评定。

(2)验收资料已经齐备。

9.3　安全监测项目施工单位应按《水利水电建设工程验收规程》(SL 223—2008)、《大坝安全监测系统验收规范》(GB/T 22385—2008)中分部工程验收要求准备验收资料,并在验收前 21 天向监理部提交审核。验收资料应包括(不限于)以下内容:

(1)分部工程施工管理报告(或总结),其内容应包括:工程概况、设计工程量、实际完成工作量、仪器设备检验与率定、埋设安装、观测工作情况、观测资料整编和分析等。

(2)设计文件、设计通知、现场变更的验收签证等。

(3)竣工图纸。

(4)需移交的各种原始资料和原始记录(仪器说明书、检验表、出厂卡片、工地现场仪器检验率定记录或外委仪器检验率定记录、电缆连接记录、埋设安装记录、观测记录等)。

(5)单元工程各阶段验收意见和质量签证。

（6）各阶段资料整理分析报告、报警、事故分析、有关重大事件的经过和处理结论。

（7）其他依据合同或技术规程规范要求必须报送的资料。

## 1.2　水平位移监测

### 1.2.1　水平位移工作基点和观测控制网校测

#### 1.2.1.1　水平位移工作基点及校核基点设计

坝体、溢洪道按轴线各布置相应视准线。在视准线两端分别设置工作基点。由于大坝本身也属于变形体，为获取测点准确的变形量，在观测对象附近坚固的山体上设置两个校核基点，以便对工作基点进行修正。

将观测断面上的坝顶下游坝肩处的测点纳入 GPS 水平位移监测主网，作为测点所在断面的工作基点，以此作为基准，采用极坐标法测定断面上其余测点的变形量。

#### 1.2.1.2　基准点设计

基准点是变形观测的基础，必须保证坚固和稳定，因此点位应选在变形区以外，地质条件好，又能够永久保存的地方。为检核基准点的稳定，水平和垂直位移监测的基准点均设置成基准点组。水准基准点组选在观测对象附近坚固的山体上，由三点组成扇形或等边三角形。三点应两两通视，以便于用大地测量的方法对基准点进行检核。

#### 1.2.1.3　水平位移监测网建立

将基准点、工作基点、校核基点一并纳入主网统一观测。为提高 GPS 网的精度与可靠性，GPS 点间构成尽量多的由 GPS 独立边组成的异步环，使 GPS 网有足够的多余观测，平均每点设站 2～3 次。

采用精密测地型 GPS 接收机进行观测，配有可抑制多种径效应的扼径圈天线。作业方式采用静态相对定位模式。

### 1.2.2　编写水平位移监测仪器埋设安装、观测的方案

参考本模块第 1.1.2 节。

### 1.2.3　编写水平位移监测仪器埋设安装、观测的技术总结

参考本模块第 1.1.3 节。

## 1.3　裂缝与接缝监测

### 1.3.1　编写裂缝与接缝监测仪器埋设安装、观测的方案

参考本模块第 1.1.2 节。

### 1.3.2　编写裂缝与接缝监测仪器埋设安装、观测的技术总结

参考本模块第 1.1.3 节。

# 模块 2　渗流监测

## 2.1　渗流压力监测

### 2.1.1　编写渗流压力监测仪器埋设安装、观测的方案

#### 2.1.1.1　渗流压力监测仪器埋设安装方案

监测仪器埋设安装方案编写提纲如下：

1　工程概况

2　引用标准和规程规范

3　监测的工程量

4　观测仪器设备的采购、验收、率定

4.1　仪器设备采购、运输、验收及保管

严格按照设计要求采购性能稳定、质量可靠、耐用、精度符合要求的仪器设备。按照施工图纸和监理工程师指示，提交一份包括仪器设备清单、各项仪器设备的采购时间和计划安装时间等的观测仪器设备采购计划，报监理工程师审批后，即组织订货。运输时采取有效防震减震措施，用木箱装订牢固托运到工地。

仪器运至工地后，会同监理工程师对厂家提供的全部仪器设备进行检查和验收。对仪器进行外观检查，并用读数仪对仪器进行简单的测试，发现问题时采取进一步手段进行检查，若确认仪器存在缺陷马上与厂家联系更换事宜。将检查合格的仪器储存在干燥、通风、防盗的仓库内，避免相互挤压、碰撞，等待对仪器按规程规范进行率定检验。

提交仪器设备资料包括：

(1)制造厂家名称地址。

(2)仪器使用说明书。

(3)仪器型号、规格、技术参数及工作原理。

(4)仪器设备安装及技术规程。

(5)仪器测度及操作规程。

(6)观测数据处理方法。

(7)仪器使用的实例资料。

4.2　监测仪器设备及电缆的检验和率定

监测仪器大多在隐蔽的环境下长期工作，一旦安装埋设后，一般无法再进行检修和更换，因此必须对所有要埋设的监测仪器进行全面的检验和率定。监测使用的二次仪器仪表由于长时间的重复使用，受环境和使用操作的影响，其精度必然会受到影响，从而产生系统误差，因此必须定期进行检验校正。检验和率定的主要任务包括：

(1)校核仪器出厂参数的可靠性。

(2)检验仪器工作的稳定性,以保证仪器能长期稳定工作。

(3)检验仪器在搬运过程中是否损坏。

(4)仪器设备的精度和系统误差。

①监测仪器率定。仪器率定严格按技术要求和标准规范进行,对于不符合要求的仪器设备坚决剔除,不予采用。率定合格的仪器存放在干燥的仓库中妥善保管,并应根据检验、率定的结果编写监测仪器设备检验、率定报告,在仪器设备开始安装前28天报送监理人审查。

②缆线检验。电缆采取抽检的方式进行检验,抽样的数量为本批的10%,其余所有电缆线进行监测和绝缘性测试;电缆在100 m内无接头;用差动式仪器读数仪分别测量电缆的芯线黑、蓝、红、绿、白的电阻,测值应不大于3 Ω/100 m。每100 m电缆芯线之间的电阻差值应不大于单芯电阻的10%。

③用500 V直流电阻表测量电缆各芯线间的绝缘电阻,测值应不小于100 MΩ。

电缆和电缆接头在温度为−25～60 ℃,承受水压为1.0 MPa时,绝缘电阻不小于100 MΩ。

## 5 主要施工程序

### 5.1 安装埋设的准备工作

监测仪器安装埋设前,向监理人上报观测仪器设备安装埋设措施计划,报监理工程师审批,内容包括:

(1)安装埋设开工申请(含监测仪器率定资料)。

(2)仪器安装埋设的部位、高程坐标(桩号)及钻孔深度。

(3)埋设仪器的名称、型号、数量、编号(包括厂家编号)及合格证。

(4)埋设仪器的检验率定结果及率定资料。

(5)安装埋设技术方法及施工计划。

(6)机械设备及材料使用计划。

(7)仪器的保护方案。

(8)质量保证措施。

监理工程师批准安装埋设计划后,进行安装埋设的准备工作,包括:仪器的最后检查、测量放点、施工场地的平整、施工道路的开挖、接通水电、材料设备的准备及修建临时设施等。

### 5.2 仪器埋设安装的一般要求

仪器埋设中使用经过批准的编码系统,对各种仪器设备、电缆、观测剖面、控制坐标等进行编号,每支仪器均建立档案卡。

严格按照批准的安装和埋设措施计划和厂家说明书规定程序和方法,进行仪器设备的安装和埋设,仪器埋设过程中,及时向监理工程师报告发生的问题,并提供质量记录。

协调好建筑物施工和观测仪器埋设安装的相互干扰,将观测仪器设备的埋设列入建筑物施工的进度计划中。

5.3　监测仪器的埋设方案

5.3.1　坑槽安装埋设法

在坝体内(或坝基表面)安装埋设渗压计,当填筑高程超出测点埋设高程约 0.3 m 时,在测点处开挖坑槽,深约 0.4 m,采用砂包裹体的方法,将渗压计在坑槽内就地安设,如图 7-2-1 所示。砂包裹体由中粗砂组成,并以水饱和。然后采用薄层铺料并压实的方法,按设计回填原开挖料。埋设后的渗压计,仪器以上的填筑安全覆盖厚度应不小于 1 m。

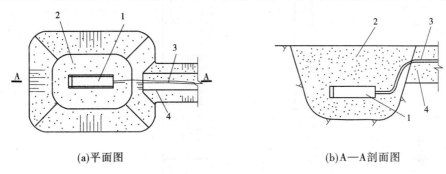

(a)平面图　　　　　　　　　　　　　　(b)A—A剖面图

1—渗压计;2—回填中粗砂;3 —仪器电缆;4—回填砂或粒径小于 5 cm 的级配碎石料

图 7-2-1　渗压计坑槽安装埋设示意图

渗压计的连接电缆可沿坝基、坝体及坝坡面开挖沟槽敷设。当必须横穿防渗体敷设时,应加阻水环;当在坝体堆石内敷设时,应加保护管。当进入观测房时,应以钢管保护。

连接电缆在敷设时,必须留有裕度,并禁止相互缠绕。敷设裕度依敷设的介质材料、位置、高程而定,一般为敷设长度的 5% ~10%。连接电缆以上的填筑安全覆盖厚度,在黏性土体内应不小于 0.5 m,在堆石内应不小于 1 m。

5.3.2　钻孔安装埋设法

在坝体及坝基内(或绕坝渗流两岸深层)钻孔安装埋设渗压计,钻孔孔径依该孔中安设的仪器数量而定,直径一般采用 90 ~146 mm。成孔后,应在孔底铺设中粗砂垫层,孔内深 30 ~50 cm,如图 7-2-2 所示。

渗压计的连接电缆,宜采用软管套护,并辅以受力钢丝与仪器测头相连。安装埋设时,应自下而上依次进行,并依次以中粗砂封埋仪器测头,据不同介质以回填料逐段封孔。封孔段长度应符合设计规定,回填料、封孔料应分段捣实。

渗压计安装与封孔埋设过程中,应随时进行检测,一旦发现仪器传感器与连接电缆损坏,应及时修复处理或重新安装埋设。

6　施工期观测及资料的整编

(1)各监测设施埋设安装完毕后,及时对观测设施进行测试、校正,记录各测点的初始值。施工期观测做到"四无",即无缺测、无漏测、无不符合精度、无违时;"四随",即随时观测、随时记录、随时计算、随时校核;"四固定",即人员固定、仪器固定、测次固定、时间固定。

(2)各类数据均存入计算机进行数据处理,及时将观测物理量转换成相应的温度、位移等物理量,并绘制时间过程线和相关曲线。

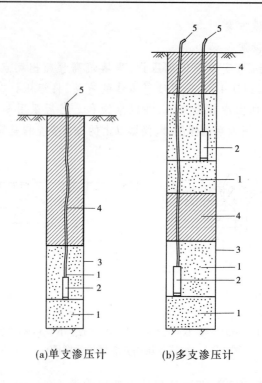

(a)单支渗压计　　　　(b)多支渗压计

1—中粗砂反滤;2—渗压计;3—钻孔;4—封孔料;5—仪器电缆

**图 7-2-2　渗压计钻孔安装埋设示意图**

(3)每月向监理工程师报送观测资料和成果。

(4)认真搞好巡视检查,汛期及特殊情况下应加密观测频次。

(5)严格按规程规范的频次要求进行观测。

7　施工质量、安全、文明保证措施

7.1　工期保证措施

仪器埋设按照工程进度及时完成施工任务。

7.2　施工质量保证措施

(1)安全监测施工是一个系统工程,从仪器订购、率定检验、电缆连接到安装埋设、电缆牵引、设施保护及观测反馈,每一个环节都密切相关,十分重要,为了保证仪器长期稳定工作,必须对每一个环节进行严格把关。

(2)按照相关的规程、规范及业主、设计、监理要求制订的适合本工程的观测细则必须严格执行。

(3)严格按 ISO 9000 质量体系运行,及时纠正工作中的各种缺陷,避免不合格产品的发生。

(4)加大进场人员培训力度,从规程规范、设计要求、设计图纸、规章制度、安全生产等方面进行培训,并保证进场人员相对稳定。

(5)制定质量奖罚制度,对工作中的缺陷进行处罚,并落实到人,同时对优良工程单元进行奖励并逐步加大比例。

7.3　安全保证措施

(1)建立安全文明施工领导小组,设置专职安全员,建立严格的安全管理制度及严格的安全奖惩措施。

(2)仪器埋设施工前对所有参与该项目施工的人员进行必要的岗前培训,只有经培训合格的人员才能持证上岗作业。

(3)施工人员进入施工现场严格按劳保着装,班前进行安全施工技术交底,每日进行安全巡检,每月进行安全考核,奖惩月月兑现。对不服从安全人员检查,拒不执行安全施工的人员严肃处理,对存在安全隐患的施工部位、工序等必须责令整改后施工。

(4)施工前检查作业区边坡以及脚手架的稳定情况,必要时进行适当处理。

(5)经常检查施工电源、线路及设备电器部分,按有关规定设置保护装置,确保用电及埋设仪器安全。

(6)承压设备或容器,使用前须全面检查,满足安全要求后再投入使用,在使用过程中如发现压力表失灵和损坏,应及时更换并经常检查易损部位,发现后要及时处理。

(7)严格按照符合设计技术要求并经监理工程师批复的原型观测施工程序组织生产,严禁违反施工程序施工,以免造成边坡失稳、崩塌等重大事故的发生。

7.4　文明施工与环境保护

(1)施工期间必须做到文明施工。

(2)进入施工现场,必须佩戴安全帽,着装安全、整洁,服从指挥。

(3)施工现场严禁嬉戏打闹、大声喧哗、随地大小便等。

(4)现场合理安装、布置设备、机具、管路,做到现场整洁,施工秩序井然。

(5)注意设备维护保养,保持设备外观整洁、运行正常。

(6)保证施工现场整洁,现场施工废水、废浆集中排放至指定地点,严禁废水、废浆满地漫流。

(7)施工用电、照明用电线路有序布设。

(8)有毒有害材料必须按照规定使用、保护,防止伤人、污染环境。

(9)生活垃圾集中堆放,并定期运至场外指定地点。

(10)施工现场工完料净,场地清洁整齐,无弃物。

(11)维护正常交通,控制施工噪声,不对交通和邻近设施进行干扰。

(12)遵守国家和地区环境保护的各种条例。

## 2.1.1.2　渗流压力观测方案

1. 观测项目与观测频次

观测项目与观测频次见表7-2-1。

2. 巡视检查的重点

(1)坝体:裂缝、兽洞、蚁穴等影响渗流安全的隐患。

(2)下游:散浸、出水点、集中渗水、塌陷隆起等,翻沙冒水、浑水等。

表 7-2-1　观测项目与观测频次

| 观测项目 | 建筑物级别 | | | 观测频次（次数/月） | | |
|---|---|---|---|---|---|---|
| | I | II | III | 施工期 | 初蓄期 | 运行期 |
| 巡视检查 | 必设 | 必设 | 必设 | 4~10 | 8~30 | 2~4 |
| 渗流量 | 必设 | 必设 | 必设 | 4~10 | 10~30 | 3~6 |
| 坝基渗流压力 | 必设 | 必设 | 选 | | | |
| 坝体渗流压力 | 必设 | 必设 | 选 | | | |
| 绕坝渗流 | 必设 | 选 | 选 | | | |

注:巡视检查不受上述限制,有条件可多做一些巡视检查,尤其是汛期、高水位期、水位升降期应加密频次,加强巡视检查。

（3）上游:凹陷、塌坑等,水面漩涡、漏水声等,必要时做水下检查。

（4）建筑物接触部位的渗流进出口。

3. 观测目的及内容

（1）监控观测断面坝体的渗流安全变化。

（2）了解防渗排水措施的工作效能。

（3）掌握观测断面的坝体压力分布。

（4）确定断面上浸润线位置。

（5）监控穿坝建筑物渗流安全。

4. 观测布置

（1）横断面布置:最大坝高处、地形或地质条件复杂坝段,一般不少于3个,尽量与变形等断面结合。

（2）观测孔布置:根据坝型结构及渗流场特征设3~4个,不少于上游、中游、下游3个。

（3）观测点布置:根据坝高、地层和渗流场特征,在不同高程上布置1~3个,如图7-2-3所示。

5. 观测设备

（1）设备有测压管、孔隙水压力计两类。

（2）高坝、渗透系数小和压力变幅小的土层不宜采用测压管,测压管管径不宜大,渗流急变区的花管段不宜长、测点不宜少。

（3）观测设备的考证资料要准确,孔口要防雨水,数据采集设备要定期校验。

（4）造孔要干钻,反滤和分段止水要可靠。

## 2.1.2　编写渗流压力监测仪器埋设安装、观测的技术总结

渗流压力监测仪器埋设安装、观测的技术总结提纲如下:

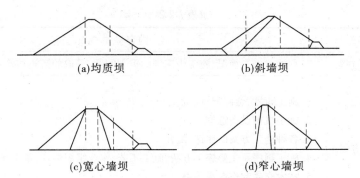

图 7-2-3　坝体渗流压力观测布置示意图

1　项目概况

1.1　地理位置和自然条件

1.2　工程规模

2　关于修建经过

2.1　参建单位

2.2　施工过程

2.3　验收交接情况

3　关于工程方面的重大技术问题

(1)勘测设计和施工中重大技术问题的概况,简要叙述克服重大技术问题所遇到的困难和采取的措施。

(2)关键工程的概况,简要叙述攻克关键工程所遇到的困难和采取的措施。

4　关于分析、评价和经验教训

(1)施工技术方面的优点和经验教训。

(2)在多快好省方面取得的成果(例如:工期、质量、节约等)。

(3)分析统计资料中某些突出部分(例如:造价、机械化施工等)。

(4)各项措施(技术、组织、管理)成效的分析,技术经济。

(5)以计划安排、设计规模、设计标准、设计方法、施工组织设计、施工技术等问题作必要的分析。

(6)交接验收时的评价或交付使用后,使用单位的评价和意见。

具体内容如表 7-2-2 所示。

表 7-2-2　技术总结内容

| 顺序 | 内容项目 | 内容提要 |
| --- | --- | --- |
| 一 | 施工记录 | 施工准备时间、项目开工、竣工日期 |
| 二 | 工程概况 | 1.规模、范围<br>2.施工设计简介,技术标准及主要工程数量<br>3.专题技术内容及要求<br>4.工程特征,包括水文、地质、特殊结构及施工技术复杂程度及对工期影响等因素 |

续表 7-2-2

| 顺序 | 内容项目 | 内容提要 |
|---|---|---|
| 三 | 施工过程 | 工程施工经过简况、施工中遇到的重大问题、采取的措施和效果 |
| 四 | 施工方案 | 1.施工布置、资源配置<br>2.施工机械设备选择<br>3.各种施工方案的比选、配套<br>4.施工顺序及主要施工方法、施工工艺,作业组织形式,各工序交接检验<br>5.技术交底和作业指导书<br>6.主要技术、安全、职业健康、环保措施、应急预案 |
| 五 | 重大工程技术问题 | 1.勘察设计、施工中的重大技术问题、遇到的困难和采取的措施<br>2.关键工程和攻克关键所采取的措施 |
| 六 | 变更设计 | 1.变更设计项目内容及件数、节约(增加)工程数量及投资<br>2.变更设计原因 |
| 七 | 采用新技术、新工艺、新材料、新设备 | 1.采用了哪些新技术、新工艺、新材料、新设备<br>2.采用的经济效果<br>3.施工(使用)方法及技术安全措施<br>4.采用先进技术和先进管理方法 |
| 八 | 病害整况 | 1.病害工程原设计、施工和发生病害的原因分析<br>2.整治施工方案措施、安全措施<br>3.整治效果 |
| 九 | 工程质量 | 1.工程创优及经验<br>2.创优成果<br>3.重大工程质量问题及处理结果 |
| 十 | 分析评价和经验教训 | 1.设计、施工技术方面的优缺点、经验教训<br>2.工程成本分析(工期、造价、工效、质量、机械化程度、节约等)<br>3.施工组织及施工技术管理经验、职业健康、安全、环保方面的建议<br>4.对工程的评价 |
| 十一 | 统计资料 | 各种统计表参见行业规定 |
| 十二 | 附图及照片 | 1.设计总平面布置图<br>2.建筑平面、纵剖面缩图<br>3.其他必须用图说明问题的示意图<br>4.特大建筑物或新技术、新工艺、新设备的照片<br>5.工程施工平面布置图 |

## 2.2　渗流量监测

### 2.2.1　编写渗流量监测仪器埋设安装、观测的方案

#### 2.2.1.1　渗流量监测仪器埋设安装方案

渗流量监测仪器埋设安装方案参考本模块第 2.1.1 节。

#### 2.2.1.2　渗流量监测仪器观测方案

1. 渗流量观测布置原则

(1) 根据坝型和坝基地质条件、渗漏水出流和汇集条件,以及所采用的测量方法等确定。

(2) 对坝体、坝基、绕渗及导渗(含减压井和减压沟)的渗流量,应分区、分段进行测量。

(3) 对明流和潜流尽可能完全测量,有条件的工程宜建截水墙或观测廊道。透水层深厚不能观测,应在下游顺水流方向做地下水位观测。

(4) 所有集水和量水设施应避免客水干扰。

2. 量水堰的设置注意问题

(1) 量水堰应设在矩形断面排水沟的直线段、槽底和侧墙不漏水。

(2) 堰板与侧墙和水流方向垂直,堰板平正,堰口水平。

(3) 堰上水流为自由出流形式,不受其他(杂物)干扰。

(4) 量水堰考证资料准确,存档备查。

### 2.2.2　编写渗流量监测仪器埋设安装、观测的技术总结

参考本模块第 2.1.2 节。

# 模块 3　应力应变及温度监测

## 3.1　应力应变监测

### 3.1.1　应力应变监测仪器基准值确定

　　每一支仪器监测基准值选择是监测资料整理计算中的重要环节,基准值选择过早或过迟都会影响监测成果的正确性,不同类监测仪器所考虑的因素和选取的基准值时间通常不尽相同。基准值确定不当会引起偏差,故必须考虑仪器安装埋设的位置、所测介质的特性及周围温度、仪器的性能及环境等因素,然后从初期监测的多次测值并考虑以后一系列变化或情况稳定之后,按照相关规程规范的方法从中确定基准值。

　　压应力计:仪器埋设后上部混凝土浇筑过程中每 4 h 测读一次,在仪器周围混凝土达到最高温升前每天测读 4 次,此后每天测读 1 次,持续 1 周,并从中选取基准值,一般取仪器埋设 24 h 后的测值为基准值。

　　应变计(组):仪器埋设后,在浇筑混凝土达到最高温升前每天监测 4 次,之后一周每日监测 1 次。取混凝土温度趋向稳定时段的连续 3 次测值的平均值作为基准值。同一组的各支应变计的基准值取同一时间的测值。

　　无应力计:仪器埋设后,取混凝土温度趋向稳定时段的连续 3 次测值的平均值作为基准值。

### 3.1.2　编写应力应变监测仪器埋设安装、观测方案

　　参考本篇模块 1 第 1.1.2 节。

### 3.1.3　编写应力应变监测仪器埋设安装、观测技术总结

　　参考本篇模块 1 第 1.1.3 节。

## 3.2　温度监测

### 3.2.1　编写温度监测仪器埋设安装、观测的方案

　　参考本篇模块 1 第 1.1.2 节。

### 3.2.2　编写温度监测仪器埋设安装、观测的技术总结

　　参考本篇模块 1 第 1.1.3 节。

# 模块4　监测资料整编

## 4.1　监测资料复核

监测资料的整编一般要经过收集资料、审查资料、资料的审定编印三个阶段。

收集资料包括：

（1）观测资料。包括各项现场观测和检查的记录以及巡视检查记录等。

（2）考证资料。包括各项检测设备的考证表、设计说明书、仪器规格和数量、仪器安装埋设记录、仪器说明书和出厂证明书、观测设备的损坏和改装情况等。

（3）有关参考资料。包括工程资料、有关文件等。

审查资料包括：

（1）审查所有考证资料、文字说明等有无遗漏。

（2）校核原始资料。

资料的审定编印：全部成果整编完成后，报送有关部门审定编印。

### 4.1.1　判别监测数据合理性

每次外业监测（包括人工和自动化监测）完成后，应随即对原始记录的准确性、可靠性、完整性加以检查、检验，将其换算成所需的监测物理量测值，并判断测值有无异常。如有漏测、误读（记）或异常，应及时补（重）测、确认或更正，并记录有关情况。

原始监测数据的检查、检验主要工作内容有：

（1）作业方法是否符合规定。

（2）观测记录是否正确、完整、清晰。

（3）各项检验结果是否在限差以内。

（4）是否存在粗差。

（5）是否存在系统误差。

经检查、检验后，若判定监测数据不在限差以内或含有粗差，应立即重测；若判定监测数据含有较大的系统误差时，应分析原因，并设法减少或消除其影响。

及时将计算后的各监测物理量存入计算机，绘制监测物理量过程线图、分布图和监测物理量与某些原因量的相关关系图（如渗流量与库水位、降雨量的相关关系图，位移量与库水位、气温的相关关系图等），检查和判断测值的变化趋势，作出初步分析。如有异常，应及时分析原因。先检查计算有无错误和监测系统有无故障，经多方比较判断，确认是监测物理量异常时，应及时上报主管部门，并附上有关文字说明。

每次巡视检查后，应随即对原始记录（含影像资料）进行整理。巡视检查的各种记录、影像和报告等均应按时间先后次序进行整理编排。随时补充或修正有关监测设施的变动或检验、校测情况,以及各种基本资料表、图等,确保资料的衔接和连续性。

监测数据的审核工作是一项具体的技术工作,包括监测位置、方法选择、测定的试验记录、数据检查、数据的统计分析和分析结果的表达等。

应选用国际计量单位,不能用非国际制单位来表达。此外,还应注意不要用中英文两种方式表达一个单位,如不应写成 mg/米$^3$,而应写成 mg/m$^3$。监测数字表示方式原则上按有效数字确定位数。对计量器具示值的读数,确定其有效数字的原则是,只有一位数是估读的,即只有末位数一位是可疑的。依据这个原则,读取方法一般是依据计量器具的最小分度来确定,最小分度值为1的读数的末位数是该位后一位的数字;最小分度值大于1的读取的末位数为与该分度值处于同一水平上的数字。

分析观测值的变化规律及异常现象时,必须了解有关影响因素。一般来说,有观测因素、荷载因素、地质及结构因素等,分述如下。

### 4.1.1.1　观测因素

观测值应准确可靠,但不可避免地会存在误差,误差又可分为疏失误差、系统误差和偶然误差三类。

疏失误差是由于观测人员的疏忽而产生的错误。如仪器操作错误、记录错误、计算错误、小数点串位、正负号弄反等。这类错误使成果被歪曲,应杜绝发生。观测分析时应通过认真检查来发现此类错误并加以处理。

系统误差是由于观测设备、仪器、操作方法不完善或外界条件变化所引起的一种有规律的误差。例如量具不准引起的测长误差、压力表不准引起的扬压力误差等。通常系统误差对多个测点或多次测值都发生影响,影响值及正负号有一定规律。除在观测中应尽量采取措施来消除或减少系统误差外,还应在资料分析时努力发现和消除系统误差的影响。如检查出各测点高程都有一个相同的异常升高值时,可能是基点发生了沉陷。如发现各测点位移都异常偏向上游且在分布上呈线性关系时,可能有一端基点产生了向下游的移动。分析资料时要特别注意基点的稳定性、基准值的准确性等问题。发现有系统误差要加以处理。

偶然误差是由于若干偶然原因所引起的微量变化的综合作用所造成的误差。这些偶然原因可能与观测设备、方法、外界条件、观测者的感觉等因素有关。偶然误差对测值个体而言是没有规律的(或者规律还未被人掌握),不可预言和不可控制的,但其总体(大量个体的总和)服从于统计规律,可以从理论上计算它对观测结果的影响,大坝观测的每种项目、每个测点的测值都存在偶然误差。例如,变形观测时十字丝与觇标中心不密切重合的照准误差,读游标时的读数误差;用量水杯作漏水观测时的记时误差、水量读数误差等。这些误差可能由于温度变化和气流扰动引起的仪器微小变化,观测人员感觉器官临时的生理变化,空气中的折光变化等综合产生,一般难于消除,或为消除它要付出较大代价不够合算。系统误差经消除后的残存值,也可看作是偶然误差。

利用多次重复观测的资料,可以求出一组观测值的单独观测值中误差及算术平均值中误差。由之可以了解偶然误差的数值范围和测值精度。

总之,得到观测成果后,首先应对其可靠性和正确性进行检查,即分析有无疏失误差和系统误差。有疏失误差的测值应舍去不用(因计算错误而被发现的,可恢复正确测值再使用),有系统误差的测值应加以改正。然后根据统计分析方法,求出偶然误差,了解测值的精度。

当多次测值始终都在误差范围以内变动时,认为侧值未发生变化或其变化被误差所掩盖;当此种变动超过误差范围时,认为测值有变化,此时应进一步从内因(坝的结构因素)和外因(坝的荷载条件)的变化上来考察测值发生变动的原因、规律性,并判断测值是否异常。

#### 4.1.1.2　荷载因素

作用在大坝上的荷载,主要有坝的自重、上下游静水压力、溢流时的动水压力、波浪压力、冰压力、扬压力、淤沙压力、回填土压力、地震产生的力、温度变化影响等。它们是大坝变化的外因,分析观测成果时,要把测值和它们的变化联系起来考察。

在大坝建成后的观测资料分析中,自重已是定值,不随时间而变化;各坝共同的主要考察的荷载有上下游水压力、扬压力、地震荷载和温度变化。波浪压力和冰压力是影响局部结构的荷载。某些坝还承受特殊的荷载如滑坡涌浪等。由于大的地震发生机会少,较难遇到。

扬压力主要取决于上下游水位且本身也是一种观测项目,因此主要考察的荷载是上下游水压力和温度变化影响。许多情况下当下游水位(对岸坡坝段则是下游地下水位)变化不大且下游水深相对上游水深较小时,可只考虑上游水压力即水库水位的变化和温度变化的影响。

水库水位决定了上游水压力,而水压力是大坝上最主要的荷载之一,因此大多数观测值都和水库水位有密切关系。水库水位越高,坝的变形和渗透就越大,应力状况也越不利,甚至出现不安全情况,这就使高水位时的观测及其资料分析显得特别重要。

坝体混凝土温度的变化和某些观测值也有密切的关系。混凝土坝的温度变化过程是复杂的。开始时混凝土入仓温度和周围介质温度不同,然后水泥水化热使坝体温度升高,坝周围的介质(空气、水体和地基)的温度也在不断地变化,上下游水位的升降又使坝体浸没在水中的深度随着变化,这些因素的影响使坝体混凝土温度在分布上是不均匀的,在时间上是不断变化的。混凝土温度变化引起体积的胀缩,相应地引起温度应力及温度变形。通常坝的水平位移、垂直位移、挠度、接缝变化、应力、应变等和温度情况都有明显的关系,有时这种影响较之水位影响更为显著。对于拱坝、支墩坝及宽缝重力坝等薄壁或有大空腔的坝体,尤其是这样。温度变化引起坝体接缝和裂缝的张合,间接地也影响到漏水量及扬压力的大小。

影响观测值的因素是坝体各点混凝土温度分布及变化的综合,一般用各时期断面温度等值线图来描述,有时也简化地用坝体几个点的温度来表示。运行数年后的坝体,水化热已基本散发,混凝土温度主要取决于气温和水温,而水温又主要受制于气温(也和水库水深及水量平衡等因素有关)。因此,在缺乏坝体混凝土温度及水温实测值或计算值的情况下,也可以用坝区气温来代表温度因素,考察分析坝的观测值和它的关系。

在水位、温度影响下坝的变化往往有一个过程,这就使数值不仅和当时水位、温度状况有关,还和前期水位、温度的变化过程有关,表现出滞后现象。变形、应力值对温度的滞后现象以及扬压力、漏水量对水库水位的滞后现象常比较明显。

我国修建在强震地区的高坝越来越多,观测分析中应重视地震荷载的作用。在发生较强烈地震情况下考察这种影响,坝的变形、渗漏、应力等都可能有所变化。分析地震前后观测资料时,要注意寒冷地区的低坝,其冰压力有时在荷载中占主要地位。多泥沙河流坝前淤积很厚时,泥沙压力及泥沙阻渗作用可成为一种主要影响因素。在这类情况下,应该注意把测值的变化和这些因素联系起来加以考察。

### 4.1.1.3　地质和结构因素

荷载因素是坝的测值变化的条件,地质和结构因素则是坝的测值变化的根据。荷载是通过结构及其地基而起作用的。分析观测资料时,要把测值当作是荷载作用于结构及地基的产物来考核,必须掌握坝的结构和地基情况。地质条件包括坝基岩石的均匀性,弹性模量,泊松比,断层、节理、软弱破碎带的分布和性质,抗渗性和排水性,抗压强度及抗剪强度数值,边坡稳定性等。这些条件对测值都有影响,可能引起基础沉陷和位移的不均一,还会影响坝下部应力、应变的分布值;岩石风化破碎,抗渗性将较差;岩石中有泥状物质时,抗渗性较好、排水性则较差,大坝观测中,应着重注意地质条件差的坝段,把它们当作重点监测和分析的对象。

基础处理条件包括坝基开挖、固结灌浆、帷幕灌浆、排水以及软弱破碎带的处理情况等。采取这些措施的目的是防止基础出现表层或深层滑动、开裂、不均匀沉陷、大的渗漏、冲蚀、管涌、软化以及坝头和边坡失去稳定。处理较彻底的,变形及渗漏较小、稳定和应力状况较好;反之,则较差。了解基础处理情况,对正确分析观测成果很有帮助。此外,大坝投入运用后对基础所作的维修、加固工作,如帷幕补充灌浆、排水孔的清理疏通等,也要及时了解,因为它们对观测值也会发生影响。

坝体结构因素主要是坝的尺寸和构造、混凝土质量和特性、坝体运用中的结构变化等。

一座坝的各个坝段的高度和尺寸是不相同的。高的坝段由于承受荷载较大通常其变形、应力、渗透也较大,反之则较小。坝体结构的单薄与厚实、接缝的形式与构造、混凝土质量的好与坏等,也都会影响到观测数值,分析时要加以注意。

在坝的运用过程中,结构情况还可能发生变化而影响测值。如混凝土及岩石的徐变可影响变形及应力,混凝土内部的溶蚀和沉积会使一些裂隙加大或充填而造成渗漏量及渗透位置的改变,坝面的风化、冻融会加剧入渗等。采取维修措施后,随着结构状况的改善,测值也会相应变化。如坝面补修和防渗灌浆可减少渗漏,连接坝缝和锚固坝体可降低变形值等。因此,掌握坝在运用中的变化情况对分析观测资料也是很重要的。

## 4.1.2　检查监测资料完整性

整编的成果应做到项目齐全,数据可靠,资料、图表完整,规格统一,说明完备。

### 4.1.2.1　数据范围

人工观测数据一般全部纳入整编范围;监测自动化系统采集的数据一般取每周一某一时刻(如周一上午8:00左右)的监测数据进行表格形式的整编,但绘制过程线时应选取所有测值进行。对于特殊情况(如高水位、库水位骤变、特大暴雨、地震等)和工程出现异常时增加测次所采集的监测数据,也应纳入整编范围。

#### 4.1.2.2　整编资料应完整、连续、准确

（1）整编资料的内容、项目、测次等齐全，各类图表的内容、规格、符号、单位，以及标注方式和编排顺序符合规定要求等。

（2）各项监测资料整编的时间与前次整编衔接，监测部位、测点及坐标系统等与历次整编一致。

（3）各监测物理量的计（换）算和统计准确、清晰。整编说明全面，资料初步分析结论、处理意见和建议等符合实际，需要说明的其他事项无遗漏等。

## 4.2　监测资料整编

### 4.2.1　绘制监测数据的过程线、相关性图及相关性图表

#### 4.2.1.1　过程线

通常以时间为横坐标，测值为纵坐标，绘制测值过程线。如测压管水位过程线，见图 7-4-1。测值过程线反映了测值随时间的变化过程，由此可以分析测值的变化快慢、趋势、变幅、极限值，以及有无周期性变化，并可发现反常的变化。

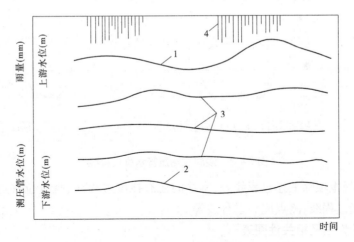

1—上游水位；2—下游水位；3—测压管水位；4—雨量
**图 7-4-1　测压管水位过程线**

在测值过程线上还可以同时绘制相关因素的过程线，借以分析测值与相关因素的变化是否相应，变化的幅度、趋势、周期是否相符，以及测值的滞后关系等。如图 7-4-2 所示测压管水位过程线上，同时绘制上游水位过程线，可以从图上看出测压管水位与上游水位的相应变化、极值的相应位置和滞后关系，以及二者变幅的大小等。

同一项目几个测点的测值过程线可以绘在一张图上，以进行比较。如图 7-4-3、图 7-4-4 所示，是绘制的某坝同一横断面上的几个浸润线测压管水位过程线。几根测压管的水位过程线绘在一张图上，可以分析各测压管水位的相应关系。

除测压管水位过程线外，土石坝常绘的有渗流量过程线、沉陷过程线、累计水平位移

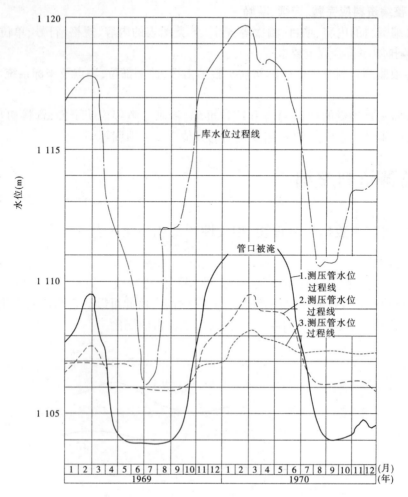

图 7-4-2　浸润线测压管水位过程线

过程线等。混凝土坝除上述过程线外,常绘的还有挠度过程线、垂直位移过程线、扬压力过程线、伸缩缝过程线、测点应力过程线等。

#### 4.2.1.2　相关性图及相关性图表

通常用一个坐标表示测值,另一坐标表示相关因素,来分析测值与相关因素的相关关系。由此可以分析测值与相关因素的变化规律和比例关系,如图 7-4-5 所示。

当影响测值变化的有两个相关因素时,则可以某一相关因素为参变数,绘制综合相关图。

自然界和人类社会中,存在着两类不同的现象——决定性现象和随机现象。

决定性现象中变量间的关系是完全确定的。例如,密度为 $\gamma$、深度为 $h$ 处的液体压强 $p = \gamma h$;质量为 $m$ 的物体在力 $F$ 的作用下,加速度 $a = F/m$。上例中,若三个变量中有两个已知,就可精确求出另一个。变量间这种确定的关系,称为函数关系。

随机现象中变量之间的关系是不能完全确定的。例如,某坝基测压管水位 $h$ 随水库水位 $H$ 的增高而加大,但在一定的水位 $H$ 之下,$h$ 的取值又不是完全确定的,它可在一定

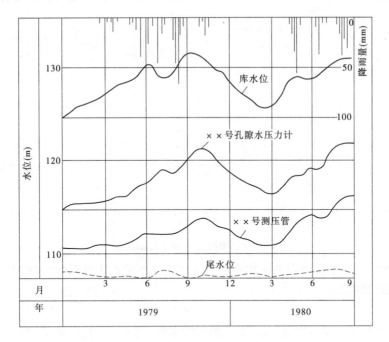

图 7-4-3 渗流压力水位过程线图

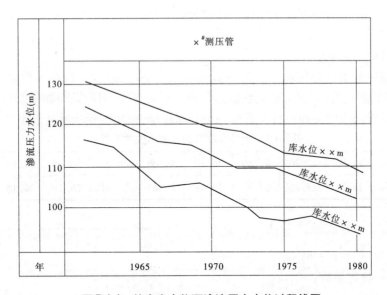

图 7-4-4 特定库水位下渗流压力水位过程线图

范围内取任何数值。其原因一方面是由于影响 $h$ 的因素除水库水位 $H$ 以外,还有下游水位或附近地下水位等因素;另一方面是由于存在着不可避免的观测误差。随机现象中变量之间这种既有密切联系又不完全确定的关系,称为相关关系。研究相关关系的统计方法通称回归分析。

水工建筑物原型观测中所观测的变量,影响因素一般都比较复杂,且观测误差在所难免。因此,在观测资料分析中所研究的变量之间的关系,大多属于相关关系。

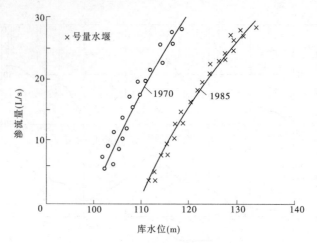

图 7-4-5　渗流量与库水位相关图

一般情况下,坝基或绕坝测压管水位与水库水位变化的关系符合线性变化规律,可用下式表示两者的关系:

$$y = a + bx \qquad (7\text{-}4\text{-}1)$$

如果用自变量 $x$ 表示库水位,$y$ 表示测压管水位,则 $x$、$y$ 均是已观测的数据,只要求出待定系数 $a$、$b$ 后,经验公式就可确定,也就是说测压管水位随库水位变化的规律可用该式反映。下面用回归分析的方法建立这个经验公式。研究变量之间线性相关问题的方法叫一元线性回归。

1. 一元线性回归解法

某坝基测压管水位与对应库水位的数据见表 7-4-1。把数据点在坐标纸上,得出如图 7-4-6 所示的散点图,从图上可见数据点分布近于一直线,但这条线如何画(配线)?即如何求出这条线的直线方程?首先需要一个判断标准,常用的标准就是最小二乘法。

表 7-4-1　上游水位与测压管水位关系表

| 上游水位 $x$(m) | 39.50 | 42.70 | 45.80 | 46.10 | 44.00 | 48.00 | 50.70 | 51.10 | 52.20 |
|---|---|---|---|---|---|---|---|---|---|
| 测压管水位 $y$(m) | 24.79 | 25.11 | 25.37 | 25.58 | 25.46 | 25.91 | 26.21 | 26.15 | 26.03 |

设自变量 $x$ 取某个值 $x_i$,对应的观测值为 $y_i$,而用回归直线方程计算,则其值为

$$\hat{y}_i = a + bx_i \qquad (7\text{-}4\text{-}2)$$

式中　$a$、$b$——待定系数;

　　$\hat{y}_i$——回归线的估计值。

将式(7-4-2)改写成

$$y_i - (a + bx_i) = 0 \qquad (7\text{-}4\text{-}3)$$

由于表 7-4-1 中各对应数据 $x$、$y$ 所确定的点 $(x_i, y_i)$ 只是近似地呈直线关系,不可能恰好落在回归直线上,因此将表 7-4-1 中各对应的 $x$、$y$ 值代入式(7-4-3)中,一般情况是

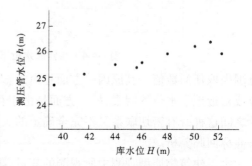

图 7-4-6　库水位与测压管水位散点图

不等于零而出现偏差 $\delta_i$,如

$$y_1 - (a + bx_1) = \delta_1$$
$$y_2 - (a + bx_2) = \delta_2$$
$$y_3 - (a + bx_3) = \delta_3$$
$$y_4 - (a + bx_4) = \delta_4$$
$$y_5 - (a + bx_5) = \delta_5$$
$$y_6 - (a + bx_6) = \delta_6$$
$$y_7 - (a + bx_7) = \delta_7$$
$$y_8 - (a + bx_8) = \delta_8$$
$$y_9 - (a + bx_9) = \delta_9$$

人们称 $\delta_i$ 为点 $(x_i, y_i)$ 对直线的离差。现在的问题是如何确定 $a$、$b$,使得所有的离差最小。由于离差有正有负,令离差总和最小的办法是不行的,为解决此问题一般把离差取平方后再相加,即令

$$V = \delta_1^2 + \delta_2^2 + \cdots + \delta_9^2 = \sum_{i=1}^{9} \delta_i^2 \qquad (7\text{-}4\text{-}4)$$

写成一般通式则为

$$V = \delta_1^2 + \delta_2^2 + \cdots + \delta_n^2 = \sum_{i=1}^{n} \delta_i^2 \qquad (7\text{-}4\text{-}5)$$

或

$$V = \sum [y_i - (a + bx_i)]^2 \qquad (7\text{-}4\text{-}6)$$

令离差平方和最小来确定待定系数 $a$、$b$ 是最合理的,这种方法通常就叫最小二乘法。根据函数求最小值的办法,可由式(7-4-7)、式(7-4-8)求得待定系数数 $a$、$b$ 的值。

$$a = \bar{y} - b\bar{x} \qquad (7\text{-}4\text{-}7)$$

$$b = \frac{\sum x_i y_i - \dfrac{1}{n}\left(\sum x_i \sum y_i\right)}{\sum x_i^2 - \dfrac{1}{n}\left(\sum x_i\right)^2} \qquad (7\text{-}4\text{-}8)$$

所以,$\hat{y} = a + bx$ 为要配的最佳直线。

为使计算式简便,令

$$L_{xx} = \sum x_i^2 - \frac{1}{n}\left(\sum x_i\right)^2$$

$$L_{xy} = \sum x_i y_i - \frac{1}{n}\left(\sum x_i \sum y_i\right)$$

$$L_{yy} = \sum y_i^2 - \frac{1}{n}\left(\sum y_i\right)^2$$

则有

$$b = \frac{L_{xy}}{L_{xx}}; \quad a = \bar{y} - b\bar{x} \qquad (7\text{-}4\text{-}9)$$

式中　$n$——观测次数;

$\bar{x}$——$x$ 项的均值,$\bar{x} = \dfrac{\sum x_i}{n}$;

$\bar{y}$——$y$ 项的均值，$\bar{y} = \dfrac{\sum y_i}{n}$。

整个计算可列表进行，见表 7-4-2。

**表 7-4-2　测压管水位库水位回归计算表**

| $n$ | $x_i$ | $y_i$ | $x_i^2$ | $y_i^2$ | $x_i y_i$ | $\hat{y}_i$ | $\delta_i = y_i - \hat{y}_i$ | $\delta_i^2$ |
|---|---|---|---|---|---|---|---|---|
| 1 | 39.50 | 24.79 | 1 560.25 | 614.54 | 979.21 | 24.82 | −0.03 | 0.000 9 |
| 2 | 42.70 | 25.11 | 1 823.29 | 630.51 | 1 072.20 | 25.17 | −0.06 | 0.003 6 |
| 3 | 45.80 | 25.37 | 2 097.64 | 643.64 | 1 161.95 | 25.52 | −0.15 | 0.022 5 |
| 4 | 46.10 | 25.58 | 2 125.21 | 654.33 | 1 179.24 | 25.55 | +0.03 | 0.000 9 |
| 5 | 44.00 | 25.46 | 1 936.00 | 648.21 | 1 120.24 | 25.32 | +0.14 | 0.019 6 |
| 6 | 48.00 | 25.91 | 2 304.00 | 671.33 | 1 243.68 | 25.77 | +0.14 | 0.019 6 |
| 7 | 50.70 | 26.21 | 2 570.49 | 686.96 | 1 328.85 | 26.07 | +0.14 | 0.019 6 |
| 8 | 51.10 | 26.15 | 2 611.21 | 683.82 | 1 336.27 | 26.16 | −0.01 | 0.000 1 |
| 9 | 52.20 | 26.03 | 2 724.84 | 677.56 | 1 358.77 | 26.24 | −0.21 | 0.044 1 |
| $\Sigma$ | 420.10 | 230.61 | 19 752.93 | 5 910.90 | 10 780.41 | | | 0.130 9 |

$$L_{xx} = \sum x_i^2 - \frac{1}{n}\left(\sum x_i\right)^2 = 19\,752.93 - \frac{1}{9} \times 420.1^2 = 143.596$$

$$L_{xy} = \sum x_i y_i - \frac{1}{n}\sum x_i \sum y_i = 10\,780.41 - \frac{1}{9} \times 420.1 \times 230.61 = 16.048$$

$$L_{yy} = \sum y_i^2 - \frac{1}{n}\left(\sum y_i\right)^2 = 5\,910.90 - \frac{1}{9} \times 230.61^2 = 1.903$$

$$b = \frac{L_{xy}}{L_{xx}} = \frac{16.048}{143.596} = 0.111\,8 \; ; \; a = \bar{y} - b\bar{x} = \frac{230.61}{9} - 0.111\,8 \times \frac{420.1}{9} = 20.40$$

$$\therefore \hat{y} = 20.40 + 0.111\,8x$$

**2. 相关系数**

用上述方法配出的回归线有无意义呢？人们知道对任何两个变量 $x$ 和 $y$ 的一组观测数据 $(x_i, y_i)$ 都可以按上述方法配出一条直线，但实际上，只有当 $x$ 和 $y$ 之间存在某种线性关系时配出的直线才有意义。检验回归线有无意义，除靠专业知识外，数学上给出一种办法，即引入了一个相关系数的量，用 $r$ 表示，它由下式计算：

$$r = \frac{L_{xy}}{\sqrt{L_{xx} L_{yy}}} \tag{7-4-10}$$

$r$ 的正负号取决于分子 $L_{xy}$ 的符号，可见 $r$ 和 $b$ 的符号一致，可以证明式（7-4-10）的分子绝对值永远不会大于分母的值，因此相关系数的取值范围是

$$0 \leqslant |r| \leqslant 1$$

$r$ 的不同数值，表示着散点图分布的不同情况，其意义如图 7-4-7 所示。相关系数可以表示两个变量 $x$ 与 $y$ 之间线性关系的密切程度。$|r|$ 愈接近零，$x$ 与 $y$ 的线性关系程度愈小；反之 $|r|$ 愈大，愈接近 1，$x$ 与 $y$ 线性关系愈密切。但是，$|r|$ 值究竟大到什么

程度,才能允许配回归直线表示 $x$ 与 $y$ 之间的线性关系呢? 这就需对相关关系进行显著性检验。一般地说,相关系数 $|r|$ 达到显著的值与取样个数有关,取样个数较多时,使相关关系达到显著的要求可低些。

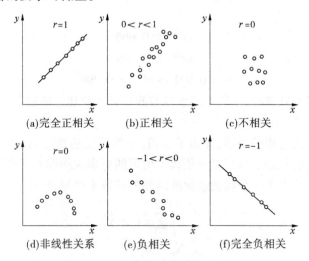

图 7-4-7 不同相关系数散点分布图

表 7-4-3 给出了相关系数检验表,表中的数值是相关系数的起码值和显著值,求出的相关系数大于起码值,所配的直线才有意义,大于显著值则为相关显著。

表 7-4-3 相关系数检验表

| $n-2$ | 5% | 1% | $n-2$ | 5% | 1% | $n-2$ | 5% | 1% |
|---|---|---|---|---|---|---|---|---|
| 1 | 0.997 | 1.000 | 16 | 0.468 | 0.590 | 35 | 0.325 | 0.418 |
| 2 | 0.950 | 0.990 | 17 | 0.456 | 0.575 | 40 | 0.304 | 0.393 |
| 3 | 0.878 | 0.959 | 18 | 0.444 | 0.561 | 45 | 0.288 | 0.372 |
| 4 | 0.811 | 0.917 | 19 | 0.433 | 0.549 | 50 | 0.273 | 0.354 |
| 5 | 0.754 | 0.874 | 20 | 0.423 | 0.537 | 60 | 0.250 | 0.325 |
| 6 | 0.707 | 0.834 | 21 | 0.413 | 0.526 | 70 | 0.232 | 0.302 |
| 7 | 0.666 | 0.798 | 22 | 0.404 | 0.515 | 80 | 0.217 | 0.283 |
| 8 | 0.632 | 0.765 | 23 | 0.396 | 0.505 | 90 | 0.205 | 0.267 |
| 9 | 0.602 | 0.735 | 24 | 0.388 | 0.496 | 100 | 0.195 | 0.254 |
| 10 | 0.576 | 0.708 | 25 | 0.381 | 0.487 | 125 | 0.174 | 0.228 |
| 11 | 0.553 | 0.684 | 26 | 0.374 | 0.478 | 150 | 0.159 | 0.208 |
| 12 | 0.532 | 0.661 | 27 | 0.367 | 0.470 | 200 | 0.138 | 0.181 |
| 13 | 0.544 | 0.641 | 28 | 0.361 | 0.463 | 300 | 0.113 | 0.148 |
| 14 | 0.497 | 0.623 | 29 | 0.355 | 0.456 | 400 | 0.098 | 0.128 |
| 15 | 0.482 | 0.606 | 30 | 0.349 | 0.449 | 1 000 | 0.062 | 0.081 |

现仍以表 7-4-1 的数据为例,由表 7-4-2 算得

$$n = 9; L_{xx} = 143.596; L_{yy} = 1.903; L_{xy} = 16.048$$

作相关显著性检验

$$r = \frac{L_{xy}}{\sqrt{L_{xx}L_{yy}}} = \frac{16.048}{\sqrt{143.596 \times 1.903}} = 0.971$$

由表7-4-3，$n-2=7$ 得

$$\begin{cases} r^{5\%} = 0.666 \\ r^{1\%} = 0.798 \end{cases}$$

$$r = 0.971 > r^{1\%} = 0.798$$

可见相关是高度显著的，故取上游水位与测压管水位建立的回归直线是合理的。

3. 回归线的精度

由于 $x$ 和 $y$ 之间是相关关系，知道了 $x$ 值，虽然不能精确地知道 $y$ 的值，但由回归线可以知道 $y$ 的估计值 $\hat{y}$，那么实际的 $y$ 值离 $\hat{y}$ 值可能有多大的偏差？也就是回归线的精度如何呢？统计分析给出了一个叫剩余标准离差的参数来衡量，它由式(7-4-11)表示：

$$S = \sqrt{\frac{\sum_{i=1}^{n}(y_i - \hat{y})}{n-2}} \tag{7-4-11}$$

用式(7-4-11)计算不方便，对于直线回归，亦可改用式(7-4-12)计算：

$$S = \sqrt{\frac{L_{yy} - bL_{xy}}{n-2}} = \sqrt{\frac{(1-r^2)L_{yy}}{n-2}} \tag{7-4-12}$$

由数理统计分析可知，观测点落在以均值为中点的 $\pm 2S$ 范围内的概率是95.4%。

根据表7-4-2的计算成果，代入式(7-4-12)计算剩余标准离差得：

$$S = \sqrt{\frac{0.130\,9}{9-2}} = 0.137$$

若在图7-4-8上作出两条平行回归线的直线：

$$y' = 20.40 - 2 \times 0.137 + 0.111\,8x$$
$$y'' = 20.40 + 2 \times 0.137 + 0.111\,8x$$

可以预测，有95.4%的 $y$ 值落在这两条直线之间，如图7-4-8所示。

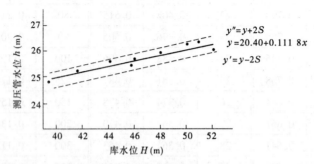

图7-4-8　库水位与测压管水位关系

根据上述分析，用最小二乘法进行回归分析的一般步骤可归纳为：

(1)将实测数据列表。

(2)将表列数据点绘在坐标纸上，作出散点图。

（3）根据散点图确定变量之间的关系，如为直线关系。

（4）列表计算回归系数 $a$、$b$，求出回归方程，如表7-4-2。

（5）用式（7-4-10）计算相关系数，并进行相关显著性检验。

（6）回归线的精度分析，估计预报（或拟合）的精度。

选每年相同的某一高水位下的测压管水位进行比较，如图7-4-9所示。若在相同的水位条件下测压管水位逐年下降，则说明渗流条件在改善，反之则说明渗流条件在变坏。

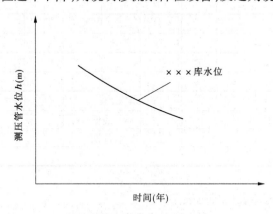

**图7-4-9 测压管特征水位过程线**

## 4.2.2 统计计算监测数据特征值

统计计算监测数据特征值是对监测值（随机变量）进行统计、计算，得到一系列有代表性的特征值，用以浓缩、简化一批测值中的信息，以便对大坝性态的变化更加清晰、简单地了解，掌握和发现其有无异常。

特征值主要包括各监测物理量历年的最大值和最小值（含出现时间）、变幅、周期、年（月）平均值及变化率等。

（1）上游（水库）、下游水位统计表格式见表7-4-4。

**表7-4-4 上游（水库）、下游水位统计表**

_____年　_____游水位　　　　　　　　　　　　　　　　　　　　　m

| 日期 | 月份 | | | | | | | | | | | |
|------|----|----|----|----|----|----|----|----|----|----|----|----|
| | 1 | 2 | 3 | 4 | 5 | 6 | 7 | 8 | 9 | 10 | 11 | 12 |
| 01 | | | | | | | | | | | | |
| 02 | | | | | | | | | | | | |
| 03 | | | | | | | | | | | | |
| 04 | | | | | | | | | | | | |
| 05 | | | | | | | | | | | | |
| 06 | | | | | | | | | | | | |
| 07 | | | | | | | | | | | | |

续表 7-4-4

| 日期 | | 月份 | | | | | | | | | | | |
|---|---|---|---|---|---|---|---|---|---|---|---|---|---|
| | | 1 | 2 | 3 | 4 | 5 | 6 | 7 | 8 | 9 | 10 | 11 | 12 |
| 08 | | | | | | | | | | | | | |
| … | | | | | | | | | | | | | |
| 31 | | | | | | | | | | | | | |
| 全年统计 | 最高 | | | | | | | | | | | | |
| | 日期 | | | | | | | | | | | | |
| | 最低 | | | | | | | | | | | | |
| | 日期 | | | | | | | | | | | | |
| | 均值 | | | | | | | | | | | | |
| 全年统计 | 最高 | | | | | | 最低 | | | | 均值 | | |
| | 日期 | | | | | | 日期 | | | | | | |
| 备注 | 填写泄洪情况等 | | | | | | | | | | | | |

（2）逐日降水量统计表格式见表 7-4-5。

### 表 7-4-5　逐日降水量统计表

_____年　　　　　　　　　　　　　　　　　　　　　　　　　　　　mm

| 日期 | | 月份 | | | | | | | | | | | |
|---|---|---|---|---|---|---|---|---|---|---|---|---|---|
| | | 1 | 2 | 3 | 4 | 5 | 6 | 7 | 8 | 9 | 10 | 11 | 12 |
| 01 | | | | | | | | | | | | | |
| 02 | | | | | | | | | | | | | |
| 03 | | | | | | | | | | | | | |
| 04 | | | | | | | | | | | | | |
| 05 | | | | | | | | | | | | | |
| 06 | | | | | | | | | | | | | |
| 07 | | | | | | | | | | | | | |
| 08 | | | | | | | | | | | | | |
| … | | | | | | | | | | | | | |
| 31 | | | | | | | | | | | | | |
| 全月统计 | 最大 | | | | | | | | | | | | |
| | 日期 | | | | | | | | | | | | |
| | 总降水量 | | | | | | | | | | | | |
| | 降水天数 | | | | | | | | | | | | |
| 全年统计 | 最大 | | | | | | 总降水量 | | | | 总降水天数 | | |
| | 日期 | | | | | | | | | | | | |
| 备注 | | | | | | | | | | | | | |

（3）日平均气温统计表格式见表7-4-6。

**表7-4-6 日平均气温统计表**

_____年 ℃

| 日期 | | 月份 | | | | | | | | | | | |
|---|---|---|---|---|---|---|---|---|---|---|---|---|---|
| | | 1 | 2 | 3 | 4 | 5 | 6 | 7 | 8 | 9 | 10 | 11 | 12 |
| 01 | | | | | | | | | | | | | |
| 02 | | | | | | | | | | | | | |
| 03 | | | | | | | | | | | | | |
| 04 | | | | | | | | | | | | | |
| 05 | | | | | | | | | | | | | |
| 06 | | | | | | | | | | | | | |
| … | | | | | | | | | | | | | |
| 31 | | | | | | | | | | | | | |
| 全月统计 | 最大值 | | | | | | | | | | | | |
| | 日期 | | | | | | | | | | | | |
| | 最小值 | | | | | | | | | | | | |
| | 日期 | | | | | | | | | | | | |
| | 均值 | | | | | | | | | | | | |
| 全年统计 | 最高 | | | | 最低 | | | | 均值 | | | | |
| | 日期 | | | | 日期 | | | | | | | | |
| 备注 | | | | | | | | | | | | | |

（4）水平位移统计表格式见表7-4-7。

**表7-4-7 水平位移统计表**

_____年　基准值日期_____ mm

| 日期（月-日） | | 累计水平位移量 | | | | | | | | | | 备注 |
|---|---|---|---|---|---|---|---|---|---|---|---|---|
| | | 测点1 | | 测点2 | | 测点3 | | … | | 测点 n | | |
| | | X | Y | X | Y | X | Y | X | Y | X | Y | |
| | | | | | | | | | | | | |
| | | | | | | | | | | | | |
| | | | | | | | | | | | | |
| … | | | | | | | | | | | | |
| 全年特征值统计 | 最大值 | | | | | | | | | | | |
| | 日期 | | | | | | | | | | | |
| | 最小值 | | | | | | | | | | | |
| | 日期 | | | | | | | | | | | |
| | 平均值 | | | | | | | | | | | |
| | 年变幅 | | | | | | | | | | | |

注：1. 水平位移正负号规定，向下游、向左岸为正，反之为负。

2. $X$ 方向代表左右岸方向，$Y$ 方向代表上下游方向。

（5）垂直位移统计表格式见表7-4-8。

**表7-4-8　垂直位移统计表**

_____年　　基准值日期_____　　　　　　　　　　　mm

| 日期<br>（月-日） | 累计垂直位移量 | | | | | 备注 |
|---|---|---|---|---|---|---|
| | 测点1 | 测点2 | 测点3 | … | 测点 $n$ | |
| | | | | | | |
| | | | | | | |
| | | | | | | |
| … | | | | | | |
| 全年特征值统计 | 最大值 | | | | | |
| | 日期 | | | | | |
| | 最小值 | | | | | |
| | 日期 | | | | | |
| | 平均值 | | | | | |
| | 年变幅 | | | | | |

注:垂直位移正负号规定,下沉为正,反之为负。

（6）接缝与裂缝开合度统计表格式见表7-4-9。

**表7-4-9　接缝与裂缝开合度统计表**

_____年　　　　　　基准值日期_____　　　　　　　mm

| 日期<br>（月-日） | 累计开合度变化量 | | | | | | | | | | | | | | | 备注 |
|---|---|---|---|---|---|---|---|---|---|---|---|---|---|---|---|---|
| | 测点1 | | | 测点2 | | | 测点3 | | | … | | | 测点 $n$ | | | |
| | $X$ | $Y$ | $Z$ | $X$ | $Y$ | $Z$ | $X$ | $Y$ | $Z$ | $X$ | $Y$ | $Z$ | $X$ | $Y$ | $Z$ | |
| | | | | | | | | | | | | | | | | |
| | | | | | | | | | | | | | | | | |
| … | | | | | | | | | | | | | | | | |
| 年特征值统计 | 最大值 | | | | | | | | | | | | | | | |
| | 日期 | | | | | | | | | | | | | | | |
| | 最小值 | | | | | | | | | | | | | | | |
| | 日期 | | | | | | | | | | | | | | | |
| | 平均值 | | | | | | | | | | | | | | | |
| | 年变幅 | | | | | | | | | | | | | | | |

注: $X$ 向缝张开为正; $Y$ 向缝左侧块相对于右侧块向下游为正(据工程具体情况而有所差异); $Z$ 向缝左侧块相对于右侧块向下沉为正(据工程具体情况而有所差异);反之为负。

（7）测压管水位统计表格式见表7-4-10。

**表 7-4-10  测压管水位统计表**

_____年

| 日期<br>（月-日） | 管内水位(m) | | | 上游水位<br>（m） | 下游水位<br>（m） | 降水量<br>（mm） | 备注 |
| --- | --- | --- | --- | --- | --- | --- | --- |
| | 测点 1 | 测点 2 | … | | | | |
| | | | | | | | |
| | | | | | | | |
| | | | | | | | |
| | | | | | | | |
| … | | | | | | | |
| 全年特征值统计 | 最高 | | | | | | |
| | 日期 | | | | | | |
| | 最低 | | | | | | |
| | 日期 | | | | | | |
| | 平均值 | | | | | | |
| | 年变幅 | | | | | | |

注：表中上游水位、下游水位、降水量可选列。

（8）绕坝渗流监测孔水位统计表格式见表7-4-11。

**表 7-4-11  绕坝渗流监测孔水位统计表**

_____年

| 日期<br>（月-日） | 孔内水位(m) | | | 上游水位<br>（m） | 下游水位<br>（m） | 降水量<br>（mm） | 备注 |
| --- | --- | --- | --- | --- | --- | --- | --- |
| | 测点 1 | 测点 2 | … | | | | |
| | | | | | | | |
| | | | | | | | |
| | | | | | | | |
| | | | | | | | |
| … | | | | | | | |
| 全年特征值统计 | 最高 | | | | | | |
| | 日期 | | | | | | |
| | 最低 | | | | | | |
| | 日期 | | | | | | |
| | 平均值 | | | | | | |
| | 年变幅 | | | | | | |

注：表中上游水位、下游水位、降水量可选列。

(9)渗流量统计表格式见表 7-4-12。

**表 7-4-12　渗流量统计表**

_____年

| 日期<br>（月-日） | 渗流量（L/s） | | | 上游水位<br>（m） | 下游水位<br>（m） | 降水量<br>（mm） | 备注 |
|---|---|---|---|---|---|---|---|
| | 测点 1 | 测点 2 | … | | | | |
| | | | | | | | |
| | | | | | | | |
| | | | | | | | |
| | | | | | | | |
| … | | | | | | | |
| 全年特征值统计 | 最大值 | | | | | | |
| | 日期 | | | | | | |
| | 最小值 | | | | | | |
| | 日期 | | | | | | |
| | 平均值 | | | | | | |
| | 年变幅 | | | | | | |

**注**：表中上游水位、下游水位、降水量可选列。

(10)压力（应力）及温度测值统计表格式见表 7-4-13。

**表 7-4-13　压力（应力）及温度测值统计表**

_____年　　　（压力、应力单位为 MPa；应变单位为 $10^{-5}$；温度单位为℃）

| 日期<br>（月-日） | 测点 1 | 测点 2 | 测点 3 | 测点 4 | 测点 5 | … |
|---|---|---|---|---|---|---|
| | | | | | | |
| | | | | | | |
| | | | | | | |
| | | | | | | |
| | | | | | | |
| … | | | | | | |
| 全年特征值统计 | 最大值 | | | | | |
| | 日期 | | | | | |
| | 最小值 | | | | | |
| | 日期 | | | | | |
| | 平均值 | | | | | |
| | 年变幅 | | | | | |
| 备注 | | | | | | |

## 4.2.3　编写监测资料整编报告

### 4.2.3.1　监测资料整编要求

（1）在施工期和初蓄期，整编时段视工程施工和蓄水进程而定，一般最长不超过 1 年。在运行期，每年汛前应将上一年度的监测资料整编完毕。

（2）监测自动化系统采集的数据一般取每周同一时刻（如周一上午 8:00 左右）的监测数据进行表格形式的整编，但绘制测值过程线时应选取近 5 年所有测值进行。对于特殊情况（如高水位、库水位骤变、特大暴雨、地震等）和工程出现异常时加密测次的监测数据，也应整编。

（3）对于渗流量、渗透压力（浸润线）、变形、上下游水位、气温、降水量，整编时除表格形式外，还应绘制测值过程线、测值分布图等。浸润线分布图可选择某些高水位时的测值进行绘制，变形测值分布图可选取每季度绘制一条。

（4）对整编时段内的各项监测物理量按时序进行列表统计和校对。如发现可疑数据，一般不宜删改，应标注记号，并加注说明。

绘制各监测物理量过程线图，以及能表示各监测物理量在时间、空间上的分布特征图和与有关因素的相关关系图。在此基础上，对监测资料进行初步分析，阐述各监测物理量的变化规律以及对工程安全的影响，提出运行和处理意见。

（5）整编资料应完整、连续、准确，具体要求如下：

①整编资料的内容、项目、测次等齐全，各类图表的内容、规格、符号、计量单位，以及标注方式和编排顺序应符合有关规定要求。

②各项监测资料整编的时间应与前次整编衔接，监测部位、测点及坐标系统等应与历次整编一致。有变动时，应说明。

③各监测物理量的计（换）算和统计正确，有关图表准确、清晰，整编说明全面，资料初步分析结论、处理意见和建议等叙述全面。

（6）刊印成册的整编资料主要内容和编排顺序，一般为：

—封面；

—目录；

—整编说明；

—基本资料（第一次整编时）；

—监测项目汇总表；

—监测资料初步分析成果；

—监测资料整编图表；

—封底。

其中：

封面内容应包括：工程名称、整编时段、编号、整编单位、刊印日期等。

整编说明应包括：本时段内工程变化和运行概况，监测设施的维修、检验、校测及更新改造情况，巡视检查和监测工作概况，监测资料的精度和可信程度，监测工作中发现的问题及其分析、处理情况（可附上有关报告、文件等），对工程运行管理的意见和建议，参加整编工作人员等。

基本资料包括:工程基本资料、监测设施和仪器设备基本资料等。

监测项目汇总表包括:监测部位、监测项目、观测方法、频次、测点数量、仪器设备型号等。

监测资料初步分析成果:主要是综述本时段内各监测资料分析的结果,包括分析内容和方法、结论、建议。对在本年度中完成安全定期检查或其他检查的大坝,也可简要引用检查的有关内容或结论,并注明出处。

监测资料整编图表(含巡视检查成果表、各测值的统计表和过程线)的编排顺序可按《土石坝安全监测技术规范》(SL 551—2012)中监测项目的编排次序编印,规范中未包含的项目接续其后。每个项目中,统计表在前,整编图在后。

(7)凡历年共同性的资料,若已在前期整编资料中刊印,其后不再重印时,应在整编前言中说明已收入何年整编资料。

#### 4.2.3.2　巡视检查资料

每次整编时,对本时段内巡视检查发现的异常问题及其原因分析、处理措施和效果等作出完整编录,并简要引述前期巡视检查结果加以对比分析。

#### 4.2.3.3　环境量监测资料

(1)水位监测资料整编,按规定格式填制上游(水库)和下游水位统计表。表中数字为逐日平均值(或逐日定时值),准确到 0.01 m。同时还应将月、年内的极值和均值以及极值出现的日期分别填入"全月统计"和"全年统计"栏中。

(2)降水量监测资料整编,按规定格式填制逐日降水量(日累计量)统计表。同时还应将月、年内的极值及其出现的日期,以及总降水量、降水天数等分别填入"全月统计"和"全年统计"栏中。

(3)气温监测资料整编,按规定格式填制逐日平均气温统计表。同时还应将月、年内的极值和均值以及极值出现的日期分别填入"全月统计"和"全年统计"栏中。

#### 4.2.3.4　变形监测资料

(1)变形监测资料整编,应根据工程所设置的监测项目进行各监测物理量列表统计,按规范格式填制。

(2)在列表统计的基础上,绘制能表示各监测物理量变化的历年测值过程线图,以及在时间、空间上的分布特征图和与有关因素的相关关系图(如坝体填筑过程、蓄水过程、库水位、气温等)。

#### 4.2.3.5　渗流监测资料

(1)渗流监测资料整编,应将各监测物理量按坝体、坝基、坝肩等不同部位分别列表统计,并同时抄录监测时相应的上、下游水位和降水量,必要时还应抄录气温等。

(2)坝体、坝基测压管水位统计表按规定格式填制,并绘制历年测值过程线、上(下)游水位变化过程线图以及坝区降水量过程线图,必要时绘制分布特征图。

(3)绕坝渗流监测孔水位统计表按规定格式填制。绘制绕坝渗流监测孔水位和上、下游水位变化的过程线图,以及坝区降水量过程线图。

(4)渗流量监测统计表按规定格式填制,并绘制历年测值过程线、上(下)游水位变化过程线图以及坝区降水量过程线图,必要时还需简述水质直观情况。

(5)水质分析资料的整编,可根据工程实际情况编制相应的图表和必要的文字报告说明。

#### 4.2.3.6　压力(应力)及温度监测资料

(1)压力(应力)监测资料整编,按规定格式填制,必要时同时抄录观测时相应的上、下游水位和气温等。根据需要绘制压力(应力)与上(下)游水位和测点温度、气温或坝体填筑高程变化的过程线图。

(2)温度监测资料整编,按规定格式填制,必要时同时抄录观测时相应的上、下游水位和气温等。根据需要绘制温度变化过程线图等。

# 模块 5　指导与培训

## 5.1　技术指导

### 5.1.1　指导水工监测工技师的实际操作

高级技师对技师有指导操作的义务。高级技师要对技师进行工作安排与具体工作指导；与技师一起制订培养计划，明确技师的发展方向和应提高的具体技能，有计划地安排参与监测工作；督促技师参与培训，提高专业素养和实际工作能力；通过言传身教，提高技师的职业道德水平；对技师的情况向部门负责人及人力资源部反馈。

### 5.1.2　编制水工监测设施操作与维护的作业指导书

作业指导书是指为保证过程的质量而制定的程序。

作业指导书也是一种程序，只不过其针对的对象是具体的作业活动，而程序文件描述的对象是某项系统性的质量活动。作业指导书有时也称为工作指导令或操作规范、操作规程、工作指引等。

作业指导书是指导保证过程质量的最基础的文件和为开展纯技术性质量活动提供指导，是质量体系程序文件的支持性文件。

作业指导书按发布形式可分为书面作业指导书、口述作业指导书、计算机软件化的工作指令、音像化的工作指令；按内容可分为用于施工、操作、检验、安装等具体过程的作业指导书、用于指导具体管理工作的各种工作细则、导则、计划和规章制度等及用于指导自动化程度高而操作相对独立的标准操作规范。

结合本单位工程的实际情况，按照规范要求，编制水工监测设施操作与维护的作业指导书。以下为一个具体工程的作业指导书，供参考。

**水工建筑物安全监测仪器埋设维护与观测作业指导书**

1　目的

根据水工建筑物对安全监测工作的具体要求，做好安全监测仪器的埋设、维护与观测工作，特制定本文件。

2　范围

本指导书适用于工程局所建设的工程项目施工中对水工建筑物安全监测仪器埋设、维护与观测。

3　相关文件

《质量手册》；

《文件控制程序》；

《质量记录控制程序》；

《生产和服务提供程序》；

《监视和测量装置的控制程序》；

《产品的监视和测量程序》。

## 4　定义

4.1　分辨率：传感器可能析测出的被测量的最小变化值。

4.2　电阻比：差动电阻式仪器敏感元件中两个差动变化的钢丝电阻值 $R_1$ 和 $R_2$ 之比。

## 5　职责

### 5.1　检测人员

5.1.1　熟悉检测任务，了解被测对象和所用检测仪器设备的性能，保质保量按期完成实验室负责人安排和交办的检测工作。

5.1.2　严格按照技术标准、规程规范、测试细则进行各项检测工作，记录规范化、字迹清楚。

5.1.3　检测前后，要认真检查检测仪器设备的技术性能状态，检测环境条件符合要求，并作详细记录。

5.1.4　保管、维护检测仪器设备。借用仪器，需经保管人同意，由使用者填写运行记录。

5.1.5　上报需年检仪器设备并负责到底，有权拒绝使用不合格或超过检定周期的检测仪器设备。

5.1.6　努力学习检测技术，不断更新专业知识。

5.1.7　有权拒绝行政和其他方面不正当的干预，有权越级反映各级领导违反检测规程和虚假现象。

### 5.2　资料管理员

5.2.1　收集、保存和发放国内外用于检测工程（产品）的技术标准、检测规范和计量检定规程、自校方法及有关产品质量检测的政策、法令和法规。

5.2.2　负责中心实验室在用检测标准、规程规范的控制和发放。

5.2.3　检测试验原始记录和检测报告的管理。

5.2.4　现场检测的抽样记录和检测结果的保存。

5.2.5　处理结果及质量事故处理结果的保存。

5.2.6　检测工作环境的定期检查评比结果的保存。

5.2.7　仪器设备检定结果、检定证书和自校验记录的保存。

### 5.3　仪器管理员

5.3.1　负责各自工作间或分配管理范围的仪器设备的保管和维护。

5.3.2　负责检查试验前的仪器设备状况并填写仪器设备使用记录。

5.3.3　协助资料室完成对仪器设备的档案管理工作。

5.3.4　经常性检查仪器设备的运行情况，发现问题及时解决。对于接近检定周期或自检周期的仪器设备，及时提出要求，以便中心实验室统一安排检定或自检。

5.3.5　负责检查借后归还仪器的正常性能，对异常情况及时处理，保证仪器设备正常的工作状况。

5.3.6　对检测工作环境进行管理,对经努力无法满足环境要求的工作间,应向室负责人及时提出,中心实验室采取措施给予满足,以保检测工作对环境的要求。

## 6　工作内容与程序

### 6.1　监测仪器埋设

#### 6.1.1　仪器埋设前准备工作

a)建立或健全组织机构,对人员进行培训,经考核合格者持证上岗,明确分工与职责。

b)根据设计文件和工程进度计划,订购齐全仪器设备及附配件等。

c)制定与仪器埋设相关的操作规程。

d)对准备埋设的仪器做好性能检验工作。

e)按设计图计算出仪器电缆长度,并完成仪器与电缆的联接及编号工作。

f)完成预埋件的预埋工作。

g)备齐各种工器具、材料、有关记录表格等。

#### 6.1.2　监测仪器的现场埋设

a)细心地将要埋设的仪器及附配件运至施工现场,置于安全可靠的环境中。

b)校对仪器及附配件的编号齐全及正确与否。

c)按设计图对仪器点位进行测放样的同时,对已埋的预埋件进行检查,发现损坏应补救。

d)对仪器进行埋设前性能检测,发现仪器损坏或性能异常则应立即更换。

e)按设计的点位与要求,按仪器埋设操作规程进行仪器的埋设及仪器电缆的引线工作。

仪器埋设的位置、角度、误差等应符合《土石坝安全监测技术规范》(SL 551—2012)和《混凝土大坝安全监测技术规范》(SL 601—2013)的要求。

f)仪器埋入介质中后再次检测仪器性能,确认性能良好无损,则仪器埋设成功,若检测发现仪器损坏或性能异常,则应立即采取措施补救。

#### 6.1.3　仪器埋设后的工作

a)记录仪器实际埋设位置、方向、时间、电缆走向及仪器埋设过程中有关情况(如更换仪器等)。

b)收集仪器所埋仓号或部位介质的性能,如土料容重、砂砾料容重、含水率、混凝土的强度、配合比、弹性模量、混凝土的温度以及气温等。

c)检查仪器埋设前、埋设过程中及埋设后的各种记录是否齐全,如有疏漏,应立即补救齐全。

d)绘制仪器埋设竣工图。

### 6.2　监测仪器的维护

#### 6.2.1　监测仪器埋设过程中维护的主要工作与要求

a)为保障监测仪器埋设的成功,在仪器埋设的全过程中,应重视维护工作,维护工作应根据现场条件情况设专人负责,或由仪器埋设人员兼任。

b)仪器在仓号内安装定位后,混凝土或砾土料介质未覆盖前应严格看管,以防止人或机械碰撞仪器或牵动电缆。

　　c)仪器四周 50 cm 范围内的混凝土应剔除大骨料后细心地进行人工捣实,若是土料则应人工手锤夯击实,不得用振捣器或机械。

　　d)仪器顶部安全覆盖厚度,即为恢复正常施工的仪器顶部建筑材料厚度,对土料而言不得小于 1.2 m,堆石坝填方中不得小于 1.5 m,混凝土不得小于 0.6 m。

　　e)电缆引线顶部安全覆盖原度,土料中不得小于 0.5 m,堆石坝填方中不得小于 1.0 m,混凝土中不得小于 0.3 m。

　　f)为防止电缆牵动仪器,仪器电缆引设一般均应绑固于钢筋或其他固定不动物体上,特别是垂直上引必须绑固牢靠。电缆由上部向下部引设时必须设导管,导管直径与电缆根数关系可参照有关规定确定,常用的直径 100 mm 导管可容 10~20 根电缆。

　　g)仪器电缆尚未引入永久性观测站之前,应设临时测站加以保护。

　　h)仪器电缆跨缝时应采用伸缩节等措施处理,以防止缝面张开时拉断电缆。

### 6.2.2　监测仪器埋设后的日常维护工作与要求

　　a)监测仪器埋设后对少数留在混凝土面上的仪器电缆及各临时观测站应立即上报有关单位。

　　b)引入永久性观测站的仪器应定期对集线箱及测站本身作防潮处理、电缆头处理等,以保证仪器测值的准确性。

### 6.3　监测仪器的观测

### 6.3.1　监测仪器观测的一般原则

　　a)必须严格按照规定的时间、测次、项目进行,不得随意更改。

　　b)测读工作必须由两人或两人以上进行,保证测值的可靠性。

　　c)必须对观测值的质量进行控制。

　　d)对于自动观测系统应定期进行人工观测校核。

　　e)观测所使用的仪器仪表等设备应定期检验,凡精度不够,误差超标的不得使用。

　　f)观测人员和测读设备应保持相对固定,应建立交接班记录制度,观测人员必须认真填写交接班记录。

### 6.3.2　仪器观测次数

　　仪器观测次数参照《土石坝安全监测技术规范》(SL 551—2012)和《混凝土大坝安全监测技术规范》(SL 601—2013)的要求进行。

## 5.2　技能培训

### 5.2.1　编写水工监测工培训的计划、教案及讲义

#### 5.2.1.1　水工监测工培训基本要求

　　1.培训期限

　　全日制职业学校教育,根据其培养目标和教学计划确定。晋级培训期限:初级不少于 600 标准学时;中级不少于 500 标准学时;高级不少于 320 标准学时;技师不少于 200 标准

学时;高级技师不少于 120 标准学时。

2.培训教师

培训初级、中级、高级水工监测工的教师应具有本职业技师及以上职业资格证书或相关专业中级及以上专业技术职务任职资格;培训技师的教师应具有本职业高级技师职业资格证书或相关专业高级专业技术职务任职资格;培训高级技师的教师应具有本职业高级技师职业资格证书 2 年以上或相关专业高级专业技术职务任职资格。

3.培训场地设备

理论培训场地应为满足教学需要的标准教室。实际操作培训场地应为具有必备的仪器、设备和设施,安全措施完善的场所。

### 5.2.1.2　培训教案编写大纲制定提示

大纲特指著作、讲稿、计划等经系统排列的内容要点。对技术业务培训来说有教材编写大纲、课程教学大纲、实习实践操作大纲等。大纲的一般文件形式为,先简单说明编写大纲的目的和考虑实现的目标,然后分等级层次以凝练的条文逻辑地列出各有关核心内容或标题。大纲也给出了认识描述事物或实施作业的大致程序,考究层次关系,避免不同层次的内容平行罗列。有了大纲才便于在其指导下展开论述、描述、说明、介绍、配置资料图表等更具体丰富的专业工作。下面就本水工监测工培训教材编写大纲的制定及结构内容特点予以提示。

培训教材大纲按中华人民共和国人力资源和社会保障部制定的《水工监测工国家职业技能标准》(见本书附录1)的要求编制。按该标准体系,本教材以基础知识(J)和初级工(A)、中级工(B)、高级工(C)、技师(D)、高级技师(E)各等级为分册级,以职业功能为模块(篇)级,以工作内容为章级,由技能要求和相关知识结合确定节级,之下小节根据具体内容确定。这种分级格局模块化建构的体系能较好地配合水工监测工分级培训教学和分级技能鉴定设计方式的实施。

《水工监测工国家职业技能标准》、水利行业职业技能培训教材《水工监测工》、水利行业职业技能培训教材《水工监测工》理论知识题库三者基本构成水工监测工职业技能培训和等级鉴定实施较完整配套的资料体系。标准起着统领指导和依据作用,也是教材编写的提纲;教材写出标准要求的内容,支撑培训的实施;题库可加深理解教材内容,提高培训效果,支持选题组卷考试的技能鉴定。

一般初级工主要承担简单直观的观测测量和记载相关数据,做些协同作业的准备和辅助工作。中级工主要利用普通设施设备和常用仪器工具实施单项或单次观测测量,计算相关数据,初步整理资料。高级工主要利用自动化程度较高的设施设备和仪器工具组织实施协同作业的观测测量,资料计算整理和整编资料,检查维护普通的技术装备。技师应能编制监测方案,组织较复杂的多项目的联合作业,承担复杂项目的监测资料整编和一般审查,起草监测任务书、监测报告,指导工级人员学习工作。高级技师学习后应从整个工程的高度,组织和承担全方位的水工监测及资料整编工作,实施培训教学和参与技能鉴定,探索较复杂的技术问题等。

如果将概念、物理量、测验方法、数据资料记载整理等融合在一起,完整地或按顺序地讲解一类(个)仪器、一种方法、一个要素项目,也有特色,会形成一定格局的教材编写大纲。

### 5.2.1.3　教案编写

教案编写主要是按照大纲收集组织材料,梳理逻辑关系,用流畅的文字描述现象,叙述原理,说明方法,注意增强图形图像等可视化形式。教案编写内容要考虑符合学员的知识基础、心理特征、认识规律和接受能力。要反映社会经济、科技发展状况和趋势,满足工作需要。选材要注意适于技能型人才实用性和实践性的特点,应是生产中常用的工作内容,并能明确反映从理论到实践的过程,要注重学生基本技能特别是动手技能的培养,避免教材内容中重理论轻实践的现象,避免编入“难、繁、偏、细”的内容,对于理论性较深的知识点应直说结果和应用,少讲推导过程。要注意叙述方式的启发性,引入探索性学习,避免传统的注入式、填鸭式写法。

水工监测工教案应是技术学科教材,不宜按学科课程组织内容。学科课程是学术的分类,是某科学领域的分类,学科课程对本学科的知识是系统的、全面的,但对专业课程的技术支持不够明确,对完成某一任务所需知识是不完整的,如数学、物理、工程测量、水工建筑物等均属学科课程。技术学科课程是为完成某一领域或某一任务由诸多学科知识的结合。对某一学科来说知识不完整,但为完成某项任务来说是完整的体系,它是一门综合课程。可采用行为导向法编写教案,先将本专业需要解决的各种问题经过筛选、归纳,分解成若干项主要工作任务,每一项任务为一个单元,在每一单元中编写解决该问题所需的文化基础、专业基础和专业知识。这样就使得教材任务目标明确,所学的文化课、专业基础课针对性强,避免了以往学科课程中“学非所用、用非所学、基础知识重叠”的现象,本教材按照中华人民共和国人力资源和社会保障部制定的《水工监测工国家职业技能标准》编写的基础知识等就有这种尝试。

## 5.2.2　水工监测工专业技术知识讲授

教学实施同本教材技师部分的“业务培训实施”,同样是要了解受训学员文化、等级、来源或工作地、承担过的主要业务等基本情况,备课、编写教案及授课,但还要注意事先预测在教学过程中可能出现的问题,尽可能采用教学新技术(如电教视频等)。若为技师或高级工培训,宜增大共同讨论或典型交流等方式方法。

教学实施是实现教学目标的中心阶段,教学实施策略的选择既要符合教学内容、教学目标的要求和教学对象的特点,又要考虑在特定教学环境中的必要性和可能性,注重以下策略。

(1)学习心态的积极维持策略。如发展学生的好奇心,培养兴趣,促使学生“卷入”学习任务,教学方法灵活多样且把握教学难度等。

(2)教学内容的传输加工策略。如言语、板书及多媒体结合传输教学内容,注重互动合作学习,提倡超常认知,鼓励先理解者带动大家,合理地布置作业练习等。

(3)有效认知指导策略。如观察学生的信息接收特点,使之形成对信息的熟练反应;分析对问题的错误回答,增强正确的认知;尽可能总结简明的记忆模式强化记忆等。

(4)课堂秩序管理策略。听讲严肃,发言活泼,师生团结,上好每堂课。

# 参 考 文 献

[1] 中华人民共和国水利部. SL 551—2012 土石坝安全监测技术规范[S]. 北京:中国水利水电出版社, 2012.

[2] 中华人民共和国水利部. SL 601—2013 混凝土坝安全监测技术规范[S]. 北京:中国水利水电出版社,2013.

[3] 中华人民共和国水利部. SL 531—2012 大坝安全监测仪器安装标准[S]. 北京:中国水利水电出版社,2012.

[4] 中华人民共和国水利部. SL 21—90 降水量观测规范[S]. 北京:水利电力出版社,1990.

[5] 中华人民共和国水利部. SL 58—93 水文普通测量规范[S]. 北京:水利电力出版社,1993.

[6] 中华人民共和国水利部. SL 169—96 土石坝安全监测资料整编规程[S]. 北京:中国水利水电出版社,1996.

[7] 中华人民共和国水利部. SL 247—2012 水文资料整编规范[S]. 北京:中国水利水电出版社,2012.

[8] 中华人民共和国国家发展和改革委员会. DL /T 5211—2005 混凝土坝安全监测资料整编规程[S]. 北京:中国电力工业出版社,2005.

[9] 梅孝威. 水工监测工[M]. 郑州:黄河水利出版社,1997.

[10] 梅孝威. 水利工程管理[M]. 北京:中国水利水电出版社,2013.

[11] 徐存东. 水工建筑物检测与健康诊断[M]. 北京:中国水利水电出版社,2012.

[12] 水利电力部. 水工建筑物观测工作手册[M]. 北京:水利电力出版社,1997.

[13] 王金玲. 工程测量[M]. 武汉:武汉大学出版社,2013.

[14] 胡昱玲,毕守一. 水工建筑物监测与维护[M]. 北京:中国水利水电出版社,2010.

[15] 中国气象局. 地面气象观测规范[M]. 北京:气象出版社,2003.

[16] 李彦军,郭秀兰. 大坝安全监测技术[M]. 西安:西安地图出版社,2004.

[17] 牛占. 水文勘测工[M]. 郑州:黄河水利出版社,2011.

[18] 水利电力部水利司. 水文测验手册——第一册 野外工作[M]. 北京:水利电力出版社,1975.

[19] 水利电力部水利司. 水文测验手册——第三册 资料整编和审查[M]. 北京:水利电力出版社,1976.

[20] 方子云. 中国水利百科全书——环境水利分册[M]. 北京:中国水利水电出版社,2004.

[21] 何金平. 大坝安全监测理论与应用[M]. 北京:中国水利水电出版社,2010.

[22] 刘国林. 电工学[M]. 北京:高等教育出版社,2007.

[23] 汤能见,胡天舒. 水工建筑物[M]. 北京:中国水利水电出版社,2005.

[24] 刘纯义,熊宜福. 水力学[M]. 北京:中国水利水电出版社,2005.

[25] 傅凌云,郑睿,李新猷. 建筑材料[M]. 北京:中国水利水电出版社,2005.

[26] 刘福臣,杨绍平. 工程地质与土力学[M]. 郑州:黄河水利出版社,2009.

[27] 张美元. 工程力学[M]. 郑州:黄河水利出版社,2010.

[28] 黎国胜,王颖. 工程水文与水利计算[M]. 郑州:黄河水利出版社,2009.

[29] 周卫民,陈柏荣,章喆. 防汛与抢险技术[M]. 郑州:黄河水利出版社,2010.

[30] 刘建军. 水利水电工程环境保护设计[M]. 武汉:武汉大学出版社,2008.

# 附录1 水工监测工国家职业技能标准

## 1 职业概况

### 1.1 职业名称
水工监测工。

### 1.2 职业定义
从事水工建筑物巡视检查,水工监测仪器及设施的埋设安装、观测、维护及监测资料整理等工作的人员。

### 1.3 职业等级
本职业共设五个等级,分别为:初级(国家职业资格五级)、中级(国家职业资格四级)、高级(国家职业资格三级)、技师(国家职业资格二级)、高级技师(国家职业资格一级)。

### 1.4 职业环境
室外、常温(部分地区低温)、潮湿。

### 1.5 职业能力特征
有正常的视力、色觉,肢体灵活,动作协调;能胜任外业工作要求。

### 1.6 基本文化程度
高中毕业(或同等学历)。

### 1.7 培训要求

#### 1.7.1 培训期限
全日制职业学校教育,根据其培养目标和教学计划确定。晋级培训期限:初级不少于200标准学时;中级不少于180标准学时;高级不少于150标准学时;技师不少于120标准学时;高级技师不少于100标准学时。

#### 1.7.2 培训教师
培训初级、中级、高级水工监测工的教师应具有本职业技师及以上职业资格证书或相关专业中级及以上专业技术职务任职资格;培训水工监测工技师的教师应具有本职业高级技师职业资格证书或相关专业高级专业技术职务任职资格;培训水工监测工高级技师的教师应具有本职业高级技师职业资格证书2年以上或相关专业高级专业技术职务任职资格。

#### 1.7.3 培训场地设备
理论知识培训场地应具有可容纳30名以上学员的标准教室和教学设备;实际操作培训应为可满足培训要求的大中型水利工程或场所,且配备相应的仪器、设备及工器具等。

### 1.8 鉴定要求

#### 1.8.1 适用对象
从事或准备从事本职业的人员。

1.8.2　申报条件

　　——初级(具备以下条件之一者)

　　(1)经本职业初级正规培训达规定标准学时数,并取得结业证书。

　　(2)在本职业连续见习工作2年以上。

　　(3)本职业学徒期满。

　　——中级(具备以下条件之一者)

　　(1)取得本职业初级职业资格证书后,连续从事本职业工作3年以上,经本职业中级正规培训达规定标准学时数,并取得结业证书。

　　(2)取得本职业初级职业资格证书后,连续从事本职业工作5年以上。

　　(3)连续从事本职业工作7年以上。

　　(4)取得经人力资源和社会保障行政部门审核认定的、以中级技能为培养目标的中等以上职业学校本职业(专业)毕业证书。

　　——高级(具备以下条件之一者)

　　(1)取得本职业中级职业资格证书后,连续从事本职业工作4年以上,经本职业高级正规培训达规定标准学时数,并取得结业证书。

　　(2)取得本职业中级职业资格证书后,连续从事本职业工作6年以上。

　　(3)取得高级技工学校或经人力资源和社会保障行政部门审核认定的、以高级技能为培养目标的高等职业学校本职业(专业)毕业证书。

　　(4)取得本职业中级职业资格证书的大专以上本专业或相关专业毕业生,连续从事本职业工作2年以上。

　　——技师(具备以下条件之一者)

　　(1)取得本职业高级职业资格证书后,连续从事本职业工作5年以上,经本职业技师正规培训达规定标准学时数,并取得结业证书。

　　(2)取得本职业高级职业资格证书后,连续从事本职业工作7年以上。

　　(3)取得本职业高级职业资格证书的高级技工学校本职业(专业)毕业生和大专以上本专业或相关专业的毕业生,连续从事本职业工作2年以上。

　　——高级技师(具备以下条件之一者)

　　(1)取得本职业技师职业资格证书后,连续从事本职业工作3年以上,经本职业高级技师正规培训达规定标准学时数,并取得结业证书。

　　(2)取得本职业技师职业资格证书后,连续从事本职业工作5年以上。

1.8.3　鉴定方式

　　分为理论知识考试和技能操作考核。理论知识考试采用闭卷笔试方式,技能操作考核采用现场实际操作、模拟操作和口试等方式。理论知识考试和技能操作考核均实行百分制,成绩皆达60分及以上者为合格。技师、高级技师还须进行综合评审。

1.8.4　考评人员与考生配比

　　理论知识考试考评人员与考生配比为1:15,每个标准教室不少于2名考评人员;技能操作考核考评员与考生配比为1:5,且不少于3名考评员;综合评审委员不少于3人。

1.8.5　鉴定时间

　　理论知识考试时间不少于90 min;技能操作考核时间不少于60 min;综合评审时间不

少于 30 min。

### 1.8.6 鉴定场所设备

理论知识考试在标准教室进行;技能操作考核在具有能满足考核要求的大中型水利工程或场所进行,且配备相应的仪器、设备、工器具等。

# 2 基本要求

## 2.1 职业道德

### 2.1.1 职业道德基础知识

### 2.1.2 职业守则

(1)遵守国家法律、法规和水利行业有关规定。

(2)忠于职守、爱岗敬业、团结协作、按规定履行工作职责。

(3)尊重科学,实事求是,不伪造观测数据。

(4)严守纪律,服从管理,保守秘密,为水工建筑物安全勤于工作。

(5)自觉接受教育,积极参加职业技术培训,努力提高业务水平。

(6)安全生产,文明执业。

## 2.2 基础知识

### 2.2.1 水工建筑物基本知识

(1)水工建筑物概念。

(2)水工建筑物分类及主要特征。

(3)水工建筑物基本结构。

### 2.2.2 水力学基本知识

(1)水头、水压力。

(2)流速、流量、流态。

### 2.2.3 土力学基本知识

(1)土的分类。

(2)土的比重、干密度、含水量、孔隙率。

(3)渗流、渗流压力、浸润线、渗透坡降。

### 2.2.4 材料力学基本知识

(1)强度、变形。

(2)应力、应变。

### 2.2.5 测量学基本知识

高程、角度、距离及测量基本知识。

### 2.2.6 电工学基本知识

(1)电压、电流、电阻、电容、直流电、交流电、电功率。

(2)万用表、兆欧表使用方法。

### 2.2.7 水工建筑材料基本知识

(1)常用水工建筑材料。

(2)常用水工建筑材料的主要特性。

**2.2.8　水文气象基本知识**

(1)水位、降水量。

(2)水温、气温。

**2.2.9　水工建筑物监测基本知识**

(1)影响水工建筑物安全的主要因素。

(2)水工建筑物监测项目及作用。

**2.2.10　水工建筑物抢险基本知识**

(1)水工建筑物险情分类。

(2)水工建筑物抢险常识。

**2.2.11　安全生产与环境保护知识**

(1)安全技术操作规程及安全防护知识。

(2)正确使用安全生产器具的知识。

(3)环境保护的基础知识。

**2.2.12　相关法律、法规知识**

(1)《中华人民共和国水法》的相关知识。

(2)《中华人民共和国防洪法》的相关知识。

(3)《中华人民共和国测绘法》的相关知识。

(4)《中华人民共和国劳动合同法》的相关知识。

(5)《中华人民共和国安全生产法》的相关知识。

(6)《中华人民共和国河道管理条例》的相关知识。

(7)《水库大坝安全管理条例》的相关知识。

# 3　工作要求

本标准对初级、中级、高级、技师和高级技师的技能要求依次递进,高级别涵盖低级别的要求。

## 3.1　初级

| 职业功能 | 工作内容 | 技能要求 | 相关知识 |
|---|---|---|---|
| 一、巡视检查 | (一)土(石)工建筑物检查 | 1.能检查土(石)工建筑物有无裂缝、隆起、坍塌、雨淋沟,植被是否完好<br>2.能检查砌石工程是否损坏,有无裂缝、剥落、隆起、脱空、坍塌、冲刷等现象<br>3.能填写土(石)工建筑物巡视检查记录表 | 1.土(石)工建筑物各部位名称与功能<br>2.土(石)工建筑物常见病害特征<br>3.土(石)工建筑物巡视检查记录要求 |
|  | (二)混凝土建筑物检查 | 1.能检查混凝土建筑物有无裂缝、破损、漏水现象<br>2.能检查排水管(孔)有无堵塞<br>3.能填写混凝土建筑物巡视检查记录表 | 1.混凝土建筑物各部位名称与功能<br>2.混凝土建筑物常见病害特征<br>3.混凝土建筑物巡视检查记录要求 |

**续表**

| 职业功能 | 工作内容 | 技能要求 | 相关知识 |
|---|---|---|---|
| 二、环境量监测 | (一)水位监测 | 1. 能测读水尺<br>2. 能记录水位观测读数 | 1. 水尺读数标志与测读方法<br>2. 水位记录要求 |
| | (二)降水量监测 | 1. 能观测人工雨量器<br>2. 能记录降水量观测读数<br>3. 能计算时段雨量、日雨量 | 1. 人工雨量器测读方法<br>2. 降水观测记录要求<br>3. 时段雨量、日雨量计算方法 |
| | (三)库水温监测 | 1. 能用深水温度计观测库水温<br>2. 能记录不同层位的水温观测读数 | 1. 深水温度计测读方法<br>2. 库水温观测记录要求 |
| | (四)气温监测 | 1. 能用直读式温度计观测气温<br>2. 能填记气温观测记载簿 | 1. 直读式温度计测读方法<br>2. 气温观测记录要求 |
| 三、变形监测 | (一)垂直位移监测 | 1. 能扶立水准尺和使用尺承<br>2. 能维护垂直位移测点和保养水准尺<br>3. 能区分垂直位移标点、工作基点及水准基点 | 1. 水准尺与尺承的使用方法<br>2. 垂直位移标点、工作基点及水准基点的概念及特征 |
| | (二)水平位移监测 | 1. 能用钢尺测量建筑物水平位移<br>2. 能在水平位移观测时操作觇标<br>3. 能维护水平位移监测点<br>4. 能区分水平位移标点、工作基点和校核基点 | 1. 钢尺测量水平位移的规定<br>2. 觇标的安设、操作及保养规定<br>3. 水平位移标点、工作基点及校核基点的概念及特征 |
| | (三)裂缝与接缝监测 | 1. 能用钢尺测量记录土体裂缝长度、宽度和可见深度<br>2. 能用刻度放大镜、钢尺等测量记录混凝土裂缝宽度和长度<br>3. 能测读、记录裂缝、接缝监测仪器读数 | 1. 使用钢尺测量的适用对象,钢尺的使用方法<br>2. 裂缝、接缝监测仪器测读规定 |
| 四、渗流监测 | (一)渗流压力监测 | 1. 能测读、记录、换算测压管水位<br>2. 能测读、记录渗压计读数 | 1. 测压管、渗压计的测读方法<br>2. 测压管水位换算方法<br>3. 测压管、渗压计记录要求 |
| | (二)渗流量监测 | 1. 能采用容积法测量、记录、计算渗流量<br>2. 能使用水位测针或测尺测量、记录堰上水头<br>3. 能测读、记录堰上水位计读数和渗流水温 | 1. 水位测针测读方法<br>2. 量筒、计时器、温度计读数方法 |
| 五、应力应变及温度监测 | (一)应力应变监测 | 1. 能测读应力应变仪器的原始数据<br>2. 能记录应力应变仪器的观测数据 | 1. 应力应变监测仪器的测读方法<br>2. 应力应变监测仪器的记录要求 |
| | (二)温度监测 | 1. 能测读温度计的原始数据<br>2. 能记录温度计的观测数据 | 1. 温度计的测读方法<br>2. 温度计的记录要求 |

## 3.2　中级

| 职业功能 | 工作内容 | 技能要求 | 相关知识 |
|---|---|---|---|
| 一、巡视检查 | (一)土(石)工建筑物检查 | 1.能检查迎水坡有无滑动、水面是否有冒泡或漩涡等异常现象<br>2.能检查背水坡及坝趾有无滑动、散浸、渗水等现象<br>3.能检查堤坝与岸坡或建筑物接合部有无裂缝、错动、渗水等现象 | 土(石)工建筑物巡视检查方法 |
| | (二)混凝土建筑物检查 | 1.能检查伸缩缝有无开合、错动,止水是否损坏,填料有无流失<br>2.能检查消能工、过流面有无冲蚀、破损 | 混凝土建筑物巡视检查方法 |
| 二、环境量监测 | (一)水位监测 | 1.能安装水尺<br>2.能校正自记水位计<br>3.能统计水位观测数据 | 1.水尺安装方法<br>2.自记水位计使用方法<br>3.水位观测数据统计方法 |
| | (二)降水量监测 | 1.能用翻斗式雨量计、虹吸式自记雨量计进行观测<br>2.能更换模拟自记雨量器记录纸、调节记录笔和校正时钟<br>3.能统计降水观测数据 | 1.翻斗式雨量计、虹吸式自记雨量计使用方法<br>2.降水量观测数据统计方法 |
| | (三)库水温监测 | 1.能用半导体温度计、电阻温度计观测库水温<br>2.能统计库水温观测数据 | 1.半导体温度计、电阻温度计使用方法<br>2.库水温观测数据统计方法 |
| | (四)气温监测 | 1.能用自记温度计、干湿球温度计观测气温<br>2.能统计气温观测数据 | 1.自记温度计、干湿球温度计使用方法<br>2.气温观测数据统计方法 |
| 三、变形监测 | (一)垂直位移监测 | 1.能进行三、四等水准测量<br>2.能用水管式沉降仪、电磁式沉降仪观测垂直位移<br>3.能检查、保养水准仪 | 1.三、四等水准测量方法<br>2.水管式沉降仪、电磁式沉降仪观测方法<br>3.水准仪检查、保养方法 |
| | (二)水平位移监测 | 1.能采用视准线法观测水平位移,并记录<br>2.能使用测斜仪、正垂线、倒垂线、引张线、钢丝位移计观测水平位移 | 1.视准线测量方法与记录要求<br>2.测斜仪、正垂线、倒垂线、引张线、钢丝位移计观测方法 |
| | (三)裂缝与接缝监测 | 1.能用游标卡尺、千分表等观测裂缝与接缝标点间距<br>2.能进行钢尺的尺寸改正<br>3.能绘制裂缝分布图 | 1.游标卡尺和千分表使用方法<br>2.钢尺尺寸改正方法<br>3.裂缝分布图绘制方法 |

续表

| 职业功能 | 工作内容 | 技能要求 | 相关知识 |
|---|---|---|---|
| 四、渗流监测 | (一)渗流压力监测 | 1.能校正水位测量器具<br>2.能连接渗压计信号电缆<br>3.能测量渗压计绝缘电阻<br>4.能利用渗压计读数换算渗流压力和渗流压力水位 | 1.渗压计类型<br>2.水位、压力换算方法<br>3.测绳刻度校正方法<br>4.各类信号电缆接线方法<br>5.兆欧表使用方法 |
| | (二)渗流量监测 | 1.能连接水位计信号电缆<br>2.能测量堰上水位计绝缘电阻<br>3.能利用观测读数换算渗流量 | 1.水位测针读数校正方法<br>2.量水堰类型及计算方法 |
| 五、应力应变及温度监测 | (一)应力应变监测 | 1.能将应力应变测读数据转换计算为相应的监测物理量<br>2.能测量应力应变仪器的绝缘电阻<br>3.能连接应力应变监测仪器的电缆<br>4.能维护保养观测电缆与读数仪 | 1.应力应变监测仪器型式及其计算方法<br>2.观测电缆与读数仪维护保养方法 |
| | (二)温度监测 | 1.能测量温度计的绝缘电阻<br>2.能连接温度计的电缆<br>3.能利用观测值换算温度 | 1.温度计的型式<br>2.温度计算方法 |

## 3.3 高级

| 职业功能 | 工作内容 | 技能要求 | 相关知识 |
|---|---|---|---|
| 一、巡视检查 | (一)土(石)工建筑物检查 | 1.能检查是否有蚁穴、兽洞等隐患<br>2.能检查滤水坝趾、减压井(或沟)等导渗降压设施有无异常<br>3.能检查背水坡及坝趾(堤脚)有无渗透变形<br>4.能检查土(石)工建筑物监测设施有无损坏,运行状况是否正常 | 1.兽洞、蚁穴特征及检查要求<br>2.渗透变形的特征<br>3.排水减压设施的构造与功能<br>4.土(石)工建筑物监测设施检查要求 |
| | (二)混凝土建筑物检查 | 1.能检查排水设施排水是否正常,渗漏水的水量、颜色、气味及浑浊度有无变化<br>2.能检查混凝土建筑物监测设施有无损坏,运行状况是否正常 | 1.混凝土建筑物坝基排水检查要求<br>2.混凝土建筑物监测设施检查要求 |

**续表**

| 职业功能 | 工作内容 | 技能要求 | 相关知识 |
|---|---|---|---|
| 二、环境量监测 | （一）水位监测 | 1.能安装自记水位仪器,填写考证表<br>2.能绘制水位过程线<br>3.能检查维护水位计<br>4.能判断水位观测资料合理性 | 1.浮子式水位计、超声波水位计、压力式水位计安装技术<br>2.水位监测资料合理性判断知识 |
| | （二）降水量监测 | 1.能安装自记雨量计,填写考证表<br>2.能设定、修改自记雨量计参数<br>3.能绘制雨量过程线<br>4.能检查维护雨量观测仪器<br>5.能判断降水量监测资料合理性 | 1.雨量观测场地要求<br>2.翻斗式雨量计、虹吸式自记雨量计安装技术<br>3.降水量监测资料合理性判断知识 |
| | （三）库水温监测 | 1.能安装水温计,填写考证表<br>2.能绘制水温过程线与空间分布线<br>3.能检查水温计<br>4.能判断库水温监测资料合理性 | 1.半导体温度计、电阻温度计安装技术<br>2.库水温监测资料合理性判断知识 |
| | （四）气温监测 | 1.能安装气温计,填写考证表<br>2.能绘制气温过程线<br>3.能检查气温计<br>4.能判断气温监测资料合理性 | 1.自记温度计、干湿球温度计安装技术<br>2.气温观测资料合理性判断知识 |
| 三、变形监测 | （一）垂直位移监测 | 1.能用静力水准仪观测垂直位移<br>2.能进行一、二等水准测量<br>3.能埋设安装垂直位移监测设施,填写考证表<br>4.能检查维护垂直位移监测仪器设备 | 1.静力水准仪观测要求<br>2.一、二等水准测量要求<br>3.垂直位移监测设施埋设安装要求<br>4.垂直位移监测设施考证要求<br>5.垂直位移监测仪器设备检查维护要求 |
| | （二）水平位移监测 | 1.能采用小角度法、交会法观测水平位移,能记录、计算水平位移观测数据<br>2.能检查维护水平位移观测仪器设备 | 1.小角度法、交会法水平位移观测、记录、计算方法<br>2.水平位移观测仪器设备检查维护要求 |
| | （三）裂缝与接缝监测 | 1.能埋设安装测缝标点,填写考证表<br>2.能安装埋设测缝计、裂缝计,填写考证表<br>3.能检查维护裂缝、接缝观测的仪器设备 | 1.测缝标点的安装方法及考证要求<br>2.埋设测缝传感器埋设安装及考证要求<br>3.裂缝及接缝观测仪器设备检查维护要求 |

续表

| 职业功能 | 工作内容 | 技能要求 | 相关知识 |
|---|---|---|---|
| 四、渗流监测 | (一)渗流压力监测 | 1.能检查常用的渗压计外观、绝缘电阻和初始(零压)读数是否满足要求<br>2.能安装测压管、渗压计,填写考证表<br>3.能检查、维护渗压计读数仪 | 1.渗压计检查方法<br>2.测压管制作及安装埋设要求<br>3.渗压计埋设安装要求<br>4.测压管、渗压计考证要求<br>5.读数仪检查维护要求 |
| | (二)渗流量监测 | 1.能检查堰上水位计外观、绝缘电阻和初始(零水位)读数是否满足要求<br>2.能安装量水堰,填写考证表<br>3.能检查、维护水位计读数仪<br>4.能换算标准渗流量 | 1.堰上水位计检查方法<br>2.量水堰安装要求<br>3.渗流量设备、安装考证要求<br>4.标准渗流量换算方法 |
| 五、应力应变及温度监测 | (一)应力应变监测 | 1.能埋设安装应力应变监测传感器,填写考证表<br>2.能检查维护应力应变监测仪器 | 1.应力应变监测仪器的埋设安装及考证要求<br>2.应力应变监测仪器及读数仪检查维护要求 |
| | (二)温度监测 | 1.能埋设安装温度计,填写考证表<br>2.能检查维护温度计 | 1.温度计的埋设安装及考证要求<br>2.温度计检查维护要求 |

## 3.4 技师

| 职业功能 | 工作内容 | 技能要求 | 相关知识 |
|---|---|---|---|
| 一、巡视检查 | (一)土(石)工建筑物检查 | 1.能编写土(石)工建筑物巡视检查方案<br>2.能编写土(石)工建筑物巡视检查报告 | 1.编写土(石)工建筑物巡视检查方案的要求<br>2.编写土(石)工建筑物巡视检查报告的要求 |
| | (二)混凝土建筑物检查 | 1.能编写混凝土建筑物巡视检查方案<br>2.能编写混凝土建筑物巡视检查报告 | 1.编写混凝土建筑物巡视检查方案的要求<br>2.编写混凝土建筑物巡视检查报告的要求 |

**续表**

| 职业功能 | 工作内容 | 技能要求 | 相关知识 |
|---|---|---|---|
| 二、变形监测 | (一)垂直位移监测 | 1.能操作运用垂直位移自动化监测设备，并进行维护<br>2.能判断垂直位移监测仪器和设施运行状态是否正常 | 1.安全监测自动化系统基本知识<br>2.垂直位移监测仪器和设施运行状态判断方法 |
|  | (二)水平位移监测 | 1.能操作运用水平位移自动化监测设备，并进行维护<br>2.能判断水平位移监测仪器和设施运行状态是否正常 | 水平位移监测仪器和设施运行状态判断方法 |
|  | (三)裂缝与接缝监测 | 1.能操作运用裂缝与接缝监测自动化设备，并进行维护<br>2.能判断裂缝与接缝监测设施常见故障，并能排除 | 裂缝与接缝监测设施故障判断及排除方法 |
| 三、渗流监测 | (一)渗流压力监测 | 1.能操作运用渗流压力自动化监测设备，并进行维护<br>2.能判断测压管常见故障，并能排除 | 测压管常见故障判断及排除方法 |
|  | (二)渗流量监测 | 1.能操作运用渗流量自动化监测设备，并进行维护<br>2.能判断量水堰常见故障，并能排除 | 量水堰常见故障判断及排除方法 |
| 四、应力应变及温度监测 | (一)应力应变监测 | 1.能操作运用应力应变监测自动化设备，并进行维护<br>2.能判断应力应变监测仪器和设施运行状态是否正常 | 应力应变监测仪器和设施运行状态判断方法 |
|  | (二)温度监测 | 1.能操作运用温度监测自动化设备，并进行维护<br>2.能判断温度监测仪器运行状态是否正常 | 温度监测仪器运行状态判断方法 |
| 五、指导与培训 | (一)操作指导 | 能指导高级工及高级工以下水工监测工的实际操作 | 操作技能指导方法 |
|  | (二)理论培训 | 1.能编制水工监测工业务学习与技能培训方案<br>2.能对水工监测工进行业务学习与技能培训 | 水工监测工培训方案编写要求 |

## 3.5　高级技师

| 职业功能 | 工作内容 | 技能要求 | 相关知识 |
|---|---|---|---|
| 一、变形监测 | (一)垂直位移监测 | 1. 能进行垂直位移工作基点引测与校测<br>2. 能编写垂直位移监测仪器埋设安装、观测的方案<br>3. 能编写垂直位移监测仪器埋设安装、观测的技术总结 | 1. 垂直位移工作基点引测与校测方法<br>2. 垂直位移监测仪器设备结构与原理<br>3. 垂直位移监测仪器布设知识<br>4. 垂直位移监测仪器埋设安装、观测的方案与技术总结编写知识 |
| | (二)水平位移监测 | 1. 能进行水平位移工作基点和观测控制网校测<br>2. 能编写水平位移监测仪器埋设安装、观测的方案<br>3. 能编写水平位移监测仪器埋设安装、观测的技术总结 | 1. 水平位移工作基点和观测控制网校测方法<br>2. 水平位移监测仪器设备结构与原理<br>3. 水平位移监测仪器布设知识<br>4. 水平位移监测仪器埋设安装、观测的方案与技术总结编写知识 |
| | (三)裂缝与接缝监测 | 1. 能编写裂缝与接缝监测仪器埋设安装、观测的方案<br>2. 能编写裂缝与接缝监测仪器埋设安装、观测的技术总结 | 1. 裂缝与接缝监测仪器设备结构与原理<br>2. 裂缝与接缝监测仪器布设知识<br>3. 裂缝与接缝监测仪器埋设安装、观测方案与技术总结编写知识 |
| 二、渗流监测 | (一)渗流压力监测 | 1. 能编写渗流压力监测仪器埋设安装、观测的方案<br>2. 能编写渗流压力监测仪器埋设安装、观测的技术总结 | 1. 渗流压力监测仪器设备结构与原理<br>2. 渗流压力监测仪器布设知识<br>3. 渗流压力监测仪器埋设安装、观测方案与技术总结的编写知识 |
| | (二)渗流量监测 | 1. 能编写渗流量监测仪器埋设安装、观测的方案<br>2. 能编写渗流量监测仪器埋设安装、观测的技术总结 | 1. 渗流量监测仪器设备结构与原理<br>2. 渗流量监测仪器布设知识<br>3. 渗流量监测仪器埋设安装、观测方案与技术总结编写知识 |
| 三、应力应变及温度监测 | (一)应力应变监测 | 1. 能确定应力应变监测仪器基准值<br>2. 能编写应力应变监测仪器埋设安装、观测方案<br>3. 能编写应力应变监测仪器埋设安装、观测技术总结 | 1. 应力应变仪器基准值确定方法<br>2. 应力应变监测仪器设备结构与原理<br>3. 应力应变监测仪器布设知识<br>4. 应力应变监测仪器埋设安装、观测的方案与技术总结编写知识 |
| | (二)温度监测 | 1. 能编写温度监测仪器埋设安装、观测的方案<br>2. 能编写温度监测仪器埋设安装、观测的技术总结 | 1. 温度监测仪器设备结构与原理<br>2. 温度监测仪器布设知识<br>3. 温度监测仪器埋设安装、观测的方案与技术总结编写知识 |

**续表**

| 职业功能 | 工作内容 | 技能要求 | 相关知识 |
|---|---|---|---|
| 四、监测资料整编 | (一)监测资料复核 | 1.能判别监测数据合理性<br>2.能检查监测资料完整性 | 1.监测数据真伪与误差判别知识<br>2.监测资料完整性检查知识 |
| | (二)监测资料整编 | 1.能绘制监测数据的过程线、相关性图及相关性图表<br>2.能统计计算监测数据特征值<br>3.能编写监测资料整编报告 | 1.监测资料整编方法<br>2.监测资料整编报告编写知识 |
| 五、指导与培训 | (一)技术指导 | 1.能指导水工监测工技师的实际操作<br>2.能编制水工监测设施操作与维护的作业指导书 | 水工监测设施操作与维护的作业指导书编写知识 |
| | (二)技能培训 | 1.能编写水工监测工培训的计划、教案及讲义<br>2.能讲授水工监测工专业技术知识 | 水工监测工培训的计划、教案及讲义编写知识 |

# 4　比重表

## 4.1　理论知识

| 项目 | | 初级<br>(%) | 中级<br>(%) | 高级<br>(%) | 技师<br>(%) | 高级技师<br>(%) |
|---|---|---|---|---|---|---|
| 基本要求 | 职业道德 | 5 | 5 | 5 | 5 | 5 |
| | 基础知识 | 25 | 20 | 15 | 10 | 10 |
| 相关知识 | 巡视检查 | 30 | 25 | 20 | 10 | 5 |
| | 环境量监测 | 15 | 10 | 5 | — | — |
| | 变形监测 | 10 | 15 | 20 | 25 | 15 |
| | 渗流监测 | 10 | 15 | 20 | 25 | 15 |
| | 应力、应变及温度监测 | 5 | 10 | 15 | 15 | 20 |
| | 监测资料整编 | — | — | — | — | 20 |
| | 指导与培训 | — | — | — | 10 | 10 |
| 合计 | | 100 | 100 | 100 | 100 | 100 |

## 4.2　技能操作

| 项目 | | 初级<br>(%) | 中级<br>(%) | 高级<br>(%) | 技师<br>(%) | 高级技师<br>(%) |
|---|---|---|---|---|---|---|
| 技能<br>要求 | 巡视检查 | 30 | 25 | 15 | 10 | 5 |
| | 环境量监测 | 25 | 20 | 10 | — | — |
| | 变形监测 | 20 | 20 | 30 | 30 | 25 |
| | 渗流监测 | 15 | 20 | 20 | 20 | 15 |
| | 应力、应变及温度监测 | 10 | 15 | 25 | 25 | 20 |
| | 监测资料整编 | — | — | — | — | 20 |
| | 指导与培训 | — | — | — | 15 | 15 |
| 合计 | | 100 | 100 | 100 | 100 | 100 |

# 附录2　水工监测工国家职业技能鉴定理论知识模拟试卷(高级工)

## (高级工——国家职业资格三级)

本试题卷分单项选择题、多项选择题和判断题三部分,考试结束后,将本试题卷和答题卡一并交回。

说明事项:

1. 答题前,考生在答题卡上务必用直径0.5 mm黑色墨水签字笔将自己的姓名、准考证号填写清楚。

2. 每小题选出答案后,用2B铅笔把答题卡上对应题的答案标号涂成黑方块,如需改动,用橡皮擦干净后,再选涂其他答案标号,在试题卷上作答无效。

3. 第一部分单项选择题共40小题,每小题1.5分,共60分;第二部分多项选择题共10小题,每小题3分,共30分;第三部分判断题共10小题,每小题1分,共10分。

4. 考试时间100分钟。

一、单项选择题(本题共40小题。在每小题给出的四个选项中,只有一项是符合题目要求的,选项对应于题干中"(　　)"所处的位置)

1. 语言规范是(　　)职业道德规范的基本要求。

(A)爱岗敬业　　　　　　　　　　(B)办事公道

(C)文明礼貌　　　　　　　　　　(D)诚实守信

2. 提高职业技能是(　　)职业道德规范的基本要求。

(A)文明礼貌　　　　　　　　　　(B)爱岗敬业

(C)勤俭节约　　　　　　　　　　(D)诚实守信

3. 社会主义职业道德的核心是(　　)。

(A)集体主义　　　　　　　　　　(B)共产主义

(C)全心全意依靠工人阶级　　　　(D)全心全意为人民服务。

4. 与法律相比,道德在调节人与人、个人与社会以及人与自然之间的各种关系时,它的(　　)。

(A)时效性差　　　　　　　　　　(B)作用力弱

(C)操作性强　　　　　　　　　　(D)适用范围大

5. 水利行业精神是:"(　　)、负责、求实"。

(A)创新　　　　(B)献身　　　　(C)奉献　　　　(D)超越

6. 与法律相比,道德(　　)。

(A)产生的时间晚　　　　　　　　(B)适用范围更广

(C)内容上显得十分笼统　　　　　(D)评价标准难以确定

7. 下列关于视准线法的说法不正确的是(　　　)。

(A)观测墩上应设置强制对中底盘

(B)一条视准线只能监测一个测点

(C)对于重力坝,视准线的长度不宜超过 300 m

(D)受大气折光的影响,精度一般较低

8. 激光准直法是用于监测(　　　)。

(A)纵向水平位移 　　　　　　　　　(B)横向水平位移

(C)垂直位移 　　　　　　　　　　　(D)深层水平位移

9. 水平位移观测中,误差主要来源于 (　　　)。

(A)照准误差 　　　　　　　　　　　(B)读数误差

(C)系统误差 　　　　　　　　　　　(D)以上都不是

10. 混凝土重力坝和支墩坝的水平位移观测,测量中误差限值为(　　　)。

(A) ±0.5 mm 　　　(B) ±1.0 mm 　　　(C) ±1.5 mm 　　　(D) ±2.0 mm

11. 引张线的测线一般采用直径为 0.8 ~ 1.2mm 的不锈钢丝,钢丝直径的选择应使极限拉力为所受拉力的(　　　)倍。

(A)1.5 　　　　　(B)2.0 　　　　　(C)2.5 　　　　　(D)3.0

12. 倒垂线的测线宜采用强度较高的不锈钢丝或不锈铟瓦钢丝, 其直径的选择应保证极限拉力大于浮子浮力的(　　　)倍。

(A)1.5 　　　　　(B)2.0 　　　　　(C)2.5 　　　　　(D)3.0

13. 土石坝深层水平位移观测宜选用(　　　)。

(A)深层变位计 　　　(B)挠度计 　　　(C)测斜仪 　　　(D)引张线

14. 钻孔埋设多点位移计,钻孔轴线弯曲度应不大于半径,孔向偏差应小于(　　　)。

(A)1° 　　　　　(B)3° 　　　　　(C)5° 　　　　　(D)8°

15. 引张线观测可采用读数显微镜,每一测次应观测两测回,两测回之差不得超过(　　　)。

(A)0.05 mm 　　　(B)0.1 mm 　　　(C)0.15 mm 　　　(D)0.3 mm

16. 一支钢弦式传感器,其频率变化是由于传感器内钢弦的(　　　)变化而引起的。

(A)长度 　　　(B)密度 　　　(C)应力 　　　(D)材料

17. 观测堆石坝堆石体的沉降和水平位移通常使用(　　　)。

(A)磁性沉降环 　　　(B)正垂线 　　　(C)垂直水平位移计 　　　(D)测斜仪

18. 坝面位移观测常用(　　　)。

(A)引张线法 　　　　　　　　　　　(B)控制测量

(C)视准线法 　　　　　　　　　　　(D)激光准直法

19. 混凝土面板坝的周边缝观测常用(　　　)。

(A)CF - 12 测缝计 　　　(B)三向测缝计 　　　(C)变位计 　　　(D)位移计

20. BGK - 4427 ISW 监测设备单组测点数为(　　　)个,需要多点监测时只需增加铟钢丝(或钢缆)或增加组数即可。

(A)2 　　　　　(B)3 　　　　　(C)4 　　　　　(D)5

21. 判断水平位移监测仪器和设施运行状态时,当测线长度达( )时,测线承受拉应力不宜小于 500 N/mm²。

　(A)500 m 　　　　　(B)800 m 　　　　　(C)1 000 m 　　　　　(D)1 200 m

22. GK-4400 振弦式埋入型测缝计电缆安装时,接头应为防水接头,最好采用( )Scotchcast™的 82-A1 型接头套件,用环氧灌封。

　(A)3 m 　　　　　(B)4 m 　　　　　(C)5 m 　　　　　(D)6 m

23. 土石坝坝基渗水压力测压管进水管段,一般小于( )m。

　(A)0.5 　　　　　(B)1 　　　　　(C)2 　　　　　(D)3

24. 混凝土建筑物的渗流观测包括( )等。

　(A)扬压力观测 　　　(B)水平位移 　　　(C)垂直位移 　　　(D)裂缝

25. 混凝土坝坝基扬压力观测,若管中水位高于管口,一般采用( )观测。

　(A)电测水位计 　　　(B)测深钟 　　　(C)量水堰 　　　(D)压力表

26. 测压管进水管段外部包扎防止周围土体颗粒进入的无纺土工织物,透水段与孔壁之间用( )填满。

　(A)黏性土 　　　　(B)黏土泥球 　　　(C)砂性土 　　　　(D)反滤料

27. 测压管的埋设,除必须随坝体填筑适时埋设外,一般应在土石坝( )用钻孔埋设。

　(A)竣工后蓄水前 　　　　　　　　　　(B)蓄水后
　(C)坝体出现渗漏时 　　　　　　　　　(D)领导认为必要时

28. 绕坝渗流观测的目的是为了了解坝肩与岸坡的接触部位,或土石坝与混凝土及砌石建筑物连接面的渗流情况,判断绕坝渗流对坝的( )的影响。

　(A)变形 　　　　　(B)沉陷 　　　　　(C)裂缝 　　　　　(D)稳定性

29. 坝基渗流观测断面布置一般与浸润线观测断面( ),以利于资料的分析。

　(A)重合 　　　　　(B)分开 　　　　　(C)交叉 　　　　　(D)远离

30. 坝基渗流观测断面布置一般与浸润线观测断面重合,以( )。

　(A)方便观测 　　　　　　　　　　　　(B)利于资料分析
　(C)不影响变形观测 　　　　　　　　　(D)便于主管部门检查

31. 混凝土或砌石重力坝,一般在( )布置观测横断面,以便于观测。

　(A)坝顶 　　　　　(B)横向廊道内 　　　(C)河床段 　　　　(D)岸坡段

32. 渗流量的观测可采用量水堰或体积法,当采用水尺法测量量水堰堰顶水头时,水尺精度不得低于( )。

　(A)1 mm 　　　　　(B)2 mm 　　　　　(C)3 mm 　　　　　(D)1 cm

33. 对测压管反滤料的要求,既能防止细颗粒进入测压管,又具有足够的透水性。一般其渗透系数宜大于周围土体的( )倍,对黏壤土或砂壤土可用纯净细砂,对砂砾石层可用细砂到粗砂的混合料。

　(A)1~3 　　　　　(B)1~5 　　　　　(C)1~10 　　　　　(D)10~100

34. 坝基扬压力监测应根据建筑物的类型、规模、坝基地质条件和渗流控制的工程措施等进行设计布置。一般应设纵向监测断面( )个,1 级、2 级坝横向监测断面至少 3 个。

　(A)1~2 　　　　　(B)1~3 　　　　　(C)1~4 　　　　　(D)1~5

35. 纵向监测断面宜布置在第一道排水幕线上,每个坝段至少应设(　　)测点。

(A)1　　　　　　(B)2　　　　　　(C)3　　　　　　(D)4

36. 重力坝横向监测断面宜选择在最大坝高段、地质构造复杂的谷岸台地坝段及灌浆帷幕转折点的坝段。横断面间距一般为(　　)m。

(A)50～100　　　(B)20～50　　　(C)100～150　　　(D)150～200

37. 绕坝渗流断面的分布靠坝肩附件应较密,每条测线上布置不少于(　　)个测点。帷幕前可布置少量的测点。

(A)1～2　　　　(B)2～3　　　　(C)3～4　　　　(D)4～5

38. 当采用压力表测量测压管内水压时,每(　　)应对压力表进行校验。

(A)半年　　　　(B)1 年　　　　(C)2 年　　　　(D)3 年

39. 测压管安装、封孔完毕后应进行灵敏度检验。检验方法采用注水试验,一般应在(　　)进行。

(A)库水位稳定期　　　　　　　　(B)水库蓄水前

(C)水库蓄水期　　　　　　　　　(D)任何时期都可以

40. 判断水平位移监测仪器和设施运行状态时,一般可考虑拉应力达到钢丝强度的(　　),据以计算重锤重量。

(A)1/5～1/2　　　(B)1/4～1/2　　　(C)1/3～1/2　　　(D)1/2～1

二、多项选择题(本题共 10 小题。在每小题给出的所有选项中,至少有一项是符合题目要求的。多选或少选均不得分)

1. 下列选项正确的是(　　)。

(A)垂直于截面的法向分量称为正应力

(B)相切于截面的切向分量称为切应力

(C)垂直于截面的切向分量称为正应力

(D)相切于截面的法向分量称为切应力

(E)垂直于截面的法向分量称为切应力

2. 描述降水的基本物理量有(　　)。

(A)降水量　　　　　　　　　　　(B)降水历时

(C)降水强度　　　　　　　　　　(D)日降水量

(E)降水面积

3. 巡视检查报告的内容包括(　　)。

(A)检查目的　　　　　　　　　　(B)检查人员职务

(C)检查方法　　　　　　　　　　(D)检查路线

(E)检查结论

4. 巡视检查工作程序包括(　　)。

(A)检查内容　　　　　　　　　　(B)检查方法

(C)检查顺序　　　　　　　　　　(D)检查路线

(E)检查制度

5. 变形观测记录规定符合为正,以下有(　　)。

(A)水平向下游　　　　　　　　　(B)向左岸

(C)闭合缝　　　　　　　　　　　　　(D)垂直向上

(E)灌浆缝

6.判断水平位移监测仪器和设施运行状态时,下列( )不属于测线长度。

(A)500 m　　　　　　　　　　　　　(B)800 m

(C)1 000 m　　　　　　　　　　　　(D)1 200 m

(E)1 500 m

7.测压管管口装置应经常检查( )。

(A)水龙头是否被堵　　　　　　　　(B)压力表是否正常

(C)读数是否正常　　　　　　　　　(D)高程是否正常

(E)水压是否正常

8.具有排水的均质坝,其横断面测压管布置,一般在( )各布置一条,其间根据具体情况布置1~2条。

(A)上游坝肩　　　　　　　　　　　(B)下游坝肩

(C)排水体上游端　　　　　　　　　(D)坝基

(E)坝顶

9.测压管主要由( )组成。

(A)进水管　　　　　　　　　　　　(B)导管

(C)线圈　　　　　　　　　　　　　(D)管口保护设备

(E)铅锤

10.观测渗流量的方法一般有( )。

(A)容积法　　　　　　　　　　　　(B)量水堰法

(C)测流速法　　　　　　　　　　　(D)倒垂线法

(E)正垂线法

**三、判断题(本题共 10 小题。请将判断结果填入括号中,正确的填"√",错误的填"×")**

1.职业道德修养是将外在的道德要求转化为内在的道德信念,又将内在的道德信念转化为实际的职业行为的过程。　　　　　　　　　　　　　　　　　　　( )

2.道德和法律同是人们行为的规范,所以两者是没有区别的。　　　　　　( )

3.正、倒垂线都可用于大坝挠度测量。　　　　　　　　　　　　　　　　( )

4.视准线布设时应考虑大气折光的影响。　　　　　　　　　　　　　　　( )

5.土石坝浸润线观测的目的在于了解坝基渗流压力的分布,监视土石坝防渗体和排水设备的工作情况。　　　　　　　　　　　　　　　　　　　　　　　　( )

6.混凝土重力坝通常不需要进行绕坝渗流观测。　　　　　　　　　　　　( )

7.渗流量观测不仅能了解水库的渗漏损失,更重要的是监测土石坝的安全。( )

8.测压管的埋设,除必须随坝体填筑时埋设者外,一般应在土石坝竣工并蓄水后,用钻孔埋设。　　　　　　　　　　　　　　　　　　　　　　　　　　　( )

9.渗流水质监测主要是监测渗水是否带出沙粒、土粒,出水是否浑浊。　　( )

10.与测压管相比,利用孔隙水压力计可以及时测得渗透水压的变化,不存在滞后问题。　　　　　　　　　　　　　　　　　　　　　　　　　　　　　( )

# 水工监测工国家职业技能鉴定理论知识模拟试卷答案
## （高级工——国家职业资格三级）

**一、单项选择题**

| 1. C | 2. B | 3. D | 4. D | 5. B | 6. B | 7. B | 8. B | 9. A | 10. B |

11. B　12. D　13. C　14. B　15. C　16. C　17. C　18. C　19. B　20. C

21. C　22. A　23. A　24. A　25. D　26. D　27. A　28. D　29. A　30. B

31. B　32. A　33. D　34. A　35. A　36. A　37. C　38. B　39. A　40. C

**二、多项选择题**

1. AB　2. ABCDE　3. ABE　4. ABCD　5. AB　6. ABDE　7. AB　8. AC　9. ABD

10. ABC

**三、判断题**

1. √　2. ×　3. √　4. √　5. ×　6. ×　7. √　8. ×　9. √　10. √

# 附录3　水工监测工国家职业技能鉴定理论知识模拟试卷(技师)

## (技师——国家职业资格二级)

本试卷分单项选择题、多项选择题、简答题和计算题四部分,考试结束后,将本试题卷和答题卡、答题纸一并交回。

说明事项:

1. 答题前,考生在答题卡上务必用直径0.5 mm黑色墨水签字笔将自己的姓名、准考证号填写清楚。

2. 每小题选出答案后,用2B铅笔把答题卡上对应题的答案标号涂成黑方块,如需改动,用橡皮擦干净后,再选涂其他答案标号,在试题卷上作答无效。

3. 简答题和计算题答案在专用答题纸上写出。考生在答题纸上务必用直径0.5 mm黑色墨水签字笔将自己的姓名、准考证号填写清楚。在试题卷上作答无效。

4. 考试时间100分钟。

**一、单项选择题**(本题共60小题,每小题0.5分,共30分。在每小题给出的四个选项中,只有一项是符合题目要求的,选项对应于题干中"(　　)"所处的位置)

1. 语言规范是(　　)职业道德规范的基本要求。

　(A)爱岗敬业　　　　　　　　　　(B)办事公道

　(C)文明礼貌　　　　　　　　　　(D)诚实守信

2. 提高职业技能是(　　)职业道德规范的基本要求。

　(A)文明礼貌　　　　　　　　　　(B)爱岗敬业

　(C)勤俭节约　　　　　　　　　　(D)诚实守信

3. 社会主义职业道德的核心是(　　)。

　(A)集体主义　　　　　　　　　　(B)共产主义

　(C)全心全意依靠工人阶级　　　　(D)全心全意为人民服务

4. 与法律相比,道德在调节人与人、个人与社会以及人与自然之间的各种关系时,它的(　　)。

　(A)时效性差　　　　　　　　　　(B)作用力弱

　(C)操作性强　　　　　　　　　　(D)适用范围大

5. 水利行业精神是:"(　　)、负责、求实"。

　(A)创新　　　　(B)献身　　　　(C)奉献　　　　(D)超越

6. 与法律相比,道德(　　)。

　(A)产生的时间晚　　　　　　　　(B)适用范围更广

　(C)内容上显得十分笼统　　　　　(D)评价标准难以确定

7. ( )是防洪的根本措施。

(A)下排 (B)上拦 (C)两岸分滞 (D)上拦下排

8. 混凝土重力坝上游面可做成折坡,折坡点一般位于( )坝高处,以便利用上游坝面水重增加坝体的稳定性。

(A)1/4 ~ 1/2 (B)1/3 ~ 2/3 (C)1/4 ~ 2/3 (D)2/3 ~ 1

9. 静止液体中同一点各方向的压强( )。

(A)数值相等 (B)数值不等

(C)仅水平方向数值相等 (D)铅直方向数值最大

10. 在材料力学中,把构件抵抗( )的能力称为强度。

(A)变形 (B)破坏 (C)失稳 (D)失效

11. 荷载按随时间的变异性和出现的可能性分为永久荷载、可变荷载和( )荷载。

(A)临时 (B)偶然 (C)受压 (D)受弯

12. 24 h降雨量在( )mm为大雨。

(A)25 ~ 50 (B)50 ~ 100 (C)100 ~ 200 (D)10 ~ 25

13. 以下不是人为原因影响大坝安全的因素是( )。

(A)运行维护失误 (B)雪崩 (C)施工错误 (D)人为破坏

14. 环境保护的( )是:"保护和改善生活环境和生态环境,防止污染和公害,保障人体健康,促进社会主义现代化建设的发展。"

(A)基本原则 (B)基本任务 (C)原因 (D)基本方法

15. 步行巡视检查土石坝坝坡的方法有( )和平行路线检查。

(A)S形路线检查 (B)"之"字形路线检查

(C)L形路线检查 (D)U形路线检查

16. 管路坡降设计时其坡度及平整度应符合规范要求,由现场条件、管线长度等来确定,通常为( )。

(A)0.5% ~ 1% (B)0.3% ~ 2% (C)0.4% ~ 1% (D)0.5% ~ 2%

17. 在三通压力室、进水管、量测管,使量测管水位升到管口附近,即关压力室管,待量测管液面稳定(指间隔( )min读一次数,两次读数不变),测读一次,并记录稳定时间。

(A)5 ~ 10 (B)10 ~ 20 (C)20 ~ 30 (D)30 ~ 40

18. 水管式沉降仪排气的方法是:在观测房给进水管充压力水(0.5 MPa),需要经过( )倍管路的充水。

(A)3 ~ 4 (B)3 ~ 5 (C)4 ~ 6 (D)5 ~ 6

19. BGK – 4427 ISW锚固装置由( )钢板及伸缩套管构成。

(A)5 mm (B)10 mm (C)15 mm (D)20 mm

20. 一般用DJ6型光学经纬仪按复测法观测土工建筑物的位移时,可观测( )个测回,每测回可复测( )次。

(A)5 ~ 12、6 ~ 9 (B)6 ~ 12、7 ~ 9 (C)6 ~ 12、6 ~ 9 (D)7 ~ 12、6 ~ 8

21. 当使用T3型仪器按全圆测回法进行观测时,一般要求:半测回归零差(从起始方向回归到起始方向的平盘读数差)不应大于(　　)。

(A)3″　　　　　(B)4″　　　　　(C)5″　　　　　(D)6″

22. 经纬仪视准线法一般只适用于在坝轴线为直线的大坝中测定(　　)于坝轴线方向的位移量。

(A)垂直　　　　(B)平行　　　　(C)垂直或竖直　　(D)垂直或平行

23. 前方交会(仅指测角交会)法是利用(　　)已知坐标的固定工作基点,通过测定水平角确定位移标点的坐标变化,从而了解位移标点的位移情况。

(A)一个或两个　(B)两个或三个　(C)三个或四个　(D)四个或五个

24. 下列(　　)不符合监测仪器、仪表的维护管理要求。

(A)仪器设备安装施工单位不需要建立适宜的仪器存放仓库

(B)对重要仪器设备立账、设卡

(C)做到账、物、卡三者相符

(D)保持仓库的环境条件符合仪器设备的贮存要求

25. 下列(　　)不符合监测仪器、仪表的维护管理要求。

(A)特殊仪器、仪表应定期进行保养

(B)电测仪器仪表应定期通电检验

(C)仪器、仪表使用后,应进行保养、维护

(D)水工监测仪器不能涂防护油

26. 测点布设原则,横断面间距一般为(　　)m,个数不少于3个。

(A)40～80　　　(B)40～100　　　(C)50～100　　　(D)50～80

27. 位移标点顶部高出坝面(　　)cm,底座位于最深冰冻线以下0.5 m处。

(A)50～60　　　(B)50～80　　　(C)50～90　　　(D)50～100

28. 一个倾斜仪系统包括:(　　)和一个数据采集单元。

(A)倾斜盘　　　(B)读数仪　　　(C)倾斜盘、倾斜仪(D)倾斜盘、读数仪

29. 下列(　　)不属于正垂线装置。

(A)悬挂装置　　(B)夹线装置　　(C)不锈钢丝　　　(D)铅锤

30. 根据《超声法检测混凝土缺陷技术规程》的规定,裂缝深度超过(　　)cm时,宜改平测法为跨孔法。

(A)30　　　　　(B)40　　　　　(C)50　　　　　(D)60

31. BGK-4427 ISW监测设备单组测点数为(　　)个,需要多点监测时只需增加铟钢丝(或钢缆)或增加组数即可。

(A)2　　　　　　(B)3　　　　　　(C)4　　　　　　(D)5

32. 不属于水工建筑物渗流观测的方法是(　　)。

(A)液体静力水准法　　　　　(B)容积法

(C)量水堰法　　　　　　　　(D)测流速法

33. 渗漏水的温度观测以及用于透明度观测和化学分析水样的采集,均应在(　　)进行。

(A)水库上游　　　　　　　　(B)溢洪道下游

(C)相对固定的渗流出口或堰口　　　　(D)任何渗流出口

34.测压管埋设完毕后,要及时做注水试验,以检验(　　)是否合格。

(A)管径　　　　(B)管长　　　　(C)灵敏度　　　　(D)坝体压实度

35.坝基渗流渗压监测一般根据建筑物的类型、规模、坝基地质条件和渗流控制的工程措施等进行设计布置,通常纵向监测断面1~2个,1级、2级坝横向断面至少(　　)个。

(A)1　　　　(B)2　　　　(C)3　　　　(D)4

36.渗压计安装前需在水中浸泡(　　)小时以上,使其达到饱和状态。

(A)8　　　　(B)12　　　　(C)24　　　　(D)36

37.土石坝的渗漏发生最多的时期是(　　)。

(A)安全运行期　　　　　　　　(B)水库放水期

(C)水库蓄水初期　　　　　　　(D)各个时期的可能性相同

38.(　　)的观测是土石坝最重要的渗流监测项目。

(A)浸润线　　　(B)周边缝渗水　　　(C)心墙渗水　　　(D)扬压力

39.对测压管水位观测次数要求每天至少观测一次的是(　　)。

(A)初蓄期　　　　　　　　(B)稳定运行期

(C)第三期　　　　　　　　(D)汛期或有特殊情况时

40.当采用压力表量测测压管的水头时,应根据管口可能产生的最大压力值,选用量程合适的精密压力表使度数在(　　)量程范围内。

(A)1/3~2/3　　　(B)1/4~1/2　　　(C)1/4~3/4　　　(D)2/5~4/5

41.扬压力监测孔在建基面以下的深度,不宜大于(　　)m;必要时可设深层扬压力孔。扬压力监测孔与排水孔不应互相代用。

(A)0.5　　　　(B)1　　　　(C)1.5　　　　(D)2

42.重力坝坝基若有影响大坝稳定的浅层软弱带,应增设测点。采用测压管时,测压管的进水管段应埋设在软弱带以下(　　)的基岩中,应做好软弱带处导水管外围止水,防止下层潜水向上渗漏。

(A)0.25~0.5 m　　　(B)0.5~0.75 m　　　(C)0.5~1 m　　　(D)0.75~1 m

43.对于层状渗流,应利用不同高程上的平洞布置检测孔;无平洞时,应分别将检测孔钻入各层透水带,至该层天然地下水位以下的一定深度,一般为(　　)m,埋设测压管或安装渗压计进行监测;必要时,可在一个钻孔内埋设多管式测压管,或安装多个渗压计。

(A)0.25　　　　(B)0.5　　　　(C)0.75　　　　(D)1

44.近坝区的地下水位监测,应根据工程具体条件统筹布置,应尽量利用不同高程的探洞布置监测孔,对已查明有滑动面者,宜沿滑动面的倾斜方向或地下水的渗流方向,布置(　　)个监测断面。

(A)0.5~1　　　(B)1~2　　　(C)2~3　　　(D)3~4

45.安装单管式测压管时,应尽量使导管段与进水管段处于同一铅垂线上;若需要埋设水平管段时,水平管段应略有倾斜,靠近水管端应略低,坡度约为(　　)。管口应引到不被淹没处。

(A)2%　　　　　(B)5%　　　　　(C)8%　　　　　(D)10%

46. 量水堰一般选用三角堰或矩形堰,三角堰适用于流量为(　　)的量测范围;矩形堰适用于流量大于(　　)的情况。当渗漏量小于(　　)时,可采用容积法。

(A)1～70 L/s　　　　50 L/s　　　　1 L/s

(B)10～70 L/s　　　　100 L/s　　　　0.5 L/s

(C)10～70 L/s　　　　100 L/s　　　　1 L/s

(D)1～70 L/s　　　　100 L/s　　　　1 L/s

47. 土石坝渗流压力观测仪器,应根据不同的观测目的、土体透水性、渗流场特征以及埋设条件等,选用测压管或振弦式孔隙水压力计。宜采用测压管的是(　　)。

(A)作用水头小于20 m的坝、渗流系数大于或等于$10^{-4}$ cm/s的土中、渗压力变幅小的部位、监视防渗体裂缝等

(B)作用水头小于20 m的坝、渗流系数小于$10^{-4}$ cm/s的土中、渗压力变幅小的部位、监视防渗体裂缝等

(C)作用水头大于20 m的坝、渗流系数大于或等于$10^{-4}$ cm/s的土中、渗压力变幅小的部位、监视防渗体裂缝等

(D)作用水头大于20 m的坝、渗流系数小于$10^{-4}$ cm/s的土中、渗压力变幅小的部位、监视防渗体裂缝等

48. 测压管的管口高程,在施工期和蓄水期应每隔(　　)个月校测一次;在运行期至少应每隔12月校测一次。

(A)1～3　　　　(B)1～6　　　　(C)6　　　　(D)3～6

49. 下列渗压计的说法,错误的是(　　)。

(A)渗压计在埋设前必须进行室内检验率定,合格后方可使用

(B)按设计要求接长电缆(或仪器出厂前按设计要求长度定制电缆),做好电缆接头的密封处理,并作绝缘度检验

(C)安装前需将渗压计在水中浸泡12 h,使其达到饱和状态

(D)在土石坝坝基表面埋设渗压计,可采用坑式埋设法

50. 下列关于量水堰的设置的说法不正确的是(　　)。

(A)量水堰应设置在排水沟直线段的堰槽内

(B)堰板应与堰槽两侧墙和来水流向垂直

(C)堰口水流形态为自由式或淹没式

(D)测读堰上水头的水尺应设在堰板上游3倍以上堰口水头处

51. 每年应对测压管观测仪器和设备至少进行(　　)次全面检查。

(A)4　　　　(B)3　　　　(C)2　　　　(D)1

52. 测压管淤积厚度超过透水段长度的(　　)时,应进行掏淤。

(A)1/5　　　　(B)1/4　　　　(C)1/3　　　　(D)1/2

53. BGK-4200型应变计悬挂在钢筋间时,注意橡胶带各离仪器两端约(　　)cm。

(A)1　　　　(B)2　　　　(C)3　　　　(D)4

54. 下列(　　)属于检查维护应力应变监测仪器的要求。

(A)用户开箱验收仪器时,应先检查仪器的数量,其他不用太细致检查

(B)如经检测有不正常读数的仪器,特殊情况下可在现场打开仪器检修

(C)仪器到达施工现场后,应开箱检查

(D)检验合格证与装箱单是否相符,随箱资料不必细致检查

55. ES-3型专用热缩接头的接线方法,焊接前将电缆端部剥除外皮,长度约(　　　),露出芯线。

(A)5 cm　　　　　(B)6 cm　　　　　(C)7 cm　　　　　(D)8 cm

56. 对于拱坝,需要监测应力在空间上的方向和大小的测点部位,可以埋设(　　　)。

(A)单向应变计　　　　　　　　　(B)三向或五向应变计组

(C)三向或七向应变计组　　　　　(D)七向或九向应变计组

57. 在黏性土填方过程中埋设土压力计,正常施工的安全覆盖厚度一般不小于(　　　)m。

(A)0.5　　　　　(B)0.8　　　　　(C)1.0　　　　　(D)1.2

58. 对小应变计、测缝计的防水检验,施加的水压力为(　　　)MPa。

(A)10.0　　　　　(B)5.0　　　　　(C)1.0　　　　　(D)0.5

59. 能测出混凝土主应力的仪器(　　　)。

(A)单向应变计　　　(B)应力计　　　(C)应变计组　　　(D)应力应变计组

60. (　　　)是分布式自动化监测系统的重要组成部分,其性能是影响整个系统性能的关键。

(A)服务器　　　　　(B)传感器　　　　　(C)数据采集单元　　　(D)数据总线

**二、多项选择题**(本题共15小题,每小题1分,共15分。在每小题给出的所有选项中,至少有两项是符合题目要求的。多选或少选均不得分)

1. 取水工程一般包括(　　　)。

(A)经济性　　　　　　　　　　　(B)拦河坝

(C)进水闸　　　　　　　　　　　(D)沉沙池

(E)冲沙闸

2. 动水压强除与水深有关外,还与(　　　)有关。

(A)水位　　　　　　　　　　　　(B)流速

(C)流动方向　　　　　　　　　　(D)流态

(E)液体

3. 下列选项正确的是(　　　)。

(A)垂直于截面的法向分量称为正应力

(B)相切于截面的切向分量称为切应力

(C)垂直于截面的切向分量称为正应力

(D)相切于截面的法向分量称为切应力

(E)垂直于截面的法向分量称为切应力

4. 气象业务标准规定定时气温基本站每日观测4次,即每日的(　　　)。

(A)2时　　　　　　　　　　　　(B)8时

(C)14 时　　　　　　　　　　　　(D)20 时

(E)24 时

5. 巡视检查的方法有(　　　)。

(A)鼻嗅　　　　　　　　　　　　(B)眼看

(C)耳听　　　　　　　　　　　　(D)脚踩

(E)手动

6. 自动测量式水管式沉降仪还包含有(　　　)等自动控制、测量部件。

(A)微压计　　　　　　　　　　　(B)精密水位计

(C)测控单元　　　　　　　　　　(D)电磁阀

(E)压力阀

7. 下列(　　　)属于 BGK – 1675 型水管式沉降仪主要检查对象。

(A)观测房内的测量板基座应与观测房底板连接牢固

(B)读数尺刻度清晰

(C)垂直地面是否合理

(D)压力水室是否合理

(E)阀门是否关好

8. 下列(　　　)属于前方交会法布设时的相关要求。

(A)前方交会法的工作基点的选择,应使交会图形最佳

(B)两固定工作基点到交会点处所成的夹角最好接近 90°

(C)如条件限制,其夹角也不得小于 90°或大于 120°

(D)两固定工作基点到交会点的边长不能相差太悬殊,最好大致相等,以减少误差

(E)固定工作基点到交会点的视线离开地物需在 2.5 m 以上,以免受折光影响

9. 前方交会法计算位移值时可以用(　　　)方法求得。

(A)平行法　　　　　　　　　　　(B)微分法

(C)查图法　　　　　　　　　　　(D)函数法

(E)图解法

10. 观测渗流量的方法根据渗流量的大小和汇流条件,可选用(　　　)。

(A)容积法　　　　　　　　　　　(B)面积法

(C)量水堰法　　　　　　　　　　(D)测流速法

(E)直线法

11. 小塑料管与金属测压管相比有以下特点(　　　)。

(A)小塑料管有一孔多埋的特性　　　(B)小塑料管材料成本费用较金属管低廉

(C)小塑料管较灵敏　　　　　　　　(D)小塑料管不需包扎过滤层

(E)小塑料管不灵敏

12. 量水堰分为(　　　)。

(A)直角三角形堰　　　　　　　　(B)梯形堰

(C)矩形堰　　　　　　　　　　　(D)驼峰堰

(E)弧形堰

13. 土坝渗流观测的内容包括( )。

(A)坝体浸润线　　　　　　　　(B)渗流量

(C)渗水透明度　　　　　　　　(D)土体颗粒组成

(E)正垂线

14. 自动化监测的主要项目有( )。

(A)建筑物应力应变及温度自动化监测

(B)建筑物外部变形监测

(C)扬压力和渗漏量监测

(D)环境量监测

(E)表面破损

15. 大坝安全监测系统的总体技术要求主要有( )。

(A)可靠性　　　　　　　　　　(B)准确性

(C)经济实用性　　　　　　　　(D)先进性

(E)观测直观性

三、判断题(本题共40小题,每小题0.5分,共20分。请将判断结果填入括号中,正确的填"√",错误的填"×")

1. 职业道德修养是将外在的道德要求转化为内在的道德信念,又将内在的道德信念转化为实际的职业行为的过程。 ( )

2. 任何人员要实施了对社会有危害性的行为,就构成犯罪。 ( )

3. 职业纪律以强制手段禁止某些行为,上级任何机构都可以组织检查和组织执行。 ( )

4. 职业是人基本的谋生手段。 ( )

5. 在时间上重新分配水资源,做到防洪补枯,可以防止洪涝灾害和发展灌溉、发电、供水、航运等事业。 ( )

6. 其他条件相同时,曲线实用堰的流量系数大于宽顶堰的流量系数。 ( )

7. 中水位常指测站一年中水位值的中值。 ( )

8. 水资源的所有权由国务院代表国家行使。 ( )

9. 大坝巡查必须有掌握一定专业知识或具有一定管理经验的人员参加。 ( )

10. 沉降测头水杯口与管路出口间高差大小应结合具体工程,埋设高程、管路的长短、预估坝体沉降变形量等因素确定,一般不应小于0.5~1.5 m。 ( )

11. 管式沉降仪安装埋设完成后,从观测房端由测量管路(进水管)向测头注入蒸馏水直到完全充满管路。 ( )

12. 管式沉降仪观测时,应先排尽测量管路内水中气泡。 ( )

13. 当在测站上需观测多个方向时,可采用全圆测回法(方向观测法)。一般应采用高精度的T4型经纬仪。 ( )

14. 设置在现场的所有监测设备、设施,均应在其适当位置,明显标出其编号;应经常或定期对重点仪器进行检查、维护。 ( )

15. 经常使用的监测无检修间隙时间的仪器、仪表,应配置备件,必要时仪器要有备

份。　　　　　　　　　　　　　　　　　　　　　　　　　　　　　　　　　　　　　（　　）

16. 引张线观测设备由钢丝、端点装置和测点装置三部分组成。　　　　　　　　　（　　）

17. 混凝土墩通常由高 100～200 cm、断面 30 cm×30 cm 的混凝土柱体和长宽各 100 cm、厚 30 cm 的底板组成。　　　　　　　　　　　　　　　　　　　　　　　　（　　）

18. 测压管进水段和量水堰排水沟应至少每年检查一次淤积情况,视情况进行掏淤冲洗处理,量水堰堰口的淤积应及时清理。　　　　　　　　　　　　　　　　　　　（　　）

19. 电测水位器是根据液面水平的原理制成的。　　　　　　　　　　　　　　　　（　　）

20. 坝基渗水压力测压管应沿渗流方向布置,每排不少于 3 根。　　　　　　　　　（　　）

21. 库水通过坝体渗向下游,在坝体内形成一个逐渐上升的自由渗流水面,称为浸润面;浸润面与坝体纵断面的交线称为浸润线。　　　　　　　　　　　　　　　　（　　）

22. 对于面板堆石坝,由于面板较薄且基本不透水,坝体填筑料一般透水性较大,因而浸润线较低,故通常不需要观测浸润线。　　　　　　　　　　　　　　　　　　（　　）

23. 观测闸坝扬压力的设备有渗压计和测压管两种,渗压计的优点是灵敏、精度高、寿命长、造价低。　　　　　　　　　　　　　　　　　　　　　　　　　　　　　（　　）

24. 测压管安装、封孔完毕后,应进行灵敏度检验,在覆盖层中采用压水试验,在坝基岩体中采用注水试验。　　　　　　　　　　　　　　　　　　　　　　　　　　（　　）

25. 混凝土坝坝基帷幕附近应尽量采用钻孔式测压管,不宜采用预埋式测压管。
　　　　　　　　　　　　　　　　　　　　　　　　　　　　　　　　　　　　（　　）

26. 具有水平防渗设施的斜墙坝,一般应在土石坝竣工后埋设 L 形测压管进行观测。
　　　　　　　　　　　　　　　　　　　　　　　　　　　　　　　　　　　　（　　）

27. 当渗流量较大,受落差限制不能设量水堰时,可以将渗水引到平直的排水沟中观测渗水流速来计算渗流量。　　　　　　　　　　　　　　　　　　　　　　　　（　　）

28. 廊道或平洞排水沟内的渗漏水,一般用量水堰量测,也可用流量计测量。排水孔的渗漏水可用容积法测量。　　　　　　　　　　　　　　　　　　　　　　　　　（　　）

29. 应选择有代表性的排水孔或绕坝渗流监测孔,应定期进行水质分析。若发现有析出物或有侵蚀性的水流出时,应取样进行安全分析,但不用作库水水质分析。　　　（　　）

30. BGK-4200 型应变计的压缩模量较小,安装过程及浇筑过程中应及时测量,及时调整,不采取适当防护措施。　　　　　　　　　　　　　　　　　　　　　　　（　　）

31. 应变计读数不稳时,如果使用数据记录仪自动记录读数,可认定扫描频率不正确。
　　　　　　　　　　　　　　　　　　　　　　　　　　　　　　　　　　　　（　　）

32. BGK2-187V3 专用电缆,不具有优越的防水性能。　　　　　　　　　　　　（　　）

33. BGK-3700 型温度计信号的稳定性和精度不受由于潮湿而引起的电缆电阻变化、接触电阻变化的影响。　　　　　　　　　　　　　　　　　　　　　　　　　（　　）

34. 土压力为应力温度观测的必测项目。　　　　　　　　　　　　　　　　　　（　　）

35. 施工期进行应力应变监测的一个重要作用是寻求最大应力的位置、大小和方向。

36. 监测混凝土坝内部应力,由混凝土温度等引起的非应力应变可以忽略不计。
　　　　　　　　　　　　　　　　　　　　　　　　　　　　　　　　　　　　（　　）

37.除自动化采集数据自动化入库外,还应具有人工输入数据功能,能方便地输入未实施自动化监测的测点或因系统故障而用人工补测的数据。 (  )

38.自动化监测系统设备应具备掉电保护功能。在外部电源冲突中断时,保证数据和参数不丢失。 (  )

39.培训计划必须满足组织及员工两方面的需求。 (  )

40.短期培训计划是指时间跨度在1年以内的培训计划。 (  )

**四、计算题**(本题共2小题,每小题5分,共10分)

1.率定一钢弦式压力计,加压前测得的频率 $f_0 = 981$ Hz,施加压应力 $\sigma = 2$ MPa 后,测得频率 $f = 1\ 267$ Hz。厂家给的最小读数 $K_f = 3.207 \times 10^{-6}$ MPa/Hz$^2$,试问实测 $K_a$ 值与厂家给的 $K_f$ 值相差百分比 $\alpha$ 是多少(保留三位小数)?此压力计能否使用?

2.某测压管压力表中心高程为 100.05 m,压力表读数为 0.120 MPa,当时库水位为 200.50 m,下游水位为 105.00 m,试求该点的渗压系数。

**五、简答题**(本题共 2 小题,每小题 5 分,共 10 分)

1. 水准基点如何布置?

2. 设置量水堰应符合哪些要求?

**六、论述题**(本题共 2 小题,其中第 1 小题 7 分,第 2 小题 8 分,共 15 分)

1. 试述水工监测工的专业基础知识培训内容。

2. 土石坝的经常检查内容有哪些?

# 水工监测工国家职业技能鉴定理论知识模拟试卷答案
## （技师——国家职业资格二级）

### 一、单项选择题

1. C　2. B　3. D　4. D　5. B　6. B　7. B　8. B　9. A　10. B

11. B　12. A　13. B　14. B　15. B　16. D　17. B　18. C　19. B　20. C

21. D　22. A　23. B　24. A　25. D　26. C　27. C　28. C　29. D　30. C

31. C　32. A　33. C　34. C　35. C　36. B　37. C　38. A　39. A　40. A

41. B　42. C　43. D　44. B　45. B　46. A　47. A　48. B　49. C　50. C

51. D　52. C　53. C　54. C　55. D　56. D　57. D　58. D　59. C　60. C

### 二、多项选择题

1. BCDE　2. BCD　3. AB　4. ABCD　5. BCDE

6. ABCD　7. ABCD　8. ABD　9. BCE　10. ACD

11. ABC　12. ABC　13. ABC　14. ABCD　15. ABC

### 三、判断题

1. √　2. ×　3. ×　4. √　5. √　6. √　7. √　8. √　9. √　10. ×

11. √　12. √　13. ×　14. ×　15. √　16. √　17. √　18. √　19. ×　20. √

21. √　22. √　23. ×　24. √　25. √　26. ×　27. √　28. √　29. ×　30. ×

31. ×　32. ×　33. √　34. ×　35. ×　36. √　37. √　38. √　39. √　40. √

### 四、计算题

1. 率定一钢弦式压力计,加压前测得的频率 $f_0=981$ Hz,施加压应力 $\sigma=2$ MPa 后,测得频率 $f=1\,267$ Hz。厂家给的最小读数 $K_f=3.207\times10^{-6}$ MPa/Hz2,试问实测 $K_a$ 值与厂家给的 $K_f$ 值相差百分比 $\alpha$ 是多少(保留三位小数)? 此压力计能否使用?

解:

$$K_a=\frac{\sigma-\sigma_0}{f^2-f_0^2}=\frac{2-0}{1\,267^2-981^2}=3.110\,8\times10^{-6}(\text{MPa/Hz}^2)$$

$$\alpha=\frac{K_a-K_f}{K_f}=\frac{|\,3.110-3.207\,|}{3.207}=0.030\,24$$

相差的百分比

$$\alpha=3.024(\%)$$

答:率定 $K$ 值与厂家 $K$ 值相差 3.024%。

此压力计不可以使用。因率定 $K$ 值误差超过规范允许值。

2. 某测压管压力表中心高程为 100.05 m,压力表读数为 0.120 MPa,当时库水位为 200.50 m,下游水位为 105.00 m,试求该点的渗压系数。

解:测压管水位为 $100.05+0.120\times102=112.29$ (m)

管内水柱 $h=112.29-105.00=7.29$ (m)

上下游水头差为 $200.50-105.00=95.50$ (m)

故渗压系数 $\alpha = 7.29/95.50 = 0.076$

## 五、简答题

**1. 水准基点如何布置?**

水准基点是垂直位移观测以及其他高程测量的基准点,如稍有变动而又未被发现则会影响到整个观测成果的可靠性,因此应保证其坚固与稳定,常埋设在不受库区水压力影响、便于保存、便于引测的地方。在一般情况下,水准基点应设置在地质条件较好,离坝址 $1 \sim 2$ km 处较为适宜。

对于中型水库和规模较小的大型水库,一般布置 $1 \sim 2$ 个水准基点即可,大型水库需布置 $2 \sim 3$ 个水准基点,而对规模特大的大型水库,则常需建立精密水准网系统。

水准基点因应保持高程长期稳定不变,所以要选用合适的标志并设置在基岩上或深埋于原状土中。

**2. 设置量水堰应符合哪些要求?**

为使堰上水流稳定,取得较准确的成果,设置量水堰应符合下列要求:

(1)堰壁需与引槽和来水方向垂直,并需直立。

(2)堰板要采用坚固的薄板,一般可将堰口靠下游边缘制成45°角,使水流与堰口接触时平顺。

(3)量水堰的形式应为不淹没式,即紧靠量水堰的下流水头应低于堰顶高程,造成堰口自由出流。

(4)为使量水堰内水流完成纵向收缩,使计算时可以略去行近流速,堰板高必须大于或等于5倍堰上水头。

(5)装设堰板的沟槽段,应采取矩形断面。堰身长应大于7倍的堰上最大水头,同时不得小于2.0 m。堰板上游的堰身长应大于5倍的堰上最大水头,同时不得小于1.5 m;堰板下游的堰身长应大于2倍的堰上最大水头,同时不得小于0.5 m。量水堰的水尺应设在堰板上游3~5倍堰上水头处,水尺刻度至毫米,尽可能用水位计代替水尺来观测,计数至0.1 mm。

## 六、论述题

**1. 试述水工监测工的专业基础知识培训内容。**

答:(1)水利工程基础知识;

(2)巡视检查基本知识;

(3)环境量监测基础知识;

(4)变形监测基本知识;

(5)渗流监测基本知识;

(6)应力应变及温度监测基本知识;

(7)监测资料整编基本知识;

(8)安全生产与环境保护知识;

(9)法律法规知识。

**2. 土石坝的经常检查内容有哪些?**

(1)检查坝体有无裂缝。检查的重点是坝体与岸坡的连接部位;与刚性材料的接合部位;河谷形状的突变部位;坝体土料的变化部位;填土质量较差部位;冬季施工的坝段等部位。如果发现裂缝,应检查裂缝的位置、宽度、方向和错距,并跟踪记录,观测其发展情况。对于横向裂缝(垂直坝轴线),应检查贯穿的深度、位置,是否形成或将要形成漏水通道。对于纵向裂缝(平行坝轴线),应检查是否形成向上游或向下游的圆弧形,观察有无滑坡的迹象。

(2)检查下游坝坡有无散浸和集中渗流现象,渗流是清水还是浑水;在坝体与两岸接头部位和坝体与刚性建筑物连接部位有无集中渗流现象;坝脚和坝基渗流出逸处有无管涌、流土和沼泽化现象;埋设在坝体内的管道出口附近有无异常渗漏或形成漏水通道,检查渗流量有无变化。

(3)检查上下游坝坡有无滑坡、塌陷和隆起等现象。

(4)检查护坡是否完好,有无松动、塌陷、垫层流失、石块架空、翻起等现象,检查草皮护坡有无损坏或局部缺草,坝面有无冲沟等情况。

(5)检查坝体上和库区周围排水沟、截水沟、集水井等排水设备有无损坏、裂缝、漏水或被土石块杂草等阻塞。

(6)检查防浪墙有无裂缝、变形、沉陷、倾斜等情况。坝顶路面有无坑洼,坝顶排水是否畅通,观测设施有无损坏等。

(7)检查坝体有无兽洞、白蚁穴道、蛇洞等洞穴,是否有害虫、害兽的活动迹象。

(8)对水质、水位、环境污染源等进行检查观测,对土坝量水堰的设备、测压管设备进行检查。

(9)对每次检查出的问题应及时研究分析,并确定妥善的处理措施。有关情况要记录存档,以备检索。